国家级精品课程、浙江省精品在线开放课程“建筑力学”配套教材

高职高专土建专业“互联网+”创新规划教材

# 建筑力学

第四版

主　编◎刘明晖

副主编◎虞文锦　高学献　毕莹莹

参　编◎章庆军　崔春霞

　　　　宋　平　吴育萍

主　审◎石立安

## 内 容 简 介

本书是结合国家级精品课程和浙江省精品在线开放课程“建筑力学”编写而成的。全书共分 14 章，内容包括：绪论、建筑力学基础、平面力系合成及平衡、轴向拉伸与压缩、圆轴的扭转、平面体系的几何组成分析、静定结构的内力、梁的弯曲应力、组合变形、压杆稳定、静定结构位移计算、力法、位移法及力矩分配法和影响线。每章后均附有小结、资料阅读、思考题和习题，并在书后附有部分习题参考答案。

本书力求体现高职高专教学改革的特点，注重基础性、实用性、科学性和先进性；打破传统教材知识框架的封闭性，尝试多方面知识的融会贯通；注重知识层次的递进，同时加强理论与实践的结合，更利于学生对理论知识的理解和专业技能的掌握；突出针对性、适用性，内容简明扼要，通俗易懂，图文配合紧密。

本书适用于建筑、桥梁、市政、道路、水利、设计等专业，可作为高职高专院校建筑力学、土木工程力学等课程的教材及成人高校教材，也可作为工程技术人员的参考书。

**图书在版编目（CIP）数据**

建筑力学/刘明晖主编. —4 版. —北京：北京大学出版社，2024.1
高职高专土建专业“互联网+”创新规划教材
ISBN 978-7-301-34542-9

Ⅰ. ①建…　Ⅱ. ①刘…　Ⅲ. ①建筑科学—力学—高等职业教育—教材　Ⅳ. ①TU311

中国国家版本馆 CIP 数据核字（2023）第 192919 号

书　　名　建筑力学（第四版）
　　　　　JIANZHU LIXUE（DI-SI BAN）
著作责任者　刘明晖　主编
策划编辑　杨星璐
责任编辑　王莉贤　赵思儒
数字编辑　蒙俞材
标准书号　ISBN 978-7-301-34542-9
出版发行　北京大学出版社
地　　址　北京市海淀区成府路 205 号　100871
网　　址　http://www.pup.cn　新浪微博：@北京大学出版社
电子信箱　编辑部 pup6@pup.cn　总编室 zpup@pup.cn
电　　话　邮购部 010-62752015　发行部 010-62750672　编辑部 010-62750667
印 刷 者　河北文福旺印刷有限公司
经 销 者　新华书店
　　　　　787 毫米×1092 毫米　16 开本　23.75 印张　569 千字
　　　　　2009 年 5 月第 1 版　2013 年 1 月第 2 版　2017 年 8 月第 3 版
　　　　　2024 年 1 月第 4 版　2024 年 1 月第 1 次印刷（总第 24 次印刷）
定　　价　59.00 元

# 第四版前言

Preface

本书是北京大学出版社“高职高专土建专业‘互联网+’创新规划教材”之一，本书第三版获首届全国教材建设奖“全国优秀教材二等奖”。本书在写作时结合国家级精品课程及浙江省精品在线开放课程“建筑力学”的教学经验，力求体现高职高专教学改革的特点，突出针对性、适用性，理论讲解由浅入深，注重理论联系实际，内容简明扼要，通俗易懂，图文配合紧密。

本次再版，是在第三版教材的基础上，根据编者多年工作经验和教学实践，通过收集前三版教材使用者的意见，对全书进行了修订、补充，提升而成。本次再版，对相关国家标准做了更新，对部分例题、习题进行了适当精简，提高了教材的适用性，增加了新的二维码视频资源。本次修订继续保持第三版教材的特色，进一步精选内容，结合工程实际，突出工程应用。

针对“建筑力学”的课程特点，为了让学生更加直观地认识和理解建筑力学的基本概念和知识点，同时也方便教师教学讲解，编者以“互联网+”教材的模式开发了本书配套的数字资源，在书中相关知识点的旁边，以二维码的形式添加了编者积累和整理的动画、视频、图片、图文、规范、小结、知识链接、练习测验等拓展资源，学生可在课内外通过扫描二维码来阅读更多学习资料，节约了搜索、整理学习资料的时间。此外，编者也会根据行业发展情况，不定期更新二维码链接资源，使教材内容与行业发展结合更为紧密。

本书内容可按照 80～100 学时安排，建议课程学时分配如下。

| 章　名 | 参考总学时 | 理论参考学时 | 实验参考学时 |
|---|---|---|---|
| 绪论 | 1 | 1 | |
| 第 1 章　建筑力学基础 | 7 | 7 | |
| 第 2 章　平面力系合成及平衡 | 12 | 12 | |
| 第 3 章　轴向拉伸与压缩 | 12 | 8 | 4 |
| 第 4 章　圆轴的扭转 | 3 | 2 | 1 |
| 第 5 章　平面体系的几何组成分析 | 4 | 4 | |
| 第 6 章　静定结构的内力 | 16 | 16 | |
| 第 7 章　梁的弯曲应力 | 8 | 6 | 2 |
| 第 8 章　组合变形 | 4 | 4 | |
| 第 9 章　压杆稳定 | 5 | 4 | 1 |
| 第 10 章　静定结构位移计算 | 8 | 8 | |
| 第 11 章　力法 | 6 | 6 | |
| 第 12 章　位移法及力矩分配法 | 8 | 8 | |
| 第 13 章　影响线 | 6 | 6 | |
| 合　计 | 100 | 92 | 8 |

本书第四版和第三版由浙江建设职业技术学院刘明晖任主编，浙江交通职业技术学院虞文锦、浙江建设职业技术学院高学献和山东工业职业学院毕莹莹任副主编，浙江建设职业技术学院章庆军、崔春霞、宋平和金华职业技术学院吴育萍参编，浙江建设职业技术学院石立安任主审。具体编写分工如下：刘明晖编写绪论、第 1 章、第 3 章、第 7 章、第 9 章、第 11 章，吴育萍编写第 2 章，宋平编写第 4 章，崔春霞编写第 5 章，虞文锦编写第 6 章、第 10 章，高学献编写第 8 章，毕莹莹编写第 12 章，章庆军编写第 13 章。

《建筑力学》第一版和第二版由石立安任主编，在此对前两版的编者表示感谢。本书在编写过程中，参考和借鉴了有关文献资料，同时本书的编写也吸收和采纳了许多专家和读者的宝贵建议，在此一并表示感谢！

由于编者水平有限，书中难免存在不足之处，恳请广大读者提出宝贵意见。

编　者

# 目录

catalog

# 绪　论

## 教学目标

了解建筑力学的研究对象、任务；了解静定结构的平衡、强度、刚度、稳定性。

## 教学要求

| 知 识 要 点 | 能 力 要 求 | 所占比重 |
|---|---|---|
| 构件、建筑结构 | 掌握建筑力学的研究对象 | 10% |
| 变形固体、弹性变形、塑性变形 | 掌握变形固体的定义 | 10% |
| 非均匀连续体、各向异性材料、小变形 | (1) 理解均匀连续假设<br>(2) 理解各向同性假设<br>(3) 理解小变形假设 | 30% |
| 杆、板壳结构、块体结构、杆系结构 | (1) 理解杆系结构的定义<br>(2) 理解杆系结构的分类 | 10% |
| 平衡、强度、刚度、稳定性、建筑力学任务 | 掌握建筑力学的任务 | 30% |
| 分析方法、理论分析、实验分析和数值分析 | 掌握建筑力学的分析方法 | 10% |

## 学习重点

建筑力学的研究对象、任务；静定结构的平衡、强度、刚度、稳定性。

### 生活知识提点

我们在日常生活和生产实践中，常常碰到各种各样的问题，如水稻秆和麦秆为什么是空心的，航天飞机为什么能飞上太空，导弹能发射多远，潜艇为什么能在水下航行，风格各异的高楼大厦为什么能拔地而起，等等，这些都可以用力学知识来解释。

### 拓展讨论

1. 牛顿在力学方面的卓越成就为现代工程学奠定了哪些基础？
2. 谈一谈你在生活中感受到的力学现象。

## 0.1 建筑力学的研究对象

力学是研究机械运动规律及其应用的学科。建筑力学是力学中最基本的、应用最广泛的部分，它是将静力学、材料力学、结构力学三门课程的主要内容融合为一体的力学。

在建筑物或构筑物中起骨架(承受和传递荷载)作用的主要物体称为**建筑结构**。组成建筑结构的基本部件称为**构件**。

### 0.1.1 变形固体

工程上所用的构件都是由固体材料制成的，如钢、铸铁、木材、混凝土等，它们在外力作用下会或多或少地产生变形，有些变形可直接观察到，有些变形可以通过仪器测出。在外力作用下，会产生变形的固体称为变形固体。

变形固体在外力作用下会产生两种不同性质的变形：一种是外力消除时，变形随着消失，这种变形称为弹性变形；另一种是外力消除后不能消失的变形，称为塑性变形。一般情况下，物体受力后，既有弹性变形，又有塑性变形，这种变形称为弹塑性变形。但工程中常用的材料，当外力不超过一定范围时，塑性变形很小，忽略不计，认为只有弹性变形，这种只有弹性变形的变形固体称为完全弹性体。只引起弹性变形的外力范围称为弹性范围。本书主要讨论材料在弹性范围内的受力及变形。

### 0.1.2 变形固体的假设

变形固体多种多样，其组成和性质是非常复杂的。对用变形固体做成的构件进行强度、刚度和稳定性计算时，为了使问题得到简化，常略去一些次要的性质，而保留其主要的性质，因此，对变形固体做出下列的几个基本假设。

1. 均匀连续假设

假设变形固体在其整个体积内用同种介质毫无空隙地充满了物体。

实际上，变形固体是由很多微粒或晶体组成的，各微粒或晶体之间是有空隙的，且各微粒或晶体彼此的性质并不完全相同。但是由于这些空隙与构件的尺寸相比是极微小的，同时构件包含的微粒或晶体的数目极多，排列也不规则，所以，物体的力学性能并不反映其某一个组成部分的性能，而是反映所有组成部分性能的统计平均值，因而可以认为固体的结构是密实的，力学性能是均匀的。

有了这个假设，物体内的一些物理量，才可能是连续的。在进行分析时，可以从物体内任何位置取出一小部分来研究材料的性质，其结果可代表整个物体，也可将那些大尺寸构件的试验结果应用于物体的任何微小部分。

2. 各向同性假设

假设变形固体沿各个方向的力学性能均相同。

实际上，组成固体的各个晶体在不同方向上有着不同的性质。但由于构件所包含的微粒或晶体数量极多，且排列也完全没有规则，变形固体的性质是这些微粒或晶体性质的统计平均值。这样，在以构件为对象的研究问题中，就可以认为是各向同性的。工程使用的大多数材料，如钢材、玻璃、铜和高标号的混凝土，可以认为是各向同性的材料。根据这个假设，当获得了材料在任何一个方向的力学性能后，就可将其结果用于其他方向。

在工程实际中，也存在不少的各向异性材料。例如，轧制钢材、合成纤维材料、木材、竹材等，它们沿各方向的力学性能是不同的。很明显，当木材分别在顺纹方向、横纹方向和斜纹方向受到外力作用时，它所表现出的力学性质都是各不相同的。因此，对于由各向异性材料制成的构件，在设计时必须考虑材料在各个不同方向的不同力学性质。

3. 小变形假设

在实际工程中，构件在荷载作用下，其变形与构件的原尺寸相比通常很小，可以忽略不计，这一类变形称为小变形。所以在研究构件的平衡和运动时，可按变形前的原始尺寸和形状进行计算。在研究和计算变形时，变形的高次幂项也可忽略不计。这样，使计算工作大为简化，而又不影响计算结果的精度。

## 0.1.3 杆件及杆系结构

根据构件的几何特征，可以将各种各样的构件归纳为如下四类。

1. 杆件

如图 0.1(a)所示，杆件的几何特征是细而长，即 $l \gg h$，$l \gg b$。杆件又可分为直杆和曲杆。

杆件及杆系结构的分类

2. 板和壳

如图 0.1(b)所示，板和壳的几何特征是宽而薄，即 $a \gg t$，$b \gg t$。平面形状的称为板，曲面形状的称为壳。

### 3. 块体

如图 0.1(c)所示，块体的几何特征是三个方向的尺寸都是同一数量级。

### 4. 薄壁杆

如图 0.1(d)所示的槽形钢材就是一个例子。它的几何特征是长度、宽度、厚度三个尺寸都相差很悬殊，即 $l \gg b \gg t$。

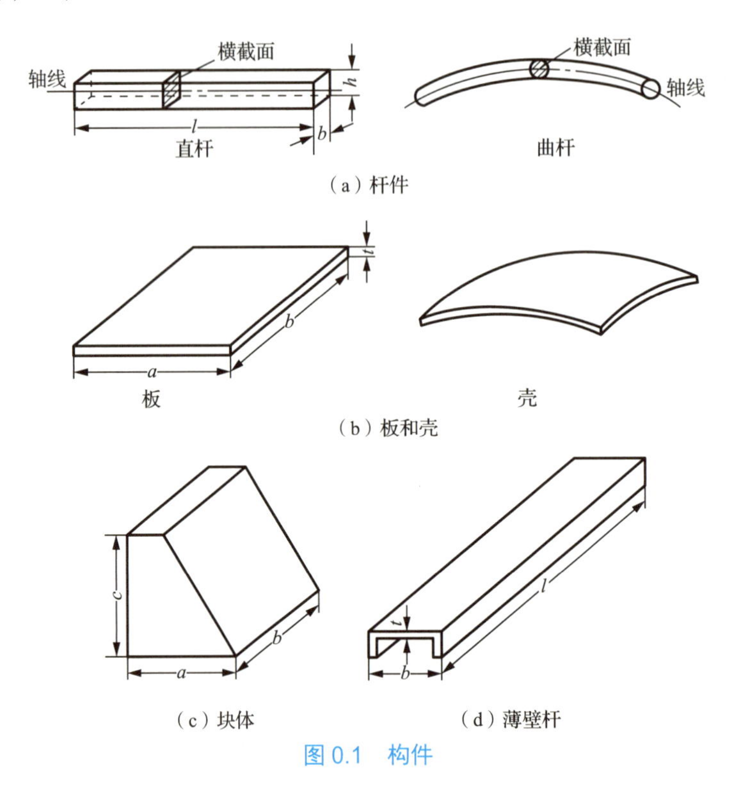


图 0.1　构件

由杆件组成的结构称为杆系结构。杆系结构是建筑工程中应用最广的一种结构。

本书所研究的主要对象是均匀连续的、各向同性的、弹性变形的固体，且限于小变形范围的杆件和杆件组成的杆系结构。

## 0.2　建筑力学的任务

强度、刚度、稳定性

杆系结构是由杆件组成的一种结构，必须满足一定的组成规律，才能保持结构的稳定，从而承受各种作用。杆系结构的形式各异，但必须具备可靠性、适用性、耐久性。

首先研究结构在外力作用下的平衡规律。所谓平衡是结构相对于地球保持静止状态或匀速直线平移。其次研究结构的强度、刚度、稳定性。所谓强度是结构抵抗破坏的能力，即结构在使用寿命期限内，在荷载作用下不允许破坏；所谓刚度是结构抵抗变形的能力，即结构在使用寿命期限内，在荷载作用下产生的变形不允许超过某一额定值；所谓稳定性是结构保持原有平衡形态的能力，即结构在使用寿命期限内，在荷载作用下原有平衡形态不允许改变。

建筑力学的任务是通过研究结构的强度、刚度、稳定性，材料的力学性能，结构的几何组成规则，在保证结构既安全可靠又经济节约的前提下，为构件选择合适的材料、确定合理的截面形状和尺寸提供计算理论及计算方法。

## 0.3 建筑力学的分析方法

建筑力学分析方法包括理论分析、实验分析和数值分析三个方面。建筑力学的分析过程如图 0.2 所示。

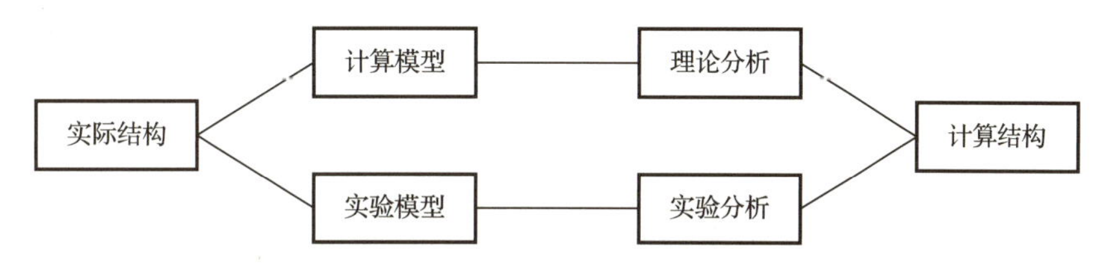


图 0.2 建筑力学的分析过程

建筑力学是力学的一门分支课程，在理论分析中应用了力学的许多基本概念及基本方法。在学习时要注重对基本概念的理解，同时要学习力学的基本研究方法，提高分析问题和解决问题的能力。

建筑力学是土建类专业的一门技术基础课程，具有承上启下的作用，本课程的学习为后续课程的学习打基础，也为终身继续学习打基础。在学习掌握知识的同时，应当重视力学分析和工程实际相联系；重视分析能力、计算能力、自学能力、表达能力、创新能力的培养。

### 拓展讨论

中国古代力学发展史上有两个高峰期：一个是战国时期，另一个是宋代。期间产生了许多关于力学认知和实践的著作，你知道都有哪些吗？

## 小 结

(1) 建筑结构是在建筑物或构筑物中起骨架(承受和传递荷载)作用的主要物体。

(2) 变形固体是在外力作用下，会产生变形的固体。

(3) 弹性变形是外力消除时，变形随着消失的变形。

(4) 变形固体的基本假设如下。

① 均匀连续假设。假设变形固体在其整个体积内用同种介质毫无空隙地充满了物体。

② 各向同性假设。假设变形固体沿各个方向的力学性能均相同。

③ 小变形假设。构件在荷载作用下，其变形与构件的原尺寸相比通常很小，可以忽略不计，这一类变形称为小变形。

(5) 杆系结构是由杆件组成的结构。

(6) 强度是结构抵抗破坏的能力；刚度是结构抵抗变形的能力；稳定性是结构保持原有平衡形态的能力。

艾萨克·牛顿

(7) 建筑力学分析方法包括理论分析、实验分析和数值分析。

(8) 建筑力学的研究对象是均匀连续的、各向同性的、弹性变形的固体，且限于小变形范围的杆件和杆件组成的杆系结构。

(9) 建筑力学的任务是杆系结构必须满足一定的组成规律，才能保持结构的稳定从而承受各种作用。杆系结构的形式各异，但必须具备可靠性、适用性、耐久性。

## 思考题

(1) 什么是建筑力学的研究对象？

(2) 什么是结构或构件的弹性变形？

(3) 建筑力学中变形固体的三个基本假设是什么？

(4) 建筑力学的任务是什么？

## 习题

### 一、填空题

(1) 讨论机械运动规律及其应用的学科称为________。

(2) 组成建筑结构的基本部件称为________。

(3) 在外力作用下，会产生变形的固体称为________。

(4) 当外力消除后，不能消失的变形称为________。

(5) 假设变形固体沿各个方向的力学性能均相同，称为________。

### 二、单选题

(1) 构件保持原来平衡状态的能力称为(　　)。

A. 刚度　B. 强度　C. 稳定性　D. 极限强度

(2) 结构抵抗破坏的能力称为(　　)。

A. 刚度　B. 强度　C. 稳定性　D. 极限强度

(3) 结构抵抗变形的能力称为(　　)。

A. 刚度　B. 强度　C. 稳定性　D. 极限强度

## 三、判断题

(1) 在四类建筑构件或构筑物中起骨架作用的主要物体称为建筑结构。 (　　)

(2) 杆件的几何特征是细而长，即 $l \gg h$，$l \gg b$。 (　　)

(3) 平衡是结构相对于地球保持静止状态或匀速直线平移。 (　　)

# 第1章 建筑力学基础

## 教学目标

熟悉力、平衡的概念及力的性质；了解力在直角坐标轴上的投影、静力学公理、荷载及其分类；熟悉工程中常见的几种约束，掌握其约束反力的画法，能正确画出单个物体及物体系的受力图；了解结构的计算简图、杆系结构的分类、杆件的基本变形。

## 教学要求

| 知识要点 | 能力要求 | 所占比重 |
| --- | --- | --- |
| 力、力的性质、刚体、力系、平衡 | 掌握力、平衡的概念 | 10% |
| 静力学公理及推论 | 能正确运用静力学公理 | 10% |
| 约束、约束反力，常见的几种约束及约束反力 | 能正确画出常见的几种约束及约束反力 | 30% |
| 受力图 | 能正确画出单个物体及物体系的受力图 | 30% |
| 荷载的分类、梁、拱、刚架、桁架、组合结构 | (1) 掌握荷载的分类<br>(2) 掌握平面杆系结构的分类 | 10% |
| 轴向拉伸与压缩、剪切、扭转、弯曲 | 会区分杆件的基本变形 | 10% |

## 学习重点

力的投影定理、静力学公理、工程中常见的几种约束及约束反力的画法、单个物体及物体系的受力图。

## 生活知识提点

我们生活中有许许多多与力学相关的例子，如静止在书桌上的书本、行走的人、奔驰的火车，这些静止的、运动着的事物，究竟是按照什么样的规律在起作用，值得我们思考。

为什么人用力推小车，小车会走？为什么用鸡蛋敲碗边，鸡蛋会破？这些都是因为有力在起作用。

## 引例

力在生活中无处不在。力是物体间的相互机械作用，这种作用使物体的运动状态或形状发生变化。在建筑工程中，建筑结构所受到的力包括荷载和支座反力。本章将介绍结构的常见约束类型、约束反力及荷载的分类等知识。

### 拓展讨论

墨子所著《墨经》中记载“力，形之所以奋也”，你对这句话如何理解？你认为什么是力？

# 1.1 力的性质

## 1.1.1 力的定义

力是物体间的相互机械作用，这种作用使物体的运动状态或形状发生变化。

力的概念是人们从长期的生产劳动实践中抽象总结出来的。人们对于力的认识，最初是由于推、拉、举时肌肉紧张的感觉而对力产生的感性认识。随着生产的发展，人们又逐渐认识到：物体运动状态和形状的改变，都是由于其他物体对该物体施加力的结果。这些力大致分为两类：一类是通过物体间的直接接触产生的，如机车牵引车厢的拉力、物体之间的压力、摩擦力等；另一类是通过“场”对物体的作用，如地球引力场作用下物体产生的重力、电场对电荷产生的引力和斥力等。

## 1.1.2 力的效应

力对物体作用的结果称为力的效应。力的效应有两种：一是使物体的运动状态发生改变，称为力的运动效应或外效应；二是使物体的形状发生改变，称为力的变形效应或内效应。

就力对物体的外效应来说，又可以分为移动效应和转动效应两种。例如，人沿直线轨道推小车使小车产生移动，这是力的移动效应；人作用于扳手上的力使扳手转动，这是力的转动效应。而在一般情况下，一个力对物体作用时，既有移动效应，又有转动效应。例如，在足球比赛中，如果运动员要踢出弧线球，在击球时必须使球向前运动，同时还需使球绕球心转动。

## 1.1.3 力的三要素

力的三要素和力的表示

实践证明，力对物体的作用效应取决于力的大小、方向和作用点，即力的三要素。

在国际单位制(SI)中，力的单位是牛[顿](N)，工程实际中常采用千牛[顿](kN)。

力的方向包含方位和指向。例如，重力“铅垂向下”，“铅垂”是指力的方位，“向下”是指力的指向。

## 1.1.4 力的表示

力的作用点是力作用在物体上的位置。实际物体在相互作用时，力总是分布在一定的面积或体积范围内，是分布力。例如，作用在墙上的风压力或压力容器上所受到的气体压力，都是分布力。当分布力作用的面积很小时，为了分析计算方便起见，可以将分布力理想化为作用于一点的合力，称为集中力，如物体的重力。

力具有大小和方向，表明力是矢量。对于集中力，可以用黑体字母 **F** 表示，而用普通字母 $F$ 表示该矢量的大小。可以用一条带箭头的线段将力的三要素表示出来，如图 1.1 所示。线段的长度按一定的比例表示力的大小；线段的方位和箭头的指向表示力的方向；线段的起点(或终点)表示力的作用点；通过力的作用点沿力的方向画出的直线，称为力的作用线。

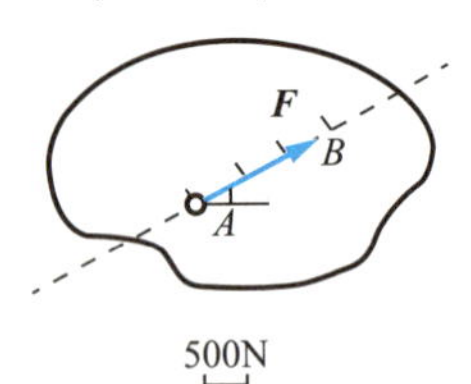


图 1.1　力的表示图

为了便于后面研究问题，现给出以下定义。

(1) 作用在物体上的一组力称为力系。

(2) 如果物体在某一力系作用下保持平衡状态，则该力系称为平衡力系。

(3) 如果两个力系对物体的运动效应完全相同，则这两个力系称为等效力系。

(4) 如果一个力与一个力系等效，则该力称为此力系的合力；而力系中的各力称为合力的分力。

## 1.1.5 刚体的概念

由于结构或构件在正常使用情况下产生的变形极为微小，所以，在分析力的外效应时，可以不考虑物体的变形。这时，把实际的变形物体抽象为受力而不变形的理想物体——刚体，使所研究的问题得以简化。在任何外力的作用下，大小和形状始终保持不变的物体称为刚体。

显然，现实中刚体是不存在的。任何物体在力的作用下，总是会或多或少地发生一些变形。在静力学中，主要研究的是物体的平衡问题，为使研究问题方便，则将所有的物体均看成刚体。而在材料力学中，主要是研究物体在力作用下的变形和破坏，所以必须将物体看成变形体。

## 1.2 四 个 公 理

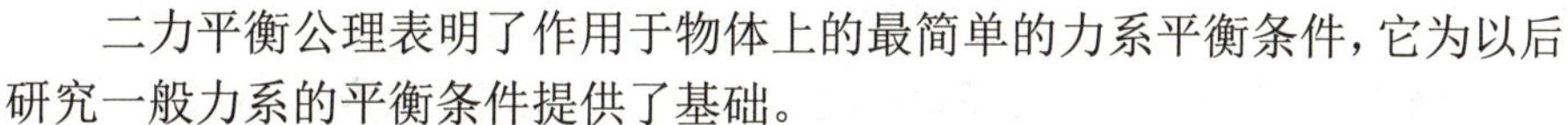

### 1.2.1 二力平衡公理

作用在刚体上的两个力，使物体保持平衡的充要条件是：这两个力大小相等、方向相反且共线。

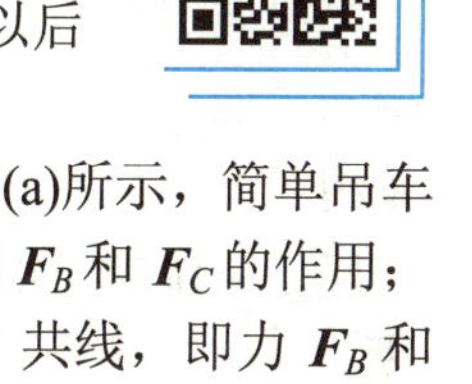


上述的二力平衡公理对于刚体是充要的，而对于变形体则只是必要的，而不是充分的。图 1.2 所示的绳索的两端若受到一对大小相等、方向相反的拉力作用可以平衡，但若是压力则不能平衡。

二力平衡公理表明了作用于物体上的最简单的力系平衡条件，它为以后研究一般力系的平衡条件提供了基础。

受两个力作用处于平衡的杆件称为二力杆件(简称二力杆)。如图 1.3(a)所示，简单吊车中的拉杆 *BC*，如果不考虑它的质量，杆就只在 *B* 处和 *C* 处分别受到力 $\boldsymbol{F}_B$ 和 $\boldsymbol{F}_C$ 的作用；因杆 *BC* 处于平衡，根据二力平衡条件，力 $\boldsymbol{F}_B$ 和 $\boldsymbol{F}_C$ 必须等值、反向、共线，即力 $\boldsymbol{F}_B$ 和 $\boldsymbol{F}_C$ 的作用线都一定沿着 *B*、*C* 两点的连线，如图 1.3(b)所示，所以杆 *BC* 是二力杆件。实际结构中，只要构件的两端是铰链连接，中间无其他外力作用，则这一构件必为二力构件。

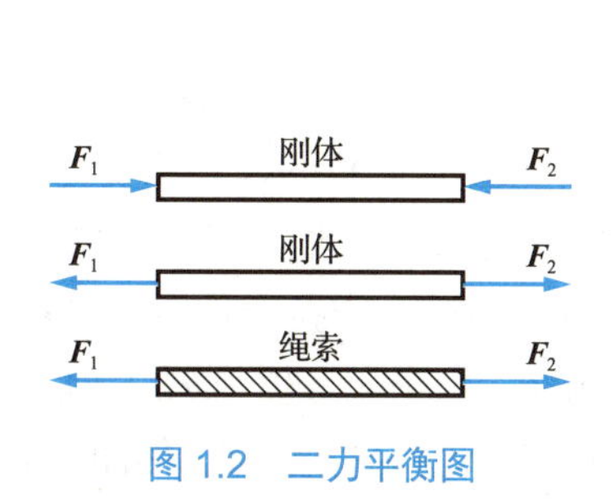


图 1.2 二力平衡图

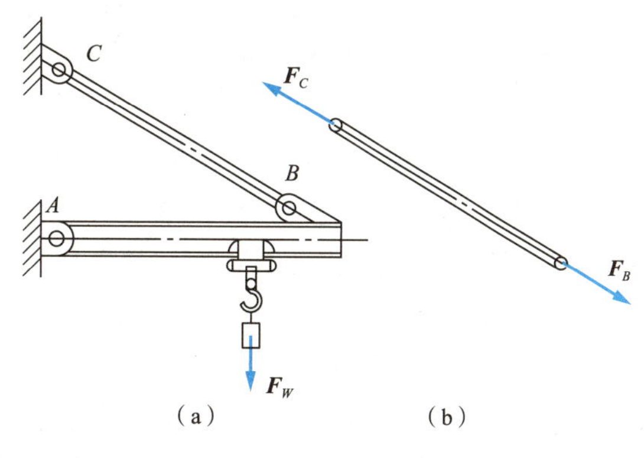


图 1.3 二力杆件图

## 1.2.2 加减平衡力系公理

二力平衡公理表明了作用于物体上的最简单的力系平衡条件，它为以后研究一般力系的平衡条件提供了基础。

在作用于刚体上的任意力系中，加上或减去任一平衡力系，不会改变原力系对刚体的作用效应。也就是说，相差一个平衡力系的两个力系作用效果相同，可以互换。

这个公理的正确性是显而易见的：因为平衡力系不会改变刚体原来的运动状态(静止或做匀速直线运动)，也就是说，平衡力系对刚体的作用效果为零。所以在刚体上加上或去掉一个平衡力系，是不会改变刚体原来的运动状态的。

推论 1　力的可传性原理

作用于刚体上的力可沿其作用线移动到刚体内任意一点，而不会改变该力对刚体的作用效应。

证明：设有力 $\boldsymbol{F}$ 作用于刚体上的 $A$ 点，如图 1.4(a)所示，根据加减平衡力系公理，可在力的作用线上任取一点 $B$，加上两个相互平衡的力 $\boldsymbol{F}_1$ 和 $\boldsymbol{F}_2$，使 $\boldsymbol{F}_1=-\boldsymbol{F}_2=\boldsymbol{F}$，如图 1.4(b)所示，由于 $\boldsymbol{F}$ 和 $\boldsymbol{F}_2$ 又组成一个平衡力系，故可以减去，于是就剩下了一个力 $\boldsymbol{F}_1$ 作用在 $B$ 点，如图 1.4(c)所示。这样就相当于把原来作用在 $A$ 点的力 $\boldsymbol{F}$ 沿其作用线移动到了 $B$ 点，而且没有改变对刚体的作用效应。

由力的可传性原理可知，力对刚体的作用效应与力的作用点在作用线上的位置无关。换句话说，力在同一刚体上可沿其作用线任意移动。这样，对于刚体来说，力的作用点在作用线上的位置已不是决定其作用效应的要素，而力的作用线对物体的作用效应起决定性作用。所以对于刚体，力的三要素应表示为力的大小、方向和作用线。

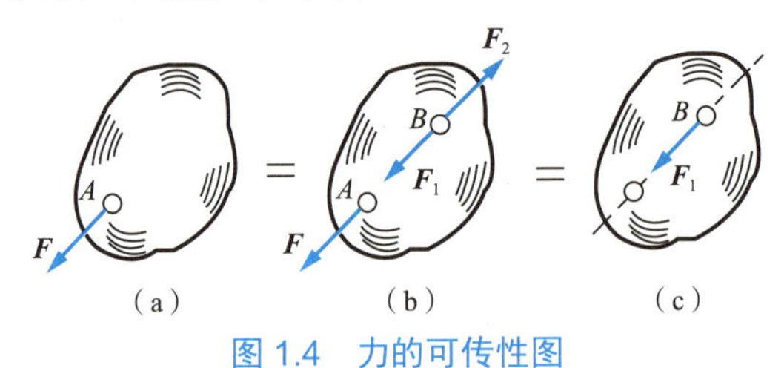


图 1.4　力的可传性图

在应用中应当注意，力的可传性原理只适用于同一个刚体，不适用于两个刚体(不能将作用于一个刚体上的力随意沿其作用线移至另一个刚体上)。如图 1.5(a)所示，两平衡力 $\boldsymbol{F}_1$、$\boldsymbol{F}_2$ 分别作用在两物体 $A$、$B$ 上，能使物体保持平衡(此时物体之间有压力)；但是，如果将 $\boldsymbol{F}_1$、$\boldsymbol{F}_2$ 各沿其作用线移动成为图 1.5(b)所示的情况，则两物体各受一个拉力作用而将被拆散失去平衡。另外，力的可传性原理也不适用于变形体。例如，一个变形体受 $\boldsymbol{F}_1$、$\boldsymbol{F}_2$ 的拉力作用将产生伸长变形，如图 1.6(a)所示；若将 $\boldsymbol{F}_1$ 与 $\boldsymbol{F}_2$ 沿其作用线移到另一端，如图 1.6(b)所示，物体将产生压缩变形，变形形式发生了变化，即作用效应发生了改变。

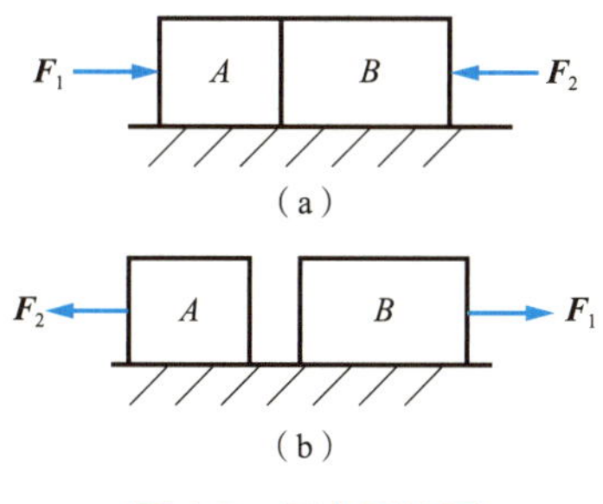

图 1.5　两个刚体图

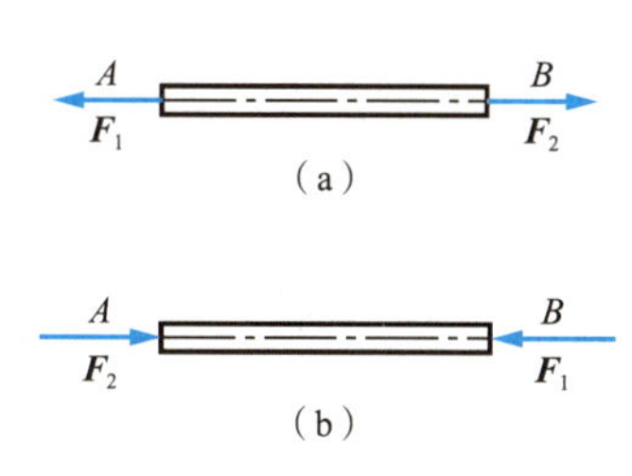

图 1.6　一个变形体图

## 1.2.3 力的平行四边形法则

作用于物体上同一点的两个力，可以合成为一个合力，合力的作用点仍在该点，合力的大小和方向由以这两个力为邻边所构成的平行四边形的对角线矢量来表示[图 1.7(a)]，其矢量式表示为

$$\boldsymbol{F}_R = \boldsymbol{F}_1 + \boldsymbol{F}_2$$

即两个交于一点的力的合力，等于这两个力的矢量和；反过来，一个力也可以依照力的平行四边形法则，按指定方向分解成两个分力。

有时为了方便，以力 $\boldsymbol{F}_1$(或 $\boldsymbol{F}_2$)的终点为力矢 $\boldsymbol{F}_2$(或 $\boldsymbol{F}_1$)的起点，按照力 $\boldsymbol{F}_2$(或 $\boldsymbol{F}_1$)的方向、大小作力矢 $\boldsymbol{F}_2$(或 $\boldsymbol{F}_1$)，以力 $\boldsymbol{F}_1$(或 $\boldsymbol{F}_2$)的起点为起点，力矢 $\boldsymbol{F}_2$(或 $\boldsymbol{F}_1$)的终点为终点的力矢 $\boldsymbol{F}_R$ 即为合力，如图 1.7(b)、(c)所示，这称为力的三角形法则。力矢的加法式表示为

$$\boldsymbol{F}_R = \boldsymbol{F}_1 + \boldsymbol{F}_2$$

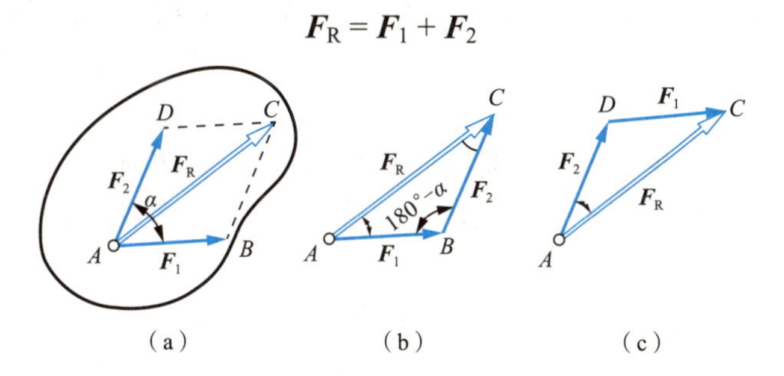

图 1.7　力的平行四边形图

推论 2　三力平衡汇交定理

刚体在三个力作用下处于平衡状态，若其中两个力的作用线汇交于一点，则第三个力的作用线也通过该汇交点，且此三个力的作用线在同一平面内。

如图 1.8 所示，设在刚体上的 $A$、$B$、$C$ 三点，分别作用三个不平行的相互平衡的力 $\boldsymbol{F}_1$、$\boldsymbol{F}_2$、$\boldsymbol{F}_3$。根据力的可传性原理，将力 $\boldsymbol{F}_1$、$\boldsymbol{F}_2$ 移到其汇交点 $O$，然后根据力的平行四边形法则，得合力 $\boldsymbol{F}_{R12}$，则力 $\boldsymbol{F}_3$ 应与力 $\boldsymbol{F}_{R12}$ 平衡。由二力平衡公理知，力 $\boldsymbol{F}_3$ 与力 $\boldsymbol{F}_{R12}$ 必共线。因此，力 $\boldsymbol{F}_3$ 的作用线必通过 $O$ 点并与力 $\boldsymbol{F}_1$、$\boldsymbol{F}_2$ 共面。

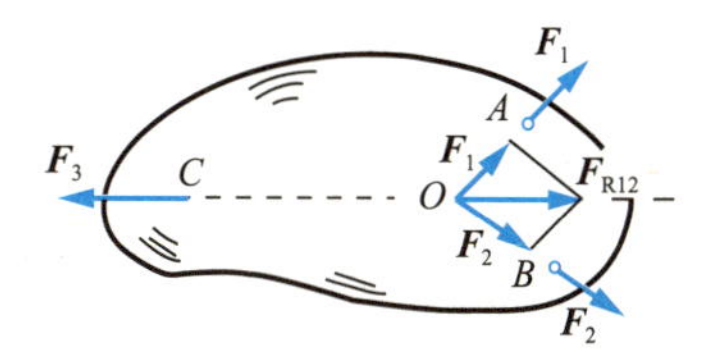

图 1.8　三力平衡汇交图

作用与反作用定律

应当指出，三力平衡汇交定理只说明了不平行的三力平衡的必要条件，而不是充分条件。它常用来确定刚体在不平行三力作用下平衡时，其中某一未知力的作用线。

### 1.2.4 作用与反作用定律

两个物体之间的作用力与反作用力总是同时存在，而且大小相等、方向相反、沿同一直线且分别作用在这两个物体上。

这个定律说明了两物体间相互作用力的关系。力总是成对出现的，有作用力必有一反作用力，且总是同时存在又同时消失。要特别注意，不能把作用与反作用定律和二力平衡公理混淆起来。作用力与反作用力是分别作用在相互作用的两个物体上的，所以，它们不能互相平衡。

荷载

## 1.3 荷载及分类

工程上将作用在结构或构件上，能主动引起物体运动、产生运动趋势或产生变形的作用称为荷载(也称主动力)，如物体的自重。

结构上所承受的荷载往往比较复杂。为了方便计算，可参照有关结构设计规范，根据不同的特点加以分类。

(1) 按作用时间长短，荷载可分为永久荷载(恒载)、可变荷载(活载)和偶然荷载。

永久荷载——长期作用于结构上的不变荷载，如结构的自重、安装在结构上的设备的重量等，其荷载的大小、方向和作用位置是不变的。

可变荷载——结构所承受的可变荷载，如人群、风、雪等荷载。

偶然荷载——使用期内不一定出现，一旦出现其值很大且持续时间很短的荷载，如爆炸力、地震、台风的荷载等。

(2) 按作用范围不同，荷载可分为集中荷载和分布荷载。

集中荷载——作用的面积很小，可近似认为作用在一点上的荷载。如屋架传给柱子的压力、吊车轮传给吊车梁的压力等，其单位是牛(N)或千牛(kN)。

分布荷载——分布在一定范围上的荷载。当荷载连续地分布在一定体积上时称为体分布荷载(即重度)，其单位是 $N/m^3$ 或 $kN/m^3$；当荷载连续地分布在一定面积上时称为面分布荷载[图 1.9(a)]，其单位是 $N/m^2$ 或 $kN/m^2$；在工程上往往把体分布荷载、面分布荷载简化为线分布荷载，其单位是 N/m 或 kN/m。在工程结构计算中，通常用梁的轴线表示一根梁，等截面梁的自重总是简化为沿梁轴线方向的均布线荷载 $q$ [图 1.9(b)]。

分布荷载又可分为均布荷载及非均布荷载两种。集中荷载和均布荷载将是今后经常会碰到的荷载。

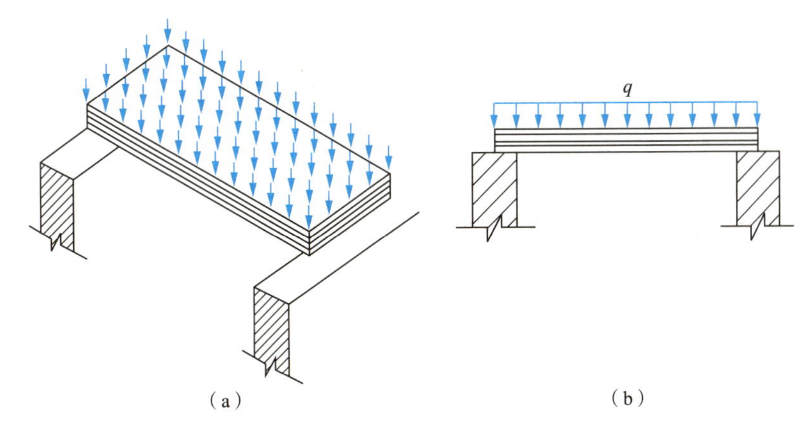


图 1.9　荷载分布图

(3) 按作用性质不同，荷载可分为静荷载和动荷载。

静荷载——凡缓慢施加而不引起结构冲击或振动的荷载。

动荷载——凡能引起明显的冲击或振动的荷载。

(4) 按作用位置，荷载可分为固定荷载和移动荷载。

固定荷载——作用的位置不变的荷载，如结构的自重等。

移动荷载——可以在结构上自由移动的荷载，如车轮压力等。

# 1.4　约束与约束反力

## 1.4.1　约束与约束反力的概念

可在空间内自由运动，不受任何限制的物体称为自由体，如飞行中的飞机、火箭、人造卫星等。在空间某些方向的运动受到一定限制的物体称为非自由体。在建筑工程中所研究的物体，一般都要受到其他物体的限制、阻碍而不能自由运动。例如，桥梁受到桥墩的限制，梁受到柱子或者墙的限制，等等。

对其他物体的运动起限制作用的物体称为约束。约束总是通过物体之间的直接接触形成的。例如，上面提到的桥墩是桥梁的约束，墙或柱子是梁的约束。它们分别限制了各相应物体在约束所能限制的方向上的运动。由于约束限制了被约束物体的运动，在被约束物体沿着约束所限制的方向有运动或运动趋势时，约束必然对被约束物体有力的作用，以阻碍被约束物体的运动或运动趋势，这种力称为约束反力，简称反力。因此，约束反力的方向总是与所能约束的物体的运动(或运动趋势)的方向相反。运用这个准则，可确定约束反力的方向。

约束与约束反力

一般情况下，物体总是同时受到主动力和约束反力的作用。主动力常常是已知的，约束反力是未知的。需要利用平衡条件来确定未知的约束反力。

## 1.4.2 工程中常见的几种约束类型及其约束反力

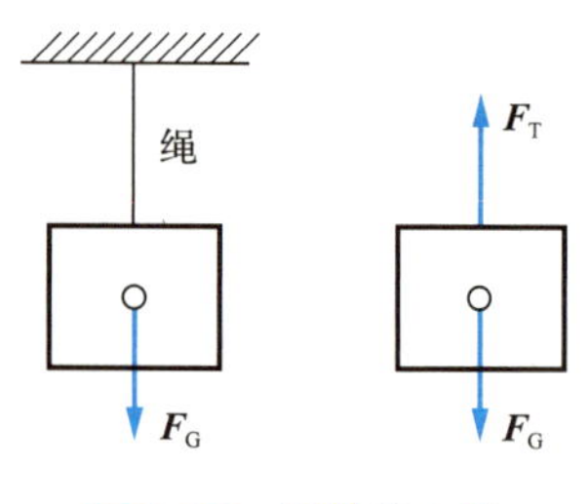

图 1.10 柔体约束图

### 1. 柔体约束

工程中常见的绳索、传动带、链条等柔性物体构成的约束称为柔体约束。这种约束的特点是只能限制物体沿着柔体伸长的方向运动，而不能限制其他方向的运动。因此，柔体约束的约束反力一定通过接触点，沿着柔体中心线且背离被约束物体的方向，恒为拉力，如图 1.10 中的力 $\boldsymbol{F}_T$。

### 2. 光滑接触面约束

当两物体的接触面光滑无摩擦时，就构成光滑接触面约束。这种约束不论接触面的形状如何，都只能限制被约束物体沿着接触点处公法线方向的运动，而不能限制物体沿其他方向的运动。因此光滑接触面约束的约束反力是通过接触点，沿着接触面的公法线指向被约束的物体，只能是压力，如图 1.11 中的力 $\boldsymbol{F}_N$。

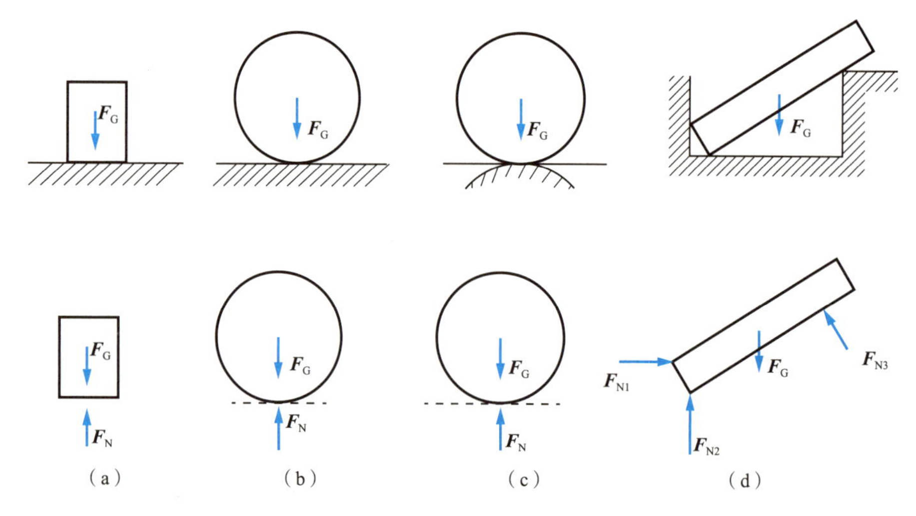

图 1.11 光滑接触面约束图

### 3. 光滑圆柱铰链约束

在两个构件上各钻有同样大小的圆孔，并用圆柱形销钉连接起来。如果销钉和圆孔都是光滑的，那么就形成光滑圆柱铰链，简称为铰链或铰。常见的门窗的合页就是这种约束。销钉不能限制物体绕销钉转动，只能限制物体在垂直于销钉轴线平面内的沿任意方向的移动，如图 1.12(a)所示，圆柱铰链可用图 1.12(b)所示的简图来表示。当物体有运动趋势时，销钉与圆孔壁将必然在某处接触，约束反力一定通过这个接触点，这个接触点的位置往往是不能预先确定的，因此约束反力的方向是未知的。也就是说，圆柱铰链的约束反力作用于接触点，垂直于销钉轴线，通过销钉中心[图 1.12(c)中的 $\boldsymbol{F}_R$]，而方向未定。因此，在实际分析时，通常用两个相互垂直且通过铰链中心的分力 $\boldsymbol{F}_x$ 和 $\boldsymbol{F}_y$ 来代替，两个分力的指向可任意假定，反力的真实方向可由计算结果确定。

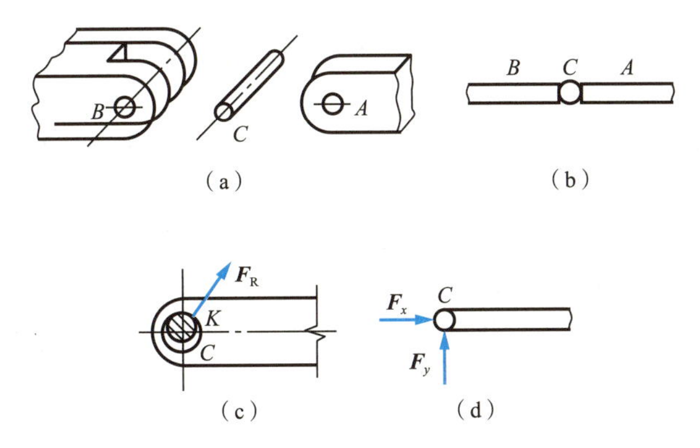


图 1.12 光滑圆柱铰链约束图

光滑圆柱
铰链约束

#### 4. 链杆约束

两端铰接，中间不受力(包括略去自重)的直杆称为链杆。链杆是二力杆件的特例。当链杆对于研究对象成为约束时，称为链杆约束。如图 1.13 所示的支架，横木 *AB* 在 *A* 端用铰链与墙连接，在 *B* 处与 *BC* 杆铰链连接，斜木 *BC* 在 *C* 端用铰链与墙连接，在 *B* 处与 *AB* 杆铰链连接，*BC* 杆是两端用光滑铰链连接而中间不受力的刚性直杆，则 *BC* 杆就可以看成是 *AB* 杆的链杆约束。这种约束只能限制物体沿链杆的轴线方向的运动。链杆可以受拉或者是受压，但不能限制物体沿其他方向的运动。所以，链杆约束的约束反力沿着链杆的轴线，其指向待定，如图 1.13 中的 $\boldsymbol{F}_B$ 和 $\boldsymbol{F}_C$。

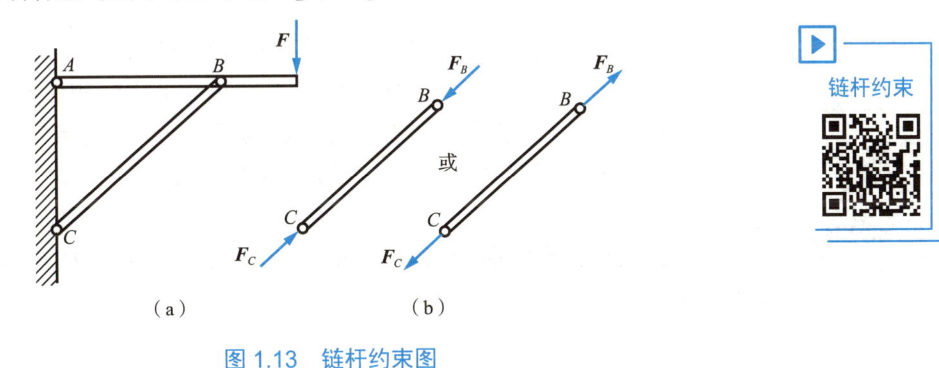


图 1.13 链杆约束图

链杆约束

### 1.4.3 支座的简化和支座反力

工程上将结构或构件连接在支承物上的装置，称为支座。在工程上常常通过支座将构件支承在基础或另一静止的构件上。支座对构件就是一种约束，支座对它所支承的构件的约束反力也称支座反力。支座的构造是多种多样的，其具体情况也是比较复杂的，只有加以简化，归纳成几个类型，才方便分析计算。建筑结构的支座通常分为固定铰支座、可动铰支座和固定端支座三类。

固定铰支座
工作原理

#### 1. 固定铰支座

在连接的两个构件中，其中一个构件是固定在基础上的支座[图 1.14(a)]，这种支座称为固定铰支座。构件与支座用光滑的圆柱铰链连接，构件不能产生沿任何方向的移动，但可以绕销钉转动。可见，固定铰支座的约束反力与圆柱铰链相同，即约束反力一定作用于接触点，垂直于销钉轴线，并通过销钉中心，而方向未定。固定铰支座的简图如图 1.14(b)～(e)所示。约束反力如图 1.14(f)所示，可以用 $\boldsymbol{F}_{RA}$ 和一未知方向的 $\alpha$ 角表示，也可以用一对相互垂直的力 $\boldsymbol{F}_x$、$\boldsymbol{F}_y$ 表示，指向待定。

建筑结构中这种理想的支座是不多见的，通常把不能产生移动，只可能产生微小转动的支座视为固定铰支座。例如，图 1.15 所示的一榀屋架，用预埋在混凝土垫块内的螺栓和支座连在一起，垫块则砌在支座(墙)内，这时，支座阻止了结构的垂直移动和水平移动，但是它不能阻止结构的微小转动。这种支座可视为固定铰支座。

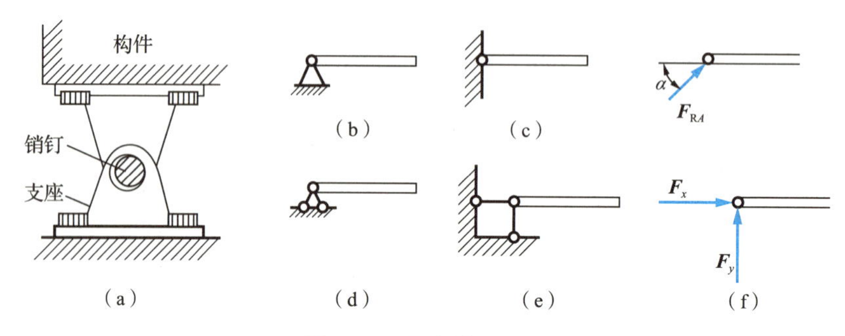


图 1.14　固定铰支座图

### 2. 可动铰支座

可动铰支座工作原理

如果在支座与支承面之间装上几个辊轴，使支座可以沿着支承面运动，就成为可动铰支座，如图 1.16(a)所示。这种约束只能限制构件沿垂直于支承面方向的移动，而不能限制构件绕销钉的转动和沿支承面方向的移动。所以，它的约束反力的作用点就是约束与被约束物体的接触点，约束反力通过销钉的中心，垂直于支承面，方向可能指向构件，也可能背离构件，要视主动力情况而定。这种支座的简图如图 1.16(b)～(d)所示，约束反力 $\boldsymbol{F}_R$ 如图 1.16(e)所示，指向待定。

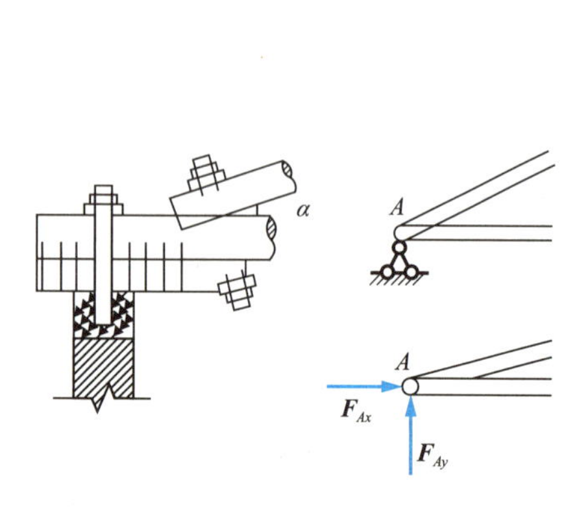


图 1.15　屋架图

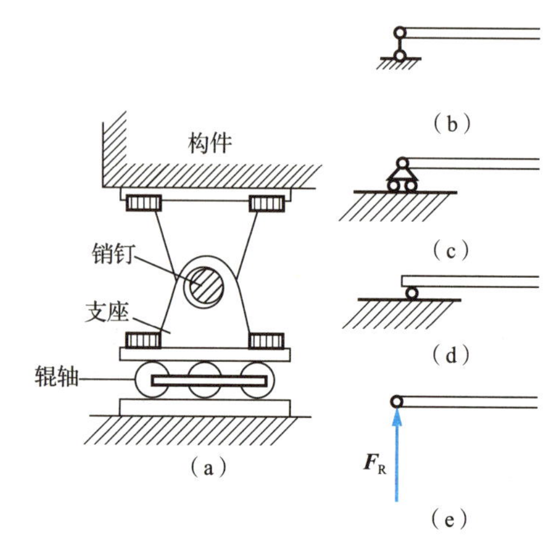


图 1.16　可动铰支座图

### 3. 固定端支座

整体浇筑的钢筋混凝土雨篷，它的一端完全嵌固在墙中，一端悬空，如图 1.17(a)所示，这样的支座称为固定端支座。在嵌固端，雨篷既不能沿任何方向移动，也不能转动，所以固定端支座除产生水平方向和竖直方向的约束反力外，还有一个约束反力偶(力偶将在第 2 章讨论)。这种支座简图如图 1.17(b)所示，其支座反力 $\boldsymbol{F}_{Ax}$、$\boldsymbol{F}_{Ay}$、$M_A$ 如图 1.17(c)所示，指向待定。

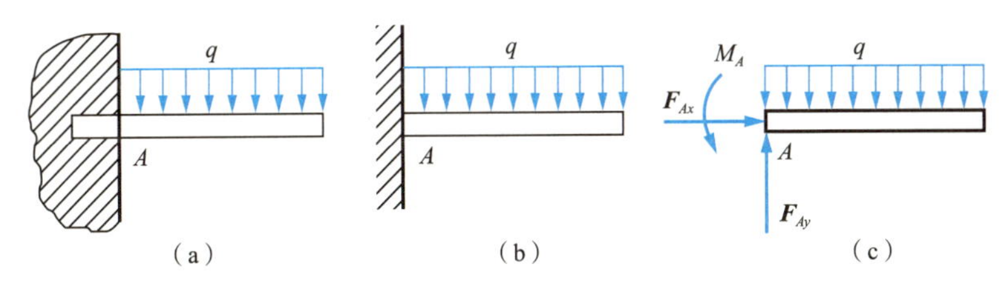


图 1.17 固定端支座图

上面介绍了工程中常见的几种约束类型以及其约束反力的确定方法。当然，这远远不能包含工程实际中遇到的所有约束情况，在实际分析时注意分清主次，略去次要因素，可把约束归结为以上几种基本类型。

## 1.5 物体的受力分析与受力图

在求解工程力学问题时，一般首先需要根据问题的已知条件和待求量，选择一个或几个物体作为研究对象，然后分析它受到哪些力的作用，其中哪些力是已知的，哪些力是未知的，此过程称为受力分析。

为了清晰地表示物体的受力情况，需要将研究对象从周围的物体中分离出来，单独画出它的简图，这种从周围物体中单独分离出来的研究对象，称为分离体(或隔离体)。取出分离体后，将周围物体对它的作用用力矢量的形式表示出来，这样得到的图形即为物体的受力图，也称分离体图(或隔离体图)。选取合适的研究对象与正确画出物体受力图是解决力学问题的前提和依据，必须熟练掌握。

### 1. 画物体受力图的步骤

(1) 取分离体。将研究对象从与其联系的周围物体中分离出来，单独画出。

(2) 画主动力。画出作用于研究对象上的全部主动力。

(3) 画约束反力。根据约束类型画出作用于研究对象上的全部约束反力。

### 2. 画物体受力图时应注意之处

(1) 不能漏画和多画。作用于研究对象上的主动力和约束反力应全部画出，不能遗漏；研究对象作用于周围物体的力不必画出。

(2) 如果研究对象是物体系统时，只画出系统外的物体对它的作用力(称为外力)，系统内任何相联系的物体之间的相互作用力(称为内力)都不能画出。

(3) 注意作用力与反作用力的关系。作用力的方向一经确定(或假设)，反作用力的方向必定和它的方向相反，不能再随意假设。

(4) 正确判断二力杆件。对于平面内受三个力作用的物体，若已知两个力的作用线交于一点，根据三力平衡汇交定理，可确定第三个力的作用线的方位。

(5) 同一个约束反力同时出现在物体系统的整体受力图和拆开画的分离体的受力图中时，它的指向必须一致。

下面将通过案例来说明物体受力图的画法。

## 应用案例 1-1

重力为 $\boldsymbol{F}_P$ 的小球，按图 1.18(a)所示放置，试画出小球的受力图。

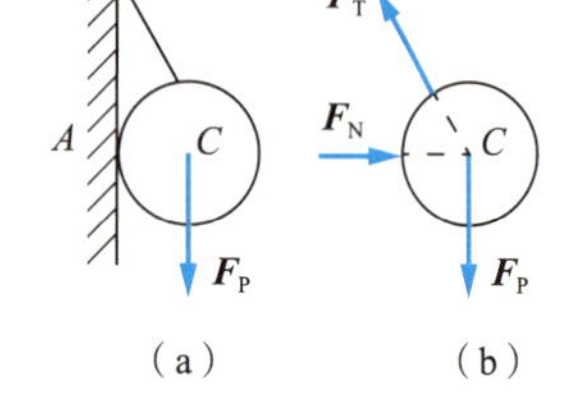


图 1.18 应用案例 1-1 图

【解】(1) 根据题意取小球为研究对象。

(2) 画出主动力。受到的主动力为小球所受重力 $\boldsymbol{F}_P$，作用于球心，铅垂向下。

(3) 画出约束反力。受到的约束反力为绳子的约束反力 $\boldsymbol{F}_T$，作用于接触点 $B$，沿绳子的方向，背离小球；还受到光滑面的约束反力 $\boldsymbol{F}_N$，作用于球面和墙的接触点 $A$，沿着接触点的公法线，指向小球。画出小球的受力图，如图 1.18(b)所示。

**【案例点评】**

光滑接触面约束的约束反力是通过接触点，沿着接触面的公法线指向被约束的物体，只能是压力。

## 应用案例 1-2

如图 1.19(a)所示，简支梁 $AB$，跨中受到集中力 $\boldsymbol{F}$ 作用，$A$ 端为固定铰支座，$B$ 端为可动铰支座。试画出梁的受力图。

【解】(1) 取 $AB$ 梁为研究对象，画出其隔离体图。

(2) 在梁的中点 $C$ 画主动力 $\boldsymbol{F}$。

(3) 在受约束的 $A$ 处和 $B$ 处，根据约束类型画出约束反力。$B$ 处为可动铰支座约束，其反力通过铰链中心且垂直于支承面，其指向假定如图 1.19(b)所示；$A$ 处为固定铰支座约束，其反力可用通过铰链中心 $A$ 并相互垂直的分力 $\boldsymbol{F}_{Ax}$、$\boldsymbol{F}_{Ay}$ 表示。梁的受力图如图 1.19(b)所示。

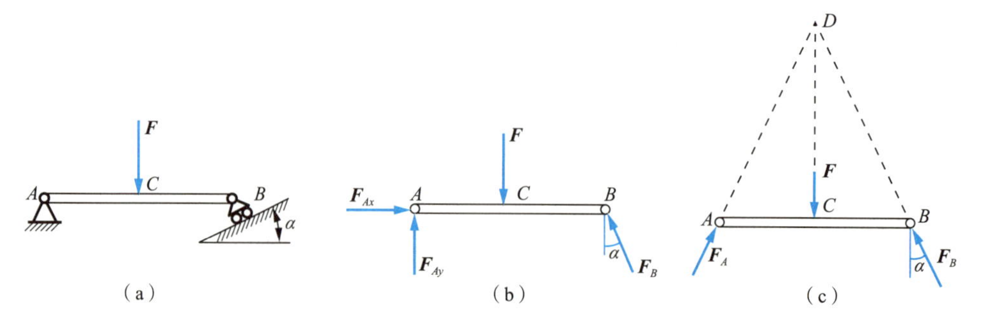


图 1.19 应用案例 1-2 图

**【案例点评】**

另外，注意到梁只在 $A$、$B$、$C$ 三点受到互不平行的三个力作用而处于平衡，因此，也可以根据三力平衡汇交定理进行受力分析。已知 $\boldsymbol{F}$、$\boldsymbol{F}_B$ 相交于 $D$ 点，则 $A$ 处的约束反力 $\boldsymbol{F}_A$ 也一定通过 $D$ 点，从而可确定 $\boldsymbol{F}_A$ 一定在 $A$、$D$ 两点的连线上，可画出图 1.19(c)所示的受力图。

## 应用案例 1-3

在图 1.20(a)所示的三角形托架中，结点 $A$、$C$ 处为固定铰支座，$B$ 处为铰链连接。不计各杆的自重以及各处的摩擦。试画出 $AD$、$BC$ 杆及整体的受力图。

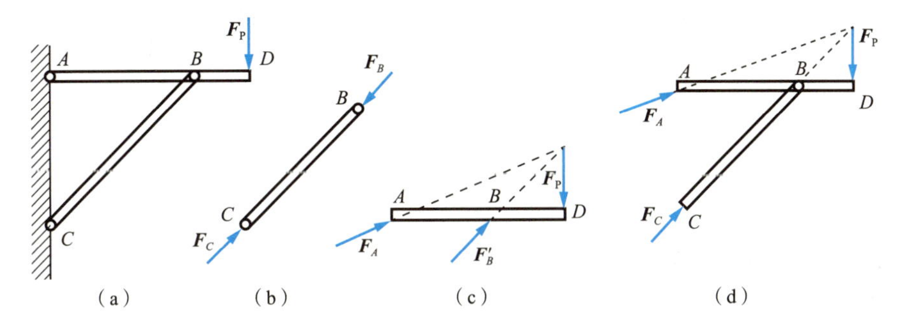


图 1.20　应用案例 1-3 图

**【解】**(1) 取斜杆 $BC$ 为研究对象。该杆两端通过铰链与其他物体连接，中间不受力，可判断 $BC$ 为二力杆，$\boldsymbol{F}_B$ 与 $\boldsymbol{F}_C$ 必定大小相等，方向相反，作用线沿两铰链中心的连线，方向可先任意假定。本题中从主动力 $\boldsymbol{F}_P$ 分析，杆 $BC$ 受压，因此 $\boldsymbol{F}_B$ 与 $\boldsymbol{F}_C$ 的作用线沿两铰链中心连线指向杆件，画出 $BC$ 杆受力图如图 1.20(b)所示。

(2) 取水平杆 $AD$ 为研究对象。先画出主动力 $\boldsymbol{F}_P$，再画出约束反力 $\boldsymbol{F}'_B$，$\boldsymbol{F}'_B$ 与 $\boldsymbol{F}_B$ 是作用力与反作用力的关系，$A$ 端是铰链约束，根据三力平衡汇交定理可画出 $\boldsymbol{F}_A$，$AD$ 杆的受力图如图 1.20(c)所示。

(3) 取整体为研究对象，只考虑整体外部对它的作用力，画出受力图，如图 1.20(d)所示。注意，同一个约束反力同时出现在物体系统的整体受力图和拆开画的分离体的受力图中时，它的指向必须一致。

**【案例点评】**

首先正确判断出二力杆件；对于平面内受三个力作用的物体，若已知两个力的作用线交于一点，根据三力平衡汇交定理，可确定第三个力的作用线的方位。

**特别提示**

同一个约束反力同时出现在物体系统的整体受力图和拆开画的分离体的受力图中时，它的指向必须一致。

# 1.6 结构的计算简图

**拓展讨论**

实际工程中，结构受力复杂，因此需要对结构进行简化，简化时为什么要略去次要因素？

实际工程中，结构的构造多种多样，结构上作用的荷载也比较复杂，完全按照其实际受力情况进行分析会使问题非常复杂，也是不必要的。对结构和构件的受力和约束经过简化后得到的、用于力学或工程分析与计算的图形，称为力学计算简图或计算简图。对实际结构的力学计算往往在结构的计算简图上进行，所以，计算简图的选择必须注意下列原则。

(1) 正确反映结构的实际受力情况，使计算结果尽可能精确。

(2) 略去次要因素，突出结构的主要性能，使分析计算过程简单化。

## 1.6.1 结构、杆件的简化

工程中的结构都是空间结构，各构件相互连接成一个空间整体，以便承受各个方向可能出现的荷载。但是，在土建等工程中，大量的空间杆系结构，在一定的条件下，根据结构的受力状态和特点，常可以简化为平面杆系结构进行计算，力学计算简图中常用杆件的轴线代替杆件。

## 1.6.2 结点的简化

在结构中，构件之间相互连接的部分称为结点。在结构的计算简图中，把结点只简化成两种基本形式：刚结点和铰结点。

(1) 刚结点。它的特征是其所连接的各杆之间不能绕结点有相对的转动；变形时，结点处各杆件间的夹角都保持不变，如图 1.21(a)所示。在计算简图中，刚结点用杆件轴线的交点来表示，如图 1.21(d)。

(2) 铰结点。它的特征是其所铰接的各杆件均可绕结点自由转动，杆件间夹角的大小可以改变，如图 1.21(b)、(c)所示。在计算简图中，铰结点如图 1.21(e)、(f)所示。

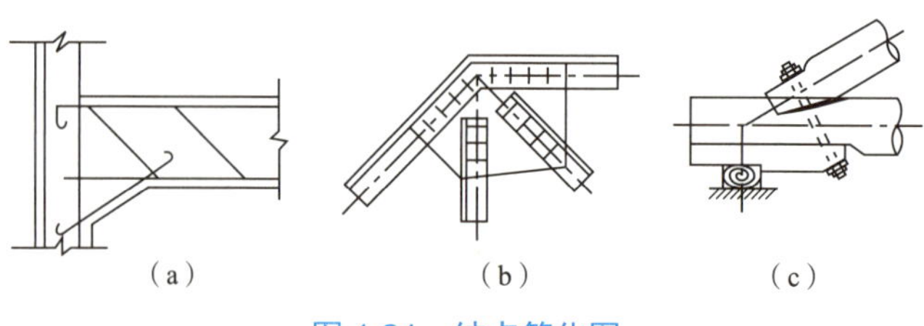


图 1.21 结点简化图

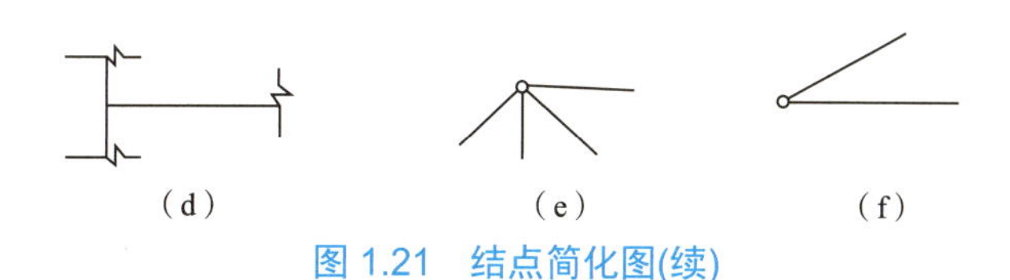


图 1.21 结点简化图(续)

## 1.6.3 支座的简化

支座是指结构与基础(或别的支承构件)之间的连接装置。对其进行简化时，应根据结构和约束装置的主要特征选用对应的支座，支座的简化形式主要有：固定端支座、固定铰支座、可动铰支座和定向支座。

(1) 固定端支座。它使结构在支承处既不能做任何移动，也不能转动，如图 1.22(a)所示。在计算简图中，固定端支座的表示方式如图 1.22(b)所示。

(2) 固定铰支座。它只允许结构在支承处转动，不允许有任何方向的移动，如图 1.22(c)所示。在计算简图中，固定铰支座的表示方式如图 1.22(d)所示。

(3) 可动铰支座。它允许结构在支承处转动，但不允许结构沿某方向移动，如图 1.22(e)所示。在计算简图中，可动铰支座的表示方式如图 1.22(f)所示。

(4) 定向支座。它只允许结构沿一个方向移动，不允许沿其他方向移动，也不能转动，如图 1.22(g)所示。在计算简图中，定向支座的表示方式如图 1.22(h)所示。

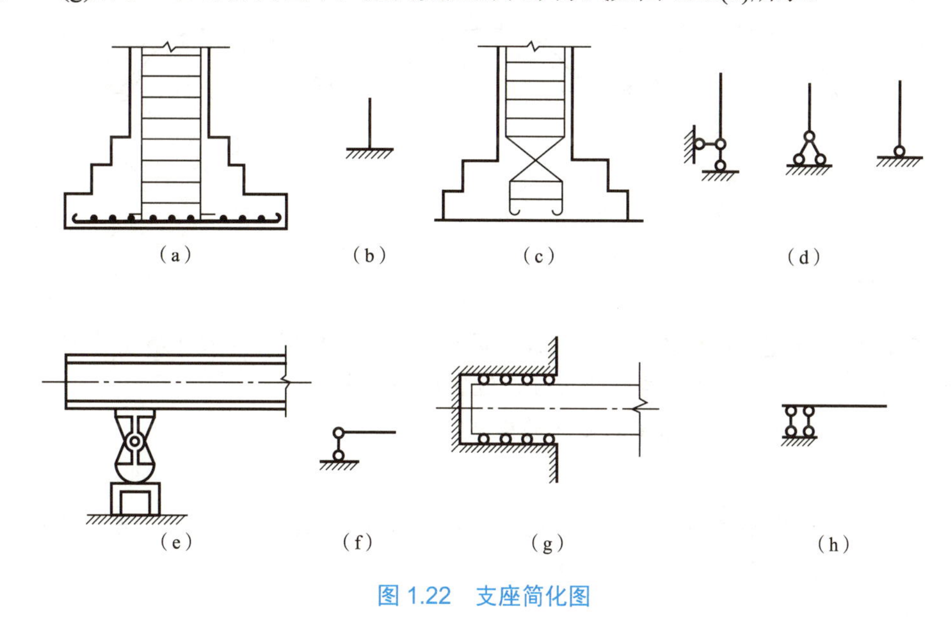


图 1.22 支座简化图

结构的计算简图是建筑力学分析问题的基础，极为重要。恰当地选取实际结构的计算简图，不仅要掌握上面所述的基本原则，还要有丰富的实践经验。对于一些新型结构往往还要通过反复试验和实践，才能获得比较合理的计算简图。

# 1.7　平面杆系结构的分类

平面杆系结构是本书分析的对象，按照它的构造和力学特征，可分为五类。

### 1. 梁

以受弯为主的杆件称为梁。本书主要讨论直梁，较少涉及曲梁，更不考虑曲率对曲杆的影响。梁有静定梁和超静定梁两大类，如图 1.23(a)、(b)所示。

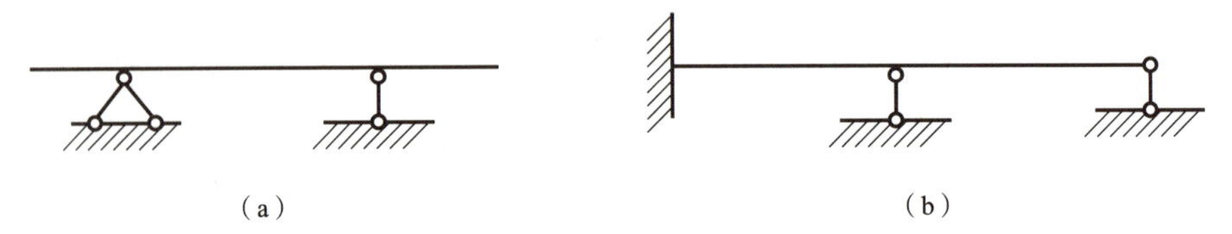


图 1.23　梁简图

### 2. 拱

拱多为曲线外形，它的力学特征在以后讨论拱时再说明。常用的拱有静定三铰拱、超静定的无铰拱和两铰拱三种，分别如图 1.24(a)、(b)、(c)所示。

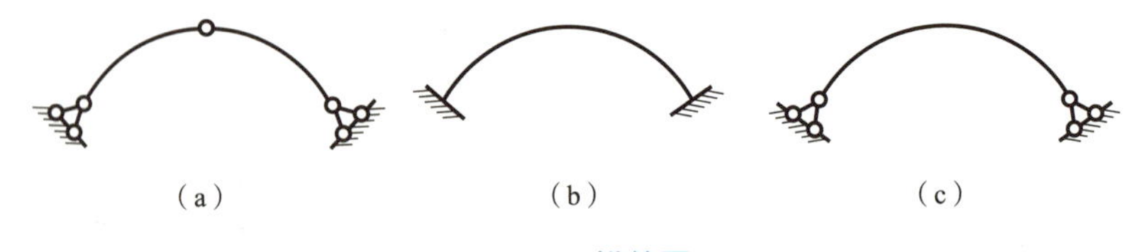


图 1.24　拱简图

### 拓展讨论

1. 我国赵州桥建造年代久远、跨度大、保存完整，在中国桥梁史上有重要地位，体现了我国古代工匠的聪明才智。赵州桥为什么能保存那么久?

2. 你了解我国当前在桥梁建设方面的成就吗?

### 3. 刚架

刚架是由若干根直杆组成的具有刚结点的结构，有静定刚架和超静定刚架两大类，如图 1.25 所示。

### 4. 桁架

桁架是由若干根直杆在其两端用铰连接而成的结构。理想桁架的荷载必须施加在结点上，如图 1.26(a)、(b)所示。桁架有静定桁架和超静定桁架两种。

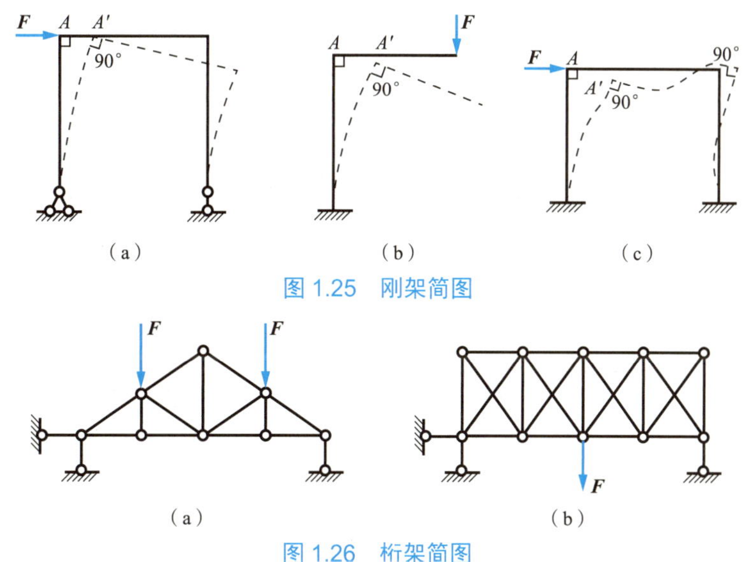


图 1.25 刚架简图

图 1.26 桁架简图

### 5. 组合结构

它是由桁架式直杆和梁式杆件两类杆件组合而成的结构，如图 1.27 所示。组合结构也有静定和超静定之分。

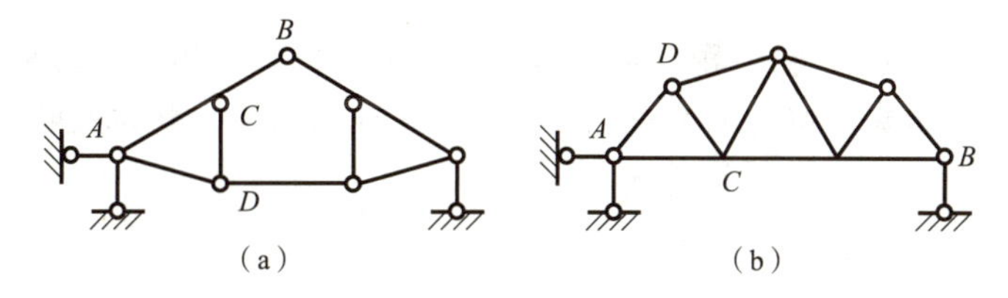


图 1.27 组合结构简图

## 1.8 杆件的基本变形

工程实际中，作用在杆件上的荷载是多种多样的，因此，杆件的变形也是多种多样的。但总不外乎是下列四种基本变形之一，或者是几种基本变形形式的组合变形。

### 1. 轴向拉伸与压缩

如图 1.28(a)、(b)所示的等直杆，在一对作用线与杆轴线重合的外力作用下，杆的主要变形是轴向伸长或缩短。

### 2. 剪切

如图 1.28(c)所示的等直杆，在一对作用线相距很近、指向相反、大小相等的横向外力作用下，杆的主要变形是横截面沿外力作用方向发生相对错动。

### 3. 扭转

如图 1.28(d)所示的圆截面等直杆，在一对作用面垂直于杆轴线、转向相反、大小相等的外力偶作用下，杆的变形为相邻的横截面绕杆的轴线发生相对转动。

### 4. 弯曲

如图 1.28(e)所示的等直杆，在一对作用在纵向对称平面内、大小相等、转向相反的外力偶作用下，杆变形的特征为所有纵向纤维弯成曲线，相邻横截面绕垂直于变形后的杆轴线的轴发生相对转动。

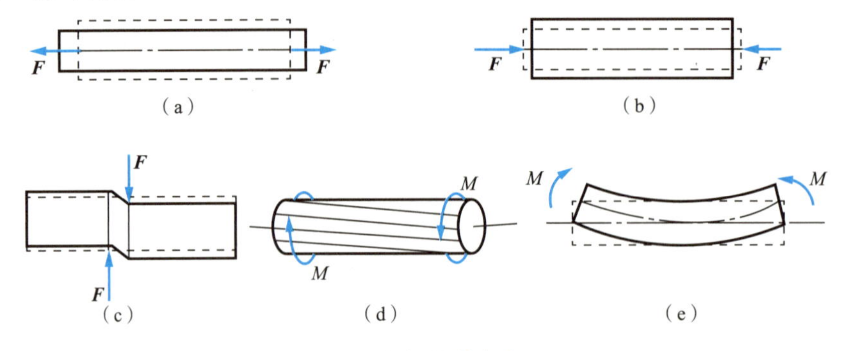


图 1.28　杆件的基本变形图

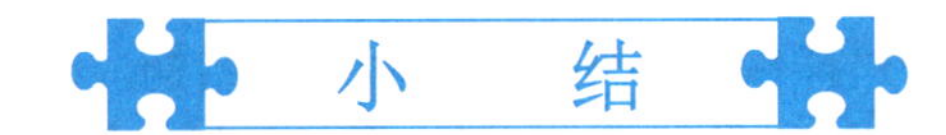

## 小　　结

本章主要介绍了力的性质、静力学基本公理、工程中常见的几种约束类型及其支座反力的画法，在掌握前面基本概念的基础上，要求能正确画出单个物体及物体系统的受力图。最后简要介绍了荷载及杆系结构的分类。

(1) 力是物体间的相互机械作用。

力对物体的作用效应有两种：运动效应(外效应)和变形效应(内效应)。力的效应取决于力的三要素：大小、方向、作用点。

(2) 静力学基本公理。

① 二力平衡公理又称二力平衡条件，它是刚体平衡最基本的规律，是推证力系平衡条件的理论依据。所谓平衡，是指物体相对于地球处于静止或匀速直线运动的状态。使刚体处于平衡状态的力系对刚体的效应等于零。

② 加减平衡力系公理是力系简化的重要理论依据。加减平衡力系公理和力的可传性原理只适用于刚体。

③ 力的平行四边形法则表明，作用在物体上同一点的两个力可以用平行四边形法则合成；反过来，一个力也可以用平行四边形法则分解为两个分力。平行四边形法则是所有用矢量表示的物理量相加的法则。三力平衡汇交定理阐明了物体在不平行的三个力作用下平衡的必要条件。

④ 作用与反作用定律反映了力是物体间的相互机械作用这一最基本的性质，说明了力总是成对出现且作用在两个不同的物体上。

(3) 对其他物体运动起限制作用的物体称为约束。

约束反力即约束作用于被约束物体上的力，正是这种力阻碍被约束物体沿某些方向的运动，因而约束反力的方向总是与约束所能阻碍的被约束物体的运动(或运动趋势)的方向相反。约束反力一定要根据各类约束的性质画出，有时还要根据二力平衡条件、作用与反作用定律及三力平衡汇交定理来判定约束反力的方向。约束反力的方向能够预先确定的，在受力图上应正确画出；如果指向不能预先确定，可以先假定，但力的作用线的方位不能画错；指向假定是否正确，可以由以后计算得到的结果来判断。在一般情况下，圆柱铰链和固定铰支座的约束反力的方向不能预先确定，可用两个相互垂直的分力表示。

(4) 画受力图时还应该注意以下问题。

① 只画研究对象所受到的力，不画研究对象施加给其他物体的力。

② 只画外力不画内力。

③ 画作用力与反作用力时，二力必须满足大小相等、作用在一条直线上、指向相反、作用在两个物体上。

④ 同一个约束反力同时出现在物体系统的整体受力图和拆开画的分离体的受力图中时，它的指向必须一致。

(5) 作用于结构或构件上的主动力即为荷载。

荷载的种类很多，主要的分类就是分布荷载和集中荷载。

(6) 单个杆件的基本变形形式，包括轴向拉伸与压缩变形、剪切变形、扭转变形和弯曲变形。

(7) 杆系结构的类型包括梁、拱、刚架、桁架和组合结构。

## 思考题

(1) 试比较力的投影与力的分力的区别。

(2) 合力是否一定比分力大？

(3) 为什么说二力平衡公理、加减平衡力系公理和力的可传性原理只适用于刚体？

(4) 什么是约束？工程中常见的约束有哪几种，约束反力各有何特点？

(5) 什么是荷载？如何分类？

(6) 简述画受力图的步骤及要点。画受力图时，如何区分内力和外力？

(7) 杆件有哪几种基本变形形式？

(8) 杆系结构可分为哪几种类型？

## 习题

### 一、填空题

(1) 在任何外力作用下，大小和形状保持不变的物体称为________。

(2) 力是物体之间的相互________。这种作用会使物体产生两种力的效应，分别是________和________。

(3) 力的三要素是________、________、________。

(4) 一刚体上作用两个力，并且刚体保持平衡，则该两力一定大小________、方向________，并且________。

(5) 加减平衡力系公理对物体而言，该物体的________效应成立。

(6) 使物体产生运动或产生运动趋势的力称为________。

(7) 约束反力的方向总是和该约束所能阻碍物体的运动方向________。

(8) 柔体的约束反力是通过________点，其方向沿着柔体________线的拉力。

(9) 杆件的四种基本变形是________、________、________、________。

(10) 由于外力作用，构件的一部分对另一部分的作用称为________。

## 二、单选题

(1) 既限制物体任何方向的移动，又限制物体转动的支座称为(　　)支座。

A. 固定铰　　B. 可动铰　　C. 固定端　　D. 光滑面

(2) 只限制物体任何方向的移动，不限制物体转动的支座称为(　　)支座。

A. 光滑面　　B. 可动铰　　C. 固定端　　D. 固定铰

(3) 杆件在一对大小相等、方向相反、作用线与杆轴线重合的外力作用下，杆件产生的变形称为(　　) 变形。

A. 剪切　　B. 弯曲　　C. 轴向拉伸与压缩　　D. 扭转

(4) 由若干根直杆在其两端用铰连接而成的结构称(　　)结构。

A. 梁式　　B. 组合式　　C. 拱式　　D. 桁架式

(5) 作用力与反作用力总是大小相等、方向相反、沿同一直线分别作用在这(　　)个物体上。

A. 一　　B. 二　　C. 三　　D. 四

## 三、判断题

(1) 物体相对于地球保持静止的状态称为平衡。(　　)

(2) 刚体是指在外力作用下变形很小的物体。(　　)

(3) 凡是两端用铰链连接的直杆都是二力杆。(　　)

(4) 作用力与反作用力总是方向相同。(　　)

(5) 如果作用在刚体上的三个力共面且汇交于一点，则刚体一定平衡。(　　)

(6) 作用在物体上的力可以沿作用线移动，对物体的作用效果不变。(　　)

(7) 合力一定比分力大。(　　)

## 四、主观题

(1) 画出图 1.29 中 $AB$ 杆的受力图，各接触面均为光滑面。

(2) 画出图 1.30 中 $AB$ 杆的受力图。

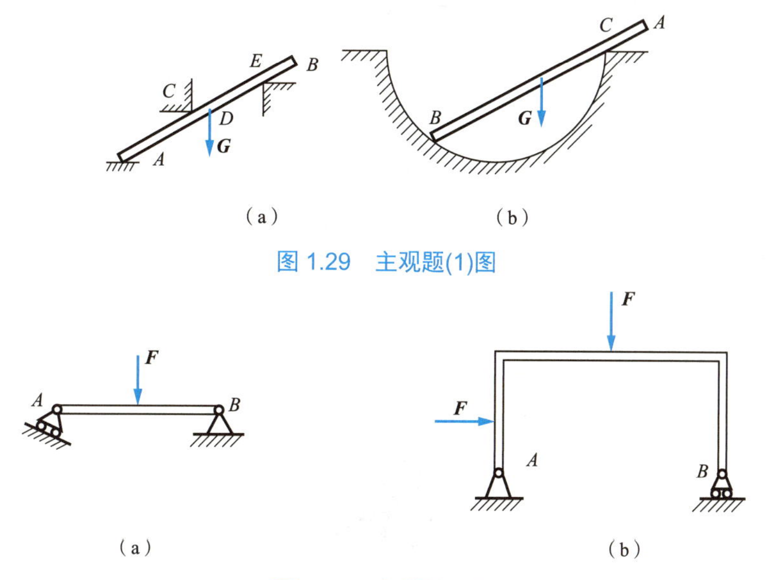


图 1.30 主观题(2)图

(3) 画出图 1.31 中梁 $AB$ 的受力图。

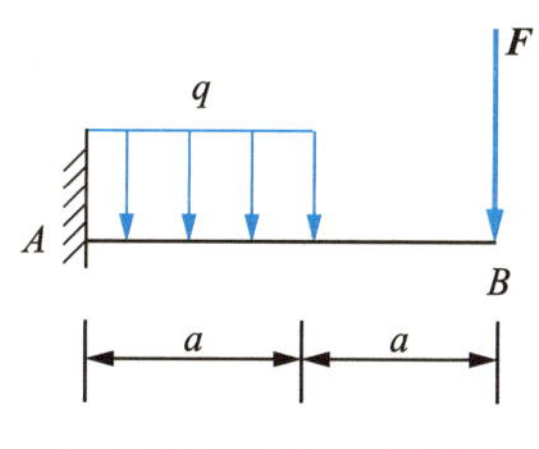


图 1.31 主观题(3)图

(4) 如图 1.32 所示，画出物体整体的受力图。未画重力的物体的质量均不计，所有接触面均为光滑面。

(5) 如图 1.33 所示，画出其中每个标注字母的物体及整体的受力图。未画重力的物体的质量均不计，所有接触面均为光滑面。

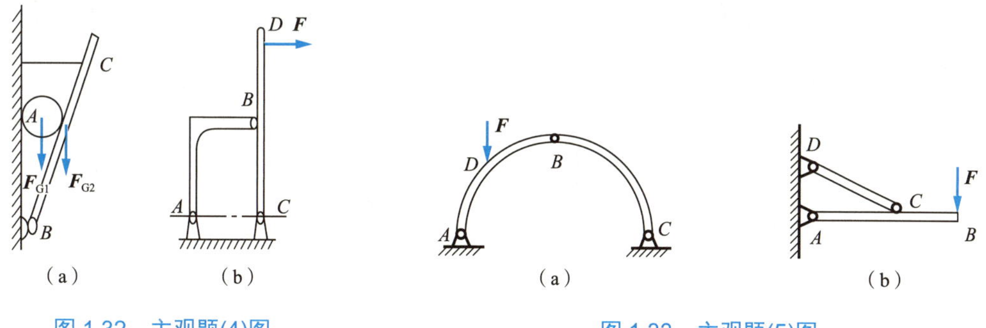


图 1.32 主观题(4)图

图 1.33 主观题(5)图

(6) 画出图 1.34 中整体和各杆件的受力图。

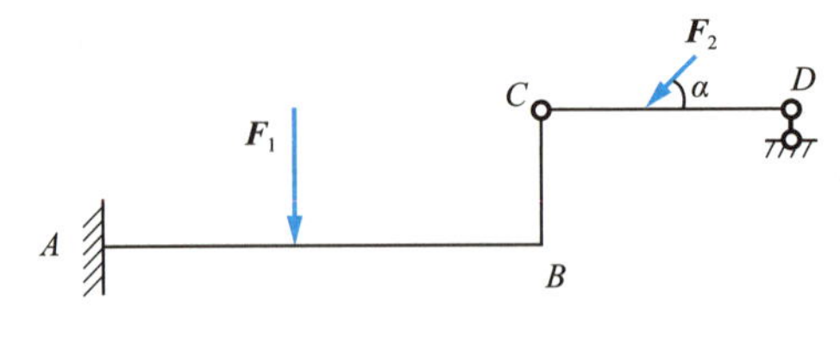


图 1.34　主观题(6)图

# 第2章 平面力系合成及平衡

## 教学目标

理解用力的多边形求解平面汇交力系的合力与平衡问题；掌握力的分解与投影的异同点，理解合力投影定理；掌握力矩的计算；理解力偶定义及基本性质，掌握平面力偶系的合力偶与平面力偶系的平衡条件；掌握力的平移定理及平面一般力系的简化方法，掌握主矢和主矩的概念及计算；理解平面一般力系的合力矩定理；掌握用解析法求解平面汇交力系的合成与平衡问题；掌握平面一般力系的平衡条件及其应用；掌握物体系统平衡问题的解题方法。

## 教学要求

| 知识要点 | 能力要求 | 所占比重 |
|---|---|---|
| 力在坐标轴上的投影、合力投影定理、汇交力系的合力、汇交力系的解析条件 | (1) 用力的多边形、解析法求解平面汇交力系的合力<br>(2) 力在坐标轴上的投影<br>(3) 能用解析法求解汇交力系 | 20% |
| 力矩的单位及其正负号，力偶及其基本性质、平面力偶系的合力偶与平衡条件 | (1) 理解力矩的定义<br>(2) 力对点之矩的计算<br>(3) 理解力偶及其基本性质<br>(4) 能够计算平面力偶系的合力偶与平面力偶系平衡 | 20% |
| 力的平移定理、主矢和主矩的概念；平面一般力系的平衡条件、物体系受力图的绘制及平衡条件 | (1) 能够计算平面一般力系主矢和主矩<br>(2) 能够运用平衡条件进行物体、物体系平衡问题的分析 | 60% |

## 学习重点

平面汇交力系的合成和平衡条件及其应用、平面一般力系的简化、物体和物体系平衡问题的分析。

## 生活知识提点

在日常生活中，左手提一较重的物体时，身体向左侧斜，人感到很吃力。要把物体分成两半，分别用两只手提，人感到较为轻松。这是为什么？下面我们来进行讨论。

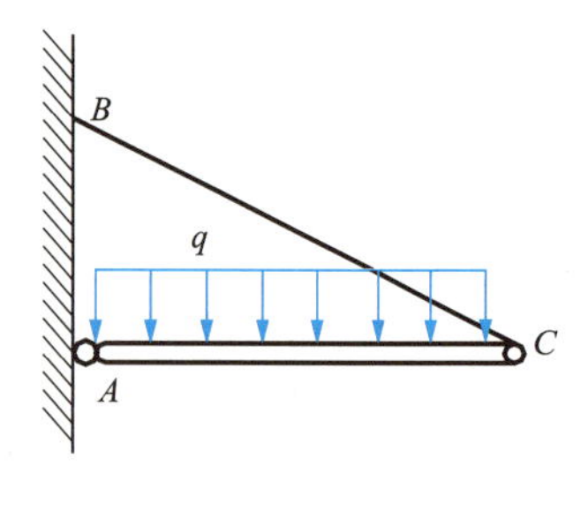

图 2.1　引例图

## 引例

如图 2.1 所示，横梁 $AC$ 为刚性杆，$A$ 端为铰支，$C$ 端用一钢索 $BC$ 固定。已知 $AC$ 梁上所受的均布荷载集度为 $q$ = 30kN/m，试求横梁 $AC$ 所受的约束力。

通过画受力分析图，可以分析出横梁 $AC$ 既受到均布荷载 $q$ 的作用，也受到斜向钢索 $BC$ 的拉力，还有支座 $A$ 处的固定铰支座的约束，是一个平面一般力系。

# 2.1　平面汇交力系

## 2.1.1　力在平面坐标轴上的投影

设力 $\boldsymbol{F}$ 作用在物体上的 $A$ 点，在力 $\boldsymbol{F}$ 作用线所在的平面内取直角坐标系 $xOy$，如图 2.2 所示。从力 $\boldsymbol{F}$ 的两端点 $A$ 和 $B$ 分别向 $x$ 轴和 $y$ 轴作垂线，得垂足 $a$、$b$ 和 $a'$、$b'$。线段 $ab$ 称为力 $\boldsymbol{F}$ 在 $x$ 轴上的投影，用 $F_x$ 表示。线段 $a'b'$ 称为力 $\boldsymbol{F}$ 在 $y$ 轴上的投影，用 $F_y$ 表示。

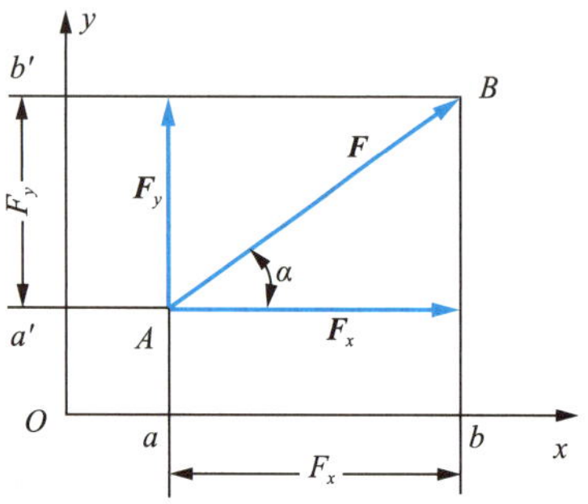

图 2.2　力的投影图

若已知力的大小为 $F$，它和 $x$ 轴的夹角为 $\alpha$ (取锐角)，则力在轴上的投影 $F_x$ 和 $F_y$ 可按下式计算。

$$\begin{cases} F_x = \pm F\cos\alpha \\ F_y = \pm F\sin\alpha \end{cases} \tag{2-1}$$

投影的正负号规定如下：若由 $a$ 到 $b$ (或由 $a'$到 $b'$)的指向与坐标轴正向一致时，力的投影取正值；反之，取负值。

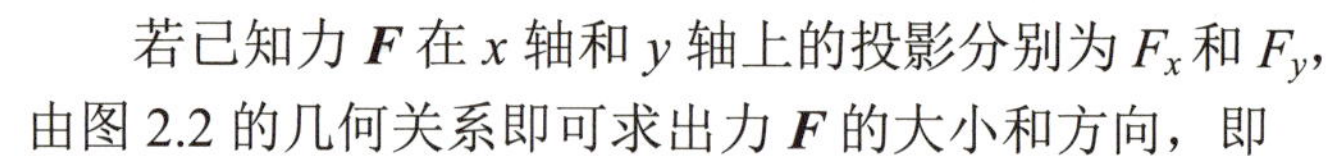

若已知力 $\boldsymbol{F}$ 在 $x$ 轴和 $y$ 轴上的投影分别为 $F_x$ 和 $F_y$，由图 2.2 的几何关系即可求出力 $\boldsymbol{F}$ 的大小和方向，即

$$\begin{cases} F = \sqrt{F_x^2 + F_y^2} \\ \tan\alpha = \left|\dfrac{F_y}{F_x}\right| \end{cases} \tag{2-2}$$

### 应用案例 2-1

在物体上的 $O$、$A$、$B$、$C$、$D$ 点，分别作用力 $\boldsymbol{F}_1$、$\boldsymbol{F}_2$、$\boldsymbol{F}_3$、$\boldsymbol{F}_4$、$\boldsymbol{F}_5$，如图 2.3 所示。各力的大小为 $F_1 = F_2 = F_3 = F_4 = F_5 = 20\text{N}$，各力的方向如图所示，求各力在 $x$、$y$ 轴上的投影。

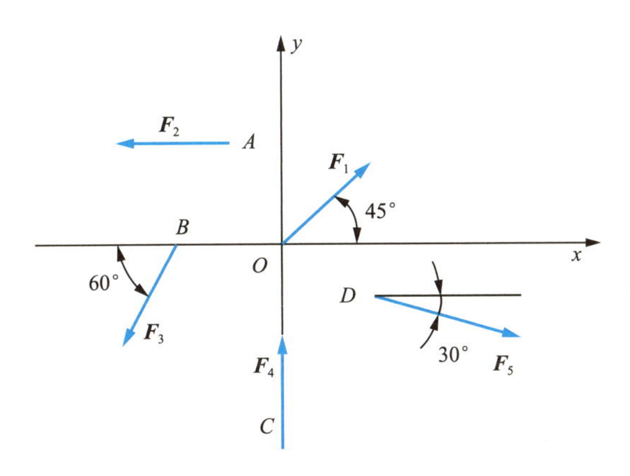


图 2.3 应用案例 2-1 图

**【解】** 由式(2-1)得各力在 $x$ 轴上的投影为

$$F_{1x} = F_1 \cos 45° = 20\text{N} \times 0.707 = 14.14\text{N}$$
$$F_{2x} = -F_2 \cos 0° = -20\text{N} \times 1 = -20\text{N}$$
$$F_{3x} = -F_3 \cos 60° = -20\text{N} \times 0.5 = -10\ \text{N}$$
$$F_{4x} = F_4 \cos 90° = 20\text{N} \times 0 = 0\text{N}$$
$$F_{5x} = F_5 \cos 30° = 20\text{N} \times 0.866 = 17.32\text{N}$$

各力在 $y$ 轴上的投影为

$$F_{1y} = F_1 \sin 45° = 20\text{N} \times 0.707 = 14.14\text{N}$$
$$F_{2y} = F_2 \sin 0° = 20\text{N} \times 0 = 0\text{N}$$
$$F_{3y} = -F_3 \sin 60° = -20\text{N} \times 0.866 = -17.32\text{N}$$
$$F_{4y} = F_4 \sin 90° = 20\text{N} \times 1 = 20\text{N}$$
$$F_{5y} = -F_5 \sin 30° = -20\text{N} \times 0.5 = -10\text{N}$$

**【案例点评】**

(1) 当力 $\boldsymbol{F}$ 的方向与 $x$ 轴(或 $y$ 轴)平行时，$\boldsymbol{F}$ 的投影 $F_x$(或 $F_y$)的值与 $\boldsymbol{F}$ 的大小相等；当力 $\boldsymbol{F}$ 的方向与 $x$ 轴(或 $y$ 轴)垂直时，$\boldsymbol{F}$ 的投影 $F_x$(或 $F_y$)的值为零。

(2) 计算时需注意准确判断投影的正负号。

## 2.1.2 平面汇交力系的合成与平衡

在建筑工程中所遇到的很多实际问题都可以简化为平面力系来处理。若作用在刚体上各力的作用线都在同一平面内，且汇交于同一点，该力系称为平面汇交力系，如图 2.4 所示。

### 1. 平面汇交力系的合成

作用在物体上某一点的两个力，可以合成为作用在该点的一个合力，合力的大小和方向由以这两个力为邻边所构成的平行四边形的对角线来确定，这就是平行四边形法则，如图 2.5 所示，其矢量表达式为 $\boldsymbol{F}_R = \boldsymbol{F}_1 + \boldsymbol{F}_2$。

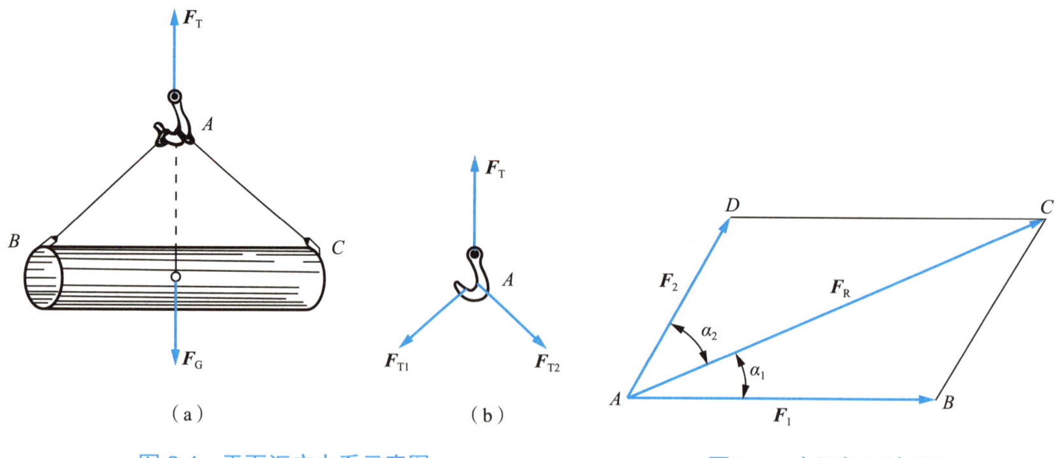


图 2.4　平面汇交力系示意图

图 2.5　力平行四边形图

平行四边形法则总结了最简单力系的合成规律，其逆运算就是力的分解法则。在求合力 $\boldsymbol{F}_R$ 的大小和方向时，不必画出平行四边形 $ABCD$，而是画出三角形 $ABC$ 或 $ADC$ 即可，这称为力的三角形法则。

当求两个以上汇交力的合力时，可连续应用力的三角形法则。如图 2.6(a)所示，墙上的 $O$ 点处受到一组平面汇交力($\boldsymbol{F}_1$、$\boldsymbol{F}_2$、$\boldsymbol{F}_3$、$\boldsymbol{F}_4$)作用。对该汇交力系，连续应用三角形法则，得合力 $\boldsymbol{F}_R$，如图 2.6(b)所示，合力矢量表达式为 $\boldsymbol{F}_R = \boldsymbol{F}_1 + \boldsymbol{F}_2 + \boldsymbol{F}_3 + \boldsymbol{F}_4$。

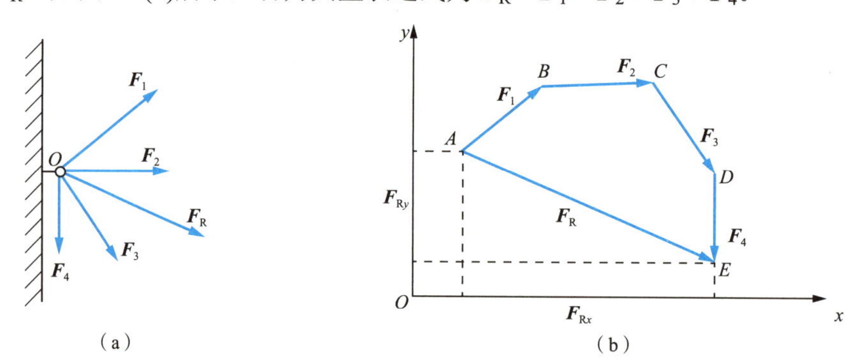


图 2.6　力多边形图

运用平行四边形法则(三角形法则)求解平面汇交力系的合力具有直观明了的优点，但要求作图准确，否则将产生较大的误差，尤其是多个力合成时，为了能比较简便有效地得到准确的结果，多采用前述力在坐标轴上投影的方法。

运用力在平面坐标轴上的投影原理，则合力 $\boldsymbol{F}_R$ 向 $x$ 轴、$y$ 轴投影可以表达为

$$\begin{cases} F_{Rx} = F_{1x} + F_{2x} + \cdots + F_{nx} = \sum F_x \\ F_{Ry} = F_{1y} + F_{2y} + \cdots + F_{ny} = \sum F_y \end{cases} \tag{2-3}$$

上式就是合力投影定理。

合力投影定理：合力在坐标轴上的投影，等于各分力在同一轴上投影的代数和。

由合力投影定理可以求出平面汇交力系的合力。若刚体上作用一已知的平面汇交力系($\boldsymbol{F}_1$，$\boldsymbol{F}_2$，$\boldsymbol{F}_3$，…，$\boldsymbol{F}_n$)，如图 2.7(a)所示，根据合力投影定理可求出 $F_{Rx}$、$F_{Ry}$，如图 2.7(b)所示。

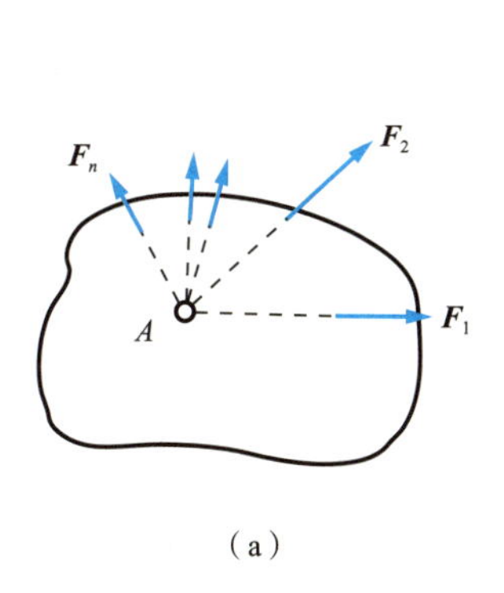


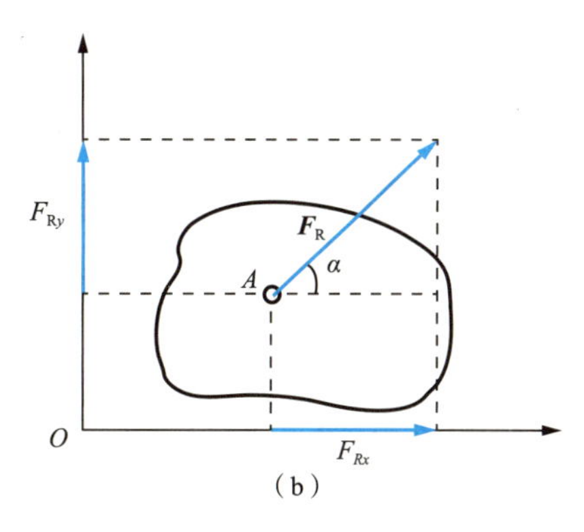


图 2.7　平面汇交力系示意图

合力的大小和方向为

$$\begin{cases} F=\sqrt{F_{Rx}^2+F_{Ry}^2}=\sqrt{\left(\sum F_x\right)^2+\left(\sum F_y\right)^2} \\ \tan\alpha=\left|\dfrac{F_{Ry}}{F_{Rx}}\right|=\left|\dfrac{\sum F_y}{\sum F_x}\right| \end{cases} \tag{2-4}$$

式中，$\alpha$——合力 $\boldsymbol{F}_R$ 与 $x$ 轴所夹的锐角，具体指向可由 $F_{Rx}$、$F_{Ry}$ 正负确定。

## 应用案例 2-2

如图 2.8(a)所示，$O$ 点受 $\boldsymbol{F}_1$、$\boldsymbol{F}_2$、$\boldsymbol{F}_3$ 三个力的作用。若已知 $F_1=732\text{N}$，$F_2=732\text{N}$，$F_3=2000\text{N}$，各力方向如图所示。试求其合力的大小和方向。

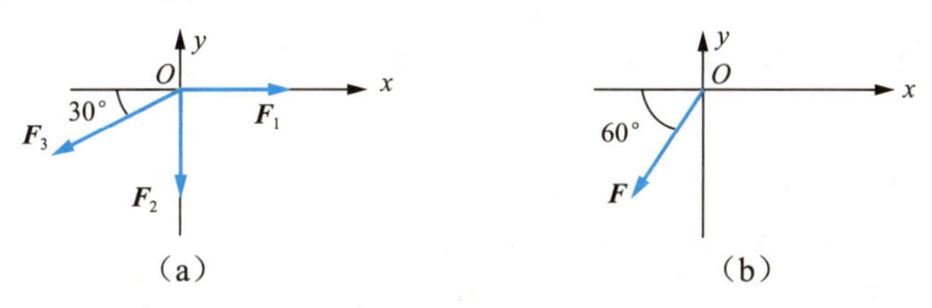


图 2.8　应用案例 2-2 图

**【解】** (1) 建立图 2.8(a)所示的平面直角坐标系。

(2) 根据力的投影公式，求出各力在 $x$ 轴、$y$ 轴上的投影。

$$F_{1x}=732\text{N}$$
$$F_{2x}=0$$
$$F_{3x}=-F_3\cos30°=-2000\text{N}\times\frac{\sqrt{3}}{2}=-1732\text{N}$$
$$F_{1y}=0$$
$$F_{2y}=-732\text{N}$$
$$F_{3y}=-F_3\sin30°=-2000\text{N}\times0.5=-1000\text{N}$$

(3) 由合力投影定理求合力。

$$F_{Rx}=F_{1x}+F_{2x}+F_{3x}=(732+0-1732)\text{N}=-1000\text{N}$$
$$F_{Ry}=F_{1y}+F_{2y}+F_{3y}=(0-732-1000)\text{N}=-1732\text{N}$$

则合力大小为

$$F=\sqrt{F_{Rx}^2+F_{Ry}^2}=\sqrt{(-1000)^2+(-1732)^2}\text{N}=2000\text{N}$$

由于 $F_{Rx}$、$F_{Ry}$ 均为负，则合力 $\boldsymbol{F}$ 指向左下方，如图 2.8(b)所示，它与 $x$ 轴的夹角 $\alpha$ 为

$$\tan\alpha=\left|\frac{F_{Ry}}{F_{Rx}}\right|=\left|\frac{-1732}{-1000}\right|=1.732$$

$$\alpha=60°$$

**【案例点评】**

(1) 在求解 $F_{Rx}$、$F_{Ry}$ 时，各分力的方向(正负号)必须注意，否则将出现合力计算错误。

(2) 在求解合力方向时，需根据 $F_{Rx}$ 和 $F_{Ry}$ 的正负号判断合力所在象限，其夹角大小由计算公式确定。

### 2. 平面汇交力系的平衡条件

工程中屋架、桁架、托架若不考虑施工制作误差，各杆件都汇交于结点。在结点集中荷载作用下，各杆皆为简单的拉压杆件，由杆件的内力和结点上的外荷载组成了平面汇交力系。通过平面汇交力系的平衡条件，可以由已知的外荷载求出未知的杆件内力，以指导工程结构设计。

由二力平衡条件可知，平面汇交力系平衡的必要和充分条件是合力 $\boldsymbol{F}_R$ 为零。由此可以推断合力在任意两个直角坐标上的投影也必定为零，即

$$\left.\begin{array}{l}\sum F_x=0\\ \sum F_y=0\end{array}\right\}\tag{2-5}$$

式(2-5)称为平面汇交力系的平衡条件。这是两个独立方程，每一个方程可以求解一个未知量，即求解出一个未知力。

通常利用平衡条件可以解决以下两类工程问题。

(1) 检验刚体在平面汇交力系作用下是否平衡。

(2) 刚体在平面汇交力系作用下处于平衡时，求解其中任意两个未知力。

**特别提示**

力的投影与力的分解是不相同的，前者是代数量，后者是矢量；投影无作用点，而分力必须作用在原力的作用点。在图 2.2 中，力 $\boldsymbol{F}$ 沿直角坐标轴分解为 $\boldsymbol{F}_x$ 和 $\boldsymbol{F}_y$ 两个分力，其大小分别等于该力在相应坐标轴上的投影 $F_x$ 和 $F_y$ 的绝对值，但其分力是矢量 $\boldsymbol{F}_x$ 和 $\boldsymbol{F}_y$。

### 应用案例 2-3

如图 2.9(a)所示，构架由 $AB$ 和 $AC$ 组成，$A$、$B$、$C$ 三点为铰接，$A$ 点悬挂自重为 $F_G$ 的重物，若杆 $AB$ 和 $AC$ 自重忽略不计，试求杆 $AB$ 和 $AC$ 所受内力。

**【解】** (1) 取结点 $A$ 为研究对象，选坐标轴如图 2.9(b)所示。

(2) 画受力图，重物自重 $F_G$，杆件 $AB$ 和 $AC$ 约束反力分别为 $\boldsymbol{F}_{NAB}$、$\boldsymbol{F}_{NAC}$。

(3) 列平衡方程。

由平衡方程得

$$\sum F_x = 0 \quad -F_{NAC}\cos60° - F_{NAB}\cos30° = 0$$

$$\sum F_y = 0 \quad -F_{NAC}\sin60° + F_{NAB}\sin30° - F_G = 0$$

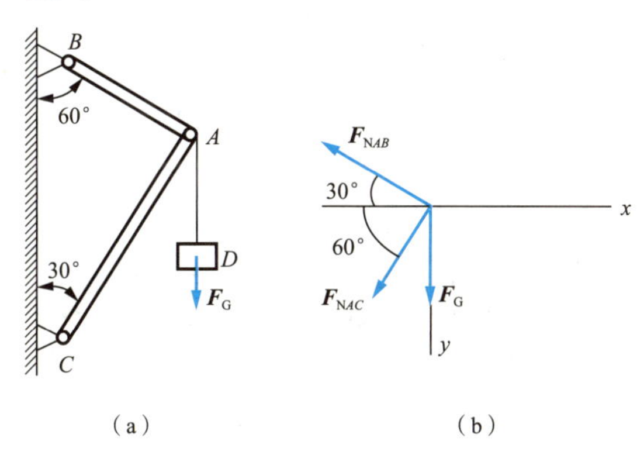


图 2.9 应用案例 2-3 图

(4) 解方程求未知量。

$$F_{NAC} = -\sqrt{3}\,F_{NAB}$$

$$\sqrt{3}\,F_{NAB} \times \frac{\sqrt{3}}{2} + F_{NAB} \times \frac{1}{2} = F_G$$

得到

$$F_{NAB} = \frac{F_G}{2}$$

$$F_{NAC} = -\sqrt{3}\,F_{NAB} = -\frac{\sqrt{3}}{2}F_G$$

**【案例点评】**

(1) 本案例中，在画受力图时，假设 $AB$ 和 $AC$ 杆都为拉杆，由平衡条件得到 $AB$ 杆计算结果为正，说明杆件实际受力方向与假设方向相同，$AB$ 杆是拉杆；而 $AC$ 杆计算结果为负，说明杆件实际受力方向与假设方向相反，$AC$ 杆为压杆。

(2) 在建立坐标系时，也可取 $AB$ 所在轴线为 $x$ 轴，$AC$ 所在轴线为 $y$ 轴，计算结果是一样的。

力矩

## 2.2 平面力偶系的计算

### 2.2.1 力矩

在日常生活和生产实践中，人们发现力对物体的作用，除能使物体产生移动外，还能使物体产生转动。例如，用手推门，用杠杆等机械搬运或提升物体等。如图 2.10 所示，用扳手拧螺母，通过物体的转动拧紧螺母，力 $\boldsymbol{F}$ 使扳手产生绕螺母中心 $O$ 点的转动效应，此转动效应的大小不仅与力 $\boldsymbol{F}$ 的大小成正比，而且与力的作用线到 $O$ 点的垂直距离 $d$ 成正比。因此规定，用力 $F$ 与 $d$ 的乘积来度量力 $\boldsymbol{F}$ 使扳手绕 $O$ 点的转动效应，称为力 $\boldsymbol{F}$ 对 $O$ 点之矩，简称力矩，用符号 $M_O(\boldsymbol{F})$表示，即

$$M_O(\boldsymbol{F}) = \pm Fd \tag{2-6}$$

其中，$O$ 点称为“矩心”，$d$ 称为“力臂”。

力矩的正负规定为：力使物体绕矩心逆时针方向转动为正，反之为负。

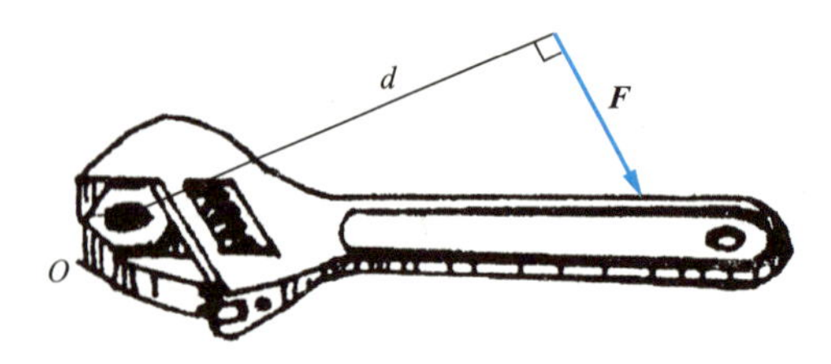


图 2.10　扳手拧螺母

可见，在平面问题中，力对点之矩包含力矩的大小和转动方向(以正负表示)，因此，力矩为代数值。力矩的大小度量力使物体产生转动效应的大小，正负号表示转动方向。力矩的单位是 N・m 或 kN・m。

由力矩的定义式可知，力矩有下列性质。

(1) 力对矩心之矩，不仅与力的大小和方向有关，而且与矩心的位置有关。

(2) 力沿其作用线滑移时，力对点之矩不变。

(3) 力的作用线通过矩心时，力矩为零。

## 拓展讨论

我国古代就开始将杠杆应用于生产实践。你知道我国古代对杠杆原理有哪些应用吗?

## 应用案例 2-4

在工程实践中，大小相等的三个力，以不同的方向加在扳手的 $A$ 端，如图 2.11(a)、(b)、(c)所示。若 $F = 100$N，其他尺寸如图所示。试求三种情形下力对 $O$ 点之矩。

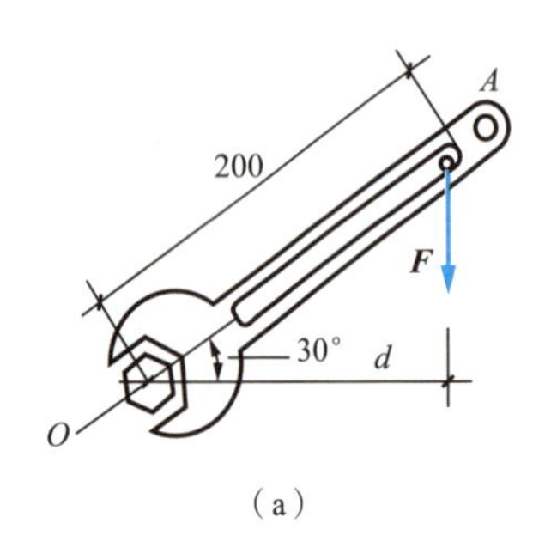


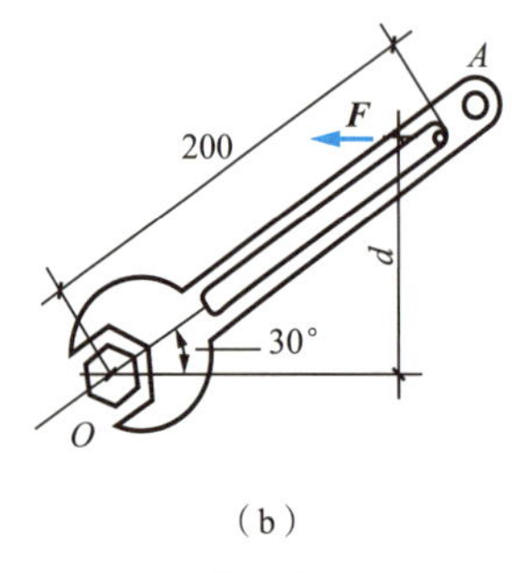


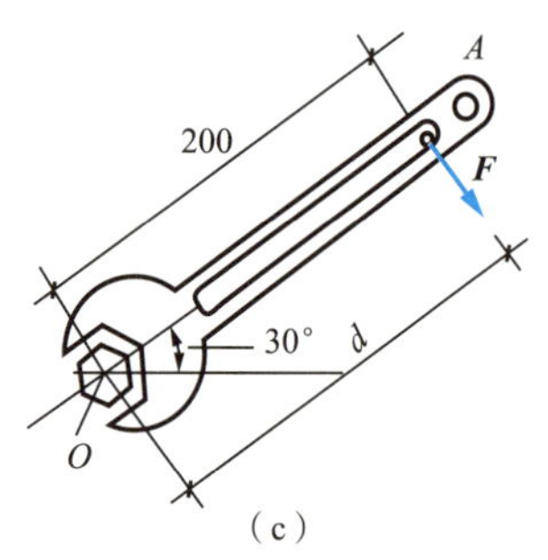


图 2.11　应用案例 2-4 图

**【解】** 三种情形下，虽然力的大小、作用点均相同，矩心也相同，但由于力的作用线方向不同，因此力臂不同，所以力对 $O$ 点之矩也不同。

对于图 2.11(a)中的情况，力臂 $d = 200\cos30°\text{mm}$，故力对 $O$ 点之矩为

$$M_O(\boldsymbol{F}) = -Fd = (-100 \times 200 \times 10^{-3}\cos30°)\text{N} \cdot \text{m} = -17.3\text{N} \cdot \text{m}$$

对于图 2.11(b)中的情况，力臂 $d = 200\sin30°\text{mm}$，故力对 $O$ 点之矩为

$$M_O(\boldsymbol{F}) = Fd = (100 \times 200 \times 10^{-3}\sin30°)\text{N} \cdot \text{m} = 10\text{N} \cdot \text{m}$$

对于图 2.11(c)中的情况，力臂 $d = 200\text{mm}$，故力对 $O$ 点之矩为

$$M_O(\boldsymbol{F}) = -Fd = (-100 \times 200 \times 10^{-3})\text{N} \cdot \text{m} = -20\text{N} \cdot \text{m}$$

**【案例点评】**

由此可见，在三种情形中，以图 2.11(c)中的力对 $O$ 点之矩数值最大，工作效应最高，这与实践经验是一致的。

力偶

## 2.2.2 力偶

在日常生活中，常见物体同时受到大小相等、方向相反、作用线互相平行的两个力作用。例如，用手拧水龙头[图 2.12(a)]和汽车司机用手转动方向盘[图 2.12(b)]，两个力 $\boldsymbol{F}$ 和 $\boldsymbol{F}'$ 就是这样的力。在力学上，把大小相等、方向相反、作用线相互平行的一对力称为力偶，并记为($\boldsymbol{F}$, $\boldsymbol{F}'$)。

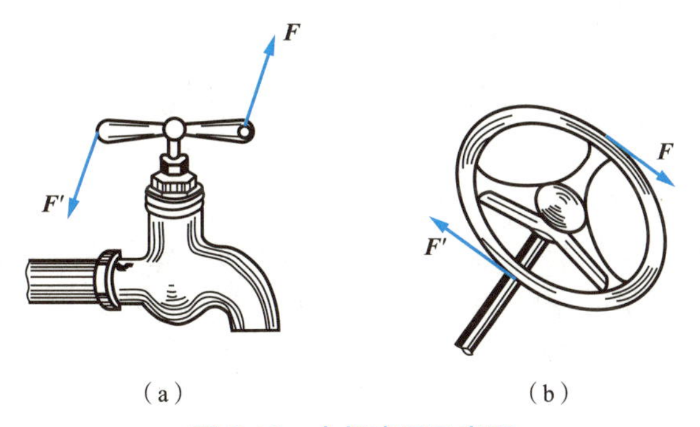


图 2.12 力偶应用示意图

力偶使刚体产生的转动效应用力偶矩来表达。它用其中一个力的大小和两个力之间的垂直距离的乘积来度量，记为 $M(\boldsymbol{F}, \boldsymbol{F}')$。考虑到物体的转向，力偶矩可写成为

$$M = \pm Fd \tag{2-7}$$

力偶矩的正负号规定与力矩规定一样，使物体绕矩心逆时针方向转动为正；反之为负。

在平面问题中，力偶矩也是代数量。力偶矩的单位与力矩单位相同，即 N·m 或 kN·m。力偶是由一对大小相等，方向相反，不在同一条直线上的两个力组成，故其有以下特性。

(1) 力偶在其作用面内对任一轴的投影的代数和为零。

(2) 力偶对其作用面内任一点之矩，与矩心位置无关，恒等于力偶矩。

特别提示

(1) 力偶没有合力，一个力偶既不能用一个力代替，也不能和一个力平衡。力偶在任一轴上投影的代数和为零。

(2) 只要力偶矩保持不变，力偶可在其平面内任意移转；或者可以同时改变力偶中力的大小和力偶臂的长短，力偶对物体的作用效应不变。

(3) 与力的三要素类似，力偶矩的大小、力偶的转向和力偶的作用面也称为力偶的三要素。

## 2.2.3 平面力偶系的合成与平衡

### 1. 平面力偶系的合成

作用在同一物体上的若干个力偶组成一个力偶系，若力偶系中各力偶均作用在同一平面，则称为平面力偶系。

既然力偶对物体只有转动效应而无移动效应，而且转动效应由力偶矩来度量，那么平面内有若干个力偶同时作用时(平面力偶系)，也只能产生转动效应而无移动效应，且其转动效应的大小等于力偶转动效应的总和。可以证明，平面力偶系合成的结果是一个合力偶，其合力偶矩等于各分力偶矩的代数和，即

$$M = M_1 + M_2 + \cdots + M_n = \sum M \tag{2-8}$$

特别提示

力矩和力偶都能使物体转动，但力矩使物体转动的效果与矩心的位置有关，力作用线到矩心的距离不同，力矩的大小也不同；而力偶就无所谓矩心，它对其作用平面内任一点的矩都一样，都等于力偶矩。

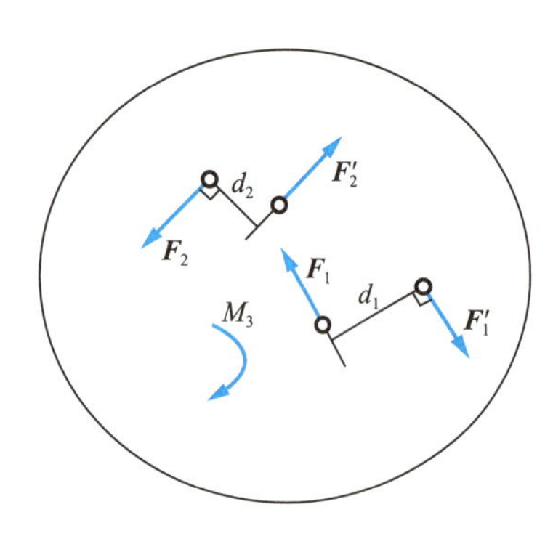


图 2.13　应用案例 2-5 图

### 应用案例 2-5

某物体受三个共面力偶的作用，如图 2.13 所示，试求其合力偶矩。已知 $F_1 = 9\text{kN}$，$d_1 = 1\text{m}$，$F_2 = 6\text{kN}$，$d_2 = 0.5\text{m}$，$M_3 = -12\text{kN} \cdot \text{m}$。

**【解】** $M_1 = -F_1 \cdot d_1 = (-9 \times 1)\text{kN} \cdot \text{m} = -9\text{kN} \cdot \text{m}$

$M_2 = F_2 \cdot d_2 = (6 \times 0.5)\text{kN} \cdot \text{m} = 3\text{kN} \cdot \text{m}$

其合力偶矩为

$$M = M_1 + M_2 + M_3 = (-9 + 3 - 12)\text{kN} \cdot \text{m} = -18\text{kN} \cdot \text{m}$$

**【案例点评】**

力偶合成后仍然是力偶。

### 2. 平面力偶系的平衡条件

若平面力偶系的合力偶矩为零，则物体在该力偶系的作用下将不产生转动而处于平衡状态；反之，若物体在平面力偶系作用下处于平衡状态，则该力偶系的合力偶矩肯定为零。故平面力偶系平衡的必要和充分条件是：力偶系的合力偶矩等于零，即

$$\sum M = 0 \tag{2-9}$$

式(2-9)称为平面力偶系的平衡方程。平面力偶系只有一个独立的平衡方程，只能求解一个未知量。

### 应用案例 2-6

某梁受一力偶作用，其力偶矩 $M = 1000\text{N}\cdot\text{m}$，如图 2.14(a)所示。已知梁长 $AB = 4\text{m}$，试求支座 $A$ 和 $B$ 的反力。

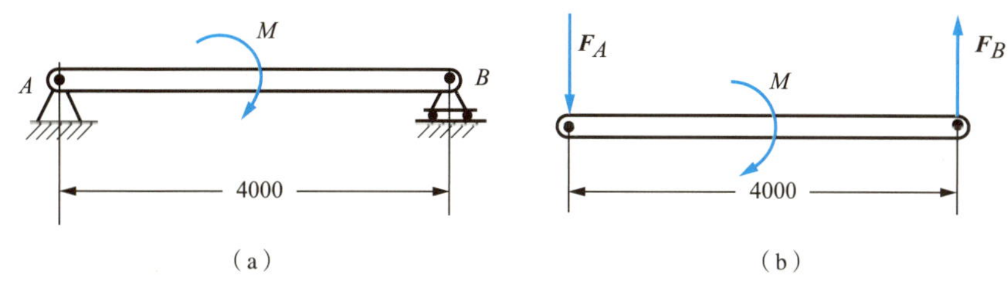


图 2.14　应用案例 2-6 图

**【解】**(1) 取梁 $AB$ 为研究对象。

(2) 画梁 $AB$ 的受力图，如图 2.14(b)所示。梁 $AB$ 仅受一主动力偶 $M$ 作用，则 $A$、$B$ 两处也将组成力偶与已知力偶平衡，则支座 $B$ 的反力可直接确定方向。根据力偶必须由力偶来平衡，所以支座 $A$ 的反力也能确定为垂直向下，与支座 $B$ 的反力构成约束反力偶。

(3) 列平衡方程。

$$\sum M = 0 \qquad 4F_A - M = 0$$

(4) 解方程，得

$$F_A = \frac{M}{4} = 250\text{N} \qquad F_A = F_B = 250\text{N}$$

**【案例点评】**

力偶必须且仅能由力偶来平衡。

## 2.3 平面一般力系

工程中有很多结构，其厚度远小于其他两个方向的尺寸，以致可以忽略其厚度而将它们看成平面结构。图 2.15(a)中承受均布荷载的过梁支承在砖墙上，可简化为两端铰接的平面简支梁。图 2.15(b)中的雨篷挑梁可简化为一端固定的平面悬臂梁。图 2.15(c)中的双杠横杆也可简化为两端铰接的外伸梁。

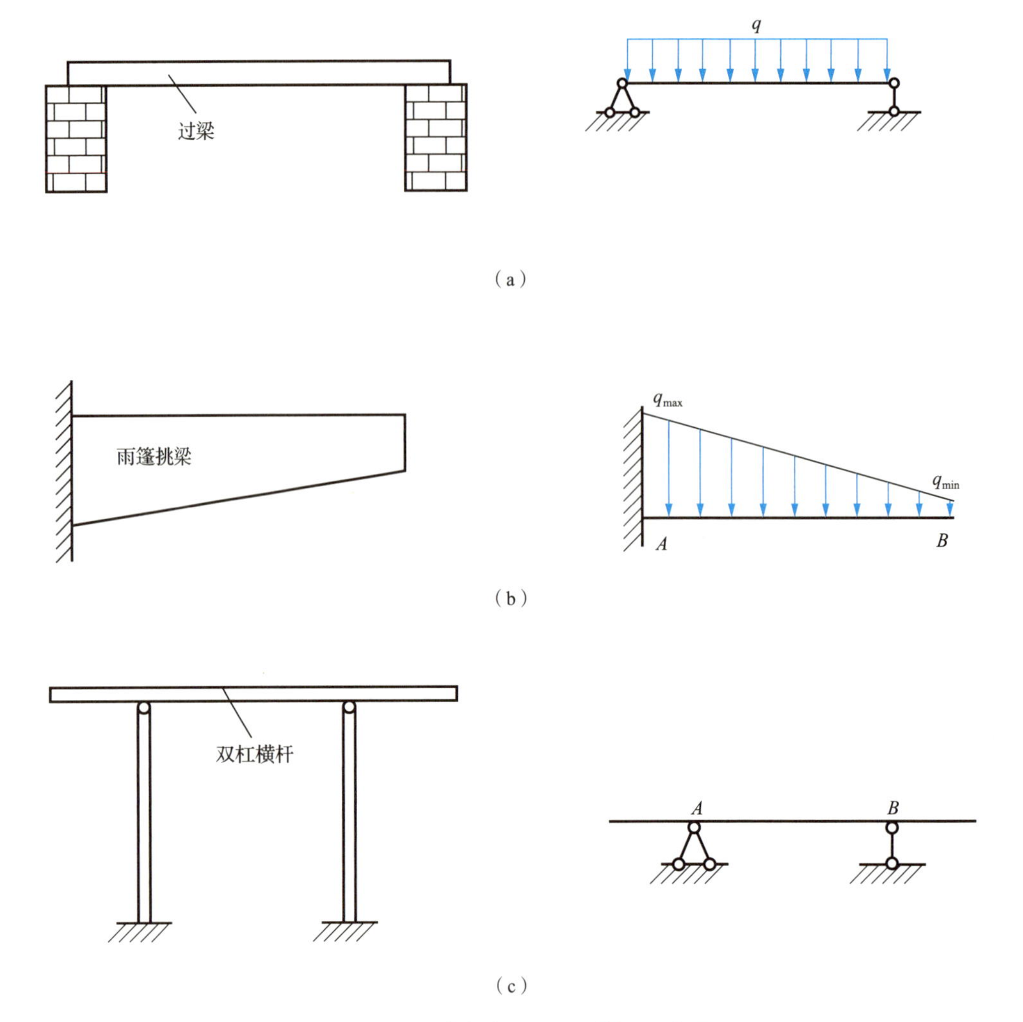


图 2.15　三种简单梁的支承情况示意图

若各力系作用线在同一平面内，既不完全汇交，也不完全平行，称为平面一般力系。若力系和结构都在同一平面，就是平面一般力系作用下的平面结构。

## 2.3.1　平面一般力系的简化

### 1. 力的平移定理

对于刚体，在刚体上的力沿其作用线滑移时的等效性质称为力的可传性，而力的作用线平行移动后，将改变力对刚体的作用效果。作用于刚体上的力可向刚体上任一点平移，平移后需附加一力偶，才能保持作用效果同原结构，此力偶矩等于原力对平移点之矩，这就是力的平移定理。这一定理可用图 2.16 表示，图 2.16(a)为原结构，图 2.16(b)为原结构在 $O$ 点加上一对大小相等，方向相反，作用点相同的力 $\boldsymbol{F}'$、$\boldsymbol{F}''$，则不会改变原结构的受力情况，由图 2.16(c)可知，$\boldsymbol{F}$、$\boldsymbol{F}''$组成了力偶 $M_O$，三个图的受力等效，由图 2.16(a)～(c)完成了力的平移过程。

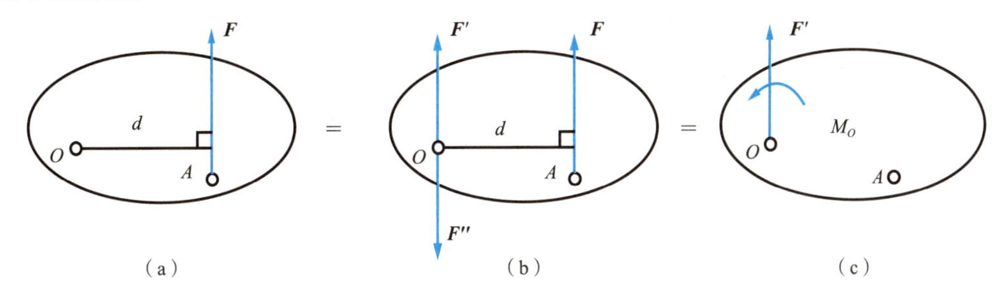


图 2.16　力的平移示意图

应用力的平移定理时必须注意以下几点。

(1) 力作用线平移时所附加的力偶矩的大小、转向与平移点的位置有关；

(2) 力的平移定理只适用于刚体，对变形体不适用；

(3) 力的作用线只能在同一刚体内平移，不能平移到另一刚体；

(4) 力的平移定理的逆定理也成立。

由力的平移定理，可以将一个力分解为一个力和一个力偶；也可以将同一平面内的一个力和一个力偶合成一个力，合成过程就是图 2.16 的逆过程。

力的平移定理是力系向一点简化的理论依据，也是分析力对物体作用效应的一个重要方法。例如，如图 2.17 所示，在设计单层工业厂房的柱子时，通常要将作用于牛腿上的力 $\boldsymbol{F}_P$[图 2.17(a)]，平移到柱的轴线上[图 2.17(b)]。容易看出，轴向力 $\boldsymbol{F}_P$ 使柱产生压缩效应，而力偶 $M$ 使柱产生弯曲效应，该柱实际受到偏心压力的作用。

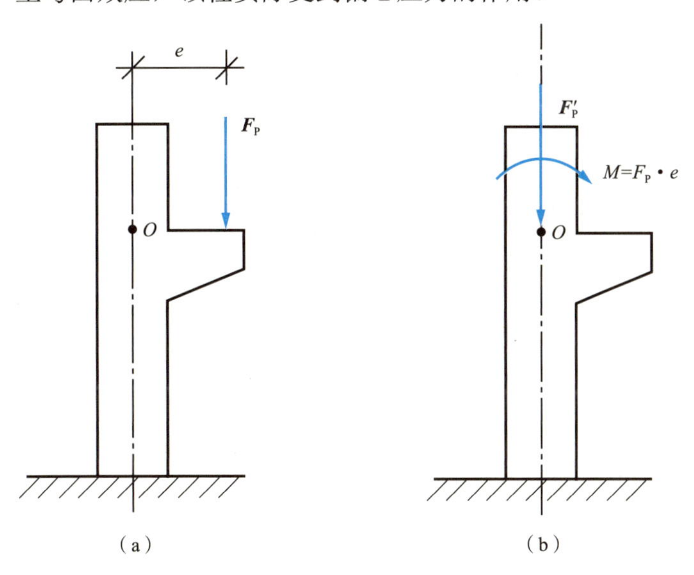


图 2.17　工业厂房柱示意图

### 2. 平面力系的简化

在不改变刚体作用效果的前提下，用简单力系代替复杂力系的过程，称为平面力系的简化。设刚体上作用着平面一般力系 $\boldsymbol{F}_1$，$\boldsymbol{F}_2$，$\boldsymbol{F}_3$，…，$\boldsymbol{F}_n$，如图 2.18(a)所示。在力系所在

平面内任选一点 $O$ 作为简化中心，并根据力的平移定理将力系中各力平移到 $O$ 点，同时附加相应的力偶。于是原力系等效地简化为两个力系：作用于 $O$ 点的平面汇交力系 $\boldsymbol{F}_1'$，$\boldsymbol{F}_2'$，…，$\boldsymbol{F}_n'$ 和力偶矩分别为 $M_1$，$M_2$，…，$M_n$ 的附加平面力偶系，如图 2.18(b)所示。其中：$\boldsymbol{F}_1'=\boldsymbol{F}_1$，$\boldsymbol{F}_2'=\boldsymbol{F}_2$，…，$\boldsymbol{F}_n'=\boldsymbol{F}_n$；$M_1=M_O(\boldsymbol{F}_1)$，$M_2=M_O(\boldsymbol{F}_2)$，…，$M_n=M_O(\boldsymbol{F}_n)$。

平面汇交力系 $\boldsymbol{F}_1'$，$\boldsymbol{F}_2'$，…，$\boldsymbol{F}_n'$ 可合成一个力，该力称为原力系的主矢量，简称主矢，记为 $\boldsymbol{F}_R'$，即

$$\boldsymbol{F}_R'=\boldsymbol{F}_1'+\boldsymbol{F}_2'+\cdots+\boldsymbol{F}_n'=\sum\boldsymbol{F}'=\sum\boldsymbol{F}$$

其作用点在简化中心 $O$，大小、方向可用解析法计算，即

$$\left.\begin{aligned}F_{Rx}'&=F_{1x}+F_{2x}+\cdots+F_{nx}=\sum F_x\\F_{Ry}'&=F_{1y}+F_{2y}+\cdots+F_{ny}=\sum F_y\end{aligned}\right\}$$

$$\left.\begin{aligned}F_R'&=\sqrt{F_{Rx}'^2+F_{Ry}'^2}=\sqrt{\left(\sum F_x\right)^2+\left(\sum F_y\right)^2}\\\tan\alpha&=\left|\frac{F_{Ry}'}{F_{Rx}'}\right|=\left|\frac{\sum F_y}{\sum F_x}\right|\end{aligned}\right\}\tag{2-10}$$

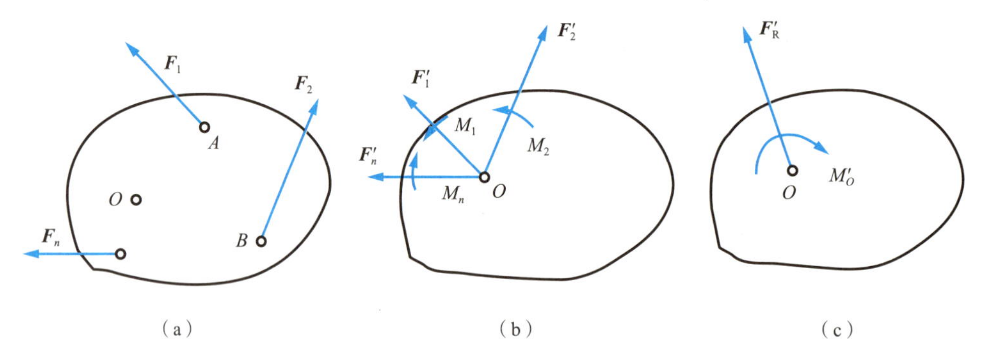

(a)　(b)　(c)

图 2.18　平面力系的简化示意图

式中，$\alpha$——$\boldsymbol{F}_R'$ 与 $x$ 轴所成夹角的锐角。

$\boldsymbol{F}_R'$ 的指向可由 $\sum F_x$、$\sum F_y$ 的正负确定。显然，其大小与简化中心的位置无关。对于附加力偶系，可以合成为一个力偶，如图 2.18(c)所示，其力偶矩称为原力系的主矩，记作 $M_O'$，即

$$\begin{aligned}M_O'&=M_1+M_2+\cdots+M_n\\&=M_O(\boldsymbol{F}_1)+M_O(\boldsymbol{F}_2)+\cdots+M_O(\boldsymbol{F}_n)=\sum M_O(\boldsymbol{F}_i)\end{aligned}\tag{2-11}$$

显然，其大小与简化中心的位置有关。

平面内任意力系向一点简化，其结果一般可以得到一个力和一个力偶，而最终结果可能出现以下三种情况。

(1) 力系可简化为一个合力。当 $\boldsymbol{F}_R'\neq0$，$M_O'\neq0$ 时，根据力的平移定理逆过程，可将 $\boldsymbol{F}_R'$ 和 $M_O'$ 简化为一个合力。合力的大小、方向与主矢相同，合力作用线不通过简化中心。当 $M_O'=0$ 时，$\boldsymbol{F}_R'$ 即为原力系的合力，$\boldsymbol{F}_R=\boldsymbol{F}_R'$，且作用线通过简化中心。

(2) 力系可简化为一个合力偶。当 $\boldsymbol{F}_R'=0$，$M_O'\neq0$ 时，原力系的最后简化结果就是一

个合力偶，合力偶矩等于主矩。此时，主矩与简化中心的位置无关。

(3) 力系处于平衡状态。当 $F_R'=0$，$M_O'=0$ 时，力系为平衡力系。

## 应用案例 2-7

如图 2.19(a)所示，物体受 $\boldsymbol{F}_1$、$\boldsymbol{F}_2$、$\boldsymbol{F}_3$、$\boldsymbol{F}_4$、$\boldsymbol{F}_5$ 五个力的作用，已知各力的大小均为 10N，试将该力系分别向 $A$ 点和 $D$ 点简化。

**【解】** (1) 建立直角坐标系 $xAy$，向 $A$ 点简化的结果，如图 2.19(b)所示。

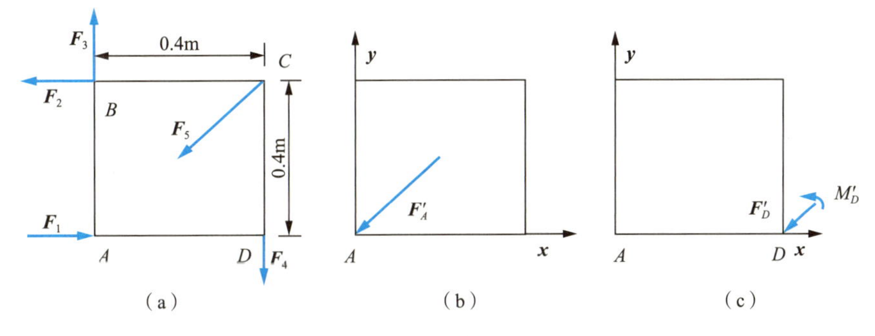


图 2.19 应用案例 2-7 图

$$F'_{Ax}=\sum F_x=F_1-F_2-F_5\cos45°$$
$$=\left(10-10-10\times\frac{\sqrt{2}}{2}\right)\text{N}=-5\sqrt{2}\text{N}$$
$$F'_{Ay}=\sum F_y=F_3-F_4-F_5\sin45°$$
$$=\left(10-10-10\times\frac{\sqrt{2}}{2}\right)\text{N}=-5\sqrt{2}\text{N}$$
$$F'_A=\sqrt{F'^2_{Ax}+F'^2_{Ay}}=\sqrt{(-5\sqrt{2})^2+(-5\sqrt{2})^2}\ \text{N}=10\text{N}$$
$$M'_A=\sum M_A(\boldsymbol{F})=0.4F_2-0.4F_4=0$$

(2) 建立直角坐标系 $xAy$，向 $D$ 点简化的结果如图 2.19(c)所示。

$$F'_{Dx}=\sum F_x=F_1-F_2-F_5\cos45°$$
$$=\left(10-10-10\times\frac{\sqrt{2}}{2}\right)\text{N}=-5\sqrt{2}\text{N}$$
$$F'_{Dy}=\sum F_y=F_3-F_4-F_5\sin45°$$
$$=\left(10-10-10\times\frac{\sqrt{2}}{2}\right)\text{N}=-5\sqrt{2}\text{N}$$
$$F'_D=\sqrt{F'^2_{Dx}+F'^2_{Dy}}=\sqrt{(-5\sqrt{2})^2+(-5\sqrt{2})^2}\ \text{N}=10\text{N}$$
$$M'_D=\sum M_D(\boldsymbol{F})=0.4F_2-0.4F_3+0.4F_5\sin45°$$
$$=\left(0.4\times10-0.4\times10+0.4\times10\times\frac{\sqrt{2}}{2}\right)\text{N}\cdot\text{m}=2\sqrt{2}\text{N}\cdot\text{m}$$

【案例点评】

此题以实例说明主矢的大小与简化中心的位置无关，而主矩大小则与简化中心点的选取有关。

## 2.3.2 平面一般力系的平衡及应用

平面一般力系简化后，若主矢 $\boldsymbol{F}_{\mathrm{R}}'$ 为零，刚体无移动效应；若主矩 $M_O'$ 为零，则刚体无转动效应。若两者均为零，则刚体既无移动效应也无转动效应，即刚体保持平衡；反之，若刚体平衡，则主矢和主矩必定同时为零，即

$$\boldsymbol{F}_{\mathrm{R}}' = 0$$
$$M_O' = 0$$

平面一般力系平衡的必要和充分条件：$\boldsymbol{F}_{\mathrm{R}}' = 0$，$M_O' = 0$，由合力为零可知，其在 $x$ 轴和 $y$ 轴上的分力也必为零。可得

$$\left.\begin{aligned}\sum F_x &= F_{1x} + F_{2x} + \cdots + F_{nx} = 0\\ \sum F_y &= F_{1y} + F_{2y} + \cdots + F_{ny} = 0\\ \sum M_O(\boldsymbol{F}) &= M_O(\boldsymbol{F}_1) + M_O(\boldsymbol{F}_2) + \cdots + M_O(\boldsymbol{F}_n) = 0\end{aligned}\right\} \tag{2-12}$$

式(2-12)是由平衡条件导出的平面一般力系平衡方程的一般形式。平面一般力系平衡方程还有两种常用形式，即二矩式和三矩式。

二矩式

$$\left.\begin{aligned}\sum F_x &= 0\\ \sum M_A(\boldsymbol{F}) &= 0\\ \sum M_B(\boldsymbol{F}) &= 0\end{aligned}\right\} \tag{2-13}$$

应用二矩式的条件是 $A$、$B$ 两点的连线不垂直于投影轴。

三矩式

$$\left.\begin{aligned}\sum M_A(\boldsymbol{F}) &= 0\\ \sum M_B(\boldsymbol{F}) &= 0\\ \sum M_C(\boldsymbol{F}) &= 0\end{aligned}\right\} \tag{2-14}$$

应用三矩式的条件是 $A$、$B$、$C$ 三点不共线。

平面一般力系平衡方程共有三组，解题时究竟采用哪一组平衡方程，主要取决于计算是否简便。但不论采用哪一组平衡方程，对于同一平面一般力系，只能列出三个独立的平衡方程，最多求解出三个未知力，任何多列出的平衡方程，都不再是独立方程，但可以用来校核计算结果。

其计算步骤如下。

(1) 确定研究对象，应选取同时有已知力和未知力作用的物体为研究对象。

(2) 画出隔离体的受力图，画出所有作用于研究对象上的力。

(3) 选取坐标轴和矩心，选取坐标轴时，应尽可能使坐标原点通过力的相交点，坐标

轴平行或垂直力作用线。

(4) 列出平衡方程求解。根据具体物体，选择合适的平衡方程形式，以使计算简便。

由力矩的特点可知，如有两个未知力相互平行，可选垂直两力的直线为坐标轴；若有两个未知力相交，可选取两个未知力的交点为矩心。尽可能使一个平衡方程只包含一个未知数，这样可使方程计算很简单。

在平面一般力系中有一个特例，即各力的作用线互相平行，这种力系称为平面平行力系，在结构工程中也经常可见。图 2.15(a)所示的简支梁在均布荷载作用下的平衡方程可表达为

$$\begin{cases}\sum F_y = 0 \quad (y\text{ 轴与力系作用线平行}) \\ \sum M_O(\boldsymbol{F}) = 0\end{cases} \tag{2-15}$$

## 应用案例 2-8

图 2.20(a)所示为一管道支架，其上搁置两条管道，设支架所承受的管重 $F_1 = 12\text{kN}$，$F_2 = 7\text{kN}$，若支架的自重不计，求支座 $A$ 和 $C$ 的约束反力。

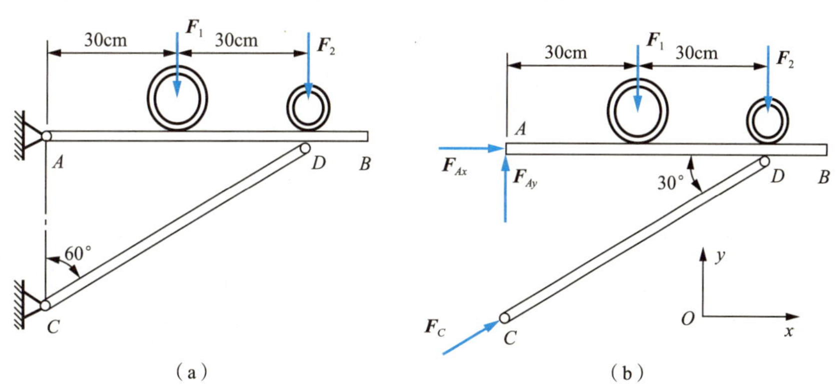


图 2.20　应用案例 2-8 图

【解】取整体为研究对象，画其受力图，建立直角坐标系 $xOy$，如图 2.20(b)所示。

列平衡方程。

$$\sum M_A(\boldsymbol{F}) = 0 \qquad F_C\cos30° \times 60\tan30° - F_1 \times 30 - F_2 \times 60 = 0$$

$$F_C = F_1 + 2F_2 = 26\text{kN}$$

$$\sum F_x = 0 \qquad F_C\cos30° + F_{Ax} = 0$$

$$F_{Ax} = -F_C\cos30° = -22.5\text{kN}$$

式中，负号表示图中所设的指向与实际相反。

$$\sum F_y = 0 \qquad F_C\sin30° + F_{Ay} - F_1 - F_2 = 0$$

$$F_{Ay} = -F_C\sin30° + F_1 + F_2 = 6\text{kN}$$

**【案例点评】**

此题还可采用二矩式的平衡方程求解，由 $\sum M_D(\boldsymbol{F}) = 0$ 得

$$-F_{Ay} \times 60 + F_1 \times 30 = 0$$

$$F_{Ay} = 6\text{kN}$$

同样，如果用三矩式的平衡方程解本题，则保留上面的平衡方程$\sum M_A(\boldsymbol{F})=0$，$\sum M_D(\boldsymbol{F})=0$，并列出平衡方程$\sum M_C(\boldsymbol{F})=0$，即

$$-F_{Ax}\times 60\tan 30^\circ - F_1\times 30 - F_2\times 60 = 0$$

$$F_{Ax} = -\frac{F_1+2F_2}{2\tan 30^\circ} = -22.5\text{kN}$$

所得结果也与上面一致。由此可见，虽然以上总共列出了 5 个平衡方程，但其中只有 3 个彼此独立，故所能求出的未知数不会超过 3 个。

## 2.3.3 物体系统的平衡

在前面讨论的都是单个物体的平衡问题，但在工程实际中，工程结构物一般都是由若干个物体借助一定的约束组成的物体系统。要对这类问题进行分析，还应进一步研究物体系统的平衡问题。

研究物体系统的平衡时，组成系统的每个部分也都是平衡的。因此，在解决物体系统的平衡问题时，既可选取整个物体系统，也可以选取其中某部分物体为研究对象，均可以列出 3 个平衡方程。若由 $n$ 个物体组成物体系统，则共有 $3n$ 个独立的平衡方程，可求解 $3n$ 个未知数。如系统中有的物体受平面汇交力系或平面平行力系作用时，则系统的平衡方程数目相应减少。

在分析物体系统受力时，不仅要求解支座反力，而且还要计算系统内各物体之间的相互作用力。作用在物体上的力分为外力和内力。外力是系统以外的其他物体作用在这个系统上的力；内力是系统内各物体之间的相互作用力。根据作用力和反作用力定律，在系统内部，各物体之间的相互作用力总是成对出现的，且彼此大小相等、方向相反，作用在同一条直线的两个不同的物体上。因此，在研究整个物体系统的平衡时，每对内力均自相平衡，对整个系统的平衡并无影响，可以不予考虑。但当只取系统内某部分为研究对象时，则应注意，此时其余部分对该部分的作用力就属于外力了。因此，如需计算系统内某两物体间的相互作用力，则应将系统自这两个物体的连接处断开，并任取其一为研究对象，此时这两个物体间的相互作用力就成为作用于所选研究对象上的外力而出现在受力图上。

求解物体系统的平衡问题，关键在于恰当地选取研究对象，正确地选取投影轴和矩心，列出适当的平衡方程。总的原则是：先选择未知数最少，且有已知力的部分或整体为研究对象，尽可能地减少每一个方程的未知量，最好每个方程只有一个未知数，以避免求解联立方程，最后求出所要求出的未知力。一般情况下，一般先考虑整体的平衡，看是否能求出某些未知量。然后再由系统中与其余待求的未知量有关的某部分物体的平衡，求出其余未知量。下面举例说明求解物体系统平衡问题的方法。

### 应用案例 2-9

如图 2.21 所示，某三铰刚架，已知 $q=10\text{kN/m}$，$F=20\text{kN}$，试求 $A$ 和 $B$ 处的支座反力。

**【解】** 取刚体整体为研究对象，如图 2.21(b)所示。列平衡方程。

由 $$\sum M_A(\boldsymbol{F}_i)=0 \Rightarrow F_{By}\times 6 - F\times 4 - q\times 3\times\frac{3}{2}=0$$

得 $$F_{By} = 20.83\text{kN}(\uparrow)$$

由 $$\sum M_B(\boldsymbol{F}_i) = 0 \Rightarrow -F_{Ay} \times 6 + F \times 2 + q \times 3 \times \left(3 + \frac{3}{2}\right) = 0$$

得 $$F_{Ay} = 29.17\text{kN}(\uparrow)$$

由 $$\sum F_x = 0 \Rightarrow F_{Ax} - F_{Bx} = 0$$

得 $$F_{Ax} = F_{Bx}$$

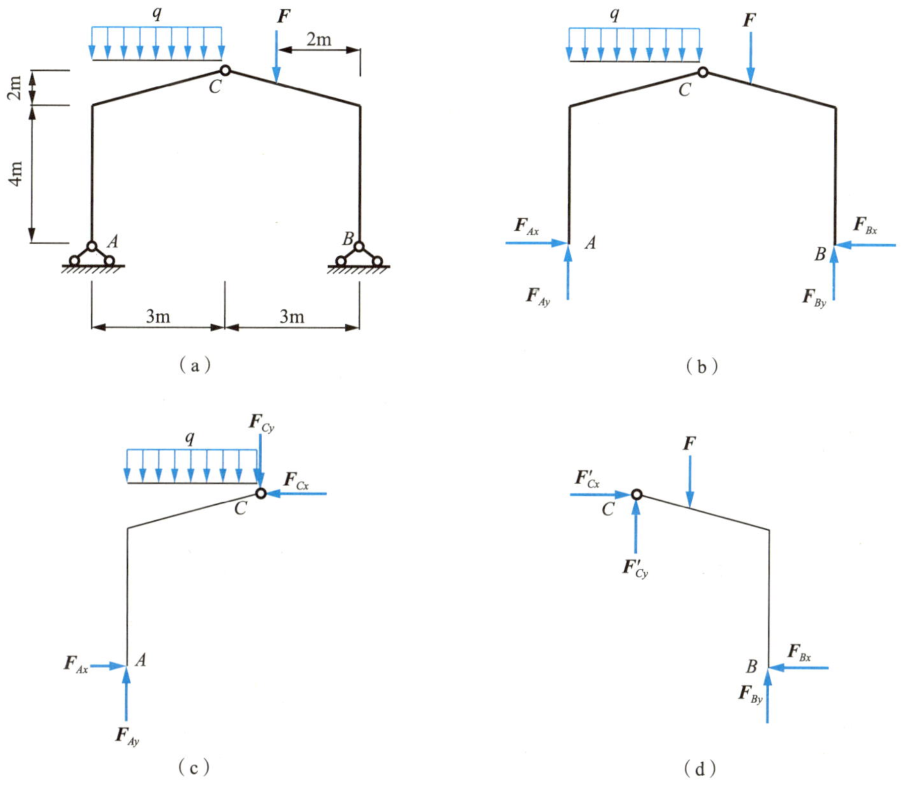

（a） （b）

（c） （d）

图 2.21 应用案例 2-9 图

显然，利用整体平衡的 3 个平衡方程式并不能求出所需求的全部未知量，应再选取图 2.21(d)所示刚架的右半部分为研究对象。因只需求 $F_{Bx}$，为避免引进新的未知力，仅对 $C$ 点取矩建立平衡方程式。

由 $$\sum M_C(\boldsymbol{F}_i) = 0 \Rightarrow F_{By} \times 3 - F \times 1 - F_{Bx} \times 6 = 0$$

得 $$F_{Bx} = 7.08\text{kN}(\leftarrow)$$

因为 $$F_{Ax} = F_{Bx}$$

故 $$F_{Ax} = F_{Bx} = 7.08\text{kN}(\rightarrow)$$

**【案例点评】**

三铰刚架由左右两部分组成，在平面一般力系作用下，可以列出 6 个独立的平衡方程，求解出 6 个未知量。三铰刚架整体及左右两部分的受力图分别如图 2.21(b)、(c)、(d)所示。考虑图 2.21(b)所示整体平衡时，铰 $C$ 处的内力不出现，此时只有 $F_{Ay}$、$F_{Ax}$、$F_{By}$、$F_{Bx}$ 4 个约束反力未知，此时可以列3个平衡方程。但当仅考虑图2.21(c)所示左半部分或图2.21(d)所示右半部分时，铰$C$处左右两部分间的相互作用力就成为外力了，它们是作用力和反作用力关系，即$F_{Cx}=F'_{Cx}$，$F_{Cy}=F'_{Cy}$，每个部分有4个未知量，分别可以列3个平衡方程。因此体系总的未知量有6个，即支座$A$、$B$处的4个约束反力和铰$C$处的2个约束反力，共可列出9个平衡方程，但其中只有6个是独立的，6个平衡方程可求解6个未知量。

在整体和部分的平衡中未知量都超过3个的时候，可以先考虑整体的平衡，求出部分未知量，然后再由部分系统的平衡求解出其他的未知量。如果取左半部分和右半部分为研究对象，也可以求出所需的未知量，主要看哪部分计算比较简便。

## 应用案例 2-10

如图2.22所示多跨连续梁，已知$q=10\text{kN/m}$，$F=20\text{kN}$，$M=20\text{kN}\cdot\text{m}$，试求$A$、$B$处的支座反力。

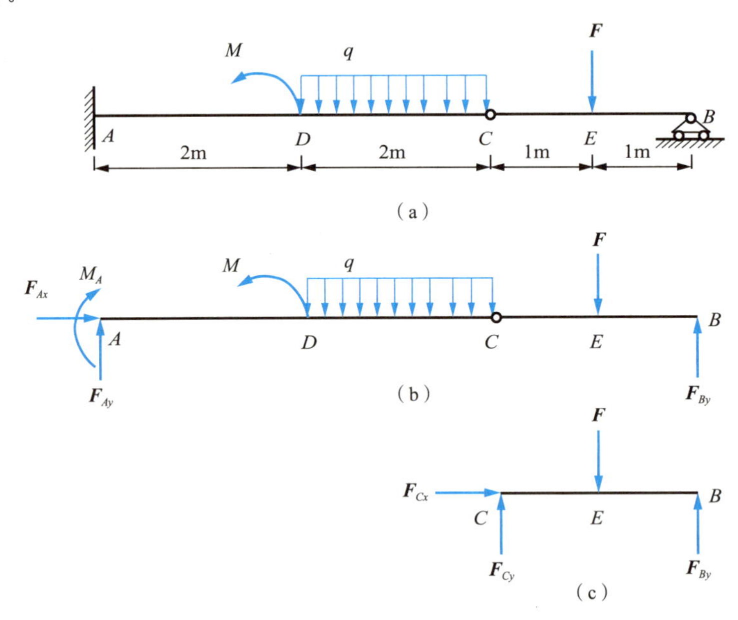


图2.22 应用案例2-10图

【解】取梁$CB$为研究对象，如图2.22(c)所示，列平衡方程。

由
$$\sum M_C(\boldsymbol{F}_i)=0 \Rightarrow F_{By}\times 2-F\times 1=0$$

得
$$F_{By}=10\text{kN}(\uparrow)$$

取整体为研究对象，如图2.22(b)所示，列平衡方程。

由
$$\sum M_A(\boldsymbol{F}_i)=0 \Rightarrow F_{By}\times 6-F\times 5-q\times 2\times\left(2+\frac{2}{2}\right)+M-M_A=0$$

得
$$M_A=-80\text{kN}\cdot\text{m}$$

由
$$\sum F_x=0 \Rightarrow F_{Ax}=0$$

得
$$F_{Ax}=0$$

由 $$\sum F_y = 0 \Rightarrow F_{Ay} - q \times 2 - F + F_{By} = 0$$

得 $$F_{Ay} = 30\text{kN}$$

**【案例点评】**

该多跨连续梁由 $AC$、$CB$ 两段组成，作用于每段上的都是平面一般力系，共有 6 个独立的平衡方程，可以求解 6 个未知量。整体分析有 4 个未知量，而 $AC$ 段有 5 个未知量，$CB$ 段有 3 个未知量。我们的原则是选择未知量最少的，因此先取 $CB$ 段为研究对象，即可求出 $B$ 处的约束反力。再取整体为研究对象，就只剩下 3 个未知量，列 3 个平衡方程即可求出。

**特别提示**

在物体系统平衡的分析中，要注意研究对象的选择，优先考虑以整体为研究对象，当然主要还是选择未知量最少的，最好一个方程就能解出一个未知量。同时也要注意平衡方程的选择。

## 小　　结

本章主要研究平面汇交力系、平面力偶系和平面一般力系的合成、分解与平衡问题。

(1) 平面汇交力系的合成结果是一个合力，这个力等于力系中所有力的矢量和。

(2) 平面汇交力系的平衡条件是合力为零。

(3) 力偶是力学中的一个基本量，它在坐标轴上的投影恒等于零；力偶对任意点之矩为一常量，等于力偶中力的大小与力偶臂的乘积；力偶不能与力平衡，只能与力偶平衡；只要力偶矩保持不变，力偶可在作用面内任意移转；可以同时改变力偶中力的大小和力偶臂的长短而不改变力偶的作用效应。

(4) 平面力偶系的合成结果是一个合力偶，其大小等于力偶系中各分力偶矩的代数和。

(5) 平面力偶系的平衡：合力偶矩为零。

(6) 合力对某点之矩等于各分力对同一点力矩的代数和。力矩的大小和其作用点位置相关，随着作用点位置的改变而改变。

(7) 平面一般力系平衡的充分必要条件是主矢为零和主矩为零。

(8) 平面一般力系是工程中最常见的受力形式，其受力可分解为平面汇交力系和平面力偶系，学习内容也是平面汇交力系和力偶系的综合应用，学习时要注意三者的相互关系，融会贯通。

## 思　考　题

(1) 在什么情况下，力在轴上的投影等于力的大小？在什么情况下，力在轴上的投影等于零，而力本身不为零？同一个力在两个相互垂直的轴上的投影有何关联？

(2) 写出图 2.23 中各力在坐标轴 $x$、$y$ 上的投影。

(3) 如图 2.24 所示，$A$、$B$ 为光滑面，求重力为 $\boldsymbol{F}_G$ 的球对 $A$、$B$ 面的压力。有人这样考虑：把球的重力 $\boldsymbol{F}_G$ 向 $OA$ 方向投影就行了，这样他就得出了 $F_{NA}=F_{NB}=F_G\cos30°$，这样做对吗？正确的解法应该是怎样的？

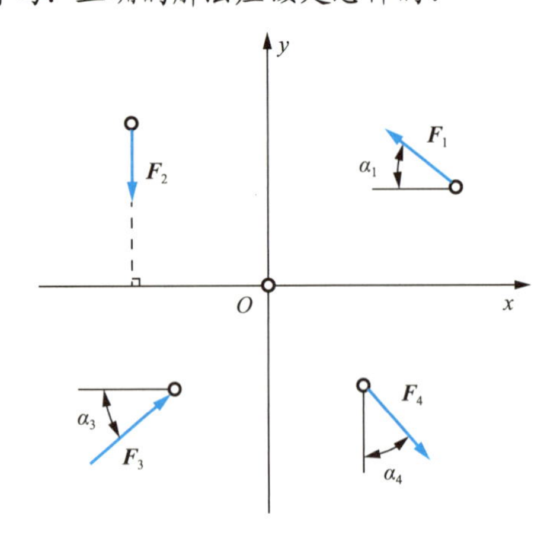


图 2.23　思考题(2)图

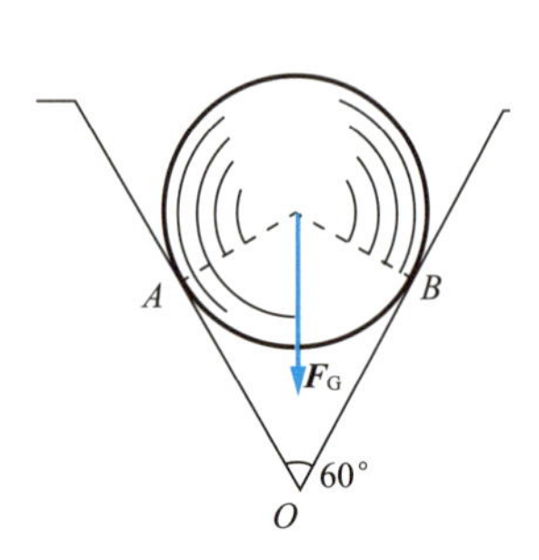


图 2.24　思考题(3)图

(4) “力偶的合力为零”这样说对吗？为什么？

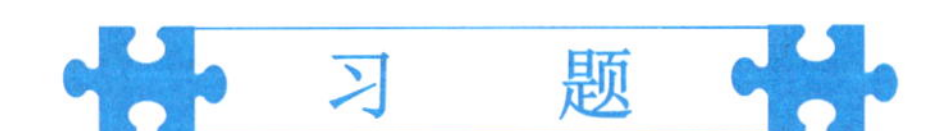

## 习　题

### 一、填空题

(1) 力 $\boldsymbol{F}$ 与轴垂直，则力 $\boldsymbol{F}$ 在轴上的投影为________。

(2) 力 $\boldsymbol{F}$ 的作用线通过 $A$ 点，则力 $\boldsymbol{F}$ 对 $A$ 点的力矩 $M_A(\boldsymbol{F})=$________。

(3) 平面汇交力系合成的结果是________。

(4) 力偶在任一轴上的投影都等于________。

(5) 当一个力使物体绕矩心逆时针转动时，此力矩取________。

### 二、单选题

(1) 平面汇交力系的平衡方程是(　　)。

A. $\sum F_x=0$　　B. $\sum F_y=0$

C. $\sum M_O(\boldsymbol{F})=0$　　D. $A$ 和 $B$

(2) 平面一般力系的平衡方程是(　　)。

A. $\sum F_x=0$　　B. $\sum F_y=0$

C. $\sum M_O(\boldsymbol{F})=0$　　D. 以上三个都是

(3) 关于平面力系与其平衡方程，下列表述中正确的是(　　)。

A. 任何平面力系都具有三个独立的平衡方程式

B. 任何平面力系只能列出三个平衡方程式

C. 任何平面力系都具有两个独立的平衡方程式

D. 平面力系如果平衡，则该力系在任意选取的投影轴上投影的代数和必为零

(4) 平面一般力系的独立平衡方程个数为(　　)。

A. 5个　　B. 4个　　C. 3个　　D. 2个

(5) 力的作用线都相互平行的平面力系称(　　)力系。

A. 空间平行　　B. 空间一般　　C. 平面一般　　D. 平面平行

(6) 力的作用线都汇交于一点的空间力系称(　　)力系。

A. 空间汇交　　B. 空间一般

C. 平面汇交　　D. 平面平行

## 三、判断题

(1) 根据力的平移定理，可以将一个力分解成一个力和一个力偶。反之，一个力和一个力偶可以合成为一个力。(　　)

(2) 平面一般力系平衡的必要与充分条件是：力系的合力等于零。(　　)

(3) 平面汇交力系的合力等于零，该力系平衡。(　　)

(4) 力偶没有合力，所以不能用一个力来代替，也不能和一个力平衡，力偶只能和力偶平衡。(　　)

(5) 两个力在 $x$ 轴上的投影相等，则这两个力大小相等。(　　)

## 四、主观题

(1) 如图2.25所示，固定圆环作用有四根绳索，其拉力分别为 $F_1 = 0.2\text{kN}$，$F_2 = 0.3\text{kN}$，$F_3 = 0.5\text{kN}$，$F_4 = 0.4\text{kN}$，它们与 $x$ 轴的夹角分别为 $\alpha_1 = 30°$，$\alpha_2 = 45°$，$\alpha_3 = 0°$，$\alpha_4 = 60°$。试求它们的合力大小和方向。

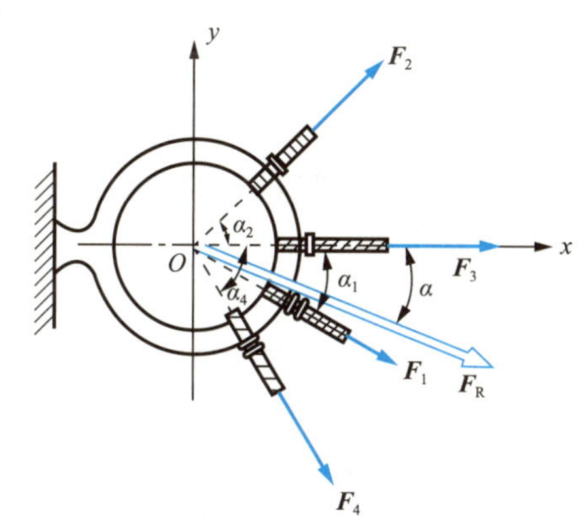


图2.25　主观题(1)图

(2) 已知 $F_1 = 20\text{kN}$，$F_2 = 30\text{kN}$，$F_3 = 50\text{kN}$，$F_4 = 25\text{kN}$，$M = 120\text{kN·m}$，图2.26中距离的单位为m，试将图中所示力系向 $O$ 点简化，求主矩和主矢。

(3) 如图2.27所示，起重架由杆 $AB$ 和钢绳所组成。杆的一端用铰链固定在 $A$ 点，另一端用钢绳 $BC$ 相连，$B$ 端悬挂重力为 $F_G = 20\text{kN}$ 的重物。设杆 $AB$ 的自重不计，并忽略摩擦，求钢绳 $BC$ 的拉力 $F_T$ 和 $AB$ 所受的压力 $F_S$。

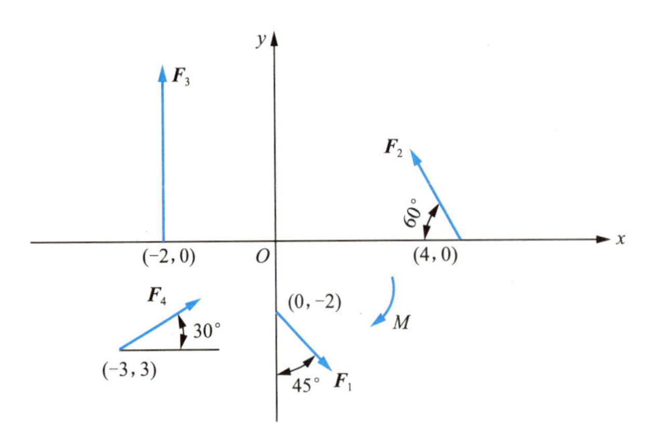


图 2.26　主观题(2)图

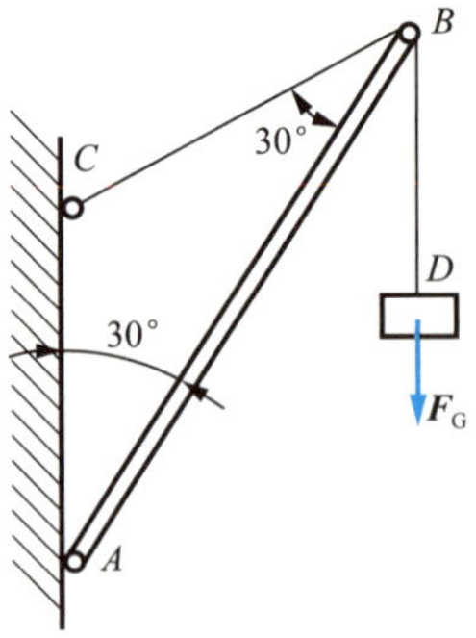

图 2.27　主观题(3)图

(4) 试分别计算图 2.28 中力 $\boldsymbol{F}$ 对 $O$ 点之矩。

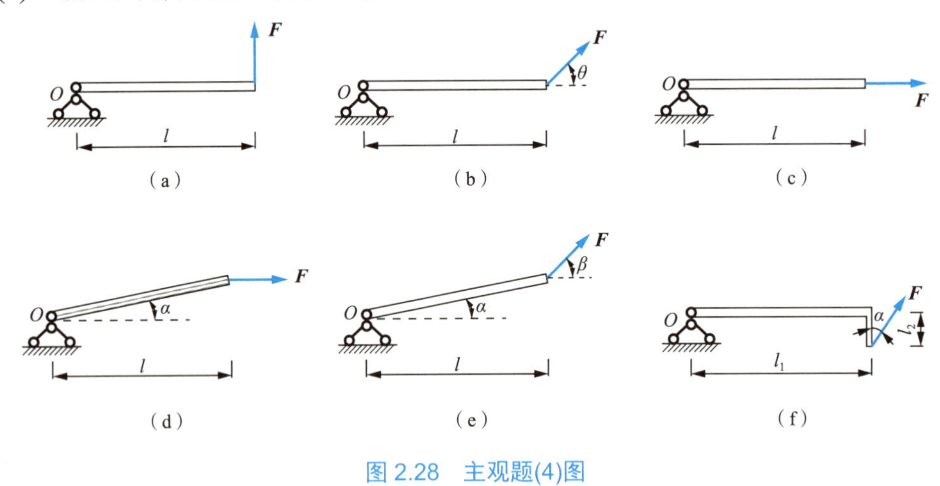


图 2.28　主观题(4)图

(5) 重力坝受力情况如图 2.29 所示，已知 $F_1=350\text{kN}$，$F_2=80\text{kN}$，$F_{G1}=400\text{kN}$，$F_{G2}=200\text{kN}$，试分别计算这几个力对 $A$ 点之矩。

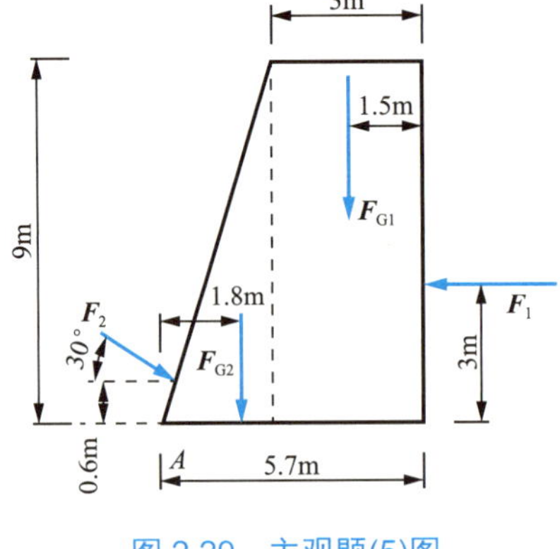


图 2.29　主观题(5)图

(6) 各梁的支承和荷载情况分别如图 2.30 所示，试计算 $A$、$B$ 处的支座反力，梁自重不计。

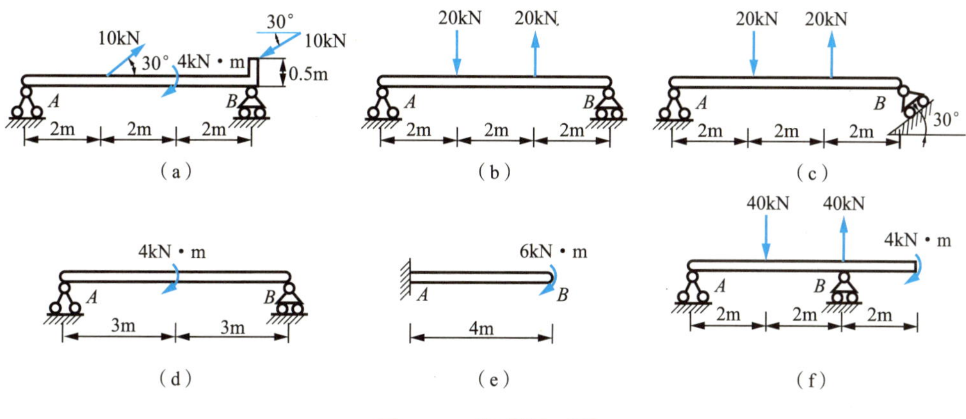


图 2.30 主观题(6)图

(7) 求图 2.31 所示刚架的支座反力。

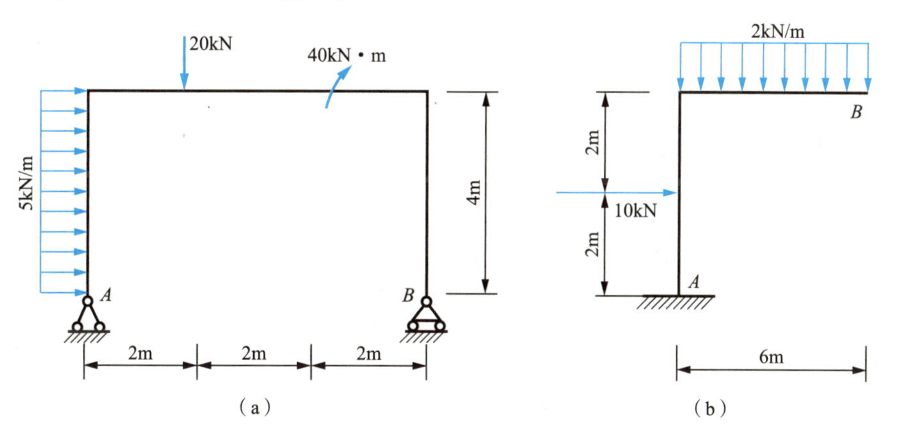


图 2.31 主观题(7)图

(8) 图 2.32 为天沟檐板示意图，已知天沟混凝土的重度为 25kN/m$^3$，水的重度取 10kN/m$^3$，假设天沟积满水，试计算此时端部 $A$ 处的反力(以 1m 长为计算单元)，图示尺寸单位为 mm。

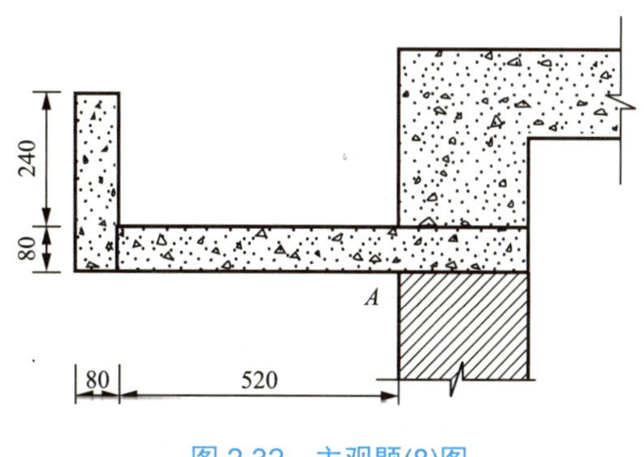


图 2.32 主观题(8)图

(9) 某厂房柱，高 9m，柱的上段 $BC$ 重力 $F_{G1}=10kN$，下段 $CA$ 重力 $F_{G2}=40kN$，风力 $q=2.5kN/m$，柱顶水平力 $F=6kN$，各力作用位置如图 2.33 所示，求固定端支座 $A$ 的反力。

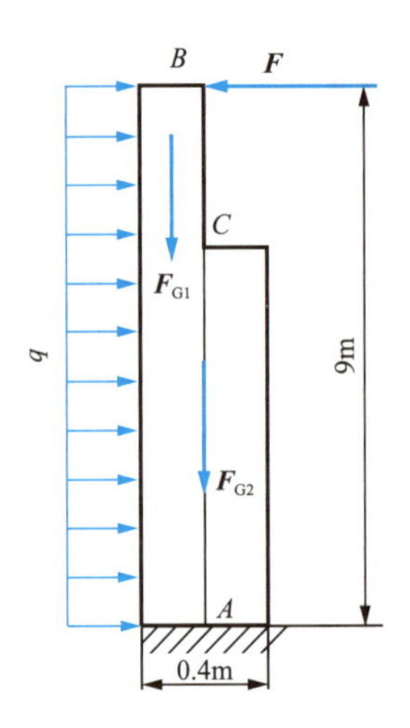


图 2.33　主观题(9)图

(10) 求图 2.34 所示多跨静定梁的支座反力。

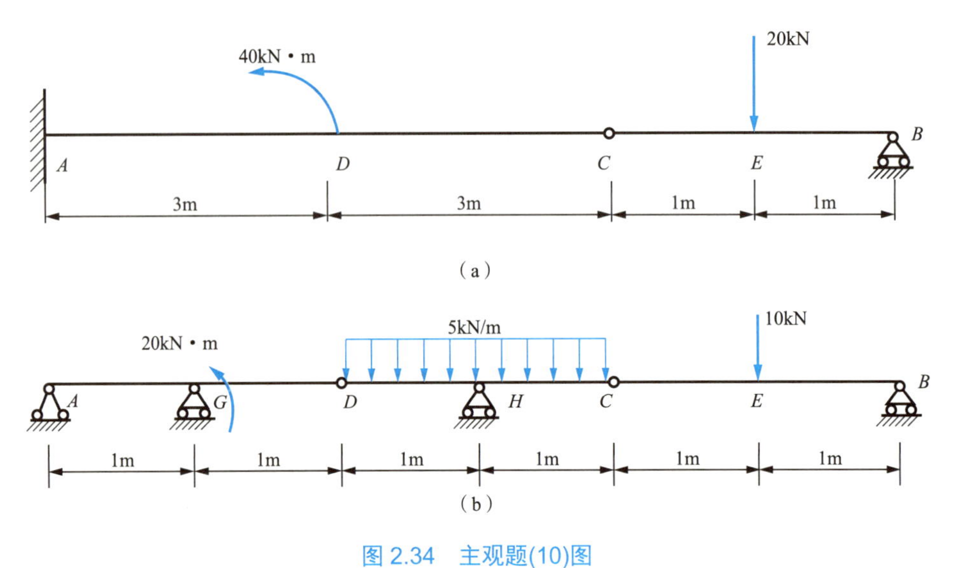


图 2.34　主观题(10)图

(11) 求图 2.35 所示三铰刚架的支座反力。

(12) 如图 2.36 所示，多跨梁上起重机的起重量 $F=40kN$，起重机重力 $F_G=50kN$，其重心位于铅垂线 $EC$ 上，梁自重不计，求支座 $A$、$B$、$D$ 的反力。

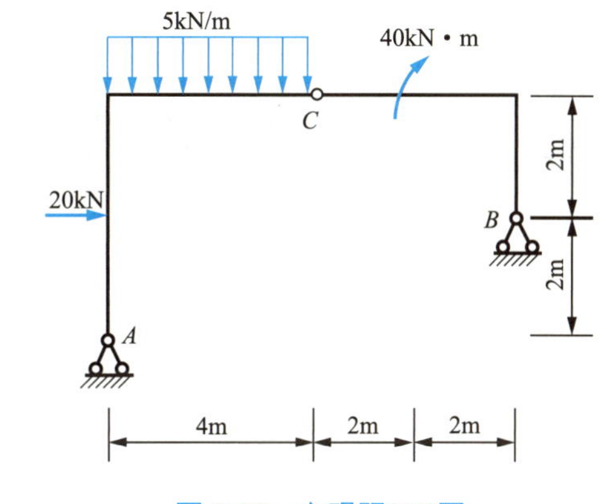


图2.35 主观题(11)图

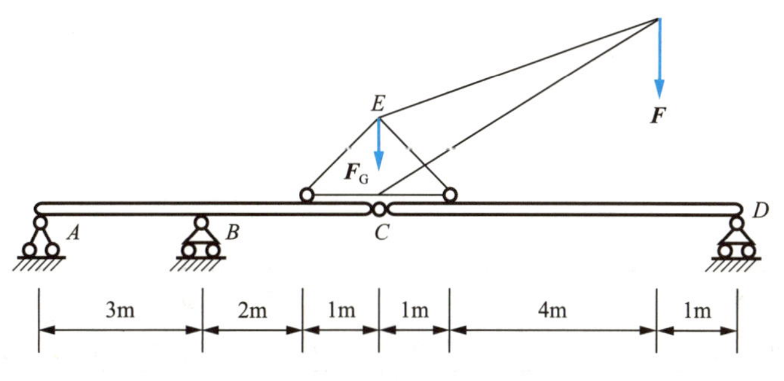


图2.36 主观题(12)图

# 第3章 轴向拉伸与压缩

## 教学目标

了解杆件的受力、变形特点；了解内力、应力、应变、变形、胡克定律的概念；熟练绘制杆的轴力图；掌握杆件横截面上的内力、应力、强度计算；了解材料在拉伸与压缩时的力学性能；掌握连接件的强度计算。

## 教学要求

| 知识要点 | 能力要求 | 所占比重 |
| --- | --- | --- |
| 轴向拉伸与压缩的概念 | 掌握轴向拉(压)杆的受力特点和变形特点 | 5% |
| 截面法，轴向拉(压)杆的内力大小及正负号 | (1) 能判断拉(压)杆内力正负号<br>(2) 能正确地绘制内力图 | 15% |
| 应力的概念、轴向拉(压)杆的应力、危险应力 | 能计算轴向拉(压)杆的应力 | 15% |
| 轴向拉(压)时的变形、应变，胡克定律 | 能计算轴向拉(压)时的变形 | 15% |
| 材料的力学性能，四个阶段、六个指标、三个重要极限 | (1) 能掌握塑性、脆性材料受力特性<br>(2) 能确定材料的强度、刚度、塑性指标 | 10% |
| 轴向拉(压)杆的强度条件，强度条件的三方面计算 | (1) 能掌握轴向拉(压)杆的强度条件<br>(2) 能利用强度条件对杆件进行三方面强度计算 | 25% |
| 连接件的强度计算，剪切和挤压的概念，剪切和挤压的实用计算 | (1) 能理解剪切和挤压受力特点和变形特点<br>(2) 能计算连接件的强度 | 15% |

## 学习重点

内力、应力、应变、变形与外荷载、截面尺寸、材料、杆长间的计算关系；内力、应力、应变、变形的计算；轴向拉(压)杆强度与连接件强度的计算。

## 生活知识提点

在拔河比赛中，甲乙双方各在一方用力拉绳索，争取胜利。这绳索受怎样的力呢？比赛的每一个人应该怎样用力，才能发挥最大的作用？

## 引例

在建筑物和机械等工程结构中，经常使用受拉伸或压缩的构件。

如图 3.1 所示，拔桩机在工作时，油缸顶起吊臂将桩从地下拔起，油缸杆受压缩变形，桩在拔起时受拉伸变形，钢丝绳受拉伸变形。

如图 3.2 所示，桥墩承受桥面传来的荷载，以压缩变形为主。

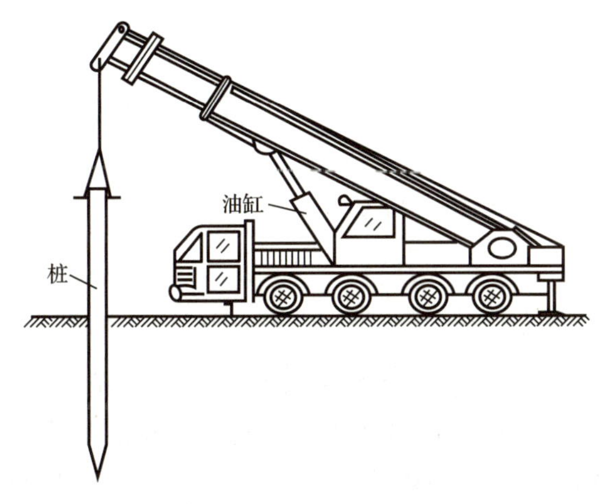


图 3.1 拔桩机工作示意图

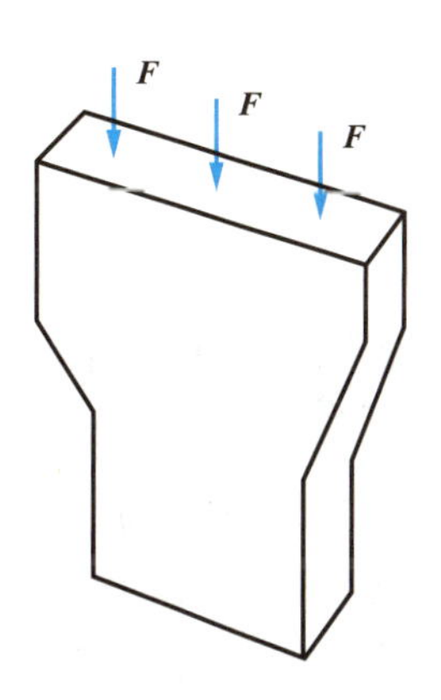


图 3.2 桥墩示意图

如图 3.3 所示，钢木组合桁架中的钢拉杆，以拉伸变形为主。如图 3.4 所示，厂房里的混凝土立柱，以压缩变形为主。

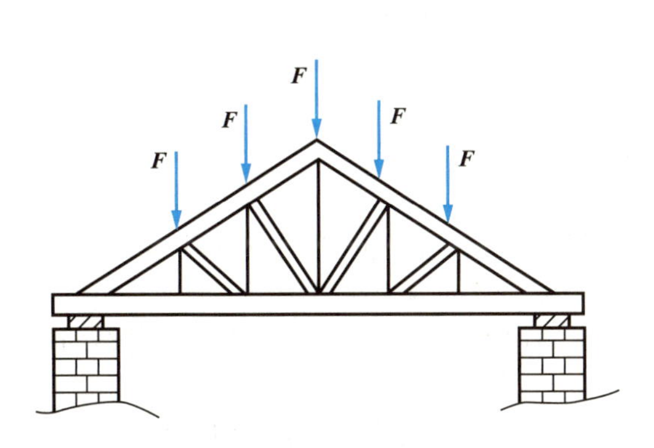


图 3.3 钢木组合桁架图

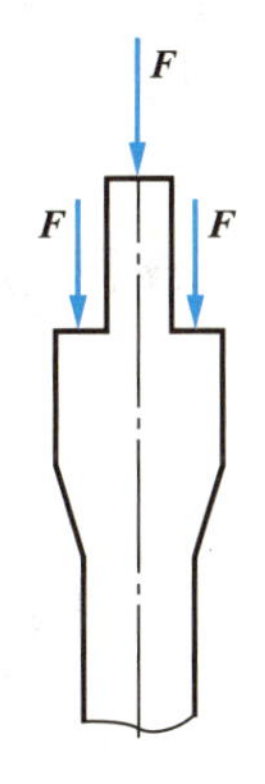


图 3.4 厂房混凝土立柱图

# 3.1 轴向拉伸与压缩的概念

在工程中以拉伸或压缩变形为主的构件，称为杆件。

杆件的外力特点：杆件所承受的外力或外力合力作用线与杆件轴线重合。杆件受拉力作用产生的变形称为轴向拉伸，杆件受压力作用产生的变形称为轴向压缩。

杆件的变形特点：杆件在外力作用下所有的纵向纤维都有相同的伸长或缩短，即产生轴向拉伸变形或轴向压缩变形。

# 3.2 轴向拉(压)杆的内力与轴力图

## 3.2.1 内力的概念

凡其他物体对研究对象的作用都视为外力，如支座反力、荷载等。

物体在外力作用下，内部各质点的相对位置将发生改变，其质点的相互作用力也会发生变化。这种由于物体受到外力作用而引起的内力的改变量，称为附加内力，简称为内力。在建筑力学中，将物体不受外力作用时的内力看作零，而把外力作用后引起的附加内力定义为内力。

内力随外力的增大而增大。但是，它的变化是有一定限度的，不能随外力的增加而无限地增加。当内力加大到一定限度时，构件就会被破坏，因而内力与构件的强度、刚度是密切相关的。由此可知，内力是建筑力学研究的重要内容。

## 3.2.2 求解内力的基本方法——截面法

求构件内力的基本方法是截面法，即假想将杆件沿需求内力的截面截开，将杆分成两部分，任取其中一部分作为研究对象。此时，截面上的内力被显示了出来。杆件在内力与外力的作用下保持平衡，由静力平衡条件可求出内力。这种求内力的方法就是截面法。

截面法的计算可用三个词来归纳。

(1) 截取——在需求内力的截面，用一个假想的平面将杆件截开，将杆分成两部分，任取其中一部分作为研究对象。

(2) 代替——将弃去部分对留下部分的作用以截面上的内力来代替。

(3) 平衡——对留下的部分建立平衡方程，求出内力的数值和方向。

如图 3.5(a)所示，假想用一横截面将等直杆沿截面 $m—m$ 截开，取左段部分为研究对象，画出图 3.5(b)所示的受力图。由于整个杆件处于平衡状态，所以左段也保持平衡，由平衡条件$\sum F_x = 0$可知，$F_N - F = 0$，即$F_N = F$，其指向背离截面。同样，若取右段为研究对象，如图3.5(c)所示，也可得出相同的结果。

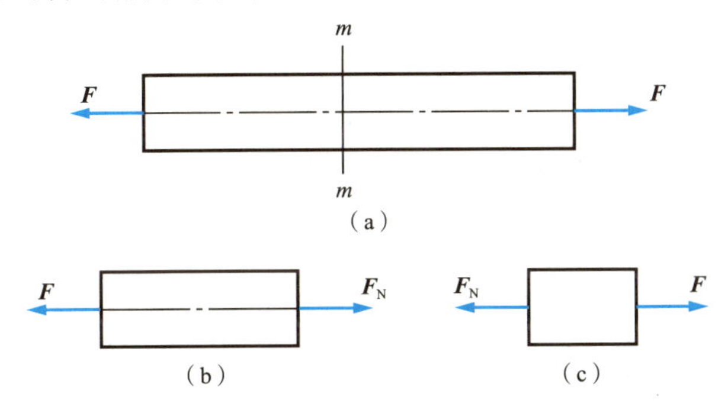


图3.5 等直杆受力图

在轴向外力$\boldsymbol{F}$作用下的等直杆，如图3.5(a)所示，利用截面法，可以确定$m$—$m$横截面上的唯一内力分量为轴力$\boldsymbol{F}_N$，其作用线垂直于横截面并通过形心，如图3.5(b)所示。

利用平衡方程

$$\sum F_x = 0$$

得

$$F_N = F$$

通常规定：轴力$F_N$使杆件受拉为正，受压为负。

特别提示

内力正负号的规定要认真理解，它是构件内部的力外露所致，不同于外力正负号的规定。

## 3.2.3 轴力图

为了表明轴力沿杆轴线变化的情况，用平行于轴线的坐标表示横截面的位置，垂直于杆轴线的坐标表示横截面上轴力的数值，以此表示轴力与横截面位置关系的几何图形，称为轴力图。作轴力图时应注意以下几点。

(1) 轴力图的位置应和杆件的位置相对应。轴力的大小，按比例画在坐标上，并在图上标出代表点数值。

(2) 习惯上将正值(拉力)的轴力图画在坐标的正向；负值(压力)的轴力图画在坐标的负向。

### 应用案例3-1

一等直杆及受力情况如图3.6(a)所示，试作杆的轴力图。应如何调整外力，使杆上轴力分布得比较合理？

**【解】**(1) 求$AB$段轴力。

用假设截面在1—1处截开，设轴力$\boldsymbol{F}_N$为拉力，其指向背离横截面[图3.6(b)]，由平衡方程得

$$F_{N1} = 5\text{kN}$$

(2) 同理，求 $BC$ 段轴力[图 3.6(c)]，即

$$F_{N2} = 5\text{kN} + 10\text{kN} = 15\text{kN}$$

(3) 求 $CD$ 段轴力，为简化计算，取右段为分离体[图 3.6(d)]

$$F_{N3} = 30\text{kN}$$

(4) 按作轴力图的规则，作出轴力图，如图 3.6(e)所示。

(5) 轴力的合理分布如图 3.6(f)所示。

**【案例点评】**

因为轴力和正应力有正比函数关系。如果杆件上的轴力减小，正应力也减小，杆件的强度就会提高。因此，有条件地调整杆上外力的分布，可以达到减小轴力，提高杆件强度的目的。该题若将 $C$ 截面的外力 15kN 和 $D$ 截面的外力 30kN 对调，轴力图如图 3.6(f)所示，杆上最大轴力减小了，轴力分布就比较合理。

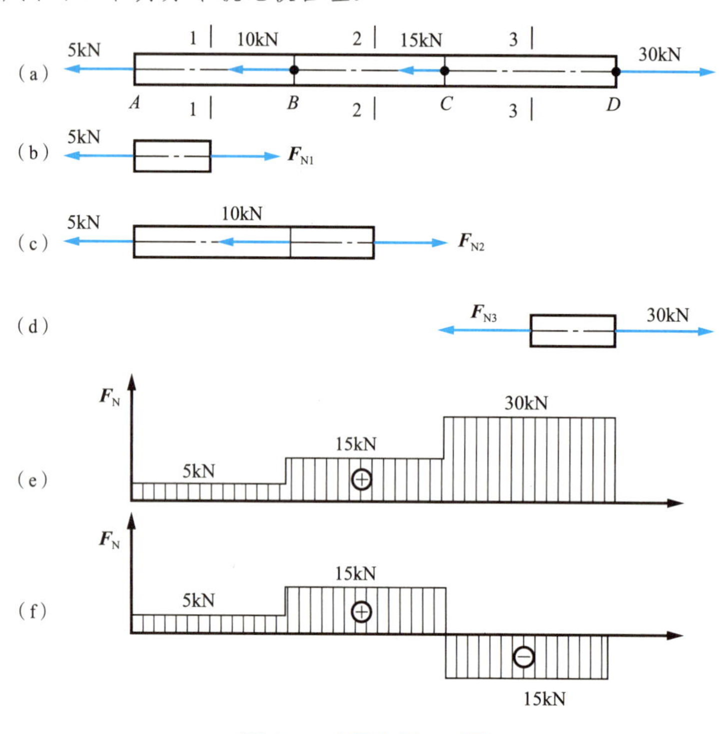


图 3.6　应用案例 3-1 图

# 3.3　轴向拉(压)时横截面上的应力

## 3.3.1　应力的概念

用截面法可求出拉(压)杆横截面上分布内力的合力，它只表示截面上总的受力情况。

单凭内力的合力大小，还不能判断杆件是否会因强度不足而被破坏。例如，两根材料相同、截面面积不同的杆件，受同样大小的轴向拉力 **F** 作用，显然两根杆件横截面上的内力是相等的，随着外力的增加，截面面积小的杆件必然先断。这是因为轴力只是杆横截面上分布内力的合力。而要判断杆件的强度，还必须知道内力在截面上分布的密集程度(简称内力集度)。

内力在一点处的集度称为应力。为了说明截面上某一点 $E$ 处的应力，可绕 $E$ 点取一微小面积$\Delta A$，作用在$\Delta A$ 上的内力合力记为$\Delta F$，如图 3.7(a)所示，则比值

$$p_{\mathrm{m}}=\frac{\Delta F}{\Delta A}$$

称为$\Delta A$ 上的平均应力。

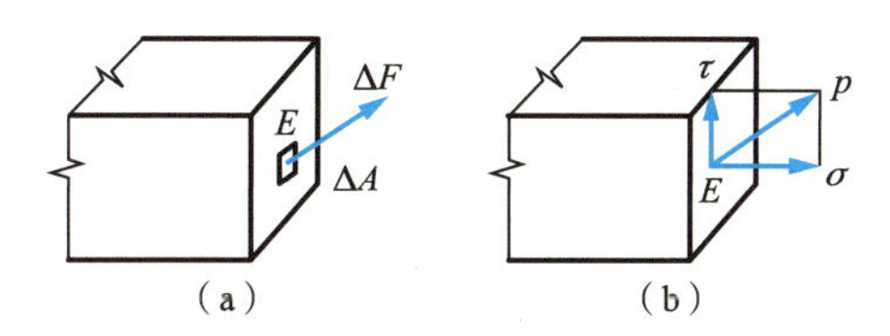


图 3.7 横截面上受力图

一般情况下，截面上各点处的内力虽然是连续分布的，但并不一定均匀，因此，平均应力的值将随$\Delta A$ 的大小而变化，它还不能表明内力在 $E$ 点处的真实强弱程度。只有当$\Delta A$ 无限缩小并趋于零时，平均应力 $p_{\mathrm{m}}$ 的极限值 $p$ 才能代表 $E$ 点处的内力集度。

$$p=\lim_{\Delta A\to 0}\frac{\Delta F}{\Delta A}=\frac{\mathrm{d}F}{\mathrm{d}A}$$

式中，$p$——$E$ 点处的应力。

应力 $p$ 也称为 $E$ 点的总应力。通常应力 $p$ 与截面既不垂直也不相切，力学中总是将它分解为垂直于截面和相切于截面的两个分量[图 3.7(b)]。与截面垂直的应力分量称为法向应力(或正应力)，用$\sigma$表示；与截面相切的应力分量称为切应力(或剪应力)，用$\tau$表示。

应力的单位是帕斯卡，简称为帕，符号为“Pa”。

$$1\mathrm{Pa}=1\mathrm{N/m^2}\quad (1\text{ 帕}=1\text{ 牛/米}^2)$$

工程实际中应力数值较大，常用千帕(kPa)、兆帕(MPa)及吉帕(GPa)作为单位。

$$1\mathrm{kPa}=10^3\mathrm{Pa}$$

$$1\mathrm{MPa}=10^6\mathrm{Pa}$$

$$1\mathrm{GPa}=10^9\mathrm{Pa}$$

工程图样上，长度尺寸常以 mm 为单位，即

$$1\mathrm{MPa}=10^6\mathrm{N/m^2}=10^6\mathrm{N}/10^6\mathrm{mm^2}=1\mathrm{N/mm^2}$$

**特别提示**

应力是构件内某一点内力的集度值。

## 3.3.2 杆件横截面上的应力

轴力是轴向拉(压)杆横截面上的唯一内力分量，但是，轴力不是直接衡量拉(压)杆强度的指标，因此必须研究拉(压)杆横截面上的应力，即轴力在横截面上分布的集度，试验是研究杆件横截面应力分布的主要途径。图 3.8(a)表示横截面为正方形的试样，其边长为 $a$，在试样表面相距 $l$ 处画了两个垂直于轴线的边框线，即 $m—m$ 和 $n—n$。试验开始，在试样两端缓慢加轴向外力，当到达 $F$ 值时，可以观察到边框线 $m—m$ 和 $n—n$ 相对产生了位移 $\Delta l$，如图 3.8(b)所示，同时，正方形的边长 $a$ 减小，但其形状保持不变，$m'—m'$和 $n'—n'$仍垂直轴线。

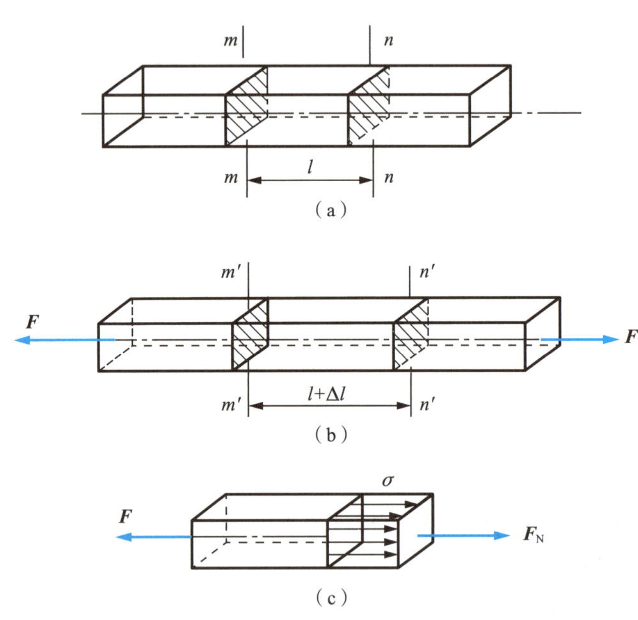


图 3.8 横截面为正方形的试样图

根据试验现象，可做以下假设：受轴向拉伸的杆件，变形后横截面仍保持为平面，两平面相对地位移了一段距离，这个假设称为平面假设。根据这个假设，可以推论 $m'—n'$段纵向纤维伸长。根据材料均匀性假设，变形相同，则截面上每点受力相同，即轴力在横截面上分布集度相同[图 3.8(c)]。结论：轴向拉(压)等截面直杆，横截面上正应力均匀分布，表达为

$$\sigma = \frac{F_N}{A} \quad 或 \quad \int_A \sigma \mathrm{d}A = F_N \tag{3-1}$$

**特别提示**

经试验证实，式(3-1)适用于轴向拉(压)，符合平面假设的横截面为任意形状的等截面直杆。

正应力与轴力有相同的正、负号，即拉应力为正，压应力为负。

## 应用案例 3-2

一阶梯形直杆受力如图 3.9(a)所示，已知横截面面积为 $A_1=400\text{mm}^2$，$A_2=300\text{mm}^2$，$A_3=200\text{mm}^2$，试求各横截面上的应力。

**【解】**(1) 计算轴力，画轴力图。

利用截面法可求得阶梯杆各段的轴力为 $F_{N1}=50\text{kN}$，$F_{N2}=-30\text{kN}$，$F_{N3}=10\text{kN}$，$F_{N4}=-20\text{kN}$。轴力图如图 3.9(b)所示。

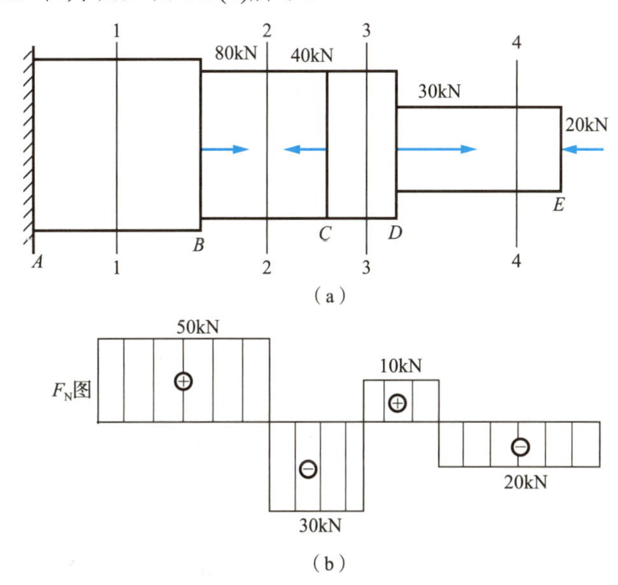


图 3.9 应用案例 3-2 图

(2) 计算各段的正应力。

*AB* 段：
$$\sigma_{AB}=\frac{F_{N1}}{A_1}=\frac{50\times10^3}{400}\text{MPa}=125\text{MPa}\ (\text{拉应力})$$

*BC* 段：
$$\sigma_{BC}=\frac{F_{N2}}{A_2}=\frac{-30\times10^3}{300}\text{MPa}=-100\text{MPa}\ (\text{压应力})$$

*CD* 段：
$$\sigma_{CD}=\frac{F_{N3}}{A_2}=\frac{10\times10^3}{300}\text{MPa}=33.3\text{MPa}\ (\text{拉应力})$$

*DE* 段：
$$\sigma_{DE}=\frac{F_{N4}}{A_3}=\frac{-20\times10^3}{200}\text{MPa}=-100\text{MPa}\ (\text{压应力})$$

**【案例点评】**

该案例说明内力、截面、应力三者之间的相互关系，即内力相同，截面不同，应力不同；内力不同，截面相同，应力不同。并明确作轴力图的方法、步骤和要点。

## 应用案例 3-3

石砌桥墩的墩身高 $h=10\text{m}$，其横截面尺寸如图 3.10 所示。如果荷载 $F=1000\text{kN}$，材料的容重$\gamma = 23\text{kN/m}^3$，求墩身底部横截面上的压应力。

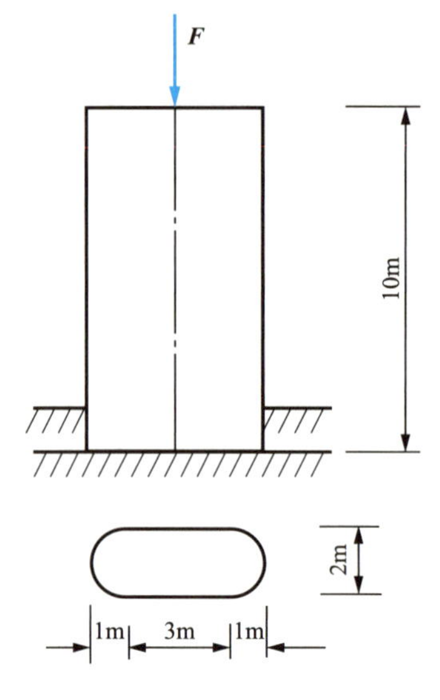


图 3.10　应用案例 3-3 图

【解】建筑构件自重比较大时，在计算中应考虑其对应力的影响。

墩身横截面面积

$$A = 3 \times 2\text{m}^2 + \frac{\pi \times 2^2}{4}\text{m}^2 = 9.14\text{m}^2$$

墩身底面应力

$$\sigma = \frac{F}{A} + \frac{\gamma \cdot Ah}{A} = \frac{1000 \times 10^3\text{N}}{9.14\text{m}^2} + 10\text{m} \times 23 \times 10^3\text{N/m}^3$$

$$= 34 \times 10^4\text{Pa} = 0.34\text{MPa}\ (\text{压})$$

【案例点评】

在结构自重作用下最大内力和最大应力的计算十分重要，应熟练掌握。

## 3.3.3　应力集中的概念

轴向拉(压)杆件，在截面形状和尺寸发生突变处，如油槽、肩轴、螺栓孔等处，会引起局部应力骤然增大的现象，称为应力集中(图 3.11)。

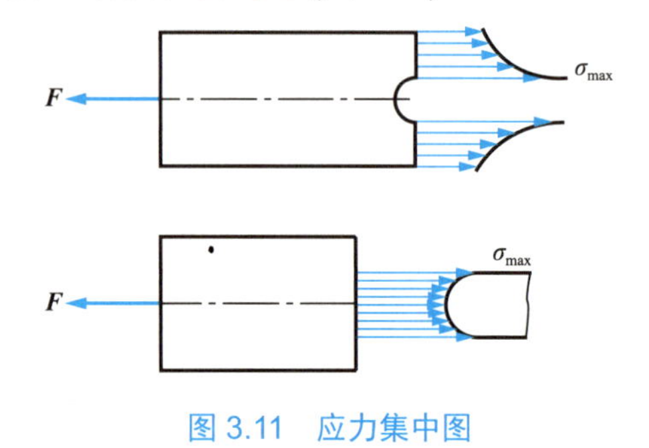


图 3.11　应力集中图

应力集中的程度用最大局部应力$\sigma_{max}$与该截面上的名义应力$\sigma_n$(不考虑应力集中的条件下截面上的平均应力)的比值表示，即

$$K=\frac{\sigma_{max}}{\sigma_n} \tag{3-2}$$

比值 $K$ 称为应力集中因数。

在设计时，从以下三方面考虑应力集中对构件强度的影响。

(1) 在设计脆性材料构件时，应考虑应力集中的影响。

(2) 在设计塑性材料的静强度问题时，通常可以不考虑应力集中的影响。

(3) 设计在交变应力作用下的构件时，制造构件的材料无论是塑性材料还是脆性材料，都必须考虑应力集中的影响。

# 3.4 轴向拉(压)时的变形

等直杆在轴向外力作用下，其主要变形为轴向伸长或缩短，同时，横向缩短或伸长。若规定伸长变形为正，缩短变形为负，在轴向外力作用下，等直杆轴向变形和横向变形恒为异号。

**拓展讨论**

1. 你知道胡克定律是谁发明的吗?
2. 胡克定律在实际生活中有什么应用？请举例说明。

## 3.4.1 轴向变形与胡克定律

如图 3.12 所示，长为 $l$ 的等直杆，在轴向力 $\boldsymbol{F}$ 作用下，伸长了$\Delta l=l_1-l$，杆件横截面上的正应力为

$$\sigma=\frac{F}{A}=\frac{F_N}{A}$$

轴向正应变为

$$\varepsilon=\frac{\Delta l}{l} \tag{3-3}$$

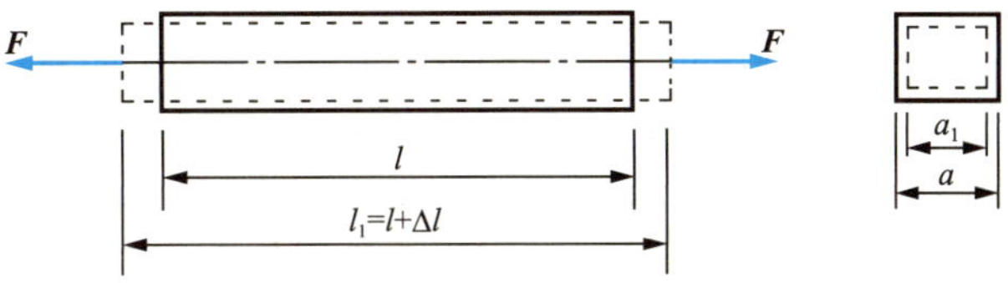

图 3.12 轴向变形图

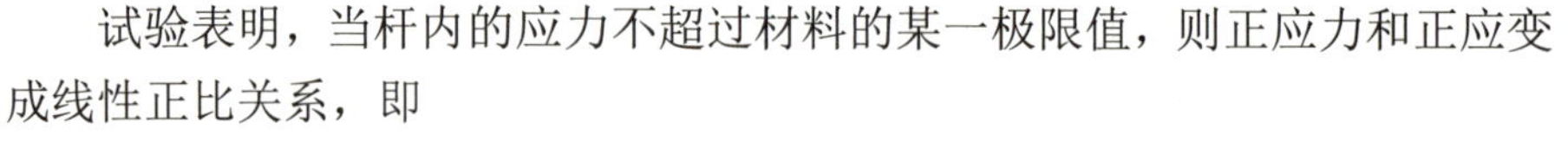

胡克定律

试验表明，当杆内的应力不超过材料的某一极限值，则正应力和正应变成线性正比关系，即

$$\sigma = E \cdot \varepsilon \tag{3-4}$$

式中，$E$——材料的弹性模量，其常用单位为 GPa(1GPa = $10^9$Pa)，$E$ 的数值随材料而异，是通过试验测定的，表征材料抵抗弹性变形的能力。

式(3-4)称为胡克定律，是英国科学家胡克(Robert Hooke，1635—1703)于 1678 年首次用试验方法论证了这种线性关系后提出的。胡克定律的另一种表达式为

泊松比

$$\Delta l = \frac{F_N l}{EA} \tag{3-5}$$

式中，$EA$——杆的拉压刚度。

式(3-5)只适用于杆件在 $l$ 长度内 $F_N$、$E$、$A$ 均为常值的情况下，即在杆件在 $l$ 长度内变形是均匀的情况。

## 3.4.2 横向变形与泊松比

横截面为正方形的等截面直杆，在轴向外力 $\boldsymbol{F}$ 作用下，边长由 $a$ 变为 $a_1$，$\Delta a = a_1 - a$，则横向正应变为

$$\varepsilon' = \frac{\Delta a}{a} \tag{3-6}$$

试验结果表明，当应力不超过一定限度时，横向正应变 $\varepsilon'$ 与轴向正应变 $\varepsilon$ 之比的绝对值是一个常数，即

$$v = \left|\frac{\varepsilon'}{\varepsilon}\right|$$

式中，$v$——横向变形因数或泊松比，是法国科学家泊松(Simeon-Denis Poisson，1781—1840)于 1829 年从理论上推演得出的结果，后又经试验验证。

考虑到杆件轴向正应变和横向正应变的正负号恒相反，常表达为

$$\varepsilon' = -v\varepsilon \tag{3-7}$$

表 3-1 给出了常用材料的 $E$、$v$ 值。

表 3-1　常用材料的 $E$、$v$ 值

| 材 料 名 称 | 牌　　号 | $E$/GPa | $v$ |
|---|---|---|---|
| 低碳钢 | Q235 | 200～210 | 0.24～0.28 |
| 中碳钢 | 45 | 205 | 0.24～0.28 |
| 低合金钢 | 16Mn | 200 | 0.25～0.30 |
| 合金钢 | 40CrNiMoA | 210 | 0.25～0.30 |
| 灰铸铁 | — | 60～162 | 0.23～0.27 |
| 球墨铸铁 | — | 150～180 | — |

续表

| 材料名称 | 牌号 | E/GPa | ν |
|---|---|---|---|
| 铝合金 | LY12 | 71 | 0.33 |
| 硬铝合金 | — | 380 | — |
| 混凝土 | — | 15.2～36 | 0.16～0.18 |
| 木材(顺纹) | — | 9.8～11.8 | 0.0539 |
| 木材(横纹) | — | 0.49～0.98 | — |

## 3.4.3 拉(压)杆的位移

等直杆在轴向外力作用下，发生变形，会引起杆上某点在空间位置上的改变，即产生了位移。位移与变形密切相关，一根轴向拉(压)杆的位移可以直接用变形来度量。在建筑行业，由于构件的自重较大，在求其变形和位移时往往要考虑自重的影响。

### 应用案例 3-4

如图 3.13 所示，阶梯形钢杆承受荷载 $F_1 = 30\text{kN}$，$F_2 = 10\text{kN}$。$AC$ 段的横截面面积 $A_{AC} = 500\text{mm}^2$，$CD$ 段的横截面面积 $A_{CD} = 200\text{mm}^2$，弹性模量 $E = 200\text{GPa}$。试求：

(1) 各段杆横截面上的轴力和正应力；

(2) 杆件内最大正应力；

(3) 杆件的总变形。

【解】(1) 计算支反力。

以杆件为研究对象，受力图如图 3.13(b)所示。由平衡方程

$$\sum F_x = 0，\ F_2 - F_1 - F_{RA} = 0$$

$$F_{RA} = F_2 - F_1 = (10 - 30)\text{kN} = -20\text{kN}$$

(2) 计算各段杆件横截面上的轴力。

$AB$ 段：$F_{NAB} = F_{RA} = -20\text{kN}$(压力)

$BD$ 段：$F_{NBD} = F_2 = 10\text{kN}$(拉力)

(3) 画出轴力图，如图 3.13(c)所示。

(4) 计算各段正应力。

$AB$ 段：

$$\sigma_{AB} = \frac{F_{NAB}}{A_{AC}} = \frac{-20\times10^3}{500}\text{MPa} = -40\text{MPa}\ (压应力)$$

$BC$ 段：

$$\sigma_{BC} = \frac{F_{NBD}}{A_{AC}} = \frac{10\times10^3}{500}\text{MPa} = 20\text{MPa}\ (拉应力)$$

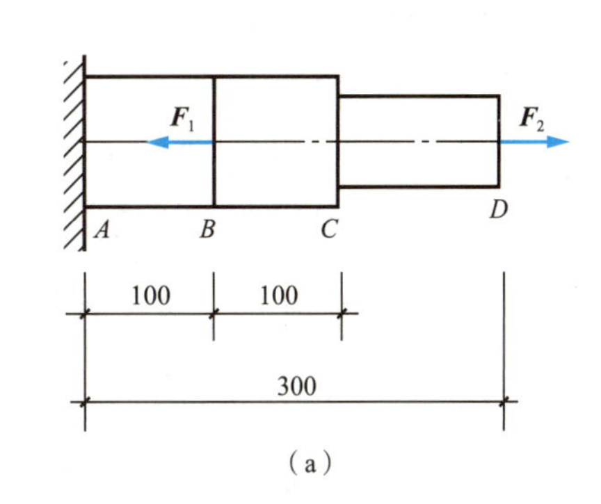


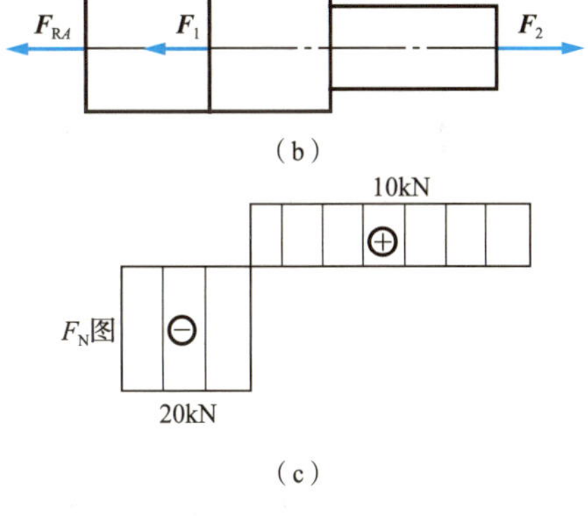


图 3.13　应用案例 3-4 图

*CD* 段:

$$\sigma_{CD}=\frac{F_{NBD}}{A_{CD}}=\frac{10\times10^3}{200}\text{MPa}=50\text{MPa}\ (拉应力)$$

(5) 计算杆件内最大的正应力。

最大正应力发生在 *CD* 段，其值为

$$\sigma_{\max}=\frac{10\times10^3}{200}\text{MPa}=50\text{MPa}$$

(6) 计算杆件的总变形。

由于杆件各段的面积和轴力不一样，则应分段计算变形，再求代数和。

$$\Delta l=\Delta l_{AB}+\Delta l_{BC}+\Delta l_{CD}=\frac{F_{NAB}l_{AB}}{EA_{AC}}+\frac{F_{NBD}l_{BC}}{EA_{AC}}+\frac{F_{NBD}l_{CD}}{EA_{CD}}$$

$$=\left[\frac{1}{200\times10^3}\times\left(\frac{-20\times10^3\times100}{500}+\frac{10\times10^3\times100}{500}+\frac{10\times10^3\times100}{200}\right)\right]\text{mm}$$

$$=0.015\text{mm}$$

整个杆件伸长 0.015mm。

## 应用案例 3-5

如图 3.14 所示托架，已知 $F=40\text{kN}$，圆截面钢杆 *AB* 的直径 $d=20\text{mm}$，杆 *BC* 是工字钢，其横截面面积为 $1430\text{mm}^2$，钢材的弹性模量 $E=200\text{GPa}$。求托架在力 $\boldsymbol{F}$ 作用下，结点 *B* 的铅垂位移和水平位移。

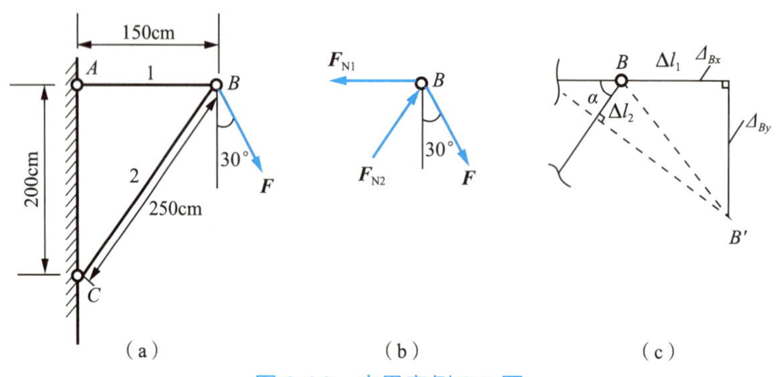


图 3.14 应用案例 3-5 图

【解】(1) 取结点 *B* 为研究对象，求两杆轴力[图 3.14(b)]。

$$\sum F_x=0\quad -F_{N1}+F_{N2}\times\frac{3}{5}+F\sin30°=0$$

$$\sum F_y=0\quad F_{N2}\times\frac{4}{5}-F\cos30°=0$$

$$F_{N2}=40\text{kN}\times\cos30°\times\frac{5}{4}=43.3\text{kN}$$

$$F_{N1}=F_{N2}\times\frac{3}{5}+F\sin30°=\left(43.3\times\frac{3}{5}+40\times\frac{1}{2}\right)\text{kN}=46\text{kN}$$

(2) 求 $AB$、$BC$ 杆变形。

$$\Delta l_1=\frac{F_{N1}l_1}{EA_1}=\frac{46\times10^3\,\mathrm{N}\times150\times10\mathrm{mm}}{200\times10^9\,\mathrm{Pa}\times\frac{\pi}{4}\times20^2\,\mathrm{mm}^2}=1.1\mathrm{mm}$$

$$\Delta l_2=\frac{F_{N2}l_2}{EA_2}=\frac{43.3\times10^3\,\mathrm{N}\times250\times10\mathrm{mm}}{200\times10^9\,\mathrm{Pa}\times1430\mathrm{mm}^2}=0.38\mathrm{mm}$$

(3) 求 $B$ 点位移，作变形图，利用几何关系求解[图 3.14(c)]。

以 $A$ 点为圆心，$(l_1+\Delta l_1)$为半径作圆，再以 $C$ 点为圆心，$(l_2+\Delta l_2)$为半径作圆，两圆弧线交于 $B''$ 点。因为$\Delta l_1$和$\Delta l_2$与原杆相比非常小，属于小变形，可以采用切线代圆弧的近似方法，两切线交于 $B'$ 点，利用三角关系求出 $B$ 点的水平位移和铅垂位移。

水平位移　$\varDelta_{Bx}=\Delta l_1=1.1\mathrm{mm}$

铅垂位移　$\varDelta_{By}=\left(\dfrac{\Delta l_2}{\cos\alpha}+\Delta l_1\right)\cot\alpha$

$$=\left(0.38\mathrm{mm}\times\frac{5}{3}+1.1\mathrm{mm}\right)\times\frac{3}{4}=1.3\mathrm{mm}$$

总位移　$\varDelta_B=\sqrt{\varDelta_{Bx}^2+\varDelta_{By}^2}=\sqrt{1.1^2+1.3^2}\ \mathrm{mm}=1.7\mathrm{mm}$

**【案例点评】**

该案例说明了在静定结构条件下，杆件的内力、变形与杆件所受的外力、截面、材料、杆长之间的计算关系。

## 3.5 材料在拉伸与压缩时的力学性能

材料在拉伸与压缩时的力学性能，是指材料在受力过程中的强度和变形方面体现出的特性，是解决强度、刚度和稳定性问题不可缺少的依据。

材料在拉伸与压缩时的力学性能，是通过试验得出的。拉伸与压缩通常在万能材料试验机上进行。拉伸与压缩的试验过程：把按标准制成的不同材料的试件装到试验机上，试验机对试件施加荷载，使试件产生变形甚至破坏。试验机上的测量装置测出试件在受荷载作用变形过程中，所受荷载的大小及变形情况等数据，由此测出材料的力学性能。

本节主要介绍在常温、静载条件下，塑性材料和脆性材料在拉伸和压缩时的力学性能。

### 3.5.1 标准试样

试样如图 3.15 所示，它的形状与尺寸取决于被试验的金属产品的形状与尺寸。通常以产品、压制坯或铸锭切取样坯经机加工制成试样。试样原始标距与原始横截面面积有 $l_0=k\sqrt{A}$关系者称为比例试样。国际上使用的比例系数 $k$ 的值为 5.65。若 $k$ 为 5.65 的值不能符合这一最小标距要求时，可以采取较高的值(优先采用 11.3 的值)。采用圆形试样，换算后有 $l_0=5d$ 和 $l_0=10d$ 两种。试样按照 GB/T 2975—2018《钢及钢产品 力学性能试验取样位置及试样制备》的要求切取样坯和制备试样。

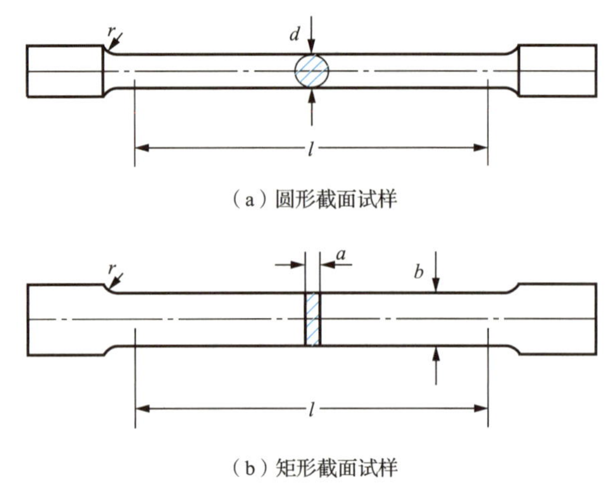


图 3.15　拉伸试样

## 3.5.2　低碳钢拉伸时的力学性能

低碳钢为典型的塑性材料，其拉伸时的应力-应变(图 3.16)呈现如下四个阶段。

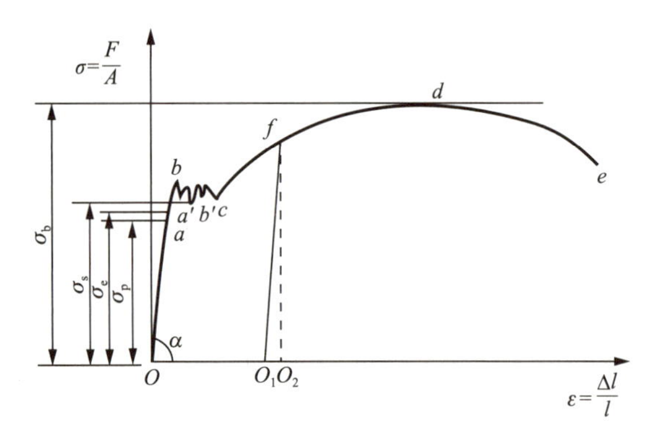


图 3.16　低碳钢拉伸时的应力-应变图

### 1. 弹性阶段(图 3.16 的 $Oa'$段)

图 3.16 的 $Oa$ 段为直线段，$a$ 点对应的应力称为比例极限，用$\sigma_p$表示。此阶段内，正应力和正应变成线性正比关系，即遵循胡克定律，$\sigma = E \cdot \varepsilon$。设直线的斜角为$\alpha$，则可得弹性模量 $E$ 和$\alpha$ 的关系：

弹性极限

$$\tan\alpha = \frac{\sigma}{\varepsilon} = E \tag{3-8}$$

$a$ 和 $a'$ 点非常靠近，$aa'$ 线段微弯，若自 $a'$ 点以前卸载，试样无塑性变形，$a'$ 对应的应力称为弹性极限，用$\sigma_e$表示。弹性极限与比例极限非常接近，但是物理意义是不同的。

2. 屈服阶段(图 3.16 的 *bc* 段)

超过比例极限之后，应力和应变之间不再保持正比关系。过 $b$ 点，应力变化不大，应变急剧增大，曲线上出现水平锯齿形状，材料失去继续抵抗变形的能力，发生屈服现象，一般称试样发生屈服而应力首次下降前的最高应力($b$ 点)为上屈服强度(上屈服极限)；在屈服期间，不计初始瞬时效应时的最低应力($b'$ 点)称为下屈服强度(下屈服极限)。工程上常称下屈服强度为材料的屈服极限，用$\sigma_s$ 表示。材料屈服时，在光滑试样表面可以观察到与轴线成 45°角的纹线，称为滑移线[图 3.17(a)]，它是屈服时晶格发生相对错动的结果。

（a）屈服试件

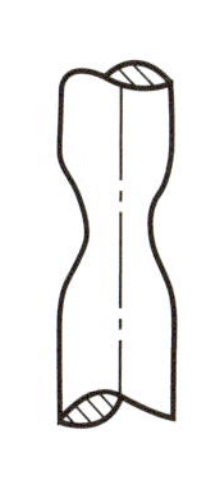

（b）颈缩试件

图 3.17　变形试件

3. 强化阶段(图 3.16 的 *cd* 段)

经过屈服阶段，材料晶格重组后，又增加了抵抗变形的能力，要使试件继续伸长就必须再增加拉力，这个阶段称为强化阶段。曲线最高点 $d$ 处的应力，称为强度极限，用$\sigma_b$表示，它代表材料破坏前能承受的最大应力。

在强化阶段某一点 $f$ 处，缓慢卸载，则试样的应力–应变曲线会沿着 $fO_1$ 回到 $O_1$ 点，从图上观察直线 $fO_1$ 近似平行于直线 $Oa$。图中 $O_1O_2$ 表示恢复的弹性变形，$OO_1$ 表示不可以恢复的塑性变形。如果卸载后重新加载，则应力–应变曲线基本上沿着 $O_1f$ 线上升到 $f$ 点，然后仍按原来的应力–应变曲线变化，直至断裂。低碳钢经过预加载后(即从开始加载到强化阶段再卸载)，使材料的弹性强度提高，而塑性降低的现象称为冷作硬化。工程中，常利用冷作硬化来提高材料的弹性强度，如制造螺栓的棒材要先经过冷拔，建筑用的钢筋、起重用的钢索，常利用冷作硬化来提高材料的弹性强度。材料经过冷作硬化后塑性降低，可以通过退火处理，以消除这一现象。

4. 局部变形阶段(图 3.16 的 *de* 段)

当应力增大到$\sigma_b$以后，即过 $d$ 点后，试样变形集中到某一局部区域，由于该区域横截面的收缩，形成了图 3.17(b)所示的“颈缩”现象。因局部横截面的收缩，试样再继续变形，所需的拉力逐渐减小，曲线自 $d$ 点后下降，最后在“颈缩”处被拉断。

在工程中，代表材料强度性能的主要指标是屈服极限$\sigma_s$和强度极限$\sigma_b$。

在拉伸试验中，可以测得表示材料塑性变形能力的两个指标：伸长率和断面收缩率。

(1) 伸长率：

$$\delta = \frac{l_1 - l}{l} \times 100\% \tag{3-9}$$

式中，$l$——试验前，在试样上确定的标距(一般是 $5d$ 或 $10d$，$d$ 为试样的直径)；

$l_1$——试样断裂后，标距变化后的长度。

低碳钢的伸长率为 26%～30%，工程上常以伸长率将材料分为两大类：$\delta \geqslant 5\%$的材料称为塑性材料，如钢、铜、铝、化纤等材料；$\delta < 5\%$的材料称为脆性材料，如灰铸铁、玻璃、陶瓷、混凝土等材料。

(2) 断面收缩率：

$$\psi = \frac{A - A_1}{A} \times 100\% \tag{3-10}$$

式中，$A$——试验前，试样的横截面面积；

$A_1$——试样断裂后，断口处的横截面面积。

低碳钢的断面收缩率为50%～60%。

## 3.5.3 其他材料拉伸时的力学性能

灰铸铁是典型的脆性材料，其应力–应变图是一条微弯的曲线，如图3.18所示，图中没有明显的直线，无屈服现象，拉断时变形很小，其伸长率$\delta<1$，强度指标只有强度极限$\sigma_b$。由于灰铸铁拉伸时没有明显的直线，工程上常将坐标系原点与$\frac{\sigma_b}{4}$处$A$点连成割线，以割线的斜率估算灰铸铁的弹性模量$E$。

图3.19所示是几种塑性材料的应力－应变图，从图中可以看出，高强钢、合金钢、低强钢的第一阶段相近，即这些材料的弹性模量$E$相近。有些材料，如黄铜、高碳钢T10A、20Cr等无明显屈服阶段，只有弹性阶段、强化阶段和局部变形阶段。

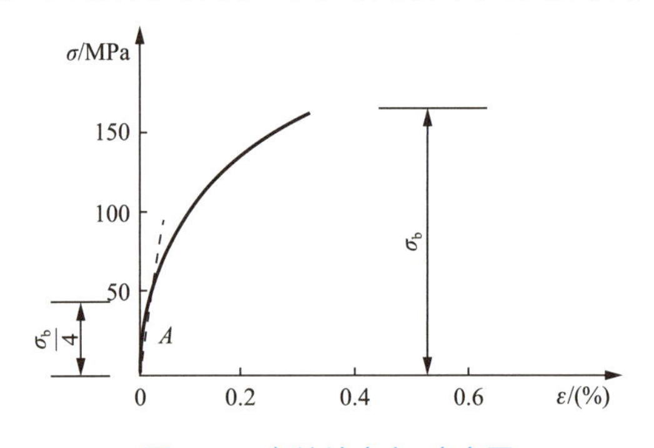


图3.18 灰铸铁应力–应变图

对于没有明显屈服阶段的塑性材料，通常以产生0.2%的塑性应变所对应的应力值作为屈服极限(图3.20)，称为名义屈服极限，用$\sigma_{0.2}$表示(2002年的标准称为规定残余延伸强度，用$R_r$表示，如$R_{r0.2}$，表示规定残余延伸率为0.2%时的应力)。

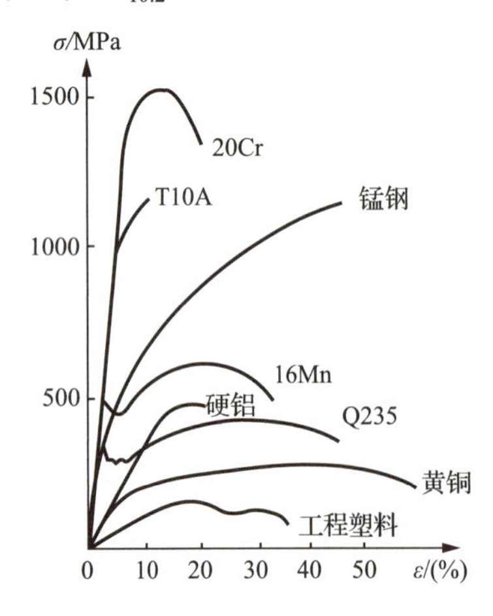


图3.19 几种塑性材料的应力–应变图

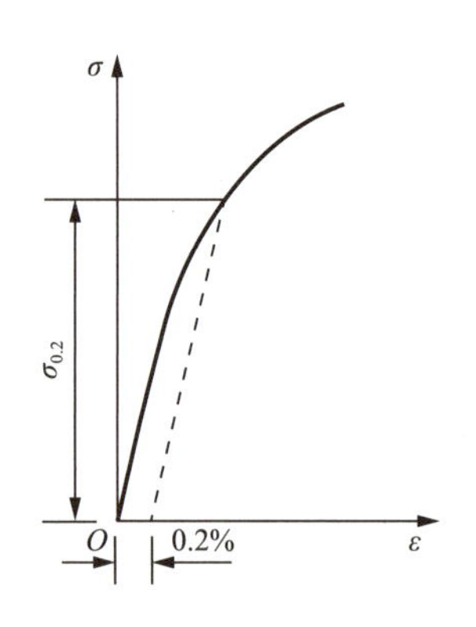


图3.20 名义屈服极限图

## 3.5.4 材料压缩时的力学性能

金属材料的压缩试样，一般制成短圆柱形，圆柱的高度为直径的 1.5～3 倍，试样的上下平面有平行度和光洁度的要求。

非金属材料，如混凝土、石料等通常制成正方形。

低碳钢是塑性材料，其压缩时的应力–应变图如图 3.21 所示。和拉伸时的曲线相比较，可以看出，在屈服以前，压缩时的曲线和拉伸时的曲线基本重合，而且$\sigma_p$、$\sigma_s$、$E$ 与拉伸时大致相等。屈服以后随着压力的增大，试样被压成“鼓形”，最后被压成“薄饼”而不发生断裂，所以低碳钢压缩时无强度极限。

铸铁是脆性材料，其压缩时的应力–应变图如图 3.22 所示，试样在较小变形时突然破坏，压缩时的强度极限远高于拉伸时的强度极限(为 3～6 倍)，破坏断面与横截面成 45°～55°的倾角，根据应力分析，铸铁压缩破坏属于剪切破坏。

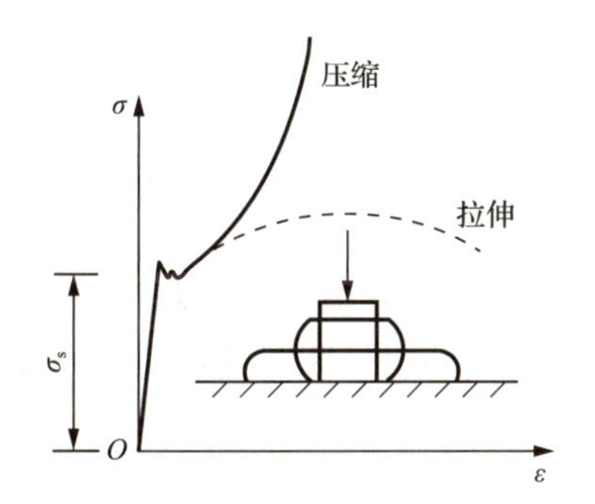


图 3.21　低碳钢压缩时的应力–应变图

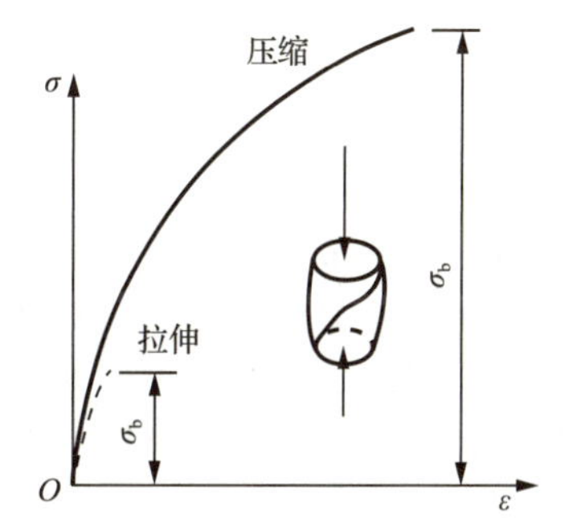


图 3.22　铸铁压缩时的应力–应变图

建筑专业用的混凝土，其压缩时的应力–应变图如图 3.23 所示，从曲线上可以看出，混凝土的抗压强度要比抗拉强度大 10 倍左右。混凝土试样压缩破坏形式与两端面所受摩擦阻力的大小有关。如图 3.24(a)所示，混凝土试样两端面加润滑剂后，压坏时沿纵向开裂；如图 3.24(b)所示，试样两端面不加润滑剂，压坏时是中间剥落而形成两个锥截面。

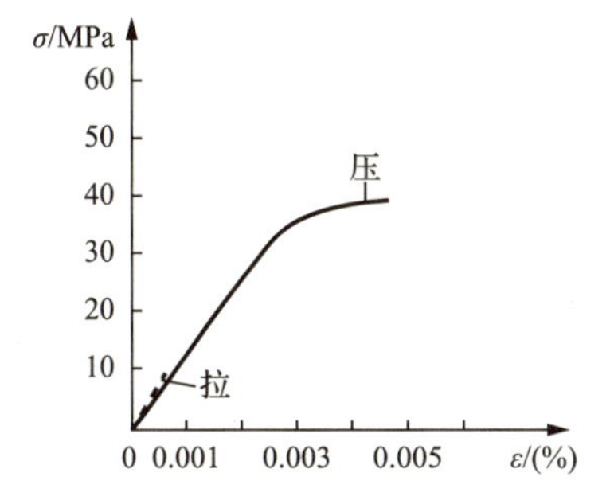


图 3.23　混凝土压缩时的应力–应变图

（a）加润滑剂混凝土试样

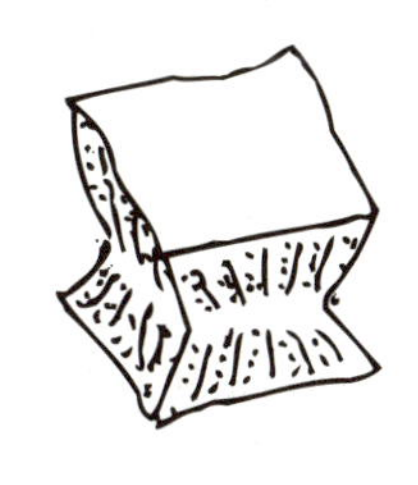

（b）无润滑剂混凝土试样

图 3.24　混凝土试样

# 3.6 安全因数、许用应力及强度条件

## 3.6.1 安全因数与许用应力

在力学性能试验中，测得了两个重要的强度指标：屈服极限和强度极限。对于塑性材料，当应力达到屈服极限时，构件已发生明显的塑性变形，影响其正常工作，称之为失效，因此把屈服极限作为塑性材料的极限应力；对于脆性材料，直到断裂也无明显的塑性变形，断裂是失效的唯一标志，因而把强度极限作为脆性材料的极限应力。

根据失效的准则，将屈服极限与强度极限通称为极限应力，用$\sigma_u$表示。

为了保障构件在工作中有足够的强度，构件在载荷作用下的工作应力必须低于极限应力。为了确保安全，构件还应有一定的安全储备。在强度计算中，把极限应力$\sigma_u$除以一个大于 1 的因数，得到的应力值称为许用应力，用$[\sigma]$表示，即

$$[\sigma]=\frac{\sigma_u}{n} \tag{3-11}$$

式中，$n$——安全因数。

许用拉应力用$[\sigma_t]$表示，许用压应力用$[\sigma_c]$表示。在工程中，安全因数 $n$ 的取值范围由国家标准规定，一般不能任意改变。对于一般常用材料的安全因数及许用应力数值，在国家标准或有关手册中均可以查到。

## 3.6.2 强度条件

为了保障构件安全工作，构件内最大工作应力必须小于或等于许用应力，表示为

$$\sigma_{max}=\left(\frac{F_N}{A}\right)_{max}\leqslant[\sigma] \tag{3-12}$$

式(3-12)称为拉(压)杆的强度条件。对于等截面拉(压)杆，表示为

$$\sigma_{max}=\frac{F_{Nmax}}{A}\leqslant[\sigma] \tag{3-13}$$

利用强度条件，可以解决以下三类强度问题。

1．强度校核

在已知拉(压)杆的形状、尺寸和许用应力及受力情况下，检验构件能否满足上述强度条件，以判别构件能否安全工作。

2．设计截面

已知拉(压)杆所受的荷载及所用材料的许用应力，根据强度条件设计截面的形状和尺寸，表达式为

$$A \geqslant \frac{F_{\mathrm{Nmax}}}{[\sigma]} \tag{3-14}$$

### 3．计算许用荷载

已知拉(压)杆的截面尺寸及所用材料的许用应力，计算杆件所能承受的许用轴力，再根据此轴力计算许用荷载，表达式为

$$F_{\mathrm{Nmax}} \leqslant A[\sigma] \tag{3-15}$$

在计算中，若工作应力不超过许用应力的 5%，在工程中仍然是允许的。

## 应用案例 3-6

一个三角架如图 3.25 所示，$AB$ 杆由两根 80mm × 80mm × 7mm 等边角钢组成，横截面积为 $A_1$，长度为 2m，$AC$ 杆由两根 No.10 槽钢组成，横截面积为 $A_2$，钢材许用应力$[\sigma]$ = 120MPa。

求：许用荷载。

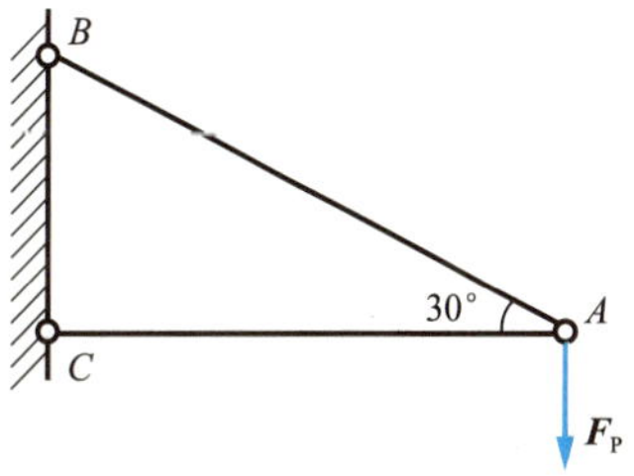

**【解】**(1) 对结点 $A$ 进行受力分析。

$$\sum F_y = 0 \quad F_{\mathrm{N}AB}\sin 30° - F_{\mathrm{P}} = 0$$

$$F_{\mathrm{N}AB} = \frac{F_{\mathrm{P}}}{\sin 30°} = 2F_{\mathrm{P}}(受拉)$$

$$\sum F_x = 0 \quad -F_{\mathrm{N}AB}\cos 30° - F_{\mathrm{N}AC} = 0$$

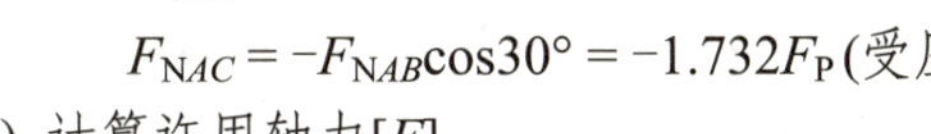

$$F_{\mathrm{N}AC} = -F_{\mathrm{N}AB}\cos 30° = -1.732F_{\mathrm{P}}(受压)$$

图 3.25 应用案例 3-6 图

(2) 计算许用轴力$[F]$。

查型钢表：
$$A_1 = 10.86\mathrm{cm}^2 \times 2 = 21.72\mathrm{cm}^2$$
$$A_2 = 12.74\mathrm{cm}^2 \times 2 = 25.48\mathrm{cm}^2$$

由强度计算公式
$$\sigma_{\max} = \frac{F_{\mathrm{Nmax}}}{A} \leqslant [\sigma]$$

则
$$[F_{\mathrm{P}}] = A[\sigma]$$
$$[F_{\mathrm{N}AB}] = 21.7 \times 10^2\mathrm{mm}^2 \times 120\mathrm{MPa} = 260\mathrm{kN}$$
$$[F_{\mathrm{N}AC}] = 25.48 \times 10^2\mathrm{mm}^2 \times 120\mathrm{MPa} = 306\mathrm{kN}$$

(3) 计算许用荷载。

$$[F_{\mathrm{P1}}] = \frac{[F_{\mathrm{N}AB}]}{2} = \frac{260\mathrm{kN}}{2} = 130\mathrm{kN}$$

$$[F_{\mathrm{P2}}] = \frac{[F_{\mathrm{N}AC}]}{1.732} = \frac{306\mathrm{kN}}{1.732} = 176.5\mathrm{kN}$$

$$[F_{\mathrm{P}}] = \min\{F_{\mathrm{P1}}，F_{\mathrm{P2}}\} = 130\mathrm{kN}$$

**【案例点评】**

在计算许用荷载时，分别计算杆 $AB$ 及杆 $AC$ 的许用荷载后，取二者的最小值。这是为什么？请思考。

## 应用案例 3-7

起重吊钩如图 3.26 所示，它的上端借螺母固定，若吊钩螺栓内径 $d$ = 55mm，$F$ = 170kN，

材料许用应力$[\sigma]=160\text{MPa}$。试校核螺栓部分的强度。

【解】(1) 计算螺栓内径处的面积。

$$A=\frac{\pi d^2}{4}=\frac{\pi\times 55^2\text{mm}^2}{4}=2375\text{mm}^2$$

(2) 计算螺栓的工作应力并校核。

图 3.26　应用案例 3-7 图

$$\sigma=\frac{F_{\text{N}}}{A}=\frac{170\times 10^3\text{N}}{2375\text{mm}^2}=71.6\text{MPa}<[\sigma]=160\text{MPa}$$

(3) 结论。

吊钩螺栓部分强度条件满足。

**【案例点评】**

强度校核的计算：在已知结构所受外力，结构各构件的截面尺寸，结构各构件组成材料的前提下，先计算构件的内力，再计算构件的工作应力，后进行校核，给出结论。

## 应用案例 3-8

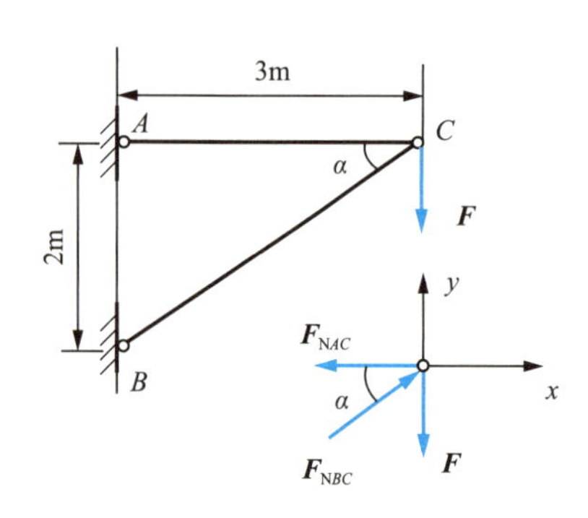

图 3.27　应用案例 3-8 图

图 3.27 所示一托架，$AC$ 是圆钢杆，许用拉应力$[\sigma_t]=160\text{MPa}$，$BC$ 是方木杆，$F=60\text{kN}$，试选定钢杆直径 $d$。

【解】(1) 轴力分析。取结点 $C$ 为研究对象，并假设钢杆的轴力 $F_{NAC}$ 为拉力，木杆的轴力 $F_{NBC}$ 为压力，由静力平衡条件$\sum F_y=0$，得

$$F_{NBC}\cdot\sin\alpha-F=0$$

$$F_{NBC}=\frac{F}{\sin\alpha}=\frac{60\text{kN}}{\dfrac{2}{\sqrt{2^2+3^2}}}=108\text{kN}$$

由$\sum F_x=0$，得

$$F_{NBC}\cdot\cos\alpha-F_{NAC}=0$$

$$F_{NAC}=F_{NBC}\cos\alpha=\frac{F}{\sin\alpha}\cdot\cos\alpha=60\times\frac{3}{2}\text{kN}=90\text{kN}$$

(2) 设计截面。

钢杆

$$A=\frac{\pi d^2}{4}\geqslant\frac{F_{NAC}}{[\sigma_t]}$$

$$d\geqslant\sqrt{\frac{4\cdot F_{NAC}}{\pi[\sigma_t]}}=\sqrt{\frac{4\times 90\times 10^3\text{N}}{\pi\times 160\text{MPa}}}=26.8\text{mm}$$

(3) 取值。

取 $d=27\text{mm}$ 或按模数取 $d=28\text{mm}$。

**【案例点评】**

在截面尺寸设计中，计算构件的最终值一般要取正整数，有时还需按原材料模数取值。

# 3.7 连接件的强度计算

在工程实际中，结构物总是通过一些连接件将一些基本构件连接起来而形成的。例如，连接构件用的螺栓、销钉、焊接、榫接等。这些连接件，不仅受剪切作用，而且同时还伴随着挤压作用。本节主要介绍剪切和挤压的实用计算。

## 3.7.1 剪切实用计算

在工程中连接件主要产生剪切变形。如图 3.28(a)所示，两块钢板通过铆钉连接，其中铆钉的受力如图 3.28(b)所示。在外力作用下，铆钉的 $m—n$ 截面将发生相对错动，称为剪切面。利用截面法，从 $m—n$ 截面截开，在剪切面上与截面相切的内力，如图 3.28(c)所示，称为剪力，用 $\boldsymbol{F}_Q$ 表示，由平衡方程可知

$$F_Q = F$$

在剪切面上，假设切应力均匀分布如图 3.28(d)所示，得到名义切应力，即

$$\tau = \frac{F_Q}{A} \tag{3-16}$$

式中，$A$——剪切面面积。

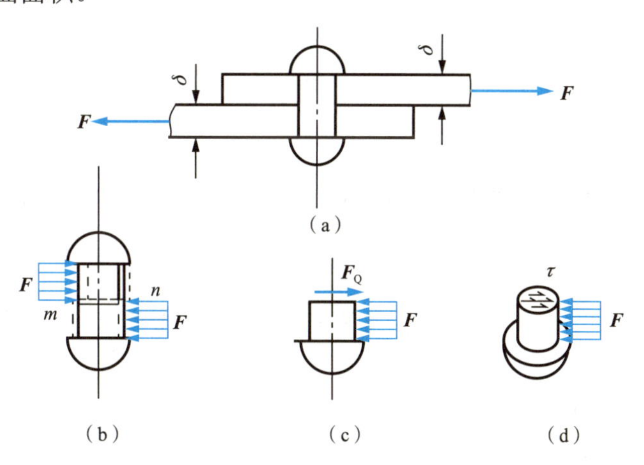


图 3.28 两块钢板连接件图

剪切极限应力，可通过材料的剪切破坏试验确定。在试验中测得材料剪断时的剪力值，同样按式(3-16)计算，得剪切极限应力 $\tau_u$，极限应力 $\tau_u$ 除以安全因数，即得出材料的许用应力 $[\tau]$，则剪切强度条件表示为

$$\tau = \frac{F_Q}{A} \leqslant [\tau] \tag{3-17}$$

在工程中，剪切计算主要有以下三种应用：①强度校核；②截面设计；③计算许用荷载。现分别举例说明。

## 应用案例 3-9

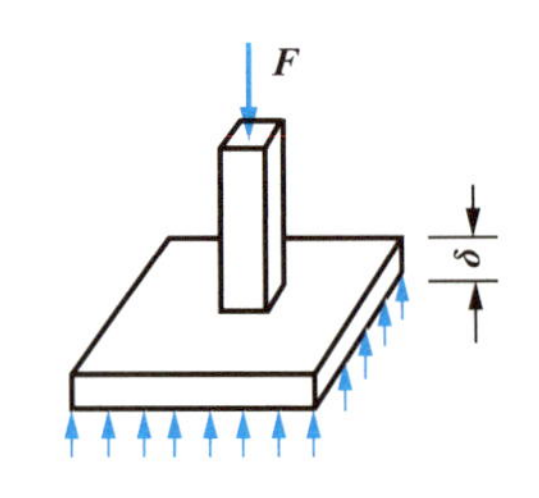


图 3.29 应用案例 3-9 图

正方形截面的混凝土柱如图 3.29 所示，其横截面边长为 200mm，其基底为边长 1m 的正方形混凝土板，柱承受轴向压力 $F=100\text{kN}$。设地基对混凝土板的反力为均匀分布，混凝土的许用切应力$[\tau]=1.5\text{MPa}$。试求混凝土板的最小厚度$\delta$为多少时，才不至于使柱穿过混凝土板？

【解】(1) 混凝土板的受剪面面积为

$$A=0.2\text{m}\times4\times\delta=0.8\delta\,\text{m}$$

(2) 剪力计算

$$F_{\text{Q}}=F-\left[0.2\times0.2\text{m}^2\times\left(\frac{F}{1\times1\text{m}^2}\right)\right]$$

$$=100\times10^3\text{N}-\left[0.04\text{m}^2\times\left(\frac{100\times10^3\text{N}}{1\text{m}^2}\right)\right]$$

$$=100\times10^3\text{N}-4000\text{N}=96\times10^3\text{N}$$

(3) 混凝土板厚度设计

$$\delta\geqslant\frac{F_{\text{Q}}}{[\tau]\times800\text{mm}}=\frac{96\times10^3\text{N}}{1.5\text{MPa}\times800\text{mm}}=80\text{mm}$$

(4) 取混凝土板最小厚度

$$\delta=80\text{mm}$$

## 应用案例 3-10

如图 3.30 所示，钢板的厚度$\delta=5\text{mm}$，其剪切极限应力$\tau_{\text{u}}=400\text{MPa}$。问要加多大的冲剪力 $\boldsymbol{F}$，才能在钢板上冲出一个直径 $d=18\text{mm}$ 的圆孔？

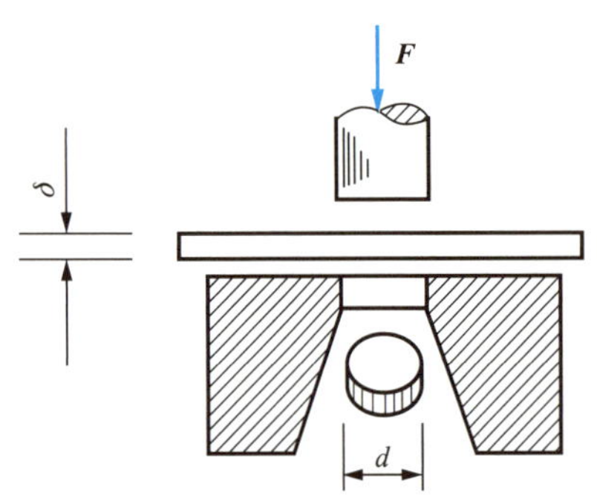


图 3.30 应用案例 3-10 图

【解】(1) 钢板受剪面面积为

$$A=\pi d\delta$$

(2) 剪断钢板的冲剪力为

$$\tau=\frac{F_{\text{Q}}}{A}=\frac{F}{A}>\tau_{\text{u}}$$

$$F=\tau_{\text{u}}A=\tau_{\text{u}}\pi d\delta=400\text{MPa}\times\pi\times18\text{mm}\times5\text{mm}$$

$$=113\times10^3\text{N}=113\text{kN}$$

【案例点评】

剪切计算在土建工程和机械工业中应用广泛，需要我们去学习、掌握其规律。

## 3.7.2 挤压实用计算

连接件与被连接件在互相传递力时，接触表面是相互压紧的，接触表面上的总压力称为挤压力，相应的应力称为挤压应力，用$\sigma_{bs}$表示。当挤压应力过大时，引起连接件和被连接件发生塑性变形，导致结构连接松动而失效。实际挤压应力在连接件上分布很复杂。例如，圆柱形连接件与钢板孔壁间接触面上的挤压应力，在理论上如图 3.31(a)所示。

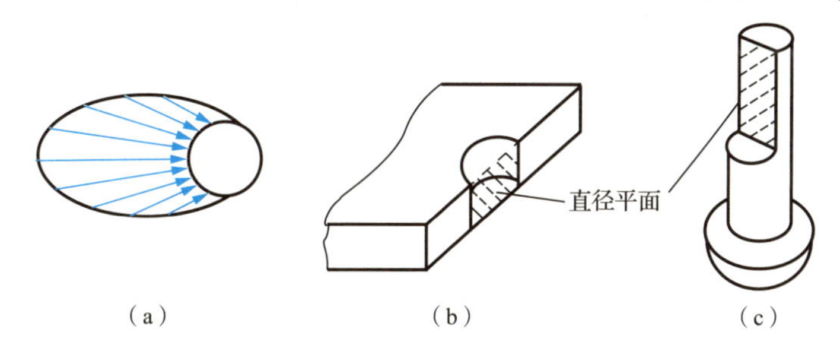


图 3.31 挤压示意图

工程上为了简化计算，假定挤压应力在计算挤压面上均匀分布，表示为

$$\sigma_{bs}=\frac{F_{bs}}{A_{bs}} \tag{3-18}$$

式中，$F_{bs}$——挤压力；

$A_{bs}$——计算挤压面面积。

对于铆钉、销轴、螺栓等圆柱形连接件，实际接触面为半圆柱面，其计算挤压面面积$A_{bs}$取为实际接触面在直径平面上的正投影面积[图 3.31(c)]。对于钢板、型钢、轴套等被连接件，实际挤压面为半圆孔壁，计算挤压面面积 $A_{bs}$ 取凹半圆面的正投影面，如图 3.31(b)所示。按式(3-18)计算得到的名义挤压应力与接触中点处的最大理论挤压应力值相近。对于键连接和榫齿连接，其挤压面为平面，挤压面面积按实际挤压面计算。

通过试验，按名义挤压应力公式得到材料的极限挤压应力，从而确定了许用挤压应力$[\sigma_{bs}]$。为保障连接件和被连接件不致因挤压而失效，其挤压强度条件为

$$\sigma_{bs}=\frac{F_{bs}}{A_{bs}}\leqslant[\sigma_{bs}] \tag{3-19}$$

对于钢材等塑性材料，许用挤压应力$[\sigma_{bs}]$与许用拉应力$[\sigma_t]$有如下关系：

$$[\sigma_{bs}]=(1.7\sim2.0)[\sigma_t]$$

如果连接件和被连接件的材料不同，应按抗挤压能力较弱的构件进行强度计算。

### 应用案例 3-11

图 3.32(a)表示木屋架结构，图 3.32(b)为端结点 $A$ 的单榫齿连接详图。该结点受上弦杆 $AC$ 的压力 $\boldsymbol{F}_{NAC}$、下弦杆 $AB$ 的拉力 $\boldsymbol{F}_{NAB}$ 及支座 $A$ 的反力 $\boldsymbol{F}_{Ay}$ 的作用。力 $\boldsymbol{F}_{NAC}$ 使上弦杆与下弦杆的接触面 $ae$ 处发生挤压；力 $\boldsymbol{F}_{NAC}$ 的水平分力使下弦杆的端部沿剪切面发生剪切，此外，

在下弦杆截面削弱处 $ec$ 截面，将产生拉伸(按轴向拉伸考虑)。已知 $l=400\text{mm}$，$h_1=60\text{mm}$，$b=160\text{mm}$，$h=200\text{mm}$，$F_{NAC}=60\text{kN}$，$\alpha=\dfrac{\pi}{6}$。试求挤压应力$\sigma_{bs}$、切应力$\tau$和拉应力$\sigma$。

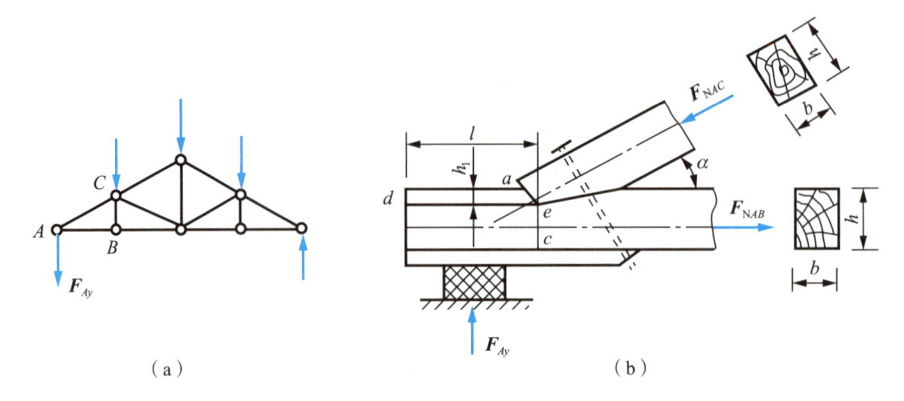


图 3.32　应用案例 3-11 图

【解】(1) 求 $ae$ 截面的挤压应力。

计算挤压面面积 $A_{bs}=\dfrac{h_1}{\cos\alpha}\cdot b=\dfrac{60\text{mm}}{\cos 30°}\times 160\text{mm}=11.1\times 10^3\text{mm}^2$

挤压应力
$$\sigma_{bs}=\frac{F_{bs}}{A_{bs}}=\frac{60\times10^3\text{N}}{11.1\times10^3\text{mm}^2}=5.41\text{MPa}$$

(2) 求 $ed$ 截面的切应力。

计算剪切面面积　$A=lb=400\text{mm}\times160\text{mm}=64\times10^3\text{mm}^2$

切应力
$$\tau=\frac{F_Q}{A}=\frac{F_{NAC}\cdot\cos\alpha}{A}=\frac{60\times10^3\text{N}\times\cos30°}{64\times10^3\text{mm}^2}=0.812\text{MPa}$$

(3) 计算下弦杆截面削弱处 $ec$ 截面的拉应力。
$$\sigma=\frac{F_{NAB}}{A_{ec}}=\frac{60\times10^3\text{N}\times\cos30°}{(200-60)\times160\text{mm}^2}=2.32\text{MPa}$$

**【案例点评】**

木屋架结构在连接件局部区域内，同时存在剪切、挤压和拉伸强度计算。主要是分析哪些是剪切面、挤压面，再应用有关公式来计算。

## 小　结

(1) 本章研究了拉(压)杆的内力、应力的计算。拉(压)杆的内力(轴力 $F_N$)的计算采取截面法和静力平衡关系求得。拉(压)杆的正应力$\sigma$在横截面上均匀分布，其计算公式为
$$\sigma=\frac{F_N}{A}$$

(2) 胡克定律建立了正应力和正应变之间的关系，其表达式为

$$\sigma = E \cdot \varepsilon \quad 或 \quad \Delta l = \frac{F_N l}{EA}$$

轴向正应变$\varepsilon$和横向正应变$\varepsilon'$之间关系为

$$\varepsilon' = -\nu\varepsilon$$

(3) 低碳钢的拉伸应力应变曲线分为四个阶段：弹性阶段、屈服阶段、强化阶段和局部变形阶段。强度指标有$\sigma_s$和$\sigma_b$，塑性指标有$\delta$和$\psi$。

(4) 轴向拉(压)杆的强度条件为

$$\sigma_{max} = \left(\frac{F_N}{A}\right)_{max} \leqslant [\sigma]$$

利用该式可以解决强度校核、设计截面和计算许用荷载这三类强度计算问题。

(5) 构件受到大小相等、方向相反、作用线平行且相距很近的两外力作用时，两力之间的截面发生相对错位，这种变形称为剪切变形。工程中的连接件在承受剪力的同时，还伴随着挤压的作用，即在传力的接触面上出现局部的不均匀压缩变形。

(6) 工程实际中采用实用计算方法来建立剪切强度条件和挤压强度条件，它们分别为

$$\tau = \frac{F_Q}{A} \leqslant [\tau]$$

$$\sigma_{bs} = \frac{F_{bs}}{A_{bs}} \leqslant [\sigma_{bs}]$$

(7) 确定连接件的剪切面和挤压面是进行强度计算的关键。剪切面与外力平行且位于反向外力之间；当挤压面为平面时，其计算面积就是实际面积；当挤压面为半圆柱面时，其计算面积等于半圆柱面的正投影面积。

## 思考题

(1) 两根不同材料的拉杆，其杆长 $l$，横截面面积 $A$ 均相同，并受相同的轴向拉力 $\boldsymbol{F}$。试问它们横截面上的正应力$\sigma$及杆件的伸长量$\Delta l$是否相同？

(2) 两根圆截面拉杆，一根为铜杆，另一根为钢杆，两杆的拉压刚度 $EA$ 相同，并受相同的轴向拉力 $\boldsymbol{F}$。试问它们的伸长量$\Delta l$和横截面上的正应力$\sigma$是否相同？

(3) 如何利用材料的应力-应变图，比较材料的强度、刚度和塑性，图 3.33 中哪种材料的强度高、刚度大、塑性好？

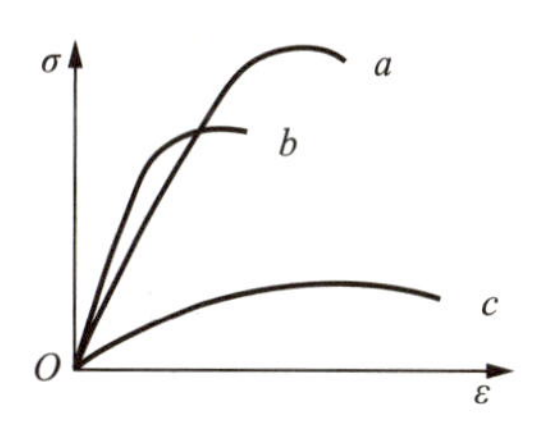


图 3.33 思考题(3)图

(4) 购买钢材时，应先查阅钢材的材质单，材质单上有哪两项强度指标和哪两项塑性指标？试阐述其物理意义。

(5) 如何判断塑性材料和脆性材料？试比较塑性材料和脆性材料的力学性能。

# 习　题

## 一、填空题

(1) 杆件的四种基本变形是________、________、________、________。

(2) 由于外力作用，构件的一部分对另一部分的作用称为________。

(3) 内力在一点处的集度称为________。

(4) 轴向拉(压)时，与轴线相重合的内力称为________。

(5) 轴向拉(压)时，正应力计算公式的应用条件是________和________。

(6) 单位长度上的纵向变形称为________。

(7) 强度条件有三方面的力学计算分别是________、________、________。

(8) 由于杆件外形的突然变化而引起局部应力急剧增大的现象称为________。

## 二、单选题

(1) 轴向拉(压)时，横截面上的正应力(　　)分布。

A. 均匀　　B. 线性　　C. 假设均匀　　D. 抛物线

(2) 材料的强度指标是(　　)。

A. 以下都是　　B. $\delta$和$\psi$　　C. $E$和$\nu$　　D. $\sigma_s$和$\sigma_b$

(3) 杆件的应力与杆件的(　　)有关。

A. 外力　　B. 外力、截面

C. 外力、截面、材料　　D. 外力、截面、杆长、材料

(4) 两根相同截面，不同材料的杆件，受相同的外力作用，它们的纵向绝对变形(　　)。

A. 相同　　B. 不一定　　C. 不相同　　D. 以上都不是

## 三、判断题

(1) 变形是物体的形状和大小的改变。　(　　)

(2) 抗拉刚度只与材料有关。　(　　)

(3) 应力集中对构件强度的影响与组成构件的材料无关。　(　　)

(4) 外力越大，杆件横截面上应力一定越大。　(　　)

## 四、主观题

(1) 试作图 3.34 所示各杆的轴力图。

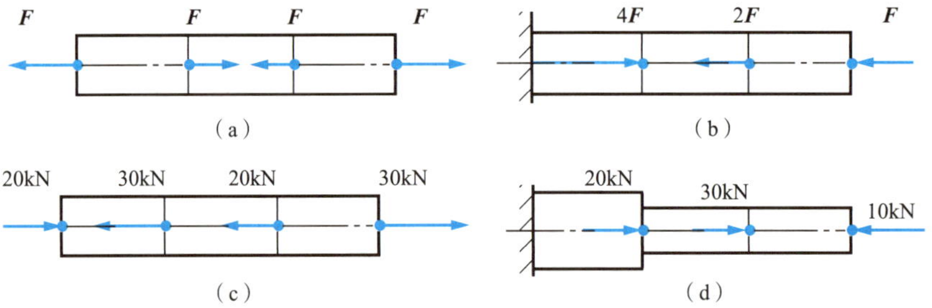

图 3.34　主观题(1)图

(2) 如图 3.35 所示，等截面混凝土的吊柱和立柱，已知横截面面积 $A$ 和长度 $a$，材料的容重$\gamma$，受力如图所示，其中 $F=10\gamma Aa$。试按两种情况作轴力图，并求各段横截面上的应力：①不考虑柱的自重；②考虑柱的自重。

(3) 一起重架由截面为 100mm × 100mm 的木杆 $BC$ 和直径为 30mm 的钢拉杆 $AB$ 组成，如图 3.36 所示。现起吊一重物 $F_W=40\text{kN}$，试求杆 $AB$ 和 $BC$ 的正应力。

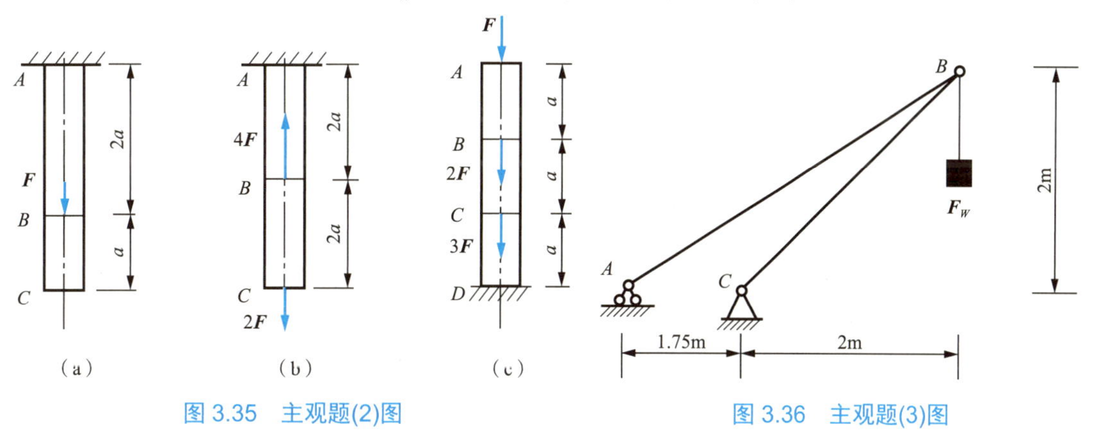


图 3.35 主观题(2)图　　　图 3.36 主观题(3)图

(4) 如图 3.37 所示，钢制阶梯形直杆，各段横截面面积分别为 $A_1=100\text{mm}^2$，$A_2=80\text{mm}^2$，$A_3=120\text{mm}^2$，钢材的弹性模量 $E=200\text{GPa}$，试求：

① 各段的轴力，指出最大轴力发生在哪一段，最大应力发生在哪一段；

② 计算杆的总变形。

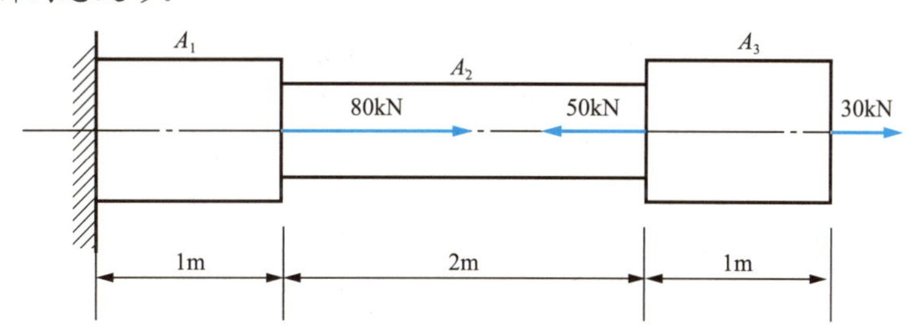


图 3.37 主观题(4)图

(5) 图 3.38 所示两块钢板用四个铆钉连接，受力 $F=4\text{kN}$ 作用，设每个铆钉承担 $F/4$ 的力，铆钉的直径 $d=5\text{mm}$，钢板的宽度 $b=50\text{mm}$，厚度$\delta=1\text{mm}$，按图 3.38(a)、(b)所示两种形式进行连接，试分别作钢板的轴力图，并求最大应力$\sigma_{\max}$。

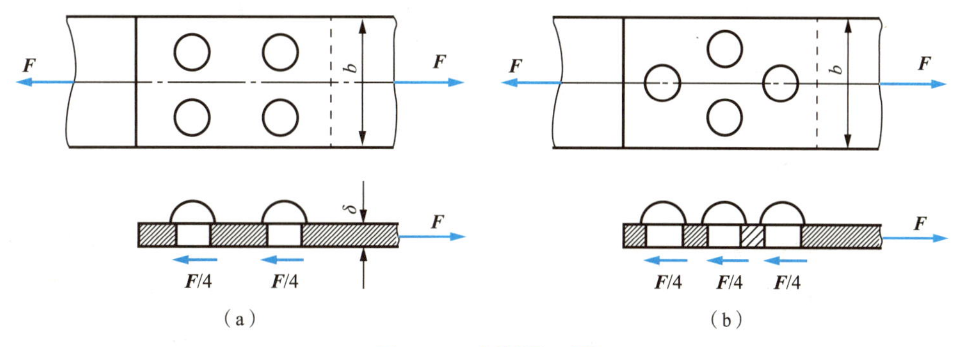


图 3.38 主观题(5)图

(6) 用钢索起吊一钢管如图 3.39 所示，已知钢管重力 $G$= 10kN，钢索的直径 $d$ = 40mm，许用应力[$\sigma$] = 10MPa，试校核钢索的强度。

(7) 图 3.40 所示构架，$\alpha$ = 30°，在 $A$ 点受荷载 $F$ = 350kN 作用，杆 $AB$ 由两根槽钢构成，杆 $AC$ 由一根工字钢构成，钢的许用拉应力[$\sigma_t$] = 160MPa，许用压应力[$\sigma_c$] = 100MPa，试为两杆选择型钢规格。

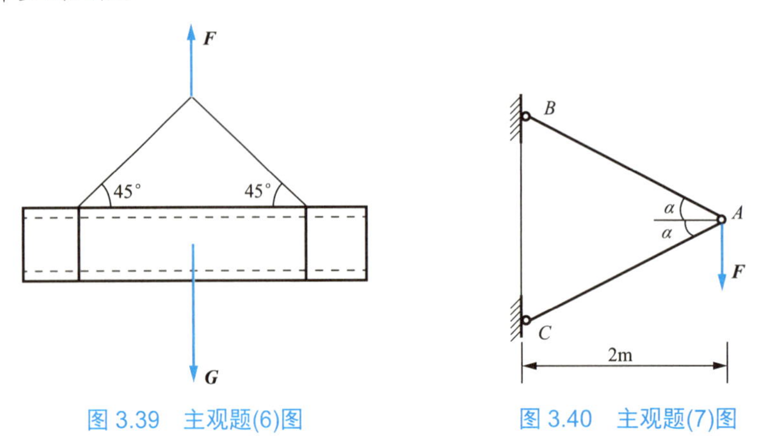

图 3.39 主观题(6)图　　图 3.40 主观题(7)图

(8) 图 3.41 所示起重架，在 $D$ 点作用荷载 $F$ = 30kN，若 $AD$、$ED$、$AC$ 杆的许用应力分别为$[\sigma]_{AD}$ = 40MPa，$[\sigma]_{ED}$ = 100MPa，$[\sigma]_{AC}$ = 100MPa，求三根杆所需的截面面积。

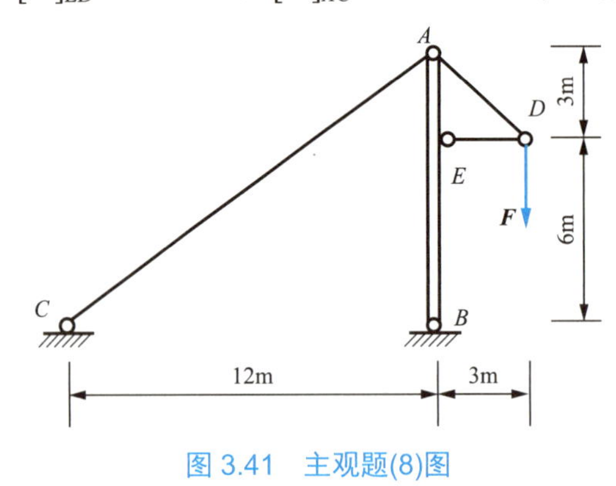

图 3.41 主观题(8)图

(9) 图 3.42 所示结构中的 $CD$ 杆为刚性杆，$AB$ 杆为钢杆，直径 $d$ = 30mm，许用应力[$\sigma$] = 160MPa，弹性模量 $E = 2.0 \times 10^5$MPa。试求结构的许用荷载[$F$]。

(10) 图 3.43 所示结构，已知 $AB$ 杆直径 $d$ = 30mm，$a$ = 1m，$E$ = 210GPa。

① 若测得 $AB$ 杆的应变$\varepsilon = 7.15 \times 10^{-4}$，试求荷载 $F$ 值。

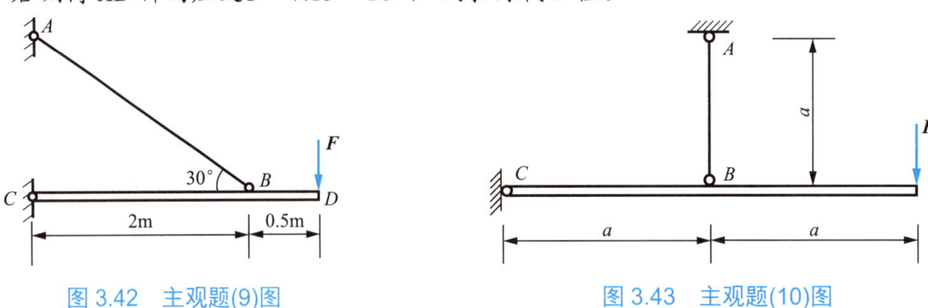

图 3.42 主观题(9)图　　图 3.43 主观题(10)图

② 设 $CD$ 杆为刚性杆，若 $AB$ 杆的许用应力$[\sigma]=160\text{MPa}$，试求许用荷载$[F]$及对应的 $D$ 点铅垂位移。

(11) 图 3.44 所示拉杆头部的许用切应力$[\tau]=90\text{MPa}$，许用挤压应力$[\sigma_{bs}]=240\text{MPa}$，许用拉应力$[\sigma_t]=120\text{MPa}$，试计算拉杆的许用拉力$[F]$。

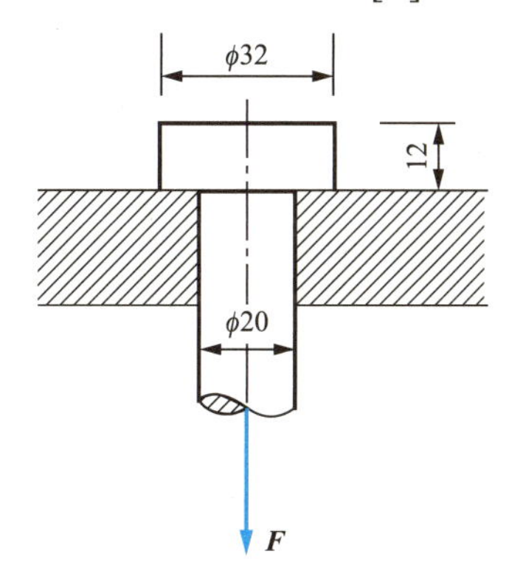


图 3.44 主观题(11)图

(12) 如图 3.45 所示，用两个铆钉将 140mm × 140mm × 12mm 的等边角钢铆接在立柱上，构成支托。若 $F=30\text{kN}$，铆钉的直径 $d=21\text{mm}$，试求铆钉的切应力和挤压应力。

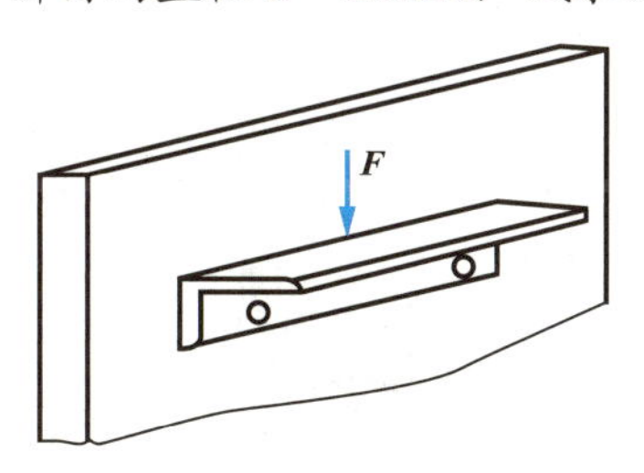


图 3.45 主观题(12)图

(13) 图 3.46 所示铆接接头受轴向荷载 $F=80\text{kN}$ 作用，已知 $b=80\text{mm}$，$\delta=10\text{mm}$，铆钉的直径 $d=16\text{mm}$，材料的许用应力$[\sigma]=160\text{MPa}$，$[\tau]=120\text{MPa}$，$[\sigma_{bs}]=320\text{MPa}$，试校核强度。

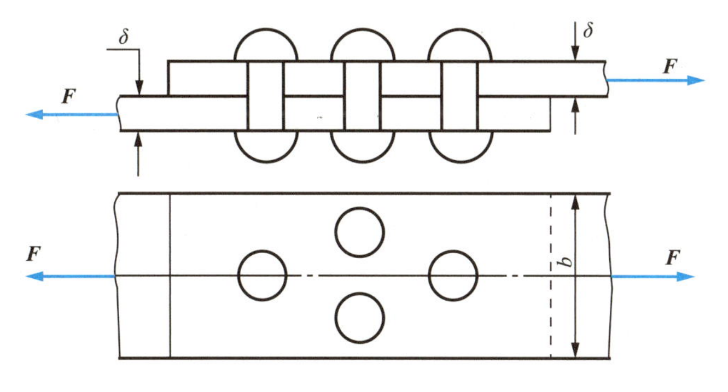


图 3.46 主观题(13)图

(14) 图 3.47 所示正方形混凝土柱，浇筑在混凝土基础上，基础分两层，每层的厚度为 $\delta$。已知 $F=200\text{kN}$，假定地基对混凝土基础底板的反力均匀分布，混凝土的许用切应力$[\tau]=1.5\text{MPa}$，为使基础不被破坏，试计算所需的厚度$\delta$。

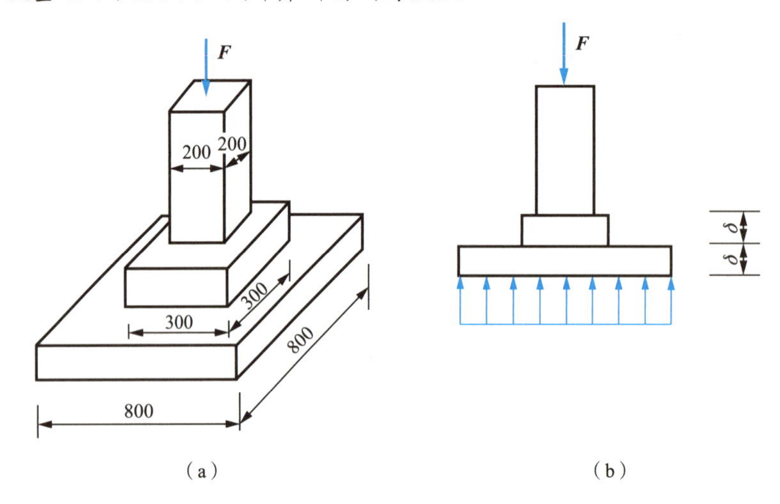


图 3.47　主观题(14)图

# 第4章 圆轴的扭转

## 教学目标

正确理解圆轴扭转时受力与变形的特点；掌握分析扭转时横截面上的内力分析方法；掌握外力偶矩、扭矩的计算和扭矩图的绘制；正确理解和应用圆轴扭转时横截面上的切应力公式与扭转角公式；正确理解圆轴扭转的强度条件与刚度条件，并能正确应用其解决圆轴的强度与刚度问题。

## 教学要求

| 知识要点 | 能力要求 | 所占比重 |
|---|---|---|
| 扭转的受力特点、变形特点，扭转角、剪切角 | 理解扭转变形的基本概念 | 10% |
| 扭矩截面法，外力偶矩、扭矩的计算和扭矩图的绘制 | 掌握扭矩的定义，并会计算扭矩 | 30% |
| 圆轴扭转时应力和胡克定律，强度校核、截面设计、许用荷载 | 熟练运用等圆截面直杆扭转的强度条件和刚度条件，能进行强度和刚度计算 | 60% |

## 学习重点

扭矩图的绘制，等圆截面直杆扭转的强度条件和刚度条件及其应用。

## 生活知识提点

在日常生活中，人们早上起来洗漱，常用双手拧紧毛巾，使毛巾产生扭转从而被拧干。扭转有怎样的受力特点及受扭构件有怎样的变形特点，需要进行研究。

## 引例

工程中受扭的杆件很多，如汽车的转向轴，轴的上端受到经由转向盘传来的力偶作用，下端则受到来自转向器的阻抗力偶作用，如图 4.1 所示。

房屋中的雨篷梁，在雨篷板荷载的作用下会发生一定的扭转变形，如图 4.2 所示。

钻机的空心圆截面钻杆，上端受到钻机的主动力偶作用，下端受到土对钻杆的摩擦力偶作用，如图 4.3 所示。

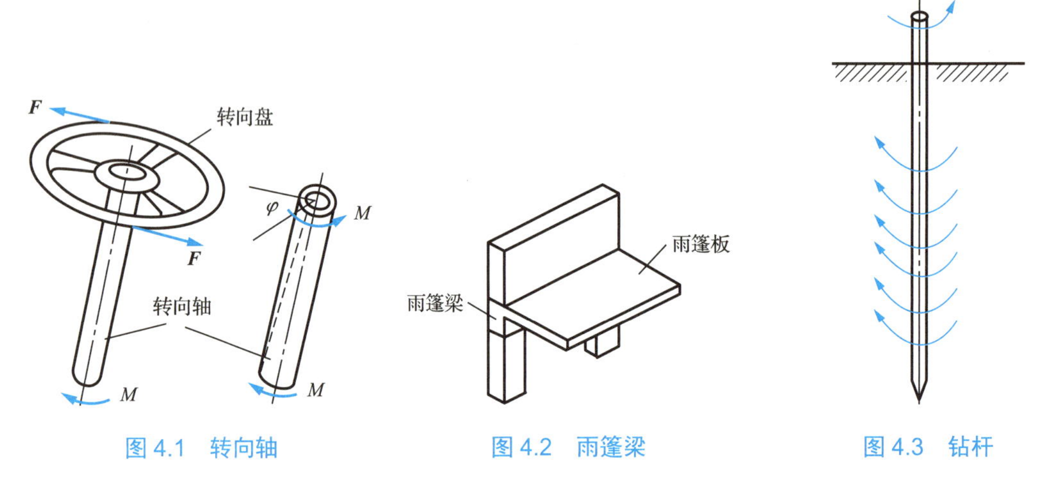


图 4.1　转向轴　　图 4.2　雨篷梁　　图 4.3　钻杆

这些受扭构件的共同特点是：杆件都是直杆，杆件受力偶系的作用，这些力偶的作用都垂直于杆轴线，在这种情况下，杆件各横截面均绕杆轴线做相对转动，工程上，常把以产生扭转变形为主的杆件称为轴。轴的横截面有圆形也有矩形，大多数受扭的杆件其横截面为圆形，受扭的圆截面杆称为圆轴。

本章主要研究圆轴扭转的外力、内力、应力和变形的计算，同时讨论圆轴扭转的强度、刚度的计算和校核。

# 4.1　扭转的概念及外力偶矩的计算

## 4.1.1　扭转的概念

扭转变形是杆件的基本变形之一。在垂直杆件轴线的两平面内，作用一对大小相等、转向相反的力偶时，杆件就产生扭转变形。

扭转的受力特点是：承受的外力或其合力均是绕轴线转动的外力偶。

扭转的变形特点是：杆件各横截面绕轴线要发生相对转动。

取一根圆截面的橡皮直杆，如图 4.4 所示，用手紧握杆的两端，并朝相反方向转动，这相当于在杆两端垂直于杆轴线的两个平面内作用一对转向不同的力偶，其结果是杆表面上的纵向直线变成螺旋线，两横截面都绕杆轴做了相对的转动，即杆发生了扭转变形。横截面相对转动的角位移，称为扭转角，用$\varphi$表示。纵向直线转了一个角度，称为剪切角，用$\gamma$表示。

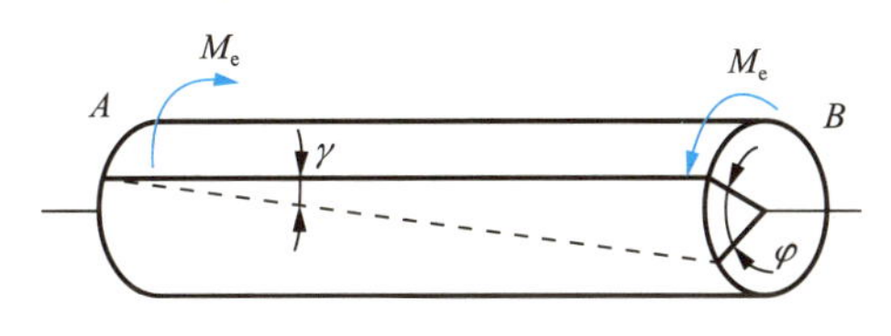


图 4.4 扭转变形图

## 4.1.2 外力偶矩的计算

工程中作用于轴上的外力偶矩往往不是直接给出的，有时由力系简化确定，有时是给出轴的传递功率及轴的转速，需要把它换算成外力偶矩。它们之间的关系为

$$M_e = 9549P/n \tag{4-1}$$

式中，$P$——轴的传递功率，kW；

$n$——轴的转速，r/min；

$M_e$——轴扭转外力偶矩，N • m。

$$M_e = 7023P_s/n \tag{4-2}$$

式中，$P_s$——轴的传递功率，Ps (即马力，1Ps = 735.499W)；

$n$——轴的转速，r/min；

$M_e$——轴扭转外力偶矩，N • m。

# 4.2 圆轴扭转时横截面上的内力及扭矩图

## 4.2.1 横截面上的内力

传动轴的外力偶矩 $M_e$ 计算出来后，便可通过截面法求得传动轴上的内力——扭矩(扭矩用 $T$ 表示)。

### 1. 扭矩

如图 4.5(a)所示，圆轴在垂直于轴线的两个平面内，受一对外力偶 $M_e$ 作用，现求任一截面 $m—m$ 的内力。

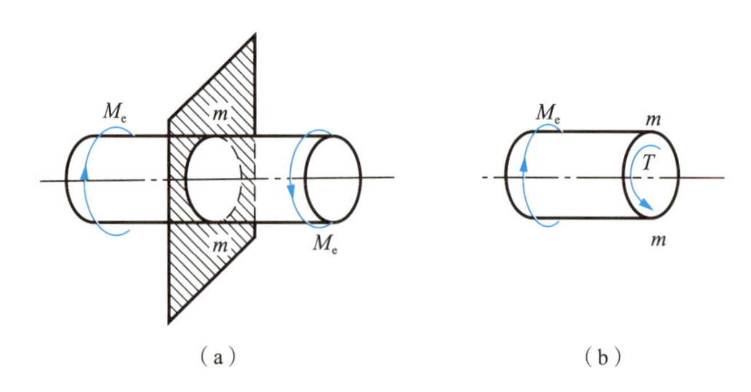


图 4.5　截面法求扭矩图

求内力的基本方法是截面法，用一个假想横截面在轴的任意位置 $m—m$ 处将轴截开，取左段为研究对象，如图 4.5(b)所示。由于左端作用一个外力偶 $M_e$，为了保持左段轴的平衡，左截面 $m—m$ 的平面内，必然存在一个与外力偶相平衡的内力偶，其内力偶矩 $T$ 称为扭矩，由

$$\sum M_x = 0，得\ T = M_e$$

如取 $m—m$ 截面右段为研究对象，也可得到同样的结果，但转向相反。

扭矩的单位与力矩相同，常用 N·m 或 kN·m。

### 2. 扭矩正负号规定

为了使由截面的左、右两段求得的扭矩具有相同的正负号，对扭矩的正、负做如下规定：采用右手螺旋法则，以右手四指表示扭矩的转向，当拇指的指向与截面外法线方向一致时，扭矩为正号；反之，为负号，如图 4.6 所示。

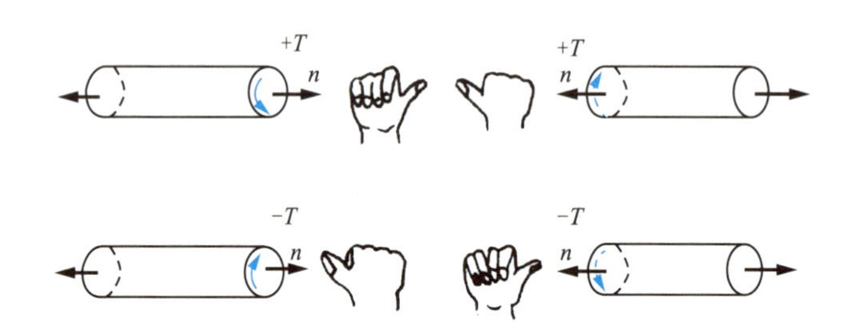


图 4.6　扭矩正负示图

当横截面上的扭矩未知时，一般先假设扭矩为正。若求得结果为正，表示扭矩实际转向与假设相同；若求得结果为负，则表示扭矩实际转向与假设相反。

## 应用案例 4-1

如图 4.7(a)所示，一传动系统的主轴，其转速 $n = 960\text{r/min}$，输入功率 $P_A = 27.5\text{kW}$，输出功率 $P_B = 20\text{kW}$、$P_C = 7.5\text{kW}$。试求指定截面 1—1、2—2 上的扭矩。

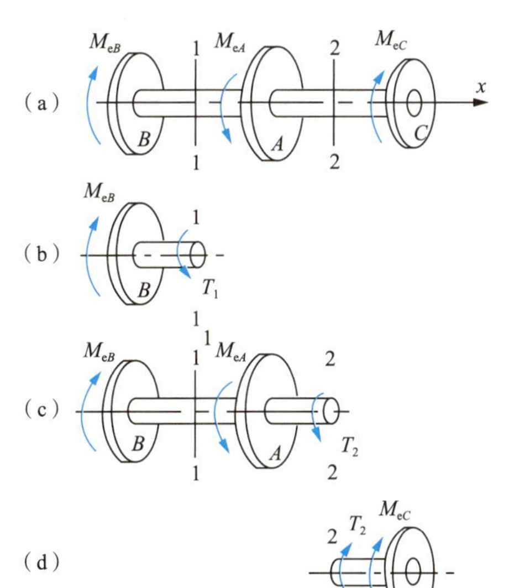


图 4.7 应用案例 4-1 图

**【解】**(1) 计算外力偶矩。由式(4-1)得

$$M_{eA} = 9549P_A/n = (9549 \times 27.5/960)\text{N} \cdot \text{m} = 274\text{N} \cdot \text{m}$$

同理可得

$$M_{eB} = 9549P_B/n = (9549 \times 20/960)\text{N} \cdot \text{m} = 199\text{N} \cdot \text{m}$$

$$M_{eC} = 9549P_C/n = (9549 \times 7.5/960)\text{N} \cdot \text{m} = 75\text{N} \cdot \text{m}$$

(2) 计算扭矩。用截面法分别计算截面 1—1、2—2 上的扭矩。

① 截面 1—1。

假想地沿截面 1—1 处将轴截开，取左段为研究对象，并假设截面 1—1 上的扭矩为 $T_1$，且为正方向[图 4.7(b)]，由平衡条件 $\sum M_x = 0$ 得

$$T_1 - M_{eB} = 0$$

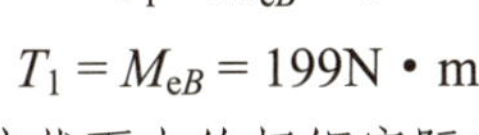

$$T_1 = M_{eB} = 199\text{N} \cdot \text{m}$$

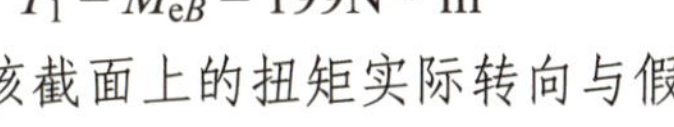

正号表示该截面上的扭矩实际转向与假设转向相同，即为正方向。

② 截面 2—2。

假想地沿截面 2—2 处将轴截开，取左段为研究对象，并假设截面 2—2 上的扭矩为 $T_2$，且为正方向[图 4.7(c)]，由平衡条件 $\sum M_x = 0$ 得

$$T_2 + M_{eA} - M_{eB} = 0$$

$$T_2 = -M_{eA} + M_{eB} = -75\text{N} \cdot \text{m}$$

负号表示该截面上的扭矩实际转向与假设转向相反，即为负方向。

若以 2—2 截面右段为研究对象[图 4.7(d)]，同理，由平衡条件 $\sum M_x = 0$ 得

$$T_2 + M_{eC} = 0$$

$$T_2 = -M_{eC} = -75\text{N} \cdot \text{m}$$

所得结果与取左段为研究对象的结果相同，计算却比较简单。所以计算某截面上的扭矩时，应取受力比较简单的一段为研究对象。

**【案例点评】**

由上面计算可以看出：受扭杆件任一横截面上扭矩的大小，等于此截面一侧(左或右)所有外力偶矩的代数和。

## 4.2.2 扭矩图

若作用于轴上的外力偶多于两个，则轴上每一段的扭矩值也不相同。为了清楚地表示各横截面上的扭矩沿轴线的变化情况，通常以横坐标表示截面的位置，纵坐标表示相应截

面上扭矩的大小，从而得到扭矩随截面位置而变化的图形，称为扭矩图。根据扭矩图可以确定最大扭矩值及其所在截面的位置。

扭矩图的绘制方法与轴力图相似。需先以轴线为横轴 $x$、以扭矩 $T$ 为纵轴，建立 $T$-$x$ 坐标系，然后将各截面上的扭矩标在 $T$-$x$ 坐标系中，正扭矩在 $x$ 轴上方，负扭矩在 $x$ 轴下方。

下面通过案例说明扭矩图绘制的方法和步骤。

## 应用案例 4-2

如图 4.8 所示，一传动系统的主轴，其转速 $n = 300\text{r/min}$，输入功率 $P_A = 50\text{kW}$，输出功率 $P_B = P_C = 15\text{kW}$，$P_D = 20\text{kW}$。试画出轴的扭矩图。

**【解】**(1) 计算外力偶矩。由式(4-1)得

$$M_{eA} = 9549P/n = (9549 \times 50/300)\text{N}\cdot\text{m} = 1591.5\text{N}\cdot\text{m}$$

同理，可得

$$M_{eB} = M_{eC} = 9549P/n = (9549 \times 15/300)\text{N}\cdot\text{m} = 477.5\text{N}\cdot\text{m}$$

$$M_{eD} = 9549P/n = (9549 \times 20/300)\text{N}\cdot\text{m} = 636.6\text{N}\cdot\text{m}$$

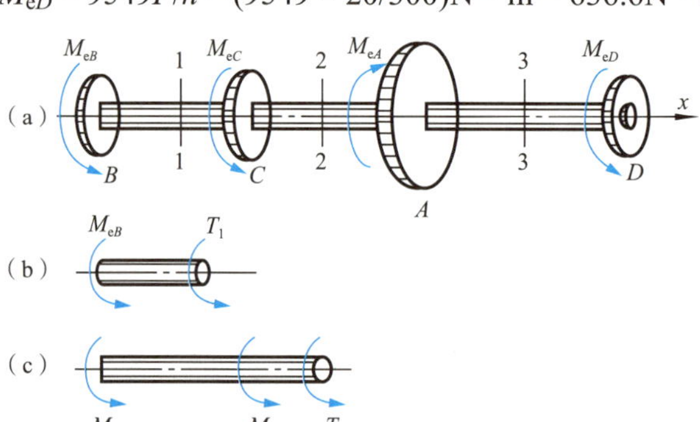


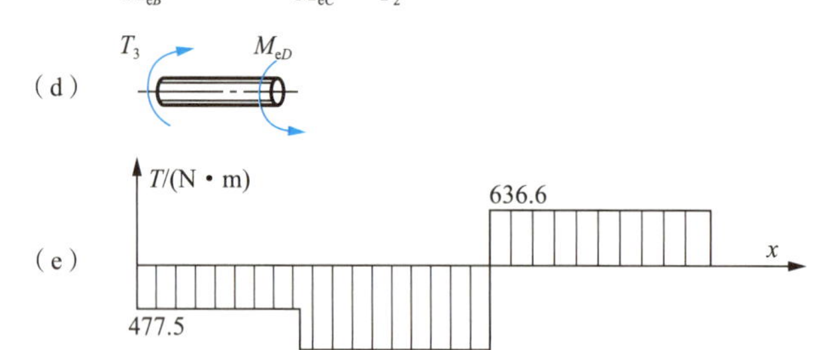


图 4.8 应用案例 4-2 图

(2) 计算扭矩。根据作用在轴上的外力偶，将轴分成 $BC$、$CA$ 和 $AD$ 三段，用截面法分别计算各段轴的扭矩，如图 4.8(b)、(c)、(d)所示。

$BC$ 段：$T_1 = -M_{eB} = -477.5\text{N}\cdot\text{m}$

$CA$ 段：$T_2 = -M_{eB} - M_{eC} = -955\text{N}\cdot\text{m}$

$AD$ 段：$T_3 = M_{eD} = 636.6\text{N}\cdot\text{m}$

(3) 作扭矩图。建立 $T$-$x$ 坐标系，$x$ 轴沿轴线方向，$T$ 向上为正。将各截面上的扭矩标在 $T$-$x$ 坐标系中，由于 $BC$ 段各横截面上的扭矩均为−477.5N·m，故扭矩图为平行于 $x$ 轴的直线，且位于 $x$ 轴下方；而 $CA$ 段、$AD$ 段各横截面上的扭矩分别为−955N·m 和 636.6N·m，故扭矩图均为平行于 $x$ 轴的直线，且分别位于 $x$ 轴下方和上方，于是得到图 4.8(e)所示的扭矩图。

**【案例点评】**

从扭矩图中可以看出，在集中力偶作用处，其左右截面扭矩不同，此处发生突变，突变值等于集中力偶的大小；最大扭矩发生在 $CA$ 段内，且 $T_{max}$ = 955N·m。

**讨论：**对同一根轴来说，主动轮和从动轮的位置不同，轴所承受的最大扭矩也随之改变，如图 4.9 所示。这时轴的最大扭矩发生在 $AC$ 段内，且 $T_{max}$ = 1114N·m。轴的强度和刚度都与最大扭矩值有关。因此布置轮子的位置时，要尽可能降低轴内的最大扭矩值。显然图 4.8 的布局比较合理。

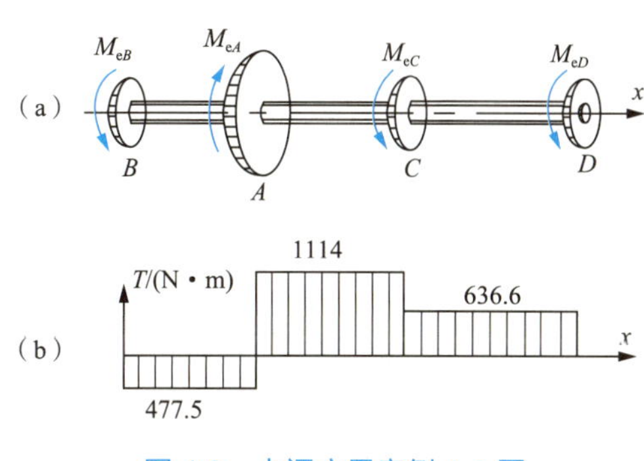


图 4.9　点评应用案例 4-2 图

**知识链接**

需要掌握外力偶矩、扭矩、扭矩图等方面的知识。

# 4.3　等直圆轴扭转时横截面上的切应力

为了解决扭转时的强度问题，在求得横截面上的扭矩之后，还需要进一步研究横截面上的应力。首先需要弄清圆轴在扭转时，其横截面上产生的是正应力还是切应力？它们又是怎样分布的？如何进行计算？为此，可从几何、物理、静力平衡三方面的关系进行研究，通过实验，观察变形，提出假设，再进行理论推导等过程，使上述问题得到解决。

## 4.3.1　几何关系

在一根等直圆杆的表面上沿平行于轴线的方向刻画上许多等距离的平行直线和垂直于轴线的圆周线，如图 4.10(a)所示，这些线条把圆杆表面分成许多矩形网格。然后，在圆杆两端施加外力偶，可以看到圆杆在扭转后有如下现象，如图 4.10(b)所示。

(1) 所有纵线都被扭成螺旋线，倾斜一个角度$\gamma$，原来的矩形网格都歪斜成为平行四边形。

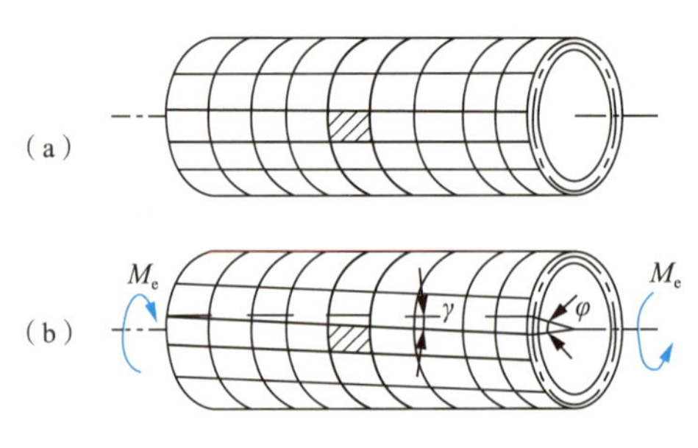


图 4.10　等直圆杆变形图

(2) 各圆周线都绕轴旋转了一个角度，而且各圆周线的大小、形状、距离均无改变。在扭转变形中，各横截面像一个个刚性圆盘一样在原来的位置上绕杆轴做相对转动。

根据上述现象，可得出以下结论。

(1) 圆轴在扭转前的各横截面，在扭转变形后仍为平面，其大小、形状、距离不变，只是相对旋转了一个角度，通常将此称为圆轴扭转时的平面假设。

(2) 由于圆周线距离不变，可推知纵向无线应变，而矩形网格发生相对错动，可推知存在切应变，即横截面上没有正应力，只有切应力，且切应力方向与横截面各点错动方向一致，即垂直于半径。

(3) 截面轴心处的切应变为零，截面边缘处的切应变最大，其他各点处的切应变沿截面半径按直线规律变化。

## 4.3.2　物理关系

根据胡克定律可知，在弹性范围内，某一点处的切应力与其对应的切应变成正比，即

$$\tau_\rho = G\gamma_\rho \tag{4-3}$$

式中，$\tau_\rho$——圆轴横截面上距圆心为$\rho$处的切应力；

$G$——剪切弹性模量，GPa；

$\gamma_\rho$——圆轴横截面上距圆心为$\rho$处的切应变，量纲为 1。

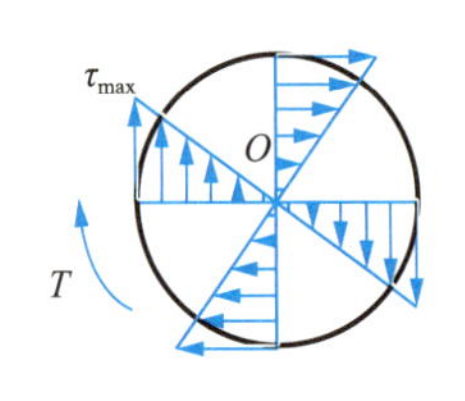


图 4.11　切应力分布图

由此可知，切应力在横截面上不是均匀分布的，轴心处的切应力最小，为零，边缘处的切应力最大，其他各点处的切应力从轴心到边缘按直线规律变化，如图 4.11 所示。这也说明了为什么圆轴在扭转时破坏总是由表面开始，逐步向里发展，直至彻底断开。

## 4.3.3　静力平衡关系

对横截面的轴心建立力矩平衡方程，经过整理(推导过程略)，得到横截面上任一点的切应力公式为

$$\tau_\rho = \frac{T\rho}{I_\rho} \tag{4-4}$$

式中，$\tau_\rho$——圆轴横截面上某点的切应力；

$T$——圆轴横截面上的扭矩；

$\rho$——所计算切应力的点至圆心的距离；

$I_\rho$——横截面对圆心的极惯性矩，$mm^4$ 或 $m^4$，截面图形的一种几何性质，与材料无关。

在知道了横截面上切应力的分布规律后，就可以求出横截面上的最大切应力。显然，当$\rho$与横截面上的半径 $D/2$ 相等时，即在横截面周边上的各点处，切应力将达到其最大值 $\tau_{max}$，即

$$\tau_{max}=\frac{T(D/2)}{I_\rho}=\frac{T}{\dfrac{I_\rho}{D/2}}$$

令

$$W_\rho=\frac{I_\rho}{D/2}$$

则

$$\tau_{max}=\frac{T}{W_\rho} \tag{4-5}$$

式中，$\tau_{max}$——横截面上最大切应力；

$T$——横截面上的扭矩；

$W_\rho$——抗扭截面模量或抗扭截面系数，$mm^3$ 或 $m^3$。

对于实心圆杆，直径为 $D$，如图 4.12(a)所示，有

$$I_\rho=\frac{\pi D^4}{32}，\ W_\rho=\frac{\pi D^3}{16}$$

对于空心圆杆，内径为 $d$，外径为 $D$，其比值$\alpha=d/D$，如图 4.12(b)所示，有

$$I_\rho=\frac{\pi(D^4-d^4)}{32}=\frac{\pi D^4(1-\alpha^4)}{32}，\ W_\rho=\frac{\pi D^3}{16}(1-\alpha^4)$$

由切应力在横截面上的分布规律不难看出，切应力在靠近圆心的部分数值很小，这部分材料不能充分发挥作用。因此，对于实心圆轴，可以设想把中间材料去掉，使实心圆轴变成空心圆轴，从而大大降低轴的自重，节约了材料，如果把中间这部分材料加在圆轴的外侧，使其成为直径更大的空心圆轴，那么它所能抵抗的扭矩就要比截面面积相同的实心圆轴大得多。在材料用量相同的条件下，材料分布距轴心越远，轴所能承担的扭矩就越大。因此，空心圆轴的截面即环形截面是轴的合理截面。工程实际中，空心圆轴得到了广泛的应用。但是，空心圆轴的壁厚也不能太小，壁厚太小的空心圆轴受扭时，筒内壁的压应力会使筒壁发生局部失稳，反而使承载力降低。

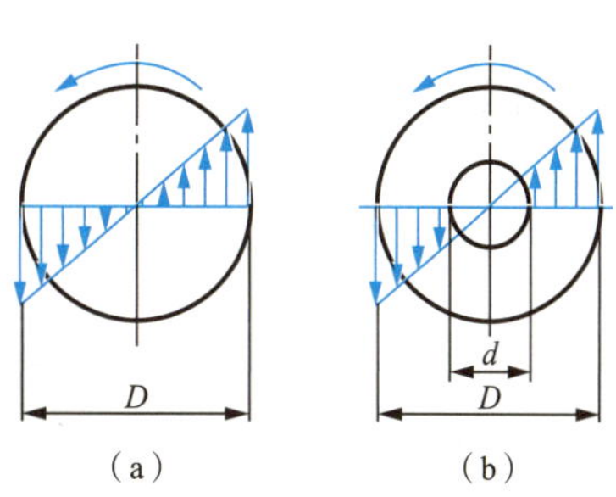


图 4.12　横截面上切应力分布图

等直圆轴扭转时的强度条件

## 4.4　等直圆轴扭转时的强度计算

为保证圆轴在工作时不致因强度不够而破坏，显然圆轴内最大工作切应力不得超过材料的许用切应力(各种材料的许用切应力可查阅有关手册)，即

$$\tau_{max} \leqslant [\tau] \tag{4-6}$$

所以，圆轴扭转时的强度条件为

$$\tau_{max} = \frac{T_{max}}{W_\rho} \leqslant [\tau] \tag{4-7}$$

式中，$\tau_{max}$——圆轴的最大切应力；

$T_{max}$——圆轴的最大扭矩；

$W_\rho$——抗扭截面模量或抗扭截面系数，$mm^3$ 或 $m^3$；

$[\tau]$——材料的许用切应力。

利用圆轴扭转时的强度条件，可以求解三方面的问题，即强度校核、设计截面和确定许用荷载。

### 应用案例 4-3

如图 4.13 所示，一钢制圆轴，受一对外力偶的作用，其力偶矩 $M_e = 2.5kN \cdot m$，已知轴的直径 $D = 60mm$，许用切应力$[\tau] = 60MPa$。试对该轴进行强度校核。

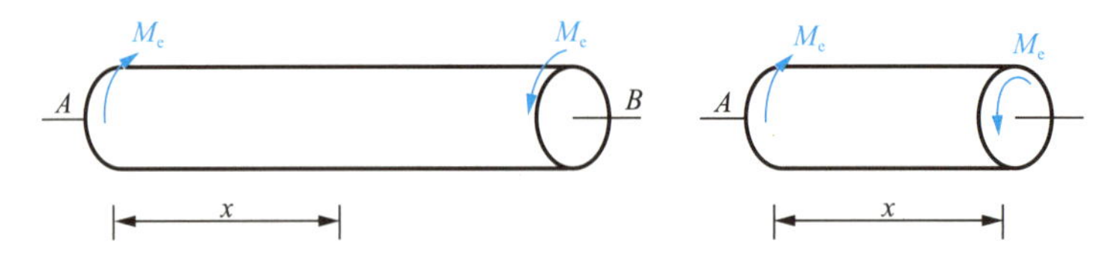


图 4.13　应用案例 4-3 图

**【解】**(1) 计算扭矩 $T$。

$$T = M_e$$

(2) 校核强度。圆轴受扭时最大切应力，按式(4-7)计算，得

$$\tau_{max} = \frac{T_{max}}{W_\rho} = \frac{T_{max}}{\pi D^3/16} = \frac{2.5\times10^6\times16}{3.14\times60^3}MPa = 59MPa < [\tau] = 60MPa$$

故轴满足强度要求。

**【案例点评】**

由强度条件可以进行三个方面的计算：强度校核、截面设计和荷载设计。本题是一道由强度条件进行强度校核的典型例题。

# 4.5 等直圆轴扭转时的变形及刚度条件

## 4.5.1 等直圆轴扭转时的变形

在圆轴扭转过程中，各横截面像一个个圆盘绕杆轴做相对转动。两个横截面绕杆轴线转动的相对角位移即扭转角，用$\varphi$表示。图 4.14 所示为一等直圆轴，圆轴面的半径为 $r$，设截面 1—1、2—2、3—3 相对于固定端约束的扭转角分别为$\varphi_1$、$\varphi_2$、$\varphi_3$，从图上看到离固定端约束越远的截面，扭转角也就越大，最大扭转角显然发生在自由端面上。

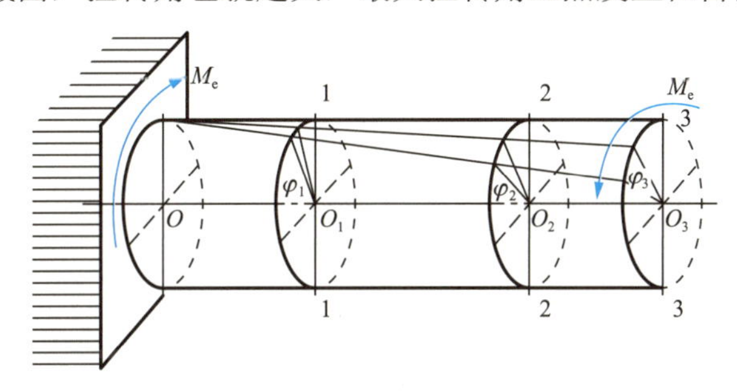


图 4.14 圆轴扭转变形图

当圆轴发生扭转时，由于变形一般都很微小，所以剪切角$\gamma$和扭转角$\varphi$也很微小，所以可近似地认为

$$\gamma = \tan\gamma$$

$$\varphi = \tan\varphi$$

于是有

$$R\varphi = l\gamma，\ \varphi = \frac{l\gamma}{R}$$

代入式(4-3)和式(4-4)，得

$$\varphi = \frac{Tl}{GI_\rho} \tag{4-8}$$

式中，$\varphi$——圆轴扭转角，rad；

$T$——圆轴扭矩；

$I_\rho$——截面对圆心的极惯性矩，$mm^4$ 或 $m^4$；

$l$——圆轴轴长；

$G$——剪切弹性模量，GPa。

扭转角的转向与扭矩的转向相同。显然，在扭矩一定时，扭转角与 $GI_\rho$成反比，$GI_\rho$越大，扭转角越小。这说明 $GI_\rho$反映了截面抗转动变形的能力，称为抗扭刚度。

由于圆轴在扭转时各横截面的扭矩可能并不相同，且圆轴的长度也各不相同，因此，在工程中，受扭圆轴的刚度通常用扭转角沿圆轴长度的变化率来度量，用$\theta$表示这个量，称为单位长度扭转角。

$$\theta=\frac{T}{GI_{\rho}} \tag{4-9}$$

式中，$\varphi$——圆轴扭转角，rad；

$T$——圆轴扭矩；

$I_{\rho}$——截面对圆心的极惯性矩，$mm^4$ 或 $m^4$；

$G$——剪切弹性模量，GPa。

## 4.5.2 刚度条件

在机械设计中，为了不使受扭的轴发生过大的扭转变形影响工件的加工精度，除要保证强度条件外，还必须保证刚度条件。工程上对受扭圆轴的单位长度扭转角$\theta$加以限制，即要求

$$\theta=\frac{\varphi}{l}=\frac{T}{GI_{\rho}}\leqslant\left[\frac{\varphi}{l}\right] \tag{4-10}$$

式中，$\theta$ ——单位长度扭转角，rad/m；

$\varphi$ ——圆轴扭转角，rad；

$T$——圆轴扭矩；

$I_{\rho}$ ——截面对圆心的极惯性矩，$mm^4$ 或 $m^4$；

$l$——圆轴轴长；

$\left[\frac{\varphi}{l}\right]$——单位长度许用扭转角，rad/m；

$G$——剪切弹性模量，GPa。

工程上，单位长度许用扭转角常用单位为(°)/m，考虑单位换算则得

$$\theta=\frac{\varphi}{l}=\frac{T}{GI_{\rho}}\cdot\frac{180^{\circ}}{\pi}\leqslant\left[\frac{\varphi}{l}\right]$$

不同类型圆轴的单位长度许用扭转角的值，可以从有关手册中查得。一般情况下，精密传动轴常取(0.25～0.5)°/m；对于一般传动轴，则可放宽到2°/m。

与强度条件的应用相类似，利用刚度条件公式也可以进行校核刚度、设计截面和计算许用荷载三方面问题的求解计算。

## 小　结

本章着重研究等直圆轴扭转时的内力及内力图的绘制、等直圆轴扭转时横截面上的切应力，简单介绍了等直圆轴扭转时的强度计算、等直圆轴扭转时的变形及刚度条件。

1. 圆轴扭转的力学模型

构件特征：构件为等圆截面的直杆。

受力特征：外力偶矩的作用面与杆件的轴线相垂直。

变形特征：受力后杆件表面的纵向线变成螺旋线，即杆件任意两横截面绕杆件轴线发生相对转动。

2. 传动轴的传递功率、转速与外力偶矩间的关系

$$M_e = 9549P/n$$

3. 圆轴扭转时的扭矩和扭矩图

圆轴扭转时，作用于轴上的外力是力偶，且力偶作用面垂直于轴线。横截面上的内力偶矩称为扭矩。扭矩可用截面法求得，即扭矩的大小与正负号由截面一侧所有外力偶矩的代数和确定。

扭矩图是表示杆件横截面上扭矩随截面位置而变化的图形。根据扭矩图，可确定扭矩的最大值及其所在位置。

4. 等直圆轴扭转时横截面上的切应力

切应力分布规律：横截面上任一点处的切应力，其方向与该点所在的半径相垂直，其数值与该点到圆心的距离成正比。

切应力公式：横截面上距圆心为$\rho$的任一点处的切应力为

$$\tau_\rho = \frac{T\rho}{I_\rho}$$

横截面上的最大切应力发生在横截面周边的各点处，其值为

$$\tau_{max} = \frac{T}{W_\rho}$$

5. 等直圆轴扭转时的强度计算

强度条件

$$\tau_{max} = \frac{T_{max}}{W_\rho} \leqslant [\tau]$$

强度计算的三类问题：强度校核、设计截面、确定许用荷载。

6. 等直圆轴扭转时的变形及刚度条件

扭转角

$$\varphi = \frac{Tl}{GI_\rho}$$

单位长度扭转角

$$\theta = \frac{T}{GI_\rho}$$

刚度条件

$$\theta = \frac{\varphi}{l} = \frac{T}{GI_\rho} \leqslant \left[\frac{\varphi}{l}\right]$$

## 思 考 题

(1) 圆轴扭转的受力特点与变形特点是什么？

(2) 扭矩符号是如何规定的？

(3) 直径和长度都相同，而材料不同的两根轴，在相同的扭矩作用下，它们的最大切应力是否相同？扭转角是否相同？为什么？

(4) 为什么空心圆轴比实心圆轴更能充分发挥材料的作用？

## 习 题

### 一、填空题

(1) 把产生扭转变形的杆件称为________。

(2) 扭转变形是杆件的________之一。

(3) 承受的外力或其合力均是绕轴线转动的外力偶，产生________变形。

(4) 杆件各横截面绕轴线要发生相对转动的转角称为________。

(5) 根据右手螺旋法则，当拇指的指向与截面外法线方向一致时，扭矩为________。

(6) 圆轴扭转的强度有三方面计算，为________、________、________。

### 二、单选题

(1) 圆轴扭转时，截面上的切应力是(　　)分布。

A. 均匀　　B. 线性　　C. 假设均匀　　D. 抛物线

(2) 直径为 $d=100\text{mm}$ 的实心圆轴，受内力扭矩 $T=10\text{kN}\cdot\text{m}$ 作用，则横断面上的最大切应力为(　　)MPa。

A. 25.46　　B. 12.73　　C. 50.93　　D. 101.86

(3) 圆轴扭转时的应力与(　　)有关。

A. 外力偶　　B. 外力偶、截面

C. 外力偶、截面、材料　　D. 外力偶、截面、杆长、材料

(4) 实心圆轴扭转时的最大切应力发生在(　　)。

A. 内圆周　　B. 圆心　　C. 外圆周　　D. 任意处

### 三、判断题

(1) 扭矩越大扭转应力越大。(　　)

(2) 抗扭刚度只与材料有关。(　　)

(3) 圆轴的扭转角与外力矩、圆轴轴长成正比，与抗扭刚度成反比。(　　)

(4) 切应力互等定理表示两个截面上的切应力大小相等、符号相反。(　　)

(5) 圆轴扭转时外圆周上切应力最小。(　　)

## 四、主观题

(1) 绘制图 4.15 中各圆轴的扭矩图。

(2) 已知传动轴的直径 $d=10\text{cm}$，材料的剪切弹性模量 $G=80\text{GPa}$，$a=0.5\text{m}$，如图 4.16 所示。试：①画扭矩图；②求轴的最大切应力，并指出其所在的位置；③求 $B$ 截面相对 $A$ 截面的扭转角。

(3) 如图 4.17 所示，已知传递的功率，如两段轴的 $\tau_{\max}$ 相同，试求此两段轴的直径之比。

(4) 圆轴直径 $d=7\text{cm}$，轴上装有三个轮，如图 4.18 所示。已知轮 3 的输入功率 $P_3=30\text{kW}$，轮 1 的输入功率 $P_1=13\text{kW}$，轴做匀速转动，$n=200\text{r/min}$，材料的许用切应力 $[\tau]=60\text{MPa}$，$G=80\text{GPa}$，许用单位长度扭转角 $[\theta]=2°/\text{m}$。试校核轴的强度和刚度。

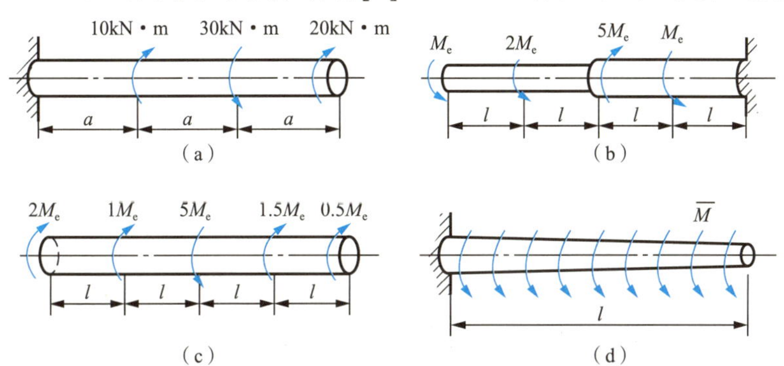


图 4.15 主观题(1)图

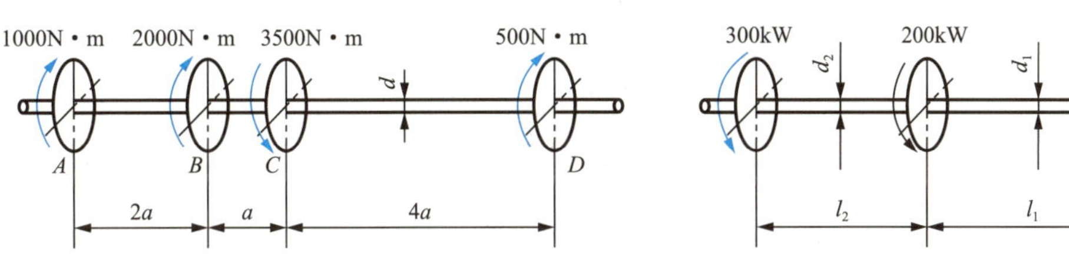


图 4.16 主观题(2)图

图 4.17 主观题(3)图

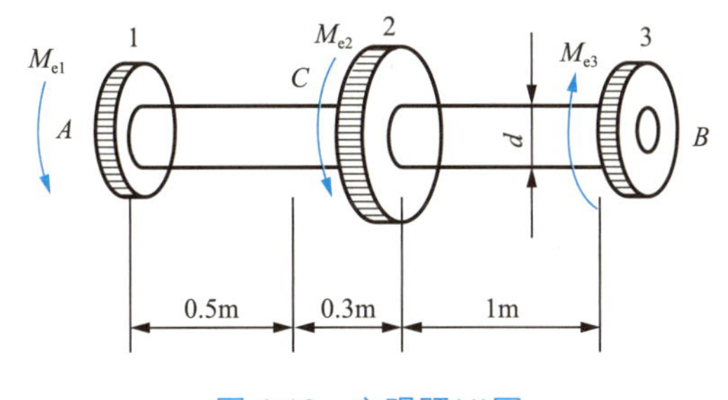


图 4.18 主观题(4)图

第 4 章在线答题

(5) 某轴两端受外力偶 $M=300\text{N}\cdot\text{m}$ 作用，已知材料的许用切应力 $[\tau]=70\text{MPa}$，试按下列两种情况校核轴的强度。

① 实心圆轴，直径 $D=30\text{mm}$；

② 空心圆轴，外径 $D_1=40\text{mm}$，内径 $d_1=20\text{mm}$。

# 第5章 平面体系的几何组成分析

## 教学目标

熟悉平面杆件体系的分类及特点，掌握平面体系的几何组成规则并能熟练应用，了解静定结构和超静定结构的联系与区别。

## 教学要求

| 知识要点 | 能力要求 | 所占比重 |
| --- | --- | --- |
| 几何不变体系，几何可变体系 | 熟悉并判别几何不变体系、几何可变体系、几何瞬变体系 | 15% |
| 自由度，链杆、单铰的约束数 | (1) 熟悉自由度的概念<br>(2) 掌握链杆、单铰的约束数 | 20% |
| 二刚片规则，三刚片规则，二元体规则 | 掌握并能熟练应用几何组成分析规则进行几何组成分析 | 55% |
| 静定结构，超静定结构 | 了解静定结构、超静定结构的定义 | 10% |

## 学习重点

平面杆件体系的几何组成分析规则及应用。

## 生活知识提点

在日常生活中会遇到三角形体系和四边形体系，它们是两种完全不同的体系，它们有各自的特性，下面来加以分析。

## 引例

在建筑工程中，建筑的形状各异，造型千变万化，但都有一个共同的特点，就是其结构的主体必须是几何不变体。下面来讨论这一问题。

杆系结构是由若干杆件用铰结点和刚结点连接而成的杆件体系，在体系中各个构件不发生失效的情况下，能承担一定范围的任意荷载的作用。如果体系不能承担一定范围的任意荷载的作用，这时在荷载作用下极有可能发生结构失效。这种失效是由于体系几何组成不合理造成的，与构件的失效不一样，往往发生得比较突然，范围较大，在工程中必须避免；这就需要对体系的几何组成进行分析，以保证结构有足够的、合理的约束，防止结构失效。

### 拓展讨论

北宋科学家沈括在《梦溪笔谈》中记载了北宋巧匠通过“布板”“实钉”来加强结构的整体性，解决了木塔晃动的实际问题。你了解我国古代建筑中有哪些加强约束的方法吗？

# 5.1 几何组成分析的目的

## 5.1.1 体系的分类

### 1. 几何不变体系

几何不变体系指在不考虑材料应变的条件下，任意荷载作用后体系的位置和形状均能保持不变的体系，如图 5.1(a)、(b)、(c)所示。

### 2. 几何可变体系

几何可变体系指在不考虑材料应变的条件下，即使不大的荷载作用，也会产生机械运动而不能保持其原有形状和位置的体系，如图 5.1(d)、(e)、(f)所示。

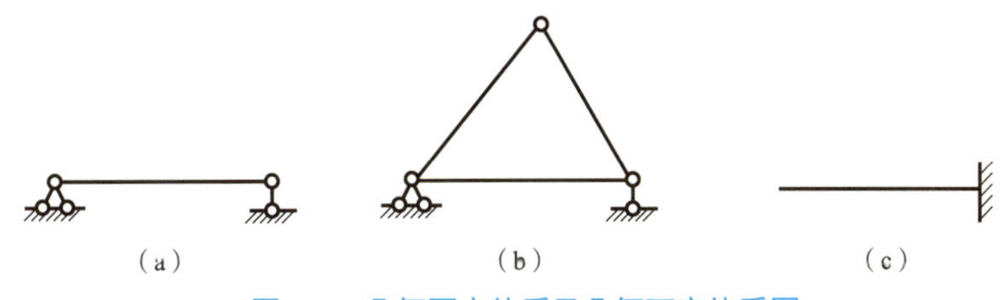


图 5.1 几何不变体系及几何可变体系图

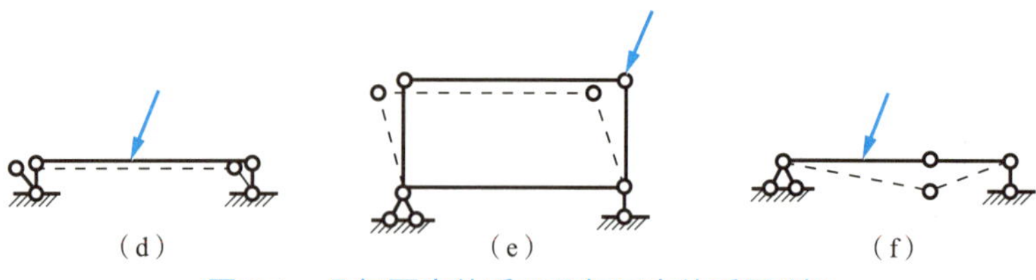


图 5.1　几何不变体系及几何可变体系图(续)

### 5.1.2　几何组成分析的目的

土建工程中的结构必须是几何不变体系，通过对体系进行几何组成分析，可以达到如下目的。

(1) 判别某体系是否为几何不变体系，以决定其能否作为工程结构使用。

(2) 研究并掌握几何不变体系的组成规则，以便合理布置构件，使所设计的结构在荷载作用下能够维持平衡。

(3) 根据体系的几何组成状态，确定结构是静定的还是超静定的，以便选择相应的计算方法。

在本章中，只讨论平面杆件体系的几何组成分析。

## 5.2　平面体系的自由度

为了便于对体系进行几何组成分析，先讨论平面体系的自由度的概念。体系的自由度，是指该体系运动时，用来确定其位置所需独立参变量的数目。在平面内的某一动点 $A$，其位置要由两个坐标 $x$ 和 $y$ 来确定，如图 5.2(a)所示，所以一个点在平面内的自由度等于 2，即点在平面内可以做两种相互独立的运动，通常用平行于坐标轴的两种移动来描述。

在平面体系中，由于不考虑材料的应变，所以可认为各个构件没有变形。于是，可以把一根梁、一根链杆或体系中已经肯定为几何不变的某个部分看作一个平面刚体，简称为刚片。一个刚片在平面内运动时，其位置将由其上面的任一点 $A$ 的坐标$(x，y)$和过 $A$ 点的任一直线 $AB$ 的倾角$\varphi$来确定，如图 5.2(b)所示。因此，一个刚片在平面内的自由度等于 3，即刚片在平面内不但可以自由移动，而且还可以自由转动。

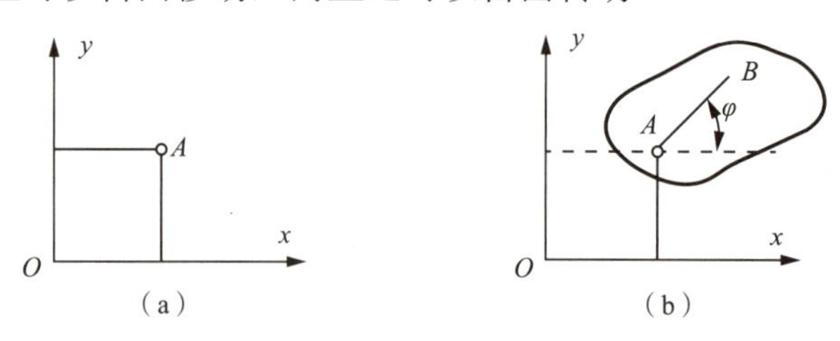


图 5.2　动点及刚片的自由度

对刚片加入约束装置，它的自由度将会减少，凡能减少一个自由度的装置称为一个约束。例如，用一根链杆将刚片与基础相连，如图 5.3(a)所示，则刚片将不能沿链杆方向移动，因而减少了一个自由度，故一根链杆为一个约束。如果在刚片与基础之间再加一根链杆，如图 5.3(b)所示，则刚片又减少了一个自由度。此时，它就只能绕 $A$ 点做转动而丧示了自由移动的可能，即减少了两个自由度。

用一个圆柱铰把两个刚片 Ⅰ 和 Ⅱ 在 $A$ 点连接起来，如图 5.3(c)所示，那么，对刚片 Ⅰ 而言，其位置可由 $A$ 点的坐标 $x$、$y$ 和 $AB$ 线的倾角 $\varphi_1$ 来确定。因此，它仍有三个自由度。当刚片 Ⅰ 的位置被确定后，因为刚片 Ⅱ 与刚片 Ⅰ 在 $A$ 点以铰连接，所以刚片 Ⅱ 只能绕 $A$ 点做相对转动。也就是说，刚片 Ⅱ 只保留了独立的相对转角 $\varphi_2$。因此，由刚片 Ⅰ 和 Ⅱ 所组成的体系在平面内的自由度为 4。而两个独立的刚片在平面内的自由度总数应为 $2\times3=6$。因此，用一个圆柱铰将两个刚片连接起来后，就使自由度的总数减少了两个。这种连接两个刚片的圆柱铰称为单铰。综上所述，一个单铰相当于两个约束，也相当于两根相交链杆的约束作用，如图 5.3(b)所示。

通过类似的分析可以知道，固定支座相当于三个约束，连接两杆件的刚结点相当于三个约束。

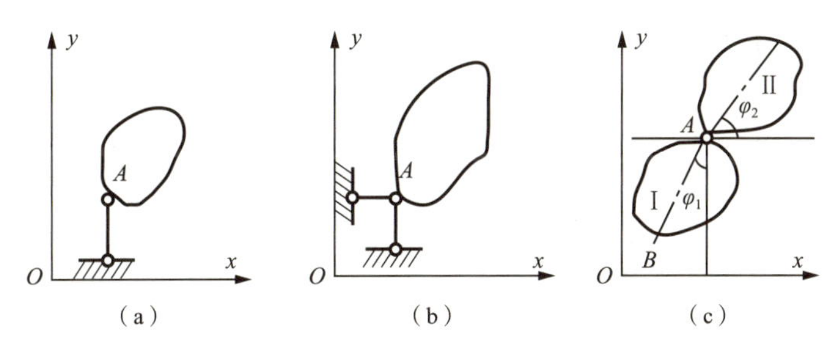


图 5.3 一根链杆及单铰的约束图

一个平面体系，通常是由若干个刚片加入某些约束组成的。加入约束后能减少体系的自由度。如果在组成体系的各刚片之间恰当地加入足够的约束，就能使刚片与刚片之间不发生相对运动，从而使该体系成为几何不变体系。

## 5.3 几何不变体系的组成规则

几何组成分析规则

为了确定平面体系是否几何不变，须研究几何不变体系的组成规则。现就三种常见的基本情况来分析平面几何不变体系的简单组成规则。

### 5.3.1 二刚片的组成规则

平面中两个独立的刚片，共有六个自由度；如果将它们组成为一个刚片，则只有三个自由度。由此可知，在两刚片之间至少应该用三个约束相连，才能组成一个几何不变的体系。下面讨论这些约束应怎样布置才能达到这一目的。

如图 5.4(a)所示，刚片Ⅰ和Ⅱ用两根不平行的链杆 *AB* 和 *CD* 连接。为了分析两刚片间的相对运动情况，设刚片Ⅰ固定不动，刚片Ⅱ将可绕 *AB* 与 *CD* 两杆延长线的交点 *O* 转动；反之，若设刚片Ⅱ固定不动，则刚片Ⅰ也将绕 *O* 点转动。*O* 点称为刚片Ⅰ和Ⅱ的相对转动的瞬心。上述情况等效于在 *O* 点用圆柱铰把刚片Ⅰ和Ⅱ相连接。这个铰的位置是在两链杆轴线的交点上，但随着两刚片的相对转动，其位置将会改变。因此，这种铰与一般的铰不同，把它称为虚铰。

为了制止刚片Ⅰ和Ⅱ发生相对运动，还需要加上一根链杆 *EF*，如图 5.4(b)所示。如果链杆 *EF* 的延长线不通过 *O* 点，则刚片Ⅰ和Ⅱ之间就不可能再发生相对运动，于是所组成的体系是几何不变的。如图 5.4(c)所示，刚片Ⅰ和Ⅱ之间由一个铰和一根不通过铰的链杆连接，也组成一个几何不变体系。

于是得出第一个组成规则(简称二刚片规则)：两个刚片用不完全交于一点也不全平行的三根链杆相连接，则组成一个无多余约束的几何不变体系。或表述为：两个刚片用一个铰和一根不通过铰的链杆相连接，则组成一个无多余约束的几何不变体系。

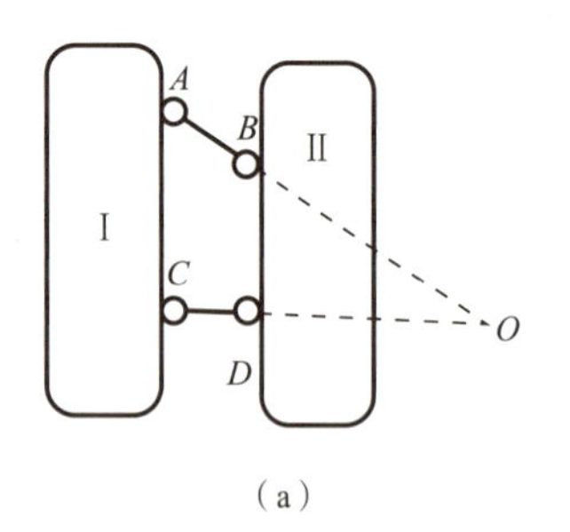

(a)

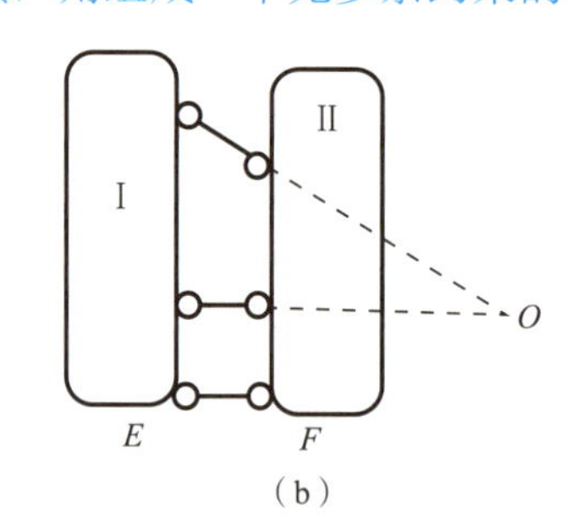

(b)

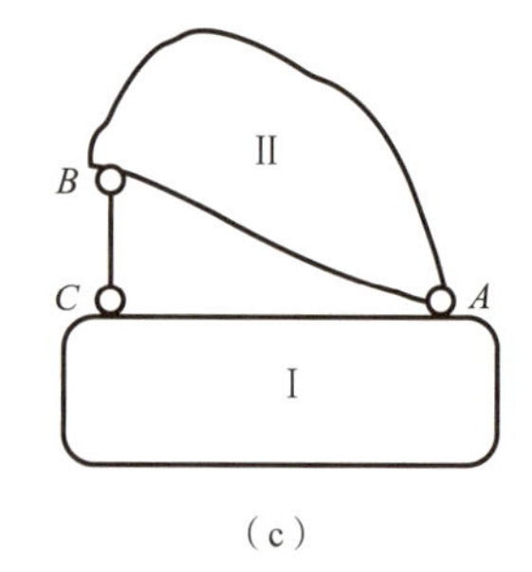

(c)

图 5.4　二刚片的组成规则图

## 5.3.2　三刚片的组成规则

平面中三个独立刚片，共有九个自由度，而组成为一个刚片后便为三个自由度。由此可见，在三个刚片之间至少应加入六个约束，方可将三个刚片组成一个几何不变的体系。

为了确定这六个约束的布置原则，考察图 5.5(a)，其中刚片Ⅰ、Ⅱ、Ⅲ用不在同一直线上的 *A*、*B*、*C* 三个铰两两相连。这一情况如同用三直线段 *AB*、*BC*、*CA* 作一三角形。由平面几何知识可知，用三条定长的直线只能作出一个形状和大小都为一定的三角形。换言之，由此得出的三角形是几何不变的。

于是得出第二个组成规则(简称三刚片规则)：三个刚片用不在同一直线上的三个铰两两相连，则组成一个无多余约束的几何不变体系。

如图 5.5(b)所示，两个刚片由两个不相互平行的链杆连接，延长线交于 *O* 点(虚铰)。如果把图 5.5(a)中 *A*、*B*、*C* 三处的铰链用两个链杆形成的虚铰代替，则三个刚片由这样的虚铰组成的体系也是几何不变体系。

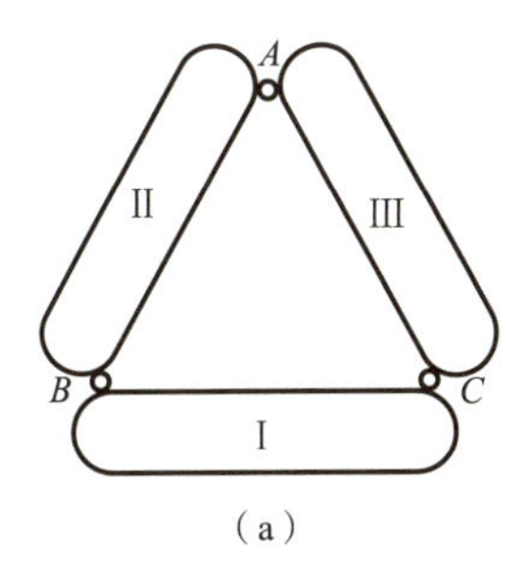


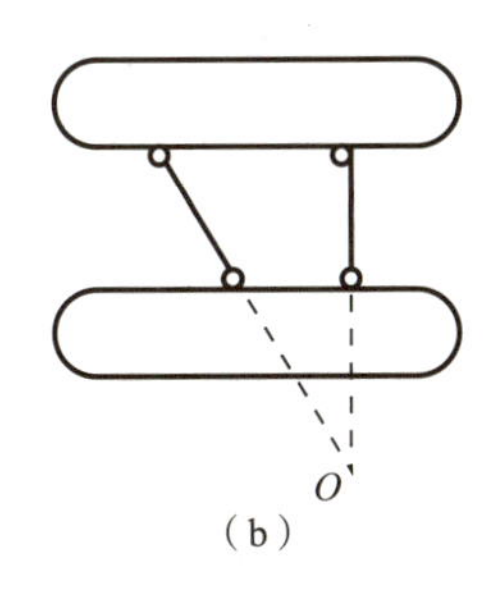


图 5.5　三刚片的组成规则图

## 5.3.3　二元体规则

二元体是指两根不在同一直线上的链杆连接一个新结点的装置。如图 5.6 所示，*BAC* 部分即是一个二元体。一个结点的自由度等于 2，因两根不在同一直线上的链杆，其约束数也等于 2。所以，得出第三个组成规则(简称二元体规则)：在体系中增加或者撤去一个二元体，不会改变体系的几何组成性质。

这一规则一方面可用来组成几何不变体系；另一方面在分析某体系的几何组成时，可先将二元体撤除，再对剩余部分进行分析，所得结论就是原体系的结论。

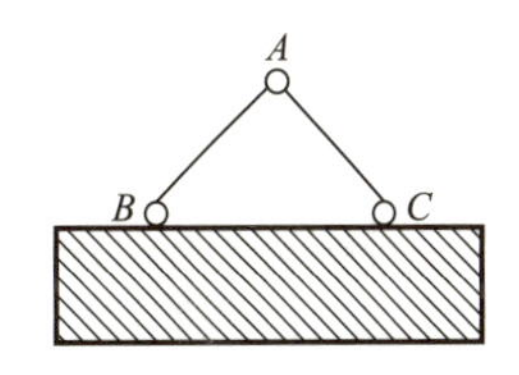


图 5.6　二元体的组成规则

根据上述三个组成规则，可进一步组成一般的几何不变体系，也可用这些规则来判别给定体系是否几何不变。值得指出的是，在上述三个组成规则中，都提出了一些限制条件，如果不能满足这些条件，将会出现下面所述的情况。

如图 5.7(a)所示，两个刚片用三根链杆相连，链杆的延长线交于一点 *O*，此时，两个刚片可以绕 *O* 点做相对转动，但在发生一微小转动后，三根链杆就不再全交于一点，从而将不再继续发生相对运动。这种在某一瞬时可以产生微小运动的体系，称为瞬变体系。又如图 5.7(b)所示，两个刚片用三根互相平行但不等长的链杆相连，此时，两个刚片可以沿着与链杆垂直的方向发生相对移动，但在发生一微小移动后，此三根链杆就不再互相平行，故这种体系也是瞬变体系。应该注意，若三链杆等长并且是从其中一个刚片沿同一方向引出时，如图 5.7(c)所示，则在两刚片发生一相对运动后，此三根链杆仍互相平行，故运动将继续发生，这样的体系就是几何可变体系。

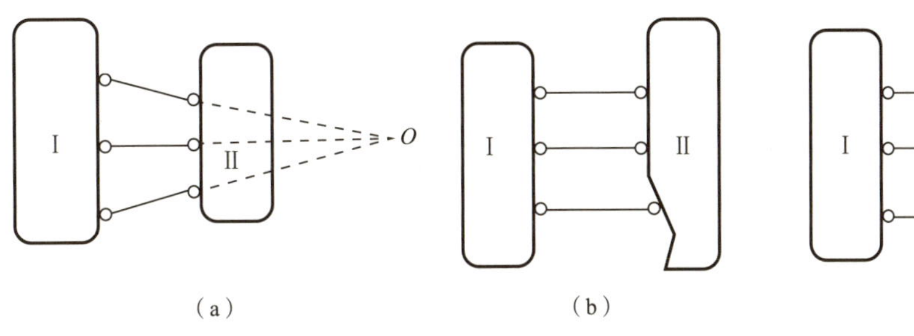


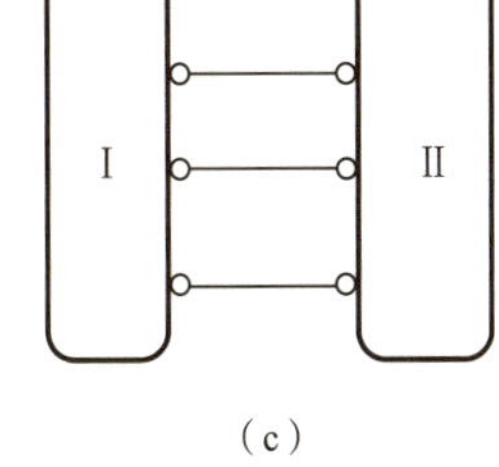


图 5.7　可变体系图

如图 5.8 所示，三个刚片用位于同一直线上的三个铰两两相连(这里把支座和基础看成一个刚片)。此时 $C$ 点位于以 $AC$ 和 $BC$ 为半径的两个圆弧公切线上，故 $C$ 点可沿此公切线做微小的移动。不过在发生一微小移动后，三个铰就不再位于同一直线上，运动就不再发生，故此体系也是一个瞬变体系。

虽然看起来瞬变体系只发生微小的相对运动，似乎可以作为结构，但实际上当它受力时将可能出现很大的内力而导致破坏，或者产生过大的变形而影响使用。图 5.8 所示瞬变体系，在外力 $\boldsymbol{F}$ 作用下，铰 $C$ 向下发生一微小的位移而到 $C'$的位置。如图 5.9 所示，由隔离体的平衡条件 $\sum F_y = 0$ 可得

$$F_{C'A} = \frac{F}{2\sin\varphi}$$

因为$\varphi$为一无穷小量，所以

$$F_{C'A} = \lim \frac{F}{2\sin\varphi} = \infty$$

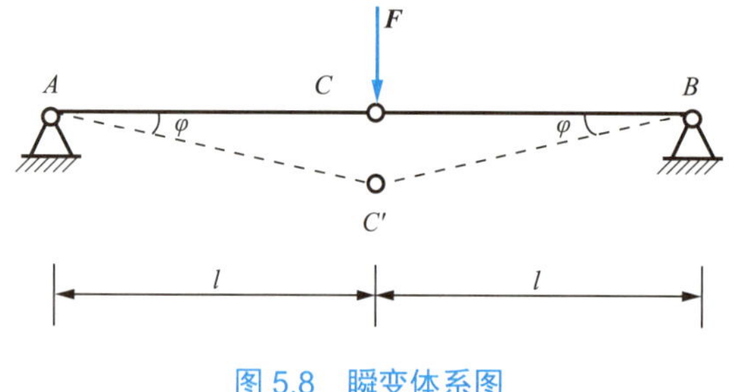

图 5.8　瞬变体系图

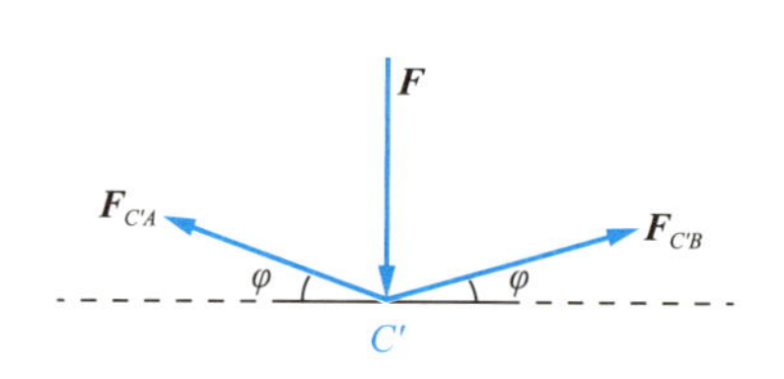


图 5.9　瞬变体系受力图

可见，杆 $AC$ 和 $BC$ 将产生很大的内力和变形。因此，在工程中一定不能采用瞬变体系。

几何不变体系的组成规则中，指明了最低限度的约束数目。按照这些规则组成的体系称为无多余约束的几何不变体系。如果体系中的约束数目少于规定的数目，则该体系是几何可变的[图 5.10(a)]。如果体系中的约束比规则中所要求的多，则可能出现有多余约束的几何不变体系，如图 5.10(b)所示体系。$AB$ 部分以固定支座 $A$ 与大地连接，已构成一几何不变体系，支座 $B$ 处的两根链杆对保证体系的几何不变来说是多余的，称为多余约束，故该体系是具有两个多余约束的几何不变体系。

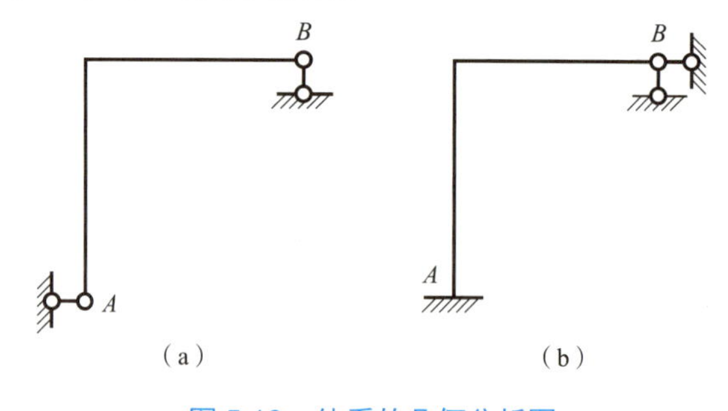


图 5.10　体系的几何分析图

## 5.4 几何组成分析的应用

几何组成分析能判断体系是否几何不变，并确定几何不变体系中多余约束的个数。故通常略去自由度计算这一步骤，而直接进行几何组成分析。

进行几何组成分析的基本依据是前述三个组成规则。要用这三个组成规则去分析形式多样的平面杆系，关键在于选择哪些部分作为刚片，哪些部分作为约束，这就是问题的难点所在，通常可以做以下的选择：①一根杆件或某个几何不变部分(包括地基)，都可选作刚片；②体系中的铰都是约束；③凡是用三个或三个以上铰与其他部分相连的杆件或几何不变部分，必须选作刚片；④只用两个铰与其他部分相连的杆件或几何不变部分，根据分析需要，可将其选作刚片，也可选作链杆约束；⑤图 5.11 中虚线(连接两铰心的直线)所示为连接两刚片的等效链杆；⑥在选择刚片时，要联想到组成规则的约束要求(铰或链杆的数目和布置)，同时考虑哪些是连接这些刚片的约束。

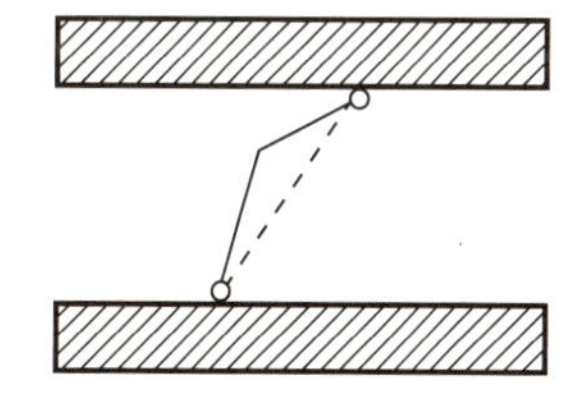

图 5.11 链杆约束图

体系几何组成分析虽然灵活多样，但也有一定的规律可循。对于比较简单的体系，可以选择两个或三个刚片，直接按规则分析其几何组成。对于复杂体系，可以采用以下方法。

(1) 当体系上有二元体时，应去掉二元体使体系简化，以便于应用规则。但需注意，每次只能去掉体系外围的二元体(符合二元体的定义)，而不能从中间任意抽取。例如，图 5.12 所示体系，结点 1 处有一个二元体，拆除后，结点 2 处暴露出二元体，再拆除后，又可在结点 3 处拆除二元体，剩下为三角形 *AB*4。它是几何不变的，故原体系为几何不变体系。也可以继续在结点 4 处拆除二元体，剩下的只是大地了，这说明原体系相对于大地是不能动的，即为几何不变体系。

(2) 从一个刚片(如地基或铰结三角形等)开始，依次增加二元体，尽量扩大刚片范围，使体系中的刚片个数尽量少，便于应用规则。仍以图 5.12 为例，将地基视为一个刚片，依次增加二元体，结点 4 处有一个二元体，增加在地基上，地基刚片扩大，以此扩充结点 3 处二元体，结点 2 处二元体，结点 1 处二元体，即体系为几何不变体系。

(3) 如果体系的支座链杆只有三根，且不全平行也不交于同一点，则地基与体系本身的连接已符合二刚片规则，因此可去掉支座链杆和地基而只对体系本身进行分析。例如，图 5.13(a)所示体系，除去支座三根链杆，只需对图 5.13(b)所示体系进行分析，按二刚片规则组成无多余约束的几何不变体系。

(4) 当体系的支座链杆多于三根时，应考虑把地基作为一刚片，将体系本身和地基一起用三刚片规则进行分析。否则，往往会得出错误的结论。例如，图 5.14 所示体系，若不考虑四根支座链杆和地基，将 *ABC*、*DEF* 作为刚片Ⅰ、Ⅱ，它们只由两根链杆 1、2 连接，从而得出其为几何可变体系的结论显然是错误的。正确的方法是将地基作为刚片Ⅲ，对整个体系用三刚片规则进行分析，结论是该体系为无多余约束的几何不变体系。

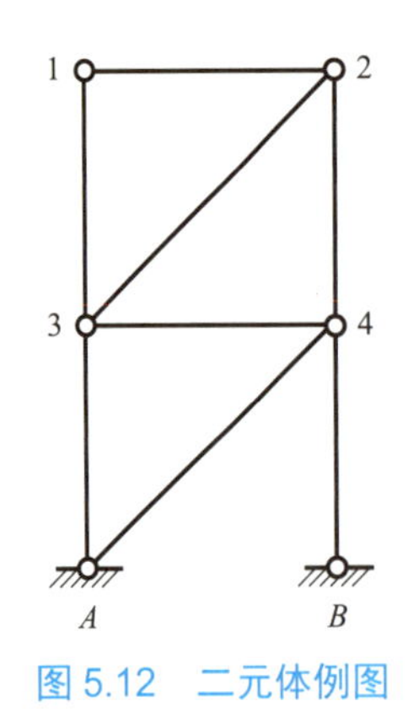


图 5.12　二元体例图

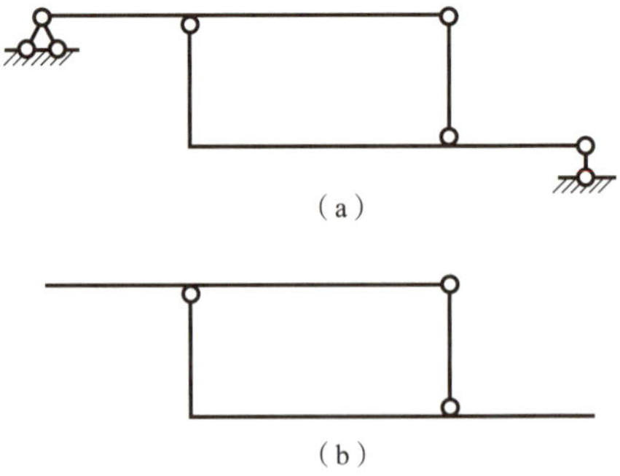

(a)

(b)

图 5.13　几何不变体系例图

(5) 先确定一部分为刚片，连续几次使用二刚片或三刚片规则，逐步扩大到整个体系。如图 5.15 所示，从下往上看，下层是按三刚片规则组成的几何不变的三铰刚架 *ABH*，上层两个刚片 *CDE* 与 *EFG* 和下层(刚片)按三刚片规则组成几何不变体系。

在进行组成分析时，体系中的每根杆件和约束都不能遗漏，也不可重复使用。

当分析进行不下去时，一般是所选择的刚片或约束不恰当，应重新选择刚片或约束再进行分析。对于某一体系，可能有多种分析途径，但结论是唯一的。

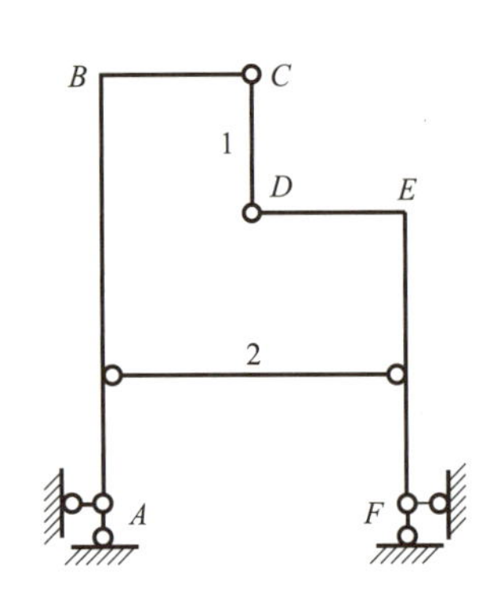


图 5.14　几何不变体系例图

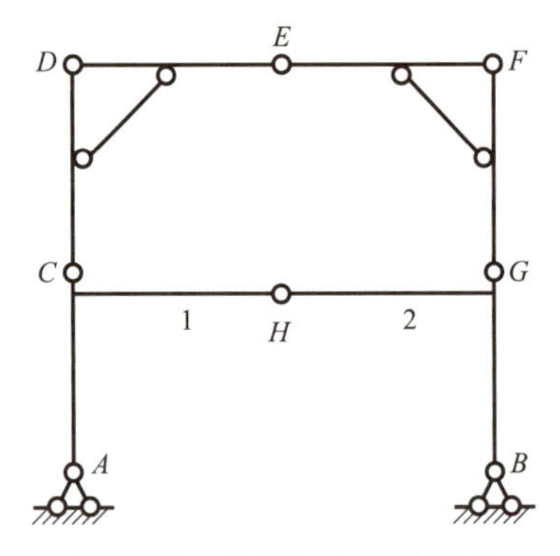


图 5.15　几何不变体系例图

## 应用案例 5-1

试对图 5.16(a)所示体系做几何组成分析。

**【解】** 首先以地基及杆 *AB* 为两个刚片，由铰 *A* 和链杆 1 连接，链杆 1 延长线不通过铰 *A*，组成几何不变部分，如图 5.15(b)所示。以此部分作为一刚片，杆 *CD* 作为另一刚片，用链杆 2、3 及 *BC* 链杆(连接两刚片的链杆约束，必须是两端分别连接在所研究的两刚片上)连接。三链杆不交于一点也不全平行，符合二刚片规则，故整个体系是无多余约束的几何不变体系。

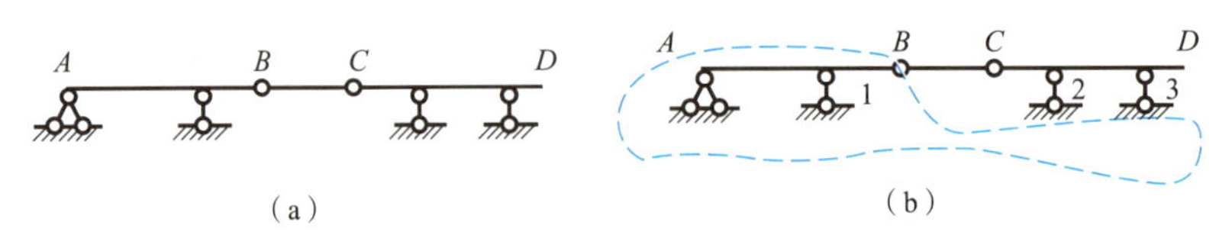


图 5.16　应用案例 5-1 图

## 应用案例 5-2

试对图 5.17 所示体系做几何组成分析。

**【解】**将图 5.17 中的 *AC*、*BD*、基础分别视为刚片Ⅰ、Ⅱ、Ⅲ。刚片Ⅰ和Ⅲ以铰 *A* 相连，铰 *B* 是联系刚片Ⅱ和Ⅲ的约束，刚片Ⅰ和Ⅱ用 *CD*、*EF* 两链杆相连，相当于一个虚铰 *O*，则连接三刚片的三个铰(*A*、*B*、*O*)不在一条直线上，符合三刚片规则，故体系为几何不变体系且无多余约束。

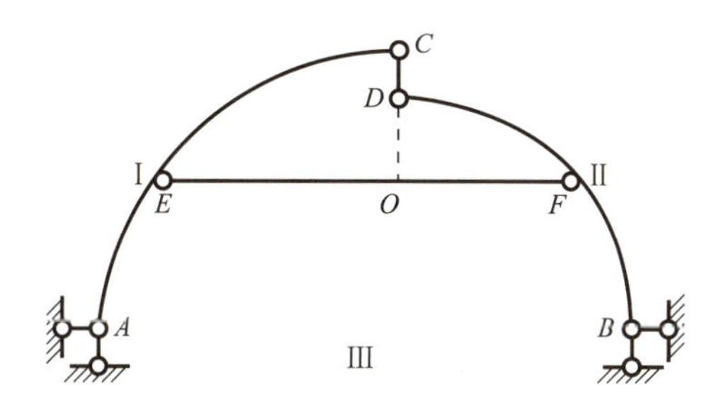


图 5.17 应用案例 5-2 图

## 应用案例 5-3

试对图 5.18(a)所示刚架做几何组成分析。

**【解】**首先把地基作为一个刚片Ⅰ，并把中间部分(*BCE*)也视为一刚片Ⅱ，如图 5.18(b)所示。再把 *AB*、*CD* 作为链杆，则刚片Ⅰ、Ⅱ由 *AB*、*CD*、*EF* 三根链杆相连组成几何不变且无多余约束的体系(二刚片规则)。注意：将 *AB*、*CD* 视为链杆而不看作刚片。

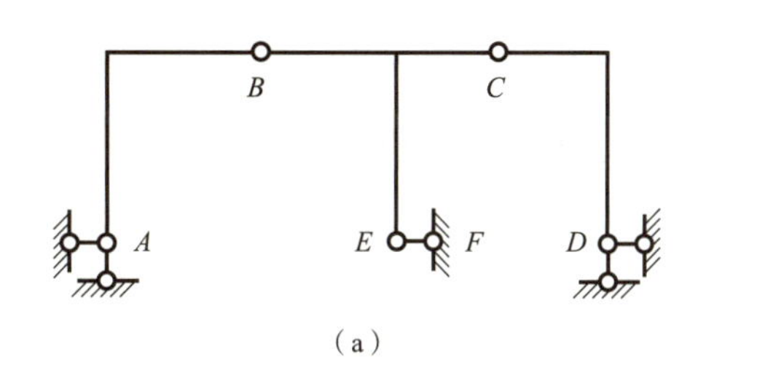


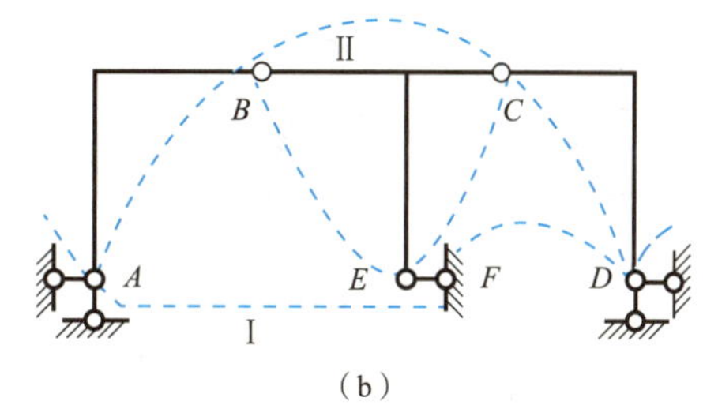


图 5.18 应用案例 5-3 图

## 应用案例 5-4

试对图 5.19(a)所示体系做几何组成分析。

**【解】**在结点 1 与 5 处各有一个二元体，可先拆除。在上部体系与大地之间共有四个支座链杆联系的情况下，必须将大地视作一个刚片，参与分析。在图 5.19(b)中，先将 *A*23*B*6 视作一刚片，它与大地之间通过 *A* 处的两链杆和 *B* 处的一根链杆(既不平行又不交于一点的三根链杆)相连接，因此 *A*23*B*6 可与大地合成一个大刚片Ⅰ，同时再将三角形 *C*47 视作刚片Ⅱ。刚片Ⅰ与刚片Ⅱ通过三根链杆 34、*B*7 与 *C* 相连接，符合二刚片组成规则的要求，故所给体系为无多余约束的几何不变体系。

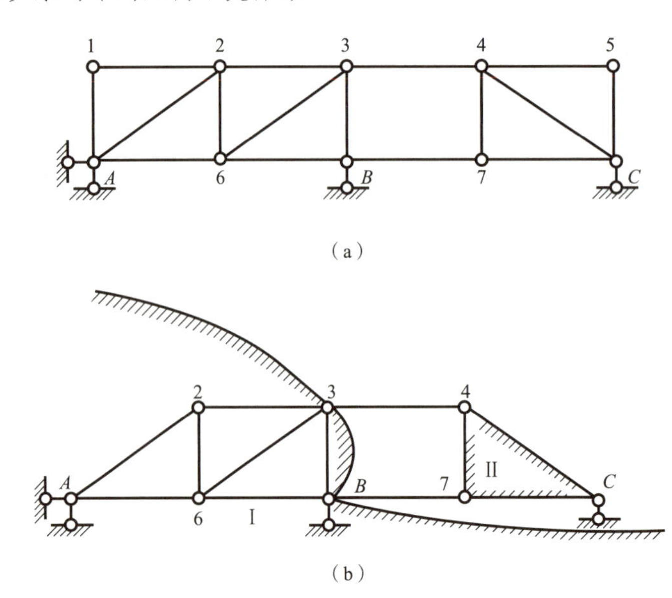


图 5.19　应用案例 5-4 图

## 应用案例 5-5

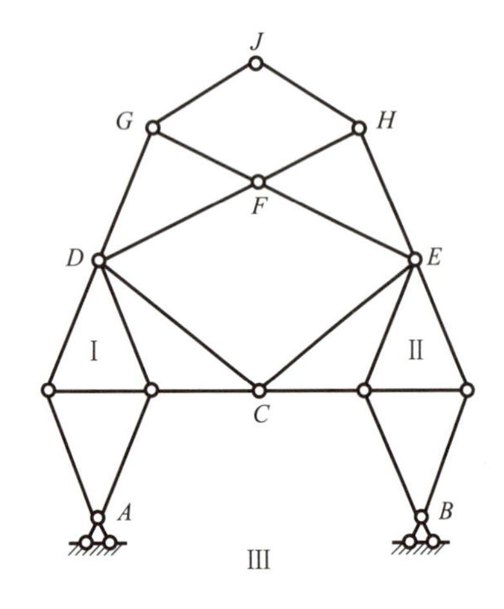


图 5.20　应用案例 5-5 图

试分析图 5.20 所示体系的几何组成。

**【解】**根据二元体规则，先依次拆除二元体 *GJH*、*DGF*、*FHE*、*DFE*，使体系简化。再分析剩下部分的几何组成，将 *ADC* 和 *CEB* 分别视为刚片Ⅰ和Ⅱ，基础视为刚片Ⅲ。此三刚片分别用铰 *C*、*B*、*A* 两两相连，且三铰不在同一直线上，故知该体系是无多余约束的几何不变体系。

## 应用案例 5-6

试分析图 5.21 所示桁架的几何组成。

**【解】**由观察可知，*ADCF* 和 *BECG* 两部分都是几何不变的，可作为刚片Ⅰ、Ⅱ。此外地基可作为刚片Ⅲ。这样，刚片Ⅰ、Ⅲ之间有杆 1、2 相连，这相当于用虚铰 *O* 相连；同理，刚片Ⅱ、Ⅲ相当于用虚铰 *O′* 相连；而刚片Ⅰ、Ⅱ则用铰 *C* 相连。*O*、*O′*、*C* 三铰不共线，符合三刚片规则，故此桁架是几何不变体系且无多余约束。

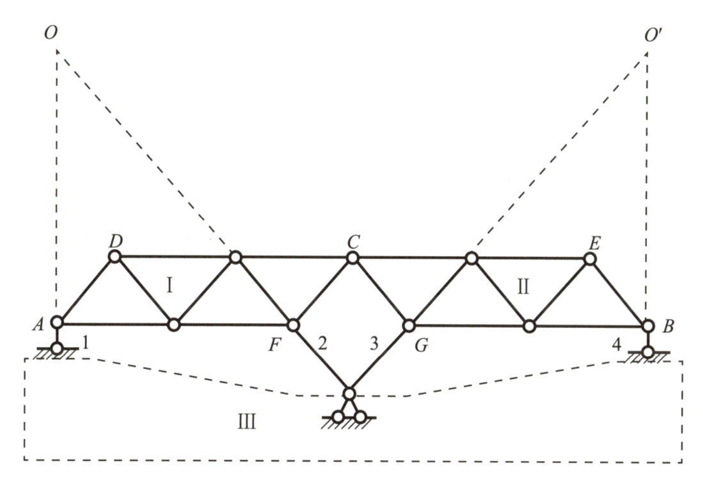


图 5.21 应用案例 5-6 图

## 应用案例 5-7

试对图 5.22 所示体系进行几何组成分析。

【解】将 $AB$ 视为刚片Ⅰ，与地基由铰 $A$、链杆 $B$ 连接，符合二刚片规则，成为几何不变部分；在其上增加二元体 1$C$2、3$D$4，则链杆 5 是多余约束。因此体系是几何不变的，但有一多余约束。

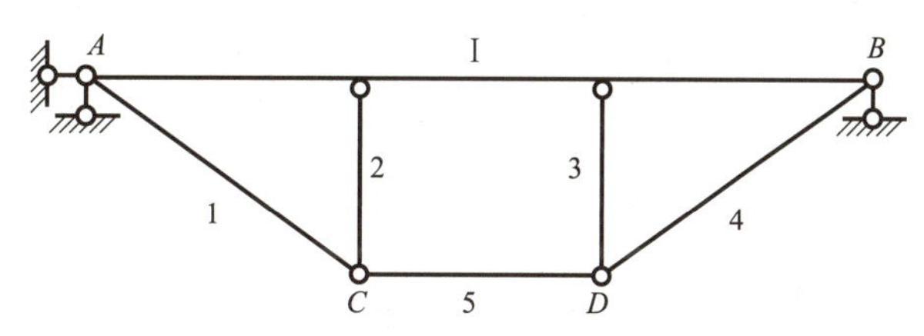


图 5.22 应用案例 5-7 图

【案例点评】

通过对上述案例的分析可知，对体系的几何组成分析主要应分清体系中哪些杆件为主体，哪些杆件为约束，通过几何不变体系的组成规则来加以判别，是否满足组成规则的要求，并确定有没有多余的杆件。满足组成规则没有多余的杆件为几何不变体系；满足组成规则有多余的杆件为有多余约束的几何不变体系；不满足组成规则为几何可变体系。

# 5.5 静定结构和超静定结构

如前所述，用作结构的杆件体系，必须是几何不变的，而几何不变体系又可分为无多余约束的和有多余约束的。后者的约束数目除满足几何不变性要求外还有多余。例如，如图 5.23(a)所示连续梁，如果将 $C$、$D$ 两支座链杆去掉[图 5.23(b)]，剩下的支座链杆恰好满足两刚片连接的要求，所以它有两个多余约束。又如图 5.24(a)所示加劲梁，若将链杆 *AB* 去掉[图 5.24(b)]，则它就成为没有多余约束的几何不变体系，故此加劲梁具有一个多余约束。

对于无多余约束的结构(如图 5.25 所示的简支梁)，它的全部反力和内力都可由静力平衡条件求得，这类结构称为静定结构。

但是对于具有多余约束的结构，却不能只依靠静力平衡条件求得其全部反力和内力。例如，如图 5.26 所示连续梁，其支座反力共有五个，而静力平衡条件只有三个，因而仅利用三个静力平衡条件无法求得其全部反力，从而也就不能求得它的内力，这类结构称为超静定结构。

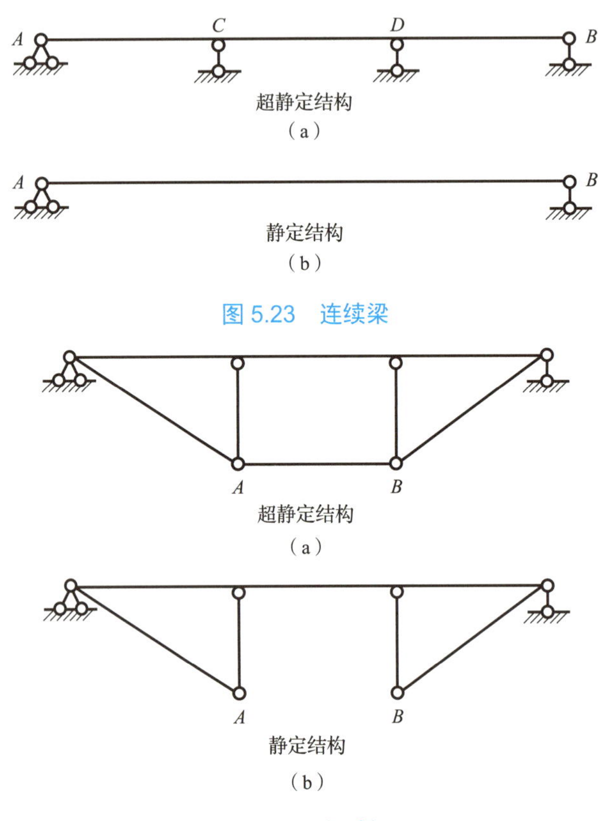

超静定结构

(a)

静定结构

(b)

图 5.23　连续梁

超静定结构

(a)

静定结构

(b)

图 5.24　加劲梁

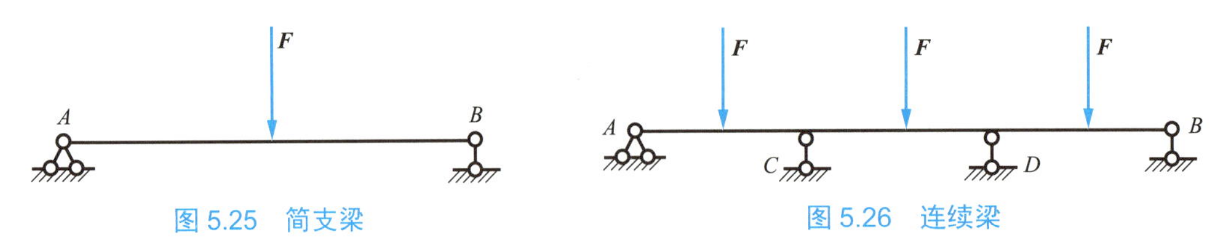

图 5.25　简支梁

图 5.26　连续梁

从上面的分析可知，无多余约束的几何不变体系为静定结构，而有多余约束的几何不变体系为超静定结构。

## 拓展讨论

伽利略

伽利略把实验引进力学，他利用实验和理论相结合的方法，确定了一些重要力学定律。你知道伽利略对材料力学发展有哪些贡献吗？

## 小　结

(1) 几何不变体系可以作为结构使用，几何可变体系和几何瞬变体系不能用作结构。

(2) 自由度是确定体系位置所需的独立参变量的数目。

(3) 几何不变体系组成规则有三个：二刚片规则、三刚片规则和二元体规则。满足这三条规则的体系是几何不变体系。

(4) 静定结构是无多余约束的几何不变体系。

(5) 超静定结构是有多余约束的几何不变体系。

## 思考题

(1) 几何可变体系、几何瞬变体系为什么不能作为结构使用？试举例说明。

(2) 何谓单铰、虚铰？体系中任意两根链杆是否都相当于在其交点处的一个虚铰？

(3) 什么是多余约束？如何确定多余约束的个数？

(4) 几何不变体系有三个组成规则，其最基本的规则是什么？

(5) 静定结构、超静定结构各有何特征？

## 习　题

### 一、填空题

(1) 确定体系位置所需的独立参变量的数目称为________。

(2) 一个刚片在平面内有________个自由度。

(3) 一个点在平面内有________个自由度。

(4) 体系的位置和形状不会改变的体系称为________。

(5) 即使很小的荷载作用，也将引起体系几何形状的改变的体系称为________。

### 二、单选题

(1) 一根链杆相当于(　　)个约束。

A. 4　　B. 3　　C. 2　　D. 1

(2) 有多余约束的几何不变体系是(　　)。

A. 静定结构　　B. 几何可变体系　　C. 瞬变体系　　D. 超静定结构

## 三、判断题

(1) 一个刚性连接相当于三个约束。(　　)

(2) 两刚片用不全交于一点也不相互平行的三根链杆相连接，则所组成的体系是几何不变体系，且无多余约束。(　　)

(3) 一个单铰相当于一个约束。(　　)

(4) 三个刚片用不在同一直线上的三个铰两两相连，则所组成的体系为几何不变体系，且无多余约束。(　　)

(5) 一个体系中增加一个约束，而体系的自由度并不因此而减少，则此约束称为非多余约束。(　　)

(6) 结构的全部反力和内力都可由静力平衡条件求得，则此结构称为静定结构。(　　)

## 四、主观题

试对图 5.27 所示体系做几何组成分析。如果是具有多余约束的几何不变体系，则需指出其多余约束的数目。

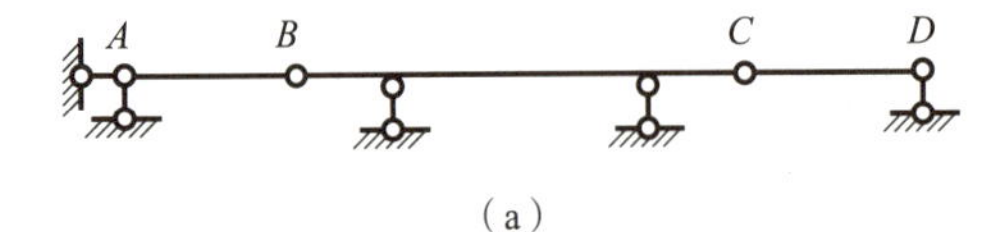


(a)

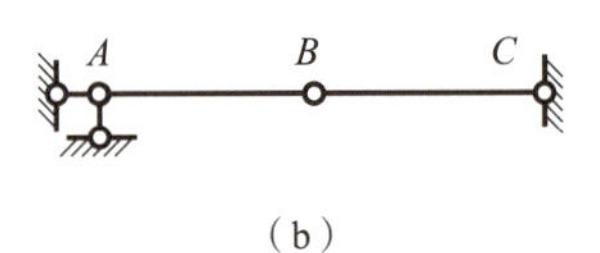


(b)

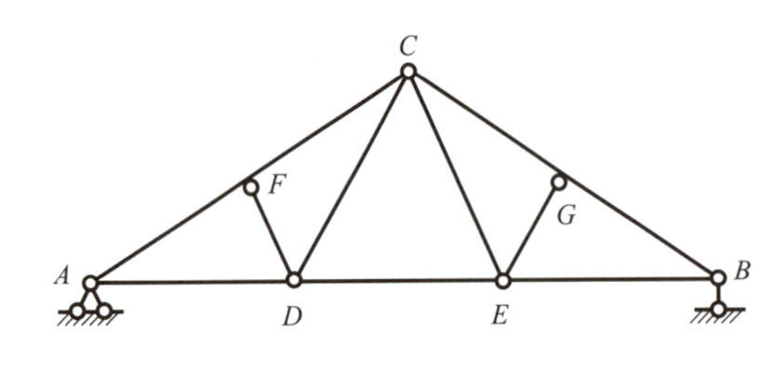


(c)

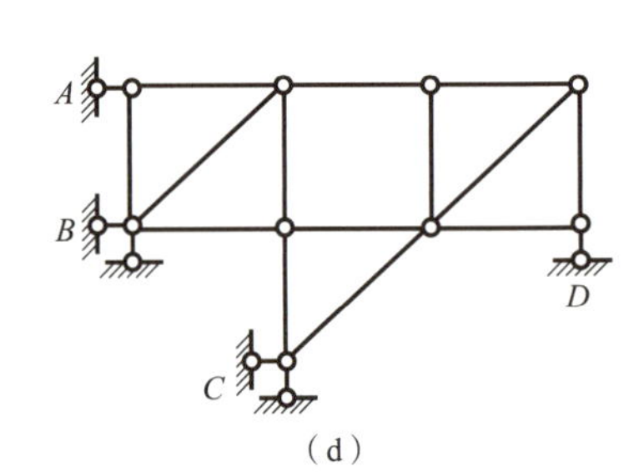


(d)

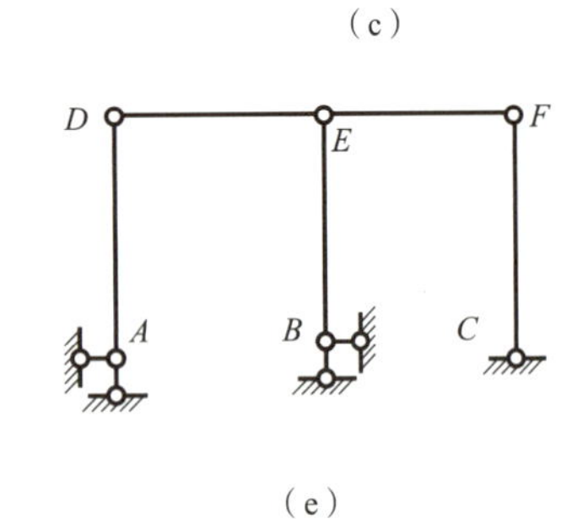


(e)

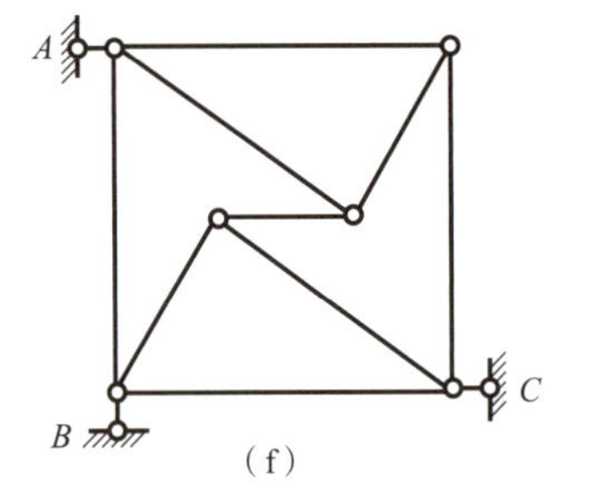


(f)

图 5.27　主观题图

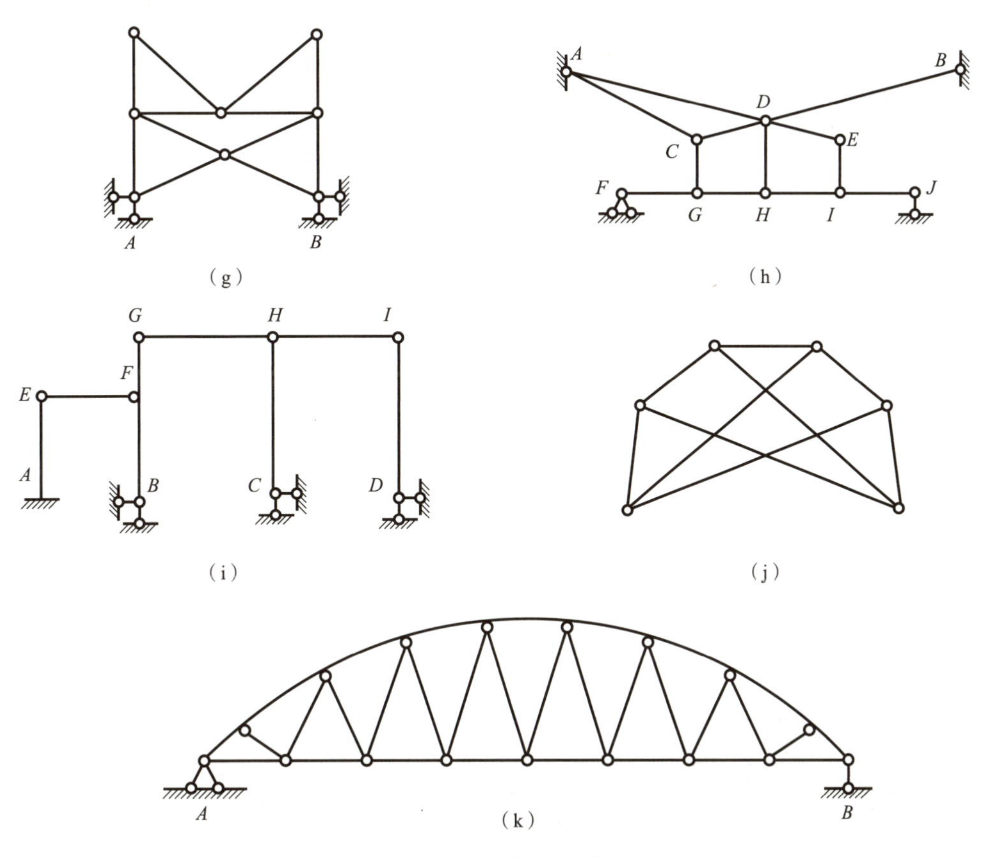


图 5.27 主观题图(续)

# 第6章 静定结构的内力

## 教学目标

了解工程上常见梁的受力、变形特点，熟练绘制单跨梁的剪力图、弯矩图；绘制多跨静定梁和静定平面刚架的内力图；定义拱的概念，描述拱的特点，解释合理拱轴线的概念；定义桁架的概念，用结点法、截面法计算静定平面桁架的内力；了解静定结构的基本特性。

## 教学要求

| 知识要点 | 能力要求 | 所占比重 |
|---|---|---|
| 平面弯曲，单跨梁及支座的类型 | 掌握弯曲的受力特点和变形特点 | 5% |
| 弯曲时的内力及内力图，内力正负号，弯曲时的受拉端判断，叠加法，弯曲内力计算规律 | (1) 掌握剪力、弯矩的数值计算和正负号判断方法<br>(2) 能正确、熟练地绘制剪力图和弯矩图 | 30% |
| 多跨梁的内力分析原则，多跨梁的几何组成特点、基本部分和附属部分间的相互传力关系 | (1) 理解多跨梁的组成和传力特点，区分基本部分和附属部分<br>(2) 能计算各支座反力并绘制内力图 | 10% |
| 刚架的内力分析方法、刚架的几种类型、刚性结点、铰结点 | (1) 理解刚架的组成和受力特点<br>(2) 能分析刚架的反力和内力，并作内力图 | 20% |
| 三铰拱的内力分析，静定拱的内力分析原理，合理拱轴线的特点 | (1) 理解拱的组成和受力特点<br>(2) 能计算拱的反力，描述内力的计算方法 | 10% |
| 桁架的内力计算方法，桁架计算模型的基本假设，工程上常见桁架的类型 | (1) 理解桁架的组成和受力特点<br>(2) 能利用结点法和截面法计算桁架的内力 | 20% |
| 荷载及非荷载因素对静定结构反力、内力和位移的影响 | (1) 理解静定结构解答的唯一性<br>(2) 能够描述静定结构的基本特点 | 5% |

## 学习重点

内力与外荷载间的微分关系、梁的内力图绘制、刚架的内力分析、三铰拱的内力分析、桁架的内力计算。

## 生活知识提点

在日常生活中，人们用扁担挑东西，扁担受到力会产生怎样的变形呢？水稻的秆为什么是圆的且又是空心的？这里有很多的力学知识需要我们去了解。

## 引例

房屋建筑中的楼面梁，受到楼面荷载及自重的作用，如图 6.1(a)所示，楼面梁将承受什么样的内力，将产生什么样的变形，需要去研究并解决。

结构的内力计算是承载能力分析的基础。无论是进行强度计算、刚度计算还是稳定性问题的分析，内力计算都是首先要涉及的步骤。它包含了承载能力分析的主要内容，并且是其他专业课程学习的基础。因此，在整个课程中，内力计算处于主导地位。

结构的内力计算包括隔离体的选取、受力分析、平衡方程的建立等一系列步骤。

# 6.1 工程中梁弯曲的概念

### 6.1.1 弯曲变形与平面弯曲

弯曲变形是工程中最常见的一种基本变形形式。例如，房屋建筑中的楼面梁[图 6.1(a)]，受到楼面荷载的作用，将发生弯曲变形；阳台挑梁[图 6.1(b)]，在阳台板重量等荷载作用下也会发生弯曲变形；其他如挡土墙[图 6.1(c)]、吊车梁、桥梁中的主梁[图 6.1(d)]、支承闸门启闭机的纵梁[图 6.1(e)]等，都是受弯构件。

这些构件受力与变形的特点是杆件受到横向力作用，其轴线由直线弯成了曲线。所以常用杆件的轴线来代表杆件，如图 6.1 所示。

由于弯曲变形的构件中，梁应用得最广泛，所以习惯上把所有以发生弯曲变形为主的杆件称为梁。

梁的横截面通常具有对称轴，如图 6.2(a)中的矩形、圆形、工字形、T 形，对称轴与梁轴线所组成的平面称为纵向对称平面[图 6.2(b)]。如果作用在梁上的外力(包括荷载和支座反力)均位于纵向对称平面内，且外力垂直于轴线，则轴线将在这个纵向对称平面内弯曲成一条平面曲线，这种弯曲变形称为平面弯曲。

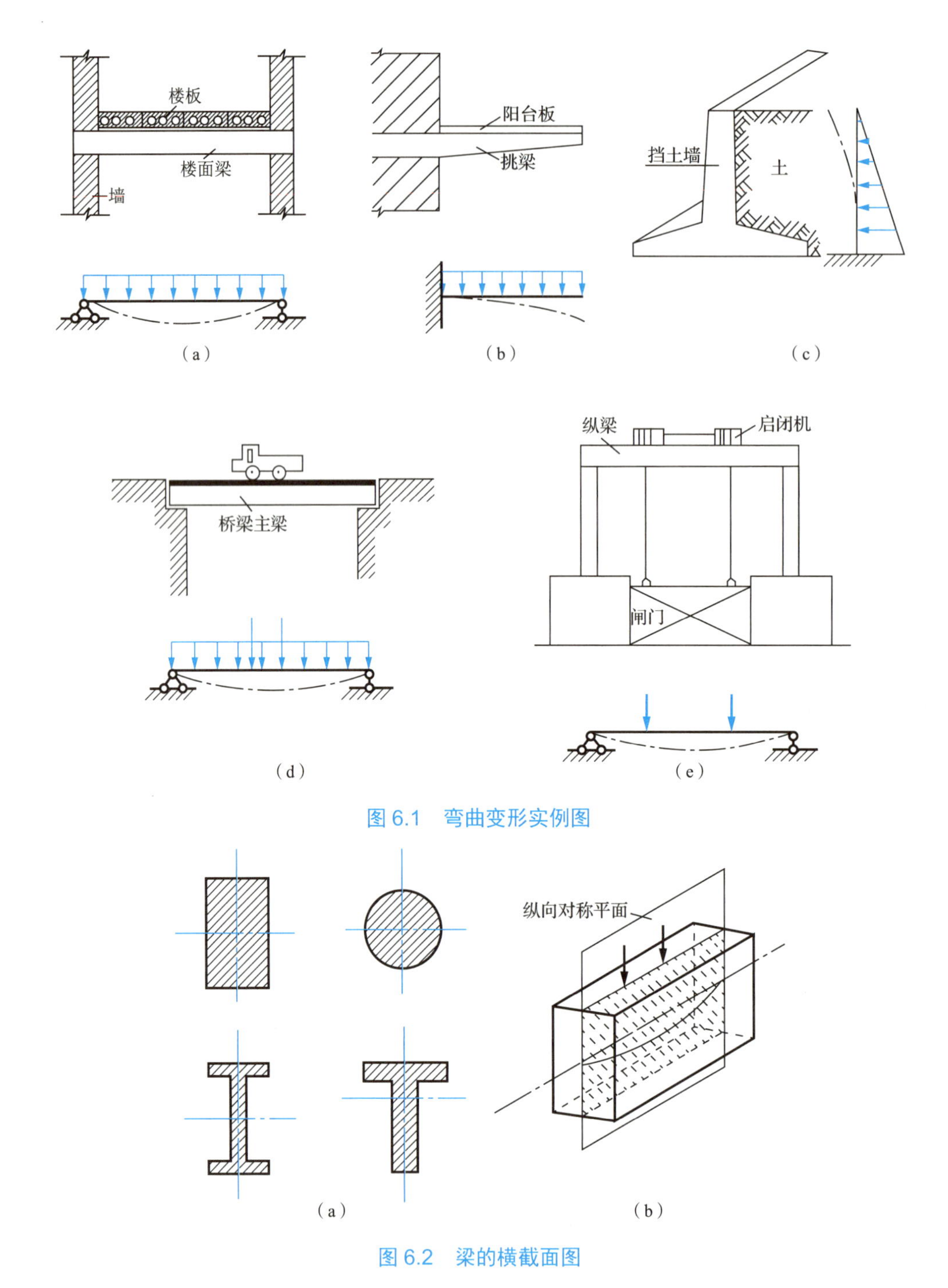


图 6.1　弯曲变形实例图



图 6.2　梁的横截面图

平面弯曲比较简单，在实际应用中也最为普遍。本章所研究的弯曲问题都限于这种平面弯曲。

特别提示

平面弯曲是最常见的变形，变形后的轴线是一条平面曲线。

## 6.1.2 梁的支座和支座反力

梁的外力包括荷载和支座对梁的约束反力。荷载一般都为已知，约束反力则要在计算内力之前先通过梁的整体平衡条件计算得到。

约束反力的数目与梁的支座形式有关。常见支座形式有三种：可动铰支座、固定铰支座及固定端支座。

可动铰支座常用图 6.3(a)所示的简图表示。梁端在支座处可以转动，也可沿水平方向移动，但不能沿竖直方向移动。在竖直方向上有一个约束反力 $\boldsymbol{F}_y$。

固定铰支座常用图 6.3(b)所示的简图表示。梁端在支座处可以转动，但不能移动。约束反力为通过铰中心的一个力，通常把这个约束反力沿梁轴线和垂直于梁轴线的方向分解为两个力 $\boldsymbol{F}_x$ 和 $\boldsymbol{F}_y$。

固定端支座常用图 6.3(c)所示的简图表示。梁在固定端既不能转动，也不能移动。其约束反力有三个，即反力偶 $M$、沿梁轴线及垂直于梁轴线方向的两个反力 $\boldsymbol{F}_x$ 和 $\boldsymbol{F}_y$。

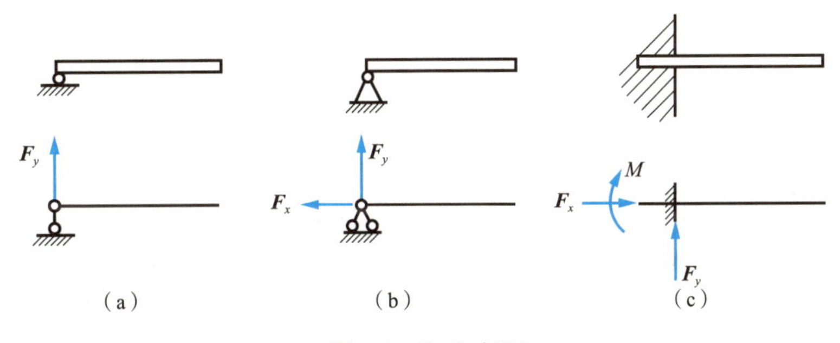


图 6.3 梁支座图

工程中常见的梁按支座情况分为下列三种典型形式。

(1) 简支梁——一端为固定铰支座，另一端为可动铰支座的梁，如图 6.4(a)所示。

(2) 外伸梁——梁身一端或两端伸出支座外的简支梁，如图 6.4(b)所示。

(3) 悬臂梁——一端为固定端支座，另一端自由的梁，如图 6.4(c)所示。

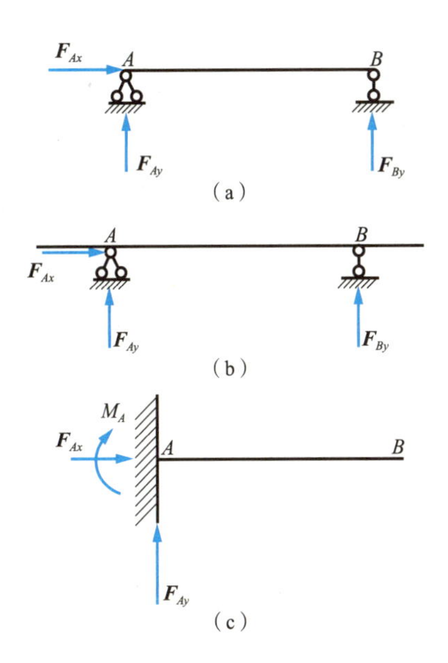


图 6.4 三种典型梁图

**特别提示**

各支座处产生的约束反力数目与支座的类型相对应，固定端支座处通常情况下有约束力偶。

# 6.2 梁的内力——剪力和弯矩

## 6.2.1 梁的内力——剪力 $F_Q$ 与弯矩 $M$

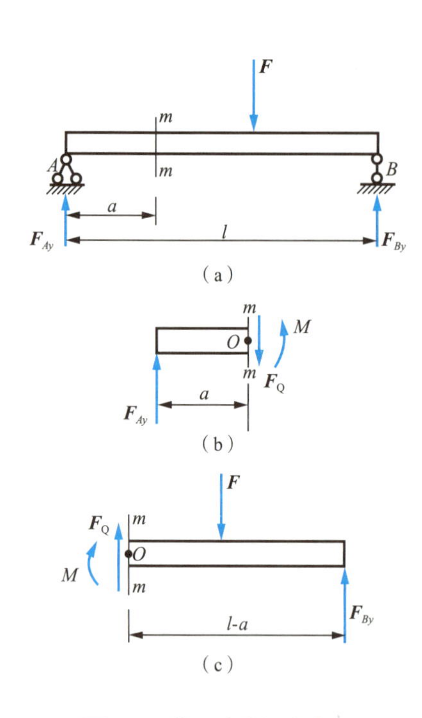

图 6.5 截面法求梁内力图

为了计算梁的应力和变形，必须先了解梁的内力。梁在外力作用下，横截面上的内力仍然可通过截面法求得。如图 6.5(a)所示的梁在外力作用下处于平衡状态，讨论与 $A$ 支座距离为 $a$ 的截面 $m—m$ 上的内力。

先求出支座反力 $\boldsymbol{F}_{Ay}$ 与 $\boldsymbol{F}_{By}$，然后用截面假想沿 $m—m$ 处把梁截开为左、右两段。取左段梁作为研究对象，因梁原来处于平衡状态，所以被截取的左段也应保持平衡状态。从图 6.5(b)可看到，$A$ 端有支座反力 $\boldsymbol{F}_{Ay}$ 作用，要使左段不发生移动，在截开的截面上必须有一个大小与 $\boldsymbol{F}_{Ay}$ 相等、方向与 $\boldsymbol{F}_{Ay}$ 相反的力 $\boldsymbol{F}_Q$ 与之平衡；同时，$\boldsymbol{F}_{Ay}$ 对 $m—m$ 截面的形心 $O$ 点将有一个力矩，会引起左段梁的转动，为使梁不发生转动，在截面上就必须有一个与上述力矩大小相等、转向相反的力偶矩 $M$，才能保持平衡。$\boldsymbol{F}_Q$、$M$ 即为梁截面上的内力。可见，梁弯曲时横截面上存在两部分内力，其中力 $\boldsymbol{F}_Q$ 称为剪力，力偶矩 $M$ 称为弯矩。

剪力的常用单位为牛顿(N)或千牛[顿](kN)，弯矩的常用单位为牛[顿]米(N·m)或千牛[顿]米(kN·m)。剪力和弯矩的大小可由左段梁的静力平衡条件确定。

由

$$\sum F_y = 0 \quad F_{Ay} - F_Q = 0$$

得

$$F_Q = F_{Ay}$$

由

$$\sum M_O = 0 \quad F_{Ay}a - M = 0$$

得

$$M = F_{Ay}a$$

如果取右段梁作为研究对象，同样可求得 $\boldsymbol{F}_Q$ 与 $M$。根据作用力和反作用力原理，右段梁在 $m—m$ 截面上的 $\boldsymbol{F}_Q$ 及 $M$ 与左段梁在 $m—m$ 截面上的 $\boldsymbol{F}_Q$ 及 $M$ 应大小相等、方向相反[图 6.5(c)]。

特别提示

截面法求内力时的隔离体可以取截开后的任一部分，但应注意受力分析的完整性，不应多加力，也不应少算力。

## 6.2.2 剪力 $F_Q$与弯矩 $M$ 的正负

为了使由左段梁或右段梁作为研究对象求得的同一个 $m—m$ 截面上的内力具有相同的正负号，对剪力 $\boldsymbol{F}_Q$ 与弯矩 $M$ 的正负号做如下规定。

在截面 $m—m$ 处，从梁中取出一微段，若剪力 $\boldsymbol{F}_Q$ 使微段顺时针转动[图 6.6(a)]，则截面上的剪力为正；反之，为负[图 6.6(b)]。若弯矩 $M$ 使微段产生向下凸的变形[图 6.6(c)，上部受压、下部受拉]，则截面上的弯矩为正；反之，为负[图 6.6(d)]。

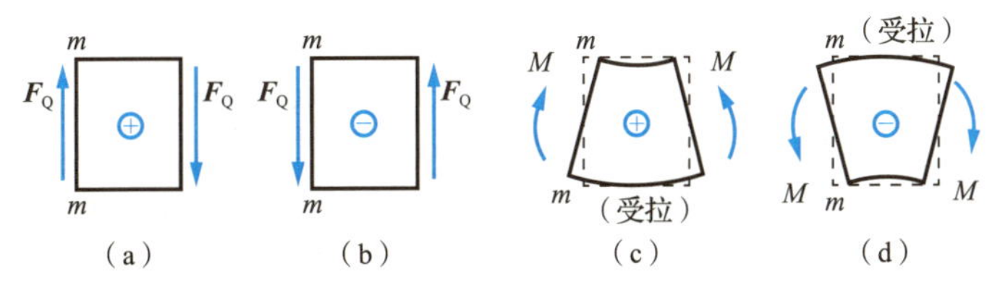


图 6.6 梁内力正负号图

以下举例说明用截面法求梁指定截面上的内力。

### 应用案例 6-1

梁受力如图 6.7 所示，试求 1—1 截面上的内力。

【解】(1) 计算支座反力。由梁的整体平衡条件可求得

$$F_{Ay}=\frac{F_1\times5+F_2\times2}{6}=29.2\text{kN}$$

$$F_{By}=\frac{F_1\times1+F_2\times4}{6}=20.8\text{kN}$$

校核：$F_{Ay}+F_{By}-F_1-F_2=(29.2+20.8-25-25)\text{kN}=0$，计算无误。

(2) 计算内力。用截面 1—1 截取左段为研究对象，并先设剪力 $\boldsymbol{F}_{Q1}$ 和弯矩 $M_1$ 都为正，如图 6.7(b) 所示。

由平衡条件

$$\sum F_y=0 \qquad F_{Ay}-F_1-F_{Q1}=0$$

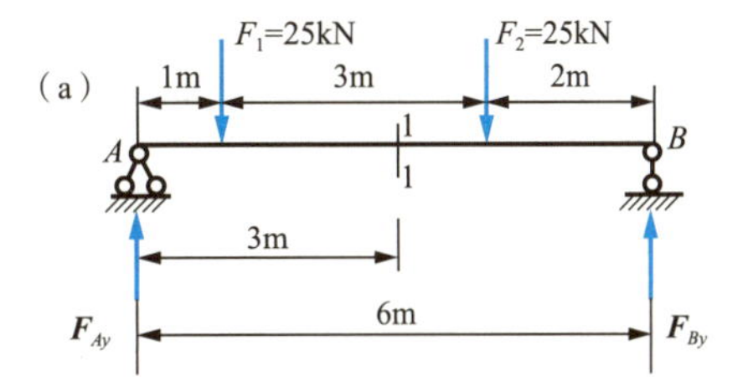


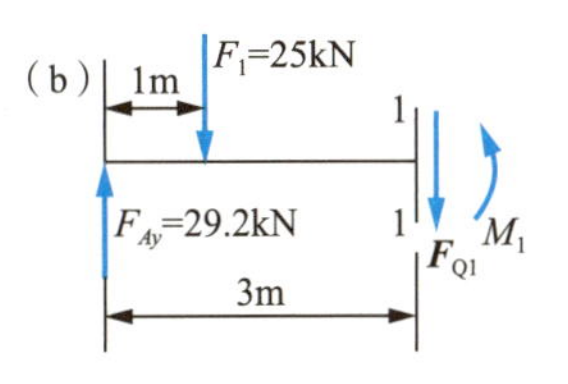


图 6.7 应用案例 6-1 图

得 $$F_{Q1}=F_{Ay}-F_1=(29.2-25)\text{kN}=4.2\text{kN}$$

由 $$\sum M_1=0 \qquad -F_{Ay}\times 3+F_1\times 2+M_1=0$$

得 $$M_1=F_{Ay}\times 3-F_1\times 2=(29.2\times 3-25\times 2)\text{kN}\cdot\text{m}=37.6\text{kN}\cdot\text{m}$$

所得 $\boldsymbol{F}_{Q1}$、$M_1$ 为正值，表示所设 $\boldsymbol{F}_{Q1}$、$M_1$ 方向与实际方向相同。实际方向按剪力与弯矩的符号规定均为正。

## 应用案例 6-2

试求图 6.8 所示悬臂梁 1—1、2—2 截面上的内力。

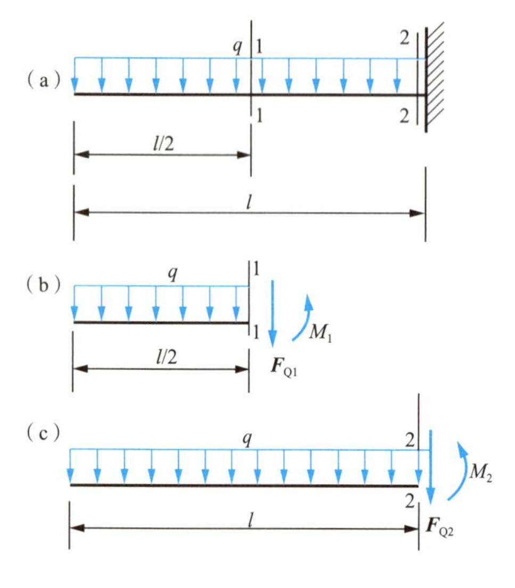


图 6.8　应用案例 6-2 图

【解】悬臂梁左端为自由端，在求内力时，若取左段为研究对象，则可省去求支座反力。

计算 1—1 截面上的内力。用截面 1—1 截取梁的左段为研究对象，设 $\boldsymbol{F}_{Q1}$ 与 $M_1$ 为正[图 6.8(b)]。在考虑左段的平衡时，左段上分布荷载可用合力 $ql/2$ 来代替，合力作用在左段的中点。

由 $$\sum F_y=0 \qquad -F_{Q1}-\frac{ql}{2}=0$$

得 $$F_{Q1}=-\frac{ql}{2}$$

由 $$\sum M_1=0 \qquad -\frac{ql}{2}\cdot\frac{l}{4}-M_1=0$$

得 $$M_1=-\frac{ql^2}{8}$$

所得 $\boldsymbol{F}_{Q1}$ 与 $M_1$ 为负值，表示所设方向与实际方向相反。实际 $\boldsymbol{F}_{Q1}$、$M_1$ 按剪力与弯矩的符号规定判别，应是负剪力和负弯矩。

以同样步骤可求得 2—2 截面上的内力。用 2—2 截面截取梁的左段为研究对象，设 $\boldsymbol{F}_{Q2}$ 与 $M_2$ 如图 6.8(c)所示，由平衡条件

$$\sum F_y=0 \qquad -ql-F_{Q2}=0$$

得 $$F_{Q2}=-ql$$

由 $$\sum M_2=0 \qquad -ql\cdot\frac{l}{2}-M_2=0$$

得 $$M_2=-\frac{ql^2}{2}$$

$\boldsymbol{F}_{Q2}$ 与 $M_2$ 也是负剪力和负弯矩。

## 应用案例 6-3

计算梁支座 $C$ 左侧的 1—1 截面和右侧的 2—2 截面上的内力。

【解】(1) 计算支座反力。

$$F_{Ay}=-\frac{qa\cdot\frac{a}{2}}{2a}=-\frac{qa}{4}(\downarrow)$$

$$F_{Cy}=\frac{qa\cdot\frac{5}{2}a}{2a}=\frac{5qa}{4}(\uparrow)$$

校核：$F_{Ay}+F_{Cy}-qa=-\frac{qa}{4}+\frac{5qa}{4}-qa=0$，计算无误。

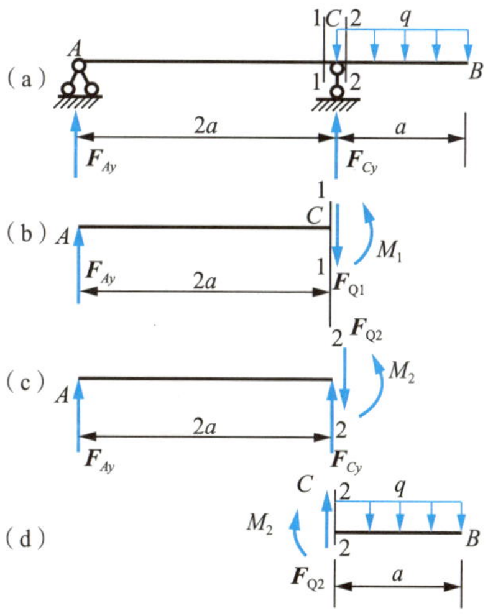

(2) 求 1—1 截面上的内力。取 1—1 截面以左为研究对象[图 6.9(b)]。

由 $\sum F_y=0$ $\quad F_{Ay}-F_{Q1}=0$

得 $$F_{Q1}=F_{Ay}=-\frac{qa}{4}$$

由 $\sum M_1=0$ $\quad F_{Ay}\cdot 2a-M_1=0$

得 $$M_1=F_{Ay}\cdot 2a=-\frac{qa}{4}\cdot 2a=-\frac{qa^2}{2}$$

图 6.9 应用案例 6-3 图

(3) 求 2—2 截面上的内力。取 2—2 截面以左为研究对象[图 6.9(c)]。

由 $\sum F_y=0$ $\quad F_{Ay}+F_{Cy}-F_{Q2}=0$

得 $$F_{Q2}=F_{Ay}+F_{Cy}=-\frac{qa}{4}+\frac{5qa}{4}=qa$$

由 $\sum M_2=0$ $\quad F_{Ay}\cdot 2a-M_2=0$

得 $$M_2=F_{Ay}\cdot 2a=-\frac{qa}{4}\cdot 2a=-\frac{qa^2}{2}$$

2—2 截面所取的研究对象上包含了 $\boldsymbol{F}_{Cy}$，对剪力有影响；而 2—2 截面无限接近 $C$ 支座，$\boldsymbol{F}_{Cy}$ 对 2—2 截面形心之力矩为零，所以对弯矩无影响。

求 2—2 截面上的内力也可取截面以右部分作为研究对象[图 6.9(d)]，由于作用在右段上的力简单，计算比取左段方便。

由 $\sum F_y=0$ $\quad F_{Q2}-qa=0$

得 $$F_{Q2}=qa$$

由 $\sum M_2=0$ $\quad M_2+qa\cdot\frac{a}{2}=0$

得 $$M_2=-qa\cdot\frac{a}{2}=-\frac{qa^2}{2}$$

## 6.2.3 用截面法计算梁内力的讨论

用截面法计算梁某一指定截面上的内力，是计算梁内力的基本方法。下面讨论用截面法计算梁内力的三个问题。

### 1．关于剪力 $F_Q$ 和弯矩 $M$ 的正负号问题

剪力 $F_Q$ 和弯矩 $M$ 的正负号问题是初学者很容易发生错误的地方。在用截面法计算内力时，应分清楚两种正负号：第一种正负号在求解平衡方程时出现。在梁被假想地截开后，内力被作为研究对象上的外力看待，其方向是任意假设的。平衡方程解得 $F_Q$、$M$ 为正，表示实际方向与所假设方向一致；解得为负，表示实际方向与所假设方向相反。这种正负号是说明外力方向的(研究对象上的内力当作外力)符号。第二种正负号是根据内力的符号规定而出现的。按图 6.6 关于 $M$ 和 $F_Q$ 的正负号规定，判别已求得的内力实际方向，则内力有正有负。这种正负号是内力的符号。两种正负号的意义不相同。

为计算方便，通常将未知内力的方向都假设为内力的正方向，当平衡方程解得内力为正时(这是第一种正负号)，表示实际方向与假设方向一致，即内力为正值；解得为负时，表示实际方向与假设方向相反，即内力为负值。这种假设未知力方向的方法，将外力符号与内力符号两者统一了起来，由平衡方程中出现的正负号就可定出内力的正负号。

### 2．用截面法计算内力的规律

截面上的剪力和弯矩与梁上的外力之间存在下列规律。

(1) 梁上任一横截面上的剪力 $F_Q$ 在数值上等于此截面左侧(或右侧)梁上所有外力的代数和。

(2) 梁上任一横截面上的弯矩 $M$ 在数值上等于此截面左侧(或右侧)梁上所有外力对该截面形心的力矩的代数和。

### 3．作用在梁上的外力方向与截面上内力的正负之间的关系

作用在梁上的外力方向与截面上内力的正负之间存在以下规律。

(1) 若以截面以左部分的外力来定内力，向上的外力引起正剪力，向下的外力引起负剪力；对截面形心产生顺时针转向力矩的外力引起正弯矩，产生逆时针转向力矩的外力引起负弯矩。为了便于记忆，此规律可记为“左上剪力正，左顺弯矩正”。

(2) 若以截面以右部分的外力来定内力，则与上相反：向下的外力引起正剪力，向上的外力引起负剪力；对截面形心产生顺时针转向力矩的外力引起负弯矩，产生逆时针转向力矩的外力引起正弯矩。此规律可记为“右下剪力正，右逆弯矩正”。

**特别提示**

利用以上几条规律可使计算截面上内力的过程简化，省去列平衡方程式的步骤，直接由外力写出所求的内力。

### 应用案例 6-4

一外伸梁，所受荷载如图 6.10 所示，试求截面 $C$、截面 $B$ 左和截面 $B$ 右的剪力和弯矩。

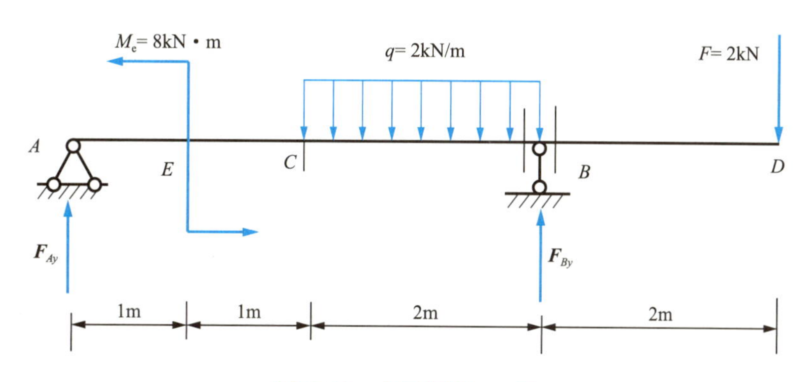


图 6.10 应用案例 6-4 图

【解】(1) 根据平衡条件求出约束力反力。

$$F_{By} = 4\text{kN} \qquad F_{Ay} = 2\text{kN}$$

(2) 求指定截面上的剪力和弯矩。

截面 $C$: 根据截面左侧梁上的外力，由“左上剪力正，左顺弯矩正”得

$$F_{QC} = \sum F_y = F_{Ay} = 2\text{kN}$$

$$M_C = \sum M_O = F_{Ay} \times 2\text{m} - M_e = 2\text{kN} \times 2\text{m} - 8\text{kN} \cdot \text{m} = -4\text{kN} \cdot \text{m}$$

截面 $B$ 左、$B$ 右：取右侧梁计算，由“右下剪力正，右逆弯矩正”得

$$F_{QB左} = F - F_{By} = 2\text{kN} - 4\text{kN} = -2\text{kN}$$

$$M_{B左} = -F \times 2\text{m} = -2\text{kN} \times 2\text{m} = -4\text{kN} \cdot \text{m}$$

$$F_{QB右} = F = 2\text{kN}$$

$$M_{B右} = -F \times 2\text{m} = -2\text{kN} \times 2\text{m} = -4\text{kN} \cdot \text{m}$$

在集中力作用截面处，应分左、右截面计算剪力；在集中力偶作用截面处也应分左、右截面计算弯矩。

# 6.3 梁的内力图——剪力图和弯矩图

## 6.3.1 剪力方程和弯矩方程

一般情况下，梁横截面上的剪力和弯矩都随截面位置的不同而变化。若以 $x$ 表示横截面沿梁轴线的位置，则梁内各横截面上的剪力和弯矩均可以表示成坐标 $x$ 的函数，即

$$F_Q = F_Q(x)$$

$$M = M(x)$$

上面的函数表达式可以反映出梁各横截面上的剪力和弯矩沿梁轴线的变化规律，分别称为梁的剪力方程和弯矩方程。

## 6.3.2 剪力图和弯矩图

绘制梁的内力图时，通常正对梁的结构图，在梁结构图下方作平行于梁轴线的 $x$ 轴，取向右方向为正。再以集中荷载和集中力偶的作用点、分布荷载作用的起终点以及梁的支承点为分界点(这些点通常也称为控制点)，将梁分成几段。然后分别列出各段的剪力方程和弯矩方程，并分别求出各分界点处截面上的剪力值和弯矩值。最后以算得的各分界点截面的 $F_Q$、$M$ 值为纵坐标，按正负号和选定比例画在与截面位置相对应之处，再把各个纵坐标的端点连接起来，由此而得到的图形，称为梁的剪力图和弯矩图。

剪力图和弯矩图表示梁的各横截面上剪力 $F_Q$ 和弯矩 $M$ 沿梁轴线变化的情况。剪力图上任一点的纵坐标表示与此点相对应的梁横截面上的剪力值；弯矩图上任一点的纵坐标表示与此点相对应的梁横截面上的弯矩值。土建工程中，习惯上把正剪力画在 $x$ 轴上方，负剪力画在 $x$ 轴下方；而弯矩按规定画在梁受拉的一侧。联系对弯矩正负号所做的规定，正弯矩使梁的下部受拉，负弯矩使梁的上部受拉，所以画梁的弯矩图时，正弯矩画在 $x$ 轴下方，负弯矩画在 $x$ 轴上方。

以下通过案例来说明剪力图和弯矩图的绘制方法。

### 应用案例 6-5

悬臂梁受图 6.11 所示集中力作用，列出梁的剪力方程和弯矩方程，画出剪力图和弯矩图，并确定 $|F_Q|_{max}$ 和 $|M|_{max}$。

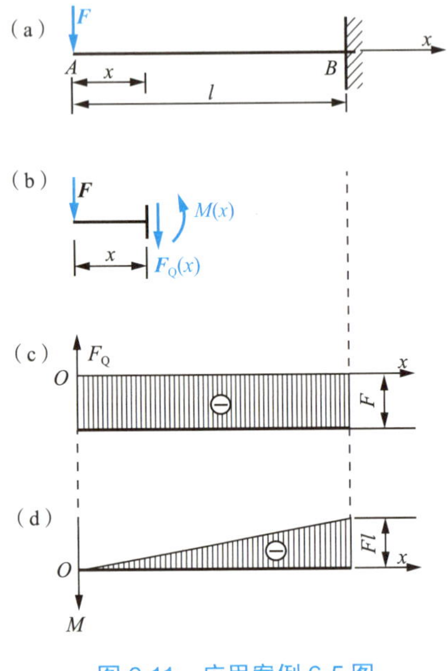


图 6.11　应用案例 6-5 图

**【解】**(1) 列剪力方程和弯矩方程。把坐标原点取在梁左端，$x$ 轴沿梁轴线如图 6.11(a)所示。假想把梁在距原点为 $x$ 的截面处截为两段，取左段为研究对象，如图 6.11(b)所示，可写出该截面上的剪力 $F_Q(x)$和弯矩 $M(x)$分别为

$$F_Q(x) = -F \qquad (0 < x < l)$$

$$M(x) = -Fx \qquad (0 \leqslant x \leqslant l)$$

因截面位置为任意，故式中 $x$ 是一个变量。上两式即为梁的剪力方程和弯矩方程。

(2) 绘剪力图和弯矩图。先建立两个坐标系，$Ox$ 轴与梁轴线平行，原点 $O$ 与梁的 $A$ 点对应，横坐标表示横截面位置，纵坐标分别表示剪力 $F_Q$ 和弯矩 $M$，然后按方程作图。

由剪力方程可知 $F_Q(x)$为一常数，即全梁各截面剪力相同。剪力图为一平行于 $x$ 轴的直线，如图 6.11(c)所示。

由弯矩方程可知 $M(x)$ 为 $x$ 的一次方函数，应为一直线图形，故只需确定两个截面的弯矩值，即可确定直线位置。

$$x=0,\quad M=0$$

$$x=l,\quad M=-Fl$$

把它们标在图 6.11(d)所示的 $MOx$ 坐标系中，连接这两点即作出梁的弯矩图。由于 $M$ 是负值，按规定画在横坐标上方。上述根据内力方程的性质及需要而算出内力值的几个截面称为控制截面，内力图上相应的点称为控制点。

(3) 确定 $|F_Q|_{max}$ 和 $|M|_{max}$。从剪力图和弯矩图上很容易看出最大剪力和最大弯矩(均指其绝对值)在 $B$ 端，其值为

$$|F_Q|_{max}=F$$

$$|M|_{max}=Fl$$

从本例可以看出，梁上没有分布荷载作用时，剪力图是一条水平直线，弯矩图是一条斜直线。

根据工程要求，剪力图和弯矩图上应该标明图名($F_Q$ 图、$M$ 图)、正负、控制点值及单位；坐标轴可以省略不画。

## 应用案例 6-6

悬臂梁受图 6.12 所示均布荷载作用，列出梁的剪力方程和弯矩方程，画出剪力图和弯矩图，并确定 $|F_Q|_{max}$ 和 $|M|_{max}$。

**【解】**(1) 列剪力方程和弯矩方程。

坐标原点取在梁左端，假想把梁在距原点为 $x$ 的截面处截开，取左段为研究对象，如图 6.12(b)所示，列剪力方程和弯矩方程为

$$F_Q(x)=-qx \qquad (0<x<l)$$

$$M(x)=-\frac{qx^2}{2} \qquad (0\leqslant x\leqslant l)$$

(2) 绘剪力图和弯矩图。

剪力方程为直线方程，由两个控制点的数值便可绘出直线。

$$x=0,\quad F_Q=0$$

$$x=l,\quad F_Q=-ql$$

绘出 $F_Q$ 图，如图 6.12(c)所示。

弯矩方程为二次曲线方程，至少需要三个控制点才能大致描出曲线形状。

$$x=0,\quad M=0$$

$$x=\frac{l}{2},\quad M=-\frac{ql^2}{8}$$

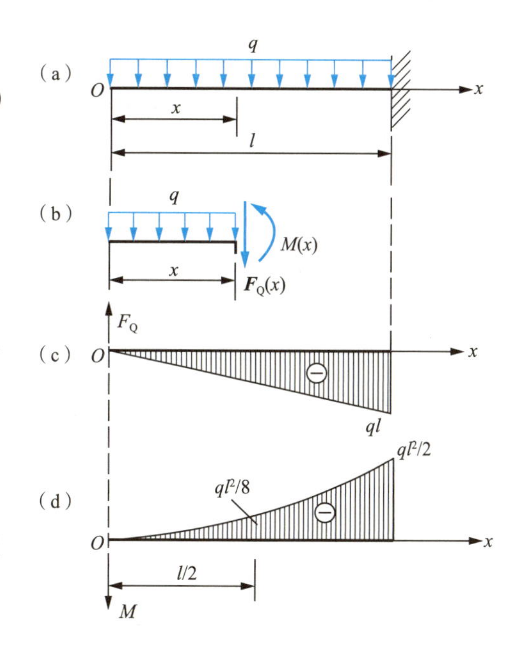


图 6.12　应用案例 6-6 图

$$x = l，M = -\frac{ql^2}{2}$$

绘出 $M$ 图，如图 6.12(d)所示。

(3) 确定 $|F_Q|_{max}$ 和 $|M|_{max}$。

从剪力图和弯矩图上可看出最大剪力和最大弯矩都在固定端截面，即

$$|F_Q|_{max} = ql$$

$$|M|_{max} = \frac{ql^2}{2}$$

从本例题可以看出，梁上作用均布荷载时，剪力图为一条斜直线，弯矩图为一条二次抛物线，曲线的凸向与均布荷载的指向一致。

## 应用案例 6-7

简支梁受均布荷载作用如图 6.13 所示，求梁的剪力方程和弯矩方程，画出剪力图和弯矩图，并确定 $|F_Q|_{max}$ 和 $|M|_{max}$。

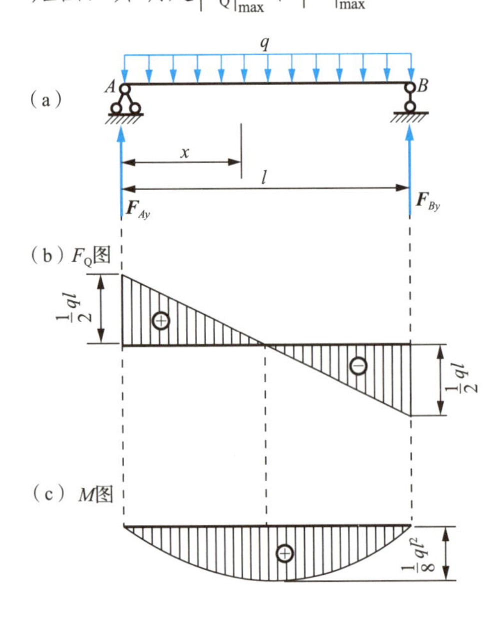


图 6.13 应用案例 6-7 图

**【解】**(1) 计算支座反力。

$$F_{Ay} = F_{By} = \frac{ql}{2}$$

(2) 列剪力方程和弯矩方程。

取任意截面 $x$，则

$$F_Q(x) = F_{Ay} - qx = \frac{ql}{2} - qx \quad (0 < x < l)$$

$$M(x) = F_{Ay}x - \frac{qx^2}{2} = \frac{qx(l - x)}{2} \quad (0 \leqslant x \leqslant l)$$

(3) 绘剪力图和弯矩图。

剪力方程为直线方程，应计算两个控制点值。

$$x = 0，F_Q = \frac{ql}{2}$$

$$x = l，F_Q = -\frac{ql}{2}$$

根据计算结果，分别在 $x$ 轴上方和下方得两点位置，相连后即得 $F_Q$ 图，如图 6.13(b)所示。

弯矩方程为曲线方程，应至少计算三个控制点。

$$x = 0，M = 0$$

$$x = \frac{l}{2}，M = \frac{ql^2}{8}$$

$$x = l，M = 0$$

根据以上三个控制点数值即可作出 $M$ 图，如图 6.13(c)所示。

(4) 确定 $|F_Q|_{max}$ 和 $|M|_{max}$。

在 A、B 两端截面：$|F_Q|_{max}=\dfrac{ql}{2}$

在跨中截面：$|M|_{max}=\dfrac{ql^2}{8}$

本例同应用案例 6-6 类似，梁上作用均布荷载，剪力图为一条斜直线，弯矩图为一条二次抛物线，凸向与 $q$ 的指向一致。还应注意，在剪力 $F_Q=0$ 的截面上，存在 $|M|_{max}$。

## 应用案例 6-8

简支梁受图 6.14 所示集中力作用，求梁的剪力方程和弯矩方程，画出剪力图和弯矩图，并确定 $|F_Q|_{max}$ 和 $|M|_{max}$。

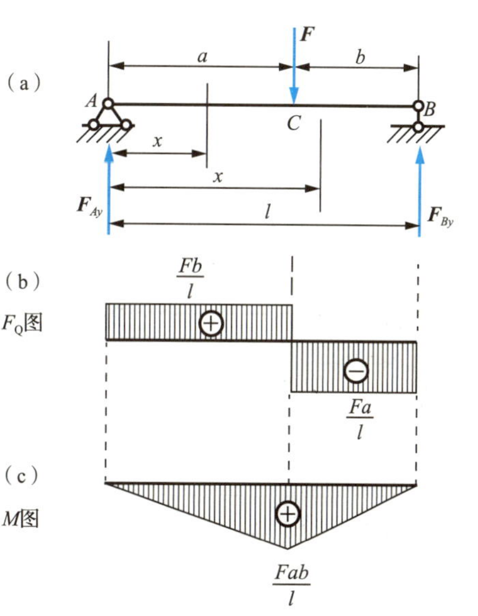


图 6.14 应用案例 6-8 图

【解】(1) 计算支座反力。

由梁的整体平衡可得

$$F_{Ay}=\frac{Fb}{l},\quad F_{By}=\frac{Fa}{l}$$

(2) 列剪力方程和弯矩方程。

梁上作用的集中力把梁分为 AC 和 CB 两段，分别用截面在 AC 段和 BC 段将梁截开，均取截面以左部分作为研究对象，则 AC 段上外力只有 $\boldsymbol{F}_{Ay}$，CB 段上有外力 $\boldsymbol{F}_{Ay}$ 和 $\boldsymbol{F}$，这样，两段的内力必然不同，所以梁的剪力方程和弯矩方程应分段列出。

AC 段：$F_Q(x)=F_{Ay}=\dfrac{Fb}{l}\quad(0<x<a)$

$$M(x)=F_{Ay}x=\frac{Fb}{l}x\quad(0\leqslant x\leqslant a)$$

CB 段：$F_Q(x)=F_{Ay}-F=\dfrac{Fb}{l}-F=-\dfrac{Fa}{l}\quad(a<x<l)$

$$M(x)=F_{Ay}x-F(x-a)=\frac{Fa}{l}(l-x)\quad(a\leqslant x\leqslant l)$$

(3) 绘 $F_Q$、$M$ 图。

AC 段剪力为常数 $\dfrac{Fb}{l}$；弯矩图为斜直线，由 $x=0$，$M=0$ 和 $x=a$，$M=\dfrac{Fab}{l}$ 可画出图线。

CB 段剪力也为常数，其值为 $-\dfrac{Fa}{l}$；弯矩图也为斜直线，由 $x=a$，$M=\dfrac{Fab}{l}$ 和 $x=l$，$M=0$ 可画出图线。

(4) 确定 $|F_Q|_{max}$ 和 $|M|_{max}$。

设 $a>b$，则在集中力作用处的截面：

$$|F_Q|_{max} = \frac{Fa}{l}$$

$$|M|_{max} = \frac{Fab}{l}$$

(5) 讨论。

① 梁上荷载不连续时，应分段列出内力方程，画内力图。

② 从本例的内力图又一次看到，没有荷载作用的梁段，剪力图是一条水平直线，弯矩图是一条斜直线。还可以看到，在集中力作用的截面：弯矩图出现一个尖角，尖角的指向与集中力的指向一致；剪力图突变，从左向右，剪力由$\frac{Fb}{l}$变到$-\frac{Fa}{l}$。剪力突变的方向与集中力的指向一致，突变值的大小为集中力的大小。

## 应用案例 6-9

简支梁受图 6.15 所示集中力偶 $M_0$ 作用，求梁的剪力方程和弯矩方程，画出剪力图和弯矩图，并确定$|F_Q|_{max}$和$|M|_{max}$。

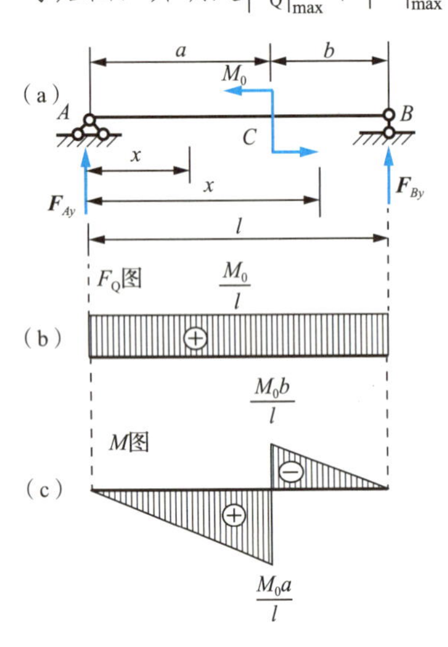


图 6.15　应用案例 6-9 图

【解】(1) 计算支座反力。

由梁的整体平衡可得

$$F_{Ay} = \frac{M_0}{l}(\uparrow), \qquad F_{By} = -\frac{M_0}{l}(\downarrow)$$

(2) 列剪力方程和弯矩方程。

由于梁中段有集中力偶 $M_0$ 作用，内力方程应分段列出。

AC 段：$$F_Q(x) = F_{Ay} = \frac{M_0}{l} \qquad (0 < x < a)$$

$$M(x) = F_{Ay}x = \frac{M_0}{l}x \qquad (0 \leqslant x < a)$$

CB 段：$$F_Q(x) = F_{Ay} = \frac{M_0}{l} \qquad (a < x < l)$$

$$M(x) = F_{Ay}x - M_0 = \frac{M_0}{l}x - M_0 \qquad (a < x \leqslant l)$$

(3) 绘 $F_Q$、$M$ 图。

由以上内力方程可知，AC、CB 两段剪力相同，图形为一条水平直线，如图 6.15(b)所示；AC、CB 两段的弯矩图为斜直线，由控制点 $x=0$，$M=0$ 和 $x=a$，$M=\frac{M_0 a}{l}$，画出 AC 段图形，由控制点 $x=a$，$M=-\frac{M_0 b}{l}$ 和 $x=l$，$M=0$ 画出 CB 段图形，如图 6.15(c)所示。

(4) 确定$|F_Q|_{max}$和$|M|_{max}$。

从内力图可确定：$|F_Q|_{max} = \frac{M_0}{l}$；当 $a > b$ 时，$|M|_{max} = \frac{M_0 a}{l}$，发生在 C 截面偏左的截面上。

由本例可以看出，在集中力偶作用处，剪力图不受影响，弯矩图出现突变。从左向右看，若受逆时针转向集中力偶作用，弯矩图将从下往上突变；若受顺时针转向集中力偶作用，弯矩图将从上往下突变，突变值的大小等于集中力偶矩的大小。

## 应用案例 6-10

作图 6.16 所示外伸梁的剪力图与弯矩图。

**【解】**(1) 计算支座反力。

由梁的整体平衡可得

$$F_{Ay}=-\frac{qa^2}{2l}(\downarrow),\ F_{By}=\frac{qa^2}{2l}+qa(\uparrow)$$

(2) 列剪力方程和弯矩方程。

$AB$ 段和 $BC$ 段受力不连续，应分段列方程。本例采用分段建立坐标系的简便方法。

$AB$ 段，坐标 $x_1$ 原点在 $A$，指向右方：

$$F_Q(x_1)=F_{Ay}=-\frac{qa^2}{2l}\qquad(0<x_1<l)$$

$$M(x_1)=F_{Ay}x_1=-\frac{qa^2}{2l}x_1\qquad(0\leqslant x_1\leqslant l)$$

$BC$ 段，坐标 $x_2$ 原点在 $C$，指向左方：

$$F_Q(x_2)=qx_2\qquad(0<x_2<a)$$

$$M(x_2)=-\frac{q}{2}x_2^2\qquad(0\leqslant x_2\leqslant a)$$

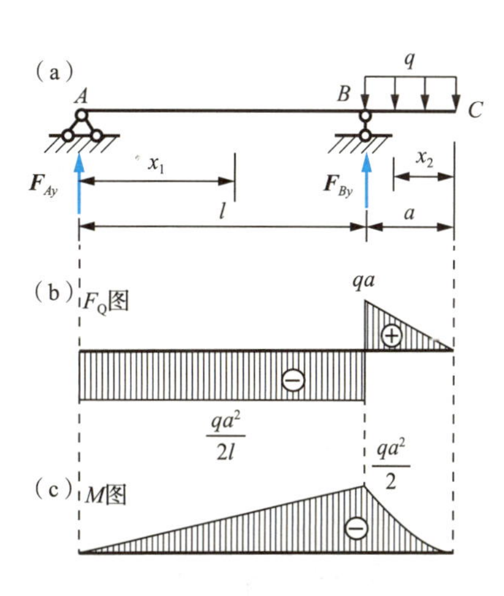


图 6.16 应用案例 6-10 图

(3) 绘 $F_Q$、$M$ 图。

$AB$ 段：$F_Q(x_1)$为常数，图形为一条水平直线；$M(x_1)$是截面位置 $x_1$ 的一次函数，图形为一条斜直线。

$BC$ 段：$F_Q(x_2)$是截面位置 $x_2$ 的一次函数，图形为一条斜直线；$M(x_2)$为二次抛物线，由控制点 $x_2=0$，$F_Q=0$，$M=0$ 和 $x_2=a$，$F_Q=qa$，$M=-\frac{qa^2}{2}$ 及 $x_2=\frac{a}{2}$，$F_Q=\frac{qa}{2}$，$M=-\frac{qa^2}{8}$，绘出 $F_Q$、$M$ 图。

本例的内力图绘制同前面例题所显示的规律一致。还应注意，支座反力也可看作作用在梁上的集中力，所以本例中剪力图和弯矩图的变化规律仍符合前述规律，如在 $B$ 处剪力数值突变，弯矩图发生转向。

通过以上 6 道例题，可以归纳出作剪力图和弯矩图的一般规律。

① 梁上没有作用均布荷载的区段，剪力为常数，剪力图为水平直线，弯矩图为斜直线。弯矩图线的斜率就是剪力值。

当该段 $F_Q=0$ 时，弯矩图为水平直线；

当该段 $F_Q>0$ 时，弯矩图从左到右为下斜线；

当该段 $F_Q<0$ 时，弯矩图从左到右为上斜线。

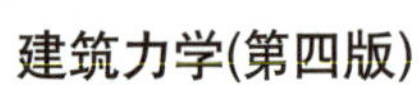


② 梁某区段上作用有均布荷载时，剪力图为斜直线，弯矩图为抛物线，且抛物线的凸向与均布荷载的作用方向一致。

③ 有集中力作用的截面处，剪力图发生突变，突变值等于该集中力的大小，突变方向与集中力方向一致；弯矩图在该截面处发生转向(即两侧图形的斜率不同)。

④ 有集中力偶作用的截面处，剪力图不受影响，弯矩图发生突变，突变值等于该集中力偶矩。若力偶为顺时针转向，弯矩图从上往下突变；若力偶为逆时针转向，弯矩图从下往上突变(从左到右)。

现将单跨静定梁在简单荷载作用下的弯矩图归纳于表 6-1。

表 6-1　单跨静定梁在简单荷载作用下的弯矩图

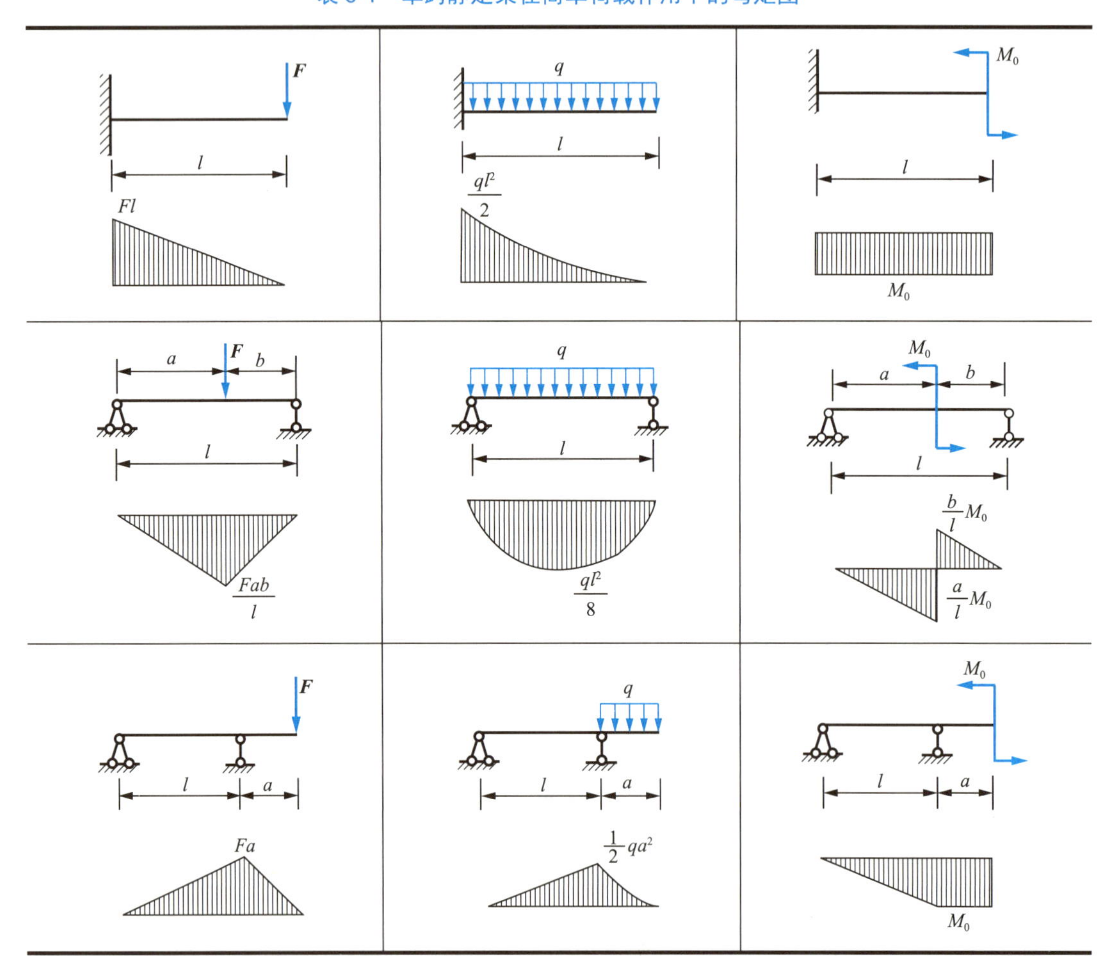


【案例点评】

绝对值最大的弯矩总是出现在下述截面上：$F_Q=0$ 的截面；集中力作用的截面；集中力偶作用的截面处；支座处。

# 6.4 弯矩、剪力与分布荷载集度之间的关系

## 6.4.1 $M(x)$、$F_Q(x)$和 $q(x)$之间的微分关系

为了简洁、迅速、正确地绘制和校核剪力图和弯矩图，下面建立剪力、弯矩与荷载集度之间的微分关系。

如图 6.17(a)所示，在简支梁上作用有分布荷载 $q(x)$，荷载集度是横截面位置 $x$ 的函数，如图 6.17(b)所示。

$x$ 截面上的剪力和弯矩为 $F_Q(x)$、$M(x)$。由于分布荷载的作用，在 $x + dx$ 截面上的剪力和弯矩有增量 $dF_Q(x)$和 $dM(x)$，所以剪力为 $F_Q(x) + dF_Q(x)$，弯矩为 $M(x) + dM(x)$。因为 $dx$ 很小，作用在它上面的分布荷载可视为均布荷载。由于整个梁是平衡的，该微段也处于平衡状态。

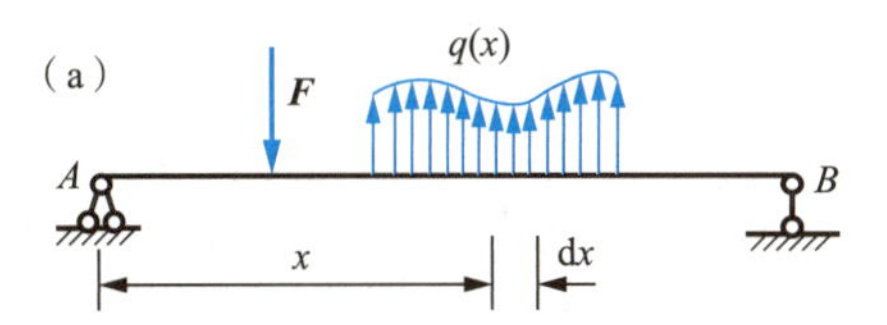


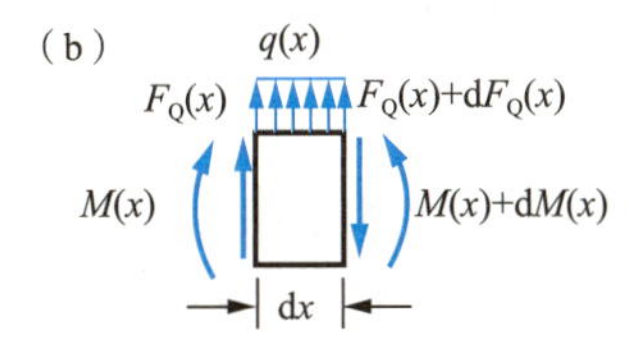


图 6.17 微段平衡图

由平衡方程：

$$\sum F_y = 0 \quad F_Q(x) + q(x)dx - [F_Q(x) + dF_Q(x)] = 0$$

$$\sum M = 0 \quad M(x) + F_Q(x)dx + q(x)dx\frac{dx}{2} - [M(x) + dM(x)] = 0$$

略去方程中的二阶微量 $q(x)dx\dfrac{dx}{2}$，得到

$$\frac{dF_Q(x)}{dx} = q(x) \tag{6-1}$$

$$\frac{dM(x)}{dx} = F_Q(x) \tag{6-2}$$

将式(6-2)再对 $x$ 求一次导数，并利用式(6-1)，得到

$$\frac{d^2M(x)}{dx^2}=q(x) \tag{6-3}$$

式(6-1)～式(6-3)即是剪力、弯矩和分布荷载集度之间的微分关系，其几何意义如下。

(1) 剪力图上某点切线的斜率等于该点对应的分布荷载集度 $q(x)$的值。

(2) 弯矩图上某点处的切线斜率等于该点对应截面上的剪力值。当某截面 $F_Q=0$ 时，$\frac{dM(x)}{dx}=0$，即弯矩图在对应该截面将产生极值。

(3) 式(6-3)表明，将弯矩方程对 $x$ 求二阶导数就得到荷载集度。所以弯矩图的凹凸方向由 $q(x)$的正负确定。根据弯矩图的绘制原则可知，其凸向方向与 $q(x)$的方向一致(无论轴线是水平、竖直还是倾斜，$q(x)$向左则 $M$ 图左凸，$q(x)$向上则 $M$ 图上凸)。

## 6.4.2 $M(x)$、$F_Q(x)$、$q(x)$之间的微分关系在绘制内力图时的应用

### 1. 绘制各种外力作用下剪力图和弯矩图的基本规律

式(6-1)～式(6-3)阐明了剪力、弯矩和荷载集度之间的微分关系。根据这个关系，对照上节的例题，并设 $x$ 轴向右为正，$F_Q$ 向上为正、向下为负，正的剪力画在 $x$ 轴的上方，正的弯矩画在 $x$ 轴下方，便得各种荷载作用下剪力图和弯矩图的基本规律如下。

(1) 梁上某段无分布荷载作用，即 $q(x)=0$。由 $\frac{dF_Q(x)}{dx}=q(x)=0$ 可知，该段梁的剪力图上各点切线的斜率为 0，所以剪力图是一条平行于梁轴线的直线，$F_Q(x)$为常数；又由 $\frac{dM(x)}{dx}=F_Q(x)=$常数可知，该段梁弯矩图上各点切线的斜率为常数，所以弯矩图为斜直线。可能出现下列三种情况。

$F_Q(x)=$常数，且为正值时，$M$ 图为一条下斜直线。

$F_Q(x)=$常数，且为负值时，$M$ 图为一条上斜直线。

$F_Q(x)=$常数，且为 0 时，$M$ 图为一条水平直线。

(2) 梁上某段有均布荷载作用，即 $q(x)=C$(常数)。由于 $\frac{dF_Q(x)}{dx}=q(x)=C$，所以剪力图为斜直线。当 $q(x)>0$ 时(方向向上)，直线的斜率为正，$F_Q$ 图为上斜直线(与 $x$ 轴正向夹锐角)；当 $q(x)<0$ 时(方向向下)，直线的斜率为负，$F_Q$ 图为下斜直线(与 $x$ 轴正向夹钝角)。

再由 $\frac{dM(x)}{dx}=F_Q(x)$可知，弯矩图应为二次抛物线。若 $\frac{d^2M(x)}{dx^2}=q(x)>0$($q$ 方向向上)，则 $M$ 图为向上凸的抛物线，$\frac{d^2M(x)}{dx^2}=q(x)<0$($q$ 方向向下)，则 $M$ 图为向下凸的抛物线。

(3) 在 $F_Q=0$ 的截面上($F_Q$ 图与 $x$ 轴的交点)，弯矩有极值($M$ 图的抛物线达到顶点)。

(4) 在集中力作用处，剪力图发生突变，突变值等于该集中力的大小。若从左向右作图，则向下的集中力将引起剪力图向下突变；反之，则向上突变。弯矩图由于切线斜率突变而发生转向(出现尖角)。

(5) 在集中力偶作用处，剪力图无变化，弯矩图发生突变，突变值等于该集中力偶矩的大小。

以上归纳总结的内力图规律中，前两条反映了一段梁上内力图的形状，后三条反映了梁上某些特殊截面的内力变化规律。梁的荷载、剪力图、弯矩图相互间的关系列于表 6-2 中，以便掌握、记忆和应用。

表 6-2　梁的荷载、剪力图、弯矩图相互间的关系

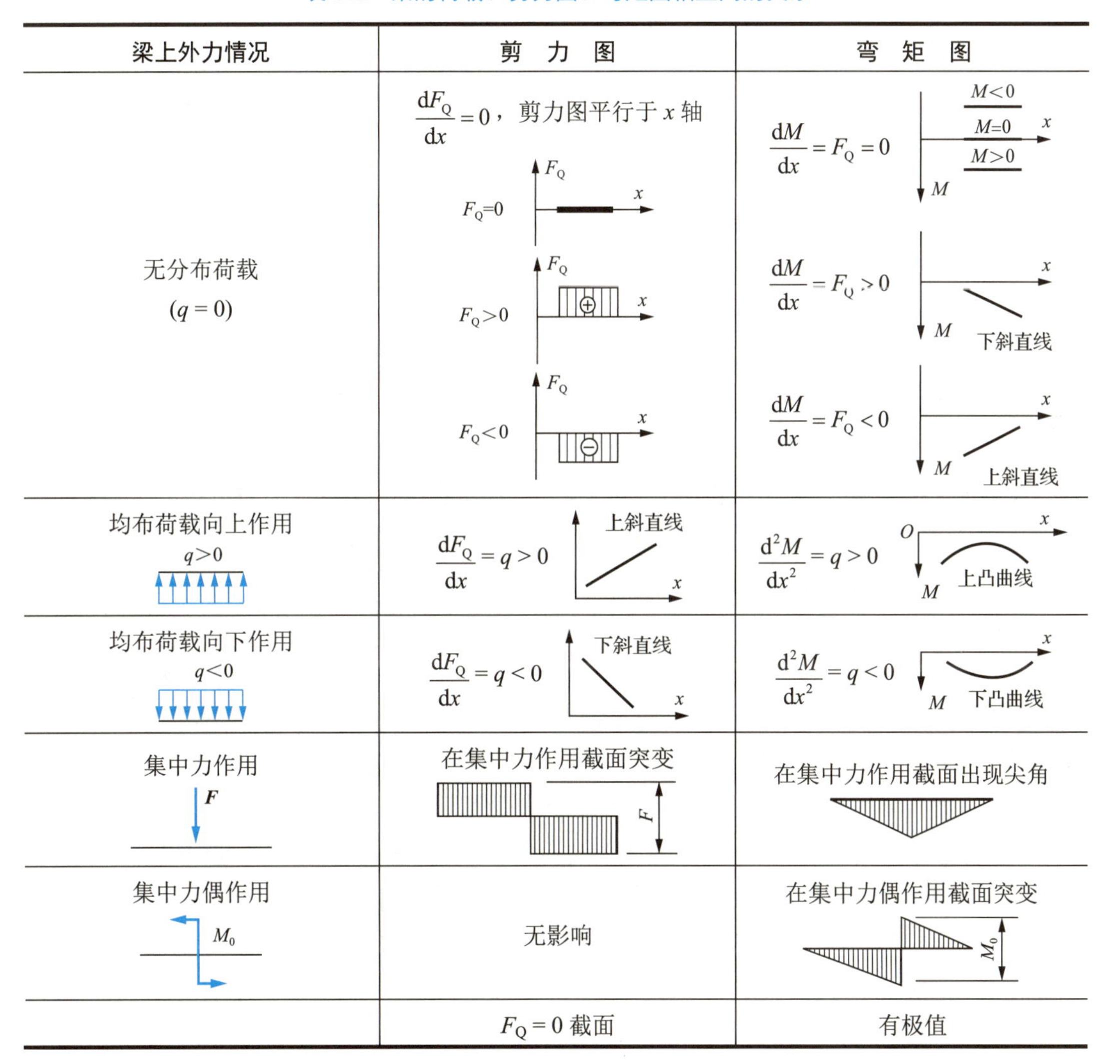

| 梁上外力情况 | 剪　力　图 | 弯　矩　图 |
|---|---|---|
| 无分布荷载<br>$(q=0)$ | $\frac{dF_Q}{dx}=0$，剪力图平行于 $x$ 轴<br>$F_Q=0$<br>$F_Q>0$ ⊕<br>$F_Q<0$ ⊖ | $\frac{dM}{dx}=F_Q=0$　$M<0$，$M=0$，$M>0$<br>$\frac{dM}{dx}=F_Q>0$　下斜直线<br>$\frac{dM}{dx}=F_Q<0$　上斜直线 |
| 均布荷载向上作用<br>$q>0$ | $\frac{dF_Q}{dx}=q>0$　上斜直线 | $\frac{d^2M}{dx^2}=q>0$　上凸曲线 |
| 均布荷载向下作用<br>$q<0$ | $\frac{dF_Q}{dx}=q<0$　下斜直线 | $\frac{d^2M}{dx^2}=q<0$　下凸曲线 |
| 集中力作用<br>$F$ | 在集中力作用截面突变<br>$F$ | 在集中力作用截面出现尖角 |
| 集中力偶作用<br>$M_0$ | 无影响 | 在集中力偶作用截面突变<br>$M_0$ |
| | $F_Q=0$ 截面 | 有极值 |

### 2．运用简捷作图法绘制剪力图和弯矩图

根据剪力方程和弯矩方程作剪力图和弯矩图是作内力图的基本方法。当梁上的荷载沿梁的轴线变化较多时，根据内力方程作图将变得十分烦琐。下面介绍利用 $F_Q(x)$、$M(x)$和 $q(x)$的微分关系得出的若干规律作内力图的简捷方法。

(1) 计算支座反力，并将支座反力的实际方向和数值在梁的计算简图上标出。

(2) 在集中力作用截面，剪力图发生突变，突变值等于集中力的数值，突变的方向是：当自左向右画时，突变的方向与集中力的方向相同；而当自右向左画时，突变的方向与集中力的方向相反。

(3) 在集中力偶作用截面，剪力图不变，弯矩图发生突变，突变值等于集中力偶的力偶矩数值，突变方向是：当自左向右画弯矩图时，顺时针转向的力偶使弯矩图向下突变(即由负弯矩向正弯矩方向突变)；逆时针转向的力偶使弯矩图向上突变(即由正弯矩向负弯矩方向突变)；而当自右向左画弯矩图时，突变方向则相反。

(4) 计算梁上各段特征截面的 $F_Q$ 值与 $M$ 值。特征截面是指剪力图和弯矩图有变化的截面，这些截面一般是指外力有变化(包括支座)的截面和极值弯矩所在的截面。

(5) 连接各控制点的内力值得到剪力图和弯矩图。

## 应用案例 6-11

试用简捷作图法绘制图 6.18(a)所示外伸梁的剪力图和弯矩图。

**【解】**(1) 计算支座反力，并标注在图上。

$$F_{By}=2.5qa(\uparrow),\quad F_{Cy}=0.5qa(\uparrow)$$

(2) 作剪力图。

按步骤从左到右分段作出 $F_Q$ 图，如图 6.18 所示。

第一步：因为梁上 $A$ 处有集中力 $qa(\downarrow)$，$F_Q$ 图有突变，突变方向与集中力方向相同，所以应从 $A$ 点向下突变 $qa$，$F_Q$ 图从 $A$ 点向下画到①点[图 6.18(b)]。

第二步：因为 $AB$ 段梁上无荷载，所以 $F_Q$ 图为水平直线，$F_Q$ 图从①点水平地画到②点[图 6.18(c)]。

第三步：因为 $B$ 处有支座反力 $F_{By}=2.5qa(\uparrow)$，$\boldsymbol{F}_{By}$ 是集中力，$F_Q$ 图有突变，突变的方向与集中力 $\boldsymbol{F}_{By}$ 的方向相同，所以 $F_Q$ 图从②点向上突变 $2.5qa$，从②点向上画到③点[图 6.18(d)]。

第四步：在 $BC$ 段梁上 $q$=常数，且 $q$ 向下(即 $q<0$)，$F_Q$ 图为下斜直线。该下斜直线的起点是③点，终点在梁的右端($C$ 截面处)，可见只需求出梁右端 $C$ 截面处的剪力即可。为此，求 $C$ 截面左截面[图 6.18(a)]的剪力 $\boldsymbol{F}_{QC左}$，取右侧的梁段，可得 $F_{QC左}=-F_{Cy}=-0.5qa$，于是在 $F_Q$ 图上得到④点，$F_Q$ 图从③点用下斜直线画到④点[图 6.18(e)]。

第五步：因 $C$ 截面处有支座反力 $F_{Cy}=0.5qa(\uparrow)$，$\boldsymbol{F}_{Cy}$ 是集中力，$F_Q$ 图将有突变，即 $F_Q$ 图从④点向上突变 $0.5qa$ 画到 $C$ 点[图 6.18(f)]。

这样，$F_Q$ 图从水平基线上的左端出发，从左到右，经过点①、点②、点③、点④，最终到达基线上的右端 $C$ 点，$F_Q$ 图封闭(从零出发回到零)。

(3) 作弯矩图。

按步骤从左到右，分段作出 $M$ 图，如图 6.19 所示。

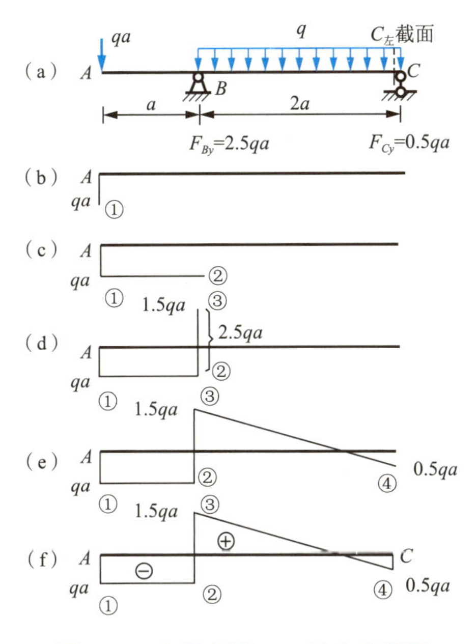


图 6.18 应用案例 6-11 剪力分解图

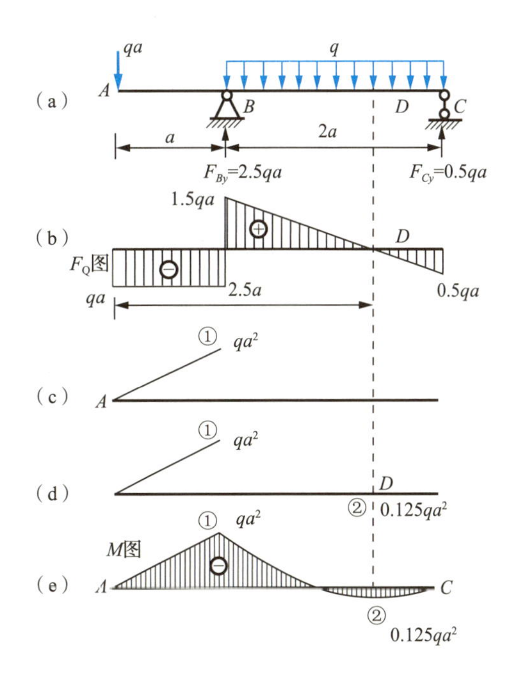


图 6.19 应用案例 6-11 弯矩分解图

第一步：在梁上左端 $A$ 处，无集中力偶，$M$ 值在该处为 0。在 $AB$ 段梁上 $F_Q = -qa$，$F_Q$ 值为负常数，故 $M$ 图应为上斜直线。$B$ 截面为特征截面，其弯矩值为(截面左侧的所有内力对截面形心取矩)：

$$M_B = -(qa) \cdot a = -qa^2$$

于是，$M$ 图从 $A$ 点用上斜直线画到①点[图 6.19(c)]。

第二步：在 $BC$ 段梁上 $q$=常数，且 $q$ 向下(即 $q<0$)，所以 $M$ 图应为下凸曲线。在 $F_Q = 0$ 的 $D$ 截面处，$M$ 图有极值 $M_D$，所以 $D$ 截面为特征截面，这里需解决两个问题：①确定 $F_Q = 0$ 的 $D$ 截面位置；②计算 $D$ 截面的弯矩值 $M_D$。

设 $D$ 截面到 $A$ 截面的距离为 $x$，$F_{QD}$ 等于 $D$ 截面左侧(或右侧)所有外力的代数和，并令其等于 0，即

$$F_{QD} = -qa + 2.5qa - q(x - a) = 0$$

得

$$x = 2.5a$$

$D$ 截面的弯矩 $M_D$ 等于 $D$ 截面左侧(或右侧)所有外力对 $D$ 截面形心取矩的代数和，即

$$M_D = -qa \cdot 2.5a + 2.5qa(2.5a - a) - q(2.5a - a) \cdot \frac{1}{2}(2.5a - a) = 0.125qa^2$$

在 $M$ 图上由 $D$ 点向下画到②点，其弯矩值为 $0.125qa^2$[图 6.19(d)]。

第三步：右端 $C$ 点处为铰支座，无集中力偶，故 $M_C = 0$，用下凸曲线连接点①、点②和 $C$ 三点[图 6.19(e)]。

这样，$M$ 图从水平基线上的左端 $A$ 出发，经过点①、点②，最后到达基线上右端的 $C$ 点，$M$ 图封闭(从零出发回到零)。

为了掌握 $F_Q$ 图和 $M$ 图的简捷画法，图 6.18 和图 6.19 给出了按步骤的分解图示。显然，实际作图时，无须分解，可以直接作出(图 6.20)。

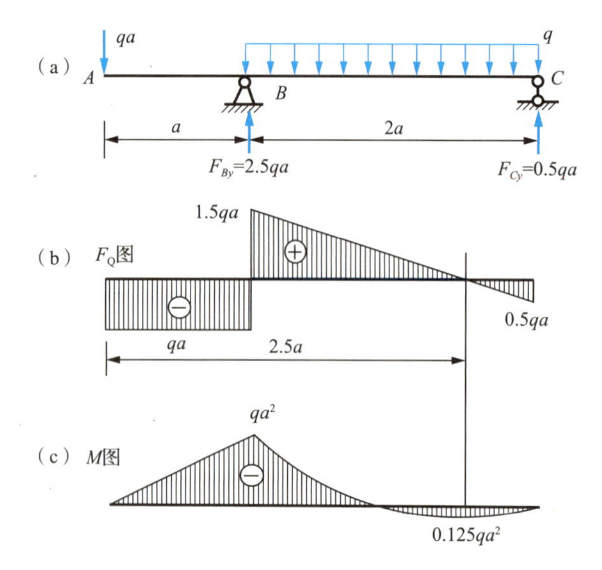


图 6.20　应用案例 6-11 内力图

## 应用案例 6-12

运用简捷作图法绘制图 6.21 所示外伸梁的 $F_Q$ 图和 $M$ 图。

【解】(1) 计算支座反力。

$$F_{Ay}=8\text{kN}(\uparrow),\ F_{Cy}=20\text{kN}(\uparrow)$$

根据梁上的荷载作用情况，应将梁分为 $AB$、$BC$ 和 $CD$ 三段作内力图。

(2) 作剪力 $F_Q$ 图。

按步骤从左到右，分段作出 $F_Q$ 图，如图 6.21 所示。

$AB$ 段：梁上无荷载，$F_Q$ 图为一水平线，根据 $F_{QA右}=F_{Ay}=8\text{kN}(\uparrow)$，从 $A$ 点向上 8kN；然后作水平线至 $B$ 点，即可画出 $F_Q$ 图。在 $B$ 截面处有集中力 $F=20\text{kN}(\downarrow)$，$F_Q$ 图由 +8kN 向下突变到−12kN[突变值为$(12+8)\text{kN}=20\text{kN}=F$]。

$BC$ 段：梁上无荷载，$F_Q$ 图为一条水平线，根据 $F_{QB右}=F_{Ay}-F=(8-20)\text{kN}=-12\text{kN}$，可画出该水平线。在 $C$ 截面处有支座反力集中力 $F_{Cy}=20\text{kN}(\uparrow)$，$F_Q$ 图由−12kN 向上突变到+ 8kN[突变值为$(12+8)\text{kN}=20\text{kN}=F_{Cy}$]。

$CD$ 段：梁上分布荷载 $q$=常数，且 $q$ 向下(即 $q<0$)，$F_Q$ 图为下斜直线，根据 $F_{QC右}=F_{Ay}-F+F_{Cy}=(8-20+20)\text{kN}=8\text{kN}$ 及 $F_{QD}=0$ 可画出该斜直线。

全梁的 $F_Q$ 图如图 6.21(b)所示。

(3) 作 $M$ 图。

$AB$ 段：$q=0$，$F_Q$=常数>0，$M$ 图为一条下斜直线。根据 $M_A=0$ 及 $M_B=F_{Ay}\times 2=(8\times 2)\text{kN}\cdot\text{m}=16\text{kN}\cdot\text{m}$ 作出 $AB$ 段 $M$ 图。

$BC$ 段：$q=0$，$F_Q$=常数<0，$M$ 图为一条上斜直线。根据 $M_B=16\text{kN}\cdot\text{m}$ 及 $M_C=F_{Ay}\times 4-(20\times 2)\text{kN}\cdot\text{m}=-8\text{kN}\cdot\text{m}$，作出 $BC$ 段 $M$ 图。

$CD$ 段：$q$=常数<0，$M$ 图为一条下凸抛物线。由 $M_C=-8\text{kN}\cdot\text{m}$ 及 $M_D=0$ 可作出 $CD$ 段 $M$ 图。

全梁的 $M$ 图如图 6.21(c)所示。

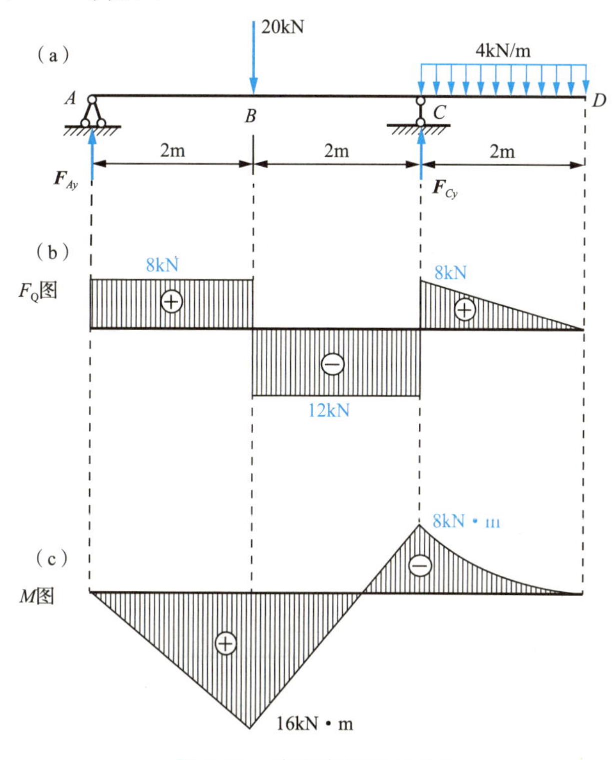


图 6.21 应用案例 6-12 图

特别提示

$F_Q$ 图、$M$ 图从左端到右端或从右端到左端必须封闭，若不封闭则作图过程肯定有误。

## 6.5 叠加法作梁的弯矩图

在力学计算中常要用到叠加原理。叠加原理是指：由几种荷载共同作用所引起的某一参数(反力、内力、应力、变形)等于各种荷载单独作用时引起的该参数值的代数和。运用叠加原理画弯矩图的方法称为叠加法。

用叠加法作弯矩图的步骤是：①将作用在梁上的复杂荷载分成几组简单荷载，分别画出梁在各简单荷载作用下的弯矩图(其弯矩图见表 6-1)；②在梁上每一控制截面处，将各简单荷载作用下弯矩图相应的纵坐标代数相加，就得到梁在复杂荷载作用下的弯矩图。

例如，在图 6.22 中，悬臂梁在荷载 $\boldsymbol{F}$、$q$ 共同作用下的弯矩图就是荷载 $\boldsymbol{F}$、$q$ 分别单独作用下的弯矩图的叠加。

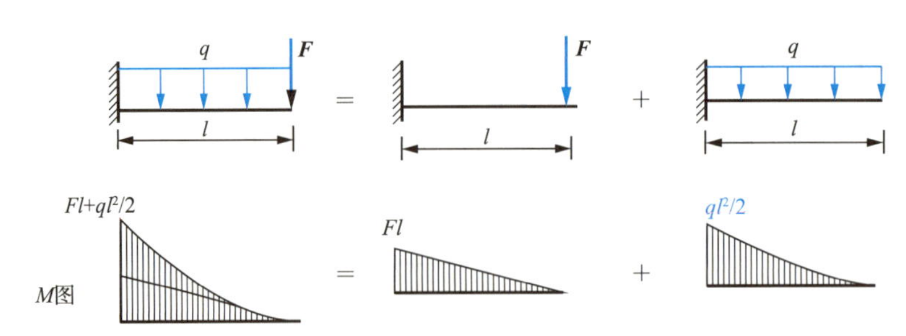


图 6.22　叠加法作弯矩图示图

## 应用案例 6-13

外伸梁受力如图 6.23 所示，已知 $F=20\text{kN}$，$M=10\text{kN}\cdot\text{m}$，试用叠加法作梁的弯矩图。

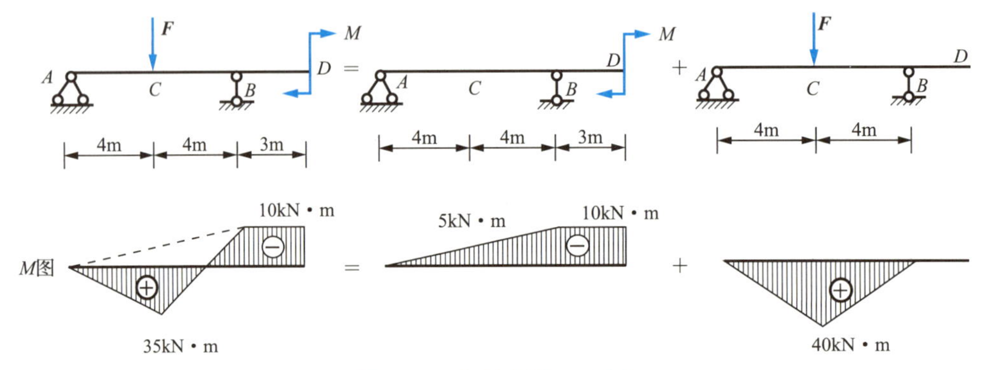


图 6.23　应用案例 6-13 图

**【解】**先将梁上荷载分解为两种简单荷载：集中力 $F$ 和集中力偶 $M$，分别画出 $F$、$M$ 单独作用下的弯矩图，再将两个弯矩图对应点 $A$、$B$、$C$、$D$ 的纵坐标叠加。

图中各点的弯矩值为：$M_A=0$，$M_C=(Fl/4-10/2)\text{kN}\cdot\text{m}=35\text{kN}\cdot\text{m}$，$M_B=-10\text{kN}\cdot\text{m}$，$M_D=-10\text{kN}\cdot\text{m}$。梁上各段都无均布荷载，弯矩图从左向右各段连直线，就得到了最后的结果，$|M|_{\max}=35\text{kN}\cdot\text{m}$。

## 应用案例 6-14

外伸梁受力如图 6.24 所示，已知 $F=10\text{kN}$，$q=5\text{kN/m}$，试用叠加法作梁的弯矩图。

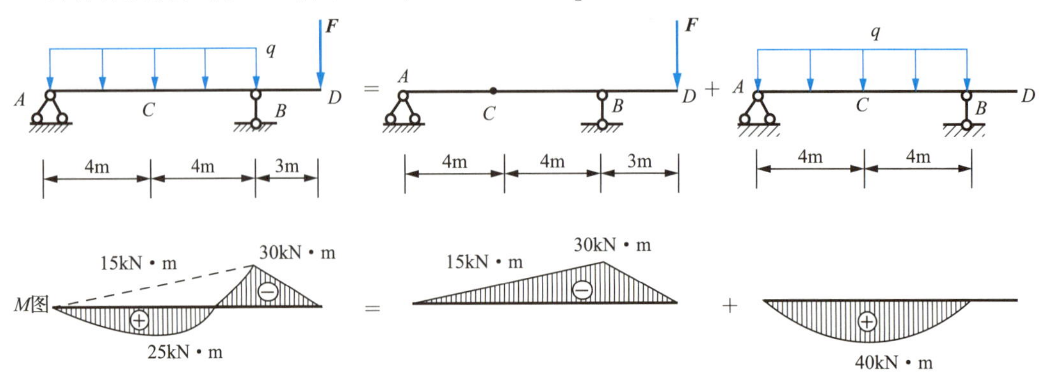


图 6.24　应用案例 6-14 图

【解】图 6.24 中各点的弯矩值为:

$$M_A = 0;\ M_C = (ql^2/8 - 30/2)\text{kN}\cdot\text{m} = (40 - 15)\text{kN}\cdot\text{m} = 25\text{kN}\cdot\text{m};$$

$$M_B = -F \times a = -10 \times 3\text{kN}\cdot\text{m} = -30\text{kN}\cdot\text{m};\ M_D = 0。$$

连线时应注意 *AB* 段有均布荷载，弯矩图为下凸抛物线；*BD* 段无均布荷载，弯矩图为直线，得 $|M|_{\max} = 30\text{kN}\cdot\text{m}$。

# 6.6 多跨静定梁的内力

## 6.6.1 多跨静定梁的组成和特点

多跨静定梁是由若干单跨梁用铰连接而成的静定结构，用来跨越几个相连的跨度。图 6.25(a)所示为一用于公路桥的多跨静定梁，图 6.25(b)为其计算简图。

从几何组成上看，多跨静定梁的特点是：组成整个结构的各单跨梁可以分为基本部分和附属部分两类。结构中凡本身能独立维持几何不变的部分称为基本部分。需要依靠其他部分的支承才能保持几何不变的部分称为附属部分。例如，如图 6.25(b)所示的多跨静定梁，*AB* 和 *CD* 都由三根支座链杆固定于基础，它们不依赖其他部分就能独立维持自身的几何不变性，所以是基本部分；而 *BC* 支承于基本部分之上，它必须依靠基本部分才能保持几何不变性，所以是附属部分。为了清楚地表明多跨静定梁各部分之间的支承关系，常把基本部分画在下层，附属部分画在上层，如图 6.25(c)所示，这样的图称为层叠图。

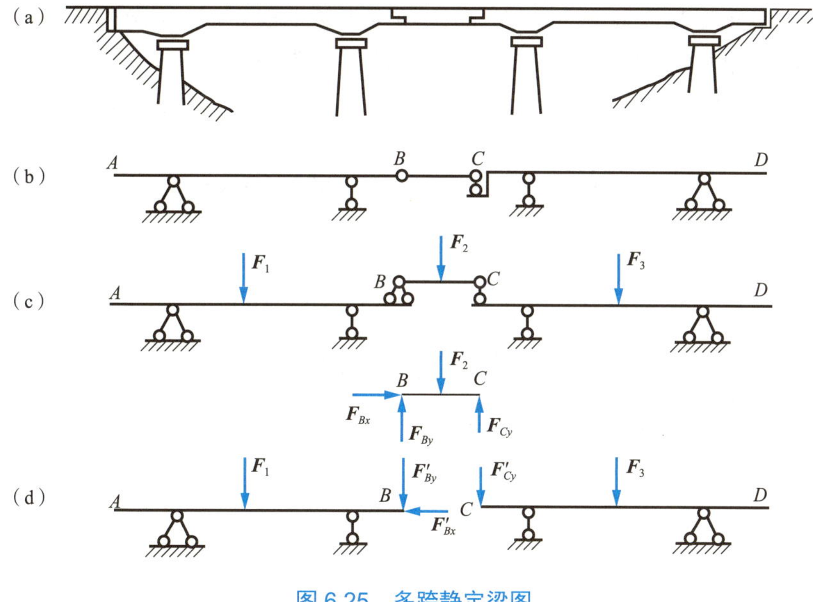


图 6.25　多跨静定梁图

从传力关系来看，多跨静定梁的特点是作用于基本部分的荷载，只能使基本部分产生支座反力和内力，附属部分不受力；而作用于附属部分的荷载，不仅能使附属部分本身产生支座反力和内力，而且能使与它相关的基本部分也产生支座反力和内力[图 6.25(d)]。通常情况下，把结点荷载当作作用在基本部分上。

## 6.6.2 多跨静定梁的内力分析

根据附属部分和基本部分的传力关系可知，多跨静定梁的计算顺序应该是先附属部分，后基本部分。这样可以顺利地依次求出铰结点处的约束反力和各支座反力，不必解联立方程。而每取一部分为分离体进行计算时[图 6.25(d)]，都与单跨梁的情况无异，故其反力计算和内力图的绘制均应无困难。

下面是计算多跨静定梁和绘制其内力图的一般步骤。

(1) 分析各部分的固定次序，弄清楚哪些是基本部分，哪些是附属部分，然后按照与固定次序相反的顺序，将多跨静定梁拆成单跨梁。

(2) 遵循先附属部分后基本部分的原则，对各单跨梁逐一进行反力计算，并将计算出的支座反力按其真实方向标在原图上。在计算基本部分时应注意不要遗漏由它的附属部分传来的作用力。

(3) 根据其整体受力图，利用剪力、弯矩和荷载集度之间的微分关系，再结合区段叠加法，绘制出整个多跨静定梁的内力图。

### 应用案例 6-15

试作图 6.26(a)所示多跨静定梁的内力图。

**【解】** 此梁的固定次序为先 $AC$，后 $CE$，前者为基本部分，后者为附属部分。层叠图如图 6.26(b)所示。计算时将它拆成图 6.26(c)所示的两个单跨梁。

(1) 计算约束反力。

先计算附属部分。

由 $\sum M_C = 0$ 即 $(F_{Dy} \times 4 - 80 \times 6)\text{kN} \cdot \text{m} = 0$

得
$$F_{Dy} = \frac{80 \times 6}{4}\text{kN} = 120\text{kN}(\uparrow)$$

由 $\sum M_D = 0$ 即 $(F_{Cy} \times 4 - 80 \times 2)\text{kN} \cdot \text{m} = 0$

得
$$F_{Cy} = \frac{80 \times 2}{4}\text{kN} = 40\text{kN}(\downarrow)$$

将 $F_{Cy}$ 反向，就是 $AC$ 梁上 $C$ 点的荷载 $F'_{Cy}$。

再计算基本部分。

由
$$\sum F_x = 0$$

得
$$F_{Ax} = 0$$

由 $\sum M_A = 0$ 即 $(F_{By} \times 8 - 40 \times 10)\text{kN} \cdot \text{m} + 10 \times 8 \times 4\text{kN} \cdot \text{m} - 64\text{kN} \cdot \text{m} = 0$

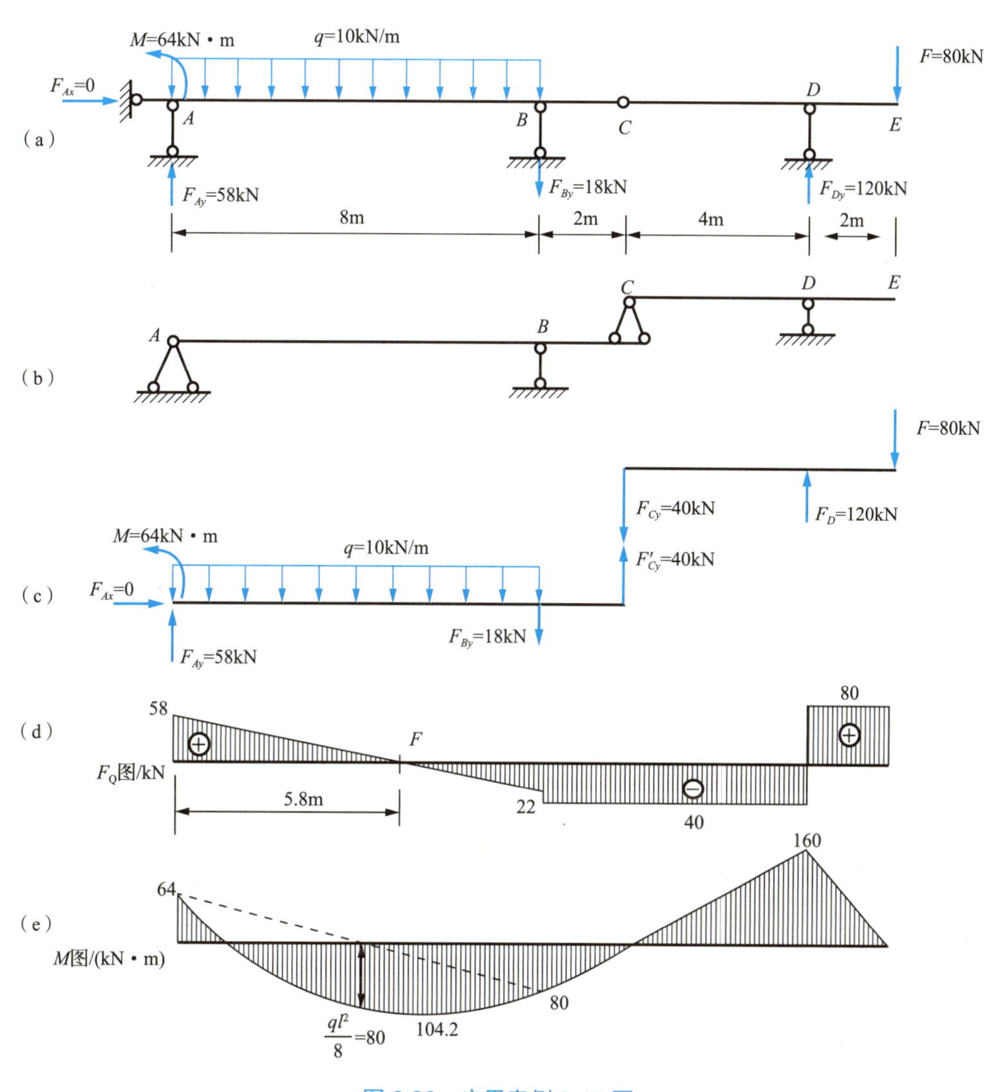


图 6.26 应用案例 6-15 图

得
$$F_{By}=\frac{40\times10-10\times8\times4+64}{8}\text{kN}=18\text{kN}(\downarrow)$$

由 $\sum M_B=0$ 即 $(F_{Ay}\times8-40\times2)\text{kN}\cdot\text{m}-10\times8\times4\text{kN}\cdot\text{m}-64\text{kN}\cdot\text{m}=0$

得
$$F_{Ay}=\frac{40\times2+10\times8\times4+64}{8}\text{kN}=58\text{kN}(\uparrow)$$

校核：由整体平衡条件

$$\sum F_y=(58-10\times8-18+120-80)\text{kN}=0$$

可知计算过程无误。

(2) 绘制内力图。

将整个梁分为 $AB$、$BD$、$DE$ 三段，由于中间铰 $C$ 处不是外力的不连续点，故不必将它选为分段点。

由内力计算法则(直接由外力求内力规律)，得各段两端的杆端剪力为

$F_{QA右} = 58kN$

$F_{QB左} = (58 - 10 \times 8)kN = -22kN$　　$F_{QB右} = (58 - 10 \times 8 - 18)kN = -40kN$

$F_{QD左} = (80 - 120)kN = -40kN$　　$F_{QD右} = 80kN$

$F_{QE左} = 80kN$

据此绘得剪力图，如图 6.26(d)所示。其中 $AB$ 段剪力等于零的截面 $F$ 距 $A$ 点 5.8m。

由内力计算法则，得各段两端的杆端弯矩和 $AB$ 段弯矩的极值 $M_F$ 分别为

$$M_A = -64kN \cdot m$$

$$M_B = (-64 + 58 \times 8 - 10 \times 8 \times 4)kN \cdot m = 80kN \cdot m$$

$$M_D = (-80 \times 2)kN \cdot m = -160kN \cdot m$$

$$M_E = 0$$

$$M_F = \left(-64 + 58 \times 5.8 - 10 \times 5.8 \times \frac{5.8}{2}\right)kN \cdot m = 104.2kN \cdot m$$

据此绘得弯矩图，如图 6.26(e)所示。其中 $AB$ 段因有均布荷载，故需在直线弯矩图(图中的虚线)的基础上叠加相应简支梁在跨间荷载作用下的弯矩图。

由本例可见，多跨静定梁的弯矩图必通过中间铰的中心。实际上，由于铰结点只能传递轴力和剪力，不能传递弯矩，所以中间铰处弯矩一定为零。

## 应用案例 6-16

试作图 6.27(a)所示多跨静定梁的内力图。

**【解】** $AB$ 梁为基本部分。$CF$ 梁虽只有两根竖向支座链杆与地基相连，但在竖向荷载作用下它能独立维持平衡，故在竖向荷载作用下它为一基本部分。层叠图如图 6.27(b)所示。分析应先从附属部分 $BC$ 梁开始，然后再分析 $AB$ 梁和 $CF$ 梁。各段梁的分离体图如图 6.27(c)所示。

(1) 计算约束反力。

因梁上只承受竖向荷载，由整体平衡条件可知水平反力为零，从而可推知各铰结处的水平约束反力都为零，全梁均不产生轴力。求出 $BC$ 段梁的竖向反力后，将其反向即为作用于基本部分的荷载。其中 $AB$ 梁在铰 $B$ 处除承受梁 $BC$ 传来的反力 5kN(↓)外，尚承受有原作用在该处的荷载 4kN(↓)。至于其他各约束反力的数值均标明在图中，无须再行说明。

(2) 绘制内力图。

将整个梁分为 $AB$、$BG$、$GD$、$DH$、$HE$、$EF$ 六段，由于中间铰 $C$ 处不是外力的不连续点，故不必将它选为分段点。

由内力计算法则(直接由外力求内力规律)，得各段两端的杆端剪力为

$F_{QA右} = 9kN$

$F_{QB左} = 9kN$　　$F_{QB右} = (9 - 4)kN = 5kN$

$F_{QG左} = (9 - 4)kN = 5kN$　　$F_{QG右} = (9 - 4 - 10)kN = -5kN$

$F_{QD左} = (9 - 4 - 10)kN = -5kN$　　$F_{QD右} = (9 - 4 - 10 + 7.5)kN = 2.5kN$

$F_{QH} = (9 - 1 - 10 + 7.5)kN = 2.5kN$

$F_{QE左}=(6\times 2-21.5)\text{kN}=-9.5\text{kN}$  $F_{QE右}=(6\times 2)\text{kN}=12\text{kN}$

$F_{QF}=0$

据此绘得剪力图，如图 6.27(d)所示。

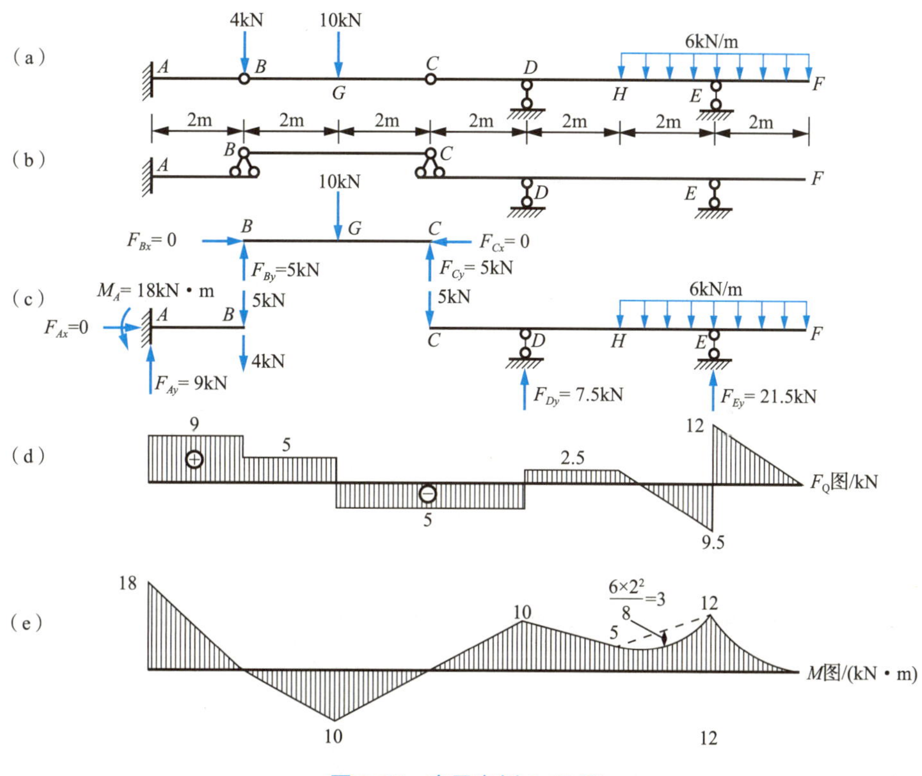


图 6.27　应用案例 6-16 图

由内力计算法则，得各段两端的杆端弯矩为

$$M_{A右}=-18\text{kN}\cdot\text{m}$$

$$M_B=0(\text{中间铰处，无集中力偶，弯矩必为零})$$

$$M_G=(9\times 4-18-4\times 2)\text{kN}\cdot\text{m}=10\text{kN}\cdot\text{m}$$

$$M_D=(9\times 8-18-4\times 6-10\times 4)\text{kN}\cdot\text{m}=-10\text{kN}\cdot\text{m}$$

$$M_H=(21.5\times 2-6\times 4\times 2)\text{kN}\cdot\text{m}=-5\text{kN}\cdot\text{m}$$

$$M_E=(-6\times 2\times 1)\text{kN}\cdot\text{m}=-12\text{kN}\cdot\text{m}$$

$$M_F=0$$

据此绘得弯矩图，如图 6.27(e)所示。其中 *HE* 段因有均布荷载，故需在直线弯矩图(图中的虚线)的基础上叠加相应简支梁在跨间荷载作用下的弯矩图。

## 应用案例 6-17

图 6.28(a)所示多跨静定梁，全长承受均布荷载 $q$，各跨长度均为 $l$。欲使梁上最大正、负弯矩的绝对值相等，试确定铰 $B$、$E$ 的位置。

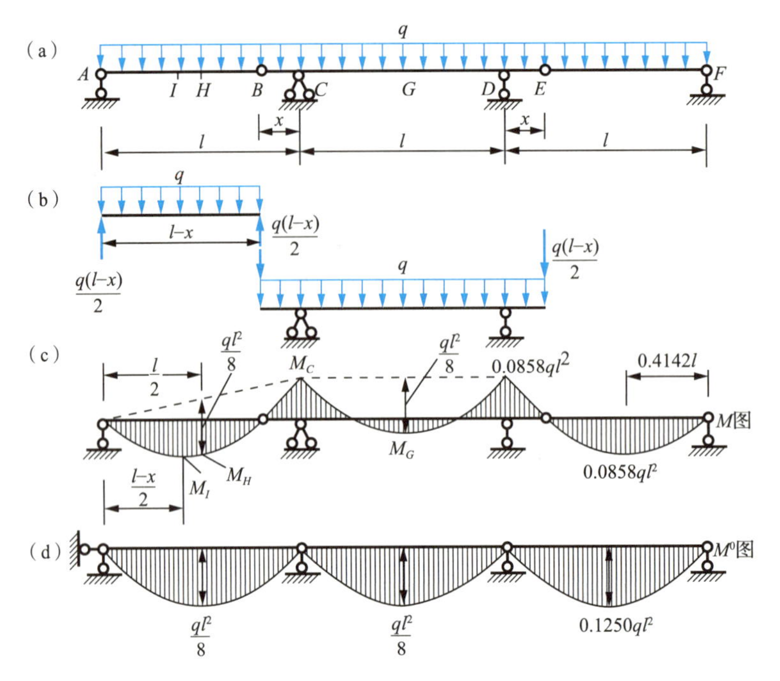


图 6.28　应用案例 6-17 图

**【解】** 先分析附属部分，后分析基本部分[图 6.28(b)]。设铰 $B$ 至 $C$ 点的距离为 $x$，则截面 $C$ 的弯矩绝对值为

$$M_C=\frac{q(l-x)}{2}x+\frac{qx^2}{2}=\frac{qlx}{2}$$

由叠加法和对称性可绘出弯矩图的形状，如图 6.28(c)所示。显然，全梁的最大负弯矩即发生在截面 $C$、$D$ 处。现在来分析全梁的最大正弯矩发生在何处。$CD$ 段梁的最大正弯矩发生在其跨中截面 $G$ 处，其值为

$$M_G=\frac{ql^2}{8}-M_C$$

而 $AC$ 段梁中点的弯矩为

$$M_H=\frac{ql^2}{8}-\frac{M_C}{2}$$

可见 $M_H>M_G$。而在 $AC$ 段梁中，最大正弯矩还不是 $M_H$，而是 $AB$ 段中点处的 $M_I$，亦即 $M_I>M_H$，因而 $M_I>M_G$。因此，全梁的最大正弯矩即为 $M_I$，其值为

$$M_I=\frac{q(l-x)^2}{8}$$

按题意要求，应使 $M_I=M_C$，从而得

$$\frac{q(l-x)^2}{8}=\frac{qlx}{2}$$

整理后，有

$$x^2-6lx+l^2=0$$

由此解得

$$x=(3-2\sqrt{2})l=0.1716l$$

[另有一个根为 $x=(3+2\sqrt{2})l$，因与题意不合，故不取]并可求得

$$M_I=M_C=\frac{qlx}{2}=\frac{3-2\sqrt{2}}{2}ql^2=0.0858ql^2$$

及

$$M_G=\frac{ql^2}{8}-M_C=0.0392ql^2$$

如果将本例中的三跨静定梁改为三个跨度为 $l$ 的简支梁[图 6.28(d)]，由图可知前者的最大弯矩值要比后者的小 31.3%。这是由于在多跨静定梁中布置了伸臂梁的缘故，它一方面减小了附属部分的跨度，另一方面又使得伸臂上的荷载对基本部分产生负弯矩，从而部分抵消了跨中荷载所产生的正弯矩。因此，多跨静定梁与多跨简支梁相比有弯矩小且分布较均匀，因而在材料用量上较省的优点，缺点是中间铰处构造比较复杂，且若基本部分被破坏，则支承于其上的附属部分也将随之倒塌。

特别提示

结点荷载通常按作用在基本部分上处理。

# 6.7 静定平面刚架的内力

## 6.7.1 刚架的组成和特点

刚架是由直杆(梁和柱)组成的具有刚结点的结构。刚架的几何组成特点是具有刚结点。

刚架由于具有刚结点，所以在变形和受力方面有以下特点。

(1) 变形特点——在刚结点处各杆不能发生相对转动，因而各杆之间的夹角始终保持不变。

(2) 受力特点——刚结点可以承受和传递弯矩，因而刚架中弯矩是主要内力。

刚架由于有弯矩分布比较均匀、内部空间大、比较容易制作等优点，所以在工程中得到广泛的应用。图 6.29 是一例由 T 形刚架构成的多跨静定刚架公路桥。

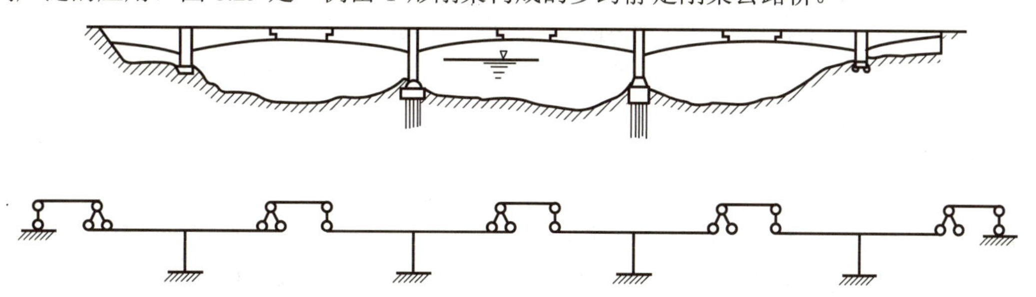

图 6.29 多跨静定刚架公路桥示意图

当刚架各杆的轴线都在同一平面内且外力也可简化到此平面内时，称为平面刚架。平面刚架可分为静定的和超静定的两类。常见的静定平面刚架有悬臂刚架(如图 6.30 所示站台雨篷)、简支刚架(如图 6.31 所示渡槽的横向计算简图)和三铰刚架(如图 6.32 所示屋架)。本节只讨论静定平面刚架。

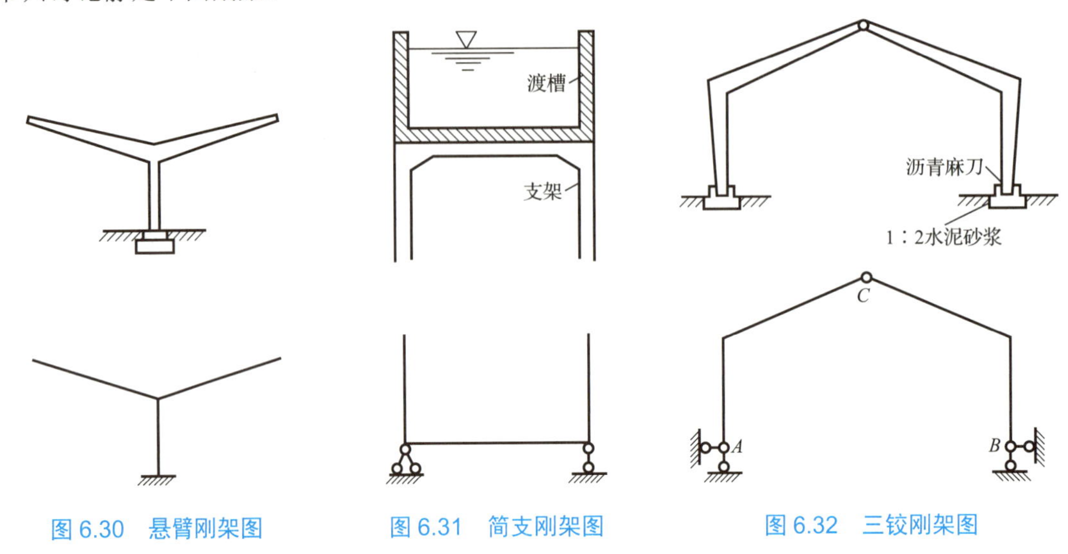


图 6.30　悬臂刚架图　　图 6.31　简支刚架图　　图 6.32　三铰刚架图

## 6.7.2　静定平面刚架的内力分析及内力图

静定平面刚架的内力计算方法原则上与静定梁相同，其分析的步骤如下。

(1) 计算反力：由整体或部分的平衡条件求出支座反力或铰结处的约束反力。

(2) 分段：将所有外力不连续的点(集中力、集中力偶的作用点，分布荷载的起、终点)及刚架的所有结点作为分段点，把刚架分为若干杆段。

(3) 计算杆端内力：将每段杆看作梁，用截面法(或内力计算法则)计算各杆端截面的内力。

(4) 作内力图：根据各杆端截面内力逐杆绘制内力图(必要时运用区段叠加法)。其中，计算杆端内力是较为关键的一步。

刚架各杆的杆端内力有弯矩、剪力和轴力三个分量。在刚架中，剪力和轴力的正负号规定与梁相同，剪力图和轴力图可绘制在杆件的任一侧，但必须标明正负号。弯矩则通常不统一规定正负号(在具体算题时可根据需要临时设定)，只规定弯矩图的纵距应画在杆件的受拉一侧而不标注正负号。为了绘制内力图方便，通常要求在每个杆端弯矩的最终计算结果后面用括号标明杆件的哪一侧受拉。

为了明确地表示刚架上不同截面的内力，尤其是为区分汇交于同一结点的各杆端截面的内力，使之不致混淆，在内力符号后面引用两个下脚标：第一个表示内力所属截面，第二个表示该截面所属杆件的另一端。例如，$M_{AB}$ 表示 $AB$ 杆 $A$ 端截面的弯矩，$F_{QAC}$ 则表示 $AC$ 杆 $A$ 端截面的剪力，等等。

## 应用案例 6-18

试作图 6.33(a)所示刚架的内力图。

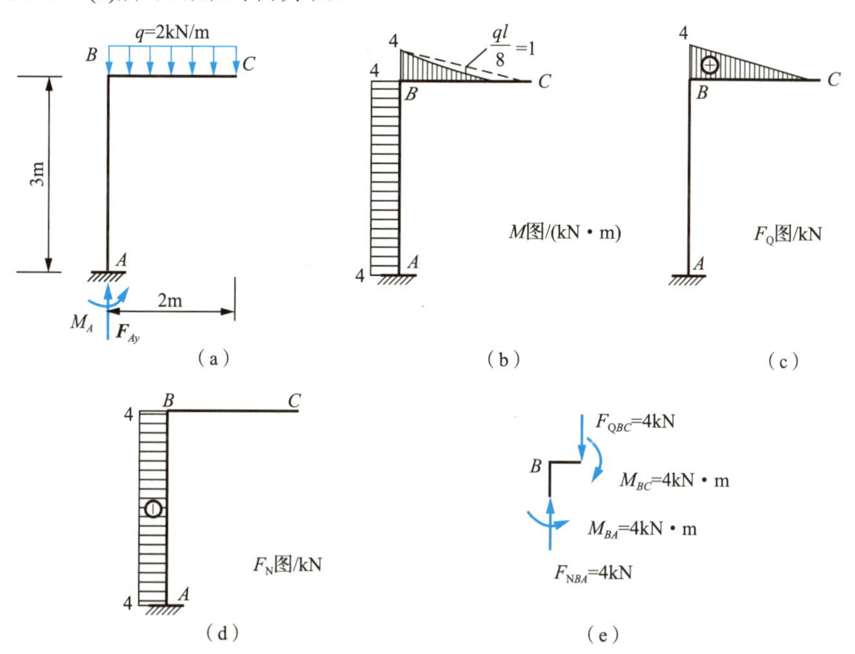


图 6.33 应用案例 6-18 图

**【解】**(1) 计算支座反力(悬臂刚架此步亦可省略，此时只能从自由端往里计算杆端内力)。

考虑整体平衡，

由 $\sum F_y=0$ 得 $F_{Ay}=2\times 2\text{kN}=4\text{kN}(\uparrow)$

由 $\sum M_A=0$ 得 $M_A=2\times 2\times 1\text{kN}\cdot\text{m}=4\text{kN}\cdot\text{m}$

(2) 绘制弯矩图。

由内力计算法则，杆端弯矩

$$M_{AB}=4\text{kN}\cdot\text{m}\ (左侧受拉)$$
$$M_{BA}=4\text{kN}\cdot\text{m}\ (左侧受拉)$$
$$M_{BC}=2\times 2\times 1\text{kN}\cdot\text{m}=4\text{kN}\cdot\text{m}\ (上侧受拉)$$
$$M_{CB}=0$$

根据上列各值绘得弯矩图，如图 6.33(b)所示。其中 *BC* 杆因有均布荷载，需在直线弯矩图(如图中虚线所示)的基础上再叠加相应简支梁在跨间荷载作用下的弯矩图。

(3) 绘制剪力图。

由内力计算法则，杆端剪力

$$F_{QAB}=0，F_{QBA}=0$$
$$F_{QBC}=2\times 2\text{kN}=4\text{kN}，F_{QCB}=0$$

根据上列各值绘得剪力图，如图 6.33(c)所示。

(4) 绘制轴力图。

由内力计算法则，杆端轴力

$$F_{NAB}=-4\text{kN}，F_{NBA}=-4\text{kN}$$
$$F_{NBC}=0，F_{NCB}=0$$

根据上列各值绘得轴力图，如图 6.33(d)所示。

(5) 校核。

验算结点 $B$ 是否平衡。根据内力图，在结点 $B$ 的分离体各截面上标出所有内力的数值和方向[图 6.33(e)]，因

$$\sum F_x=0$$
$$\sum F_y=4-4=0$$
$$\sum M_A=4-4=0$$

故计算无误。

## 应用案例 6-19

试作图 6.34(a)所示刚架的内力图。

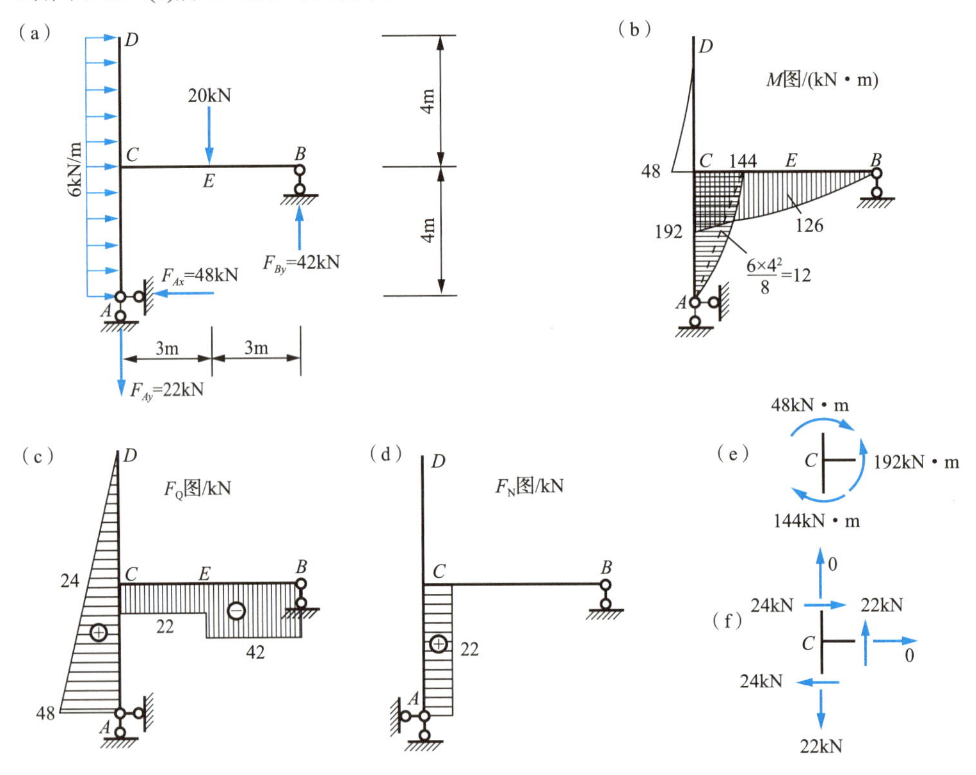


图 6.34　应用案例 6-19 图

【解】(1) 计算支座反力。此为一简支刚架，反力只有三个，考虑刚架的整体平衡，

由 $\sum F_x=0$ 可得　　$F_{Ax}=6\times8\text{kN}=48\text{kN}(\leftarrow)$

由$\sum M_A=0$可得 $F_{By}=\dfrac{20\times3+6\times8\times4}{6}\text{kN}=42\text{kN}(\uparrow)$

由$\sum F_y=0$可得 $F_{Ay}=(-20+42)\text{kN}=22\text{kN}(\downarrow)$

(2) 绘制弯矩图。

作弯矩图时应逐杆考虑。首先考虑 $CD$ 杆，该杆相当于一悬臂梁，故其弯矩图可直接绘出。其 $C$ 端弯矩为

$$M_{CD}=6\times4\times2\text{kN}\cdot\text{m}=48\text{kN}\cdot\text{m}\ (\text{左侧受拉})$$

其次考虑 $CB$ 杆。该杆上作用一集中荷载，可分为 $CE$ 和 $EB$ 两无荷区段，用内力计算法则求出各杆端截面的弯矩如下

$$M_{BE}=0$$
$$M_{EB}=M_{EC}=(42\times3)\text{kN}\cdot\text{m}=126\text{kN}\cdot\text{m}\ (\text{下侧受拉})$$
$$M_{CE}=(42\times6-20\times3)\text{kN}\cdot\text{m}=192\text{kN}\cdot\text{m}\ (\text{下侧受拉})$$

将相邻两杆端弯矩用直线相连，绘出该杆弯矩图。

最后考虑 $AC$ 杆。该杆受均布荷载作用，可用区段叠加法来绘其弯矩图。为此，先求出该杆两端弯矩

$$M_{AC}=0，M_{CA}=(48\times4-6\times4\times2)\text{kN}\cdot\text{m}=144\text{kN}\cdot\text{m}\ (\text{右侧受拉})$$

这里 $M_{CA}$ 是取截面 $C$ 下边部分为分离体算得的。将两端弯矩绘出并以直线相连，再于此直线上叠加相应简支梁在均布荷载作用下的弯矩图即成。

由上所得整个刚架的弯矩图，如图 6.34(b)所示。

(3) 绘制剪力图。

由内力计算法则，各杆端剪力为

$$F_{QDC}=0，F_{QCD}=6\times4\text{kN}=24\text{kN}$$
$$F_{QBE}=F_{QEB}=-42\text{kN}，F_{QEC}=F_{QCE}=(-42+20)\text{kN}=-22\text{kN}$$
$$F_{QAC}=48\text{kN}，F_{QCA}=(48-6\times4)\text{kN}=24\text{kN}$$

根据上列各值绘得剪力图，如图 6.34(c)所示。

(4) 绘制轴力图。

由内力计算法则，各杆端轴力为

$$F_{NDC}=F_{NCD}=0,\qquad F_{NBC}=F_{NCB}=0,\qquad F_{NAC}=F_{NCA}=22\text{kN}$$

根据上列各值绘得轴力图，如图 6.34(d)所示。

(5) 校核。

内力图作出后应进行校核。对于弯矩图，通常是检查刚结点处是否满足力矩平衡条件。例如，取结点 $C$ 为分离体[图 6.34(e)]，有

$$\sum M_C=(48-192+144)\text{kN}\cdot\text{m}=0$$

可见这一平衡条件是满足的。

为了校核剪力图和轴力图的正确性，可取刚架的任何部分为分离体，检查$\sum F_x=0$和$\sum F_y=0$的平衡条件是否得到满足。例如，取结点 $C$ 为分离体[图 6.34(f)]，有

$$\sum F_x=(24-24)\text{kN}=0$$

和

$$\sum F_y=(22-22)\text{kN}=0$$

故知此结点投影平衡条件无误。

## 应用案例 6-20

试作图 6.35(a)所示三铰刚架的内力图。

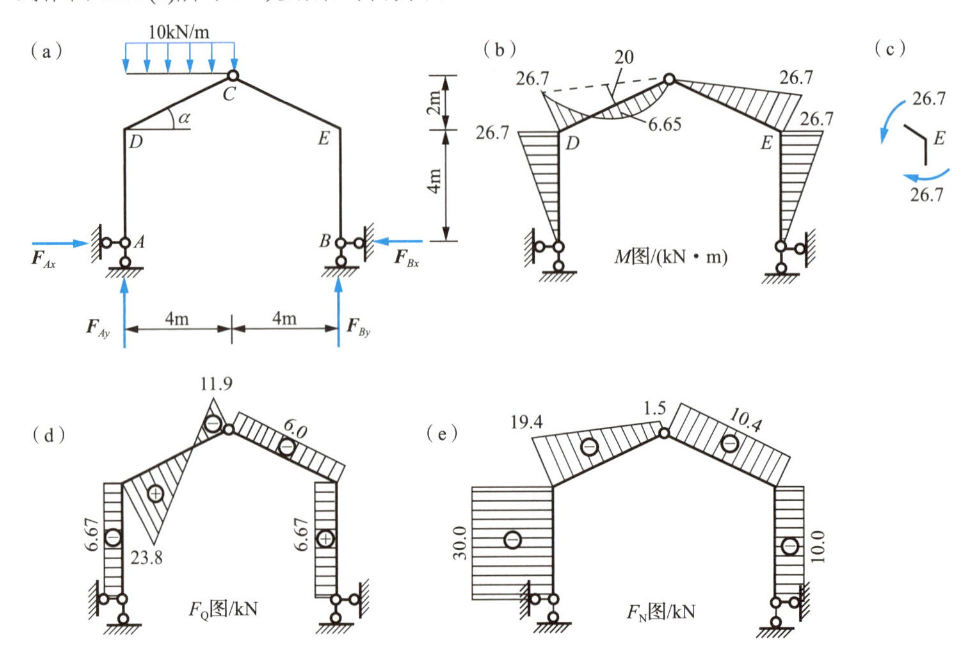


图 6.35 应用案例 6-20 图

**【解】**(1) 计算支座反力。由刚架整体平衡，$\sum M_B = 0$ 可得

$$F_{Ay} = \left(\frac{1}{8} \times 10 \times 4 \times 6\right) \text{kN} = 30\text{kN}(\uparrow)$$

由 $\sum F_y = 0$ 得

$$F_{By} = 10 \times 4\text{kN} - F_{Ay} = (40-30)\text{kN} = 10\text{kN}(\uparrow)$$

再取刚架右半部分为分离体，由 $\sum M_C = 0$ 得

$$F_{Bx} = \frac{1}{6} \times F_{By} \times 4 = \left(\frac{1}{6} \times 10 \times 4\right) \text{kN} = 6.67\text{kN}(\leftarrow)$$

又考虑刚架整体平衡，由 $\sum F_x = 0$ 可得

$$F_{Ax} = 6.67\text{kN}(\rightarrow)$$

(2) 绘制弯矩图。以 $DC$ 杆为例，先求出其两端弯矩为

$$M_{DC} = -6.67 \times 4\text{kN} \cdot \text{m} = -26.7\text{kN} \cdot \text{m}\ (\text{外侧受拉})$$

$$M_{CD} = 0$$

连以直线(虚线)，再叠加简支梁的弯矩图，杆中点的弯矩为

$$\left(\frac{1}{8} \times 10 \times 4^2 - \frac{1}{2} \times 26.7\right) \text{kN} \cdot \text{m} = (20-13.35)\text{kN} \cdot \text{m} = 6.65\text{kN} \cdot \text{m}\ (\text{内侧受拉})$$

其余各杆同理可求得。弯矩图如图 6.35(b)所示。

值得指出，凡只有两杆汇交的刚结点，若结点上无外力偶作用，则两杆端弯矩必大小相等且同侧受拉(即同使刚架外侧或同使刚架内侧受拉)。本例刚架的结点 $D$ 或结点 $E$ [图 6.35(c)]就属这种情况。

(3) 绘制剪力图及轴力图。以 $DC$ 杆为例，由截面法求出其两端的剪力和轴力分别为

$$F_{QDC}=F_{Ay}\cos\alpha-F_{Ax}\sin\alpha=\left(30\times\frac{2}{\sqrt{5}}-6.67\times\frac{1}{\sqrt{5}}\right)\text{kN}=23.8\text{kN}$$

$$F_{QCD}=-F_{By}\cos\alpha-F_{Bx}\sin\alpha=\left(-10\times\frac{2}{\sqrt{5}}-6.67\times\frac{1}{\sqrt{5}}\right)\text{kN}=-11.9\text{kN}$$

$$F_{NDC}=-F_{Ay}\sin\alpha-F_{Ax}\cos\alpha=\left(-30\times\frac{1}{\sqrt{5}}-6.67\times\frac{2}{\sqrt{5}}\right)\text{kN}=-19.4\text{kN}$$

$$F_{NCD}=F_{By}\sin\alpha-F_{Bx}\cos\alpha=\left(10\times\frac{1}{\sqrt{5}}-6.67\times\frac{2}{\sqrt{5}}\right)\text{kN}=-1.5\text{kN}$$

然后分别连以直线。其余各杆同理可求得。剪力图和轴力图分别如图 6.35(d)、(e)所示。

静定刚架的内力分析，不仅是其强度计算的依据，而且是位移计算和分析超静定刚架的基础，尤其是弯矩图的绘制，以后应用很广，它是本课程最重要的基本功之一，务必通过足够的练习切实掌握。绘制弯矩图时，若能熟练掌握以下几点，则可以不求或少求反力，迅速绘出弯矩图。

(1) 结构上若有悬臂部分或简支梁部分(含两端铰结直杆承受横向荷载)，则其弯矩图可直接绘出。

(2) 刚结点处力矩应平衡。

(3) 铰结点处若无集中力偶作用，弯矩必为零。

(4) 铰结点处若无集中力作用，弯矩图切线的斜率不变。

(5) 无荷载的区段弯矩图为直线。

(6) 有均布荷载的区段，弯矩图为二次抛物线，抛物线的凸向与均布荷载的指向一致。

(7) 运用区段叠加法。

(8) 外力与杆轴重合时不产生弯矩，外力与杆轴平行及外力偶产生的弯矩为常数。

## 应用案例 6-21

试作图 6.36(a)所示刚架的弯矩图。

**【解】** 由刚架的整体平衡条件 $\sum F_x=0$ 可得水平反力

$$F_{Bx}=5\text{kN}(\leftarrow)$$

此时无须再求两竖向反力即可绘出刚架的全部弯矩图。因为反力 $\boldsymbol{F}_{Ay}$ 与竖杆 $AC$ 的轴线重合，由截面法可知(取该杆任意截面以下部分为分离体来看)，$\boldsymbol{F}_{Ay}$ 无论多大都不会对 $AC$ 杆产生弯矩。同理，反力 $\boldsymbol{F}_{By}$ 对 $BD$ 杆的弯矩也不会产生影响。因此该两竖杆的弯矩图即可作出[图 6.36(b)]。然后，根据结点 $C$ 的力矩平衡条件[图 6.36(c)]可得

$$M_{CD}=20\text{kN}\cdot\text{m}(\text{上侧受拉})$$

再考虑结点 $D$ 的力矩平衡[图 6.36(d)]，可得

$$M_{DC}=(30+10)\text{kN}\cdot\text{m}=40\text{kN}\cdot\text{m}\ (\text{上侧受拉})$$

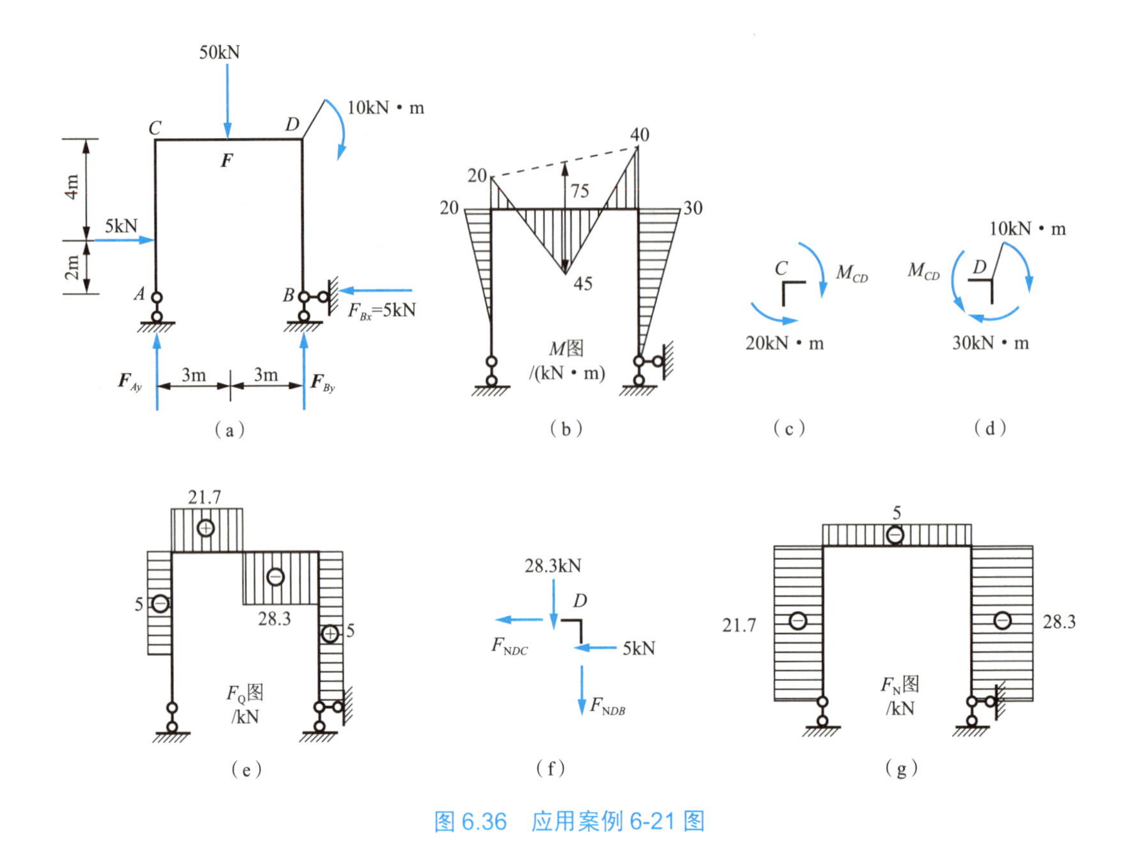


图 6.36　应用案例 6-21 图

至此，横梁 CD 两端的弯矩都已求得，故其弯矩图可用区段叠加法绘出，如图 6.36(b)所示。

**特别提示**

单刚结点处若无集中力偶作用，则两杆端弯矩数值必定相等，且受拉端在同一侧。

# 6.8　三铰拱的内力

## 6.8.1　概述

### 1. 拱的特点

拱是杆轴线为曲线并且在竖向荷载作用下会产生水平推力的结构。所谓水平推力，是指方向指向拱内的水平支座反力。拱在工程中有很广泛的应用。在公路工程中，拱桥是基本的桥型之一。图 6.37(a)所示为一三铰拱，图 6.37(b)是它的计算简图。

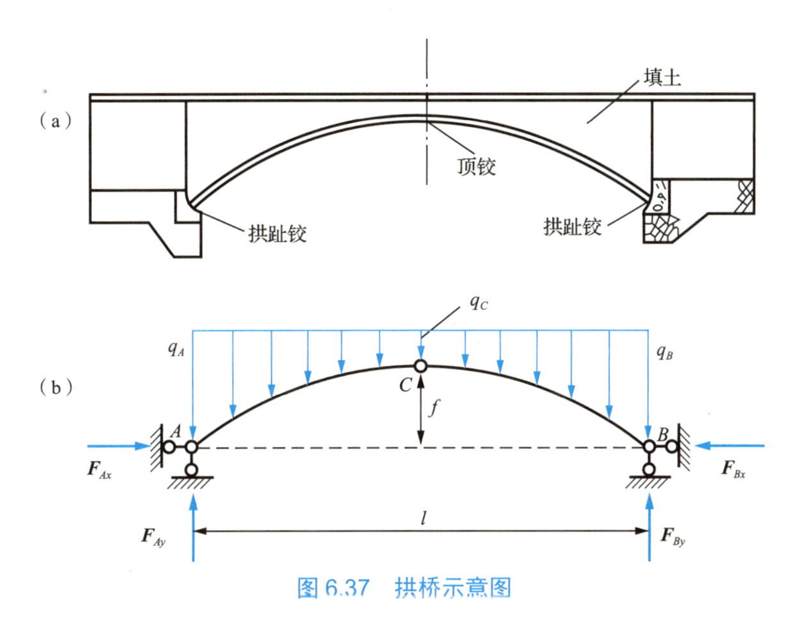


图 6.37　拱桥示意图

拱的特点是在竖向荷载作用下支座处有水平推力，内力以轴向压力为主。在竖向荷载作用下有无水平推力是拱和梁的基本区别。如图 6.38 所示的两个结构，虽然它们的杆轴都是曲线，但图 6.38(a)所示结构因 $B$ 端可以沿水平方向自由移动，在竖向荷载作用下不产生水平推力，其任一横截面上的弯矩与相应简支梁对应截面的弯矩相同，所以它不是拱而是一根曲梁。如图 6.38(b)所示结构则由于两端都有水平方向的约束，$A$ 端和 $B$ 端都不可能沿水平方向向外移动，所以在竖向荷载作用下有水平推力，属于拱结构。由于水平推力的存在，拱内各截面的弯矩要比相应的曲梁或简支梁的弯矩小得多，这使拱成为一种以受压为主或单纯受压的结构。因此，拱可以用抗压强度较高而抗拉性能较差的经济材料，如砖、石、混凝土等来建造。这是拱结构的主要优点。拱的主要缺点也正在于支座要承受水平推力，因而要求比梁具有更为坚固的基础或支承结构(墙、柱、墩、台等)。

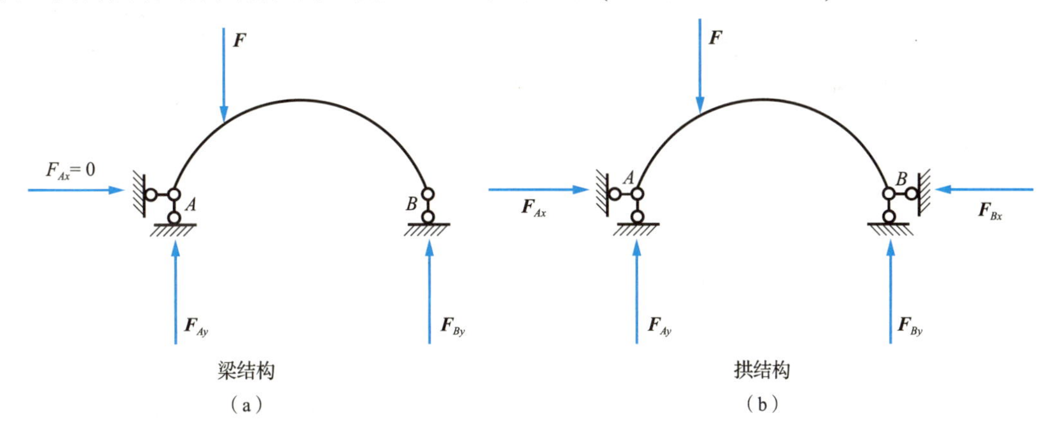


图 6.38　梁式结构和拱式结构示意图

### 2. 拱的分类

拱的分类方法较多，这里仅介绍几种常用的分类方法。

(1) 按含铰数目，可分为无铰拱、两铰拱和三铰拱三类[分别如图 6.39(a)、(b)、(c)所示]。

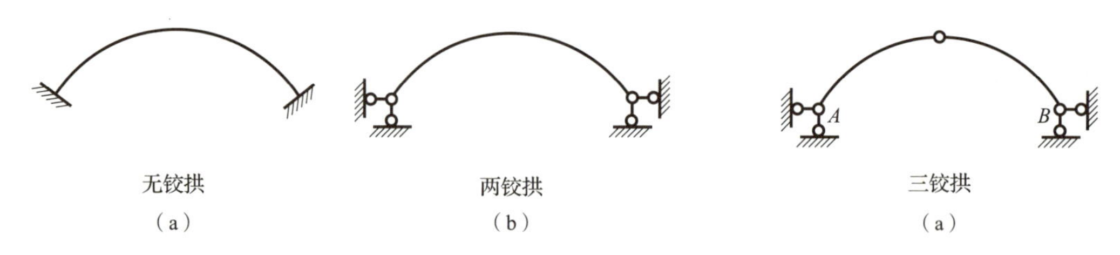


图 6.39　拱的类型图

(2) 按计算方法，可分为静定拱和超静定拱两类。

无铰拱和两铰拱属于超静定拱。三铰拱是静定拱。在公路工程中，三铰拱多用于空腹式拱上建筑的腹拱，有时也用于地质条件较差的拱桥的主拱。

有时，在拱的两支座间设置拉杆来代替支座承受水平推力，使其成为带拉杆的拱[图 6.40(a)]。这样在竖向荷载作用下支座就只产生竖向反力，从而消除了推力对支承结构的影响。为了使拱下获得较大的净空，有时也将拉杆做成折线形的[图 6.40(b)]。

(3) 按拱身构造，可分为实体拱和桁架拱两类。

当拱身为实体截面时，称为实体拱，如图 6.41(a)所示。它通常用砖、石、混凝土或钢筋混凝土筑成。若拱身为桁架所构成，则称为桁架拱，如图 6.41(b)所示。它通常用钢材或钢筋混凝土建造。

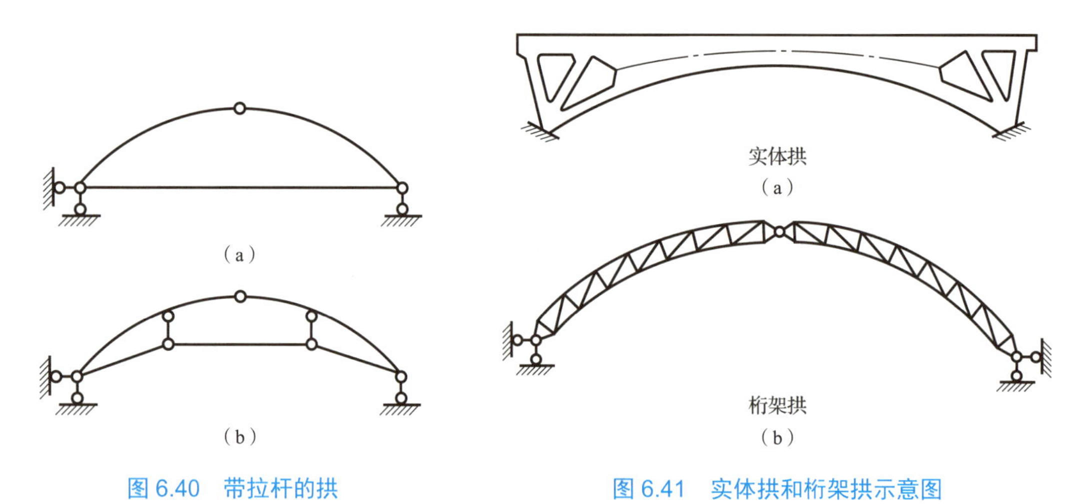


图 6.40　带拉杆的拱

图 6.41　实体拱和桁架拱示意图

## 拓展讨论

党的二十大报告提出“坚持把发展经济的着力点放在实体经济上，推进新型工业化，加快建设制造强国、质量强国、航天强国、交通强国、网络强国、数字中国。”我国在桥梁建设方面有哪些成就？举例说明哪些工程采用了拱桥。

(4) 按拱轴线，可分为圆弧拱、抛物线拱和悬链线拱等。

本节只讨论实体三铰拱的计算。

### 3. 拱的各部分名称

拱的各部分名称如图 6.42 所示。拱身各横截面形心的连线称为拱轴线。拱的两端支座处称为拱趾。两拱趾之间的水平距离称为跨度。连接两拱趾的直线称为起拱线。拱轴线上最高的一点称为拱顶。拱顶至起拱线的竖直距离称为拱高，拱顶铰至起拱线的垂直距离称为矢高。三铰拱一般把拱顶铰放在顶点，故拱高与矢高相同。矢高与跨度之比称为矢跨比或高跨比。常将矢跨比大于或等于 1/5 的拱称为陡拱，矢跨比小于 1/5 的拱称为坦拱。两拱趾在同一水平线上的拱称为平拱，不在同一水平线上的拱称为斜拱或坡拱。

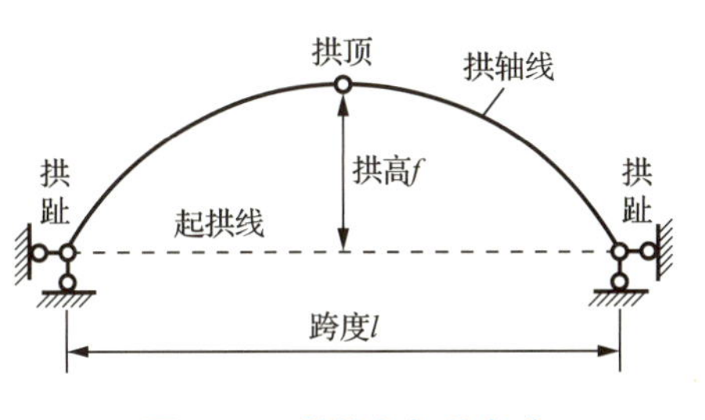


图 6.42 拱的各部分名称

本书以竖向荷载作用下的平拱为例，来说明三铰拱的反力和内力的计算方法。

## 6.8.2 三铰拱的支座反力计算

三铰拱的两端都是固定铰支座，共有四个未知反力[图 6.43(a)]，故需列四个平衡方程式进行解算。与三铰刚架支座反力计算方法相同，除了取全拱为分离体可建立三个平衡方程外，还需取左(或右)半拱为分离体，以中间铰 $C$ 为矩心，根据平衡条件 $\sum M_C = 0$ 建立一个方程，从而求出所有的反力。

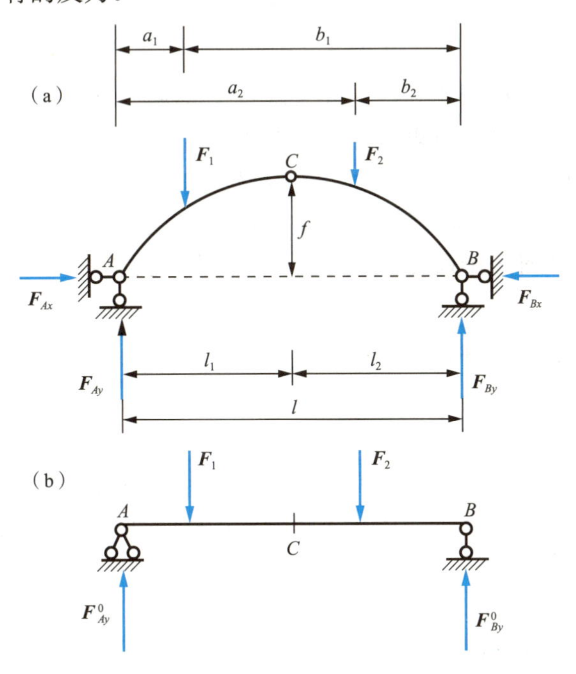


图 6.43 三铰拱受力图

首先考虑全拱的整体平衡，由 $\sum M_B = 0$ 可得

$$F_{Ay}l - F_1b_1 - F_2b_2 = 0$$

可得左端支座的竖向反力为

$$F_{Ay}=\frac{F_1b_1+F_2b_2}{l}=\frac{\sum F_ib_i}{l} \tag{a}$$

同理，由$\sum M_A=0$可得右端支座的竖向反力为

$$F_{By}=\frac{F_1a_1+F_2a_2}{l}=\frac{\sum F_ia_i}{l} \tag{b}$$

由$\sum F_x=0$可得

$$F_{Ax}=F_{Bx}=F_x \tag{c}$$

其次取左半拱为分离体，由$\sum M_C=0$有

$$F_{Ay}l_1-F_1(l_1-a_1)-F_{Ax}f=0$$

可得

$$F_x=\frac{F_{Ay}l_1-F_1(l_1-a_1)}{f} \tag{d}$$

考察式(a)和式(b)的右边，可知其恰等于相应简支梁[图 6.43(b)]的支座竖向反力$F_{Ay}^0$和$F_{By}^0$，而式(d)右边的分子则等于相应简支梁上与拱的中间铰处对应的截面 $C$ 的弯矩$M_C^0$，因此可将以上各式写为

$$\left.\begin{aligned}F_{Ay}&=F_{Ay}^0\\F_{By}&=F_{By}^0\\F_x&=\frac{M_C^0}{f}\end{aligned}\right\} \tag{6-4}$$

由式(6-4)可知，推力$F_x$等于相应简支梁截面 $C$ 的弯矩$M_C^0$除以拱高$f$。当荷载和拱的跨度$l$一定时，$M_C^0$即为定值。若再给定拱高$f$，则推力$F_x$即可确定。这表明三铰拱的反力只与荷载及三个铰的位置有关，而与各铰间的拱轴线形状无关。当荷载及拱跨不变时，推力$F_x$将与拱高$f$成反比，$f$越大即拱越陡时$F_x$越小；反之，$f$越小即拱越平坦时$F_x$越大。若$f=0$，则$F_x=\infty$，此时三个铰已在一直线上，属于瞬变体系。

### 6.8.3 三铰拱的内力计算

支座反力求出后，应用截面法即可求出拱身任一横截面上的内力。任一横截面$K$的位置可由其形心的坐标$(x, y)$和该处拱轴切线的倾角$\varphi$确定[图 6.44(a)]。截面的内力可分解为弯矩$M_K$、剪力$\boldsymbol{F}_{QK}$(沿拱轴法线方向作用)和轴力$\boldsymbol{F}_{NK}$(沿拱轴切线方向作用)三个分量。下面分别讨论这三个内力分量的计算。

#### 1. 弯矩的计算

弯矩的符号，通常规定以使拱内侧纤维受拉者为正，反之为负。取 $AK$ 段为分离体[图 6.44(b)]，由

$$\sum M_K=0，F_{Ay}x_K-F_1(x_K-a_1)-F_xy_K-M_K=0$$

得截面$K$的弯矩为

$$M_K=[F_{Ay}x_K-F_1(x_K-a_1)]-F_xy_K$$

由于 $F_{Ay}=F_{Ay}^0$，可见方括号内的值恰等于相应简支梁[图 6.44(c)]截面 $K$ 的弯矩 $M_K^0$，所以上式可改写为

$$M_K=M_K^0-F_xy_K$$

即拱内任一截面的弯矩，等于相应简支梁对应截面的弯矩减去拱的推力 $\boldsymbol{F}_x$ 所引起的弯矩 $F_xy_K$。由此可知，由于推力的存在，三铰拱的弯矩比相应简支梁的弯矩要小。

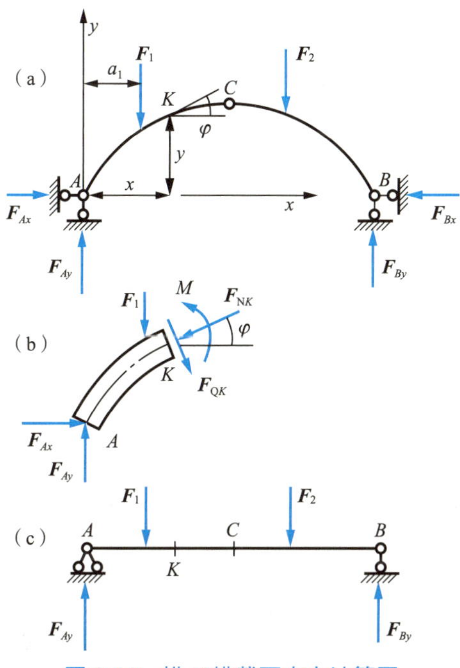


图 6.44 拱 $K$ 横截面内力计算图

### 2. 剪力的计算

剪力的符号，规定以绕所取分离体顺时针转动者为正，反之为负。取 $AK$ 段为分离体，将其上各力向截面 $K$ 的切线方向 $\tau$ 投影[图 6.44(b)]，由平衡条件

$$\sum F_\tau=0,\ F_{QK}+F_1\cos\varphi_K+F_x\sin\varphi_K-F_{Ay}\cos\varphi_K=0$$

即得截面 $K$ 的剪力

$$F_{QK}=(F_{Ay}-F_1)\cos\varphi_K-F_x\sin\varphi_K$$

式中$(F_{Ay}-F_1)$等于相应简支梁在截面 $K$ 处的剪力 $F_{QK}^0$，故上式可改写为

$$F_{QK}=F_{QK}^0\cos\varphi_K-F_x\sin\varphi_K$$

其中，$\varphi_K$ 的符号在图示坐标系中左半拱取正号，右半拱取负号。

### 3. 轴力的计算

因拱常受压，故规定轴力以压力为正，拉力为负。取 $AK$ 段为分离体，将其上各力向截面 $K$ 的法线方向 $n$ 投影[图 6.44(b)]，由平衡条件

$$\sum F_n=0,\ F_{NK}+F_1\sin\varphi_K-F_x\cos\varphi_K-F_{Ay}\sin\varphi_K=0$$

即得截面 $K$ 的轴力

$$F_{NK}=(F_{Ay}-F_1)\sin\varphi_K+F_x\cos\varphi_K$$

由于$(F_{Ay}-F_1)=F_{QK}^0$，故上式可改写为

$$F_{NK}=F_{QK}^0\sin\varphi_K+F_x\cos\varphi_K$$

其中，$\varphi_K$的符号在左半拱取正号，右半拱取负号。

综上所述，三铰拱在竖向荷载作用下的内力计算公式可写为

$$\left.\begin{aligned}M_K&=M_K^0-F_xy_K\\F_{QK}&=F_{QK}^0\cos\varphi_K-F_x\sin\varphi_K\\F_{NK}&=F_{QK}^0\sin\varphi_K+F_x\cos\varphi_K\end{aligned}\right\}\tag{6-5}$$

由式(6-5)可知，三铰拱的内力值将不但与荷载及三个铰的位置有关，而且与各铰间拱轴线的形状有关。

## 应用案例 6-22

试作图 6.45(a)所示三铰拱的内力图。拱轴为抛物线，其方程为$y=\dfrac{4f}{l^2}x(l-x)$。

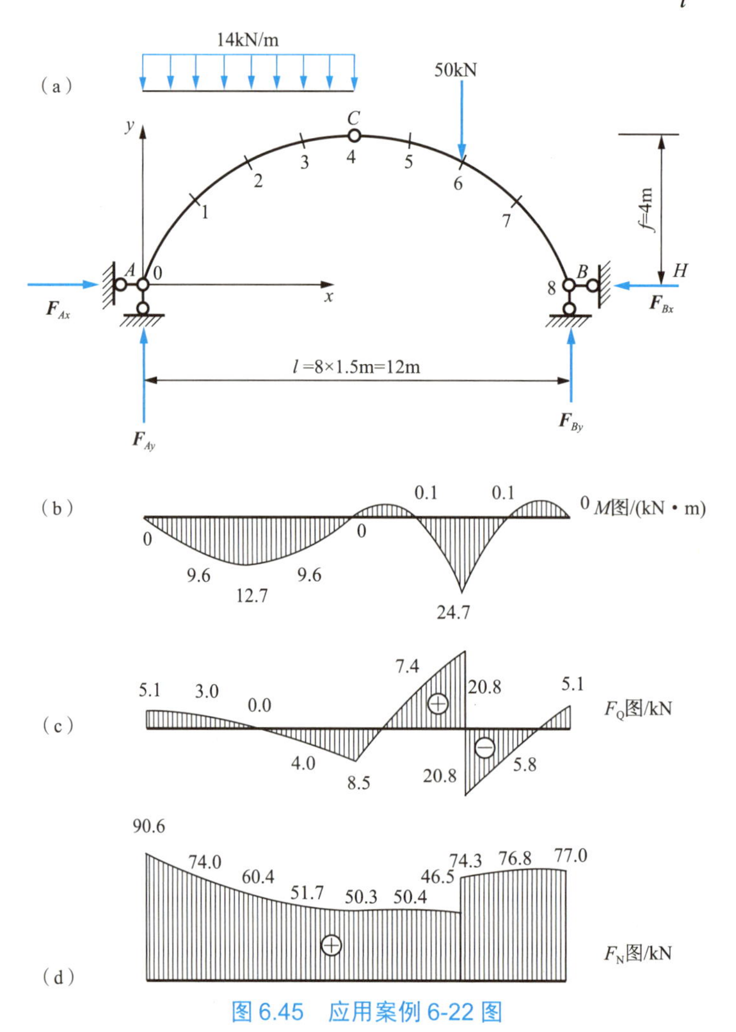


图 6.45 应用案例 6-22 图

【解】(1) 计算支座反力。

根据式(6-4)得

$$F_{Ay}=F_{Ay}^{0}=\frac{14\times6\times9+50\times3}{12}\text{kN}=75.5\text{kN}(\uparrow)$$

$$F_{By}=F_{By}^{0}=\frac{14\times6\times3+50\times9}{12}\text{kN}=58.5\text{kN}(\uparrow)$$

$$F_{x}=\frac{M_{C}^{0}}{f}=\frac{75.5\times6-14\times6\times3}{4}\text{kN}=50.25\text{kN}(\rightarrow\leftarrow)$$

(2) 绘制内力图。

求出支座反力以后，即可按式(6-5)计算各截面的内力。为了绘制内力图，通常将拱跨若干等分(如 8 等分)，列表(表 6-3)进行计算。在算出各个截面的 $M$、$F_{\mathrm{Q}}$和 $F_{\mathrm{N}}$值之后，即可据此绘制弯矩图、剪力图和轴力图[图 6.45(b)、(c)、(d)]。这些内力图是以水平线为基线绘制的(也可以拱轴线为基线绘制)。

为了说明表 6-3，下面以截面 1(离左端支座 1.5m 处)和截面 6(离左端支座 9m 处)为例，来说明内力的具体计算过程。

据题意知拱轴线方程为

$$y=\frac{4f}{l^{2}}x(l-x)=\frac{4\times4}{12^{2}}x(12-x)=\frac{x}{9}(12-x)$$

由此可得

$$\tan\varphi=\frac{\mathrm{d}y}{\mathrm{d}x}=\frac{2}{9}(6-x)$$

截面 1 的横坐标 $x_1=1.5\text{m}$，代入以上两式可求得其纵坐标 $y_1$和 $\tan\varphi_1$的值为

$$y_1=\frac{1.5}{9}(12-1.5)\text{m}=1.75\text{m}$$

$$\tan\varphi_1=\frac{2}{9}(6-1.5)=1$$

表 6-3　三铰拱的内力计算

| 截面 | $x$/m | $y$/m | $\tan\varphi$ | $\sin\varphi$ | $\cos\varphi$ | $F_{\mathrm{Q}}^{0}$/kN | $M$/(kN·m) | | | $F_{\mathrm{Q}}$/kN | | | $F_{\mathrm{N}}$/kN | | |
|---|---|---|---|---|---|---|---|---|---|---|---|---|---|---|---|
| | | | | | | | $M^0$ | $-F_x y$ | $M$ | $F_{\mathrm{Q}}^{0}\cos\varphi$ | $-F_x\sin\varphi$ | $F_{\mathrm{Q}}$ | $F_{\mathrm{Q}}^{0}\sin\varphi$ | $F_x\cos\varphi$ | $F_{\mathrm{N}}$ |
| 0 | 0 | 0 | 1.333 | 0.800 | 0.600 | 75.5 | 0 | 0 | 0 | 45.3 | −40.2 | 5.1 | 60.4 | 30.2 | 90.6 |
| 1 | 1.50 | 1.75 | 1.000 | 0.707 | 0.707 | 54.5 | 97.5 | −87.9 | 9.6 | 38.5 | −35.5 | 3.0 | 38.5 | 35.5 | 74.0 |
| 2 | 3.00 | 3.00 | 0.667 | 0.555 | 0.832 | 33.5 | 163.5 | −150.8 | 12.7 | 27.9 | −27.9 | 0.0 | 18.6 | 41.8 | 60.4 |
| 3 | 4.50 | 3.75 | 0.333 | 0.316 | 0.949 | 12.5 | 198.0 | −188.4 | 9.6 | 11.9 | −15.9 | −4.0 | 4.0 | 47.7 | 51.7 |
| 4 | 6.00 | 4.00 | 0 | 0 | 1.000 | −8.5 | 201.0 | −201.0 | 0 | −8.5 | 0 | −8.5 | 0 | 50.3 | 50.3 |
| 5 | 7.50 | 3.75 | −0.333 | −0.316 | 0.949 | −8.5 | 188.3 | −188.4 | −0.1 | −8.5 | 15.9 | 7.4 | 2.7 | 47.7 | 50.4 |
| 6左<br>6右 | 9.00 | 3.00 | −0.667 | −0.555 | 0.832 | −8.5<br>−58.5 | 175.5 | −150.8 | 24.7 | −7.1<br>−48.7 | 27.9 | 20.8<br>−20.8 | 4.7<br>32.5 | 41.8 | 46.5<br>74.3 |
| 7 | 10.50 | 1.75 | −1.000 | −0.707 | 0.707 | −58.5 | 87.8 | −87.9 | −0.1 | −41.3 | 35.5 | −5.8 | 41.3 | 35.5 | 76.8 |
| 8 | 12.00 | 0 | −1.333 | −0.800 | 0.600 | −58.5 | 0 | 0 | 0 | −35.1 | 40.2 | 5.1 | 46.8 | 30.2 | 77.0 |

据此可得$\varphi_1 = 45°$，于是

$$\sin\varphi_1 = \cos\varphi_1 = 0.707$$

根据式(6-5)，求得该截面的弯矩、剪力和轴力分别为

$$M_1 = M_1^0 - F_x y_1 = \left[\left(75.5\times1.5 - 14\times1.5\times\frac{1.5}{2}\right) - 50.25\times1.75\right]\text{kN}\cdot\text{m}$$

$$= (97.5 - 87.9)\text{kN}\cdot\text{m} = 9.6\text{kN}\cdot\text{m}$$

$$F_{Q1} = F_{Q1}^0\cos\varphi_1 - F_x\sin\varphi_1 = [(75.5 - 14\times1.5)\times0.707 - 50.25\times0.707]\text{kN}$$

$$= (38.5 - 35.5)\text{kN} = 3.0\text{kN}$$

$$F_{N1} = F_{Q1}^0\sin\varphi_1 + F_x\cos\varphi_1 = [(75.5 - 14\times1.5)\times0.707 + 50.25\times0.707]\text{kN}$$

$$= (38.5 + 35.5)\text{kN} = 74.0\text{kN}$$

同理计算截面 6。因 $x_6 = 9\text{m}$，故

$$y_6 = \frac{9}{9}(12 - 9)\text{m} = 3\text{m}$$

$$\tan\varphi_6 = \frac{2}{9}(6 - 9) = -0.667$$

$$\varphi_6 = -33.7°$$

$$\sin\varphi_6 = -0.555，\cos\varphi_6 = 0.832$$

截面 6 上有集中荷载作用，该力两侧的剪力和轴力不相等(剪力图和轴力图在集中荷载处有突变)，应分别计算。由式(6-5)得

$$M_6 = M_6^0 - F_x y_6 = [(75.5\times9 - 14\times6\times6) - 50.25\times3]\text{kN}\cdot\text{m}$$

$$= (175.5 - 150.8)\text{kN}\cdot\text{m} = 24.7\text{kN}\cdot\text{m}$$

$$F_{Q6左} = F_{Q6左}^0\cos\varphi_6 - F_x\sin\varphi_6 = [(75.5 - 14\times6)\times0.832 - 50.25\times(-0.555)]\text{kN}$$

$$= (-7.1 + 27.9)\text{kN} = 20.8\text{kN}$$

$$F_{Q6右} = F_{Q6右}^0\cos\varphi_6 - F_x\sin\varphi_6 = [(75.5 - 14\times6 - 50)\times0.832 - 50.25\times(-0.555)]\text{kN}$$

$$= (-48.7 + 27.9)\text{kN} = -20.8\text{kN}$$

$$F_{N6左} = F_{Q6左}^0\sin\varphi_6 + F_x\cos\varphi_6 = [(75.5 - 14\times6)\times(-0.555) + 50.25\times0.832]\text{kN}$$

$$= (4.7 + 41.8)\text{kN} = 46.5\text{kN}$$

$$F_{N6右} = F_{Q6右}^0\sin\varphi_6 + F_x\cos\varphi_6 = [(75.5 - 14\times6 - 50)\times(-0.555) + 50.25\times0.832]\text{kN}$$

$$= (32.5 + 41.8)\text{kN} = 74.3\text{kN}$$

其他各截面的计算方法同上。

比较表 6-3 中各项数值可以看出，拱的弯矩 $M$ 比相应简支梁的弯矩 $M^0$ 要小得多，拱的剪力 $F_Q$ 也相对较小，而拱的轴力 $F_N$ 则很大。

**特别提示**

拱的内力主要以轴力为主，受压为正，这是因为拱在大多数情形下承受压力而非拉力。

## 6.8.4 三铰拱的合理拱轴线

### 1. 合理拱轴线的概念

由前两节可知，当荷载及三个铰的位置给定时，三铰拱的反力就可确定，而与各铰间拱轴线形状无关；三铰拱的内力则与拱轴线形状有关。当拱上所有截面的弯矩都等于零(可以证明，剪力也为零)而只有轴力时，截面上的正应力是均匀分布的，材料能得到最充分的利用。从力学的角度来看，这是最经济的，所以我们把在已知荷载作用下拱截面上只有轴向压力的拱轴线称为合理拱轴线。

合理拱轴线可根据弯矩为零的条件来确定。在竖向荷载作用下，三铰拱任一截面的弯矩可由式(6-5)的第一式计算，故合理拱轴线方程可由下式求得

$$M = M^0 - F_x y = 0$$

由此得

$$y = \frac{M^0}{F_x} \tag{6-6}$$

式(6-6)即为三铰拱在竖向荷载作用下合理拱轴线的一般方程。它表明：合理拱轴线的纵坐标和相应简支梁弯矩图的纵距成正比。当拱上作用的荷载已知时，只需求出相应简支梁的弯矩方程，然后除以推力 $F_x$，即得合理拱轴线方程。

### 2. 几种常见的合理拱轴线

1) 竖向均布荷载作用下三铰拱的合理拱轴线

### 应用案例 6-23

试求图 6.46(a)所示对称三铰拱在竖向均布荷载 $q$ 作用下的合理拱轴线(已知跨度为 $l$，拱高为 $f$)。

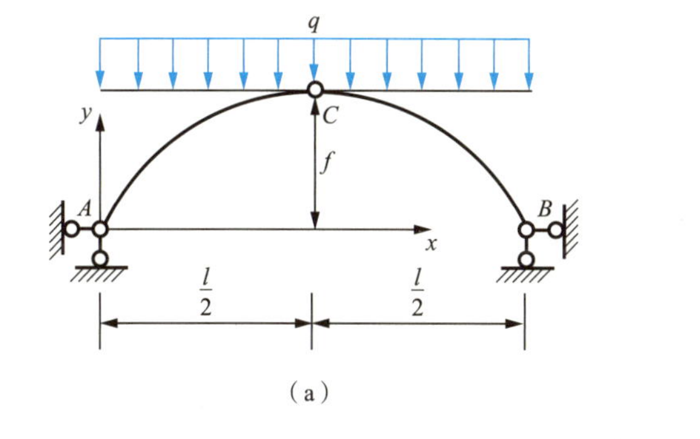

(a)

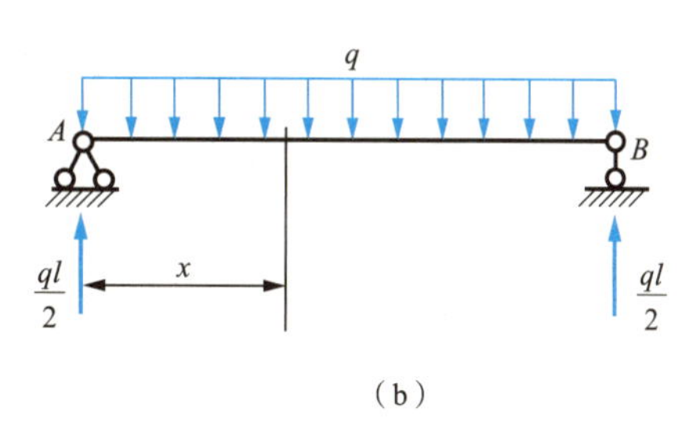

(b)

图 6.46 应用案例 6-23 图

**【解】** 相应简支梁[图 6.46(b)]的弯矩方程为

$$M^0 = \frac{ql}{2}x - \frac{q}{2}x^2 = \frac{1}{2}qx(l - x)$$

由式(6-4)求得水平推力为

$$F_x=\frac{M_C^0}{f}=\frac{\frac{1}{8}ql^2}{f}=\frac{ql^2}{8f}$$

于是根据式(6-6)得合理拱轴线方程为

$$y=\frac{M^0}{F_x}=\frac{\frac{1}{2}qx(l-x)}{\frac{ql^2}{8f}}=\frac{4f}{l^2}x(l-x)$$

由此可知，三铰拱在竖向均布荷载作用下的合理拱轴线为抛物线。

2) 径向均布荷载作用下三铰拱的合理拱轴线

三铰拱在径向均布荷载作用下的合理拱轴线为圆弧线，如径向水压力作用下，拱坝可以做成圆弧形状。

3) 填料荷载作用下三铰拱的合理拱轴线

## 应用案例 6-24

试求图 6.47 所示对称三铰拱在拱上填料重量作用下的合理拱轴线。拱上荷载集度按 $q=q_C+\gamma y$ 变化，其中 $q_C$ 为拱顶处的荷载集度，$\gamma$ 为填料容重。

**【解】**根据现在的坐标系，式(6-5)第一式成为

$$M=M^0-F_x(f-y)$$

由 $M=0$ 有

$$f-y=\frac{M^0}{F_x}$$

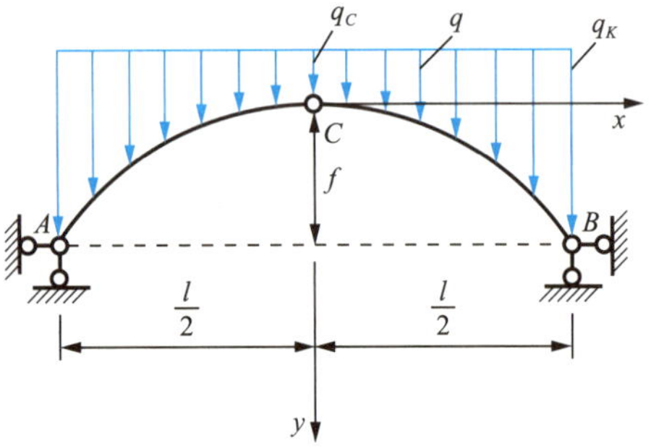

图 6.47　应用案例 6-24 图

本题由于荷载集度 $q$ 随拱轴线纵坐标 $y$ 而变，而 $y$ 尚属未知，故相应简支梁的弯矩方程 $M^0$ 亦无法事先写出，因而不能由上式直接求出合理拱轴线方程。为此，将上式两边分别对 $x$ 求导两次得

$$-\frac{d^2y}{dx^2}=\frac{1}{F_x}\frac{d^2M^0}{dx^2}$$

根据直梁 $M$ 和 $F_Q$ 之间的微分关系，有 $\frac{d^2M^0}{dx^2}=-q$，故得

$$\frac{d^2y}{dx^2}=\frac{q}{F_x} \tag{6-7}$$

这就是合理拱轴线的微分方程。求解此微分方程并结合边界条件，即可确定合理拱轴线方程。

对于本例，将 $q=q_C+\gamma y$ 代入式(6-7)，可得

$$\frac{d^2y}{dx^2}-\frac{\gamma}{F_x}y=\frac{q_C}{F_x}$$

令 $K^2=\frac{\gamma}{F_x}$，则上式可写成为

$$\frac{d^2y}{dx^2}-K^2y=\frac{q_C}{F_x}$$

这是一个二阶常系数非齐次线性微分方程，它的通解可用双曲线函数表示为

$$y=A\text{sh}Kx+B\text{ch}Kx-\frac{q_C}{\gamma}$$

上式中的常数 $A$ 和 $B$ 可由下列边界条件确定:

当 $x=0$ 时，$y=0$，得 $B=\frac{q_C}{\gamma}$；

当 $x=0$ 时，$y'=A\text{ch}Kx+B\text{sh}Kx=0$，得 $A=0$。

于是可得合理拱轴线的方程为

$$y=\frac{q_C}{\gamma}(\text{ch}Kx-1)$$

这表明，三铰拱在填料荷载作用下的合理拱轴线为悬链线。

# 6.9 静定平面桁架的内力

**拓展讨论**

请列举现实中应用到桁架的工程案例。

## 6.9.1 概述

### 1. 桁架的组成和特点

梁和刚架是以承受弯矩为主的，横截面上主要产生非均匀分布的弯曲正应力，其边缘处应力最大，而中部的材料并未充分利用，如图 6.48(a)所示。桁架是由若干杆件在每杆两端用铰连接而成的结构，当各杆的轴线都在同一平面内，且外力也在这个平面内时，称为

平面桁架。在平面桁架的计算简图[图 6.48(b)]中，通常引用如下假定。

(1) 各结点都是无摩擦的理想铰。

(2) 各杆轴线绝对平直，并通过铰的中心。

(3) 荷载和支座反力作用在结点上，且各杆的自重忽略不计。

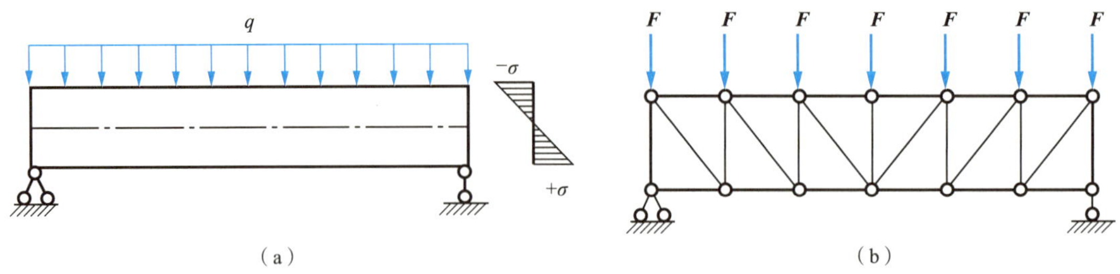


图 6.48 梁和平面桁架示意图

在符合上述假定的理想条件下，桁架各杆将只承受轴力，截面上的应力是均匀分布的，材料能够得到充分利用。因而与梁相比，桁架的用料较省，并能跨越更大的跨度。

桁架多用钢材、木材或钢筋混凝土制作，在桥梁、房建和水工等结构中广泛应用。实际的桁架一般并不完全符合上述理想桁架的假定(图 6.49)。例如，结点具有一定的刚性，有些杆件在结点处可能连续不断；各杆轴线无法绝对平直，结点上各杆的轴线也不一定完全交于一点；荷载不一定都作用在结点上；等等。因此，实际桁架在荷载作用下，杆件将产生弯曲应力，并不像理想条件下只产生均匀分布的轴向应力。但科学实验和工程实践表明，结点刚性等因素对桁架内力的影响一般说来是次要的。因此，可以将图 6.49(a)、(b)分别简化为如图 6.49(c)、(d)所示的计算简图。按照这种计算简图所求得的内力称为桁架的主内力。由于实际情况与上述假定不同而产生的附加内力称为桁架的次内力。这里只讨论主内力的计算。

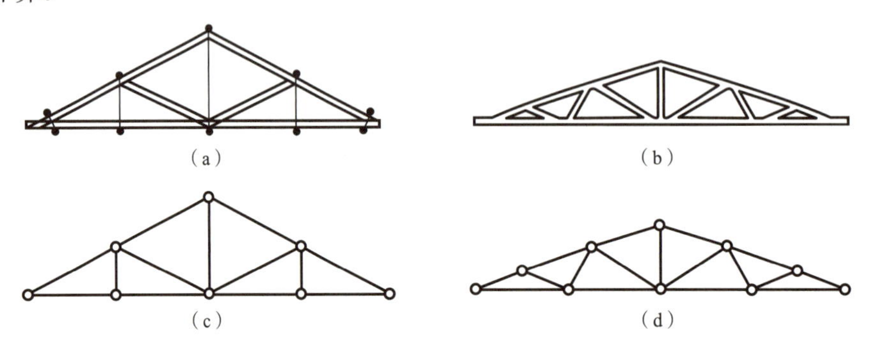


图 6.49 桁架实例及计算简图

### 2. 桁架各部分的名称

桁架各部分的名称如图 6.50 所示。其上边的杆件称为上弦杆，下边的杆件称为下弦杆，上下弦杆统称为弦杆。连接上弦杆和下弦杆的杆件统称为腹杆，其中竖直的称为竖杆，倾斜的称为斜杆。桁架两端的杆，若是竖杆称为端竖杆，若为斜杆则称为端斜杆。弦杆上相邻两结点间的距离称为节间。两支座间的水平距离称为跨度。支座连线至桁架最高点的距离称为桁高。

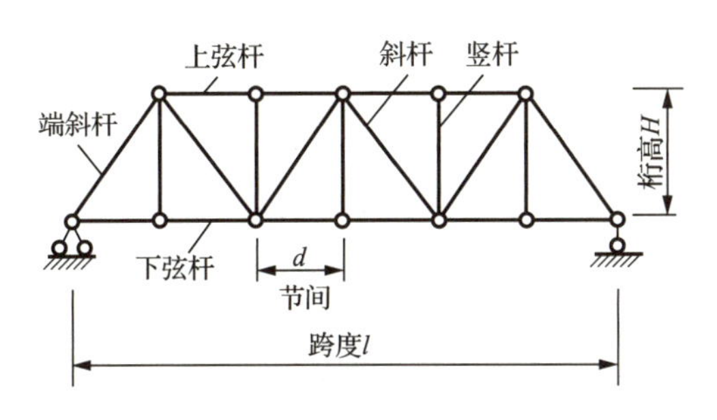


图 6.50 桁架各部分的名称

### 3. 桁架的分类

1) 按照桁架的外形分类

平行弦桁架[图 6.51(a)]，多用于桥梁、吊车梁和托架梁等。

折弦桁架[图 6.51(b)]，多用于较大跨度的桥梁和工业与民用建筑。

三角形桁架[图 6.51(c)]，多用于民用建筑。

2) 按照竖向荷载是否引起水平推力分类

梁式桁架[图 6.51(a)、(b)、(c)]，在竖向荷载作用下只产生竖向支座反力的桁架。梁式桁架又称为无推力桁架。

拱式桁架[图 6.51(d)]，在竖向荷载作用下产生水平支座反力(推力)的桁架。拱式桁架也称为有推力桁架。

3) 按照桁架的几何组成分类

简单桁架[图 6.51(a)、(b)、(c)]，由一个铰结三角形依次增加二元体所组成的桁架。

联合桁架[图 6.51(d)、(e)]，由几个简单桁架，按几何不变体系的基本组成规则连成的桁架。

复杂桁架[图 6.51(f)]，凡不是按照上述两种方式组成的桁架，都称为复杂桁架。

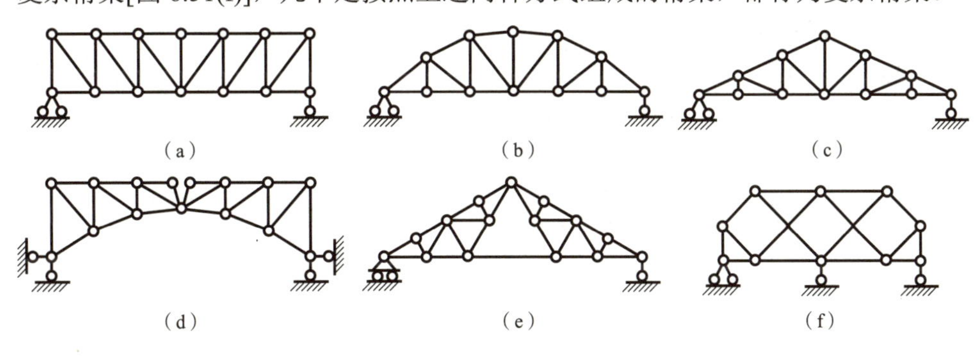


图 6.51 桁架的分类图

## 6.9.2 结点法

### 1. 方法概述

所谓结点法，就是取桁架的结点为分离体，利用各结点的静力平衡条件来计算杆件内

力或支座反力的一种计算方法。一般来说，任何静定桁架的内力和支座反力都可以用结点法求解。因为作用于任一结点的各力(包括荷载、支座反力和杆件内力)组成一个平面汇交力系，所以每一结点可列出两个平衡方程式：$\sum F_x=0$，$\sum F_y=0$。设桁架的结点数为$j$，杆件数为$b$，支座链杆数为$r$，则一共可列出$2j$个独立的平衡方程，而需求解的各杆内力和支座反力一共有$b+r$个未知数。由于静定桁架的自由度$W=2j-b-r=0$，故恒有$b+r=2j$，即未知数的数目恰与方程的数目相等。因此，所有内力和支座反力都可用结点法解出。

但是，在实际计算中，只有当所取结点上的未知力不超过两个且可以独立解算时，应用结点法才是方便的。结点法比较适用于简单桁架的内力计算。因为简单桁架是从一个基本铰结三角形出发，依次增加二元体所组成，其最后一个结点只包含两根杆件。故分析这类桁架时，可先由结构的整体平衡条件求出支座反力，然后从最后一个结点开始，依次倒算回去，即可顺利地求得所有杆件的内力。

在计算桁架内力时，通常规定：杆件受拉时，轴力符号为正；反之为负。在解算未知内力时，一般先假定其为拉力，如计算结果为正，则表示杆件受拉；反之则杆件受压。

### 2. 应用技巧

1) 比例关系式$\dfrac{F_N}{l}=\dfrac{F_{Nx}}{l_x}=\dfrac{F_{Ny}}{l_y}$的利用

在建立平衡方程时，经常需要把斜杆的轴力$\boldsymbol{F}_N$分解为水平分力$\boldsymbol{F}_{Nx}$和竖向分力$\boldsymbol{F}_{Ny}$，如图6.52所示。今设斜杆$AB$的杆长为$l$，相应的水平投影为$l_x$，竖向投影为$l_y$，由相似三角形的比例关系可得

$$\frac{F_N}{l}=\frac{F_{Nx}}{l_x}=\frac{F_{Ny}}{l_y} \tag{6-8}$$

利用这个比例关系式，可以很简便地由$\boldsymbol{F}_N$直接推算出$\boldsymbol{F}_{Nx}$和$\boldsymbol{F}_{Ny}$，或者由$\boldsymbol{F}_{Nx}$和$\boldsymbol{F}_{Ny}$直接推算出$\boldsymbol{F}_N$，而无须使用三角函数进行计算。

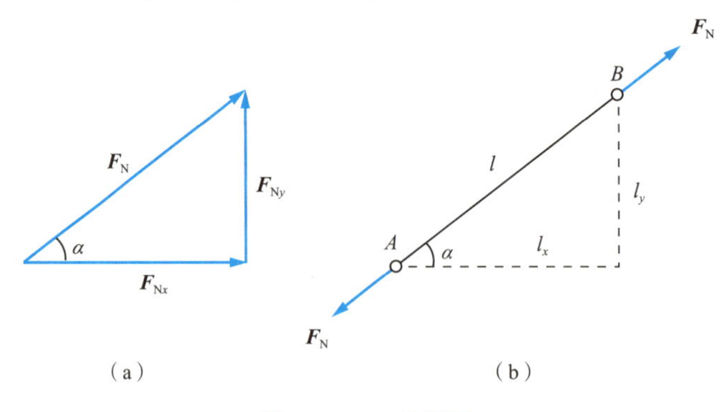


图6.52 $F_N$分解图

### 应用案例 6-25

试用结点法计算图6.53(a)所示桁架各杆的内力。

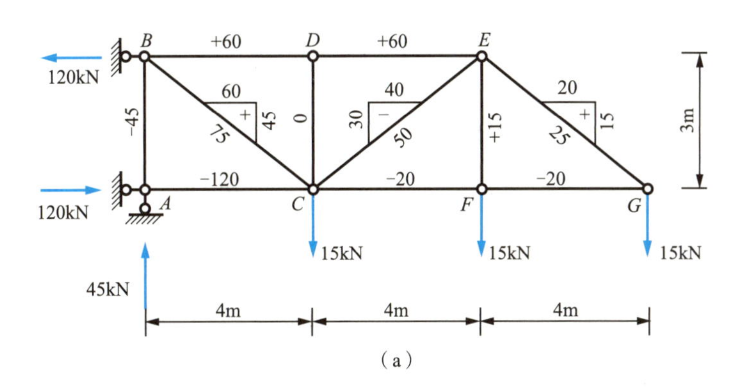

(a)

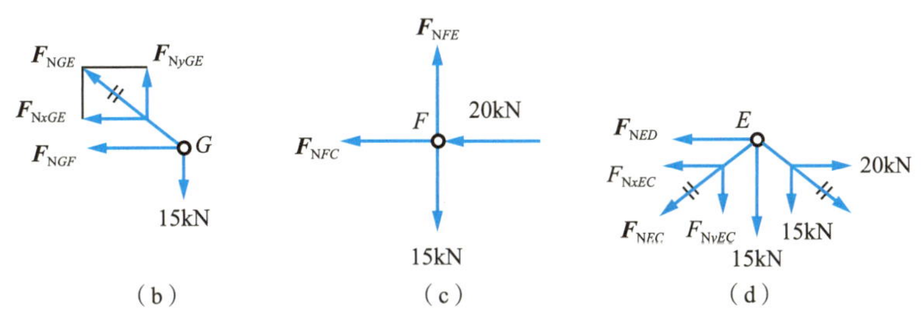

(b) (c) (d)

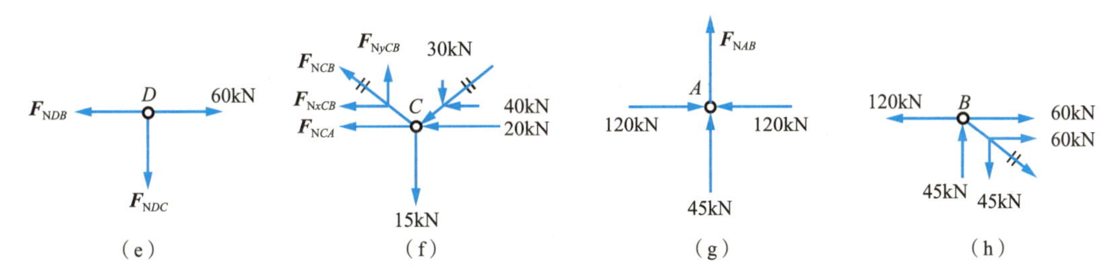

(e) (f) (g) (h)

图 6.53　应用案例 6-25 图

**【解】**(1) 计算支座反力。

取桁架整体为研究对象

由 $\sum M_A=0$　　$F_{Bx}\times 3-15\times 4-15\times 8-15\times 12=0$

得　　$F_{Bx}=120\text{kN}(\leftarrow)$

由 $\sum F_x=0$ 得　　$F_{Ax}=F_{Bx}=120\text{kN}(\rightarrow)$

由 $\sum F_y=0$ 得　　$F_{Ay}=(15+15+15)\text{kN}=45\text{kN}(\uparrow)$

(2) 取结点 $G$ 为分离体[图 6.53(b)]。

由 $\sum F_y=0$　　$F_{\text{Ny}GE}-15=0$　　得　$F_{\text{Ny}GE}=15\text{kN}$

$$F_{\text{Nx}GE}=\left(15\times\frac{4}{3}\right)\text{kN}=20\text{kN}$$

$$F_{\text{N}GE}=\left(15\times\frac{5}{3}\right)\text{kN}=25\text{kN}$$

由 $\sum F_x=0$　$F_{\text{Nx}GE}+F_{\text{N}GF}=0$　　得　$F_{\text{N}GF}=-20\text{kN}$

(3) 取结点 $F$ 为分离体[图 6.53(c)]。

由 $\sum F_x=0$　　$F_{\text{N}FC}+20=0$　　得　$F_{\text{N}FC}=-20\text{kN}$

由 $\sum F_y = 0$　　$F_{NFE} - 15 = 0$　　得　$F_{NFE} = 15\text{kN}$

(4) 取结点 $E$ 为分离体[图 6.53(d)]。

由 $\sum F_y = 0$　　$F_{NyEC} + 15\text{kN} + 15\text{kN} = 0$　　得　$F_{NyEC} = -30\text{kN}$

$$F_{NxEC} = \left(-30 \times \frac{4}{3}\right)\text{kN} = -40\text{kN}$$

$$F_{NEC} = \left(-30 \times \frac{5}{3}\right)\text{kN} = -50\text{kN}$$

由 $\sum F_x = 0$　　$F_{NED} + F_{NxEC} - 20\text{kN} = 0$　　得　$F_{NED} = 60\text{kN}$

(5) 取结点 $D$ 为分离体[图 6.53(e)]。

由 $\sum F_x = 0$　　得　$F_{NDB} = 60\text{kN}$

由 $\sum F_y = 0$　　得　$F_{NDC} = 0$

(6) 取结点 $C$ 为分离体[图 6.53(f)]。

由 $\sum F_y = 0$　　$F_{NyCB} - 30\text{kN} - 15\text{kN} = 0$　　得　$F_{NyCB} = 45\text{kN}$

$$F_{NxCB} = \left(45 \times \frac{4}{3}\right)\text{kN} = 60\text{kN}$$

$$F_{NCB} = \left(45 \times \frac{5}{3}\right)\text{kN} = 75\text{kN}$$

由 $\sum F_x = 0$　$F_{NCA} + F_{NxCB} + 20\text{kN} + 40\text{kN} = 0$　　得　$F_{NCA} = -120\text{kN}$

(7) 取结点 $A$ 为分离体[图 6.53(g)]。

由 $\sum F_y = 0$　　$F_{NAB} + 45 = 0$　　得　$F_{NAB} = -45\text{kN}$

(8) 校核：取最后一个结点 $B$ 为分离体[图 6.53(h)]。

$$\sum F_x = 0，\ -120 + 60 + 60 = 0$$

$$\sum F_y = 0，\ 45 - 45 = 0$$

计算无误。现将杆件内力及其分力标注于杆旁，如图 6.53(a)所示。

2) 结点平衡的特殊情况

在桁架中常有一些特殊的结点，掌握了这些特殊结点的平衡规律，可给计算带来很大的方便。现列举几种特殊结点如下。

(1) L 形结点，或称两杆结点[图 6.54(a)]，当结点上无荷载时两杆内力皆为零。凡内力为零的杆件称为零杆。

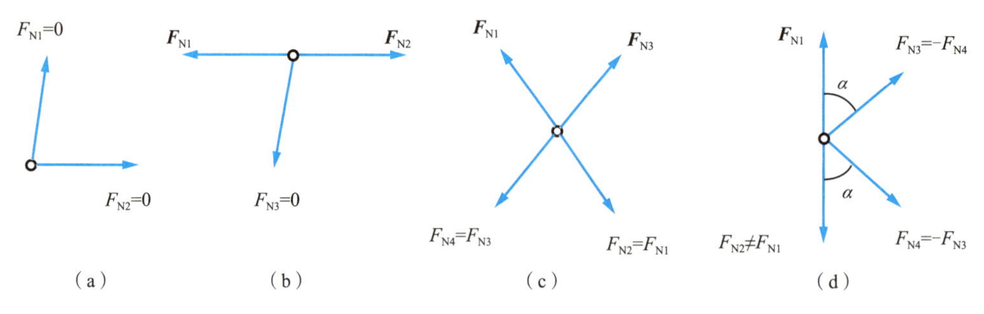


图 6.54　特殊平衡结点图

(2) T 形结点，这是三杆汇交的结点而其中两杆在一直线上[图 6.54(b)]，当结点上无荷载时，第三杆(又称单杆)必为零杆，而共线两杆内力相等且符号相同(即同为拉力或同为压力)。

(3) X 形结点，这是四杆结点且两两共线[图 6.54(c)]，当结点上无荷载时，则共线两杆内力相等且符号相同。

(4) K 形结点，这也是四杆结点，其中两杆共线，而另外两杆在此直线同侧且交角相等[图 6.54(d)]。结点上如无荷载，则非共线两杆内力大小相等而符号相反(一为拉力，则另一为压力)。

上述结论均可根据适当的投影平衡方程得出，读者可自行证明。

应用上述结论，不难判断图 6.55 所示各桁架中的零杆。在分析桁架时，先将零杆识别出来，可使计算工作大为简化。

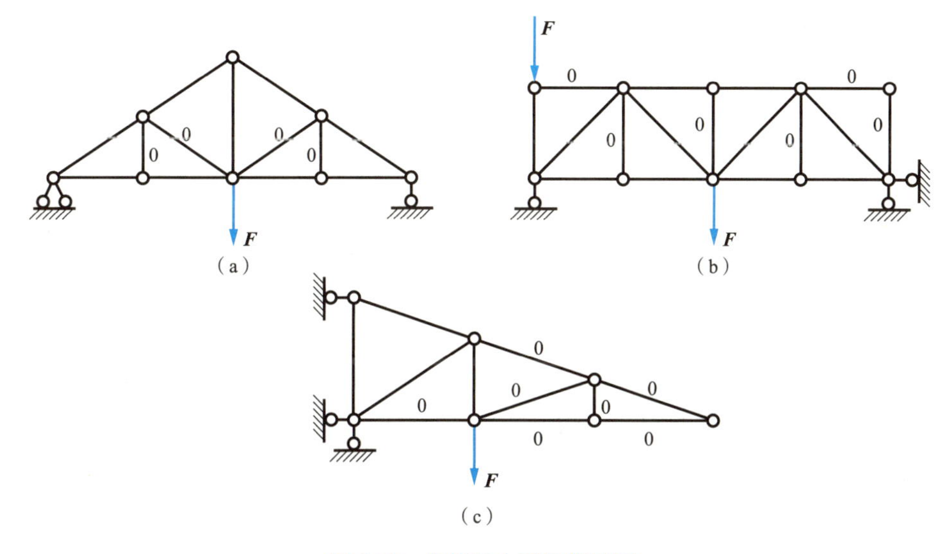


图 6.55 各桁架中零杆识别图

## 6.9.3 截面法

所谓截面法，就是用一适当截面将桁架分为两部分，然后任取一部分为分离体(分离体至少包含两个结点)，根据平衡条件来计算所截杆件的内力。通常作用在分离体上的诸力为平面一般力系，故可建立三个平衡方程。因此，若分离体上的未知力不超过三个，则一般可将它们全部求出。

在用截面法解桁架时，为了避免解联立方程，应对截面的位置、平衡方程的形式(力矩式或是投影式)和矩心等加以选择。如果选取恰当，将使计算工作大为简化。

### 应用案例 6-26

折弦桁架如图 6.56(a)所示，试计算杆件 1、2、3 的内力。

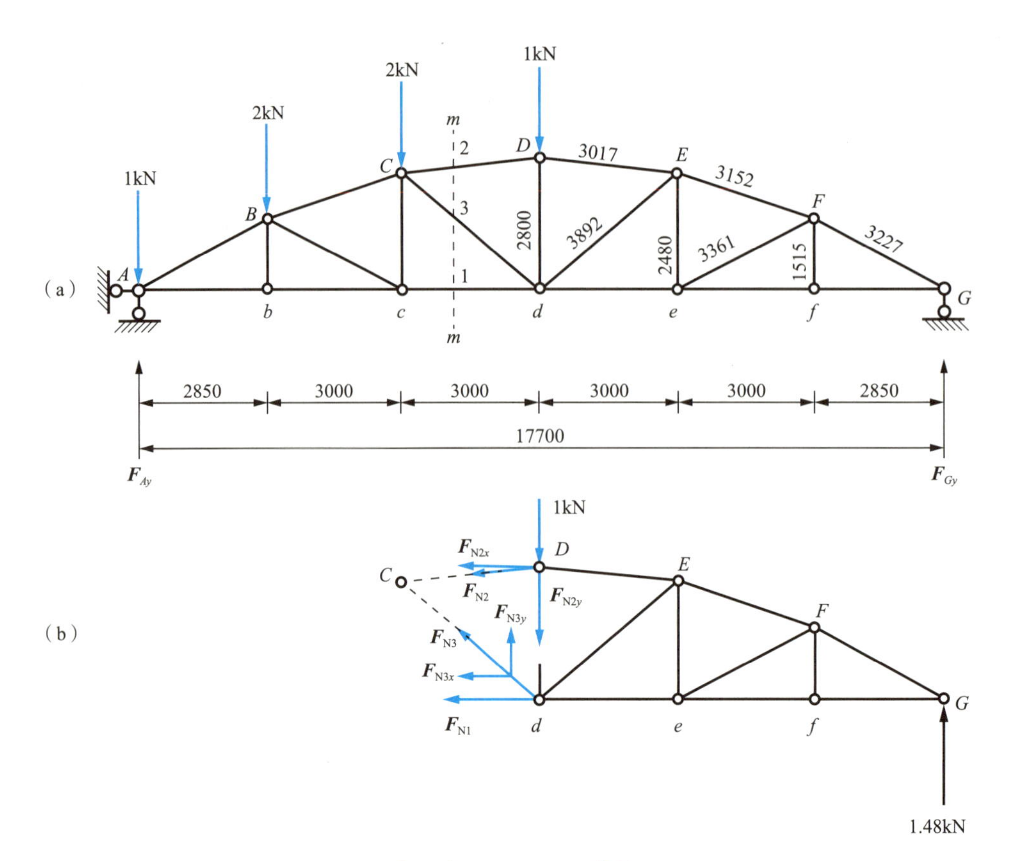


图 6.56 应用案例 6-26 图（单位：mm）

【解】(1) 计算支座反力。

由 $\sum M_A=0$，$F_{Gy}\times 17700-1\times 8850-2\times 5850-2\times 2850=0$

得

$$F_{Gy}=1.48\text{kN}(\uparrow)$$

由 $\sum M_G=0$，$F_{Ay}\times 17700-1\times 17700-2\times 14850-2\times 11850-1\times 8850=0$

得

$$F_{Ay}=4.52\text{kN}(\uparrow)$$

校核：$\sum F_y=0$，$1.48+4.52-1-2-2-1=0$

无误。

(2) 计算杆 1、2、3 的内力。

作截面 $m—m$，截开 1、2、3 三杆，取右边部分为分离体，如图 6.56(b)所示。分离体上共有三个未知力：$\boldsymbol{F}_{N1}$、$\boldsymbol{F}_{N2}$、$\boldsymbol{F}_{N3}$(全部假设为拉力)，它们可用三个平衡方程求出。

应用平衡方程求轴力时，应注意避免解联立方程。例如，为了求未知力 $\boldsymbol{F}_{N1}$，可取其他两个未知力 $\boldsymbol{F}_{N2}$和 $\boldsymbol{F}_{N3}$的交点 $C$ 为矩心，列出力矩平衡方程。这时，轴力 $\boldsymbol{F}_{N1}$就是方程中唯一的未知量，因而可直接求出。由力矩方程

$$\sum M_C=0,\quad F_{N1}\times 2.48+1\times 3-1.48\times 11.85=0$$

得

$$F_{N1}=5.87\text{kN}(拉力)$$

同样，求 $\boldsymbol{F}_{N2}$ 时，可取 $\boldsymbol{F}_{N1}$ 与 $\boldsymbol{F}_{N3}$ 的交点 $d$ 为矩心。此外，为便于计算斜杆轴力 $\boldsymbol{F}_{N2}$

的力矩，可先将 $\boldsymbol{F}_{N2}$ 在 $D$ 点分解为 $\boldsymbol{F}_{N2x}$ 和 $\boldsymbol{F}_{N2y}$，由力矩方程

$$\sum M_d = 0, \quad F_{N2x} \times (-2.80) - 1.48 \times 8.85 = 0$$

得

$$F_{N2x} = -4.68\text{kN}$$

再由比例关系式(6-8)，得

$$F_{N2} = \left(-4.68 \times \frac{3.017}{3.00}\right)\text{kN} = -4.70\text{kN}\ (\text{压力})$$

最后，求 $F_{N3}$ 时，由于其他未知力已经求出，故也可利用投影方程来求。由

$$\sum F_x = 0, -F_{N3x} - F_{N1} - F_{N2x} = 0$$

得

$$F_{N3x} = -F_{N1} - F_{N2x} = (-5.87 + 4.68)\text{kN} = -1.19\text{kN}$$

再由比例关系，得

$$F_{N3} = \left(-1.19 \times \frac{3.89}{3.00}\right)\text{kN} = -1.54\text{kN}\ (\text{压力})$$

校核：可用平衡方程 $\sum F_y = 0$ 来进行(略)。

注意，用截面法求桁架内力时，应尽量使所截断的杆件不超过三根，这样所截杆件的内力均可求出。有时，所作截面虽然截断了三根以上的杆件，但只要在被截各杆中，除一杆外，其余均汇交于一点或均平行，则该杆内力仍可首先求得。如在图 6.57 所示桁架中作截面Ⅰ—Ⅰ，由 $\sum F_x = 0$ 可求出 $F_{Nb}$。

上面分别介绍了结点法和截面法。对于简单桁架，当要求全部杆件内力时，用结点法是适宜的；若只求个别杆件的内力，则往往用截面法较方便。对于联合桁架，若只用结点法将会遇到未知力超过两个的结点，故宜先用截面法将联合杆件的内力求出。例如，如图 6.58 所示桁架，应先由截面Ⅰ—Ⅰ求出联合杆件 $DE$ 的内力，然后再对各简单桁架进行分析便无困难。

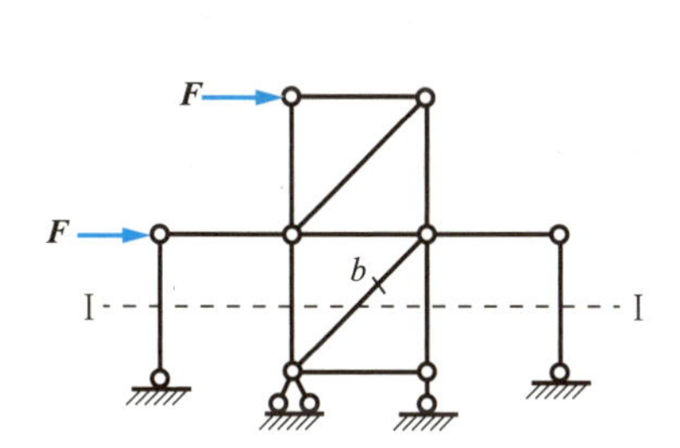


图 6.57　复杂桁架求内力图

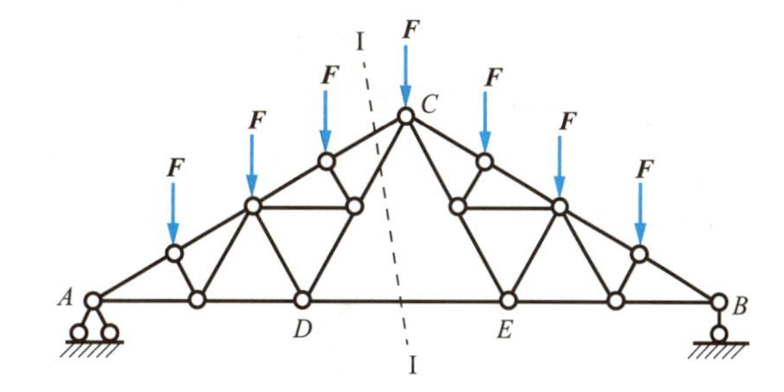


图 6.58　联合桁架求内力图

**特别提示**

取截面时截断的杆件数一般不宜超过 3 根，建立平衡方程时应尽量避免解联立方程。

## 6.9.4 结点法和截面法的联合应用

前面已指出，结点法和截面法各有所长，应根据具体情况选用。在有些情况下，则将两种方法联合使用更为方便，下面举例说明。

应用案例 6-27

试求图 6.59(a)所示 $K$ 式桁架中 $a$ 杆和 $b$ 杆的内力。

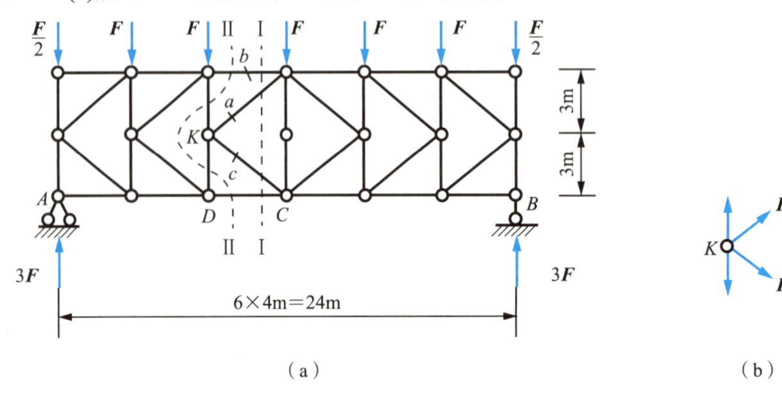


图 6.59　应用案例 6-27 图

【解】(1) 计算支座反力。

由对称性可得

$$F_{Ay}=F_{By}=3F(\uparrow)$$

(2) 计算杆 $a$、$b$ 的内力。

求 $a$ 杆内力时，可作截面 I—I 并取其左部为分离体。由于截断了四根杆件，故仅由此截面尚不能求解，还需再取其他分离体，求出这四个未知力中的某一个或找出其中两个未知力的关系，从而使该截面所取分离体上只包含三个独立的未知力时，方可解出。为此，可截取结点 $K$ 为分离体[图 6.59(b)]，由 K 形结点的特性可知

$$F_{\mathrm{N}a}=-F_{\mathrm{N}c} \quad 或 \quad F_{\mathrm{N}ay}=-F_{\mathrm{N}cy}$$

再由截面 I—I，根据 $\sum F_y=0$ 有

$$3F-\frac{F}{2}-F-F+F_{\mathrm{N}ay}-F_{\mathrm{N}cy}=0$$

即

$$\frac{F}{2}+2F_{\mathrm{N}ay}=0$$

得

$$F_{\mathrm{N}ay}=-\frac{F}{4}$$

由比例关系得

$$F_{\mathrm{N}a}=-\frac{F}{4}\times\frac{5}{3}=-\frac{5F}{12}$$

求得 $F_{Na}$ 后，由截面 Ⅰ—Ⅰ，利用 $\sum M_C = 0$ 即可求得 $F_{Nb}$。也可以作截面Ⅱ—Ⅱ，取其左部为分离体，由 $\sum M_D = 0$ 来求得 $b$ 杆内力，即

$$F_{Nb} = -\frac{3F\times 8 - \dfrac{F}{2}\times 8 - F\times 4}{6} = -\frac{8}{3}F$$

显然，后一种方法更简捷。

## 6.10 静定结构的基本特性

本章讨论的梁、刚架、拱和桁架都属于静定结构，所有的支座反力以及任一截面的内力均可由平衡方程求得。相对于超静定结构而言，静定结构存在如下特性。

### 1. 静定结构解答唯一性

由于静定结构是无多余约束的几何不变体系，静力平衡方程个数与未知的约束力数目相等，所以不仅体系的全部约束力及内力可由一组平衡方程予以确定，而且该解答是唯一的。这表明，一组满足全部平衡条件的解答，就是静定结构的真实解答，这是静定结构的最基本特性，称为静定结构解答唯一性。

根据静定结构解答唯一性这一基本特性，可导出其他特性。

### 2. 非荷载因素不引起静定结构的反力与内力

支座移动、温度改变、制造误差等非荷载因素作用于结构而无外力作用时，结构或某些构件可以产生刚体位移或形状改变。由于无荷载作用，零解必能满足结构的所有平衡条件，即静定结构的约束反力和内力必为零解。

### 3. 平衡力系在静定结构中只产生局部效应

如果一组平衡力系作用于结构的某一内部几何不变的局部上，则仅在该局部引起内力，此内力能满足全结构的平衡条件，其他部分的反力和内力均为零。

### 4. 荷载的等效变换

所谓荷载的等效变换是将一组荷载改换成合力大小与位置并不改变的另一组荷载(称为等效荷载)。当作用于静定结构内几何不变部分的荷载作等效变换时，只有该局部的内力发生改变，而其他部分的约束力及内力不变。

### 5. 局部构造的等效变换

局部构造的等效变换是指局部几何组成的变化，但不改变该部分与其他部分联系处的约束性质。若结构原来的荷载及其作用位置也保持不变，则其他部分的约束力与内力不变，改变的仅是该局部的内力。

## 小　结

1. 工程上梁弯曲时的内力分析和内力图绘制

(1) 梁弯曲时横截面上存在两种内力——剪力和弯矩。计算内力的基本方法是截面法，

在应用截面法时，可直接依靠外力确定截面上内力的数值和符号。

(2) 绘制内力图的方法共有三种：根据剪力方程和弯矩方程作内力图；利用 $M(x)$、$F_Q(x)$、$q(x)$之间的微分关系作内力图；用叠加法作内力图。由内力方程作内力图是最基本的方法，由微分关系作内力图是较简捷的方法。

2. 多跨静定梁的内力和内力图

(1) 多跨静定梁是由若干单跨梁用铰连接而成的结构。其几何组成特点是组成结构的各单跨梁可以分为基本部分和附属部分两类。其传力关系的特点是：加在附属部分上的荷载，使附属部分和与其相关的基本部分都受力；而加在基本部分上的荷载却只使基本部分受力，附属部分不受力。

(2) 计算多跨静定梁。首先要分清哪些是基本部分，哪些是附属部分，其次按照与单跨静定梁相同的方法，先算附属部分，后算基本部分，并且在计算基本部分时不要遗漏由其附属部分传来的作用力。

(3) 多跨静定梁内力图的绘制。其绘制方法也和单跨静定梁相同，可采用将各附属部分和基本部分的内力图拼合在一起的方法，或根据整体受力图直接绘制的方法。

3. 静定平面刚架的内力和内力图

(1) 刚架是由直杆(梁和柱)组成的结构，其几何组成特点是具有刚结点。刚架的变形特点是在刚结点处各杆的夹角始终保持不变。刚架的受力特点是刚结点可以承受和传递弯矩，弯矩是它的主要内力。

(2) 静定平面刚架的内力计算和内力图绘制在方法上也和静定梁基本相同。需要注意的是，刚架的弯矩图通常不统一规定正负号，只强调弯矩图应绘制在杆件的受拉侧。刚架弯矩图用区段叠加法绘制比较简捷。

4. 三铰拱的反力、内力计算

(1) 拱是在竖向荷载作用下有水平推力的曲杆结构。在竖向荷载作用下有无水平推力，是拱和梁的基本区别。由于水平推力的存在，拱内各截面的弯矩要比相应的曲梁或简支梁的弯矩小得多。轴向压力是拱的主要内力。

(2) 在已知荷载作用下，使拱身截面只有轴向压力的拱轴线称为合理拱轴线。合理拱轴线只是相对于某一种荷载情况而言的。当荷载的大小或作用位置改变时，合理拱轴线一般要发生相应的变化。

5. 静定平面桁架的内力

(1) 桁架是全部由链杆组成的结构。

(2) 静定平面桁架内力计算的基本方法是结点法和截面法。

本章的重点是各种静定结构的内力计算和内力图绘制。

## 思 考 题

(1) 简述梁内力正负号的规定及其由外力判断内力正负的特点。

(2) 作用有集中力或集中力偶的截面，其内力图有什么特征？

(3) 绝对最大弯矩一般出现在哪些截面上？

(4) 简述梁在各种荷载作用下内力图的基本变化规律。

(5) 多跨静定梁、刚架、拱、桁架几种静定结构各自有什么组成特点和受力、变形特点？

(6) 刚架、拱、桁架内力的正负号是怎样规定的？

(7) 何为合理拱轴线？若竖向荷载的大小和作用位置改变，三铰拱的合理拱轴线会不会改变？为什么？

(8) 何谓零杆？怎样识别？零杆是否可以从桁架中撤去？为什么？

(9) 何谓截面法？在什么情况下应用这一方法比较适宜？怎样避免解联立方程？

## 习 题

### 一、填空题

(1) 梁受力后主要发生的变形是________。

(2) 内力图上的纵标值，表示该截面上内力的________和________。

(3) 单跨静定梁按支座情况分为________、________和________。

(4) 梁横截面上的所有纵向对称轴组成的平面称为________。

(5) 剪力为零处，梁的弯矩图在该处________。

(6) 多跨静定梁有基本部分和附属部分组成，其计算顺序为先________后________。

(7) 常见的静定刚架有________、________和________三种刚架。

(8) 在桁架结构计算中，用结点法为一________力系，故只能求出________根杆件的轴力。

(9) 在桁架结构计算中，用截面法为一________力系，故切取的研究对象一般不能超过________根。

(10) 桁架结构中各杆的内力只有________。

### 二、单选题

(1) 梁横截面上弯矩的正负号规定为(　　)。

A. 顺时针转向为正，逆时针转向为负

B. 逆时针转向为正，顺时针转向为负

C. 使所选隔离体下侧受拉为正，反之为负

D. 使所选隔离体上侧受拉为正，反之为负

(2) 梁横截面上剪力的正负号规定为(　　)。

A. 向上作用的剪力为正，向下作用的剪力为负

B. 向下作用的剪力为正，向上作用的剪力为负

C. 使所选隔离体顺时针转为正，反之为负

D. 使所选隔离体逆时针转为正，反之为负

(3) 集中力偶作用处，梁的弯矩图(　　)，剪力图(　　)。

A. 有突变　　B. 无变化　　C. 有转折　　D. 为零

(4) 集中力作用处，梁的弯矩图(　　)，剪力图(　　)。

A. 无变化　　B. 有突变　　C. 为零　　D. 有转折

(5) 若梁上作用向下的均布荷载，则该梁段的弯矩图形状为(　　)。

A. 向下凸的抛物线　　B. 向上凸的抛物线

C. 斜直线　　D. 水平线

(6) 对静定结构进行内力分析时，只需考虑(　　)。

A. 变形条件　　B. 平衡条件

C. 变形条件和平衡条件　　D. 其他

(7) 静定结构内力大小仅与(　　)有关。

A. 荷载、支座位移　　B. 荷载、温度变化

C. 荷载、结构几何形状与尺寸　　D. 荷载、杆件截面形状与尺寸

(8) 三铰拱合理拱轴线是指在给定荷载作用下，三铰拱中(　　)的拱轴形状。

A. 无弯矩、无剪力、只产生轴力　　B. 无剪力、无轴力、只产生弯矩

C. 无弯矩、无轴力、只产生剪力　　D. 无弯矩、无剪力、无轴力

(9) 在竖向荷载作用下，结构只产生竖向反力的称(　　)式结构。

A. 拱　　B. 桁架　　C. 梁　　D. 不定

(10) 刚结点能承受(　　)。

A. 弯矩　　B. 剪力　　C. 轴力　　D. 前三项之和

## 三、判断题

(1) 当梁发生弯曲时，若某段上无荷载作用，则弯矩图在此段内必为平行于轴线的直线。(　　)

(2) 若直梁的某段上，弯矩图为斜直线，则该段上必无均布荷载作用。(　　)

(3) 梁上多加个集中力偶作用，对剪力图的形状无影响。(　　)

(4) 若弯矩图抛物线下凸，则该段梁上均布荷载向下作用。(　　)

(5) 梁横截面上的内力仅与跨度、荷载有关，而与梁的材料、横截面的形状和尺寸无关。(　　)

(6) 梁在负弯矩作用下，中性轴以上部分截面受压。(　　)

(7) 梁在正弯矩作用下，中性轴以上部分截面受压。(　　)

(8) 在竖向荷载作用下，拱式结构只能产生竖向反力。(　　)

(9) 刚架具有刚性结点，所以刚架能承受弯矩、剪力和轴力。(　　)

(10) 三铰刚架在竖向荷载作用下，要产生水平反力所以为拱式结构。(　　)

(11) 桁架结构中内力为零的杆件称零杆。(　　)

(12) 刚架结构中所有铰都能承受弯矩。(　　)

## 四、主观题

(1) 用截面法计算图6.60所示各梁指定截面上的内力。

(2) 用计算内力的简便方法，直接根据荷载求图6.61所示各梁指定截面上的内力。

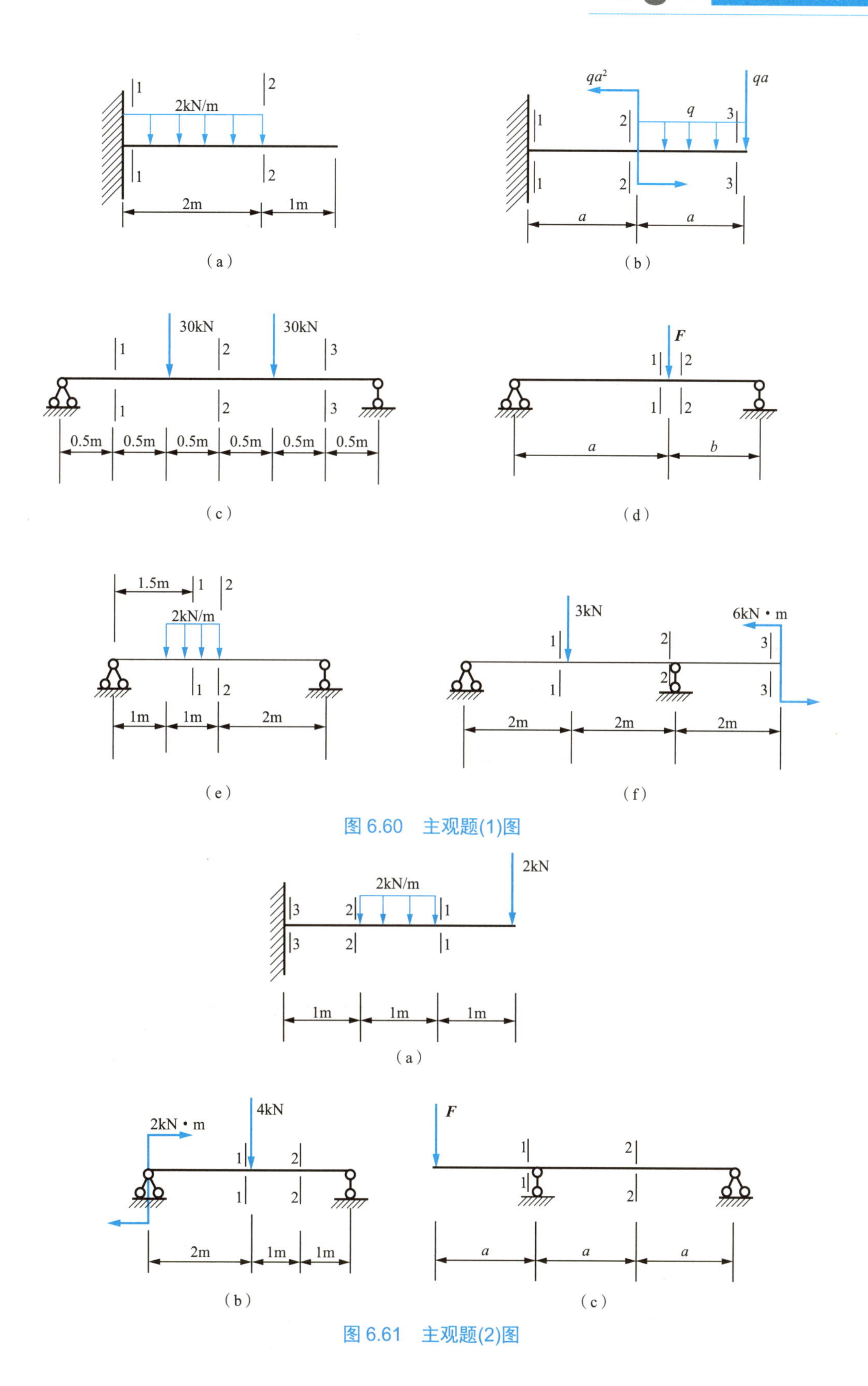


图 6.60　主观题(1)图

图 6.61　主观题(2)图

(3) 列出图 6.62 所示各梁的剪力方程和弯矩方程，作剪力图和弯矩图，并确定$|F_Q|_{max}$和$|M|_{max}$。

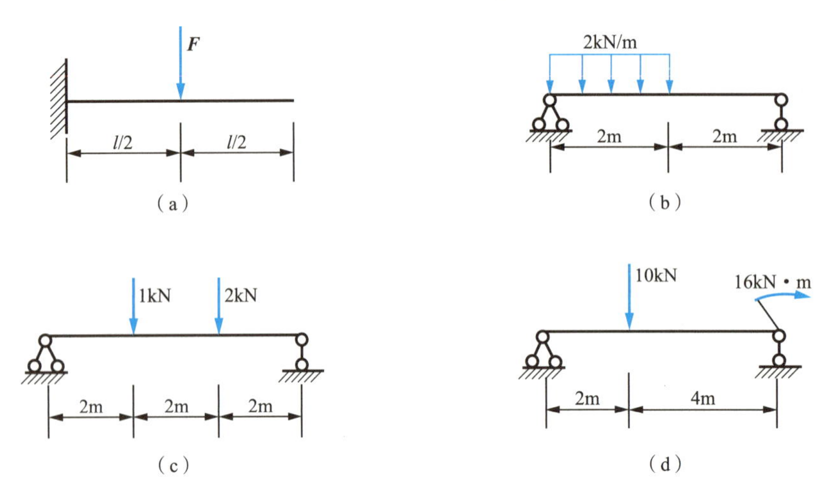


图 6.62　主观题(3)图

(4) 利用 $M(x)$、$F_Q(x)$、$q(x)$之间的微分关系作图 6.63 所示各梁的剪力图和弯矩图，并确定$|F_Q|_{max}$和$|M|_{max}$。

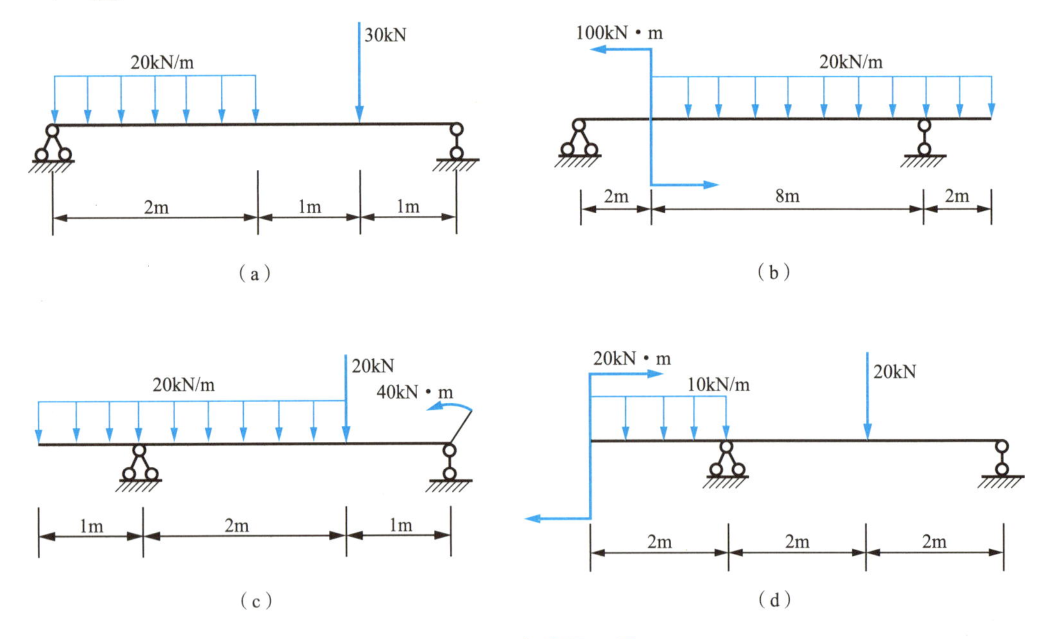


图 6.63　主观题(4)图

(5) 起吊一根单位长度自重为 $q$(N/m) 的等截面钢筋混凝土梁，如图 6.64 所示，问吊装时起吊点在何处才能使梁中点处和吊点处的弯矩绝对值相等？

(6) 用叠加法作图 6.65 所示各梁的弯矩图。

(7) 作图 6.66 所示多跨静定梁的剪力图和弯矩图。

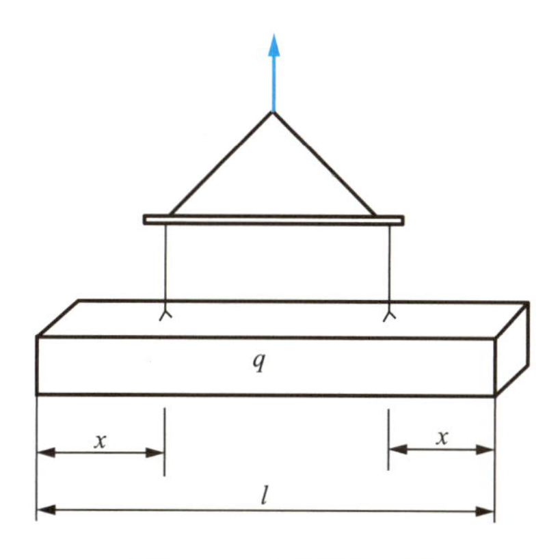


图 6.64　主观题(5)图

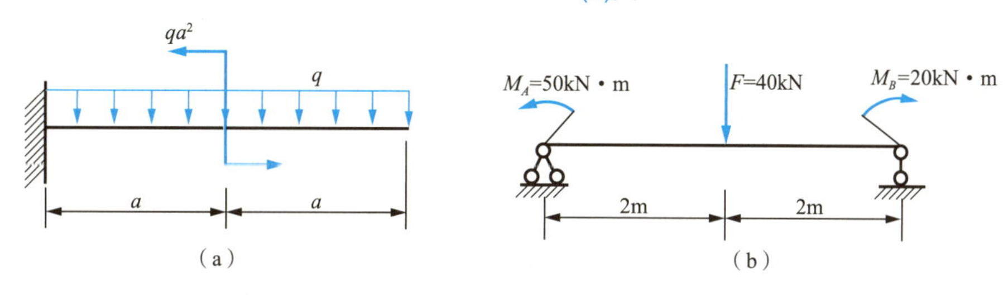


图 6.65　主观题(6)图

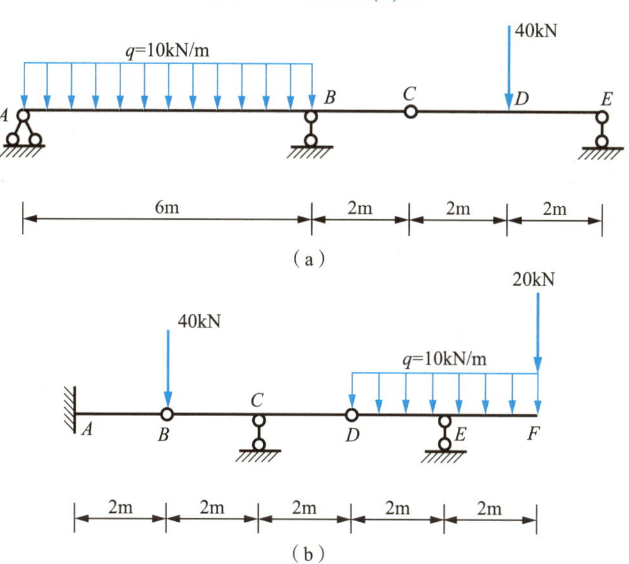


图 6.66　主观题(7)图

(8) 作图 6.67 所示刚架的弯矩图、剪力图和轴力图。

(9) 求图 6.68 所示圆弧三铰拱的支座反力和截面 $K$ 的内力。

(10) 如图 6.69 所示，三铰拱的拱轴线方程为 $y=x-\frac{x^2}{20}$，试求 $K$ 截面的内力。

(11) 判断图 6.70 所示桁架中的零杆。

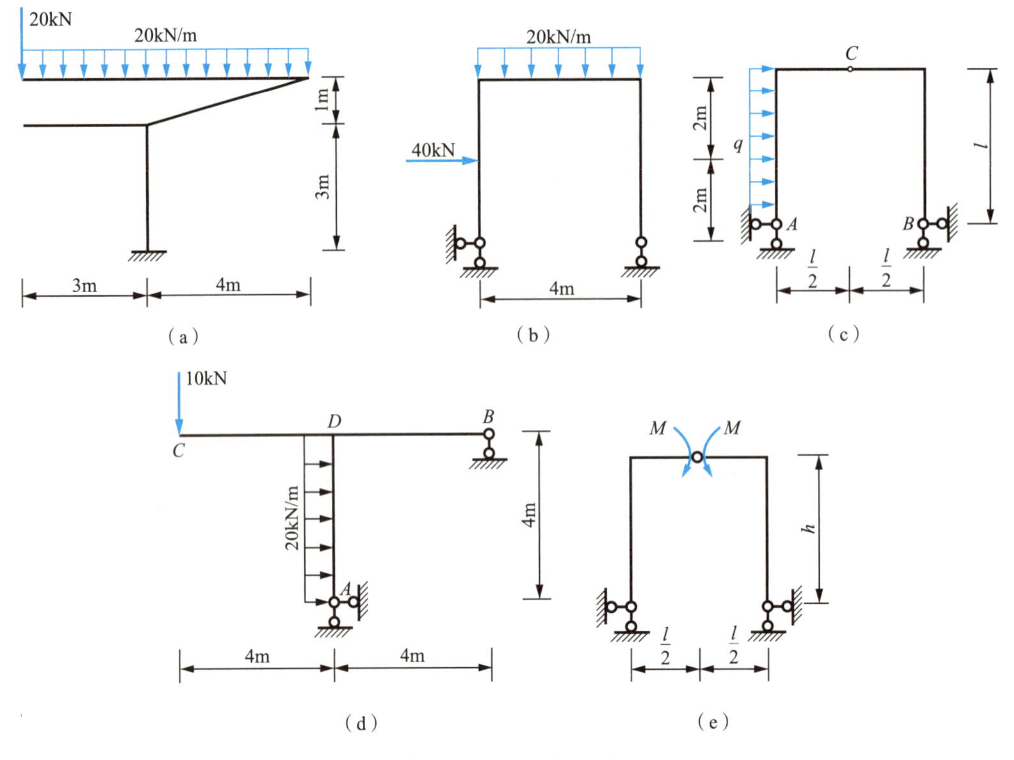


图 6.67　主观题(8)图

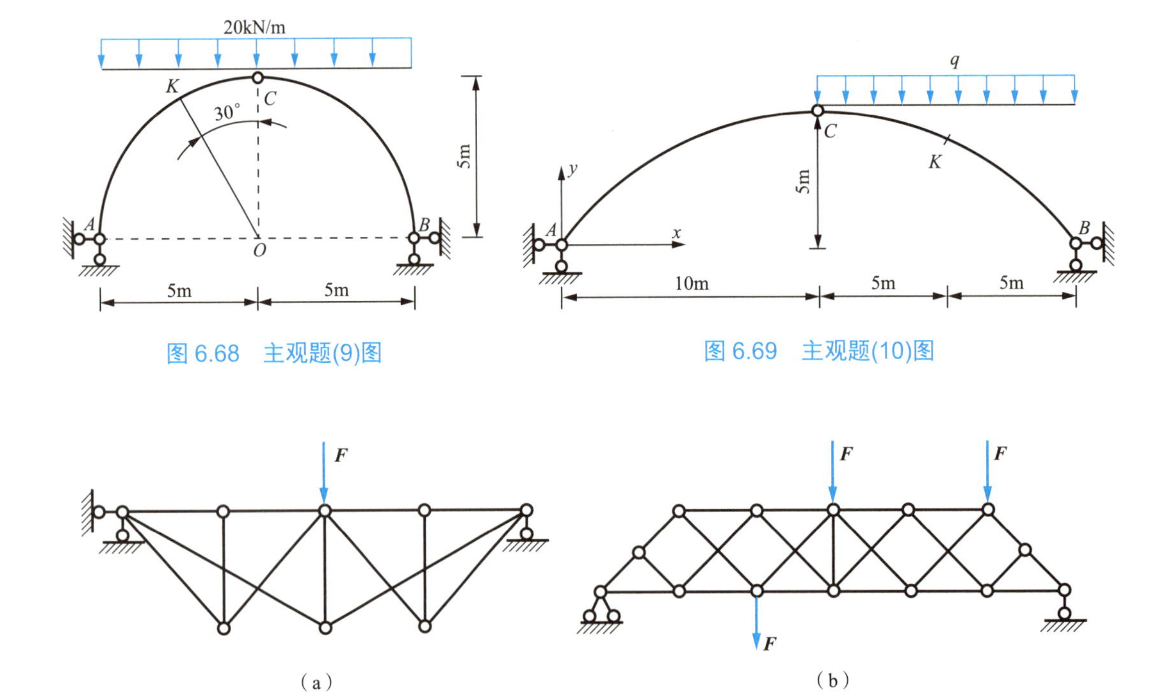


图 6.68　主观题(9)图

图 6.69　主观题(10)图

图 6.70　主观题(11)图

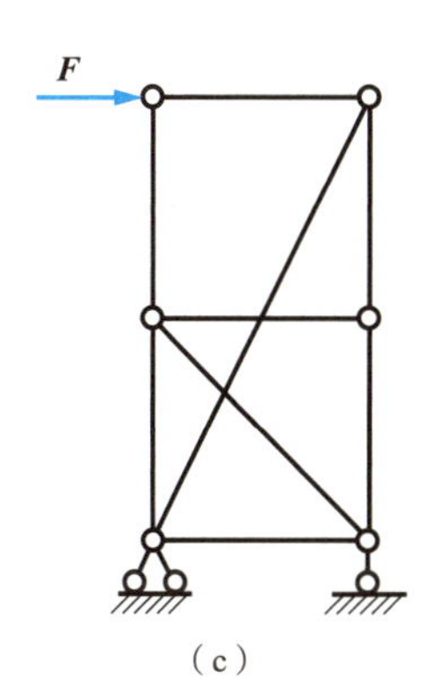


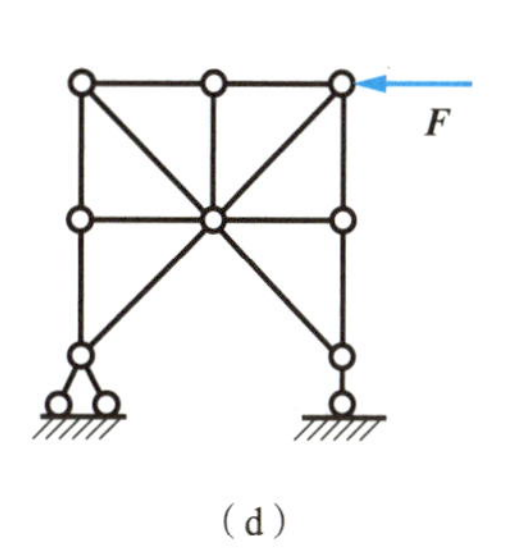


图 6.70　主观题(11)图(续)

(12) 用结点法计算图 6.71 所示桁架各杆的内力。

(13) 用截面法计算图 6.72 所示桁架中各指定杆件的内力。

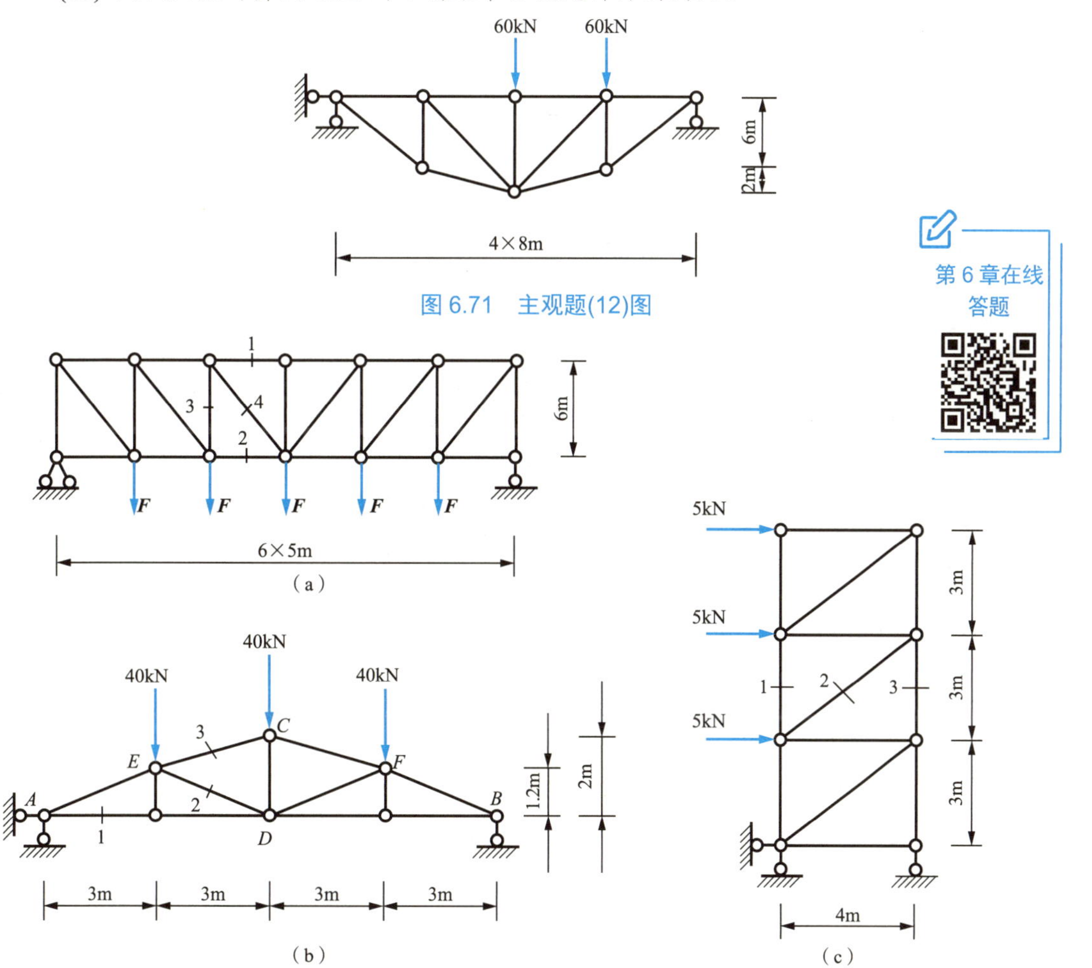


图 6.71　主观题(12)图

图 6.72　主观题(13)图

# 第7章 梁的弯曲应力

## 教学目标

熟悉工程上等截面直梁的弯曲正应力、弯曲切应力的概念；掌握等截面直梁的弯曲正应力、弯曲切应力的计算及强度计算；熟悉平面图形的几何性质；了解强度理论的概念。

## 教学要求

| 知识要点 | 能力要求 | 所占比重 |
|---|---|---|
| 弯曲正应力的概念 | 能计算梁的弯曲正应力 | 12% |
| 弯曲切应力的概念 | 能计算梁的弯曲切应力 | 8% |
| 形心、静矩、惯性矩、极惯性矩、平行移轴公式 | (1) 能计算平面图形的静矩、惯性矩、极惯性矩<br>(2) 能计算简单组合图形的静矩 | 15% |
| 梁的弯曲正应力强度计算、梁的正应力在横截面上的分布、抗弯截面系数 | (1) 熟悉梁的弯曲正应力强度计算<br>(2) 能对简单的梁进行弯曲正应力强度校核 | 30% |
| 梁的弯曲切应力强度计算、梁的切应力在横截面上的分布规律、静矩计算 | 能对矩形截面、圆形截面、工字形截面的梁进行弯曲切应力强度校核 | 20% |
| 提高梁强度的措施 | (1) 理解提高梁强度的主要措施<br>(2) 能较合理地选择梁的截面 | 10% |
| 强度理论、应力单元、平面应力状态、应力圆 | (1) 熟悉五个基本的强度理论<br>(2) 会用强度理论确定梁的主应力<br>(3) 能对梁进行主应力校核 | 5% |

## 学习重点

工程上等截面直梁的弯曲正应力、弯曲切应力的计算及强度计算；平面图形的静矩、惯性矩、极惯性矩的计算。

### 生活知识提点

人们用扁担挑重物，当重物较重时，扁担会发生很大的变形，这时若再增加重物，扁担会断裂破坏。若在扁担上绑加一根杆件，扁担的变形会明显减少，达到使用要求。这是为什么？下面来进行讨论。

### 引例

如图 7.1 所示，梁在 $CD$ 段只有弯矩作用，在弯矩作用下梁内要产生什么应力？梁内应力是怎样分布的？梁在 $AC$、$DB$ 段内既有弯矩作用，又有剪力作用，梁内应力又是怎样分布的？

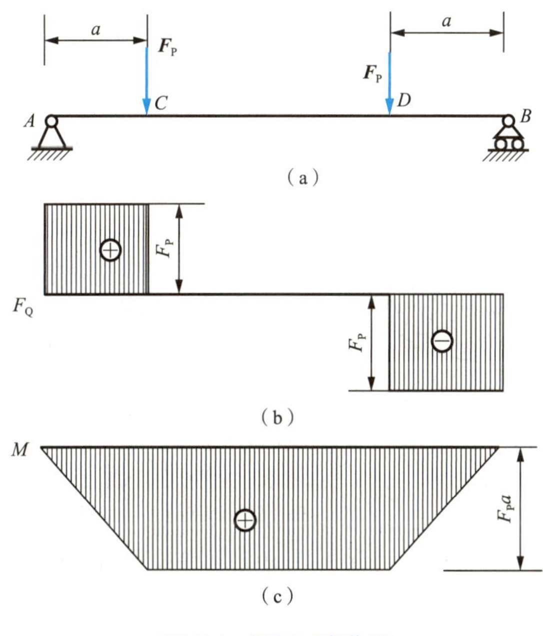


图 7.1 梁平面弯曲图

# 7.1 梁的弯曲正应力

平面弯曲情况下，一般梁横截面上既有弯矩又有剪力，如图 7.1 所示梁的 $AC$、$DB$ 段。而在 $CD$ 段内，梁横截面上剪力等于零，而只有弯矩，这种情况称为纯弯曲。

## 7.1.1 弯曲正应力一般公式

讨论梁纯弯曲时横截面上的正应力公式，应综合考虑变形几何关系、物理关系和静力学关系三个方面。

### 1. 变形几何关系

为研究梁弯曲时的变形规律，可通过试验，观察弯曲变形的现象。取一具有对称截面的矩形截面梁，在其中段的侧面上，画两条垂直于梁轴线的横线 $mm$ 和 $nn$，再在两横线间靠近上、下边缘处画两条纵线 $ab$ 和 $cd$，如图 7.2(a)所示。然后按图 7.1(a)所示施加荷载，使梁的中段处于纯弯曲状态。从试验中可以观察到图 7.2(b)所示情况。

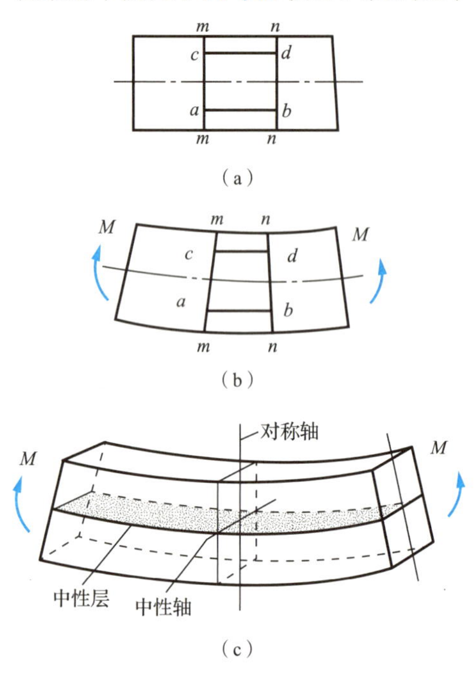


图 7.2　梁平面弯曲变形图

(1) 梁表面的横线仍为直线，仍与纵线正交，只是横线间做相对转动。

(2) 纵线变为曲线，而且靠近梁顶面的纵线缩短，靠近梁底面的纵线伸长。

(3) 在纵线伸长区，梁的宽度减小，而在纵线缩短区，梁的宽度则增加，情况与轴向拉压时的变形相似。

根据上述现象，对梁内变形与受力做如下假设：变形后，横截面仍保持平面，且仍与纵线正交；同时，梁内各纵向纤维仅承受轴向拉应力或压应力。前者称为弯曲问题中的平面假设；后者称为单向受力假设。

根据平面假设，横截面上各点处均无剪切变形，因此，纯弯曲时梁的横截面上不存在切应力。

根据平面假设，梁弯曲时部分纤维伸长，部分纤维缩短；由伸长区到缩短区，其间必存在一长度不变的过渡层，称为中性层，如图 7.2(c)所示。中性层与横截面的交线称为中性轴。对于具有对称截面的梁，在平面弯曲的情况下，由于荷载及梁的变形都对称于纵向对称面，因而中性轴必与截面的对称轴垂直。

综上所述，纯弯曲时梁的所有横截面保持平面，仍与变弯后的梁轴正交，并绕中性轴做相对转动，而所有纵向纤维则均处于单向受力状态。

### 2. 物理关系

因为纵向纤维之间无正应力，每一纤维都处于单向受力状态，当应力小于比例极限时，由胡克定律可知正应力与正应变成线性关系。

可知，横截面上任一点处的正应力与该点到中性轴的距离成正比，而在距中性轴为 $y$ 的同一横线上各点处的正应力均相等。

### 3. 静力平衡关系

根据上述正应力分布规律，横截面上各点处的法向微内力组成一空间平行力系，而且由于横截面上没有轴力，仅存在位于 $x-y$ 平面的弯矩 $M$，因此，由静力平衡关系得到如下结论。

(1) $z$ 轴必须通过截面的形心。

(2) $y$ 轴是截面的对称轴。

(3) 正应力的计算公式为

$$\sigma = \frac{M}{I_z} y \tag{7-1}$$

式中，$M$——横截面上的弯矩；

$I_z$——横截面对中性轴的惯性矩；

$y$——所求应力点至中性轴的距离。

此式表明，在同样的弯矩作用下的指定横截面处，正应力与该截面上的 $y$ 成正比，与 $I_z$ 成反比。

当弯矩为正时，梁下部纤维伸长，故产生拉应力，上部纤维缩短而产生压应力；弯矩为负时，则与之相反。在利用式(7-1)计算正应力时，可以不考虑式中弯矩 $M$ 和 $y$ 的正负号，均以绝对值代入，正应力是拉应力还是压应力可以由梁的变形来判断。

应该指出，以上公式虽然是纯弯曲的情况下，以矩形梁为例建立的，但对于具有纵向对称面的其他截面形式的梁，如工字形、T 形和圆形截面梁等仍然可以使用。同时，在实际工程中大多数受横向力作用的梁，横截面上都存在剪力和弯矩，但对一般细长梁来说，剪力的存在对正应力分布规律的影响很小。因此，式(7-1)也适用于非纯弯曲情况。

## 7.1.2 最大弯曲正应力

由式(7-1)可知，在 $y = y_{max}$ 即横截面离中性轴最远的各点处，弯曲正应力最大，其值为

$$\sigma_{max} = \frac{M}{I_z} y_{max} = \frac{M}{\frac{I_z}{y_{max}}}$$

式中，比值 $I_z/y_{max}$ 仅与截面的形状与尺寸有关，称为抗弯截面系数，也称抗弯截面模量，用 $W_z$ 表示，即

$$W_z = \frac{I_z}{y_{max}} \tag{7-2}$$

于是，最大弯曲正应力为

$$\sigma_{max} = \frac{M}{W_z} \tag{7-3}$$

可见，最大弯曲正应力与弯矩成正比，与抗弯截面系数成反比。抗弯截面系数综合反映了横截面的形状与尺寸对弯曲正应力的影响。

图 7.3(a)和图 7.3(b)所示的矩形截面与圆形截面的抗弯截面系数分别为

$$W_z = \frac{bh^2}{6} \tag{7-4}$$

$$W_z = \frac{\pi d^3}{32} \tag{7-5}$$

而图 7.3(c)所示的空心圆截面的抗弯截面系数则为

$$W_z = \frac{\pi D^3}{32}(1 - \alpha^4) \tag{7-6}$$

式中，$\alpha = d/D$，代表内、外径的比值。

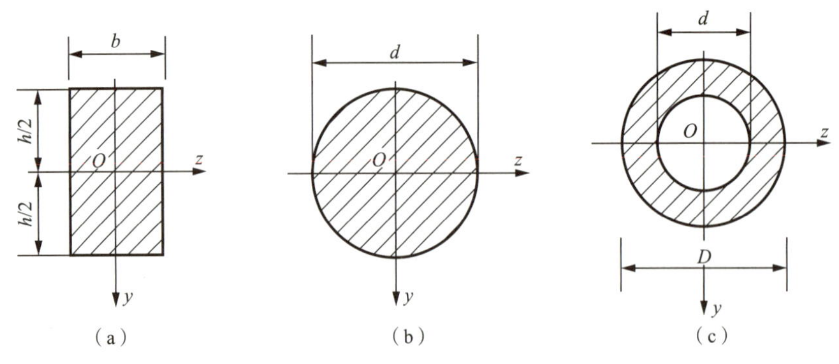

图 7.3　梁横截面形状图

至于各种型钢截面的抗弯截面系数，可从型钢规格表中查得(见附录 B)。

## 应用案例 7-1

如图 7.4 所示，悬臂梁自由端承受集中荷载 $\boldsymbol{F}$ 作用，已知：$h = 18\text{cm}$，$b = 12\text{cm}$，$y = 6\text{cm}$，$a = 2\text{m}$，$F = 1.5\text{kN}$。计算 $A$ 截面上 $K$ 点的弯曲正应力。

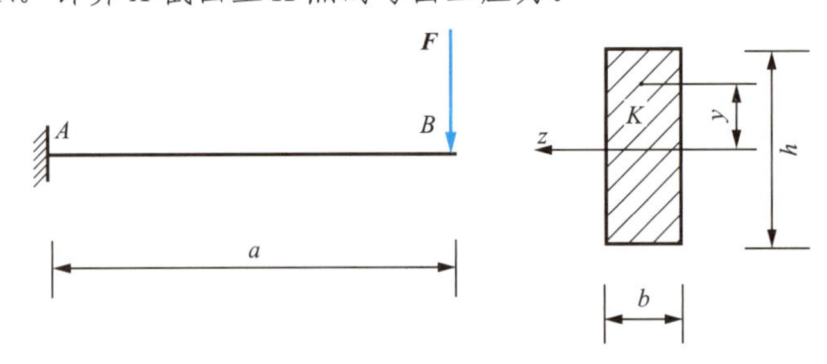

图 7.4　应用案例 7-1 图

**【解】**先计算截面上的弯矩

$$M_A = -Fa = (-1.5 \times 2)\text{kN} \cdot \text{m} = -3\text{kN} \cdot \text{m}$$

截面对中性轴的惯性矩

$$I_z = \frac{bh^3}{12} = \frac{120 \times 180^3}{12}\text{mm}^4 = 5.832 \times 10^7\text{mm}^4$$

则
$$\sigma_K = \frac{M_A}{I_z}y = \left(\frac{3 \times 10^6}{5.832 \times 10^7} \times 60\right)\text{MPa} = 3.09\text{MPa}$$

**【案例点评】**

$A$ 截面上的弯矩为负，$K$ 点在中性轴的上方，所以 $K$ 点处为拉应力。

# 7.2　平面图形的几何性质

构件在外力作用下产生的应力和变形，都与构件的截面形状和尺寸有关。反映截面形状和尺寸某些性质的物理量，如拉伸时的截面面积、扭转时的极惯性矩和这一章前面涉及的惯性矩、抗弯截面系数等，统称为截面的几何性质。为了计算弯曲应力和变形，需要知道截面的一些几何性质。现在来讨论截面的一些主要的几何性质。

### 7.2.1 形心和静矩

若截面形心的坐标为 $y_C$ 和 $z_C$($C$ 为截面形心)，将面积的每一部分看成平行力系，即看成等厚、均质薄板的重力，根据合力矩定理可得形心坐标公式

$$z_C = \frac{\int_A z\mathrm{d}A}{A},\quad y_C = \frac{\int_A y\mathrm{d}A}{A} \tag{a}$$

静矩又称面积矩。其定义如下：如图 7.5 所示，任意截面内取一点 $M(z, y)$，围绕 $M$ 点取一微面积 $\mathrm{d}A$，微面积对 $z$ 轴的静矩为 $y\mathrm{d}A$，对 $y$ 轴的静矩为 $z\mathrm{d}A$，则整个截面对 $z$ 轴和 $y$ 轴的静矩分别为

$$\left.\begin{aligned} S_z &= \int_A y\mathrm{d}A \\ S_y &= \int_A z\mathrm{d}A \end{aligned}\right\} \tag{b}$$

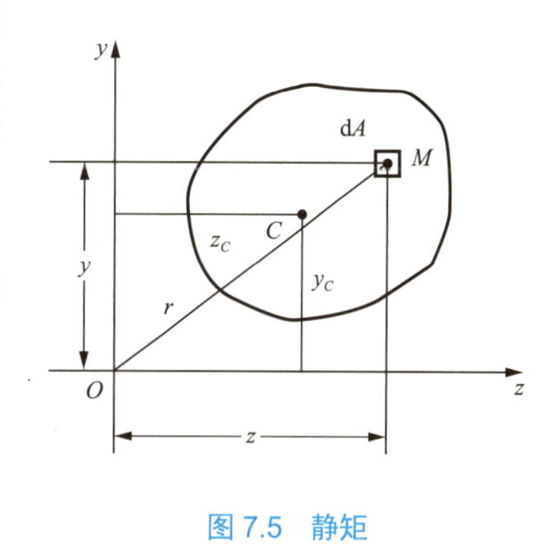


图 7.5 静矩

由形心坐标公式
$$\int_A y\mathrm{d}A = Ay_C$$
$$\int_A z\mathrm{d}A = Az_C$$

可知

$$\begin{aligned} S_z &= \int_A y\mathrm{d}A = Ay_C \\ S_y &= \int_A z\mathrm{d}A = Az_C \end{aligned} \tag{c}$$

上式中 $y_C$ 和 $z_C$ 是截面形心 $C$ 的坐标，$A$ 是截面面积。当截面形心的位置已知时，可以用上式来计算截面的静矩。

通过上式可知，同一截面对不同轴的静矩不同，静矩可以是正、负或是零；静矩的单位是长度的立方，用 $\mathrm{m}^3$、$\mathrm{cm}^3$ 或 $\mathrm{mm}^3$ 等表示；当坐标轴过形心时，截面对该轴的静矩为零。

当截面由几个规则图形组合而成时，截面对某轴的静矩，应等于各个图形对该轴静矩的代数和。其表达式为

$$S_z = \sum_{i=1}^{n} A_i y_i \tag{d}$$

$$S_y = \sum_{i=1}^{n} A_i z_i \tag{e}$$

而截面形心坐标公式也可以写成

$$z_C = \frac{\sum_{i=1}^{n} A_i z_i}{\sum_{i=1}^{n} A_i} \tag{f}$$

$$y_C = \frac{\sum_{i=1}^{n} A_i y_i}{\sum_{i=1}^{n} A_i} \tag{g}$$

## 7.2.2 惯性矩、惯性积和平行移轴定理

在图 7.6 中任意截面上选取一微面积 d$A$，则微面积 d$A$ 对 $z$ 轴和 $y$ 轴的惯性矩为 $y^2\mathrm{d}A$ 和 $z^2\mathrm{d}A$，则整个面积对 $z$ 轴和 $y$ 轴的惯性矩分别记为 $I_z$ 和 $I_y$，而惯性积记为 $I_{zy}$，则定义

$$\left.\begin{aligned} I_z &= \int_A y^2 \mathrm{d}A \\ I_y &= \int_A z^2 \mathrm{d}A \end{aligned}\right. \tag{h}$$

$$I_{zy} = \int_A zy \mathrm{d}A \tag{i}$$

极惯性矩定义为

$$I_\rho = \int_A \rho^2 \mathrm{d}A = \int_A (z^2 + y^2)\,\mathrm{d}A = I_z + I_y \tag{j}$$

从上面可以看出，惯性矩总是大于零，因为坐标的平方总是正数，惯性积可以是正、负或是零；惯性矩、惯性积和极惯性矩的单位都是长度的四次方，用 $\mathrm{m}^4$、$\mathrm{cm}^4$ 或 $\mathrm{mm}^4$ 等表示。

图 7.3 所示的矩形截面、圆形截面对形心轴 $z$ 轴和 $y$ 轴的惯性矩为

矩形截面：

$$I_z = \frac{bh^3}{12},\ I_y = \frac{b^3h}{12}$$

圆形截面：

$$I_z = I_y = \frac{\pi d^4}{64}$$

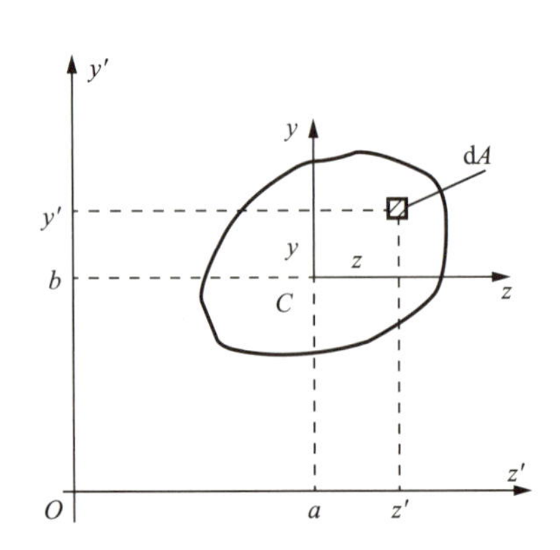


图 7.6 任意截面对任意轴的惯性矩、惯性积

同一截面对不同的平行轴，它们的惯性矩和惯性积是不同的。同一截面对两根平行轴的惯性矩和惯性积虽然不同，但它们之间存在一定的关系。下面讨论两根平行轴的惯性矩、惯性积之间的关系。

如图 7.6 所示，任意截面对任意轴 $z'$ 轴和 $y'$ 轴的惯性矩和惯性积分别为 $I_{z'}$、$I_{y'}$ 和 $I_{z'y'}$。过形

心 $C$ 有平行于 $z'$、$y'$ 的两个坐标轴 $z$ 和 $y$，截面对 $z$ 轴、$y$ 轴的惯性矩和惯性积分别为 $I_z$、$I_y$ 和 $I_{zy}$。在 $z'Oy'$ 坐标系中，形心坐标为 $C(a，b)$。截面上选取微面积 $\mathrm{d}A$，$\mathrm{d}A$ 的形心坐标为

$$z' = z + a$$
$$y' = y + b$$

则按照惯性矩的定义，有

$$I_{y'} = \int_A z'^2 \mathrm{d}A = \int_A (z+a)^2 \mathrm{d}A$$
$$= \int_A z^2 \mathrm{d}A + 2a\int_A z\mathrm{d}A + a^2 \int_A \mathrm{d}A$$

上式中第一项为截面对过形心坐标轴(又称形心轴)$y$ 轴的惯性矩；第三项为面积的 $a^2$ 倍；而第二项为截面对过形心坐标轴 $y$ 轴的静矩乘以 $2a$。根据静矩的性质，对过形心坐标轴的静矩为零，所以第二项为零。这样上式可以写为

$$I_{y'} = I_{yc} + a^2 A \tag{k}$$

同理，可得

$$I_{z'} = I_{zc} + b^2 A \tag{l}$$
$$I_{z'y'} = I_{zcyc} + abA \tag{m}$$

也就是说，截面对平行于形心轴的任意轴的惯性矩，等于该截面对形心轴的惯性矩再加上其面积乘以两轴间距离的平方；而截面对于平行于形心轴的任意两垂直轴的惯性积，等于该截面对形心两轴的惯性积再加上面积乘以相互平行的两轴轴距之积。这就是惯性矩和惯性积的平行移轴定理。

## 应用案例 7-2

计算图 7.7 所示 T 形截面的形心和对形心轴 $z$ 轴的惯性矩。

**【解】**(1) 确定截面形心位置。

选参考坐标系 $z'Oy'$，如图 7.7 所示。将截面分解为上面和下面两个矩形部分，截面形心 $C$ 的纵坐标为

$$y_C = \frac{\sum A_i y_i}{\sum A_i} = \frac{A_1 y_{C1} + A_2 y_{C2}}{A}$$
$$= \frac{1000\times100\times850 + 800\times200\times400}{2600\times10^2}\text{mm}$$
$$= 573\text{mm}$$
$$z_C = 0$$

(2) 计算截面惯性矩。

上面矩形与下面矩形对形心轴 $z$ 轴的惯性矩分别为

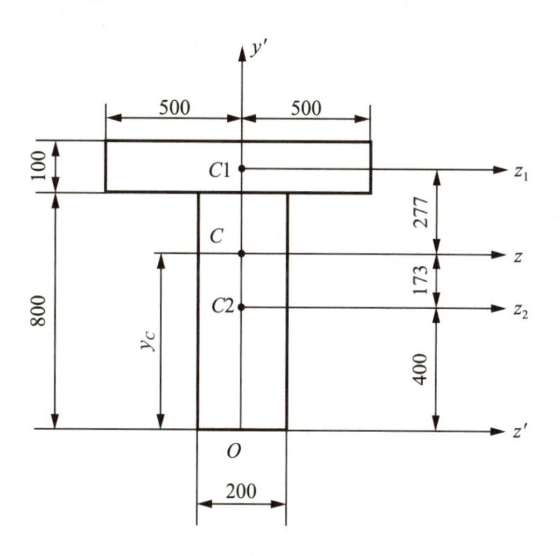


图 7.7 应用案例 7-2 图

$$I_{z1}=\left(\frac{1}{12}\times1000\times100^3+1000\times100\times277^2\right)\text{mm}^4$$
$$=7.75\times10^9\text{mm}^4$$
$$I_{z2}=\left(\frac{1}{12}\times200\times800^3+800\times200\times173^2\right)\text{mm}^4$$
$$=13.32\times10^9\text{mm}^4$$
$$I_z=I_{z1}+I_{z2}=21.1\times10^9\text{mm}^4$$

**【案例点评】**

先确定截面形心位置，后计算截面惯性矩，注意平行移轴公式的应用条件。

# 7.3 梁的弯曲切应力

当进行平面弯曲梁的强度计算时，一般来说，弯曲正应力是支配梁强度计算的主要因素。但在某些情况下，如当梁的跨度很小或在支座附近有很大的集中力作用时，梁的最大弯矩比较小，而剪力却很大。如果梁截面窄且高或是薄壁截面，这时切应力可达到相当大的数值，此时切应力不能忽略。下面介绍几种常见截面上的弯曲切应力分布规律和计算公式。

## 7.3.1 矩形截面梁的弯曲切应力

矩形截面梁在纵向对称面内承受荷载作用。设横截面的高度为 $h$，宽度为 $b$，为研究弯曲切应力的分布规律，现做如下假设：横截面上各点处的切应力的方向都平行于剪力，并沿截面宽度均匀分布。

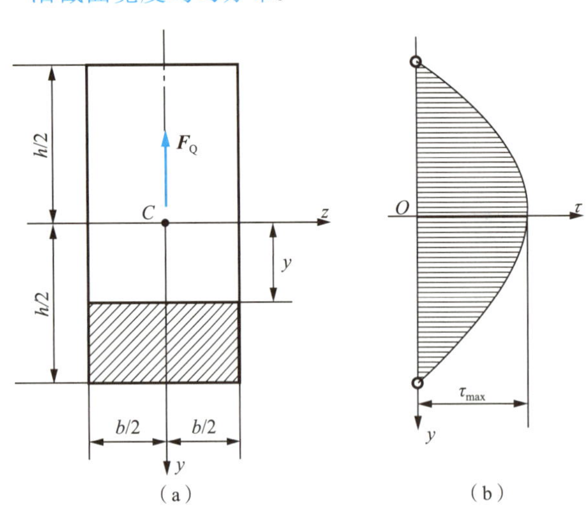


图 7.8 矩形截面切应力分布图

根据假设及有关推导计算得到弯曲切应力的计算公式，即

$$\tau=\frac{F_Q S_z^*}{I_z b} \tag{7-7}$$

式中，$I_z$——整个横截面对中性轴 $z$ 轴的惯性矩；

$S_z^*$——$y$ 处横线以外部分的面积[即图 7.8(a)中阴影面积]对中性轴 $z$ 轴的静矩。

如图 7.8 所示，对于矩形截面，$S_z^*$ 值为

$$S_z^*=b\left(\frac{h}{2}-y\right)\times\frac{1}{2}\left(\frac{h}{2}+y\right)=\frac{b}{2}\left(\frac{h^2}{4}-y^2\right)$$

将上式及 $I_z = bh^3/12$ 代入式(7-7)，得

$$\tau = \frac{3F_Q}{2bh}\left(1 - \frac{4y^2}{h^2}\right) \tag{7-8}$$

由此可见：矩形截面梁的弯曲切应力沿截面高度呈抛物线分布[图 7.8(b)]；在截面的上、下边缘$\left(\text{即}y = \pm\dfrac{h}{2}\text{处}\right)$，切应力 $\tau = 0$；在中性轴(即 $y = 0$ 处)，切应力最大，其值为

$$\tau_{\max} = \frac{3F_Q}{2bh} \tag{7-9}$$

## 7.3.2 工字形截面梁的弯曲切应力

工字形截面梁由腹板和翼缘组成，其横截面如图 7.9 所示。中间狭长部分为腹板，上、下扁平部分为翼缘。梁横截面上的切应力主要分布于腹板上，翼缘部分的切应力情况比较复杂，数值很小，可以不予考虑。由于腹板比较狭长，因此可以假设：腹板上各点处的弯曲切应力平行于腹板侧边，并沿腹板厚度均匀分布。根据上述假设，并采用前述矩形截面梁的分析方法，得腹板上 $y$ 处的弯曲切应力为

$$\tau = \frac{F_Q S_z^*}{I_z b} \tag{7-10}$$

式中，$I_z$——整个工字形截面对中性轴 $z$ 轴的惯性矩；

$S_z^*$——$y$ 处横线以外部分的面积[即图 7.9(a)中阴影面积]对中性轴 $z$ 轴的静矩；

$b$——腹板的厚度。

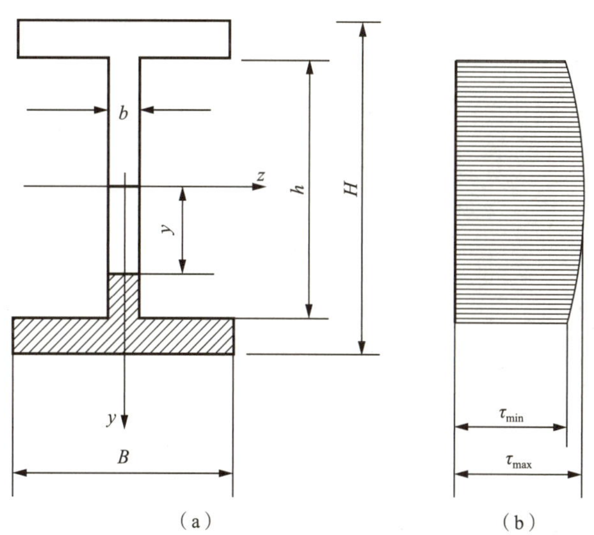


图 7.9 工字形截面切应力分布图

在工字形截面梁的腹板与翼缘的交接处，切应力分布比较复杂，而且存在应力集中现象，为了减小应力集中，宜将交接处做成圆角。

## 7.3.3 圆形截面梁的弯曲切应力

对于圆形截面梁，在矩形截面中对切应力方向所做的假设不再适用。由切应力互等定理可知，在截面边缘上各点切应力$\tau$的方向必与圆周相切，因此，在水平弦$AB$的两个端点上的切应力的作用线相交于$y$轴上的某点$p$，如图7.10(a)所示。由于对称，$AB$中点$C$的切应力必定是垂直的，因而也通过$p$点。由此可以假设，$AB$弦上各点切应力的作用线都通过$p$点。如再假设$AB$弦上各点切应力的垂直分量$\tau_y$是相等的，于是对$\tau_y$来说，就与对矩形截面所做的假设完全相同，所以，可用式(7-11)来计算，即

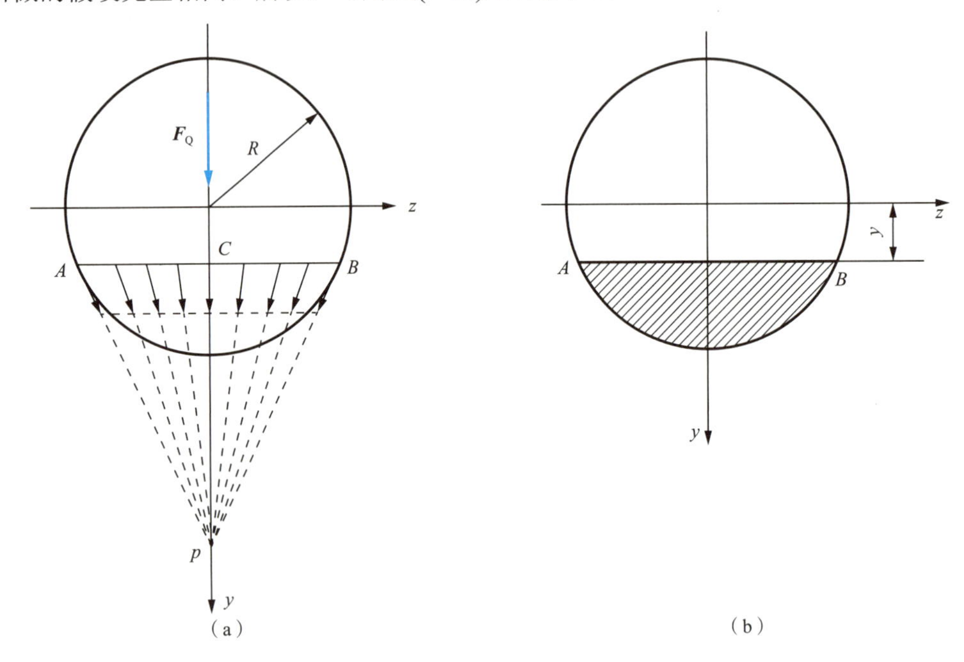


图7.10 圆截面切应力图

$$\tau_y=\frac{F_Q S_z^*}{I_z b} \tag{7-11}$$

式中，$b$——$AB$弦的长度；

$S_z^*$——图7.10(b)中阴影部分的面积对$z$轴的静矩。

在中性轴上，切应力为最大值$\tau_{max}$。其值为

$$\tau_{max}=\frac{4}{3}\cdot\frac{F_Q}{\pi r^2}=\frac{4}{3}\cdot\frac{F_Q}{A} \tag{7-12}$$

式中，$F_Q/A$——梁横截面上的平均切应力。

### 应用案例 7-3

梁截面如图7.11(a)所示，横截面上剪力$F_Q=15\text{kN}$。试计算该截面的最大弯曲切应力，以及腹板与翼缘交接处的弯曲切应力。截面的惯性矩$I_z=8.84\times10^{-6}\text{m}^4$。

【解】(1) 最大弯曲切应力。

最大弯曲切应力发生在中性轴上。中性轴一侧的部分截面对中性轴 $z$ 轴的静矩为

$$S_{z\max}^{*}=\frac{(20\text{mm}+120\text{mm}-45\text{mm})^{2}\times 20\text{mm}}{2}=9.025\times 10^{4}\text{mm}^{3}$$

所以，最大弯曲切应力为

$$\tau_{\max}=\frac{F_{Q}S_{z\max}^{*}}{I_{z}b}=\frac{(15\times 10^{3}\text{N})\times(9.025\times 10^{4}\text{mm}^{3})}{(8.84\times 10^{6}\text{mm}^{4})\times(20\text{mm})}=7.66\text{MPa}$$

(2) 腹板、翼缘交接处的弯曲切应力。

由图 7.11(b)可知，腹板、翼缘交接线一侧的部分截面对中性轴 $z$ 轴的静矩为

$$S_{z}^{*}=20\text{mm}\times 120\text{mm}\times 35\text{mm}=8.40\times 10^{4}\text{mm}^{3}$$

所以，该交接处的弯曲切应力为

$$\tau=\frac{F_{Q}S_{z}^{*}}{I_{z}b}=\frac{(15\times 10^{3}\text{N})\times(8.40\times 10^{4}\text{mm}^{3})}{8.84\times 10^{6}\text{mm}^{4}\times 20\text{mm}}=7.13\text{MPa}$$

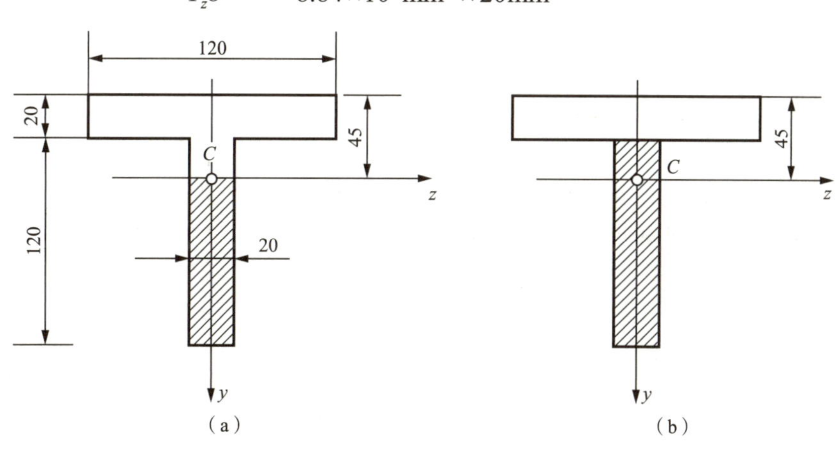


图 7.11 应用案例 7-3 图

**【案例点评】**

最大弯曲切应力计算是切应力强度计算的关键，但在主应力强度计算中，腹板、翼缘交接处的弯曲切应力计算尤为重要。

## 7.4 梁的强度条件

在一般情况下，梁内同时存在弯曲正应力和切应力，为了保证梁安全工作，梁最大应力不能超出一定的限度，即梁必须要同时满足正应力强度条件和切应力强度条件。以下将据此建立梁的正应力强度条件和切应力强度条件。

### 7.4.1 弯曲正应力强度条件

最大弯曲正应力发生在横截面上离中性轴最远的各点处，而该处的切应力一般为零或很小，因而最大弯曲正应力作用点可看成处于单向受力状态，所以，弯曲正应力强度条件为

$$\sigma_{\max}=\left[\frac{M}{W_z}\right]_{\max}\leqslant[\sigma] \tag{7-13}$$

即要求梁内的最大弯曲正应力$\sigma_{\max}$不超过材料在单向受力时的许用应力$[\sigma]$。

对于等截面直梁，式(7-13)变为

$$\sigma_{\max}=\frac{M_{\max}}{W_z}\leqslant[\sigma] \tag{7-14}$$

利用上述强度条件，可以对梁进行正应力强度校核、截面选择和确定容许荷载。

### 7.4.2 弯曲切应力强度条件

最大弯曲切应力通常发生在中性轴上各点处，而该处的弯曲正应力为零，因此，最大弯曲切应力作用点处于纯剪切状态，相应的强度条件为

$$\tau_{\max}=\left(\frac{F_{Q}S_{z\max}^{*}}{I_z b}\right)_{\max}\leqslant[\tau] \tag{7-15}$$

即要求梁内的最大弯曲切应力$\tau_{\max}$不超过材料在纯剪切状态时的许用切应力$[\tau]$。对于等截面直梁，式(7-15)变为

$$\tau_{\max}=\frac{F_{Q\max}S_{z\max}^{*}}{I_z b}\leqslant[\tau] \tag{7-16}$$

在一般细长的非薄壁截面梁中，最大弯曲正应力远大于最大弯曲切应力，因此，对于一般细长的非薄壁截面梁，通常强度计算由正应力强度条件控制。在选择梁的截面时，一般都是先按正应力强度条件选择，选好截面后再按切应力强度条件进行校核。但是，对于薄壁截面梁与弯矩较小而剪力却较大的梁，后者包括短而粗的梁、集中荷载作用在支座附近的梁等，则不仅应考虑弯曲正应力强度条件，而且弯曲切应力强度条件也可能起控制作用。

#### 应用案例 7-4

图 7.12(a)所示外伸梁，用铸铁制成，横截面为 T 形，并承受均布荷载 $q$ 作用。试校该梁的强度。已知荷载集度 $q=25\text{N/mm}$，截面形心离底边与顶边的距离分别为 $y_1=45\text{mm}$ 和 $y_2=95\text{mm}$，惯性矩 $I_z=8.84\times10^{-6}\text{m}^4$，许用拉应力$[\sigma_t]=35\text{MPa}$，许用压应力$[\sigma_c]=140\text{MPa}$。

**【解】**(1) 危险截面与危险点判断。

梁的弯矩如图 7.12(b)所示，在横截面 $D$ 与 $B$ 上，分别作用有最大正弯矩与最大负弯矩，因此，该二截面均为危险截面。

截面 $D$ 与 $B$ 的弯曲正应力分布分别如图 7.12(c)、(d)所示。截面 $D$ 的 $a$ 点与截面 $B$ 的 $d$ 点处均受压；而截面 $D$ 的 $b$ 点与截面 $B$ 的 $c$ 点处均受拉。由于$|M_D|>|M_B|$，$|y_2|>|y_1|$，因此

$$|\sigma_a|>|\sigma_d|$$

即梁内的最大弯曲压应力$\sigma_{c,max}$发生在截面 $D$ 的 $a$ 点处。至于最大弯曲拉应力$\sigma_{t,max}$究竟发生在 $b$ 点处还是 $c$ 点处，则需经计算后才能确定。概言之，$a$、$b$、$c$ 三点处为可能最先发生破坏的部位，称之为危险点。

(2) 强度校核。

由式(7-1)得 $a$、$b$、$c$ 三点处的弯曲正应力分别为

$$\sigma_a=\frac{M_D y_a}{I_z}=\frac{(5.56\times10^6\,\text{N}\cdot\text{mm})\times(95\text{mm})}{8.84\times10^6\,\text{mm}^4}=59.8\text{MPa}$$

$$\sigma_b=\frac{M_D y_b}{I_z}=28.3\text{MPa}$$

$$\sigma_c=\frac{M_B y_c}{I_z}=33.6\text{MPa}$$

由此得

$$\sigma_{c,max}=\sigma_a=59.8\text{MPa}<[\sigma_c]$$
$$\sigma_{t,max}=\sigma_c=33.6\text{MPa}<[\sigma_t]$$

可见，梁的弯曲强度符合要求。

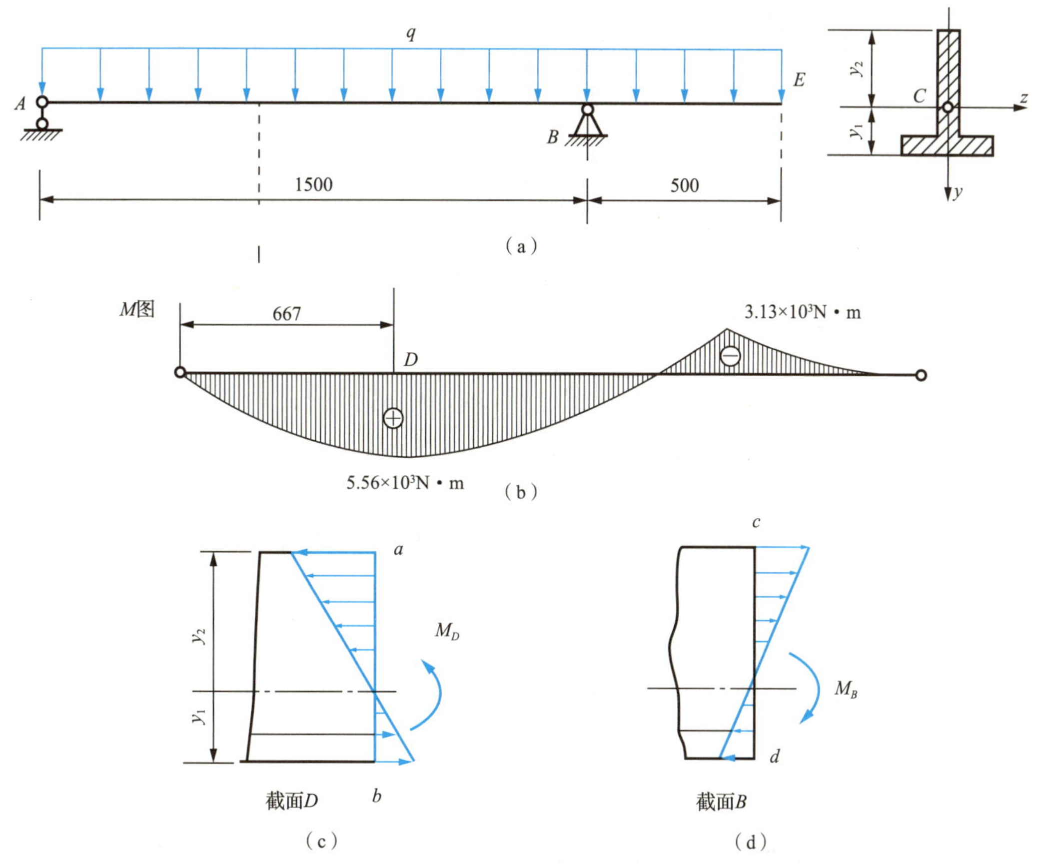


图 7.12 应用案例 7-4 图

【案例点评】

对脆性材料组成的梁，梁横截面为T形及变截面的情况，必须考虑最大正弯矩和最大负弯矩所在截面的最大弯曲拉、压应力。

## 应用案例 7-5

悬臂工字钢梁 $AB$ 如图 7.13(a)所示，长 $l$ = 1.2m，在自由端有一集中荷载 $\boldsymbol{F}$，工字钢的型号为 18 号，已知工字钢的许用应力[$\sigma$] = 170MPa，略去梁的自重。

(1) 试计算集中荷载 $\boldsymbol{F}$ 的最大许可值。

(2) 若集中荷载为 45kN，试确定工字钢的型号。

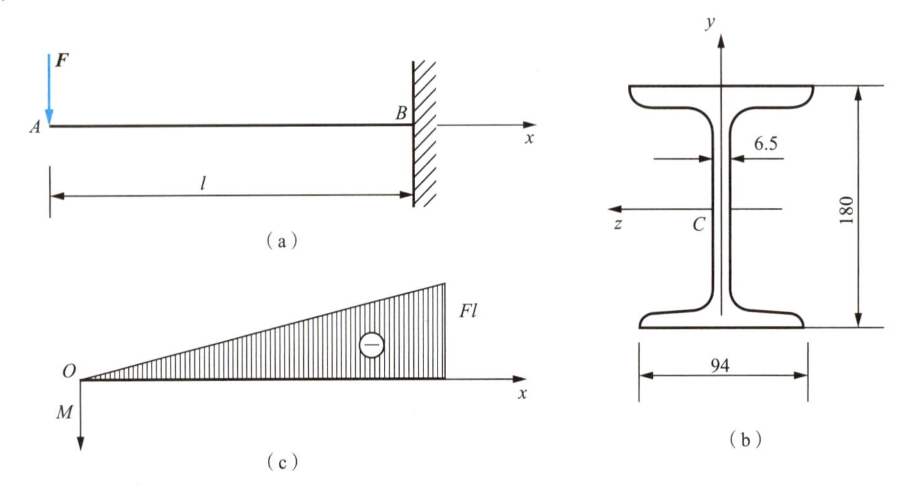


图 7.13 应用案例 7-5 图

【解】(1) 梁的弯矩图如图 7.13(c)所示，最大弯矩在靠近固定端处，其绝对值为

$$M_{\max} = Fl = 1.2F$$

由附录 B 中查得，18 号工字钢的抗弯截面模量为

$$W_z = 185 \times 10^3 \text{mm}^3$$

由式(7-14)得

$$1.2F \leqslant (185 \times 10^{-6}) \times (170 \times 10^6)$$

因此，可知 $F$ 的最大许可值为

$$[F]_{\max} = \frac{185 \times 170}{1.2}\text{N} = 26.2 \times 10^3\text{N} = 26.2\text{kN}$$

可取集中荷载为

$$F = 26\text{kN}$$

(2) 最大弯矩值 $M_{\max} = Fl = (1.2 \times 45 \times 10^3)\text{N} \cdot \text{m} = 54 \times 10^3\text{N} \cdot \text{m}$

按强度条件计算所需抗弯截面系数为

$$W_z \geqslant \frac{M_{\max}}{[\sigma]} = \frac{54 \times 10^6 \text{N} \cdot \text{mm}}{170\text{MPa}} = 3.18 \times 10^5\text{mm}^3 = 318\text{cm}^3$$

查附录 B 可知，22b 号工字钢的抗弯截面模量为 325cm$^3$，所以可选用 22b 号工字钢。

### 应用案例 7-6

应用案例 7-5 中的 18 号工字钢悬臂梁，按正应力的强度计算，在自由端可承受的集中荷载 $F = 26.2\text{kN}$。已知钢材的抗剪许用应力$[\tau] = 100\text{MPa}$。试按切应力校核梁的强度，绘出沿着工字钢腹板高度的切应力分布图，并计算腹板所担负的剪力 $F_{Q1}$。

**【解】**(1) 按切应力的强度校核。

截面上的剪力 $F_Q = 26.2\text{kN}$。由附录B查得 18 号工字钢截面的几个主要尺寸如图 7.14(a)所示，又由附录表 B 查得

$$I_z = 1660 \times 10^4\text{mm}^4,\quad \frac{I_z}{S_z} = 154\text{mm}$$

由式(7-16)得腹板上的最大切应力为

$$\tau_{\max} = \frac{F_Q}{\left(\dfrac{I_z}{S_z}\right)d} = \frac{26.2\times10^3}{(154\times10^{-3})\times(6.5\times10^{-3})}\text{N/m}^2 = 26.2 \times 10^6\text{N/m}^2$$

$$= 26.2\text{MPa} < 100\text{MPa}$$

可见 18 号工字钢的切应力强度满足。

(2) 沿腹板高度切应力的计算。

将工字钢截面简化，如图 7.14(b)所示，图中

$$h_1 = (180 - 2 \times 10.7)\text{mm} = 158.6\text{mm}$$

$$b_1 = d = 6.5\text{mm}$$

由式(7-16)，得腹板上最大切应力的近似值为

$$\tau_{\max} = \frac{F_Q}{h_1 b_1} = \frac{26.2\times10^3}{(158.6\times10^{-3})\times(6.5\times10^{-3})}\text{N / m}^2$$

$$= 25.4 \times 10^6\text{N/m}^2 = 25.4\text{MPa}$$

这个近似值与上面所得 26.2MPa 比较，略偏小，误差为 3.9%。腹板上的最小切应力在腹板与翼缘的连接处，翼缘面积对中性轴的静矩为

$$S_z^* = \left\{(94\times10^{-3})\times(10.7\times10^{-3})\times\left[\left(\frac{180}{2}-\frac{10.7}{2}\right)\times10^{-3}\right]\right\}\text{m}^3$$

$$= 85.1 \times 10^{-6}\text{m}^3$$

由式(7-7)，得腹板上的最小切应力为

$$\tau_{\min} = \frac{F_Q S_z^*}{I_z b_1} = (20.7 \times 10^6)\text{N/m}^2 = 20.7\text{MPa}$$

得出$\tau_{\max}$和$\tau_{\min}$值后可作出沿着腹板高度的切应力分布图，如图 7.14(c)所示。

(3) 腹板所担负剪力的计算。

腹板所担负的剪力 $F_{Q1}$ 等于图 7.14(c)所示切应力分布图的面积 $A_1$ 乘以腹板厚度 $b_1$。切应力分布图可以用图 7.14(c)中虚线将面积分为矩形和抛物线弓形两部分，得

$$A_1 = [(20.7 \times 10^6) \times (158.6 \times 10^{-3})]\text{N/m} + \left\{\frac{2}{3}\times(158.6\times10^{-3})\times[(26.2-20.7)\times10^6]\right\}\text{N/m}$$

$$= 3864 \times 10^3\text{N/m}$$

由此得

$$F_{Q1}-A_1b_1=25.1\times10^3\text{N}=25.1\text{kN}$$

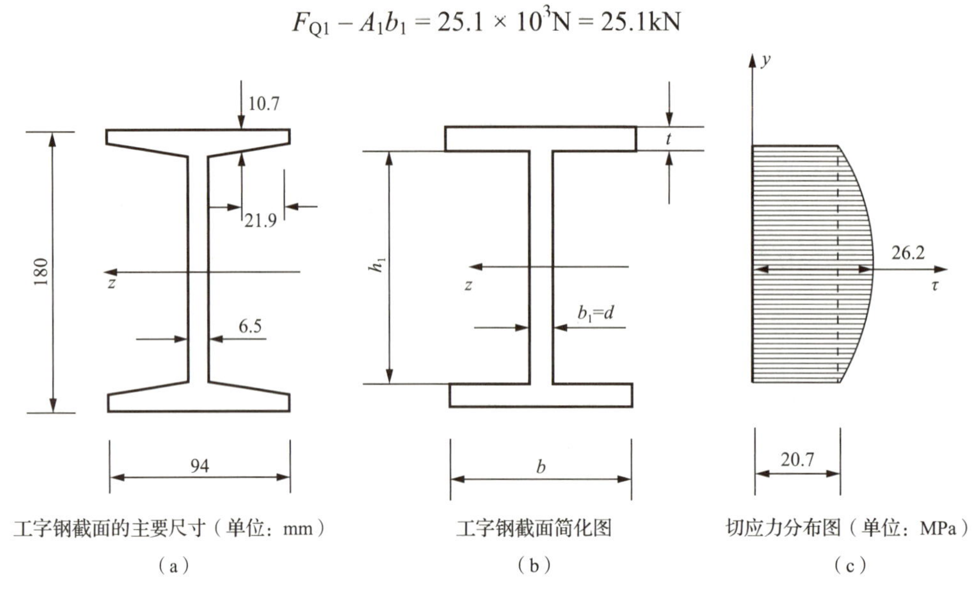


图 7.14　应用案例 7-6 图

【案例点评】

可见，腹板所担负的剪力占整个截面所受剪力 $F_Q$ 的 95.8%。

# 7.5　提高梁强度的措施

前面已指出，在横力弯曲中，控制梁强度的主要因素是梁的最大正应力，梁的正应力强度条件

$$\sigma_{\max}=\frac{M_{\max}}{W}\leqslant[\sigma]$$

为设计梁的主要依据，由这个条件可看出，对于一定长度的梁，在承受一定荷载的情况下，应设法适当地安排梁所受的力，使梁最大弯矩的绝对值降低，同时选用合理的截面形状和尺寸，使抗弯截面模量 $W$ 值增大，以达到设计出的梁满足节约材料和安全适用的要求。关于提高梁的抗弯强度问题，分别做以下几方面的讨论。

## 7.5.1　合理安排梁的受力情况

在工程实际容许的情况下，提高梁强度的一个重要措施是合理安排梁的支座和加载方式。例如，如图 7.15(a)所示简支梁，承受均布载荷 $q$ 作用，如果将梁两端的铰支座各向内移动少许，如移动 $l/5$，如图 7.15(b)所示，则后者的最大弯矩仅为前者的 1/5。

又如，图 7.16(a)所示简支梁 $AB$，在跨度中点承受集中荷载 $F_P$ 作用，如果在梁的中部设置一长为 $l/2$ 的辅助梁 $CD$，如图 7.16(b)所示，这时，梁 $AB$ 内的最大弯矩将减小一半。

上述实例说明，合理安排支座和加载方式，将显著减小梁最大弯矩。

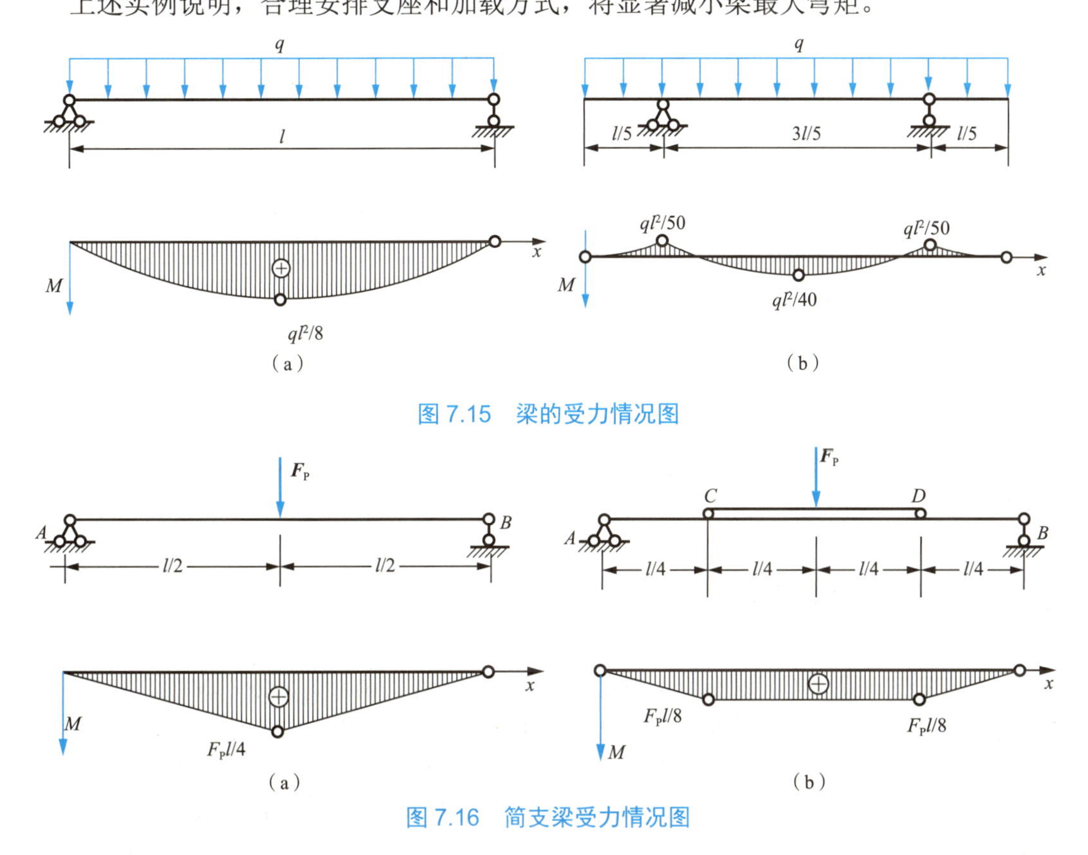


图 7.15 梁的受力情况图

图 7.16 简支梁受力情况图

## 7.5.2 选用合理的截面形状

### 拓展讨论

我国宋代李诫在编修的《营造法式》中提到，木梁横截面的高宽比为 3∶2。你知道为什么这样规定吗？为什么说从弯曲强度方面考虑，这样的截面是最合理的？

从抗弯强度考虑，比较合理的截面形状是使用较小的截面面积，却能获得较大抗弯截面系数的截面。截面形状不同，$W_z/A$ 比值不同，因此，可用比值 $W_z/A$ 来衡量截面的合理性和经济性，比值越大，所采用的截面就越经济合理。

现以跨中受集中力作用的简支梁为例，将截面形状分别为圆形、矩形和工字形三种情况作一粗略比较。设三种梁的面积 $A$、跨度和材料都相同，许用正应力为 170MPa，其抗弯截面系数 $W_z$ 和最大承载力比较见表 7-1。

表 7-1　几种常见截面形状的 $W_z$ 和最大承载力比较

| 截面形状 | 尺寸 | $W_z$/mm$^3$ | 最大承载力/kN |
|---|---|---|---|
| 圆形 | $d = 87.4\text{mm}$<br>$A = 60\text{cm}^2$ | $\frac{\pi d^3}{32} = 65.5 \times 10^3$ | 44.5 |
| 矩形 | $b = 60\text{mm}$<br>$h = 100\text{mm}$<br>$A = 60\text{cm}^2$ | $\frac{bh^2}{6} = 100 \times 10^3$ | 68.0 |
| 28b 号工字钢 | $A = 61.05\text{cm}^2$ | $534 \times 10^3$ | 383 |

从表 7-1 中可以看出，矩形截面比圆形截面好，工字形截面又比矩形截面好得多。

从正应力分布规律分析，正应力沿截面高度线性分布，当离中性轴最远各点处的正应力达到许用应力值时，中性轴附近各点处的正应力仍很小。因此，在离中性轴较远的位置，配置较多的材料，将提高材料的利用率。

根据上述原则，对于抗拉与抗压强度相同的塑性材料梁，宜采用对中性轴对称的截面，如工字形截面等。而对于抗拉强度低于抗压强度的脆性材料梁，则最好采用中性轴偏于受拉一侧的截面，例如 T 形和槽形截面等。

### 7.5.3 采用变截面梁

一般情况下，梁内不同横截面的弯矩不同。因此，在按最大弯矩所设计的等截面梁中，除最大弯矩所在截面外，其余截面的材料强度均未得到充分利用。因此，在工程实际中，常根据弯矩沿梁轴线的变化情况，将梁也相应设计成变截面的。这种横截面沿梁轴线变化的梁，称为变截面梁。如图 7.17(a)、(b)所示上下加焊盖板的板梁和悬挑梁，就是根据各截面上弯矩的不同而采用的变截面梁。如果将变截面梁设计为每个横截面上最大正应力都等于材料的许用应力值，这种梁称为等强度梁。显然，这种梁的材料消耗最少、质量最轻，是最合理的。但实际上，受限于加工制造等因素，一般只能近似地做到等强度梁的要求。如图 7.17(c)、(d)所示的车辆上常用的叠板弹簧、鱼腹梁就是很接近等强度梁要求的形式。

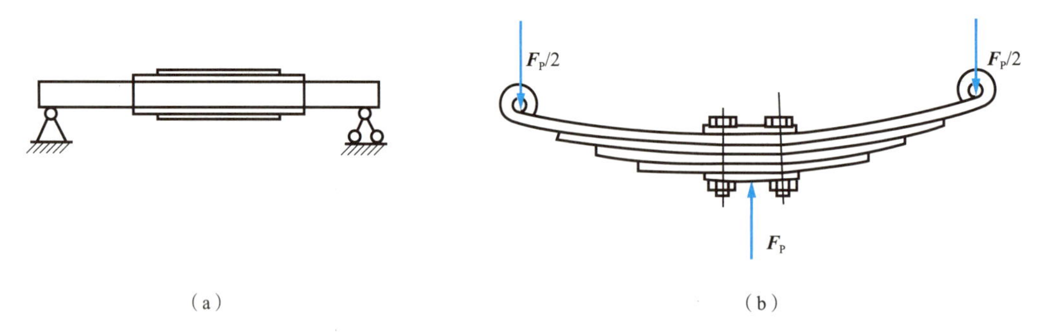


图 7.17　变截面梁图

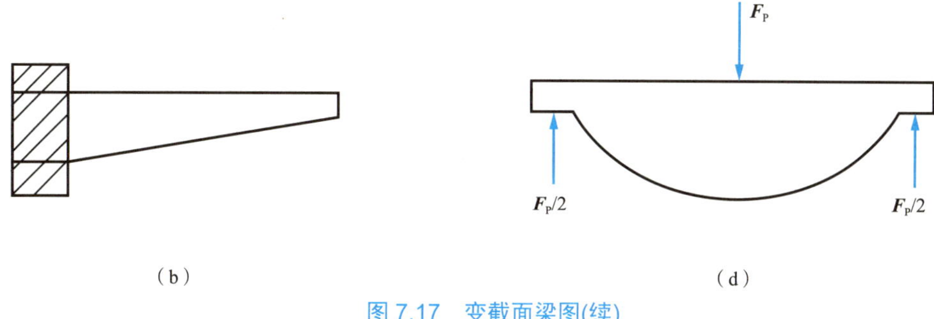


图 7.17　变截面梁图(续)

# 7.6　应力状态与强度理论

## 7.6.1　应力状态的概念

以前有关各章中求的应力，是选过所求应力点的横截面上的应力，这样求得的应力实际上是横截面上的应力。但过一点可以选取无数个斜截面，显然斜截面上也有应力，包括正应力和切应力，其大小和方向一般与横截面上的应力不同，有时可能首先达到危险值，使材料发生破坏。实践也给予了证明，如混凝土梁的弯曲破坏，除了在跨中底部发生竖向裂缝外，在其他底部部位还会发生斜向裂缝；又如铸铁受压破坏，裂缝是沿着与杆轴成 45°角的方向。为了对构件进行强度计算，必须了解构件受力后，它的哪一点和通过该点的哪一个截面上的应力最大。因此必须研究通过受力构件内任一点的各个不同截面上的应力情况，即必须研究一点的应力状态。

为了研究某点应力状态，可围绕该点取出一微小的正六面体——单元体来研究。因单元体的边长是无穷小的量，可以认为：作用在单元体的各个方面上的应力都是均匀分布的；在任意一对平行平面上的应力是相等的，且代表着通过所研究的点并与上述平面平行的面上的应力。因此单元体三对平面上的应力就代表通过所研究的点的三个互相垂直截面上的应力，只要知道了这三个面上的应力，则其他任意截面上的应力都可通过截面法求出，这样，该点的应力状态就可以完全确定。因此，可用单元体的三个互相垂直平面上的应力来表示一点的应力状态。

图 7.18 表示一轴向拉伸杆，若在任意 $A$、$B$ 两点处各取出一单元体，如选的单元体的一个相对面为横截面，则在它们的三对平行平面上作用的应力都可由前面的公式算出，故可以说 $A$、$B$ 点的应力状态是完全确定的。其他点也是一样。又如图 7.19 所示一受横力弯曲的梁，若在 $A$、$B$、$C$、$D$ 点各取出一单元体，如单元体的一个相对面为横截面，则在它们的三对平行平面上的应力也可由前面的公式算出，故这些点的应力状态也是完全确定的。

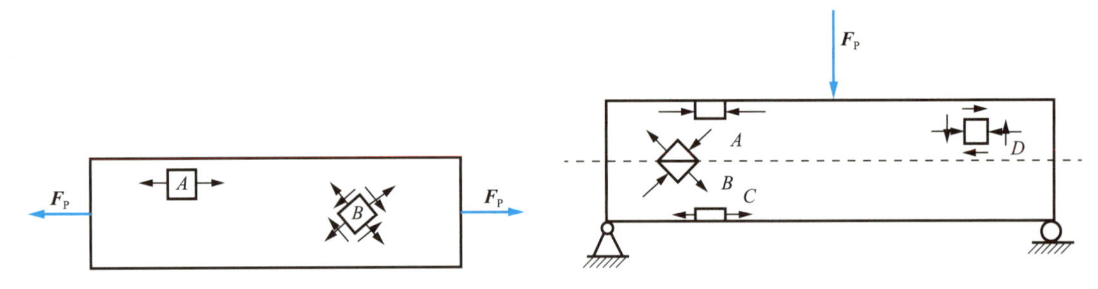


图 7.18　轴向拉伸杆应力状态图　　　图 7.19　梁应力状态图

根据一点的应力状态中各应力在空间的不同位置，可以将应力状态分为空间应力状态和平面应力状态。全部应力位于同一平面内时，称为平面应力状态；全部应力不在同一平面内而在空间里分布，称为空间应力状态。

过某点选取的单元体，其各面上一般都有正应力和切应力。根据弹性力学的研究，通过受力构件的每一点，都可以取出一个这样的单元体，在三对相互垂直的相对面上切应力等于零，只有正应力。这样的单元体称为主单元体，这样的单元体面称为主平面。主平面上的正应力称为主应力。通常用字母$\sigma_1$、$\sigma_2$和$\sigma_3$代表分别作用在这三对主平面上的主应力，其中$\sigma_1$代表数值最大的主应力，$\sigma_3$代表数值最小的主应力。例如，在图 7.18 中的点 $A$ 及图 7.19 中的 $A$、$C$ 两点处所取的单元体的各平行平面上的切应力都等于零。

实际上，在受力构件内所取出的主单元体上，不一定在三个相对面上都存在有主应力，故应力状态又可分下列三类。

(1) 单向应力状态。在三个相对面上三个主应力中只有一个主应力不等于零。例如，图 7.18 中点 $A$ 和图 7.19 中 $A$、$C$ 两点的应力状态都属于单向应力状态。

(2) 双向应力状态(平面应力状态)。在三个相对面上三个主应力中有两个主应力不等于零。例如，图 7.19 所示 B、D 两点的应力状态。在平面应力状态里，有时会遇到一种特例，此时，单元体的四个侧面上只有切应力而无正应力，这种状态称为纯剪切应力状态。例如，在纯扭转变形中，如选取横截面为一个相对面的单元体就是这种情况。

(3) 三向应力状态(空间应力状态)。其三个主应力都不等于零。例如，列车车轮与钢轨接触处附近的材料就是处在三向应力状态下，如图 7.20 所示。

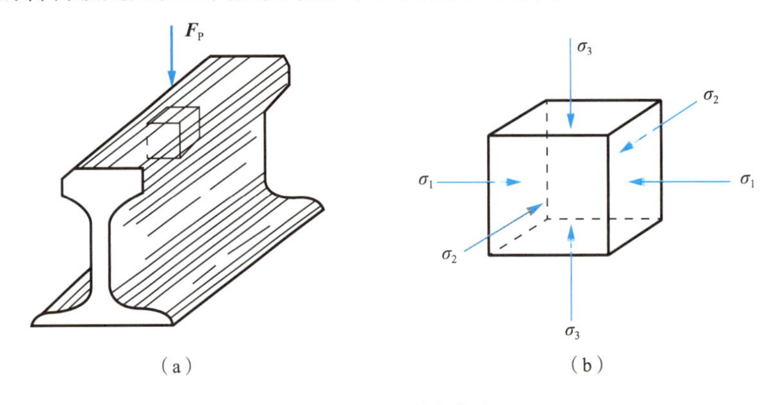


图 7.20　三向应力状态图

通常也将单向应力状态称为简单应力状态，而将双向应力状态及三向应力状态称为复杂应力状态。

要进行构件的强度分析，需要知道确定的应力状态中的各个主应力和最大切应力以及它们的方位。求解的方法就是选取一单元体，用截面法截取单元体，利用静力平衡方程求解各个方位上的应力。具体求法和相关规律可参阅相关资料。限于篇幅，这里不再赘述。

## 7.6.2 强度理论

各种材料因强度不足而引起的失效现象是不同的。塑性材料，如普通碳钢，以发生屈服现象、出现塑性变形为失效的标志。脆性材料，如铸铁，失效现象是突然断裂。在单向受力情况下，出现塑性变形时的屈服极限$\sigma_s$和发生断裂时的强度极限$\sigma_b$，可由试验测定。$\sigma_s$和$\sigma_b$可统称为失效应力。失效应力除以安全因数，便得到许用应力$[\sigma]$，于是建立强度条件$\sigma \leqslant [\sigma]$。

可见，在单向应力状态下，失效状态或强度条件以试验为基础是容易建立的。一方面构件内的应力状态比较简单，另一方面用接近这类构件受力情况的试验装置求失效应力值比较容易实现。

实际构件危险点的应力状态往往不是单向应力状态。实现接近复杂应力状态下的试验，要比单向拉伸或压缩困难得多，有时是很难用试验的办法来确定失效应力的。况且，复杂应力状态中应力组合的方式和比值，又有各种可能。如果像单向拉伸一样，靠试验来确定失效状态，建立强度条件，则必须对各种各样的应力状态一一进行试验，确定失效应力，然后建立强度条件。由于技术上的困难和工作上的繁重，往往是难以实现的。

经过大量的生产实践和科学试验，人们发现，尽管失效现象比较复杂，但经过归纳，强度不足引起的失效现象主要有两种形式：一种是断裂，包括拉断、压坏和剪断；另一种是塑性流动，即构件发生较大的塑性变形，从而影响正常使用。但是，要确定哪一种材料在达到危险状态时必定是断裂或塑性流动，哪一类构件在达到危险状态时必定是拉断或是剪断是不可能的。因为由同一种材料制成的构件在不同的荷载作用下，或者同一类构件所处的荷载条件相同，但材料不同，所达到的危险状态不一定都相同，即失效的情况不一定一样。例如，低碳钢制成的构件在单向应力状态下会发生明显的塑性流动，即材料发生屈服，但在复杂应力状态下，有时会发生脆性断裂，而无明显的塑性流动；又如受扭的圆杆，若该杆由木材做成，则沿纵截面剪断，而由铸铁制成时，则沿 45°方向拉断。

为了解决强度问题，人们在长期的生产活动中，综合分析材料的失效现象和资料，对强度失效提出各种假说。这些假说认为，材料之所以按某种方式失效，是应力、应变或变形等因素中某一因素引起的，可以根据材料受简单拉伸或压缩时达到危险状态(失效状态)的某一因素，作为衡量在复杂应力状态下达到危险状态的强度准则，由此建立起强度条件。这些假说通常称为强度理论。利用强度理论，便可由简单应力状态的试验结果，建立复杂应力状态的强度条件。

强度理论既然是推测强度失效原因的一些假说，它是否正确，适用于什么情况，必须由生产实践来检验。经常是适用于某种材料的强度理论，并不适用于另一种材料；在某种条件下适用的理论，却又不适用于另一种条件。

下面只介绍了工程中常用的强度理论及相应的强度条件。这些都是在常温、静载荷下，适用于均匀、连续、各向同性材料的强度理论。当然，强度理论远不止这几种。而且，现有的各种强度理论还不能圆满地解决所有强度问题，仍然有待探索和发展。

### 1. 最大拉应力理论(第一强度理论)

这一理论认为最大拉应力是引起断裂的主要因素，即认为无论是什么应力状态，只要最大拉应力达到与材料性质有关的某一极限值，则材料就发生强度失效。这一极限值用单向应力状态来确定。这一理论也可以表述为：材料在复杂应力状态下达到危险状态的标志是它的最大拉应力$\sigma_1$达到该材料在简单拉伸时最大拉应力的危险值。

根据这一理论，其强度条件为

$$\sigma_1 \leqslant [\sigma] \tag{7-17}$$

式中，$\sigma_1$——材料在复杂应力状态下的最大拉应力；

$[\sigma]$——材料在简单拉伸时的许用拉应力。

铸铁等脆性材料在单向拉伸下，断裂发生于拉应力最大的横截面。脆性材料的扭转也是沿拉应力最大的斜面发生断裂。这些都与最大拉应力理论相符。实践证明，此理论对于某些脆性材料受拉伸而断裂的情况比较符合，但对塑性材料受拉情况就不符合。这一理论没有考虑其他两个应力的影响，且对没有拉应力的应力状态(如单向压缩、三向压缩等)不适用。

### 2. 最大伸长线应变理论(第二强度理论)

这一理论认为最大伸长线应变是引起断裂的主要因素，即认为无论什么应力状态，只要最大伸长线应变$\varepsilon_1$达到与材料性质有关的某一极限，材料即发生断裂。$\varepsilon_1$的极限值由单向拉伸来确定。假设单向拉伸直到断裂仍可用胡克定律计算应变，则拉断时伸长线应变的极限值为$\varepsilon_1=\dfrac{\sigma_b}{E}$。按照这一理论，任意应力状态下，只要$\varepsilon_1$达到极限值$\dfrac{\sigma_b}{E}$，材料就发生断裂。故得断裂准则为

$$\varepsilon_1=\frac{\sigma_b}{E} \tag{a}$$

由广义胡克定律有

$$\varepsilon_1=\frac{1}{E}[\sigma_1-\nu(\sigma_2+\sigma_3)] \tag{b}$$

代入式(a)，得断裂准则

$$\sigma_1-\nu(\sigma_2+\sigma_3)=\sigma_b \tag{c}$$

于是第二强度理论的强度条件是

$$\sigma_1-\nu(\sigma_2+\sigma_3)\leqslant[\sigma] \tag{7-18}$$

式中，$\sigma_1, \sigma_2, \sigma_3$——材料在复杂应力状态下的三个主应力；

$[\sigma]$——材料在简单拉伸时的许用拉应力，即$\sigma_b$除以安全因数得到许用应力。

这一理论很好地解释了石料或混凝土等脆性材料受轴向压缩时，会沿纵向发生的断裂破坏，因为最大拉应变发生在横向。

### 3. 最大切应力理论(第三强度理论)

这一理论认为最大切应力是引起塑性屈服的主要因素，只要最大切应力$\tau_{max}$达到与材料性质有关的某一极限值，材料就发生屈服，即认为无论在什么应力状态下，材料达到危险状态的标志是它的最大切应力达到该材料在简单拉伸或压缩时最大切应力的危险值。单向拉伸下，当与轴线成45°的斜截面上的$\tau_{max}=\sigma_s/2$时(这时横截面上的正应力为$\sigma_s$)，出现塑性屈服。可见，$\sigma_s/2$就是导致屈服的最大切应力的极限值。在任意应力状态下

$$\tau_{max}=\frac{\sigma_1-\sigma_3}{2} \tag{d}$$

于是得屈服准则

$$\frac{\sigma_1-\sigma_3}{2}=\frac{\sigma_s}{2} \tag{e}$$

即

$$\sigma_1-\sigma_3=\sigma_s \tag{f}$$

按第三强度理论建立的强度条件为

$$\sigma_1-\sigma_3\leqslant[\sigma] \tag{7-19}$$

式中，$\sigma_1, \sigma_3$ ——材料在复杂应力状态下的主应力；

$[\sigma]$——材料在简单拉伸时的许用拉应力。

最大切应力理论较为令人满意地解释了塑性材料的屈服现象，因为一般塑性材料达到的危险状态是塑性流动，而这正是切应力引起的。例如，低碳钢拉伸时，沿与轴线成 45°的方向出现滑移线，是材料内部这一方向滑移的痕迹。沿这一方向的斜面上切应力也恰为最大值。在机械和钢结构设计中常用此理论。

### 4. 形状改变比能理论(第四强度理论)

弹性体在外力作用下产生变形，在变形过程中，荷载在相应位移上做功。根据能量守恒定律可知，如果所加的外力是静荷载，则静荷载所做的功全部转化为积蓄在弹性体内部的位能，即所谓应变能。处在外力作用下的单元体，其体积和形状一般均发生改变，故应变能又可分解为形状改变能和体积改变能。单位体积内的应变能称为比能，而单位体积内的形状改变能称为形状改变比能。

第四强度理论认为形状改变比能是引起塑性屈服的主要因素，即认为无论在什么应力状态下，只要单元体形状改变比能 $u_f$ 达到材料在简单拉伸或压缩时单元体的形状改变比能的危险值(某一极限值)时，材料就发生塑性屈服。单向拉伸时，屈服应力为$\sigma_s$，相应的形状改变比能为$\frac{1+\nu}{3E}(\sigma_s)^2$。这就是导致屈服的形状改变比能的极限值。故形状改变比能屈服准则为

$$u_f=\frac{1+\nu}{3E}(\sigma_s)^2 \tag{g}$$

在单向应力状态下，$\sigma_1=\sigma_s$。

在复杂应力状态下，单元体的形状改变比能为

$$u_f=\frac{1+\nu}{6E}\left[(\sigma_1-\sigma_2)^2+(\sigma_2-\sigma_3)^2+(\sigma_3-\sigma_1)^2\right]$$

代入式(g)，整理后得屈服准则为

$$\sqrt{\frac{1}{2}\left[(\sigma_1-\sigma_2)^2+(\sigma_2-\sigma_3)^2+(\sigma_3-\sigma_1)^2\right]}=\sigma_s$$

于是，按第四强度理论得到其强度条件为

$$\sqrt{\frac{1}{2}\left[(\sigma_1-\sigma_2)^2+(\sigma_2-\sigma_3)^2+(\sigma_3-\sigma_1)^2\right]}\leqslant[\sigma] \tag{7-20}$$

式中，$\sigma_1, \sigma_2, \sigma_3$——材料在复杂应力状态下的三个主应力；

$[\sigma]$——材料在简单拉伸时的许用拉应力。

实践证明，形状改变比能屈服准则对如钢、铜、铝等几种塑性材料比较符合，比第三强度理论更接近实际情况。所以，在机械和钢结构设计中常用这一理论。

5. 莫尔强度理论

莫尔认为，最大切应力是使物体破坏的主要因素，但滑移面上的摩擦力也不可忽略(莫尔摩擦定律)。综合最大切应力及最大正应力的因素，莫尔得出的强度理论如下。

在不同应力状态下，材料破坏面上的正应力$\sigma$与切应力$\tau$在$\sigma$-$\tau$坐标系中确定了一条曲线，称之为极限曲线。当$\sigma$一定时，$\tau$越大越容易破坏，即极限曲线上的点必为破坏时三向应力圆中外圆上的点。我们把一点处材料破坏时的最大应力圆称为极限应力圆。

莫尔认为，材料在各种不同的应力状态下，发生破坏时的所有极限应力圆的包络线为材料的极限曲线；无论一点处的应力状态如何，只要最大应力圆与极限曲线相切，材料就发生强度失效，其切点对应该破坏面。

莫尔强度条件为

$$\sigma_1-\frac{[\sigma_t]}{[\sigma_c]}\sigma_3\leqslant[\sigma_t] \tag{7-21}$$

式中，$\sigma_1, \sigma_3$——材料在复杂应力状态下的主应力；

$[\sigma_t], [\sigma_c]$——材料在简单拉伸时的许用拉应力和许用压应力。

当$\sigma_3=0$时，莫尔强度理论即为最大拉应力理论；当$\sigma_1=0$时，为单向拉压强度条件；若$[\sigma_t]=[\sigma_c]=[\sigma]$，则其为最大切应力理论。

对于拉压强度不同的脆性材料，如铸铁、岩石和土体等，在以压为主的应力状态下，该理论与试验结果符合得较好。

综合以上强度理论所建立的强度条件，可以写出统一的形式为

$$\sigma_r\leqslant[\sigma] \tag{7-22}$$

式中，$\sigma_r$称为相当应力。它由三个主应力按一定形式组合而成。按照第一强度理论到第四强度理论和莫尔强度理论的顺序，相当应力分别为

$$\sigma_{r1}=\sigma_1$$

$$\sigma_{r2}=\sigma_1-\nu(\sigma_2+\sigma_3)$$

$$\sigma_{r3}=\sigma_1-\sigma_3$$

$$\sigma_{r4}=\sqrt{\frac{1}{2}\left[(\sigma_1-\sigma_2)^2+(\sigma_2-\sigma_3)^2+(\sigma_3-\sigma_1)^2\right]}$$

$$\sigma_{rM}=\sigma_1-\frac{[\sigma_t]}{[\sigma_c]}\sigma_3$$

## 7.6.3 梁的主应力、主应力迹线

前面分析了梁的正应力和切应力问题。从实际工程中，我们可以观察到下面的现象：钢筋混凝土梁上出现斜裂缝。为了分析出现斜裂缝的原因，首先要研究斜截面上的应力。

1. 梁的主应力及主方向

在梁的任意截面 $m$—$m$ 上取 1、2、3、4、5 点[图 7.21(a)]，围绕各点作出五个单元体[图 7.21(b)]，1 点和 5 点横截面只有一个正应力，无切应力，它在杆横截面的上、下边缘处，

与在轴向拉伸杆件中取出的单元体一样，属单向应力状态。3 点横截面有最大切应力，无正应力，它在横截面的中性轴上，属于纯切应力状态(双向应力状态)。横截面上除上、下边缘各点和中性轴上各点之外，在横截面上的其他的点既有正应力，又有切应力存在，如 2 点和 4 点，即属于一般平面应力状态。

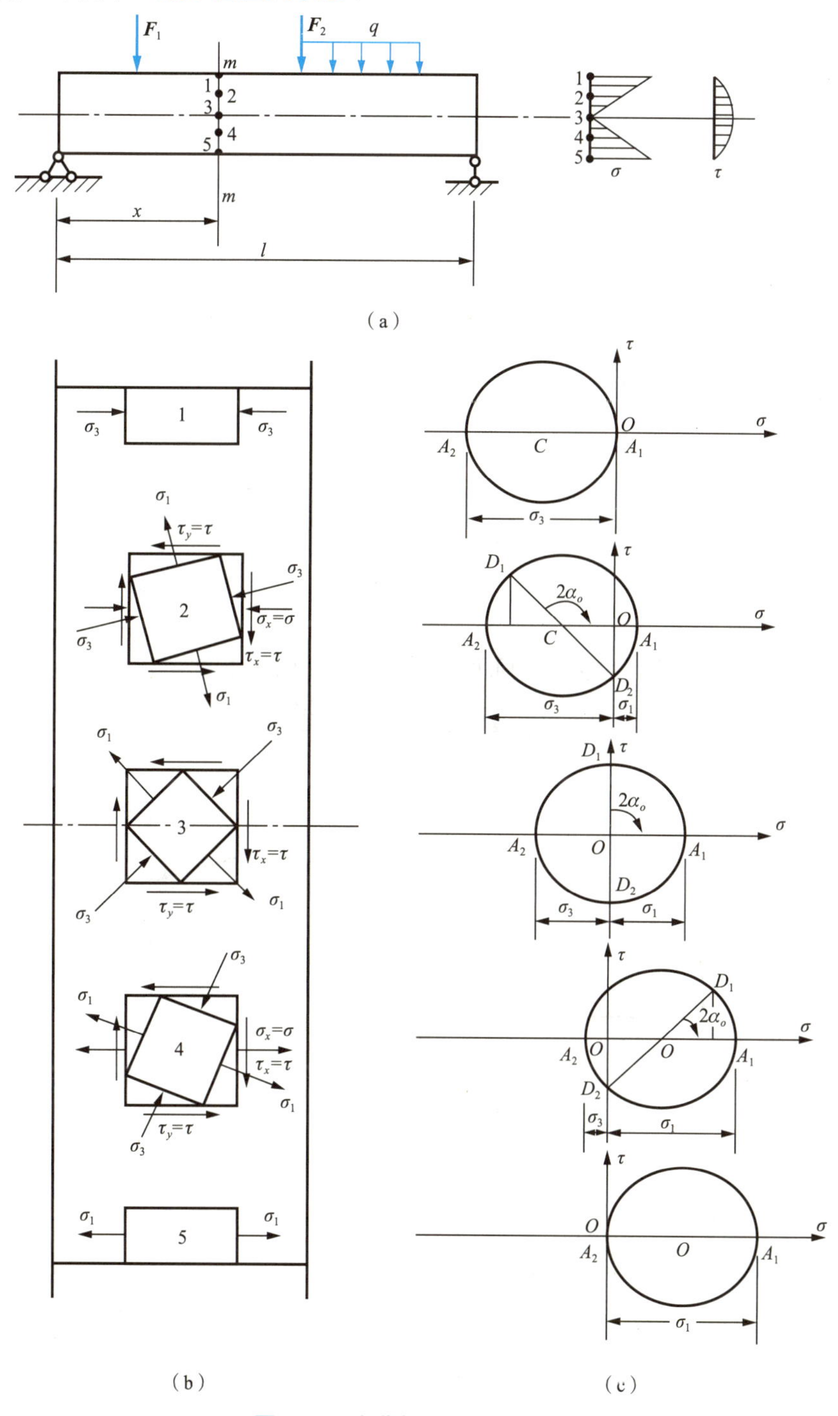


图 7.21　弯曲杆的 5 个单元体图

下面来分别讨论梁的主应力计算。

(1) 1 点和 5 点属单向应力状态，横截面上的正应力就是主应力。

(2) 一般单元体[图 7.22(a)]可用式(7-1)和式(7-7)分别计算出各点横截面上的应力$\sigma_x$和$\tau_{xy}$为

$$\sigma_x = \sigma = \frac{M_z y}{I_z}$$

$$\tau_{xy} = \tau = \frac{F_Q S_z^*}{I_z b}$$

然后分别计算各点的主应力值和其所在主平面的主方向。

$$\sigma' = \frac{\sigma_x + \sigma_y}{2} + \sqrt{\left(\frac{\sigma_x - \sigma_y}{2}\right)^2 + \tau_{xy}^2} = \frac{\sigma_x}{2} + \sqrt{\left(\frac{\sigma_x}{2}\right)^2 + \tau_{xy}^2}$$

$$\sigma'' = \frac{\sigma_x + \sigma_y}{2} - \sqrt{\left(\frac{\sigma_x - \sigma_y}{2}\right)^2 + \tau_{xy}^2} = \frac{\sigma_x}{2} - \sqrt{\left(\frac{\sigma_x}{2}\right)^2 + \tau_{xy}^2}$$

$$\sigma' = \frac{\sigma_x}{2} + \sqrt{\left(\frac{\sigma_x}{2}\right)^2 + \tau_{xy}^2} \tag{7-23a}$$

$$\sigma'' = \frac{\sigma_x}{2} - \sqrt{\left(\frac{\sigma_x}{2}\right)^2 + \tau_{xy}^2} \tag{7-23b}$$

$$\sigma''' = 0$$

然后求其所在主平面的主方向。画主应力单元体，如图 7.22 所示。

$$\tan 2\theta_{\mathrm{p}} = -\frac{2\tau_{xy}}{\sigma_x - \sigma_y} = -\frac{2\tau_{xy}}{\sigma_x} \tag{7-24}$$

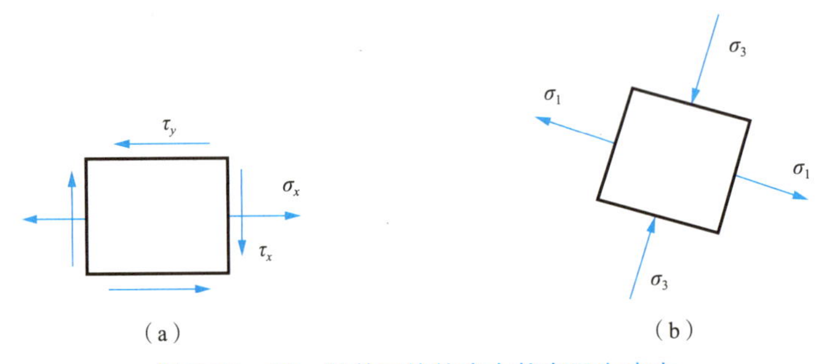


图 7.22　梁一般单元体的应力状态及主应力

### 2．梁截面内的最大切应力

梁截面内最大切应力值为

$$\tau' = \pm\frac{\sigma' - \sigma''}{2} = \pm\sqrt{\left(\frac{\sigma_x - \sigma_y}{2}\right)^2 + \tau_{xy}^2} = \pm\sqrt{\left(\frac{\sigma_x}{2}\right)^2 + \tau_{xy}^2}$$

$$\tau' = \pm\sqrt{\left(\frac{\sigma_x}{2}\right)^2 + \tau_{xy}^2} \tag{7-25}$$

梁截面内最大切应力所在的方向面，与主应力所在的主方向成 45°角。

### 应用案例 7-7

简支梁受力如图 7.23(a)所示。截面为 28b 号工字钢，尺寸如图 7.23(d)所示，$I_z = 7480\text{cm}^4$，$I_z/S^* = 24.2\text{cm}$，$W_z = 534.3\text{cm}^3$，试求梁内最大正应力$\sigma_{\max}$和最大切应力$\tau_{\max}$，以及腹板与翼缘交界区 $E$ 点的主应力。

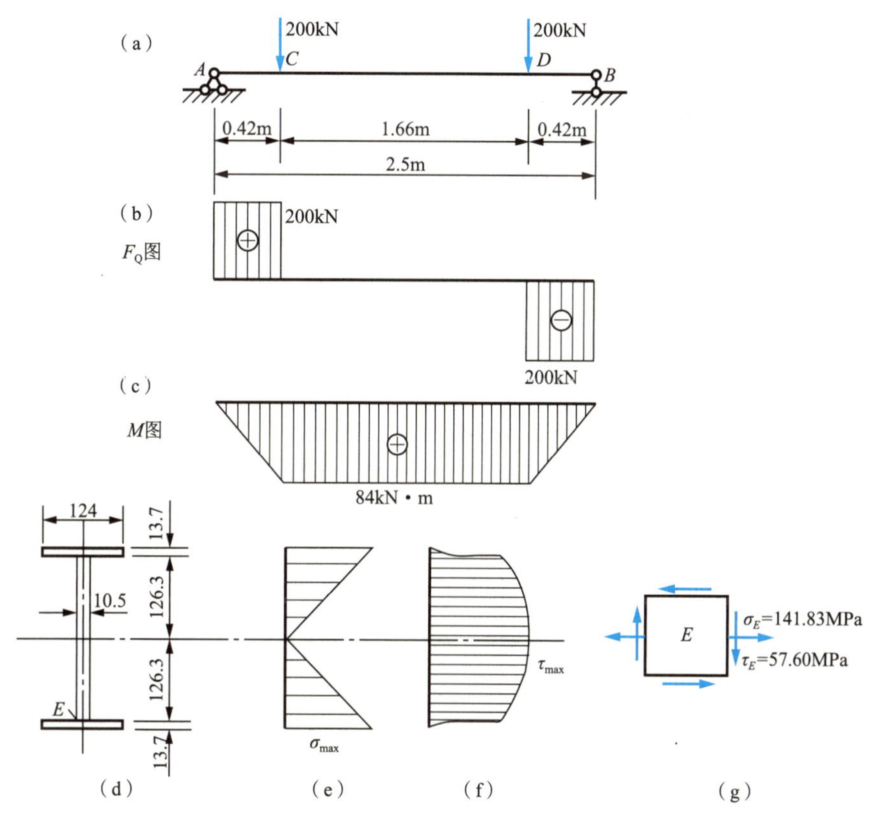


图 7.23　工字钢梁受力示意图

**【解】**(1) 作梁的内力图[图 7.23(b)、(c)]，可知梁截面 $C$、$D$ 处的弯矩、剪力均为最大，是危险截面，其内力为

$$M_{zC} = 84\text{kN} \cdot \text{m}$$

$$F_{QC} = 200\text{kN}$$

(2) 计算梁内最大正应力，在梁 $CD$ 段的横截面的下边缘各点处

$$\sigma_{\max} = \frac{M_{zC}}{W_z} = \frac{84\times10^6}{534.3\times10^3}\text{MPa} = 157.22\text{MPa}$$

(3) 计算梁内最大切应力，在梁 $AC$ 或 $DB$ 段的横截面的中性轴上各点处 ($DB$ 段切应力为负)

$$\tau_{\max} = \frac{F_{QC}S^*}{I_z d} = \frac{F_{QC}}{(I_z/S^*)d} = \frac{200\times10^3}{242\times10.5}\text{MPa} = 78.71\text{MPa}$$

求 $E$ 点的主应力，因 $C$、$D$ 截面上有最大的弯矩和剪力值，在 $E$ 点处有较大的正应力和切应力值[图 7.23(e)、(f)]，两者组合作用使 $E$ 点处产生全梁最大的主应力。

$$\sigma_E=\sigma_x=\frac{M_z y}{I_z}=\frac{84\times10^6\times126.3}{7480\times10^4}\text{MPa}=141.83\text{MPa}$$

$$\tau_E=\tau_{xy}=\frac{F_{QC}S_E^*}{I_z d}=\frac{200\times10^3\times\left[124\times13.7\times\left(126.3+\dfrac{13.7}{2}\right)\right]}{7480\times10^4\times10.5}\text{MPa}=57.60\text{MPa}$$

$$\sigma_1=\frac{\sigma_x}{2}+\sqrt{\left(\frac{\sigma_x}{2}\right)^2+\tau_{xy}^2}=\left[\frac{141.83}{2}+\sqrt{\left(\frac{141.83}{2}\right)^2+(57.6)^2}\right]\text{MPa}=162.28\text{MPa}$$

$$\sigma_2=0$$

$$\sigma_3=\frac{\sigma_x}{2}-\sqrt{\left(\frac{\sigma_x}{2}\right)^2+\tau_{xy}^2}=\left[\frac{141.83}{2}-\sqrt{\left(\frac{141.83}{2}\right)^2+(57.6)^2}\right]\text{MPa}=-20.45\text{MPa}$$

### 3. 梁内主应力迹线

若在梁内取若干个横截面，从其中任一横截面 1—1 上的任一点 $a$ 开始，求出 $a$ 点处的主应力(如主拉应力$\sigma^+$)方向，将它延长与邻近一个横截面 2—2 相交于 $b$，又求出 $b$ 点处的主应力方向，延长后与邻近的 3—3 横截面相交，再求交点处的主应力方向……如此继续进行下去，便可得到一根折线，如图 7.24(a)所示。如果截面取的很多且很密集，则折线就近似成为一条光滑的曲线。这条曲线上任意一点的切线就是该点处主应力的方向。此曲线称为主应力迹线。

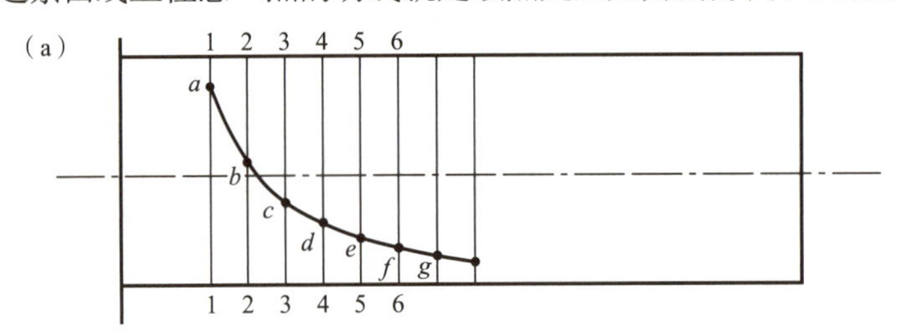


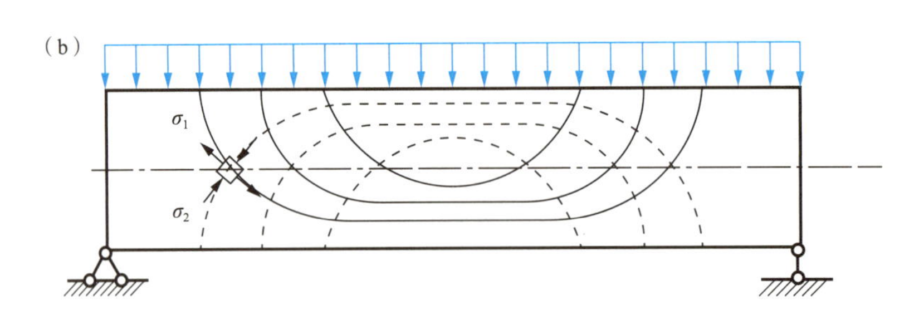


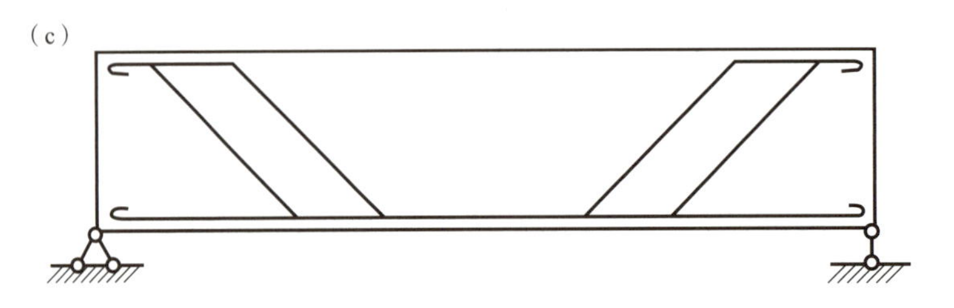


图 7.24 梁内主应力迹线图

由主应力的性质可知，梁内主应力有主拉应力$\sigma^+$和主压应力$\sigma^-$，它们的方向必互相正交。根据所得资料，可以绘出两组互相正交的曲线，一组为主拉应力迹线，另一组为主压应力迹线。矩形截面简支梁承受均布荷载作用下的两组主应力迹线如图 7.24(b)所示。实线代表主拉应力$\sigma^+$的迹线，虚线代表主压应力$\sigma^-$的迹线。因为在梁顶及梁底部处各点的切应力等于零，所以主应力迹线为水平或垂直。在中性层处的应力单元体是纯切应力单元体，即这些点的单元体上无正应力，所以中性层上各点的主应力迹线与水平线 $x$ 轴成 45°倾斜。

在钢筋混凝土梁中，混凝土抗拉能力很差，主拉应力主要由钢筋来承担，所以钢筋应该尽可能地沿着主拉应力$\sigma^+$的方向放置。钢筋混凝土矩形截面简支梁承受均布荷载时的钢筋布置如图 7.24(c)所示。

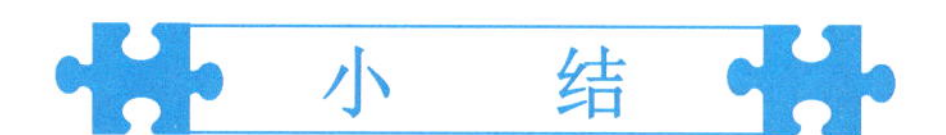

## 小　　结

(1) 梁平面弯曲时，横截面上一般有两种内力——剪力和弯矩。与此相对应的应力也有两种——切应力和正应力。切应力与截面相切，而正应力与截面垂直。

(2) 梁平面弯曲时正应力计算公式为

$$\sigma = \frac{M}{I_z} y$$

正应力在横截面上沿高度成线性分布，在中性轴处正应力为零，截面上下边缘处正应力最大。

(3) 梁平面弯曲时切应力计算公式为

$$\tau = \frac{F_Q S_z^*}{I_z b}$$

这个公式是由矩形截面梁推出的，但也可推广应用于关于梁纵向对称面对称的其他截面形式，如工字形、T 形截面梁等。对不同截面梁计算时，应注意代入相应的 $b$ 和 $S_z^*$。切应力沿截面高度呈二次抛物线规律分布，中性轴处的切应力最大。

(4) 梁的强度计算中，正应力强度条件和切应力强度条件必须同时满足。其公式为

$$\sigma_{\max} = \frac{M_{\max}}{W_z} \leqslant [\sigma]$$

$$\tau_{\max} = \frac{F_{\mathrm{Qmax}} S_{z\max}^*}{I_z b} \leqslant [\tau]$$

对于一般梁，正应力强度条件起控制作用，切应力是次要的，即满足正应力强度条件时，一般切应力强度条件也能得到满足。因此，在应用强度条件解决强度校核、选取截面和确定容许荷载问题时，一般都先按正应力强度条件进行计算，然后再用切应力强度条件校核。

(5) 截面几何性质中，需要掌握形心位置、静矩和惯性矩的计算，主要是对由规则图形组成的不规则图形的计算。

(6) 研究材料的破坏，需要知道构件中一点的应力情况。过受力构件内任一点的各个不同截面上的应力情况集合，称为一点的应力状态。为了解决强度问题，在综合分析材料失效的基础上，对强度失效提出各种假说。这些假说就称为强度理论，即认为材料之所以按某种方式失效，是应力、应变或变形等因素中某一因素引起的，可以根据材料受简单拉伸或压缩时达到危险状态(失效状态)的某一因素，作为衡量在复杂应力状态下达到危险状态的强度准则，由此建立起强度条件。利用强度理论，便可由简单应力状态的试验结果，建立复杂应力状态的强度条件。应注意五个强度理论的适用条件。

(7) 梁内主应力迹线。

梁内各点的主应力值

$$\sigma' = \frac{\sigma_x}{2} + \sqrt{\left(\frac{\sigma_x}{2}\right)^2 + \tau_{xy}^2}$$

$$\sigma'' = \frac{\sigma_x}{2} - \sqrt{\left(\frac{\sigma_x}{2}\right)^2 + \tau_{xy}^2}$$

$$\sigma''' = 0$$

梁内各点的主应力所在主平面的主方向

$$\tan 2\theta_{\mathrm{p}} = -\frac{2\tau_{xy}}{\sigma_x - \sigma_y} = -\frac{2\tau_{xy}}{\sigma_x}$$

梁截面内的最大切应力

$$\tau' = \pm\sqrt{\left(\frac{\sigma_x}{2}\right)^2 + \tau_{xy}^2}$$

梁截面内最大切应力所在的方向面，与主应力所在的主方向成45°角。

(1) 推导梁平面弯曲正应力公式时做了哪些假设？在什么条件下才是正确的？为什么要做这些假设？

(2) 在什么条件下梁只发生平面弯曲？

(3) 什么是中性层和中性轴？为什么直梁平面弯曲时中性轴通过截面形心？

(4) 提高梁的弯曲强度有哪些措施？

(5) 在横向承载力作用下，两个相同截面的梁放置在一起。如图 7.25 所示，不同的放置方法受力有何不同？

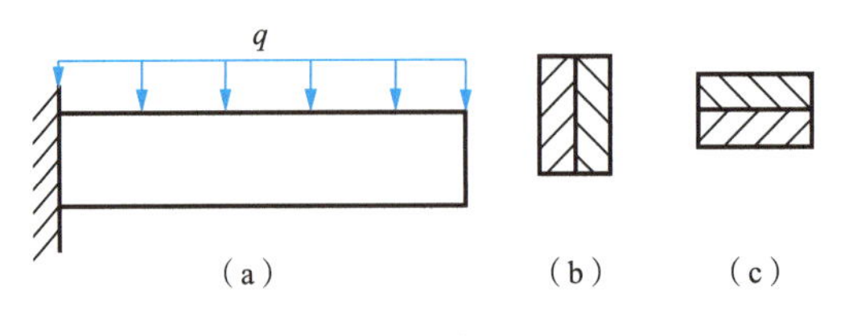


图 7.25　思考题(5)图

# 习　题

## 一、填空题

(1) 强度条件有三方面的力学计算分别是________、________、________。

(2) 梁的中性层与横截面的交线称为________。

(3) 梁横截面上的最大正应力发生在距________最远的上下边缘处。

(4) 梁中既不伸长也不缩短的纤维层称为________。

(5) 在进行梁的强度计算时，若许用应力的单位采用 MPa，则弯矩 $M$ 的单位应采用________，$W_z$ 的单位应采用________。

(6) 宽为 $a$、高为 $b$ 的矩形截面梁的抗弯截面系数等于________。

(7) 直径为 $d$ 的圆形截面的抗弯截面系数等于________。

(8) ________认为最大伸长线应变是引起断裂的主要因素。

## 二、单选题

(1) 梁中各横截面上只有弯矩没有剪力的弯曲称为(　　)。

A. 剪切弯曲　　B. 斜弯曲　　C. 纯弯曲　　D. 压弯变形

(2) 梁在纯弯曲变形后的中性层长度(　　)。

A. 伸长　　B. 不变　　C. 缩短　　D. 伸长和缩短

(3) 对于脆性材料梁，从强度方面来看截面形状最好采用(　　)。

A. 矩形　　B. T 形　　C. 工字形　　D. 圆形

(4) 梁横截面上弯曲正应力为零的点发生在截面的(　　)。

A. 最上端　　B. 最下端

C. 中性轴上　　D. 离中性轴 1/3 处

(5) 对于许用拉应力与许用压应力相等的直梁，从强度角度看，其合理的截面形状是(　　)。

A. 工字形　　B. 矩形　　C. T 形　　D. 圆形

(6) 最大切应力是引起塑性屈服的主要因素的理论是第(　　)强度理论。

A. 四　　B. 三　　C. 二　　D. 一

## 三、判断题

(1) 矩形截面梁横截面上各点的切应力方向都与剪力 $F_Q$ 的方向一致。　(　　)

(2) 中性轴上的点正应力等于零。　(　　)

(3) 某截面对中性轴的惯性矩等于 $\frac{bh^3}{12}$，该截面的形状是圆形。　(　　)

## 四、主观题

(1) 一矩形截面梁如图 7.26 所示，梁上作用均布荷载，已知：$l = 4\text{m}$，$b = 14\text{cm}$，$h = 21\text{cm}$，$q = 2\text{kN/m}$，弯曲时木材的许用应力$[\sigma] = 1.1 \times 10^4\text{kPa}$，试校核梁的强度。

(2) 如图 7.27 所示，悬臂梁横截面为矩形，承受载荷 $F_1$ 与 $F_2$ 作用，且 $F_1 = 2F_2 = 5\text{kN}$。试计算梁内的最大弯曲正应力，以及该应力所在截面上 $K$ 点处的弯曲正应力。

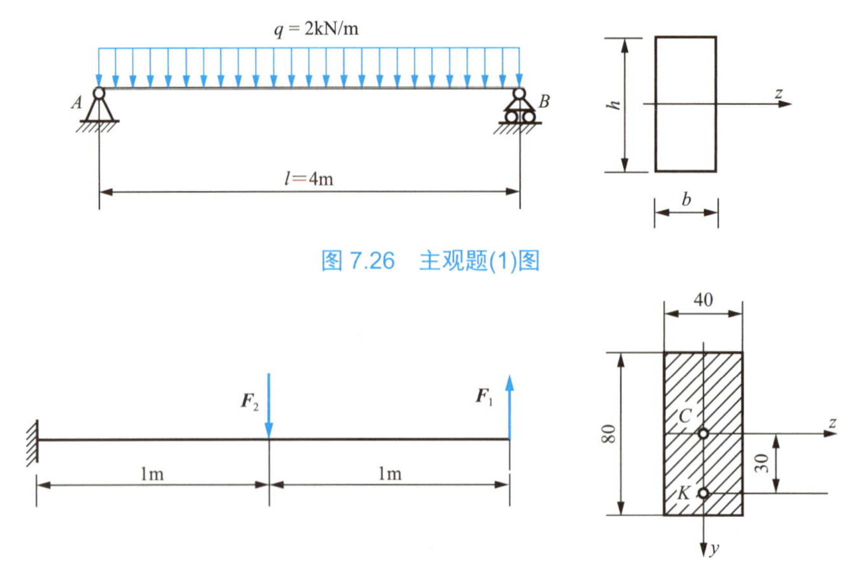


图 7.26　主观题(1)图

图 7.27　主观题(2)图

(3) 如图 7.28 所示，梁由 22a 号槽钢制成，弯矩 $M = 80\text{N}\cdot\text{m}$，并位于纵向对称面(即 $x-y$ 平面)内。试求梁内的最大弯曲拉应力与最大弯曲压应力。

提示：有关槽钢的几何性质可从附录 B 中查得。

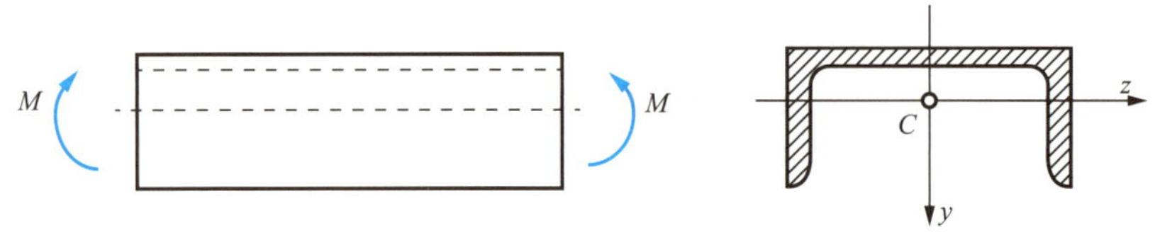


图 7.28　主观题(3)图

(4) 如图 7.29 所示，截面梁横截面上剪力 $F_Q = 300\text{kN}$，试计算：①图中截面上的最大切应力和 $A$ 点的切应力；②图中腹板上的最大切应力，以及腹板与翼缘交界处的切应力。

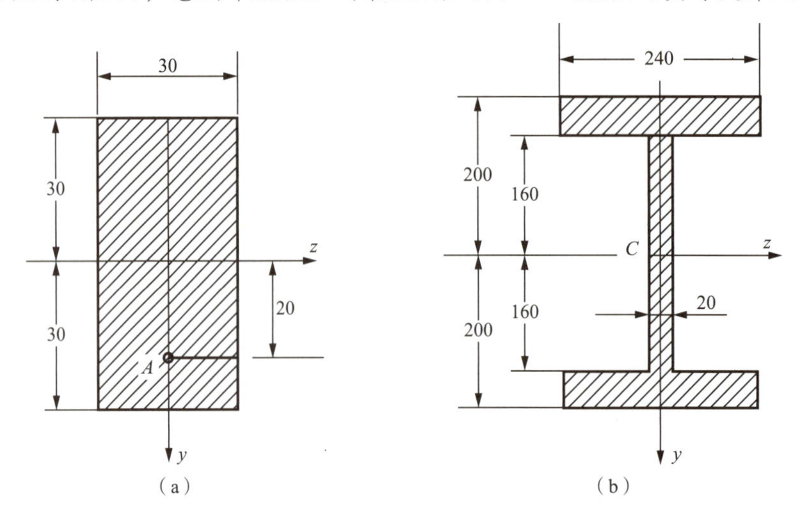


图 7.29　主观题(4)图

(5) 如图 7.30 所示矩形截面木梁，许用应力$[\sigma]=10\text{MPa}$。

① 试根据强度要求确定截面尺寸 $b$。

② 若在截面 $A$ 处钻一直径为 $d=60\text{mm}$ 的圆孔(不考虑应力集中)，试问是否安全？

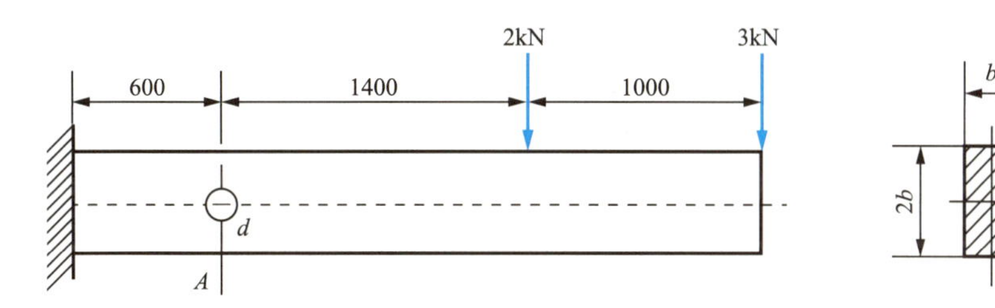


图 7.30　主观题(5)图

(6) 一对称 T 形截面的外伸梁，梁上作用均布荷载，梁的截面如图 7.31 所示。已知：$l=1.5\text{m}$，$q=8\text{kN/m}$，求梁截面中的最大拉应力和最大压应力。

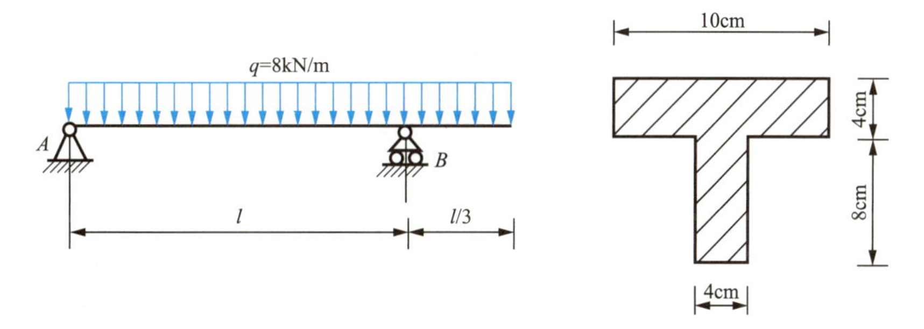


图 7.31　主观题(6)图

(7) 如图 7.32 所示，简支梁由 22b 号工字钢梁制成，上面作用一集中力，材料的许用应力$[\sigma]=170\text{MPa}$，试校核该梁的正应力强度。

(8) 简支梁 $AB$，受力和尺寸如图 7.33 所示，材料为钢，许用应力$[\sigma]=160\text{MPa}$，$[\tau]=80\text{MPa}$。试按正应力强度条件分别设计成矩形和工字形两种形状的截面尺寸，并按切应力公式进行校核。其中矩形截面高宽比设为 2。

(9) 如图 7.34 所示，悬臂梁自由端作用一集中力 $F=15\text{kN}$，试计算截面 $B$—$B$ 的最大弯曲拉应力和最大弯曲压应力。

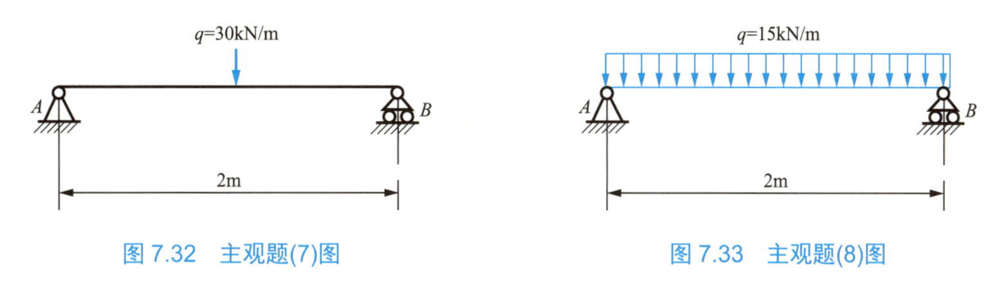


图 7.32　主观题(7)图　　图 7.33　主观题(8)图

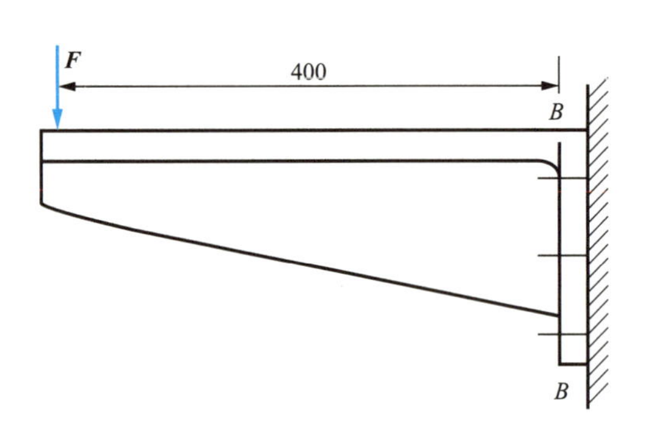


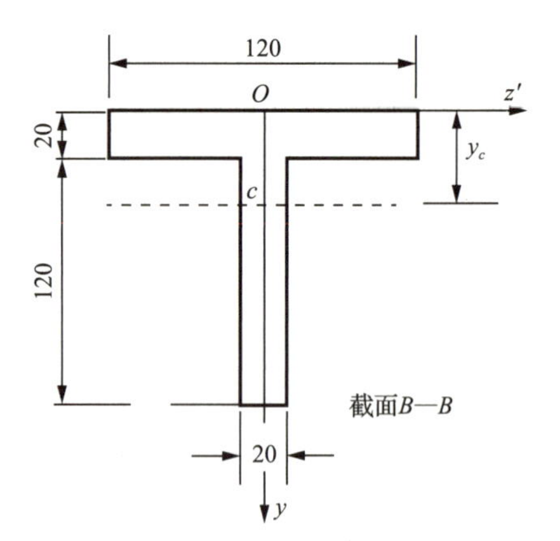


图 7.34　主观题(9)图

# 第8章 组合变形

## 教学目标

了解组合变形的概念，会将组合变形问题分解为基本变形的叠加；掌握斜弯曲、偏心压缩(拉伸)等组合变形杆件的内力、应力和强度计算；了解截面核心的概念及其在工程中的意义。

## 教学要求

| 知识要点 | 能力要求 | 所占比重 |
|---|---|---|
| 组合变形的定义，叠加原理及适用条件 | 会外荷载分解，会用叠加法求内力、应力 | 10% |
| 斜弯曲时杆件的内力、应力分析与强度计算 | (1) 能计算斜弯曲时杆件的内力、应力<br>(2) 能用强度条件进行强度计算 | 30% |
| 偏心压缩时杆件的内力、应力分析与强度计算 | (1) 能计算偏心压缩时杆件的内力、应力<br>(2) 能用强度条件进行强度计算 | 50% |
| 截面核心的定义及工程意义，常见截面的截面核心 | 熟知截面核心的定义及常见截面的截面核心 | 10% |

## 学习重点

实际工程中常见的组合变形杆件的强度计算。

## 生活知识提点

在日常生活中，人们用左背挑东西，人体向右偏斜，这是为什么？这种现象是否可用力学来解释？

## 引例

在建筑工程中，在同一构件内往往会同时发生两种或两种以上的基本变形，怎样来解决这一类问题是本章要讨论的内容。

# 8.1 概 述

### 8.1.1 组合变形的概念

在前面章节中，分别介绍了杆件在基本变形时的强度和刚度。在实际工程结构中，由于构件的受力情况是复杂的，有许多构件往往会同时发生两种或两种以上的基本变形，称这类变形为组合变形。例如，图 8.1 所示斜屋架上的檩条，从屋架传下的荷载对檩条来说并不作用在它的纵向对称平面内，这样的荷载将引起两个平面内的弯曲变形，这种组合变形称为斜弯曲或双向弯曲。如图 8.2 所示，工业厂房的柱子，屋架传给柱的荷载 $\boldsymbol{F}_1$ 和吊车传给柱的荷载 $\boldsymbol{F}_2$，它们的合力一般不正好作用在柱的轴线上，这样的荷载会引起柱的压缩和弯曲变形，这种组合变形称为偏心压缩。图 8.3(a)所示为一雨篷，雨篷梁的计算简图如图 8.3(b)所示，作用的荷载除均布荷载 $q$ 外，还有雨篷传递给雨篷梁的均布力偶 $M_e$，因此，雨篷梁的变形是弯曲变形和扭转变形的组合。

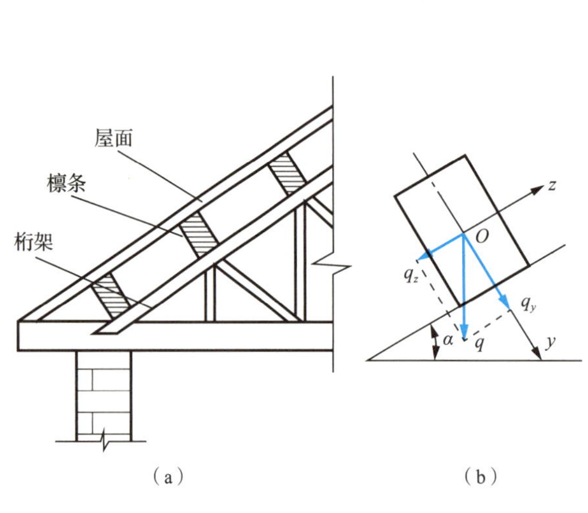


图 8.1 檩条示意图

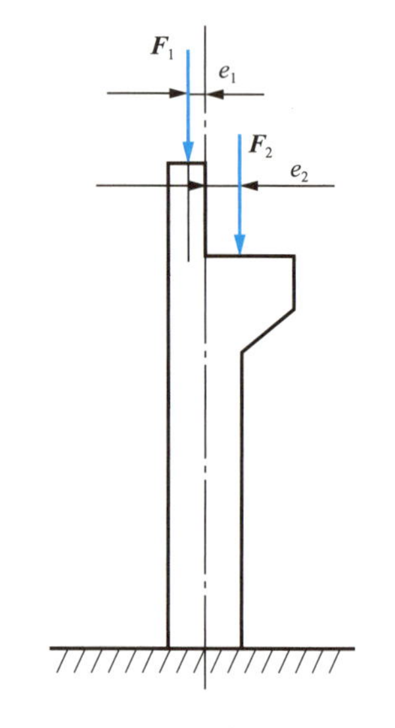


图 8.2 工业厂房柱子示意图

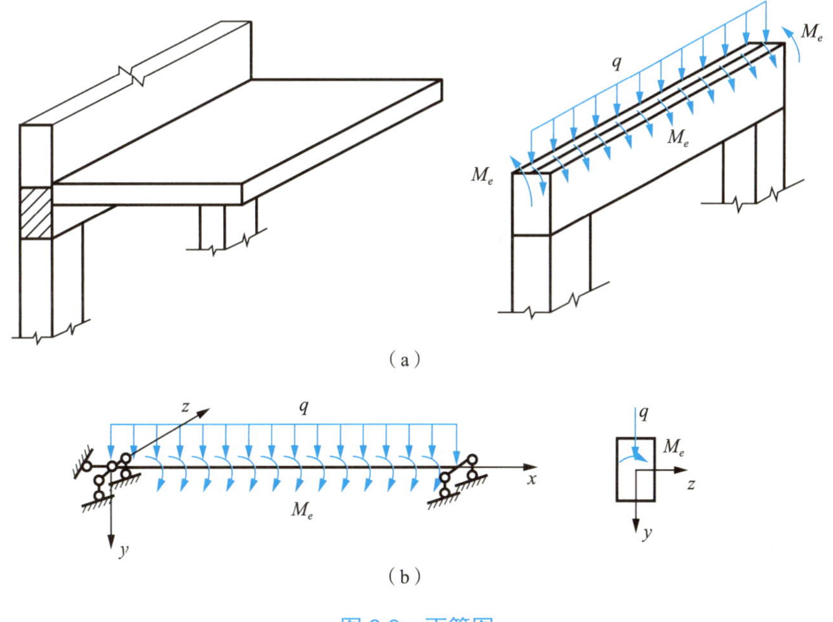


图 8.3 雨篷图

## 8.1.2 组合变形的计算方法

在小变形和材料服从胡克定律的前提下，可以认为组合变形中的每一种基本变形都各自独立、互不影响，因此可应用叠加原理。

用叠加原理对组合变形问题进行强度和刚度计算的步骤如下。

(1) 将所作用的荷载分解或简化为几个各自只引起一种基本变形的荷载分量。

(2) 分别计算各个荷载分量所引起的应力及变形。

(3) 根据叠加原理，把所求得的应力或变形相应地叠加，即得到原来荷载作用下构件所产生的应力及变形。

本章着重讨论斜弯曲和偏心压缩(拉伸)杆件的强度计算方法。

# 8.2 斜 弯 曲

## 8.2.1 斜弯曲的概念

在前面章节已经讨论了平面弯曲问题，若梁具有纵向对称面，当横向外力作用在梁的纵向对称面内时，梁的轴线将在其纵向对称面内弯曲成一条曲线，这就是平面弯曲。当横向外力不作用在梁的纵向对称面内，梁弯曲后的轴线将不再位于外力作用面内，这就是斜弯曲。例如，图 8.1(a)所示屋架上的檩条，其矩形截面具有两个对称轴。从屋面板传送到檩

条上的荷载垂直向下，荷载作用线虽通过横截面的形心，但不与两主形心轴重合。如果将荷载沿两个主形心轴分解[图 8.1(b)]，此时梁在两个分荷载作用下，分别在横向对称平面($xOz$ 平面)和竖向对称平面($xOy$ 平面)内发生平面弯曲，这类梁的弯曲变形称为斜弯曲或双向弯曲，它是两个互相垂直方向的平面弯曲的组合。

## 8.2.2 斜弯曲时杆件的应力计算

以矩形截面悬臂梁为例来讨论斜弯曲的强度计算问题。斜弯曲梁的强度通常是由弯矩引起的最大正应力控制的，剪力影响较小，因此忽略剪力的影响只考虑弯矩。

如图 8.4(a)所示，矩形截面上的 $y$、$z$ 轴为主形心惯性轴。设在梁的自由端受一集中力 $\boldsymbol{F}$ 的作用，力 $\boldsymbol{F}$ 作用线垂直于梁轴线，且与纵向对称轴 $y$ 成一夹角 $\varphi$，当梁发生斜弯曲时，求梁中距固定端为 $x$ 的任一截面 $m$—$m$ 上点 $C(y, z)$处的应力。

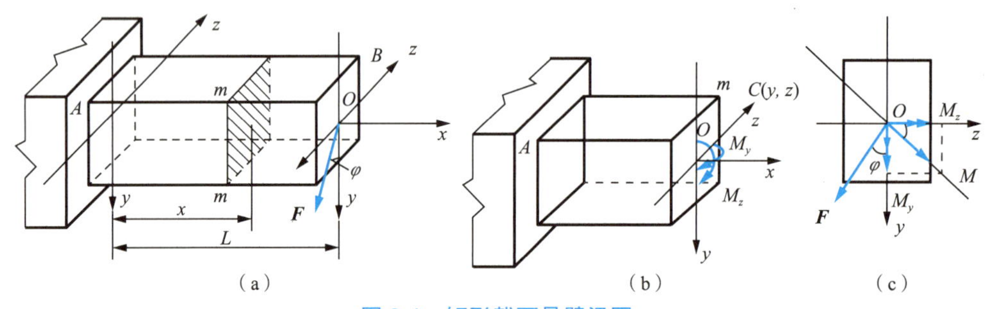


图 8.4　矩形截面悬臂梁图

将力 $\boldsymbol{F}$ 沿 $y$、$z$ 轴分解为两个分量 $F_y = F\cos\varphi$，$F_z = F\sin\varphi$。由图 8.4(b)可知，$\boldsymbol{F}_y$ 将使梁在 $xOy$ 平面发生平面弯曲，$\boldsymbol{F}_z$ 将使梁在 $xOz$ 平面发生平面弯曲，由 $\boldsymbol{F}_y$ 和 $\boldsymbol{F}_z$ 在截面 $m$—$m$ 上产生的弯矩为 $M_z = F_y(l-x) = F(l-x)\cos\varphi = M\cos\varphi$ 和 $M_y = F_z(l-x) = F(l-x)\sin\varphi = M\sin\varphi$，转向如图 8.4(b)所示，分弯矩与总弯矩的矢量合成关系式可表示为 $M = \sqrt{M_z^2 + M_y^2}$，如图 8.4(c)所示。

如图 8.4 所示，梁的任意横截面 $m$—$m$ 上任一点 $C(y, z)$处，由弯矩 $M_z$ 和 $M_y$ 引起的正应力分别为

$$\sigma' = \frac{M_z}{I_z}y = \frac{M\cos\varphi}{I_z}\cdot y$$

$$\sigma'' = \frac{M_y}{I_y}\cdot z = \frac{M\sin\varphi}{I_y}\cdot z$$

根据叠加原理，将 $\sigma'$ 和 $\sigma''$ 对应地叠加，即得到梁在斜弯曲情况下截面 $m$—$m$ 上 $C$ 点处的总的正应力为

$$\sigma = \sigma' + \sigma'' = \frac{M_z}{I_z}y + \frac{M_y}{I_y}z = M\left(\frac{\cos\varphi}{I_z}y + \frac{\sin\varphi}{I_y}z\right) \tag{8-1}$$

式中，$I_z, I_y$——横截面对称轴 $z$ 和 $y$ 的惯性矩；

$M_z, M_y$——截面上位于铅垂和水平对称平面的弯矩。

式(8-1)是梁在斜弯曲情况下计算任一横截面上正应力的一般表达式。在应用此公式时，可以先不考虑弯矩 $M_z$、$M_y$ 和坐标 $y$、$z$ 的正负号，都以其绝对值代入式中，$\sigma'$ 和 $\sigma''$ 的正负号可通过观察梁的变形情况确定，即所求点位于弯曲拉伸区，则该点应力为拉应力，取正号；若位于压缩区，则为压应力，取负号。

式(8-1)说明，发生斜弯曲时，截面上的正应力是 $y$ 和 $z$ 的线性函数，即正应力沿截面高度呈线性分布[图 8.5(a)]；截面的最大拉应力或最大压应力必发生在离中性轴最远的截面边缘处，中性轴上各点处的正应力均为零。

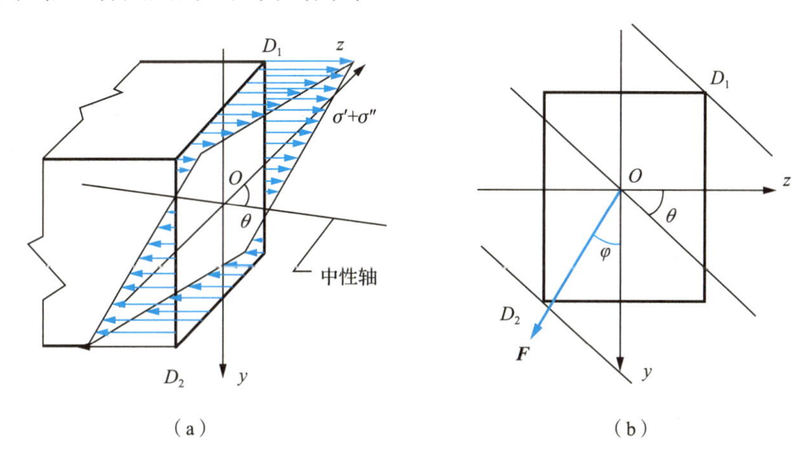


图 8.5　正应力分布图

## 8.2.3　斜弯曲时的强度条件

对斜弯曲来说，与平面弯曲一样，梁的强度计算仍是以最大正应力来控制的。所以，做强度计算时，首先确定危险截面(产生最大正应力的截面)和危险点(危险截面上的最大应力点)的位置。由图 8.4(a)可以看出，在悬臂梁固定端截面 $A$ 处弯矩 $M_z$ 和 $M_y$ 均达到最大值，故该截面是危险截面。

因为各点处正应力值大小与各点距中性轴的距离成正比，所以危险点发生在距中性轴最远的上、下边缘处。在斜弯曲情况下，中性轴是一根通过截面形心的斜线。对于矩形截面，可以直接断定截面的$\sigma_{max}$($\sigma_{t,max}$ 或$\sigma_{c,max}$)必发生在$\sigma'$和$\sigma''$具有相同符号的截面的角点 $D_1$($D_2$)处，如图 8.5(b)所示。$\sigma_{max}$($\sigma_{t,max}$ 或$\sigma_{c,max}$)可由式(8-2)求得

$$\sigma_{max}=\frac{M_{z\max}}{I_z}y_{max}+\frac{M_{y\max}}{I_y}z_{max}=\frac{M_{z\max}}{W_z}+\frac{M_{y\max}}{W_y} \tag{8-2}$$

式中，$W_z$——抗弯截面系数(或模量)，它是一个与截面形状和尺寸有关的几何量，其常用单位为 $m^3$ 或 $mm^3$。

对高为 $h$、宽为 $b$ 的矩形截面，其抗弯截面系数为

$$W_z=\frac{I_z}{y_{max}}=\frac{bh^3/12}{h/2}=\frac{bh^2}{6}$$

对直径为 $D$ 的圆形截面，其抗弯截面系数为

$$W_z=\frac{I_z}{y_{\max}}=\frac{\pi D^4/64}{D/2}=\frac{\pi D^3}{32}$$

对于工字形截面、槽形截面及由它们组成的组合截面，式(8-2)仍然适用，它们的抗弯截面系数 $W_z$ 可从附录 B 中查得。

因斜弯曲时，危险点处于单向应力状态，故强度条件为

$$\sigma_{\max}=\frac{M_{z\max}}{W_z}+\frac{M_{y\max}}{W_y}\leqslant[\sigma] \tag{8-3}$$

利用强度条件，可以解决工程实际中有关强度方面的三类问题：强度校核、截面设计和确定许可荷载。但是，在设计截面尺寸时，要遇到 $W_z$ 和 $W_y$ 两个未知数，通常先假设一个 $W_z/W_y$ 的比值，根据强度条件式(8-3)计算出构件所需的 $W_z$(或 $W_y$)值，再按式(8-3)进行强度校核，这样循序渐进才能得出最后的合理尺寸。对于不同的截面形状，$W_z/W_y$ 的比值可按下述范围选取。

矩形截面: $\frac{W_z}{W_y}=\frac{h}{b}=1.2\sim2$

工字形截面: $\frac{W_z}{W_y}=\frac{h}{b}=8\sim10$

槽形截面: $\frac{W_z}{W_y}=\frac{h}{b}=6\sim8$

## 应用案例 8-1

如图 8.6(a)所示，一简支梁跨长 $l=3$m，用 25a 号工字钢制成。梁跨中受一集中力 $\boldsymbol{F}$ 作用，$F=20$kN，其与横截面铅垂对称轴的夹角 $\varphi=15°$，已知钢的许用应力 $[\sigma]=170$MPa，试校核梁的强度。

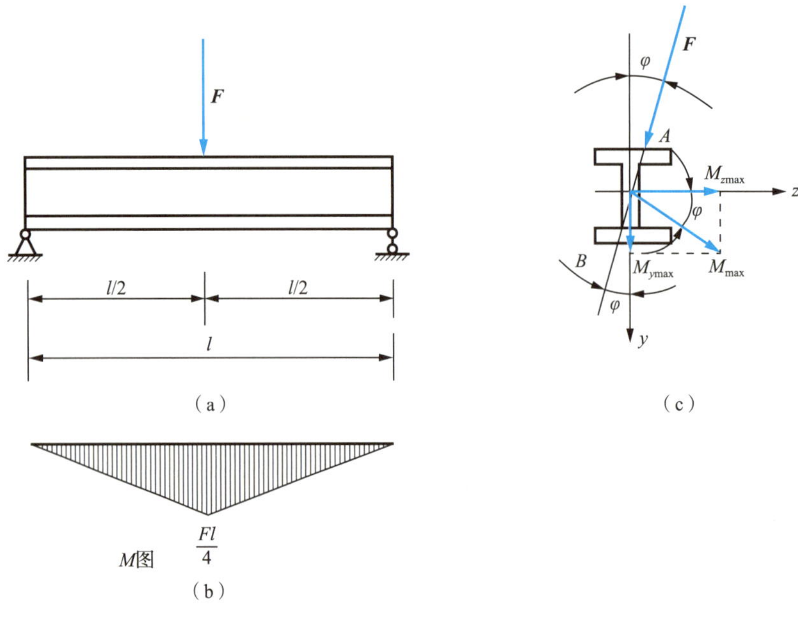


图 8.6　应用案例 8-1 图

【解】(1) 内力分析。

可以将力 $\boldsymbol{F}$ 沿两个对称轴 $y$ 和 $z$ 分解，然后分别求出两个分弯矩 $M_y$ 和 $M_z$；也可以先求出总弯矩 $M$ 后再分解。现采用后一种方法。由梁的弯矩图即图 8.6(b)可知，梁跨中截面是危险截面，其上弯矩的大小为

$$M_{\max}=\frac{Fl}{4}=\frac{20\times10^3\,\text{N}\times3\text{m}}{4}=15\times10^3\text{N}\cdot\text{m}=15\text{kN}\cdot\text{m}$$

沿 $z$、$y$ 轴的分弯矩的大小为

$$M_{z\max}=M_{\max}\cos\varphi=15\text{kN}\cdot\text{m}\times\cos15°=14.49\text{kN}\cdot\text{m}$$

$$M_{y\max}=M_{\max}\sin\varphi=15\text{kN}\cdot\text{m}\times\sin15°=3.88\text{kN}\cdot\text{m}$$

(2) 应力分析与强度计算。

由于工字形截面有两个对称轴且有棱角，因此角点 $A$ 和 $B$ 处正应力最大。因为钢的抗拉和抗压强度相同，所以计算一点即可，由附录 B 查得 $W_z=401.88\text{cm}^3$，$W_y=47.283\text{cm}^3$，计算简支梁 $A$ 点的应力为

$$\sigma_{\max}=\frac{M_{z\max}}{W_z}+\frac{M_{y\max}}{W_y}=\frac{14.49\times10^3\,\text{N}\cdot\text{m}}{401.88\times10^{-6}\text{m}^3}+\frac{3.38\times10^3\,\text{N}\cdot\text{m}}{47.283\times10^{-6}\text{m}^3}=107.54\times10^6\text{Pa}$$

$$=107.54\text{MPa}<[\sigma]=170\text{MPa}$$

可见此梁的弯曲正应力满足强度条件的要求。

【案例点评】

当力 $\boldsymbol{F}$ 的作用线与 $y$ 轴重合，即 $\varphi=0$ 时，发生的是绕 $z$ 轴的平面弯曲，则最大正应力

$$\sigma_{\max}=\frac{M}{W_z}=\frac{Fl}{4W_z}=\frac{20\times10^3\times3}{4\times401.88\times10^{-6}}\text{Pa}=37.32\text{MPa},$$

仅为上述最大正应力(107MPa)的 34.70%。所以，对于工字钢梁，当外力偏离 $y$ 轴一个很小的角度时，就会使最大正应力增加很多，其原因是工字钢截面的 $W_y$ 远小于 $W_z$。因此，对于这一类截面的梁，应尽量避免斜弯曲的发生。

## 8.3 杆件偏心压缩(拉伸)的强度计算

在工程实际中，除轴心受压以外，还存在偏心受压情况，即当压力作用线与杆的轴线平行但不重合时，杆件即为偏心受压。例如，图 8.7 所示为一般工业厂房的柱子，承受作用于柱顶的屋面荷载和作用于牛腿上的吊车梁传来的荷载，荷载作用线均平行于柱轴线但不与轴线重合。对于柱子的横截面而言，压力不通过截面形心，这种柱称为偏心受压柱。对这类问题，仍然运用叠加原理来解决。

### 8.3.1 单向偏心压缩(拉伸)

偏心压力(或拉力)作用于一根形心主轴上而产生的偏心压缩(或拉伸)，称为单向偏心压

缩(或拉伸)。图 8.7 所示的柱子就是单向偏心受压的例子。下面以图 8.8(a)所示偏心受压柱为例，说明其应力分析及强度计算。

### 1. 荷载简化与内力分析

将偏心力 $\boldsymbol{F}$ 向截面形心平移，得到一个轴向压力 $\boldsymbol{F}$ 和一个力偶 $M=F\cdot e$。可见，偏心压缩实际上是轴向压缩和平面弯曲的组合变形。

运用截面法可求得任意横截面 $m$—$n$ 上的内力。由图 8.8(b)可知，横截面 $m$—$n$ 上的内力为轴力 $\boldsymbol{F}_{\mathrm{N}}$ 和弯矩 $M_z$，其值分别为 $F_{\mathrm{N}}=-F$，$M_z=F\cdot e$。

### 2. 应力分析

由于柱子各个横截面上的轴力和弯矩都是相同的，它又是等直杆，所以各个横截面上的应力也相同。因此，可取任一横截面作为危险截面进行强度计算。对于该横截面上任一 $K$ 点的正应力 $\sigma$，可看成是由轴力 $\boldsymbol{F}_{\mathrm{N}}$ 引起的正应力 $\sigma'=\dfrac{F_{\mathrm{N}}}{A}$ 和弯矩 $M_z$ 引起的正应力 $\sigma''=\pm\dfrac{M_z}{I_z}y$ 的叠加，其计算公式为

$$\sigma=\frac{F_{\mathrm{N}}}{A}\pm\frac{M_z}{I_z}y \tag{8-4}$$

式中的 $M_z$ 以绝对值代入，弯曲正应力 $\sigma''$ 的正负号由变形情况判定。当 $K$ 点处于弯曲变形的受压区时取负号，处于受拉区时取正号。

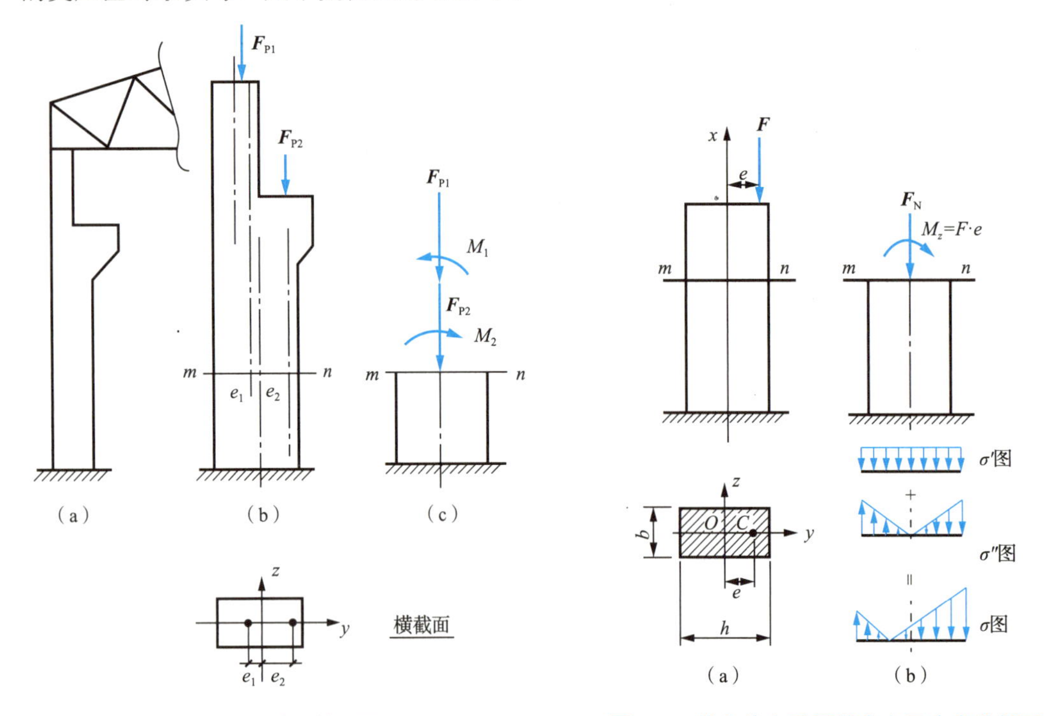


图 8.7 受压柱子图

图 8.8 单向偏心受压柱内力及应力分析图

### 3. 强度条件

从图 8.9(a)中可知：最大压应力发生在截面与偏心力 $\boldsymbol{F}$ 较近的边线 $n$—$n$ 线上；最大拉应力发生在截面与偏心力 $\boldsymbol{F}$ 较远的边线 $m$—$m$ 线上。其计算公式为

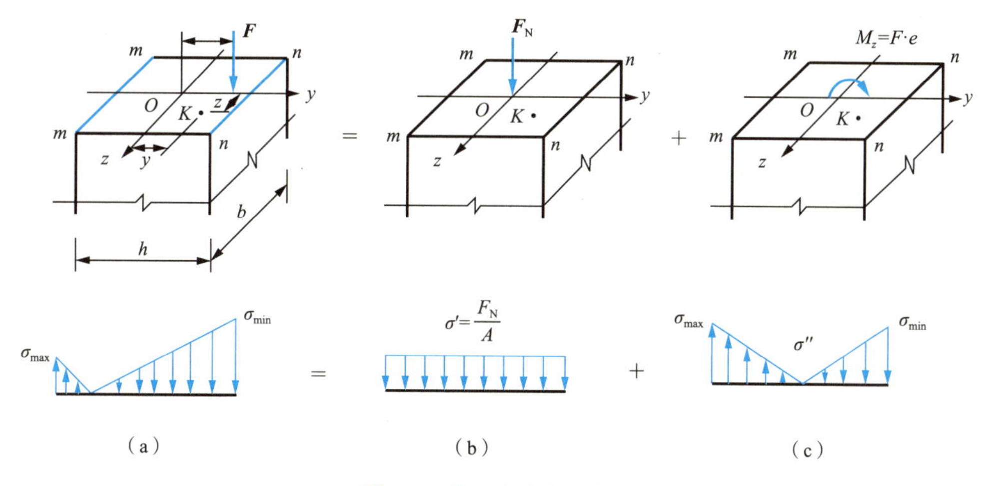


图 8.9 截面上应力分布图

$$\left.\begin{aligned}\sigma_{min}=\sigma_{c,max}=\frac{F_N}{A}-\frac{M_z}{W_z}\\ \sigma_{max}=\sigma_{t,max}=\frac{F_N}{A}+\frac{M_z}{W_z}\end{aligned}\right\}\tag{8-5}$$

截面上各点均处于单向应力状态，所以单向偏心压缩的强度条件为

$$\left.\begin{aligned}\sigma_{min}=\sigma_{c,max}=\left|\frac{F_N}{A}-\frac{M_z}{W_z}\right|\leqslant[\sigma_c]\\ \sigma_{max}=\sigma_{t,max}=\frac{F_N}{A}+\frac{M_z}{W_z}\leqslant[\sigma_t]\end{aligned}\right\}\tag{8-6}$$

### 4. 讨论

下面来讨论当偏心受压柱是矩形截面时，截面边缘线上的最大正应力和偏心距 $e$ 之间的关系。

图 8.10(a)所示的偏心受压柱，截面尺寸为 $b\times h$，$F=-F_N$，$A=bh$，$W_z=\frac{bh^2}{6}$，$M_z=F\cdot e$，将各值代入式(8-5)，得

$$\sigma_{max}=-\frac{F}{bh}+\frac{F\cdot e}{\frac{bh^2}{6}}=-\frac{F}{bh}\left(1-\frac{6e}{h}\right)\tag{8-7}$$

边缘 $m$—$m$ 上的正应力$\sigma_{max}$的正负号，由式(8-7)中$\left(1-\frac{6e}{h}\right)$的符号决定，可出现三种情况。

(1) 当$\frac{6e}{h}<1$，即 $e<\frac{h}{6}$时，$\sigma_{max}$为压应力。截面全部受压，截面应力分布如图 8.10(a)所示。

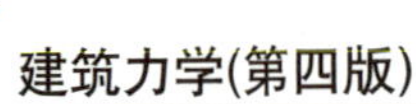

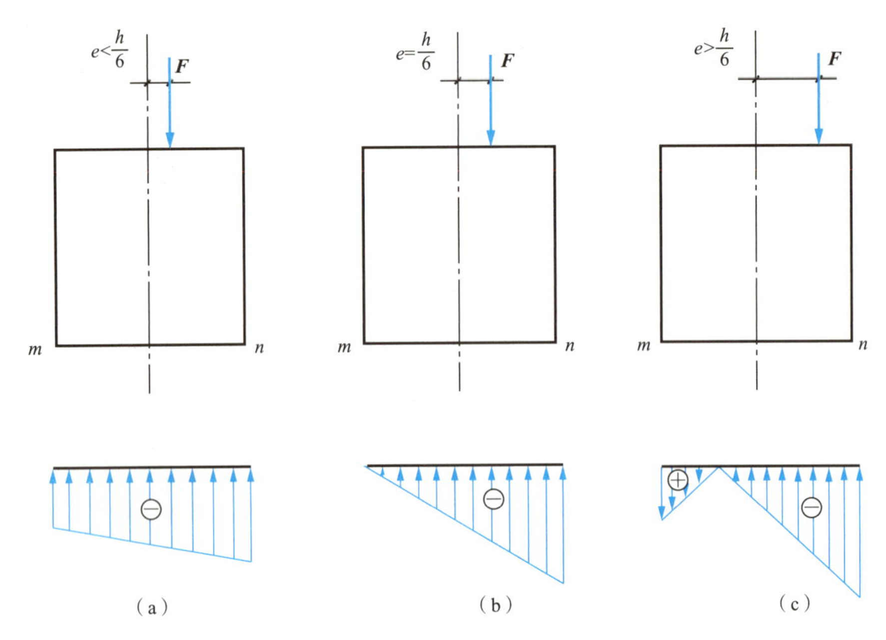


图 8.10　三种情况截面应力分布图

(2) 当 $\frac{6e}{h}=1$，即 $e=\frac{h}{6}$ 时，$\sigma_{max}$ 为零。截面全部受压，而边缘 $m—m$ 上的正应力恰好为零，截面应力分布如图 8.10(b)所示。

(3) 当 $\frac{6e}{h}>1$，即 $e>\frac{h}{6}$ 时，$\sigma_{max}$ 为拉应力。截面部分受拉，部分受压，应力分布如图 8.10(c)所示。

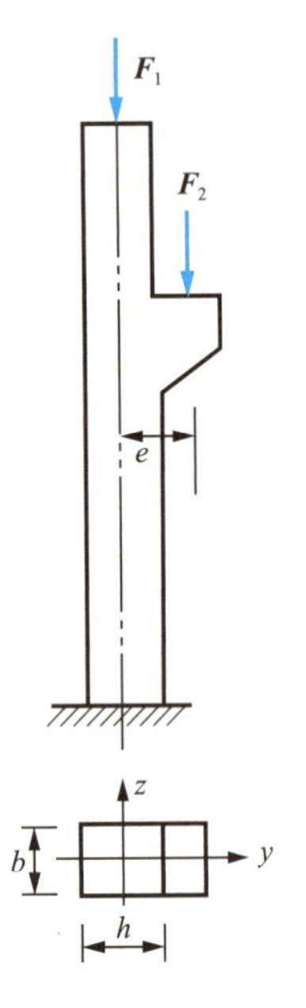


图 8.11　应用案例 8-2 图

可见，截面上应力分布情况随偏心距 $e$ 而变化，与偏心力 $F$ 的大小无关。当偏心距 $e\leqslant\frac{h}{6}$ 时，截面全部受压；当偏心距 $e>\frac{h}{6}$ 时，截面上出现受拉区。

## 应用案例 8-2

一钢筋混凝土矩形截面柱如图 8.11 所示，已知截面宽 $b=250\text{mm}$，屋架传来的压力 $F_1=100\text{kN}$ 作用在柱的轴线上，吊车梁传来的压力 $F_2=60\text{kN}$，$F_2$ 的偏心距 $e=0.2\text{m}$。试求：

(1) 若截面高度 $h=350\text{mm}$，则柱截面中的最大拉应力和最大压应力各为多少？

(2) 欲使柱截面不产生拉应力，截面高度 $h$ 应为多少？在确定的 $h$ 尺寸下，柱截面中的最大压应力为多少？

**【解】**(1) 内力分析。

将荷载 $F_2$ 向截面形心简化，柱的轴向压力为

$$F_N=-F_1-F_2=-(100+60)\text{kN}=-160\text{kN}$$

截面的弯矩为

$$M_z = F_2 \cdot e = (60 \times 0.2)\text{kN} \cdot \text{m} = 12\text{kN} \cdot \text{m}$$

(2) 计算$\sigma_{t,max}$和$\sigma_{c,max}$。

由式(8-5)得

$$\sigma_{t,max} = \frac{F_N}{A} + \frac{M_z}{W_z} = \left( -\frac{160 \times 10^3}{250 \times 350} + \frac{12 \times 10^6}{\frac{250 \times 350^2}{6}} \right) \text{MPa}$$

$$= (-1.83 + 2.35)\text{MPa} = 0.52\text{MPa}$$

$$\sigma_{c,max} = \frac{F_N}{A} - \frac{M_z}{W_z} = (-1.83 - 2.35)\ \text{MPa} = -4.18\text{MPa}$$

(3) 确定$h$和计算$\sigma_{c,max}$。

欲使截面不产生拉应力，应满足$\sigma_{t,max} \leqslant 0$，即

$$\sigma_{t,max} = \frac{F_N}{A} + \frac{M_z}{W_z} \leqslant 0$$

$$-\frac{160 \times 10^3}{250h} + \frac{12 \times 10^6}{\frac{250h^2}{6}} \leqslant 0$$

则取：$h \geqslant 450\text{mm}$。

当$h = 450\text{mm}$时，截面的最大压应力为

$$\sigma_{c,max} = \frac{F_N}{A} - \frac{M_z}{W_z} = \left( -\frac{160 \times 10^3}{250 \times 450} - \frac{12 \times 10^6}{\frac{250 \times 450^2}{6}} \right) \text{MPa} = -2.84\text{MPa}$$

**【案例点评】**

在厂房结构中，偏心受压的案例很多，希望同学们在平时多观察、多分析，用力学知识去解决工程问题。

## 8.3.2 双向偏心压缩(拉伸)

如图8.12(a)所示，当偏心压力$\boldsymbol{F}$的作用线与柱轴线平行，但不在横截面的任一形心主轴上时，力$\boldsymbol{F}$可简化为作用于截面形心处$O$的轴向压力和两个力偶矩$M_z$、$M_y$[图8.12(b)]，这种受力情况称为双向偏心压缩，其中$M_z = F \cdot e_y$，$M_y = F \cdot e_z$。

可见，双向偏心压缩就是轴向压缩和两个相互垂直的平面弯曲的组合。与单向偏心压缩相同，根据叠加原理，可得到杆任一点处的正应力为

$$\sigma = \frac{F_N}{A} \pm \frac{M_z}{I_z} y \pm \frac{M_y}{I_y} z \tag{8-8}$$

式中，$F_N = -F$，$M_z = F \cdot e_y$，$M_y = F \cdot e_z$，各项应力前的正负号，可根据变形情况直接判定。

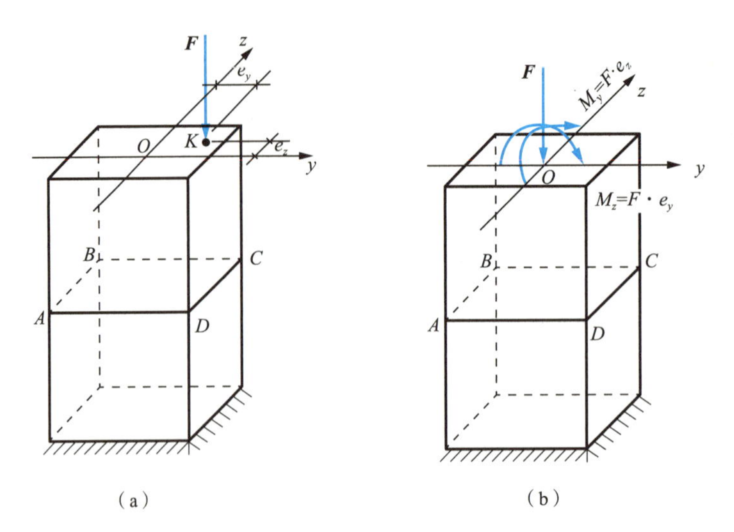


图 8.12　双向偏心压缩

由图 8.12(b)可见，最大压应力$\sigma_{\min}$发生在 $C$ 点，最大拉应力$\sigma_{\max}$发生在 $A$ 点，其值为

$$\left.\begin{aligned}\sigma_{\min}=\sigma_{\mathrm{c,max}}=\frac{F_{\mathrm{N}}}{A}-\frac{M_z}{W_z}-\frac{M_y}{W_y}\\ \sigma_{\max}=\sigma_{\mathrm{t,max}}=\frac{F_{\mathrm{N}}}{A}+\frac{M_z}{W_z}+\frac{M_y}{W_y}\end{aligned}\right\} \tag{8-9}$$

危险点 $A$、$C$ 均处于单向应力状态，所以强度条件为

$$\left.\begin{aligned}\sigma_{\min}=\sigma_{\mathrm{c,max}}=\left|\frac{F_{\mathrm{N}}}{A}-\frac{M_z}{W_z}-\frac{M_y}{W_y}\right|\leqslant[\sigma_{\mathrm{c}}]\\ \sigma_{\max}=\sigma_{\mathrm{t,max}}=\frac{F_{\mathrm{N}}}{A}+\frac{M_z}{W_z}+\frac{M_y}{W_y}\leqslant[\sigma_{\mathrm{t}}]\end{aligned}\right\} \tag{8-10}$$

## 8.3.3　截面核心

在土建工程中，对于砖、石、混凝土等材料制成的构件，由于其抗拉强度很低，在承受偏心压缩时，应设法避免横截面上产生拉应力。

在单向偏心压缩时曾得出结论，当压力 **F** 的偏心距小于某一值时，横截面上的正应力全部为压应力，而不出现拉应力，这一范围即为截面核心。因此，截面核心是指某一个区域，当压力作用在该区域内时，截面上只产生压应力。

图 8.13 中画出了圆形、矩形、工字形和槽形四种截面的截面核心。

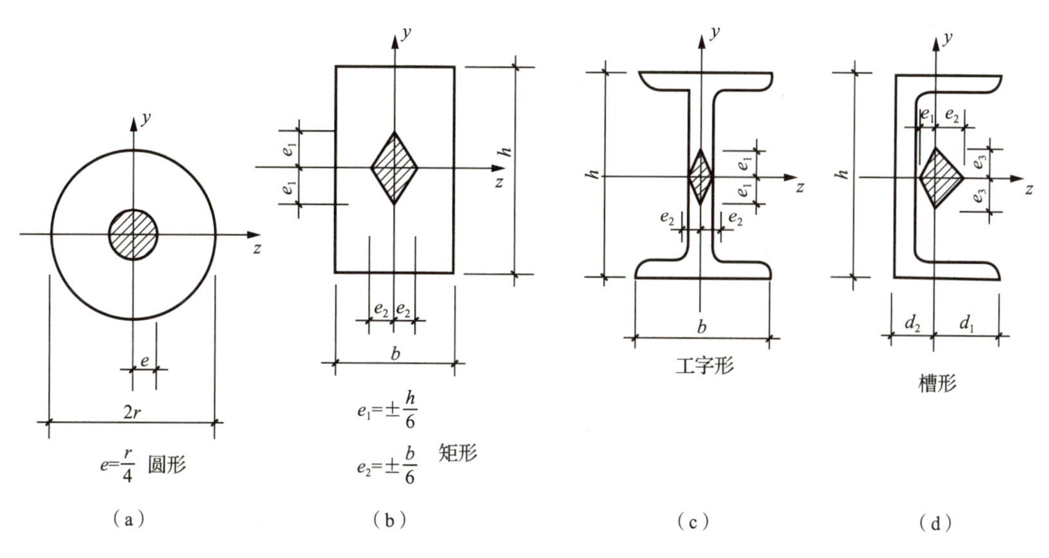


图 8.13　几种截面核心图

## 小　　结

(1) 组合变形是由两种或两种以上的基本变形组合而成的。解决组合变形问题的基本原理是叠加原理。

(2) 用叠加原理对组合变形问题进行强度和刚度计算的步骤如下。

① 将所作用的荷载分解或简化为几个各自只引起一种基本变形的荷载分量。

② 分别计算各个荷载分量所引起的应力及变形。

③ 根据叠加原理，把所求得的应力或变形相应地叠加，即得到原来荷载作用下构件所产生的应力及变形。

(3) 主要公式。

① 斜弯曲是两个相互垂直平面内的平面弯曲的组合。强度条件为

$$\sigma_{\max}=\frac{M_{z\max}}{W_z}+\frac{M_{y\max}}{W_y}\leqslant[\sigma]$$

② 偏心压缩(拉伸)是轴向压缩(拉抻)和平面弯曲的组合。单向偏心压缩(拉伸)的强度条件为

$$\left.\begin{aligned}\sigma_{\min}&=\sigma_{\mathrm{c,max}}=\left|\frac{F_{\mathrm{N}}}{A}-\frac{M_z}{W_z}\right|\leqslant[\sigma_{\mathrm{c}}]\\ \sigma_{\max}&=\sigma_{\mathrm{t,max}}=\frac{F_{\mathrm{N}}}{A}+\frac{M_z}{W_z}\leqslant[\sigma_{\mathrm{t}}]\end{aligned}\right\}$$

③ 双向偏心压缩(拉伸)的强度条件为

$$\left.\begin{aligned}\sigma_{\min}=\sigma_{\mathrm{c,max}}&=\left|\frac{F_{\mathrm{N}}}{A}-\frac{M_z}{W_z}-\frac{M_y}{W_y}\right|\leqslant[\sigma_{\mathrm{c}}]\\ \sigma_{\max}=\sigma_{\mathrm{t,max}}&=\frac{F_{\mathrm{N}}}{A}+\frac{M_z}{W_z}+\frac{M_y}{W_y}\leqslant[\sigma_{\mathrm{t}}]\end{aligned}\right\}$$

在应力计算中，各基本变形的应力正负号根据变形情况直接确定。

(4) 截面核心的概念。

当偏心压力作用点位于截面形心周围的一个区域内时，横截面上的正应力只有压应力而没有拉应力，这一区域就是“截面核心”。

周培源

## 拓展讨论

党的二十大报告提出“培育创新文化，弘扬科学家精神，涵养优良学风，营造创新氛围”。

周培源是我国近代力学事业的奠基人之一，说说你从周培源的生平和成就中受到了哪些启发？

## 思　考　题

(1) 试判断图 8.14 中杆 $AB$、$BC$、$CD$ 各产生哪些基本变形？

(2) 计算组合变形的基本假设是什么？简述用叠加原理解决组合变形强度问题的步骤。

(3) 单向偏心压缩杆件横截面上危险点的位置如何确定？

(4) 什么称为截面核心？它在工程中有什么用途？

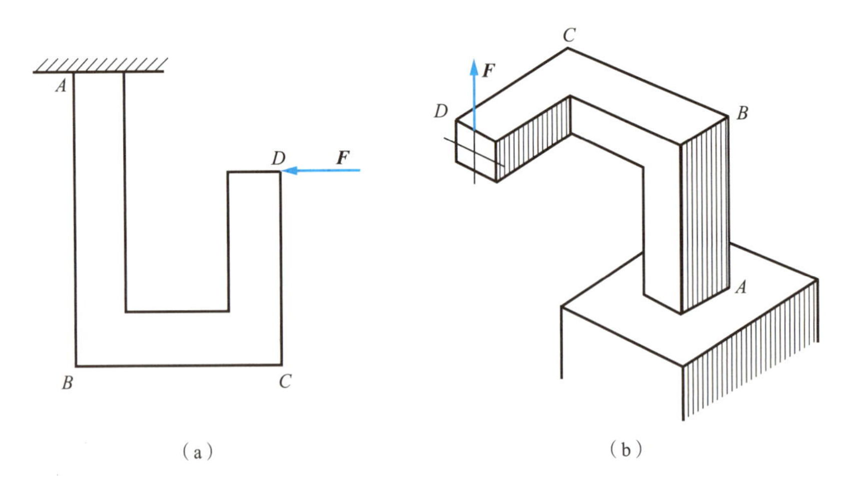


图 8.14　思考题(1)图

# 习　题

## 一、填空题

(1) 构件同时发生两种或两种以上的基本变形，这类变形称为__________。

(2) 两个互相垂直方向的平面弯曲的组合称为__________。

(3) 偏心压力作用于一根形心主轴上而产生的偏心压缩，称为__________。

(4) 轴向压缩和两个相互垂直的平面弯曲的组合，称为__________。

(5) 当偏心压力作用点位于截面形心周围的一个区域内时，横截面上的正应力只有压应力而没有拉应力，这一区域称为__________。

## 二、选择题

(1) 斜弯曲变形的最大拉应力计算公式为(　　)；单向偏心压缩变形的最大压应力计算公式为(　　)。

A. $\sigma = \dfrac{M_z}{W_z} + \dfrac{M_y}{W_y}$　　　B. $\sigma = \dfrac{M_z}{I_z} y + \dfrac{M_y}{I_y} z$

C. $\sigma = \dfrac{F_N}{A} - \dfrac{M_z}{I_z} y$　　　D. $\sigma = \dfrac{F_N}{A} + \dfrac{M}{W_z}$

(2) 当偏心压力作用点位于柱截面内时，柱截面内既有拉应力，又有压应力，则偏心压力作用在(　　)。

A. 核心区域内　　　B. 核心区域边缘上

C. 核心区域外　　　D. 以上各处都行

(3) 图 8.14(a)中梁 $AB$ 段属于(　　)组合变形；图 8.14(b)中梁 $BC$ 段属于(　　)组合变形。

A. 剪弯　　B. 压剪弯　　C. 剪扭弯　　D. 拉扭弯

## 三、判断题

(1) 组合变形的计算方法一般用叠加法。　(　　)

(2) 当偏心压力作用点位于截面内时，横截面上的正应力只有拉应力。　(　　)

(3) 截面核心区域与偏心压力的大小有关。　(　　)

(4) 工程中的雨篷梁在自重作用下会有弯曲变形。　(　　)

(5) 工业厂房的牛腿柱一般产生压弯组合变形。　(　　)

## 四、主观题

(1) 如图 8.15 所示，简支梁由 25a 号工字钢制成。跨中截面作用的集中荷载 $F = 5\text{kN}$，其作用线与截面的形心主轴 $y$ 的夹角为 30°，$l = 4\text{m}$，钢材的许用应力$[\sigma] = 160\text{MPa}$，试校核此梁的强度。

(2) 如图 8.16 所示，檩条两端简支于屋架上，檩条的跨度 $l = 4\text{m}$，承受均布荷载 $q = 2\text{kN/m}$，矩形截面 $b \times h = 15\text{cm} \times 20\text{cm}$，木材的许用应力$[\sigma] = 10\text{MPa}$，试校核檩条的强度。

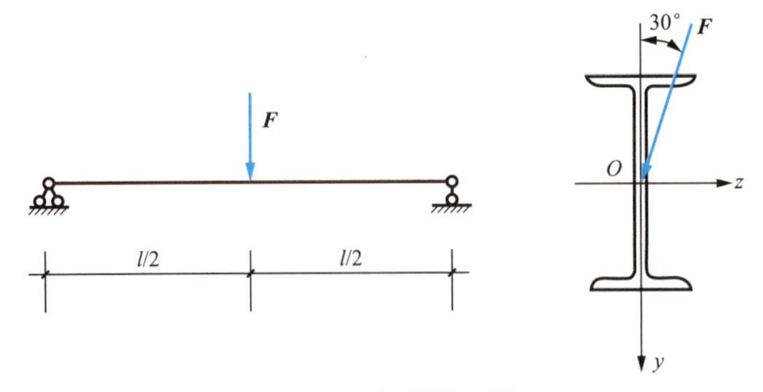


图 8.15　主观题(1)图

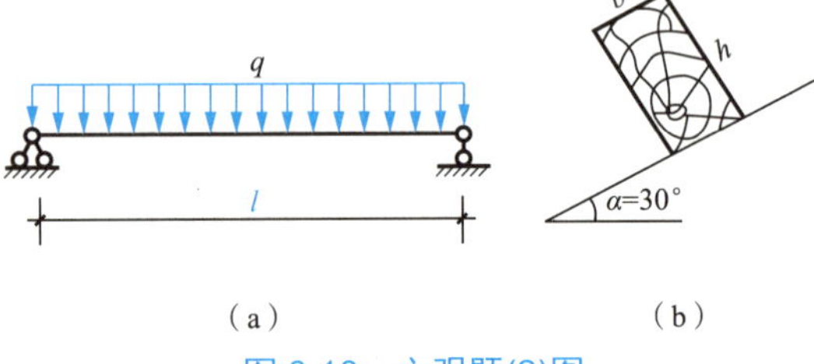


(a)　　(b)

图 8.16　主观题(2)图

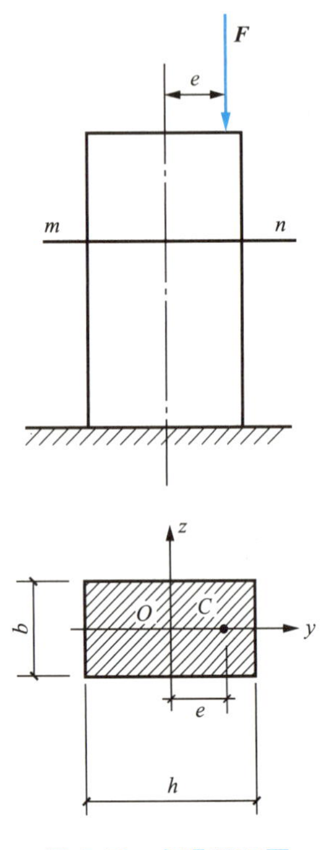


图 8.18　主观题(4)图

(3) 矩形截面悬臂梁如图 8.17 所示，受力 $F_1 = 1600\text{N}$，$F_2 = 800\text{N}$，$l = 1\text{m}$，梁所用材料的许用应力$[\sigma] = 10\text{MPa}$。若截面尺寸满足 $h = 2b$，试确定其截面尺寸。

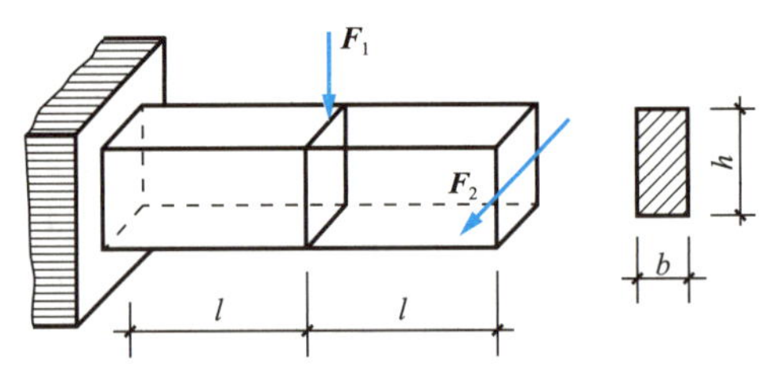


图 8.17　主观题(3)图

(4) 一矩形截面混凝土短柱如图 8.18 所示，受偏心压力 $\boldsymbol{F}$ 作用，$\boldsymbol{F}$ 作用在 $y$ 轴上，偏心距为 $e = 40\text{mm}$，已知：$F = 100\text{kN}$，$b = 120\text{mm}$，$h = 200\text{mm}$。试求任一截面 $m$—$n$ 上的最大应力。

第 8 章在线答题

# 第9章 压杆稳定

## 教学目标

理解压杆失稳的概念和学会压杆稳定性问题的分析方法；理解、掌握等直细长压杆临界力和临界应力计算的欧拉公式及适用范围；会确定各种压杆的长度系数，能熟练计算惯性半径、压杆的柔度，并能正确地选用计算压杆临界力的公式；明确折减系数的意义及其数值的确定；能熟练地建立稳定性条件、进行压杆的稳定计算。

## 教学要求

| 知识要点 | 能力要求 | 所占比重 |
|---|---|---|
| 压杆的稳定平衡与不稳定平衡、压杆失稳的概念、临界状态的概念 | 能理解压杆失稳的概念 | 10% |
| 压杆临界力的概念、欧拉公式及适用范围、压杆的长度系数、惯性半径、压杆的柔度及物理意义 | (1) 能计算压杆临界力和临界应力<br>(2) 会判别欧拉公式的适用范围 | 30% |
| 压杆临界应力总图，细长杆(大柔度杆)、中长杆(中柔度杆)、短粗杆(小柔度杆)的区别，其对应的临界应力计算 | (1) 会理解压杆临界应力总图<br>(2) 能计算不同柔度压杆的临界应力 | 20% |
| 压杆稳定条件的实用计算为：①稳定校核；②计算许用荷载；③截面设计 | (1) 建立压杆稳定条件<br>(2) 能计算压杆稳定方面的三类的问题 | 30% |
| 提高压杆稳定性的措施 | 能掌握提高压杆稳定性的措施 | 10% |

## 学习重点

压杆失稳概念、压杆临界力和临界应力、欧拉公式及适用范围、压杆稳定计算、提高压杆稳定性的措施。

### 生活知识提点

建筑工地上的井架四周立有钢管，组成承重体系，中间起吊建筑材料。竖立钢管为的是提高井架的稳定性，以提高起吊能力。

### 引例

一根长 300mm 的钢制直杆，其横截面的宽度和厚度分别为 20mm 和 1mm，材料的抗压许用应力为 140MPa，按照抗压强度计算，其抗压承载力应为 2800N。但是实际上，在压力尚不到 40N 时，杆件就发生了明显的弯曲变形，丧失了其在直线形状下保持平衡的能力，从而导致被破坏。这种现象明确反映了压杆失稳与强度失效不同。

前面讨论受压直杆的强度问题时，认为只要满足杆受压时的强度条件，就能保证压杆的正常工作。实验证明，这个结论只适用于短粗压杆，而细长压杆在轴向压力作用下，其破坏的形式呈现出与强度问题截然不同的现象，属于本章讨论的压杆稳定的范畴。

思考：①细长压杆在轴向压力作用下，如何确定其达到破坏的临界力？②压杆稳定计算问题。

压杆稳定的概念及魁北克大桥

## 9.1 压杆稳定的概念

为了说明问题，取图 9.1(a)所示的等直细长杆，在其两端施加轴向压力 $F$，使杆在直线形状下处于平衡。此时，如果给杆以微小的侧向干扰力，使杆发生微小的弯曲，然后撤去干扰力，则当杆承受的轴向压力数值不同时，其结果也截然不同。当杆承受的轴向压力数值 $F$ 小于某一数值 $F_{cr}$ 时，在撤去干扰力以后，杆能自动恢复到原有的直线平衡状态而保持平衡，如图 9.1(a)、(b)所示，这种能保持原有的直线平衡状态的平衡称为稳定的平衡；当杆承受的轴向压力数值 $F$ 逐渐增大到(甚至超过)某一数值 $F_{cr}$ 时，即使撤去干扰力，杆仍然处于微弯形状，不能自动恢复到原有的直线平衡状态，如图 9.1(c)、(d)所示，这种不能保持原有的直线平衡状态的平衡称为不稳定的平衡。如果力 $F$ 继续增大，则杆继续弯曲，产生显著的变形，发生突然破坏。

上述现象表明，在轴向压力 $F$ 由小逐渐增大的过程中，压杆由稳定的平衡转变为不稳定的平衡，这种现象称为压杆丧失稳定性或者压杆失稳。显然压杆是否失稳取决于轴向压力的数值，压杆由直线形状的稳定的平衡过渡到不稳定的平衡时所对应的轴向压力，称为压杆的临界压力或临界力，用 $F_{cr}$ 表示。当压杆所受的轴向压力 $F$ 小于临界力 $F_{cr}$ 时，杆件就能够保持稳定的平衡，这时压杆具有稳定性；而当压杆所受的轴向压力 $F$ 等于或者大于 $F_{cr}$ 时，杆件就不能保持稳定的平衡，从而失稳。

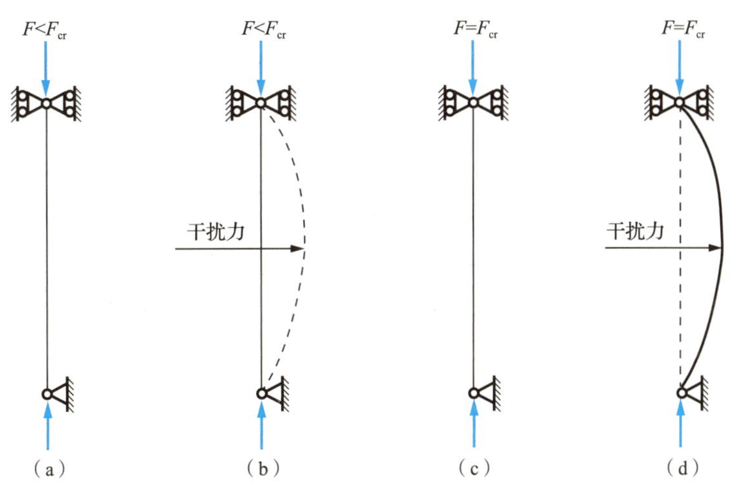


图 9.1　等直细长杆图

**特别提示**

当压杆的轴向压力 $F$ 小于 $F_{cr}$ 时，杆件保持稳定的平衡，压杆具有稳定性。

压杆经常被应用于各种工程实际中，如房屋的柱子、桁架中的压杆以及内燃机的连杆等。不仅压杆会出现失稳破坏现象，其他构件，如图 9.2 所示的梁、拱、薄壁筒、圆环，只要存在压应力，就会存在稳定问题。在荷载作用下，它们失稳的形式如图中虚线所示。这些构件的稳定问题一般比较复杂。本章只讨论轴向受压直杆的稳定问题。

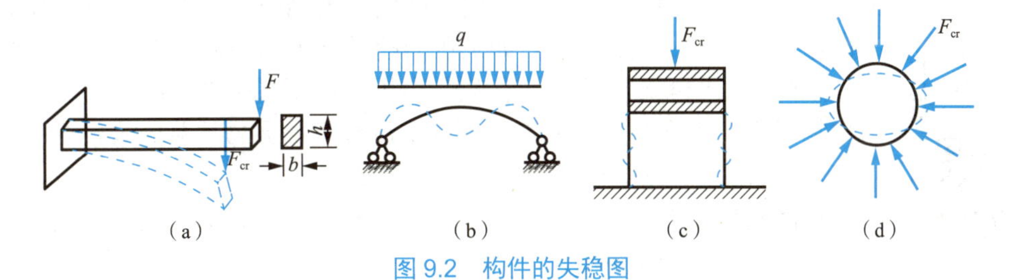


图 9.2　构件的失稳图

## 拓展讨论

高压线铁塔在雨雪冰冻天气下，为什么容易被压垮？对此应采取何种措施预防？

## 应用案例 9-1

### 我国南方连阴雨雪为何压塌高压线铁塔？

2008 年 1 月，贵州及长江中下游地区长时间连阴雨雪，部分地区持续冻雨天气，降雪降雨最终转化为冰凌，冰凌每天一层地将高压电线牢牢地包裹起来，情形像树木年轮一样。电线上冰的厚度都超过了电线直径的两倍，电线自然承受不了而最终被拉断。高压线的铁塔被厚厚的冰块严严实实地包裹起来，并承受着比平时高若干倍的高压电线拉力，而最终倒塌。这种情况主要发生在湿度极高、温度较低的南岭一带，所以湖南的郴州、衡阳一带的 70 多座高压线铁塔有近 1/3 都被冰压垮。

**【案例点评】**

电线拉断是轴向受拉破坏。电线因结冰而沿轴向的拉力增大若干倍，而电线由于热胀冷缩，已经超出设计限度，抗拉强度大大降低。

铁塔压垮的主要原因是局部压杆失稳。铁塔是钢结构的桁架，主要由受拉构件和受压构件组成。受压构件受到的轴向压力不断增加，超过其临界力而局部失稳，从而导致整座铁塔倒塌。

**知识链接**

有关钢结构的知识，请参考有关文献，如董卫华主编的《钢结构》；现行国家标准《钢结构设计标准》(GB 50017—2017)。

# 9.2 压杆临界力和临界应力

## 9.2.1 细长压杆临界力计算公式——欧拉公式

压杆临界力计算公式——欧拉公式

从上面的讨论可知，压杆在临界力作用下，其直线状态的平衡将由稳定的平衡转变为不稳定的平衡，此时，即使撤去侧向干扰力，压杆将仍然保持在微弯状态下的平衡。当然，如果压力超过这个临界力，弯曲变形将明显增大。使压杆在微弯状态下保持平衡的最小的轴向压力，即为压杆的临界压力，简称临界力。下面介绍不同约束条件下压杆的临界力计算公式。

### 1. 两端铰支细长压杆的临界力计算公式

设两端铰支且长度为 $l$ 的细长压杆，在轴向压力 $F_{cr}$ 的作用下保持微弯平衡状态，如图 9.3 所示。

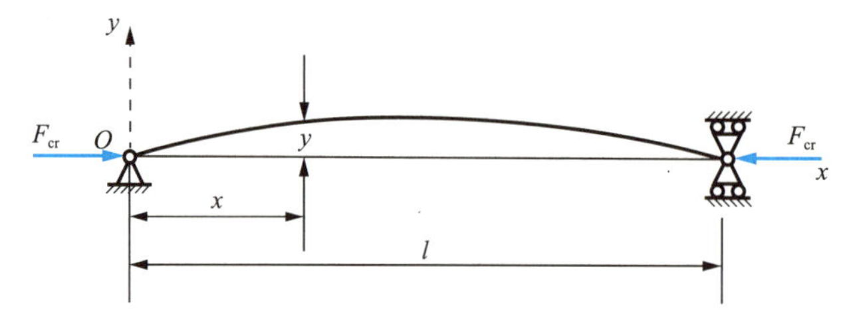


图 9.3 两端铰支细长压杆

可进一步推导出压杆在小变形时其挠曲线近似微分方程为

$$EI\frac{d^2y}{dx^2}=M(x) \tag{a}$$

在图9.3所示的坐标系中，坐标$x$处横截面上的弯矩为

$$M(x) = -F_{cr}y \tag{b}$$

将式(b)代入式(a)，得

$$EI\frac{d^2y}{dx^2} = -F_{cr}y \tag{c}$$

进一步推导(过程从略)，可得临界力为

$$F_{cr} = \frac{\pi^2 EI}{l^2} \tag{9-1}$$

式(9-1)即为两端铰支细长杆的临界力计算公式，称为欧拉(Euler)公式。

## 拓展讨论

莱昂哈德·欧拉(简称欧拉)将数学分析方法用于力学，在力学各个领域中都有贡献。他双眼先后失明，但凭借顽强的意志，仍产出了大量的著作。你知道欧拉对力学有哪些贡献吗?

**特别提示**

由欧拉公式可看出，细长压杆的临界力$F_{cr}$与压杆的弯曲刚度成正比，而与杆长$l$的平方成反比。

### 2. 其他约束情况下细长压杆的临界力

杆端为其他约束的细长压杆，其临界力计算公式可参考前面的方法导出，也可以采用类比的方法得到。经验表明，具有相同挠曲线形状的压杆，其临界力计算公式也相同。于是，可将两端铰支约束压杆的挠曲线形状取为基本情况，而将其他杆端约束条件下压杆的挠曲线形状与之进行对比，从而得到相应杆端约束条件下压杆临界力的计算公式。为此，可写成统一形式的欧拉公式，即

$$F_{cr} = \frac{\pi^2 EI}{(\mu l)^2} \tag{9-2}$$

式中，$\mu l$——折算长度，表示将杆端约束条件不同的压杆折算成两端铰支压杆的长度，$\mu$称为长度系数。几种不同杆端约束情况下的长度系数$\mu$值列于表9-1中。

**特别提示**

从表9-1可以看出，两端铰支时，压杆在临界力作用下的挠曲线为半波正弦曲线；而一端固定、另一端铰支，计算长度为$l$的压杆的挠曲线，其部分挠曲线($0.7l$)与长为$l$的两端铰支的压杆的挠曲线的形状相同，因此，在这种约束条件下，折算长度为$0.7l$。其他约束条件下的长度系数和折算长度可以此类推。

表 9-1　压杆长度系数$\mu$

| 支承情况 | 两端铰支 | 一端固定<br>一端铰支 | 两端固定 | 一端固定<br>一端自由 |
|---|---|---|---|---|
| $\mu$值 | 1.0 | 0.7 | 0.5 | 2 |
| 挠曲线形状 | 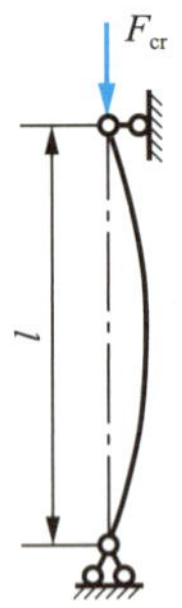 $F_{cr}$　$l$ | 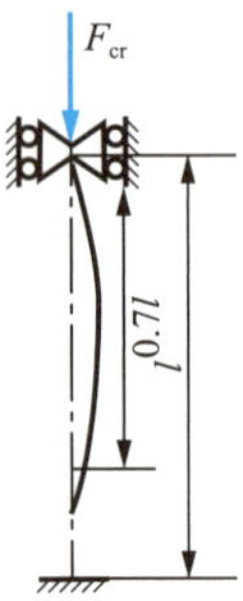 $F_{cr}$　$0.7l$ | 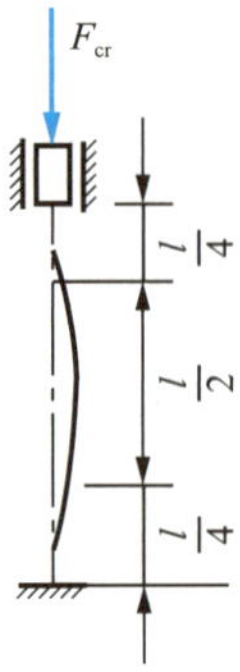 $F_{cr}$　$\frac{l}{4}$　$\frac{l}{2}$　$\frac{l}{4}$ | 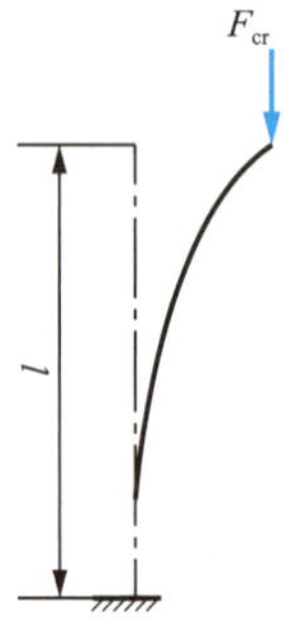 $F_{cr}$　$l$ |

## 9.2.2　欧拉公式的适用范围

### 1. 临界应力和柔度

有了计算细长压杆临界力的欧拉公式，在进行压杆稳定计算时，需要知道临界应力，当压杆在临界力 $F_{cr}$ 作用下处于直线临界状态的平衡时，其横截面上的压应力等于临界力 $F_{cr}$ 除以横截面面积 $A$，称为临界应力，用$\sigma_{cr}$表示，即

$$\sigma_{cr}=\frac{F_{cr}}{A}$$

将式(9-2)代入上式，得

$$\sigma_{cr}=\frac{\pi^2 EI}{(\mu l)^2 A}$$

若将压杆的惯性矩 $I$ 写成

$$I=i^2A \quad 或 \quad i=\sqrt{\frac{I}{A}}$$

式中，$i$——压杆横截面的惯性半径。

于是临界应力可写为

$$\sigma_{cr}=\frac{\pi^2 E i^2}{(\mu l)^2}=\frac{\pi^2 E}{\left(\frac{\mu l}{i}\right)^2}$$

令$\lambda=\frac{\mu l}{i}$，则

$$\sigma_{cr}=\frac{\pi^2 E}{\lambda^2} \tag{9-3}$$

式(9-3)为计算压杆临界应力的欧拉公式。其中，$\lambda$称为压杆的柔度(又称长细比)，其公式为

$$\lambda=\frac{\mu l}{i} \tag{9-4}$$

柔度$\lambda$是一个无量纲的量，其大小与压杆的长度系数$\mu$、杆长 $l$ 及惯性半径 $i$ 有关。由于压杆的长度系数$\mu$决定于压杆的支承情况，惯性半径 $i$ 决定于截面的形状与尺寸，所以，从物理意义上看，柔度$\lambda$综合地反映了压杆的长度、截面的形状与尺寸，以及支承情况对临界力的影响。

特别提示

由式(9-3)还可以看出，压杆的柔度越大，则其临界应力越小，压杆就越容易失稳。

### 2. 欧拉公式的适用范围

欧拉公式是根据挠曲线近似微分方程导出的，而应用此微分方程时，材料必须服从胡克定理。因此，欧拉公式的适用范围应当是压杆的临界应力$\sigma_{cr}$不超过材料的比例极限$\sigma_P$，即

$$\sigma_{cr}=\frac{\pi^2 E}{\lambda^2}\leqslant\sigma_P$$

有

$$\lambda\geqslant\pi\sqrt{\frac{E}{\sigma_P}}$$

若设$\lambda_P$为压杆的临界应力达到材料的比例极限时的柔度值，则

$$\lambda_P=\pi\sqrt{\frac{E}{\sigma_P}} \tag{9-5}$$

故欧拉公式的适用范围为

$$\lambda\geqslant\lambda_P \tag{9-6}$$

式(9-6)表明，当压杆的柔度$\lambda$不小于$\lambda_P$时，才可以应用欧拉公式计算临界力或临界应力。这类压杆称为大柔度杆或细长杆。从式(9-5)可知，$\lambda_P$的值取决于材料性质，不同的材料都有自己的 $E$ 值和$\sigma_P$值，所以不同材料制成的压杆，其$\lambda_P$也不同。例如，Q235 钢，$\sigma_P=200\text{MPa}$，$E=200\text{GPa}$，由式(9-5)即可求得其$\lambda_P=100$。

特别提示

由欧拉公式计算压杆的临界力或临界应力，但欧拉公式只适用于较细长的大柔度杆。

## 9.2.3 中长杆的临界应力计算——经验公式、临界应力总图

### 1. 中长杆的临界应力计算——经验公式

上面指出，欧拉公式只适用于较细长的大柔度杆，即临界应力不超过材料的比例极限，也即材料处于弹性稳定状态。当临界应力超过比例极限时，材料处于弹塑性阶段，此类压杆的稳定属于弹塑性稳定(非弹性稳定)问题，此时，欧拉公式不再适用，对这类压杆各国大都采用从试验结果得到的经验公式计算临界力或临界应力，经验公式是在试验和实践的基础上，经过分析、归纳而得到的。各国采用的经验公式多以本国的试验为依据，因此计算公式不尽相同。我国比较常用的经验公式有直线公式和抛物线公式等，本书只介绍直线公式，其表达式为

$$\sigma_{cr} = a - b\lambda \tag{9-7}$$

式中，$a$，$b$——与材料有关的常数，MPa。几种常用材料的 $a$、$b$ 值见表 9-2。

表 9-2 几种常用材料的 $a$、$b$ 值

| 材　料 | $a$/MPa | $b$/MPa | $\lambda_P$ | $\lambda_s$ |
|---|---|---|---|---|
| Q235 钢 $\sigma_s = 235$MPa | 304 | 1.12 | 100 | 62 |
| 硅钢　$\sigma_s = 353$MPa $\sigma_b \geqslant 510$MPa | 577 | 3.74 | 100 | 60 |
| 铬钼钢 | 980 | 5.29 | 55 | 0 |
| 硬铝 | 372 | 2.14 | 50 | 0 |
| 铸铁 | 331.9 | 1.453 | — | — |
| 松木 | 39.2 | 0.199 | 59 | 0 |

应当指出，经验公式(9-7)也有其适用范围，它要求临界应力不超过材料的受压极限应力。这是因为当临界应力达到材料的受压极限应力时，压杆已因为强度不足而破坏。因此，对于由塑性材料制成的压杆，其临界应力不允许超过材料的屈服应力$\sigma_s$，即

$$\sigma_{cr} = a - b\lambda \leqslant \sigma_s$$

或

$$\lambda \geqslant \frac{a - \sigma_s}{b}$$

令

$$\lambda_s = \frac{a - \sigma_s}{b} \tag{9-8}$$

得

$$\lambda \geqslant \lambda_s$$

式中，$\lambda_s$——临界应力等于材料的屈服点应力时压杆的柔度值。与$\lambda_P$一样，它也是一个与材料的性质有关的常数。因此，直线经验公式的适用范围为

$$\lambda_s < \lambda < \lambda_P \tag{9-9}$$

计算时，一般把柔度介于$\lambda_s$与$\lambda_P$之间的压杆称为中长杆或中柔度杆，而把柔度小于$\lambda_s$的压杆称为短粗杆或小柔度杆。对于柔度小于$\lambda_s$的短粗杆或小柔度杆，其破坏则是由材料的抗压强度不足而造成的，如果将这类压杆也按照稳定问题进行处理，则对塑性材料制成

的压杆来说，可取临界应力$\sigma_{cr}=\sigma_s$。

2．临界应力总图

综上所述，压杆按照其柔度的不同，可以分为三类，并分别由不同的计算公式计算其临界应力。①当$\lambda \geqslant \lambda_P$时，压杆为细长杆(大柔度杆)，其临界应力用欧拉公式(9-3)来计算；②当$\lambda_s < \lambda < \lambda_P$时，压杆为中长杆(中柔度杆)，其临界应力用经验公式(9-7)来计算；③当$\lambda \leqslant \lambda_s$时，压杆为短粗杆(小柔度杆)，其临界应力等于杆受压时的极限应力。如果把压杆的临界应力根据其柔度不同而分别计算的情况，用一个简图来表示，该图形就称为压杆的临界应力总图。图9.4即为某塑性材料的临界应力总图。

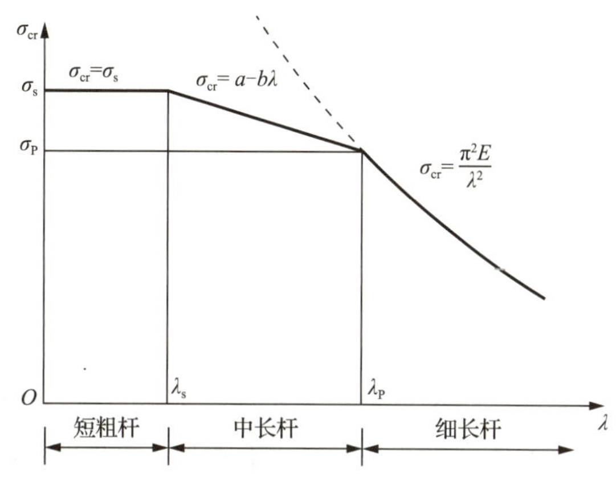


图9.4　某塑性材料的临界应力总图

## 应用案例9-2

如图9.5所示，一端固定另一端自由的细长压杆，其杆长$l=2$m，截面形状为矩形，$b=20$mm、$h=45$mm，采用Q235钢材，材料的弹性模量$E=200$GPa。试计算该压杆的临界力。若把截面改为$b=h=30$mm，而保持长度不变，则该压杆的临界力又为多大？

**【解】** (1) 当$b=20$mm、$h=45$mm时。

① 计算截面的惯性矩。

由前述可知，该压杆必在$xOz$平面内失稳，故计算惯性矩为

$$I_{\min}=I_y=\frac{hb^3}{12}=\frac{45\times 20^3}{12}\text{mm}^4=3.0\times 10^4\text{mm}^4$$

② 计算压杆的柔度。

查表9-1得$\mu=2$，又$i=\sqrt{\dfrac{I_{\min}}{A}}=\dfrac{b}{\sqrt{12}}$，得

$$\lambda=\frac{\mu l}{i}=\frac{2\times 2000}{\dfrac{20}{\sqrt{12}}}=692.8>\lambda_P=100\ (\text{查表9-2})$$

所以，压杆是细长杆(大柔度杆)，可应用欧拉公式。

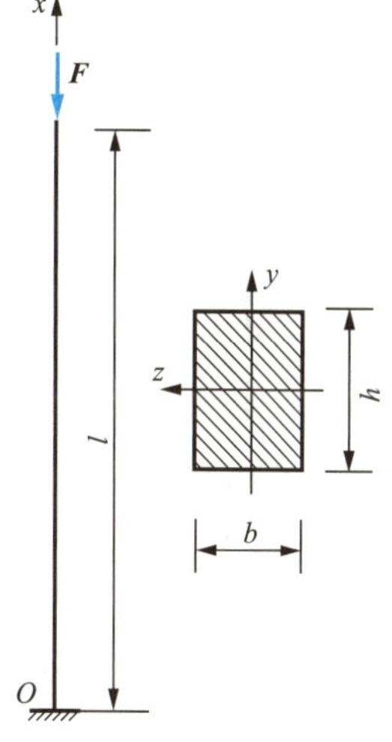


图9.5　应用案例9-2图

③ 计算临界力。

$$F_{cr}=\frac{\pi^2 EI}{(\mu l)^2}=\frac{\pi^2\times 200\times 10^9\times 3\times 10^{-8}}{(2\times 2)^2}\mathrm{N}=3.70\mathrm{kN}$$

(2) 当截面改为 $b=h=30\mathrm{mm}$ 时。

① 计算截面的惯性矩。

$$I_y=I_z=\frac{bh^3}{12}=\frac{30^4}{12}\mathrm{mm}^4=6.75\times 10^4\mathrm{mm}^4$$

② 计算压杆的柔度。

$$\lambda=\frac{\mu l}{i}=\frac{2\times 2000}{\frac{30}{\sqrt{12}}}=461.9>\lambda_P=100$$

所以，压杆为细长杆，可应用欧拉公式。

③ 计算临界力。

$$F_{cr}=\frac{\pi^2 EI}{(\mu l)^2}=\frac{\pi^2\times 200\times 10^9\times 6.75\times 10^{-8}}{(2\times 2)^2}\mathrm{N}=8.33\mathrm{kN}$$

**【案例点评】**

两种情况分析，其横截面积相等，支承条件也相同，但计算得到的临界力后者大于前者。可见在材料用量相同的条件下，选择恰当的截面形式可以提高细长压杆的临界力。

## 应用案例 9-3

某施工现场脚手架有两种搭设，第一种是有扫地杆形式，如图 9.6(a)所示；第二种是无扫地杆形式，如图 9.6(b)所示。压杆采用外径为 48mm，内径为 41mm 的焊接钢管，材料的弹性模量 $E=200\mathrm{GPa}$，计算排距为 1.8m。现比较两种情况下压杆的临界应力。

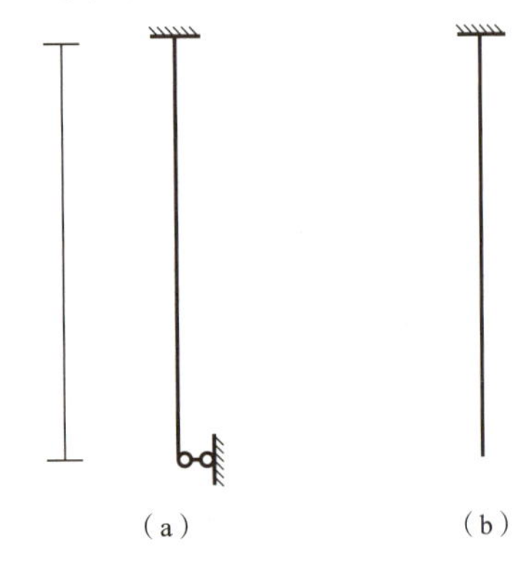


图 9.6　应用案例 9-3 图

**【解】** (1) 第一种情况的临界应力。

一端固定一端铰支，因此$\mu=0.7$，计算杆长 $l=1.8\mathrm{m}$，则惯性半径为

$$i=\sqrt{\frac{I}{A}}=\sqrt{\frac{\frac{\pi D^4}{64}(1-\alpha^4)}{\frac{\pi D^2}{4}(1-\alpha^2)}}=\frac{d}{4}\sqrt{(1+\alpha^2)}$$

$$=\frac{48}{4}\sqrt{\left[1+\left(\frac{41}{48}\right)^2\right]}\mathrm{mm}=15.78\mathrm{mm}$$

柔度为

$$\lambda=\frac{\mu l}{i}=\frac{0.7\times 1800}{15.78}=79.85<\lambda_P=100$$

所以压杆为中长杆(中柔度杆)，其临界应力按直线公式

$$\sigma_{cr1}=a-b\lambda=(304-1.12\times 79.85)\mathrm{MPa}=214.57\mathrm{MPa}$$

(2) 第二种情况的临界应力。

一端固定一端自由，因此$\mu=2$，计算杆长 $l=1.8\text{m}$，则惯性半径为

$$i=\sqrt{\frac{I}{A}}=15.78\text{mm}$$

柔度为

$$\lambda=\frac{\mu l}{i}=\frac{2\times1800}{15.78}=228.1>\lambda_{\text{P}}=100$$

所以是细长杆(大柔度杆)，可应用欧拉公式，其临界应力为

$$\sigma_{\text{cr2}}=\frac{\pi^2E}{\lambda^2}=\frac{\pi^2\times2\times10^5}{228.1^2}\text{MPa}=37.94\text{MPa}$$

(3) 比较两种情况的压杆的临界应力。

$$\frac{\sigma_{\text{cr1}}-\sigma_{\text{cr2}}}{\sigma_{\text{cr1}}}\times100\%=\frac{214.57-37.94}{214.57}=82.3\%$$

**【案例点评】**

计算表明，有、无扫地杆的脚手架搭设是完全不同的情况，因此搭设脚手架一定要有扫地杆。在建筑施工过程中要注意这一类问题。

## 9.3 压杆的稳定计算

当压杆中的应力达到或超过其临界应力时，压杆会丧失稳定。所以，在工程中，为确保压杆的正常工作，并具有足够的稳定性，其横截面上的应力应小于临界应力。同时还必须考虑一定的安全储备，这就要求横截面上的应力，不能超过压杆的临界应力的许用值$[\sigma_{\text{cr}}]$，即

$$\sigma=\frac{F_{\text{N}}}{A}\leqslant[\sigma_{\text{cr}}] \tag{a}$$

$[\sigma_{\text{cr}}]$为临界应力的许用值，其值为

$$[\sigma_{\text{cr}}]=\frac{\sigma_{\text{cr}}}{n_{\text{st}}} \tag{b}$$

式中，$n_{\text{st}}$——稳定安全因数。

稳定安全因数一般大于强度计算时的安全因数，这是因为在确定稳定安全因数时，除了应遵循确定安全因数的一般原则，还必须考虑实际压杆并非理想的轴向压杆这一情况。例如，在制造过程中，杆件不可避免地存在微小的弯曲(即初曲率)；同时外力的作用线也不可能绝对准确地与杆件的轴线相重合(即初偏心)；另外，也必须考虑杆件的细长程度，杆件越细长，越容易出现稳定性问题，稳定安全因数应越大；等等，这些因素都应在稳定安全因数中加以考虑。

为了计算上的方便，将临界应力的允许值，写成如下形式

$$[\sigma_{cr}]=\frac{\sigma_{cr}}{n_{st}}=\varphi[\sigma] \tag{c}$$

从式(c)可知，$\varphi$值为

$$\varphi=\frac{\sigma_{cr}}{n_{st}[\sigma]} \tag{d}$$

式中，$[\sigma]$——强度计算时的许用应力；

$\varphi$——折减系数，其值小于 1。

由式(d)可知，当$[\sigma]$一定时，$\varphi$取决于$\sigma_{cr}$与 $n_{st}$。由于临界应力$\sigma_{cr}$值随压杆的柔度而改变，而不同柔度的压杆一般又规定不同的稳定安全因数，所以折减系数$\varphi$是柔度$\lambda$的函数。当材料一定时，$\varphi$值取决于柔度$\lambda$的值。表 9-3 给出了几种材料的折减系数$\varphi$与柔度$\lambda$的值。

表 9-3　折减系数表

| $\lambda$ | $\varphi$ | | | $\lambda$ | $\varphi$ | | |
|---|---|---|---|---|---|---|---|
| | Q235 钢 | 16 锰钢 | 木材 | | Q235 钢 | 16 锰钢 | 木材 |
| 0 | 1.000 | 1.000 | 1.000 | 110 | 0.536 | 0.384 | 0.248 |
| 10 | 0.995 | 0.993 | 0.971 | 120 | 0.466 | 0.325 | 0.208 |
| 20 | 0.981 | 0.973 | 0.932 | 130 | 0.401 | 0.279 | 0.178 |
| 30 | 0.958 | 0.940 | 0.883 | 140 | 0.349 | 0.242 | 0.153 |
| 40 | 0.927 | 0.895 | 0.822 | 150 | 0.306 | 0.213 | 0.133 |
| 50 | 0.888 | 0.840 | 0.751 | 160 | 0.272 | 0.188 | 0.117 |
| 60 | 0.842 | 0.776 | 0.668 | 170 | 0.243 | 0.168 | 0.104 |
| 70 | 0.789 | 0.705 | 0.575 | 180 | 0.218 | 0.151 | 0.093 |
| 80 | 0.731 | 0.627 | 0.470 | 190 | 0.197 | 0.136 | 0.083 |
| 90 | 0.669 | 0.546 | 0.370 | 200 | 0.180 | 0.124 | 0.075 |
| 100 | 0.604 | 0.462 | 0.300 | | | | |

$[\sigma_{cr}]$与$[\sigma]$虽然都是“许用应力”，但两者却有很大的不同。$[\sigma]$只与材料有关，当材料一定时，其值为定值；而$[\sigma_{cr}]$除了与材料有关，还与压杆的柔度有关，所以，相同材料制成的不同长度(柔度不同)的压杆，其$[\sigma_{cr}]$值是不同的。

将式(c)代入式(a)，可得

$$\sigma=\frac{F}{A}\leqslant\varphi[\sigma]$$

或

$$\frac{F}{A\varphi}\leqslant[\sigma] \tag{9-10}$$

式(9-10)称为折减系数法的压杆稳定条件。由于折减系数$\varphi$可按$\lambda$的值直接从表 9-3 中查到，因此，按式(9-10)的稳定条件进行压杆的稳定计算，十分方便。该方法也称为实用计算方法。

应当指出，在稳定计算中，压杆的横截面面积 $A$ 均采用毛截面面积计算，即当压杆在局部有横截面削弱(如钻孔、开口等)时，可不予考虑。因为压杆的稳定性取决于整个杆件的弯曲刚度，而局部的截面削弱对整个杆件的整体刚度来说，影响甚微。但是，对截面的削弱处，则应当进行强度验算。

应用压杆的稳定条件，可以进行三个方面的问题计算。

(1) 稳定校核。已知压杆的几何尺寸、所用材料、支承条件以及承受的压力，验算是否满足式(9-10)的稳定条件。

这类问题，一般应首先计算出压杆的柔度$\lambda$，根据$\lambda$查出相应的折减系数$\varphi$，再按照式(9-10)进行校核。

(2) 计算许用荷载。已知压杆的几何尺寸、所用材料及支承条件，按稳定条件计算其能够承受的许用荷载 $F$ 值。

这类问题，一般也要首先计算出压杆的柔度$\lambda$，根据$\lambda$查出相应的折减系数$\varphi$，再按照$F \leqslant A\varphi[\sigma]$进行计算。

(3) 截面设计。已知压杆的长度、所用材料、支承条件以及承受的压力$F$，按照稳定条件计算压杆所需的截面尺寸。

这类问题，一般采用“试算法”。这是因为在稳定条件式(9-10)中，折减系数$\varphi$是根据压杆的柔度$\lambda$查表得到的，而在压杆的截面尺寸尚未确定之前，压杆的柔度$\lambda$不能确定，所以也就不能确定折减系数$\varphi$。因此，只能采用试算法：首先假定一个折减系数$\varphi$值(0 与 1 之间，一般采用 0.45)，由稳定条件计算所需要的截面面积 $A$；然后计算出压杆的柔度$\lambda$，根据压杆的柔度$\lambda$查表得到折减系数$\varphi$，再按照式(9-10)验算是否满足稳定条件。如果不满足稳定条件，则应重新假定折减系数$\varphi$值，重复上述过程，直到满足稳定条件为止。

**特别提示**

折减系数法的压杆稳定条件有三方面的实用计算，分别为：①稳定校核；②计算许用荷载；③截面设计。

## 应用案例 9-4

如图 9.7 所示，构架由两根直径相同的圆杆构成，杆的材料为 Q235 钢，直径 $d = 20\text{mm}$，材料的许用应力$[\sigma] = 170\text{MPa}$，已知 $h = 0.4\text{m}$，作用力 $F = 15\text{kN}$。试在计算平面内校核二杆的稳定。

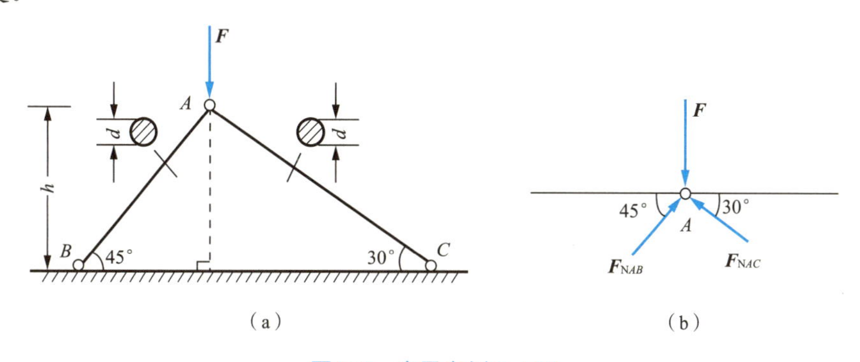


图 9.7 应用案例 9-4 图

【解】(1) 计算各杆承受的压力。

以结点 $A$ 为研究对象，列平衡方程

$$\sum F_x = 0,\ F_{NAB} \cdot \cos45° - F_{NAC} \cdot \cos30° = 0$$

$$\sum F_y = 0,\ F_{NAB} \cdot \sin45° + F_{NAC} \cdot \sin30° - F = 0$$

联立，解得二杆承受的压力为

$AB$ 杆 $\qquad F_{AB} = 0.896F = 13.44\text{kN}$

$AC$ 杆 $\qquad F_{AC} = 0.732F = 10.98\text{kN}$

(2) 计算二杆的柔度。

各杆的长度分别为

$$l_{AB} = \sqrt{2}h = (\sqrt{2} \times 0.4)\text{m} = 0.566\text{m}$$

$$l_{AC} = 2h = (2 \times 0.4)\text{m} = 0.8\text{m}$$

则二杆的柔度分别为

$$\lambda_{AB} = \frac{\mu l_{AB}}{i} = \frac{\mu l_{AB}}{\frac{d}{4}} = \frac{4 \times 1 \times 0.566}{0.02} = 113$$

$$\lambda_{AC} = \frac{\mu l_{AC}}{i} = \frac{\mu l_{AC}}{\frac{d}{4}} = \frac{4 \times 1 \times 0.8}{0.02} = 160$$

(3) 根据柔度查折减系数。

$$\varphi_{AB} = \varphi_{113} = \varphi_{110} - \frac{\varphi_{110} - \varphi_{120}}{10} \times 3 = 0.515,\quad \varphi_{AC} = 0.272$$

(4) 按照稳定条件进行验算。

$AB$ 杆 $\qquad \dfrac{F_{AB}}{A\varphi_{AB}} = \dfrac{13.44 \times 10^3}{\pi\left(\dfrac{0.02}{2}\right)^2 \times 0.515}\text{Pa} = 83 \times 10^6\text{Pa} = 83\text{MPa} < [\sigma]$

$AC$ 杆 $\qquad \dfrac{F_{AC}}{A\varphi_{AC}} = \dfrac{10.98 \times 10^3}{\pi\left(\dfrac{0.02}{2}\right)^2 \times 0.272}\text{Pa} = 128 \times 10^6\text{Pa} = 128\text{MPa} < [\sigma]$

**【案例点评】**

本例题为稳定校核问题。二杆分别满足稳定条件，因此，构架稳定。

### 应用案例 9-5

如图 9.8(a)所示，支架的 $BD$ 杆为正方形截面的木杆，已知 $l = 2\text{m}$，$a = 0.1\text{m}$，木材的许用应力$[\sigma] = 10\text{MPa}$，试从满足 $BD$ 杆的稳定条件考虑，计算该支架能承受的最大荷载 $F_{max}$。

【解】(1) $BD$ 杆为压杆，计算其柔度。

$$l_{BD} = \frac{l}{\cos30°} = \frac{2}{\frac{\sqrt{3}}{2}}\text{m} = 2.31\text{m}$$

$$\lambda_{BD}=\frac{\mu l_{BD}}{i}=\frac{\mu l_{BD}}{\sqrt{\frac{I}{A}}}=\frac{\mu l_{BD}}{a\sqrt{\frac{1}{12}}}=\frac{1\times 2.31}{0.1\times\sqrt{\frac{1}{12}}}=80$$

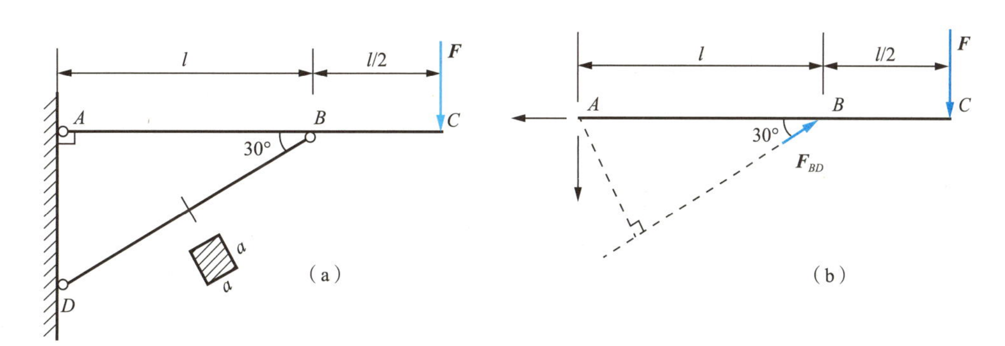


图 9.8　应用案例 9-5 图

(2) 求 $BD$ 杆能承受的最大压力。

根据柔度 $\lambda_{BD}$ 查表 9-3，得 $\varphi_{BD}=0.470$，则 $BD$ 杆能承受的最大压力为

$$F_{BD\max}=A\varphi[\sigma]=(0.1^2\times0.470\times10\times10^6)\text{N}=47\times10^3\text{N}=47\text{kN}$$

(3) 根据外力 $F$ 与 $BD$ 杆所承受压力之间的关系，求出该支架能承受的最大荷载 $F_{\max}$。

以 $AC$ 为研究对象，如图 9.8(b)所示。列平衡方程

$$\sum M_A=0,\ F_{BD}\cdot\frac{l}{2}-F\cdot\frac{3}{2}l=0$$

从而可求得

$$F=\frac{1}{3}F_{BD}$$

因此，该支架能承受的最大荷载 $F_{\max}$ 为

$$F_{\max}=\frac{1}{3}F_{BD\max}=\frac{1}{3}\times47\times10^3\text{N}=15.7\times10^3\text{N}=15.7\text{kN}$$

(4) 取值为

$$F_{\max}=15\text{kN}$$

**【案例点评】**

本例题为计算压杆稳定时的许用荷载问题，一般许用荷载取正整数。

# 9.4　提高压杆稳定性的措施

要提高压杆的稳定性，关键在于提高压杆的临界力或临界应力。而压杆的临界力和临界应力，与压杆的长度、横截面形状及大小、支承条件以及压杆所用材料等有关。因此，可以从以下几个方面考虑。

### 1. 合理选择材料

欧拉公式告诉我们，细长杆的临界应力，与材料的弹性模量成正比。所以选择弹性模量较高的材料，就可以提高细长杆的临界应力，也就提高了其稳定性。但是，对于钢材而言，各种钢的弹性模量大致相同，所以，选用高强度钢并不能明显提高细长杆的稳定性。而中长杆的临界应力则与材料的强度有关，采用高强度钢材，可以提高这类压杆抵抗失稳的能力。

### 2. 选择合理的截面形状

增大截面的惯性矩，可以增大截面的惯性半径，降低压杆的柔度，从而提高压杆的稳定性。在压杆的横截面面积相同的条件下，应尽可能使材料远离截面形心轴，以取得较大的轴惯性矩，从这个角度出发，空心截面要比实心截面合理，如图 9.9 所示。在工程实际中，若压杆的截面是用两根槽钢组成的，则应采用如图 9.10 所示的布置方式，可以取得较大的惯性矩或惯性半径。

另外，由于压杆总是在柔度较大(临界力较小)的纵向平面内首先失稳，所以应注意尽可能使压杆在各个纵向平面内的柔度都相同，以充分发挥压杆的稳定承载力。

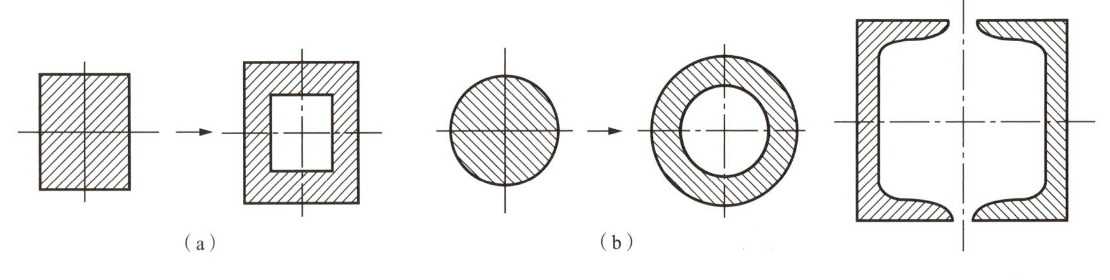


图 9.9　截面形状图

图 9.10　合理截面图

### 3. 改善约束条件、减小压杆长度

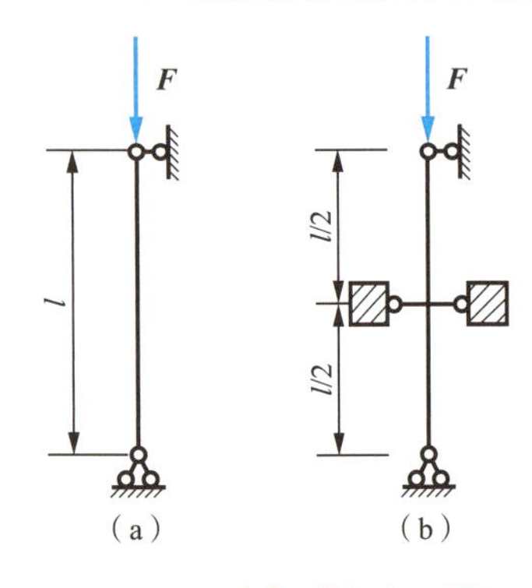


图 9.11　中间增加支承图

根据欧拉公式可知，压杆的临界力与其计算长度的平方成反比，而压杆的计算长度又与其约束条件有关。因此，改善约束条件，可以减小压杆的长度系数和计算长度，从而增大临界力。在相同条件下，从表 9-1 中可知，自由支座最不利，铰支座次之，固定支座最有利。

减小压杆长度的另一方法是在压杆的中间增加支承，如图 9.11(a)所示的两端铰支细长压杆，中点增加支承[图 9.11(b)]，则其计算长度变为原来的一半，柔度即为原来的一半，而它的临界力却是原来的 4 倍。

**特别提示**

提高压杆稳定性，至少可以从三个方面采取措施。

## 小　结

1. 等直细长压杆平衡状态的稳定性

(1) 稳定平衡：当工作力小于临界力时，压杆能保持原来的平衡状态。

(2) 不稳定平衡：当工作力大于或等于临界力时，压杆不能保持原来的平衡状态，压杆失稳。

2. 欧拉公式与临界应力总图

(1) 当$\lambda \geqslant \lambda_P$时，压杆为细长杆(大柔度杆)，其临界力和临界应力用欧拉公式来计算，即

$$F_{cr}=\frac{\pi^2 EI}{(\mu l)^2},\quad \sigma_{cr}=\frac{\pi^2 E}{\lambda^2}$$

(2) 当$\lambda_s<\lambda<\lambda_P$时，压杆为中长杆(中柔度杆)，其临界应力用经验公式来计算。

(3) 当$\lambda \leqslant \lambda_s$时，压杆为短粗杆(小柔度杆)，其临界应力等于杆受压时的极限应力，按强度理论计算。

3. 压杆稳定的实用计算

折减系数法的压杆稳定条件为

$$\sigma=\frac{F}{A}\leqslant\varphi[\sigma] \quad 或 \quad \frac{F}{A\varphi}\leqslant[\sigma]$$

应用压杆稳定条件，可以进行三方面的实用计算，分别为：①压杆稳定校核；②计算许用荷载；③压杆的截面设计。

## 思　考　题

(1) 什么是压杆的稳定平衡与不稳定平衡？什么是失稳？什么是临界状态？

(2) 什么是临界力？计算临界力的欧拉公式的应用条件是什么？

(3) 什么是压杆的柔度？其物理意义如何？

(4) 由塑性材料制成的小柔度压杆，在临界力作用下是否仍处于弹性状态？

(5) 只要保证压杆的稳定就能够保证其承载能力，这种说法是否正确？

(6) 采取哪些措施可以提高压杆稳定性？

## 习　题

### 一、填空题

(1) 能保持原有的直线平衡状态的平衡称为________。

(2) 不能保持原有的直线平衡状态的平衡称为________。

(3) 压杆由直线形状的稳定的平衡过渡到不稳定的平衡时所对应的轴向压力称为________。

(4) 一端固定、另一端铰支时，长度系数$\mu$为________；两端铰支时，长度系数$\mu$为________。

(5) 临界力 $F_{cr}$ 除以横截面面积 $A$ 称为________。

(6) 柔度$\lambda$是一个________的量。

## 二、单选题

(1) 构件保持原来平衡状态的能力称(　　)。

A. 刚度　　B. 强度　　C. 稳定性　　D. 极限强度

(2) 压杆的柔度$\lambda$越大，压杆的临界力(　　)、临界应力(　　)。

A. 不变　　B. 越大　　C. 不一定　　D. 越小

(3) 压杆的临界力与(　　)因素无关。

A. 压杆所受外力　　B. 截面的形状与尺寸

C. 压杆的支承情况　　D. 杆长

## 三、判断题

(1) 压杆的柔度$\lambda$大于$\lambda_P$，压杆为中长杆。　　(　　)

(2) 压杆的折减系数与压杆的柔度$\lambda$无关。　　(　　)

(3) 压杆的横截面越大，压杆的临界应力一定越大。　　(　　)

(4) 临界应力与压杆的截面的形状与尺寸、压杆的支承情况、杆长有关。　　(　　)

## 四、主观题

(1) 如图 9.12 所示，压杆截面形状都为圆形，直径 $d = 160$mm，材料为 Q235 钢，弹性模量 $E = 200$GPa。试按欧拉公式分别计算各杆的临界力。

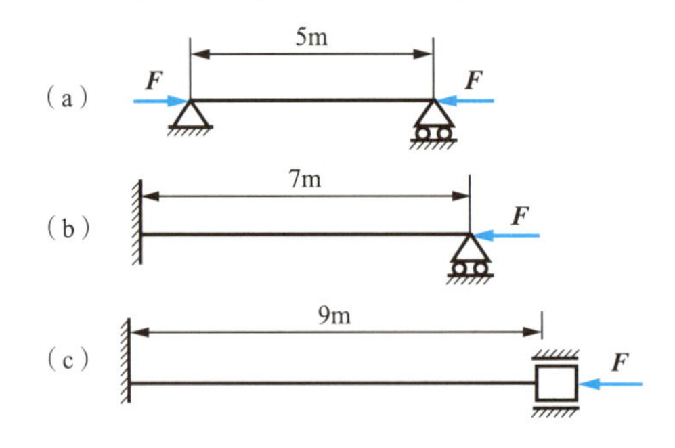


图 9.12　主观题(1)图

(2) 某细长压杆，两端为铰支，材料用 Q235 钢，弹性模量 $E = 200$GPa，试用欧拉公式分别计算下列三种情况的临界力：

① 圆形截面，直径 $d = 25$mm，$l = 1$m；

② 矩形截面，$h = 2b = 40$mm，$l = 1$m；

③ 16 号工字钢，$l = 2$m。

(3) 如图 9.13 所示，某连杆材料为 Q235 钢，弹性模量 $E$ = 200GPa，横截面面积 $A$ = 44cm$^2$，惯性矩 $I_y = 120 \times 10^4\text{mm}^4$，$I_z = 797 \times 10^4\text{mm}^4$，在 $xOy$ 平面内，长度系数$\mu_z = 1$；在 $xOz$ 平面内，长度系数$\mu_y = 0.5$。试计算该连杆的临界力和临界应力。

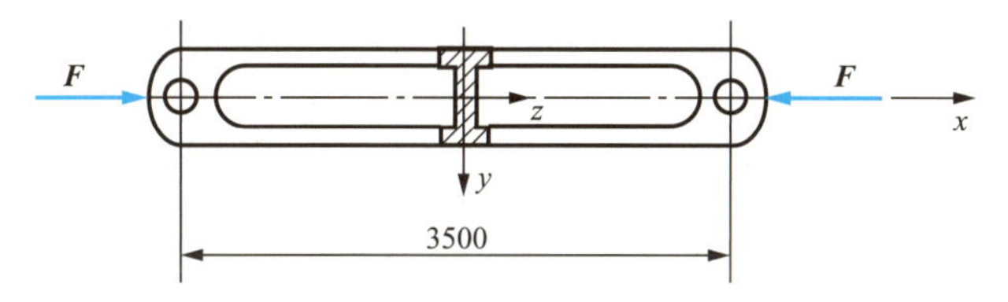


图 9.13　主观题(3)图

(4) 如图 9.14 所示，梁柱结构的横梁 $AB$ 的截面为矩形，$b \times h$ = 40mm × 60mm；竖柱 $CD$ 的截面为圆形，直径 $d$ = 20mm。在 $C$ 处用铰链连接。材料为 Q235 钢，规定稳定安全因数 $n_{st} = 3$。若现在 $AB$ 梁上最大弯曲应力$\sigma$ = 140MPa，试校核 $CD$ 杆的稳定性。

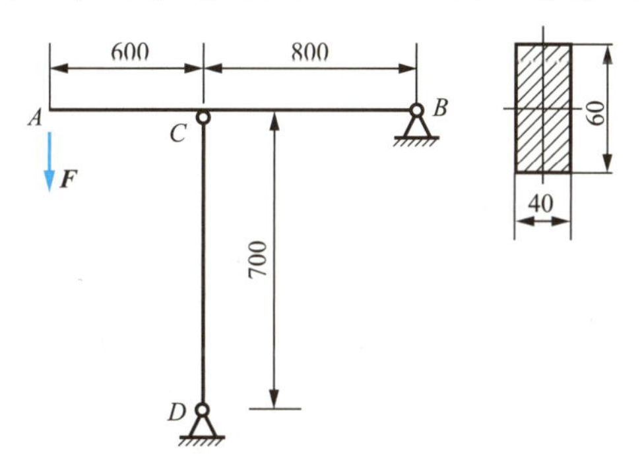


图 9.14　主观题(4)图

# 第10章 静定结构位移计算

## 教学目标

描述结构位移的概念，解释位移计算的目的；描述虚功原理，理解单位荷载法计算静定结构位移的步骤和原理；熟练运用图乘法计算位移，并分析支座移动时产生的位移；描述线弹性结构的四个互等定理。

## 教学要求

| 知 识 要 点 | 能 力 要 求 | 所占比重 |
|---|---|---|
| 结构位移的定义、产生位移的原因及位移计算目的 | (1) 能正确描述结构位移的概念<br>(2) 会区分线位移、角位移、绝对位移、相对位移 | 10% |
| 虚功原理实际状态、虚拟状态、力状态、位移状态 | (1) 掌握实功、虚功的概念和区别<br>(2) 理解虚功原理的实质 | 5% |
| 单位荷载法计算位移的原理、建立内力方程、积分计算结构位移 | (1) 正确建立虚拟状态<br>(2) 能计算各个截面的位移 | 15% |
| 图乘法的概念、弯矩图的面积计算及形心位置的确定、图乘法计算结构位移 | (1) 理解图乘法的使用条件<br>(2) 能分析计算梁和刚架的位移 | 40% |
| 支座移动引起结构位移的特性、支座移动引起结构位移的计算 | (1) 理解支座移动时静定结构的位移特点<br>(2) 能计算支座移动时各截面产生的位移 | 20% |
| 弹性结构的互等定理：功的互等定理、位移互等定理和反力互等定理 | (1) 理解功的互等定理<br>(2) 理解位移互等定理和反力互等定理是功的互等定理的应用 | 10% |

## 学习重点

虚功原理，虚拟状态的建立，单位荷载法、图乘法计算梁和刚架的位移。

## 生活知识提点

在屋面梁的施工中，对大梁要起拱，这是什么原因呢？因为不起拱大梁在屋面荷载作用下会产生变形，使屋面不平整。那么起拱量应该为多少呢？下面来讨论这一问题。

## 引例

结构的位移计算是刚度分析的基础。结构在荷载作用下如果变形太大，即使不破坏也不能正常使用；结构施工过程中需要知道结构位移，以便采取相应措施，确保施工安全；超静定结构分析必须通过建立位移条件才能建立补充方程；结构的动力计算和稳定计算也需要通过分析位移才能完成。

结构的位移计算包括实际状态的反力和内力计算、虚拟状态的建立、虚拟状态内力的分析、虚功原理的具体应用(单位荷载法、图乘法)等一系列步骤。

# 10.1 概　　述

### 拓展讨论

你知道在建筑施工中为什么要进行沉降观测和基坑监测吗？建筑施工中需要对哪些位移进行观察和记录呢？

## 10.1.1 结构的位移

无论何种工程结构都是由可变材料组成的，在荷载及其外因(如支座移动、温度改变、材料收缩、制造误差等)单独作用或组合作用下均会产生形状改变和位置移动。形状改变是指结构全部或部分形状的改变，简称变形；位置移动是指各截面的形心发生了移动，同时一般伴随有截面绕自身某轴的转动，此两项简称位移。有变形必有位移，有位移时未必有变形。例如，图 10.1 所示刚架在荷载作用下发生如虚线所示的变化，截面 $A$ 的形心由 $A$ 移到了 $A'$点，线段 $AA'$称为 $A$ 点的线位移，以符号$\Delta_A$表示，通常以其水平分量$\Delta_{Ax}$和竖向分量$\Delta_{Ay}$来表示。同时，$A$ 截面还转动了一个角度，称为截面 $A$ 的角位移，用$\varphi_A$表示。如图 10.2

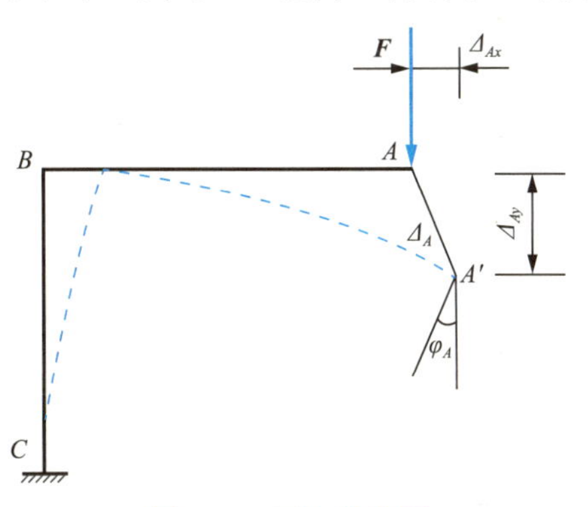

图 10.1　刚架位移图

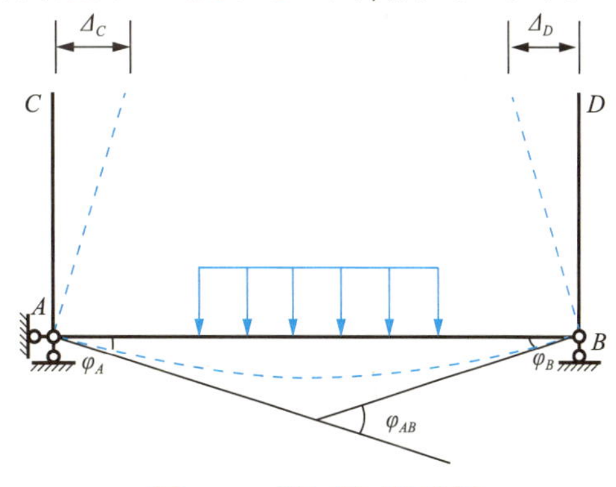

图 10.2　刚架相对位移图

所示，刚架在荷载作用下发生了如虚线所示的变形，任意两点间距离的改变量称为相对线位移，图中$\Delta_{CD} = \Delta_C + \Delta_D$称为 $CD$ 两点水平相对线位移。任意两个截面相对转动量称为相对角位移，图中$\varphi_{AB} = \varphi_A + \varphi_B$即为 $AB$ 两截面的相对角位移。

### 10.1.2 位移计算的目的

计算结构位移的目的之一是为了校核结构的刚度。结构在荷载作用下如果变形太大，也就是说没有足够的刚度，即使不破坏也是不能正常使用的。例如，车辆通过桥梁时，若桥梁的竖向线位移太大，则线路将不平整，因此，行业标准《公路桥涵设计通用规范》(JTG D60—2015)规定：钢桥、钢筋混凝土桥上部构造的竖向位移，钢板梁、主梁不得超过跨度的 1/600，拱、桁架不得超过跨度的 1/800。

结构在制作、施工、架设和养护等过程中采取技术措施时，也常常需要知道其位移，以便采取相应措施，确保施工安全和拼装就位。

计算结构位移还有一个重要目的，就是为分析超静定结构打下基础。因为超静定结构的内力仅凭静力平衡条件不能全部确定，还必须考虑变形条件，而建立变形条件时就必须计算结构的位移。

此外，在结构的动力计算和稳定计算中，也需要分析结构的位移。可见，结构的位移计算在工程上具有重要的意义。

### 10.1.3 位移计算方法

本章使用单位荷载法计算位移，该法源自变形体系的虚功原理。另需说明的是无论是静定结构还是超静定结构，位移计算的方法是相同的。

**特别提示**

位移是指一个截面的位置移动量(或两个截面间的相对移动量)，变形则是指一段杆件的形状改变量；一段杆件有变形，必定有一个或多个截面产生位移，反过来，几个截面有位移，不一定使一段杆件产生变形。

## 10.2 虚功原理和单位荷载法

### 10.2.1 实功与虚功的概念

功是力对物体在一段路程上累积效应的量度，也是传递和转换能量的量度。

如图 10.3(a)所示，简支梁在 $F_1$ 作用下产生弯曲变形，集中荷载 $F_1$ 的作用点 1 沿力方向的线位移用$\Delta_{11}$表示。$\Delta_{11}$的第一下标表示产生位移的位置(点 1 沿力 $F_1$ 方向的位移)，第二下标表示产生该位移的因素(由力 $F_1$ 引起)。

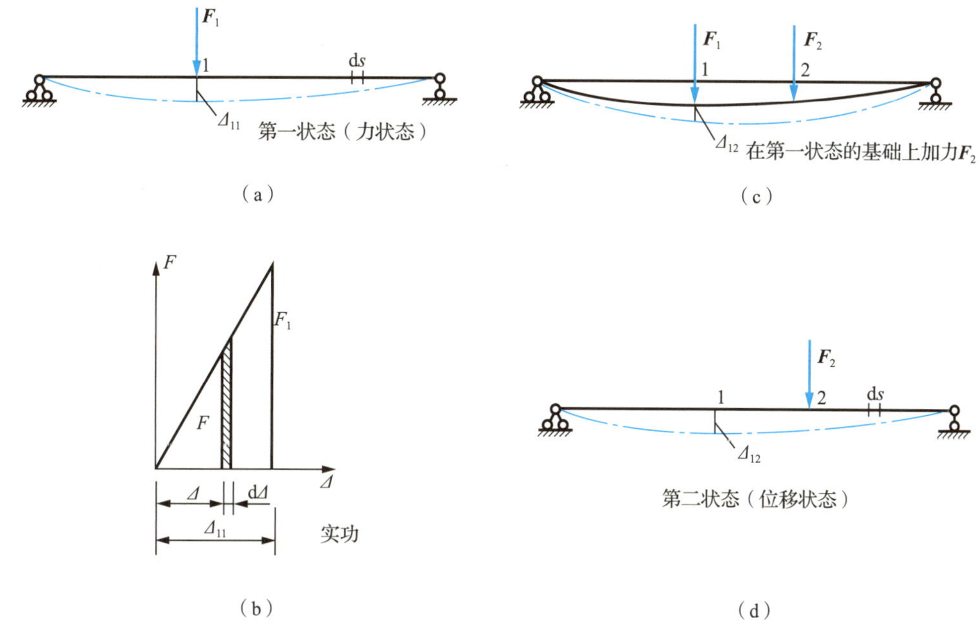


图 10.3　简支梁弯曲变形状态图

荷载 $F_1$ 为静力荷载，即由零逐渐增加到 $F_1$。与此相应，荷载变化与位移变化的关系图如图 10.3(b)所示。力 $F_1$ 加载的过程中在其本身引起的位移$\Delta_{11}$上做了功。这种作用在弹性体系上的力在自身引起的位移上所做的功称为实功。力 $F_1$ 在自身引起的位移$\Delta_{11}$上做的实功 $W_{11}$ 的大小等于图 10.3(b)中三角形的面积，即

$$W_{11}=\frac{1}{2}F_1\Delta_{11}$$

由于力与自身引起的位移方向始终一致，所以实功恒为正。

梁弯曲后，再在点 2 处加静力荷载 $F_2$，梁产生新的弯曲，如图 10.3(c)所示。位移$\Delta_{12}$为由于力 $F_2$ 作用而引起的 1 点沿 $F_1$ 方向新的位移。力 $F_1$ 在位移$\Delta_{12}$上将再一次做功，只是在此做功过程中 $F_1$ 的大小不变，因此 $F_1$ 在由 $F_2$ 作用而引起的位移$\Delta_{12}$上所做功的大小为

$$W_{12}=F_1\Delta_{12}$$

这种作用在弹性体系上的力在其他因素引起的位移上所做的功称为虚功。

虚功是常力做的功，表达式中力与位移的乘积之前没有“1/2”的系数。由于是其他因素产生的位移，所以该位移可能与力的方向一致，也可能相反，因此虚功可以是正，也可以是负，当然还可以是零。

**特别提示**

与力做功相对应，力偶也可以在角位移上做功。力偶做功同样可以有实功和虚功之分。但是，力偶在线位移上不做功。

## 10.2.2 虚功原理

拟设有两个状态(结构完全相同)，一个是单位力状态[图 10.4(a)]，对于单位力状态仅要求外力是平衡的；另一个是位移状态[图 10.4(b)]，关于位移状态的位移可以是任何原因(如荷载、温度变化、支座移动等)引起的，甚至是假想的，但位移必须是微小的，并为支承条件与变形连续条件所允许，即应是所谓协调的或相容的位移。另外需要说明的是单位力状态与位移状态可以是无关的。

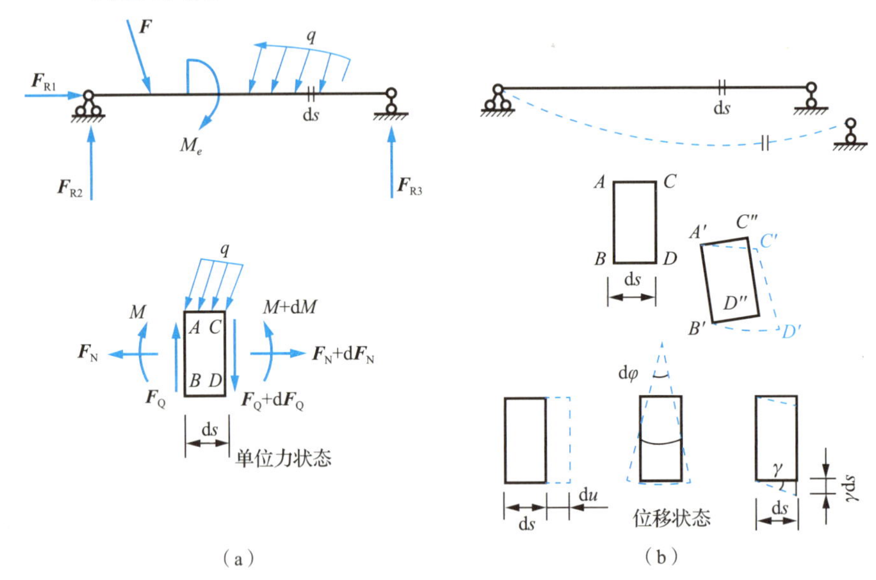


图 10.4 结构两个状态图

当单位力状态的外力在位移状态的对应位移上做外力虚功时，单位力状态的内力也在位移状态各微段的变形上做内力虚功。根据功和能的原理可得变形体的虚功原理：任何一个处于平衡状态的变形体，当发生任意一个虚位移时，变形体所受外力在虚位移上所做虚功的总和，等于变形体的内力在虚位移的相应变形上所做的虚功的总和。

如此，虚功原理可表述为：单位力状态的外力在位移状态的位移上所做的外力虚功

$$T=F\cdot\Delta+\sum\bar{F}_{R}C \tag{a}$$

等于单位力状态的内力在位移状态的变形上所做的内力虚功总和

$$W=\sum\int M\cdot\mathrm{d}\varphi+\sum\int F_{Q}\gamma\cdot\mathrm{d}s+\sum\int F_{N}\cdot\mathrm{d}u \tag{b}$$

即

$$T=W \tag{10-1}$$

式(10-1)为虚功原理的数学表达式。这里单位力状态的力是广义的，即可以是集中力，也可以是集中力偶，还可以是一组力；位移状态位移也是广义的，即可以是线位移、角位

移，也可以是相对线位移、相对角位移等。所谓“虚功”是指力在其他原因引起的位移上(可以是另外力作用引起，也可以是支座移动引起，或者温度改变、材料收缩、制造误差等因素引起)所做的功，强调做功的力与做功的位移无关。

关于定理的正确性此处不做证明。

特别提示

内力虚功也称变形虚功或虚应变能，其性质与外力虚功相对应。

### 10.2.3 单位荷载法

利用虚功原理求结构位移的方法，是将结构所处的平衡状态(实际状态)作为位移状态，另外虚拟结构的一种状态(虚拟状态)作为力状态。在虚拟状态上只作用一个力，力的作用点、方向与欲求位移$\varDelta$的位置、方位相同，大小为“1”，即该力为单位荷载$\bar{F}=1$。这样，力状态的外力(包括支座反力)在位移状态的位移(包括支座位移)上所做外力虚功的总和，等于力状态的所有内力(轴力、剪力、弯矩)在位移状态微段的相应变形上所做内力虚功的总和。

如令力状态中的$F=1$，则式(a)为

$$T=\varDelta+\sum\bar{F}_{\mathrm{R}}C$$

该式与式(b)及式(10-1)经整理后可得

$$\varDelta=\sum\int\bar{M}\cdot\mathrm{d}\varphi+\sum\int\bar{F}_{\mathrm{Q}}\gamma\cdot\mathrm{d}s+\sum\int\bar{F}_{\mathrm{N}}\cdot\mathrm{d}u-\sum\bar{F}_{\mathrm{R}}\cdot C \tag{10-2}$$

此即位移计算的一般公式。用式(10-2)计算结构指定截面位移的方法称为单位荷载法。

特别提示

利用单位荷载法求结构的位移，关键在于虚设恰当的力状态，而方法的巧妙之处在于虚拟状态中只在所求位移地点沿所求位移方向加一单位荷载，以使荷载虚功恰好等于所求位移。

## 10.3 静定结构在荷载作用下的位移计算

设图 10.5(a)所示结构在给定荷载作用下发生了如虚线所示的变形。现在计算结构上任一指定点$K$沿任意指定方向$k—k$上的位移$\varDelta_K$。

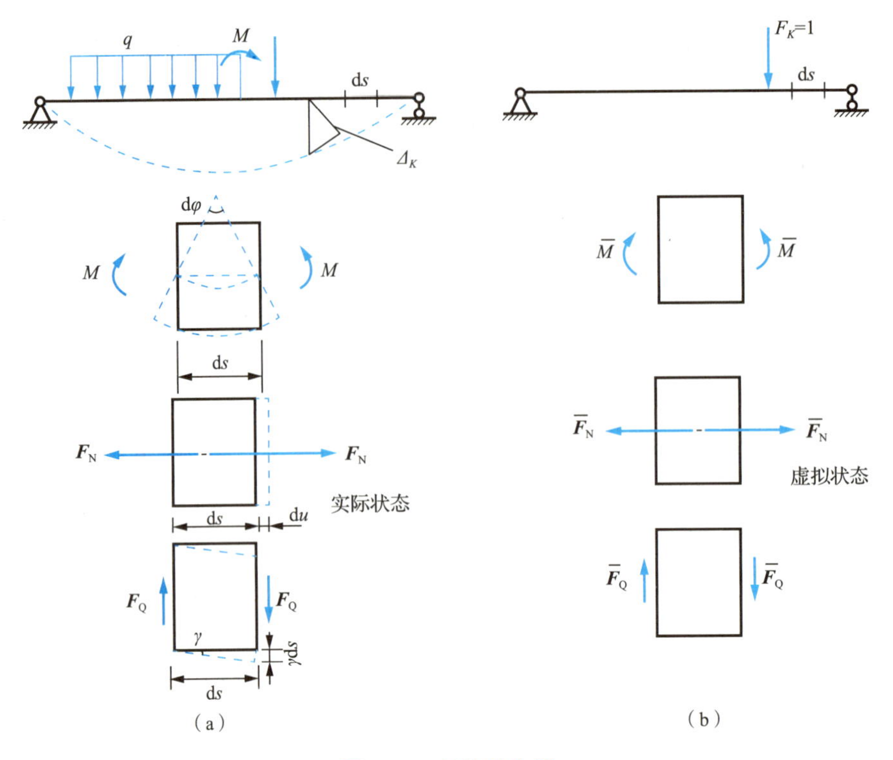


图 10.5 结构状态图

下面讨论如何利用虚功原理求解这一问题。要应用虚功原理，就需要有两个状态：单位力状态和位移状态。现在，要求的位移是由给定的荷载引起的，故应以此作为结构的位移状态，并称为实际状态。此外，还需要有关单位力状态。由于单位力状态中的外力能在位移状态中的所求位移$\Delta_K$上做虚功，就在 $K$ 点沿 $k$—$k$ 方向加有关集中荷载 $\boldsymbol{F}_K$，其箭头指向则可随意假设，为了计算方便，令 $F_K=1$，如图 10.5(b)所示，以此作为结构的单位力状态。这个单位力状态并不是实际原有的，而是虚设的，故称为虚拟状态。而这种方法称为虚拟单位力法。

现在来计算虚拟状态的外力和内力在实际状态相应的位移和变形上所做的虚功。

外力虚功为

$$T=F_K\cdot\Delta_K=1\cdot\Delta_K=\Delta_K \tag{a}$$

外力虚功在数值上恰好等于所要求的位移。

计算内力虚功时，从结构上截取长为 ds 的微段。在虚拟状态中，由单位荷载 $F_K=1$ 引起的此微段上的内力用 $\bar{F}_N$、$\bar{M}$、$\bar{F}_Q$ 表示；在实际状态中由荷载引起的此微段两端截面上的内力用 $F_N$、$M$、$F_Q$ 表示，微段的变形为 d$u$、d$\varphi$和$\gamma$d$s$。故虚拟状态的内力在实际状态相应的变形上所做的虚功为

$$W=\sum\int\bar{F}_N\cdot \mathrm{d}u+\sum\int\bar{M}\cdot \mathrm{d}\varphi+\sum\int\bar{F}_Q\gamma\cdot \mathrm{d}s \tag{b}$$

显然，当 $\bar{F}_N$、$\bar{M}$、$\bar{F}_Q$ 与各自相应的 $F_N$、$M$、$F_Q$ 符号一致时，变形虚功为正；反之为负。由式(a)、(b)可得

$$\Delta_K=\sum\int\bar{F}_N\cdot \mathrm{d}u+\sum\int\bar{M}\cdot \mathrm{d}\varphi+\sum\int\bar{F}_Q\gamma\cdot \mathrm{d}s \tag{c}$$

对于弹性结构，因

$$\mathrm{d}u = \frac{F_{\mathrm{N}} \cdot \mathrm{d}s}{EA}$$

$$\mathrm{d}\varphi = \frac{M \cdot \mathrm{d}s}{EI}$$

$$\gamma \mathrm{d}s = K \frac{F_{\mathrm{Q}} \cdot \mathrm{d}s}{GA}$$

代入式(c)，得

$$\Delta_K = \sum \int \frac{\overline{F}_{\mathrm{N}} \cdot F_{\mathrm{N}}}{EA} \mathrm{d}s + \sum \int \frac{\overline{M} \cdot M}{EI} \mathrm{d}s + \sum \int K \frac{\overline{F}_{\mathrm{Q}} \cdot F_{\mathrm{Q}}}{GA} \mathrm{d}s \tag{10-3}$$

式中，$K$——剪力不均匀分布系数。

这就是结构在荷载作用下的位移计算公式。

式(10-3)适用于由直杆组成的结构，但对曲率不大的曲杆，也可近似应用。当计算结果为正时，说明虚拟单位力的指向与所求位移的实际指向相同；否则相反。

对于梁和刚架，位移中弯矩的影响是主要的。通常计算时只需考虑公式中弯矩的一项便具有足够的工程精度，即

$$\Delta_K = \sum \int \frac{\overline{M} \cdot M}{EI} \mathrm{d}s \tag{10-4}$$

在实际应用中，除要计算线位移外，还要计算角位移、相对线位移和相对角位移等。下面讨论如何按照所求位移类型，设置相应的虚拟状态。由上可知，当要求某点沿某方向的线位移时，应在该点沿所求位移方向加一个单位集中力。图 10.6(a)即为求 $A$ 点水平位移时的虚拟状态。

当要求截面的角位移时，则应在该截面处加一个单位力偶，如图 10.6(b)所示。这样荷载所做的虚功为 $1 \cdot \varphi_A = \varphi_A$，即恰好等于所要求的角位移。

有时，要求两点间距离的变化，也就是求两点沿其连线方向上的位移，此时应在两点沿其连线方向上加一对指向相反的单位力，如图 10.6(c)所示。对此说明如下：设在实际状态中 $A$ 点沿 $AB$ 方向的位移为$\Delta_A$，$B$ 点沿 $BA$ 方向的位移为$\Delta_B$，则两点在其连线方向上的相对线位移为$\Delta_{AB} = \Delta_A + \Delta_B$，对于图示虚拟状态，荷载所做的虚功为

$$1 \cdot \Delta_A + 1 \cdot \Delta_B = 1 \cdot (\Delta_A + \Delta_B) = \Delta_{AB}$$

可见荷载虚功恰好等于所求相对位移。

同理，若要求两截面的相对角位移，就应在两截面处加一对方向相反的单位力偶，如图 10.6(d)所示。

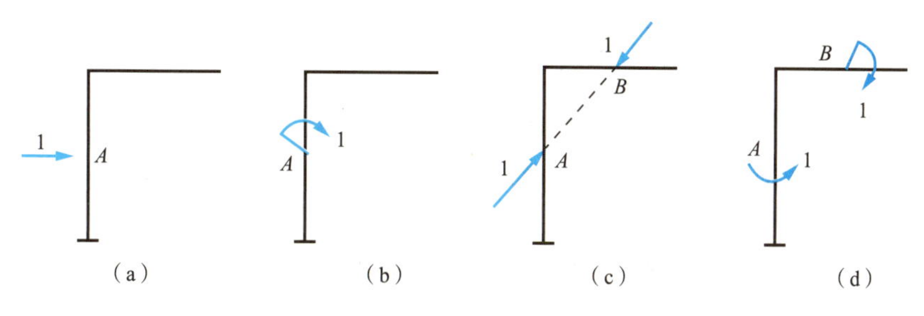


图 10.6　单位荷载虚拟状态图

特别提示

单位荷载法中的力和位移均是广义性质的，广义力与广义位移要对应，即求线位移应加单位集中力，求角位移应加单位集中力偶。

## 10.4 图乘法

由 10.3 节可知，计算梁和刚架在荷载作用下的位移时，先要写出 $\bar{M}$ 和 $M$ 的方程式，然后代入式(10-4)进行积分运算，这仍是比较麻烦的。但是，当结构的各杆段符合下列条件时：①杆轴为直线；②$EI=$ 常数；③$\bar{M}$ 和 $M$ 两个弯矩图中至少有一个直线图形，则可用下述图乘法代替积分运算，从而简化计算工作。

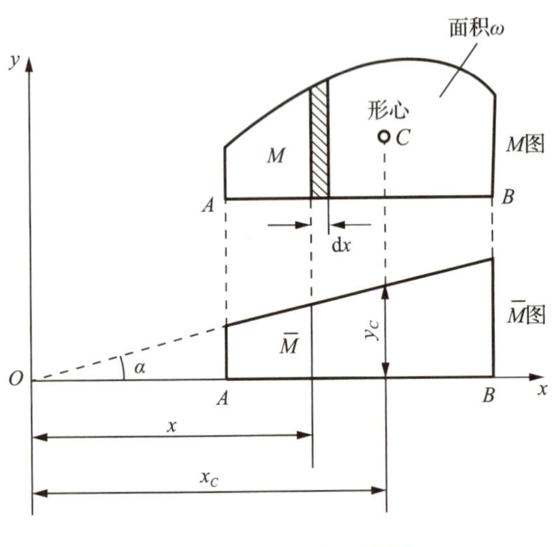

图 10.7　图乘法示意图

如图 10.7 所示，设等截面直杆 $AB$ 段上的两个弯矩图中，$\bar{M}$ 图为一段直线，而 $M$ 图为任意形状。以杆轴为 $x$ 轴，以 $\bar{M}$ 图的延长线与 $x$ 轴的交点 $O$ 为原点并设 $y$ 轴，则积分式 $\int\frac{\bar{M}\cdot M}{EI}\mathrm{d}s$ 中 $\mathrm{d}s=\mathrm{d}x$，$EI$ 可以提到积分号外面；$\bar{M}$ 图为直线变化，故有 $\bar{M}=x\tan\alpha$，且 $\tan\alpha$为常数，故上面的积分式成为

$$\int\frac{\bar{M}\cdot M}{EI}\mathrm{d}s=\frac{\tan\alpha}{EI}\int x\cdot M\mathrm{d}x=\frac{\tan\alpha}{EI}\int x\mathrm{d}\omega$$

式中，$\mathrm{d}\omega=M\mathrm{d}x$ 为 $M$ 图中有阴影线的微分面积，故 $x\mathrm{d}\omega$为微分面积对 $y$ 轴的静矩。据合力矩定理，它应等于 $M$ 图的面积乘以其形心 $C$ 到 $y$ 轴的距离 $x_C$，即

$$\int x\mathrm{d}\omega=\omega\cdot x_C$$

代入上式，有

$$\int\frac{\bar{M}\cdot M}{EI}\mathrm{d}s=\frac{\tan\alpha}{EI}\cdot\omega\cdot x_C=\frac{\omega\cdot y_C}{EI}$$

这里 $y_C$是 $M$ 图的形心 $C$ 所对应的 $\bar{M}$ 图的纵坐标。可见，上述积分式等于一个弯矩图的面积$\omega$乘以其形心所对应的另一个直线图形上的纵坐标 $y_C$，再除以 $EI$，这种方法称为图乘法。

如果结构上各杆段均可图乘，则位移计算式(10-4)可写为

$$\Delta_K=\sum\int\frac{\bar{M}\cdot M}{EI}\mathrm{d}s=\sum\frac{\omega\cdot y_C}{EI} \tag{10-5}$$

根据上面的推证过程，可知应用图乘法时应注意下列各点：①必须符合上述前提条件；②纵坐标 $y_C$ 只能取自直线图形；③$\omega$ 与 $y_C$ 若在杆件的同侧则乘积取正号，异侧则取负号。

现将几种常用的简单图形的面积及形心列入图 10.8 中。在各个抛物线中，“顶点”是指其切线平行于底边的点，而顶点在中点或端点的称为“标准抛物线”。

在实际使用中，当图形的面积或形心位置不便确定时，可以将它分解为几个简单图形，将它们分别与另一图形相乘，然后把所得结果叠加。

例如，两个梯形相乘时(图 10.9)，可把它们分解成两个三角形。此时，$M = M_a + M_b$，故有

$$\frac{1}{EI}\int \bar{M}M\mathrm{d}x = \frac{1}{EI}\int \bar{M}(M_a + M_b)\mathrm{d}x = \frac{1}{EI}\left[\int \bar{M}M_a\mathrm{d}x + \int \bar{M}M_b\mathrm{d}x\right]$$

$$= \frac{1}{EI}\left[\frac{a}{2}ly_a + \frac{b}{2}ly_b\right]$$

其中，$y_a = \dfrac{d-c}{3} + c$，$y_b = \dfrac{2(d-c)}{3} + c$。

当 $M$ 图或 $\bar{M}$ 图的两个纵坐标 $a$、$b$ 或 $c$、$d$ 不在基线的同一侧时(图 10.10)，处理原则仍和上面一样，可分解为位于基线两侧的两个三角形，按上述方法分别图乘，然后叠加。

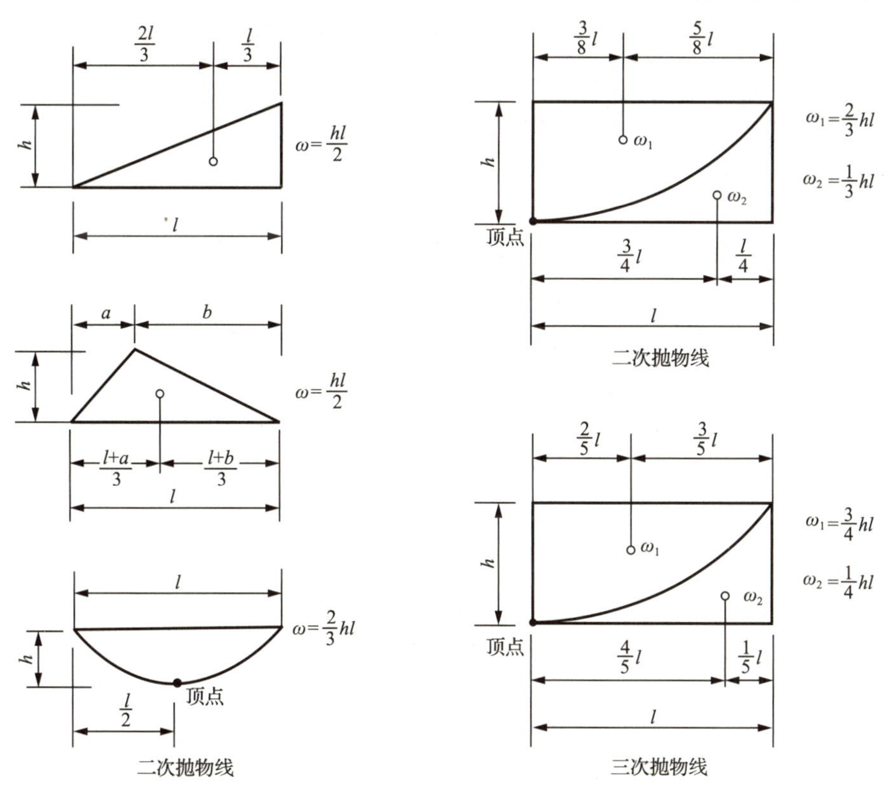


图 10.8 几种简单图形的面积及形心图

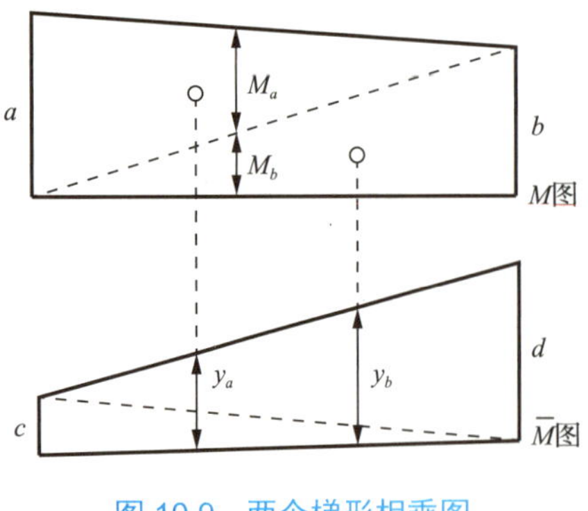


图 10.9　两个梯形相乘图

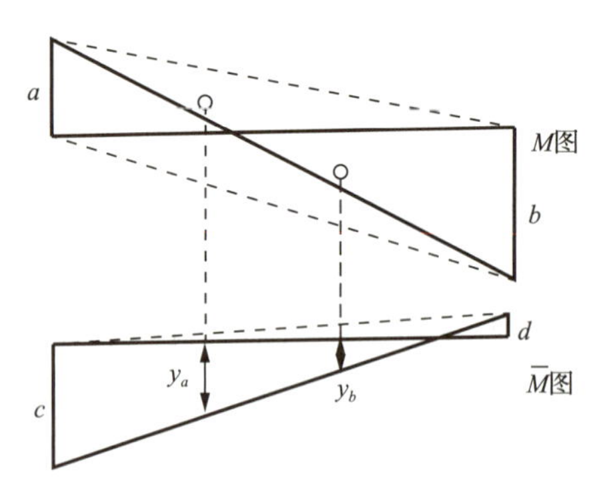


图 10.10　两个不同侧三角形相乘图

对于均布荷载作用下的任何一段直杆[图 10.11(a)]，其弯矩图均可看成一个梯形与一个标准抛物线图形的叠加。因为这段直杆的弯矩图，与图 10.11(b)所示对应简支梁在杆端弯矩 $M_A$、$M_B$ 和均布荷载 $q$ 作用下的弯矩是相等的。

这里还需注意，所谓弯矩图的叠加，是指其纵坐标的叠加，而不是原图形状的剪贴拼合。由此，叠加后的抛物线图形的所有纵坐标仍应为竖向的，而不是垂直于 $M_A$、$M_B$ 连线的。这样叠加后的抛物线图形与原标准抛物线的形状并不相同，但两者任一处对应的纵坐标 $y$ 和微段长度 d$x$ 仍相等，因而相应的每一窄条微分面积仍相等。由此可知，两个图形总的面积大小和形心位置仍然是相同的。理解了这个道理对于分解复杂的弯矩图形是有利的。

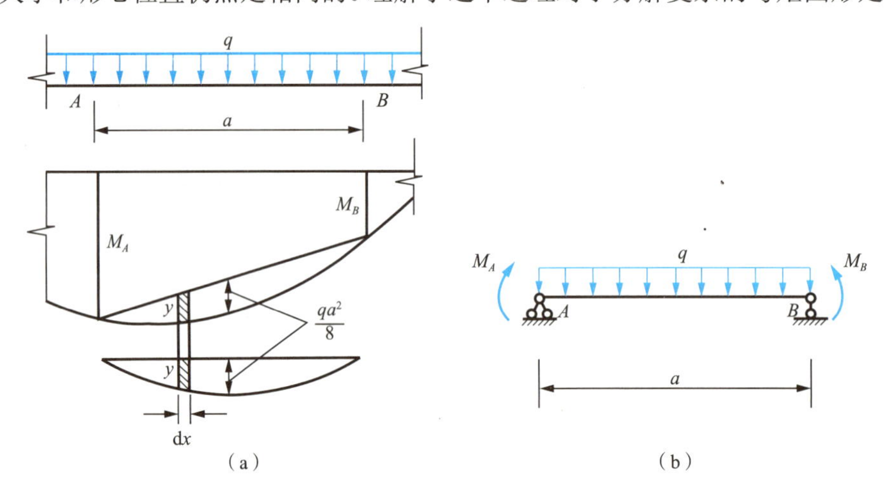


图 10.11　弯矩图的叠加图形

此外，在应用图乘法时，当取 $y_C$ 的图形不是一段直线而是由若干段直线组成时，或当各杆段的截面不相等时，均应分段图乘，再进行叠加。例如，对于图 10.12 应为

$$\Delta=\frac{1}{EI}(\omega_1y_1+\omega_2y_2+\omega_3y_3)$$

对于图 10.13 应为

$$\Delta=\frac{\omega_1y_1}{EI_1}+\frac{\omega_2y_2}{EI_2}+\frac{\omega_3y_3}{EI_3}$$

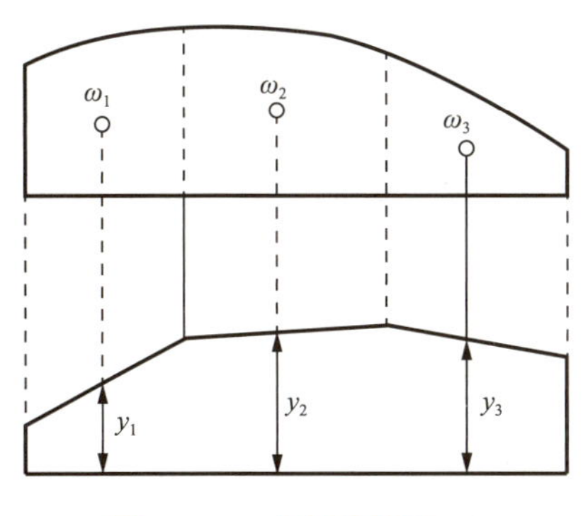


图 10.12 分段图乘图(一)

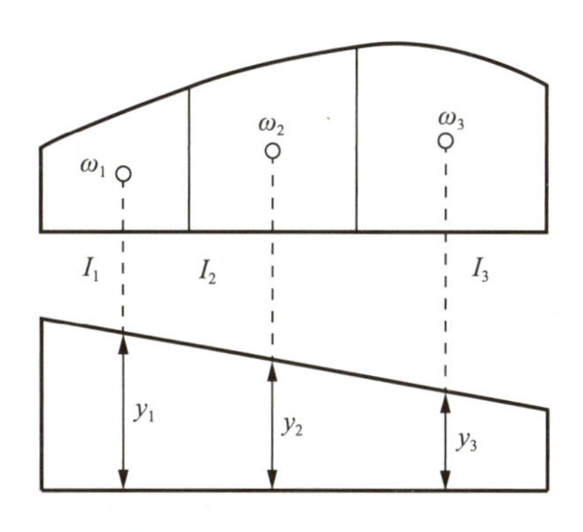


图 10.13 分段图乘图(二)

又如，在均布荷载 $q$ 作用下的某一段杆的 $M$ 图(图 10.14)，可分解为基线上侧的一个梯形再叠加基线下侧的一个标准抛物线，如图 10.14(b)、(c)所示，而图 10.14(b)中的梯形又可分解为两个三角形，即可将 $M$ 图的面积分解为$\omega_1$、$\omega_2$和$\omega_3$，再将它们分别和 $\bar{M}$ 图中的 $y_{C1}$、$y_{C2}$ 和 $y_{C3}$ 相乘叠加，即$\Delta = \dfrac{1}{EI}(\omega_1 y_{C1} + \omega_2 y_{C2} + \omega_3 y_{C3})$。

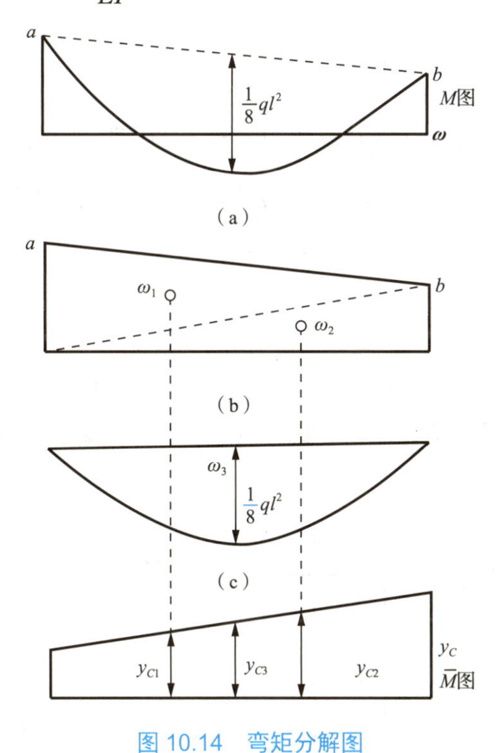


图 10.14 弯矩分解图

## 应用案例 10-1

试用图乘法求图 10.15(a)所示简支梁 $A$ 端的转角$\varphi_A$及跨中截面 $C$ 的挠度$\Delta_{Cy}$，$EI$ 为常数。

【解】(1) 作荷载弯矩图($M$ 图)，如图 10.15(b)所示。

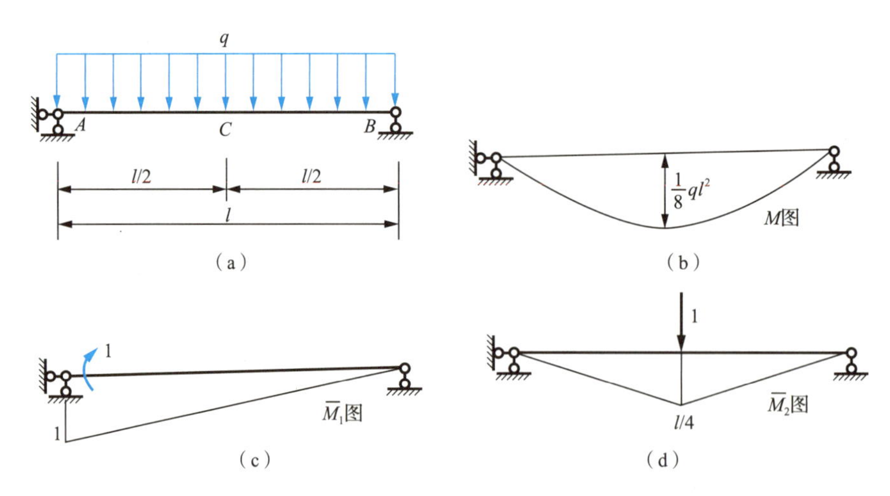


（a）（b）（c）（d）

图 10.15　应用案例 10-1 图

(2) 求$\varphi_A$。

在简支梁 A 端加一单位力偶，并绘制 $\overline{M}_1$ 图，如图 10.15(c)所示。由式(10-4)，得

$$\varphi_A=\sum\frac{\omega y}{EI}=\frac{1}{EI}\left(\frac{2}{3}\cdot\frac{1}{8}ql^2\cdot l\right)\cdot\frac{1}{2}=\frac{ql^3}{24EI}\text{(顺时针转向)}$$

(3) 求$\Delta_{Cy}$。

在简支梁跨中截面 C 处加一单位集中力，绘出 $\overline{M}_2$ 图，如图 10.15(d)所示。

$$\Delta_{Cy}=\sum\frac{\omega y}{EI}=2\cdot\frac{1}{EI}\left(\frac{2}{3}\cdot\frac{1}{8}ql^2\cdot\frac{l}{2}\right)\cdot\left(\frac{5}{8}\cdot\frac{l}{4}\right)=\frac{5ql^4}{384EI}(\downarrow)$$

## 应用案例 10-2

求图 10.16(a)所示结构中 C 点的竖向位移$\Delta_{Cy}$。EI 为常数。

【解】作荷载弯矩图 M 图(实际状态)和单位弯矩图 $\overline{M}$ 图(虚拟状态)，如图 10.16(b)、(c)所示。由于 BC 杆的 M 图不是标准抛物线，应该将其分解计算面积，如图 10.17 所示。

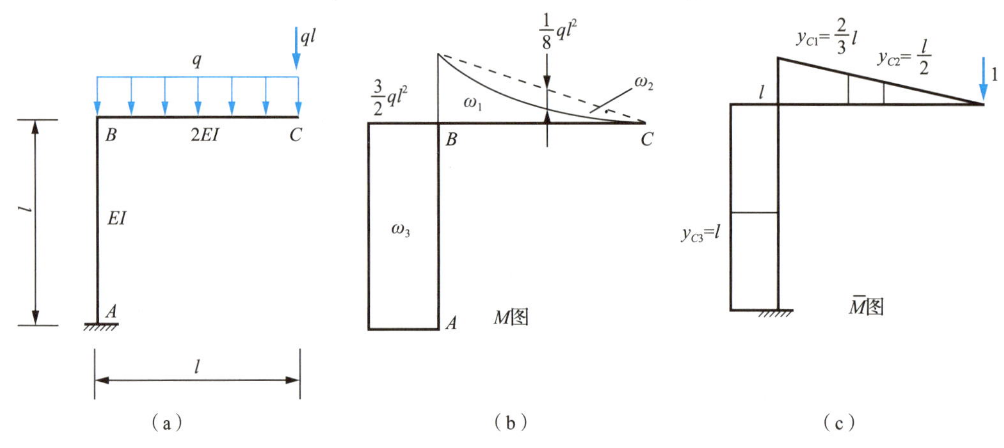


（a）（b）（c）

图 10.16　应用案例 10-2 图(一)

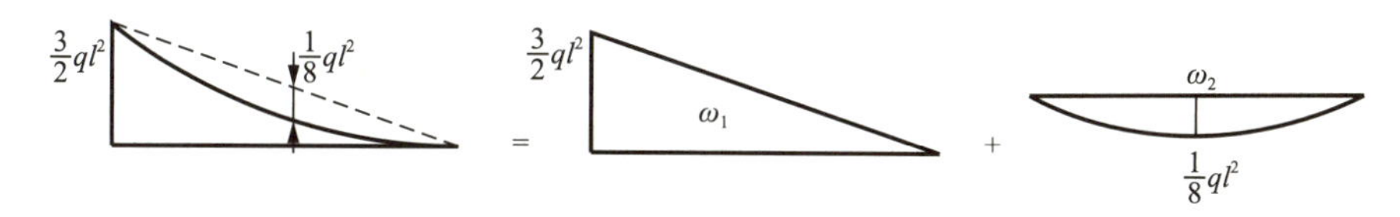


图 10.17 应用案例 10-2 图(二)

$M$ 图中三块面积 $\omega_1$、$\omega_2$、$\omega_3$ 的形心在 $\bar{M}$ 图上对应的纵坐标分别为

$$y_{C1}=\frac{2}{3}l;\ \ y_{C2}=\frac{l}{2};\ \ y_{C3}=l$$

则

$$\Delta_{Cy}=\sum\frac{\omega y}{EI}=\frac{1}{2EI}(\omega_1 y_{C1}-\omega_2 y_{C2})+\frac{1}{EI}\omega_3 y_{C3}$$

$$=\frac{1}{2EI}\left[\frac{1}{2}\cdot\frac{3ql^2}{2}\cdot l\cdot\frac{2}{3}l-\frac{2}{3}\cdot\frac{ql^2}{8}\cdot l\cdot\frac{l}{2}\right]+\frac{1}{EI}\cdot\frac{3ql^2}{2}\cdot l\cdot l$$

$$=\frac{83}{48EI}ql^4(\downarrow)$$

## 应用案例 10-3

试求图 10.18(a)所示刚架 $C$、$D$ 两点的距离改变情况。设 $EI$=常数。

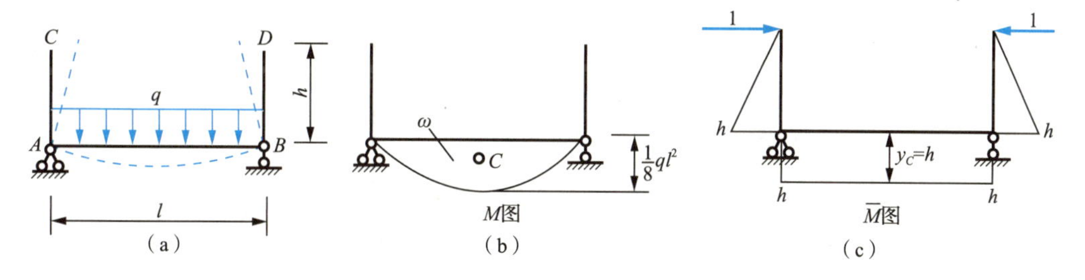


图 10.18 应用案例 10-3 图

**【解】** 实际状态的 $M$ 图如图 10.18(b)所示。虚拟状态应是在 $C$、$D$ 两点沿其连续方向架一对指向相反的单位力，$\bar{M}$ 图如图 10.18(c)所示。用图乘法计算时，虚拟状态要分为 $AC$、$AB$、$BD$ 三段计算，但其中 $AC$、$BD$ 两段的 $M=0$，故图乘结果为零，可不必计算。$AB$ 段的 $M$ 图为一标准抛物线，$\bar{M}$ 图为一水平直线，故应以 $M$ 图作面积 $\omega$ 而在 $\bar{M}$ 图上取纵坐标 $y_C$，可得

$$\Delta_{CD}=\sum\frac{\omega y}{EI}=\frac{1}{EI}\left(\frac{2}{3}\cdot\frac{1}{8}ql^2\cdot l\right)\cdot h=\frac{qhl^3}{12EI}(\rightarrow\ \leftarrow)$$

结果为正，说明 $C$、$D$ 两点间的相对线位移方向与虚拟单位力的指向相同，即 $C$、$D$ 两点间产生一相互接近的相对线位移。

**【案例点评】**

任意的二次抛物线图形均可以按区段叠加法的原理将其分解为一个直线图形和一个标准的二次抛物线图形。图乘时必须注意 $y_C$ 只能在直线图形上取，不能在曲线或折线图形上取。

曲梁或拱结构的位移只能用积分法计算。桁架结构的位移用数值法计算更简单。

## 10.5 支座位移引起的位移计算

设图 10.19(a)所示静定结构，其支座发生了水平位移$\Delta_x$、竖向位移$\Delta_y$和转角$\varphi$，现要求由此引起的任一点沿任一方向的位移，如 $K$ 点的竖向位移$\Delta_{Ky}$。

前面已指出，静定结构由于支座移动并不引起内力，因而材料不发生变形，故结构的位移纯属刚体位移，通常不难由几何关系求得，但这里仍用虚功原理来解决这种问题。注意到此时虚拟状态[图 10.19(b)]的支座反力 $\overline{F}_R$ 也将在实际状态相应的支座移动上做功及内力虚功为零。由位移计算的一般公式有

$$\Delta_{Ky} = -\sum \overline{F}_R \cdot \Delta \tag{10-6}$$

其中，$\sum \overline{F}_R \cdot \Delta$为反力虚功，当 $\overline{F}_R$ 与支座位移$\Delta$方向一致时取正号，相反为负号。此外，式(10-6)中右边前面还有一负号，是原来移项时所得，不可漏掉。此即静定结构支座移动时的位移公式。

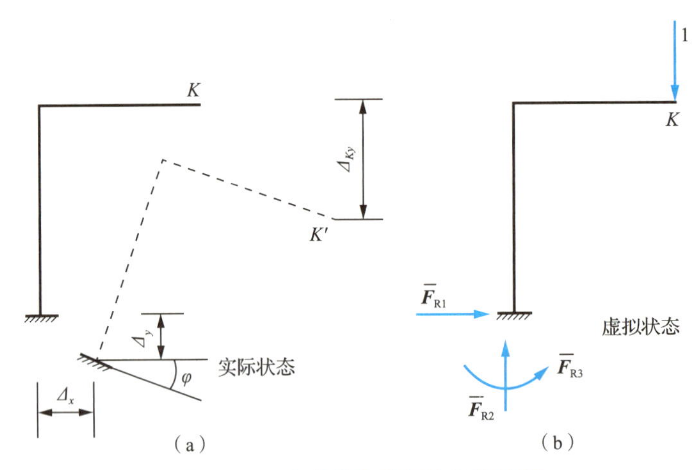


图 10.19 支座位移引起的位移计算

### 应用案例 10-4

如图 10.20(a)所示，三铰刚架右边支座的竖向位移为$\Delta_{By}$= 6cm(↓)，水平位移为$\Delta_{Bx}$= 4cm(→)，已知 $l$ = 12m，$h$ = 8m，试求由此引起的 $A$ 端转角$\varphi_A$。

**【解】**在三铰刚架 $A$ 支座处施加一个单位力偶，建立虚拟状态，计算 $A$、$B$ 处的支座反力，标于图 10.20(b)中。

由式(10-6)得

$$\begin{aligned}\varphi_A &= -\sum \overline{F}_R \cdot \Delta \\ &= -\left[-\frac{1}{l}\cdot \Delta_{By} - \frac{1}{2h}\cdot \Delta_{Bx}\right] = \frac{\Delta_{By}}{l} + \frac{\Delta_{Bx}}{2h} \\ &= \left(\frac{6}{1200} + \frac{4}{2\times 800}\right)\text{rad} = 0.0075\text{rad}\end{aligned}$$

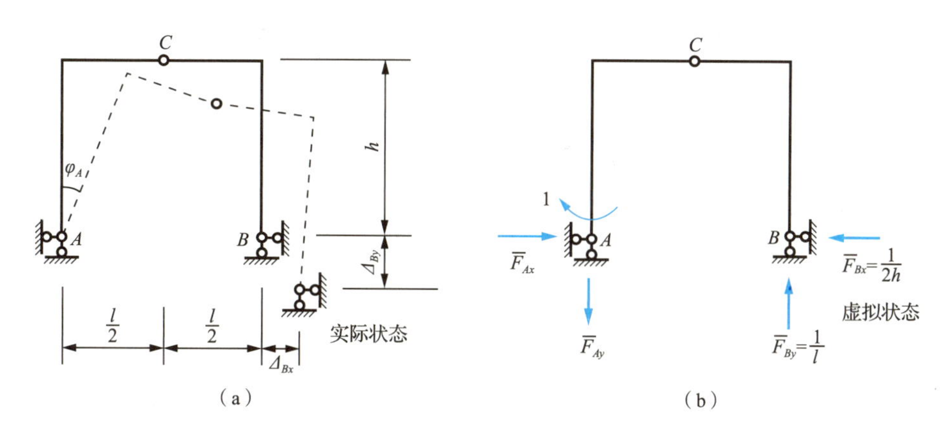


图 10.20 应用案例 10-4 图

**【案例点评】**

结果为正，表明 $A$ 端产生转角与虚拟状态假设的单位力偶转向一致，即为顺时针。

**特别提示**

静定结构受支座移动影响只产生刚体位移，不产生变形，因此内力虚功为零。

# 10.6 线弹性结构的互等定理

本节介绍线弹性结构的四个互等定理，其中最基本的是功的互等定理，其他三个都可由此推导出来。这些定理在以后的章节中是经常被引用的。

## 10.6.1 功的互等定理

设有两组外力 $\boldsymbol{F}_1$ 和 $\boldsymbol{F}_2$，分别作用于同一线弹性结构上，如图 10.21(a)、(b)所示，分别称为结构的第一状态和第二状态。如果我们来计算第一状态的外力和内力在第二状态相应的位移和变形上所做的虚功 $T_{12}$ 和 $W_{12}$，并根据虚功原理 $T_{12}=W_{12}$，则有

$$F_1 \cdot \Delta_{12}=\sum\int\frac{F_{N1}\cdot F_{N2}}{EA}ds+\sum\int\frac{M_1\cdot M_2}{EI}ds+\sum\int K\frac{F_{Q1}\cdot F_{Q2}}{GA}ds \tag{a}$$

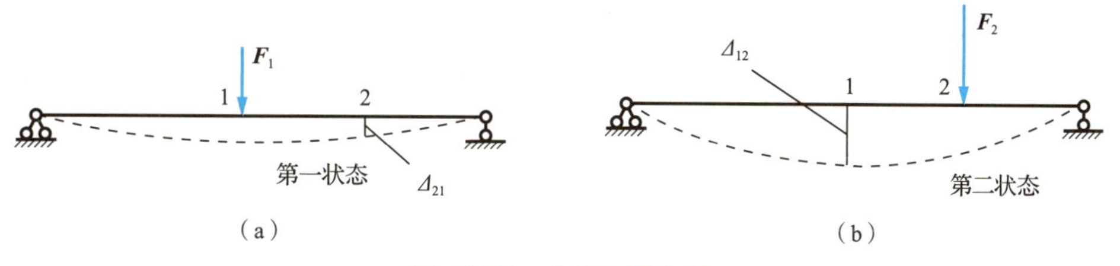


图 10.21 功的互等定理

反过来，如果计算第二状态的外力和内力在第一状态相应的位移和变形上所做的虚功 $T_{21}$ 和 $W_{21}$，并根据虚功原理 $T_{21}=W_{21}$，则有

$$F_2 \cdot \Delta_{21}=\sum\int\frac{F_{N2}\cdot F_{N1}}{EA}ds+\sum\int\frac{M_2\cdot M_1}{EI}ds+\sum\int K\frac{F_{Q2}\cdot F_{Q1}}{GA}ds \tag{b}$$

式(a)、(b)的右边相等，因此左边也相等，故有

$$F_1 \cdot \Delta_{12}=F_2 \cdot \Delta_{21} \tag{10-7}$$

或写为

$$T_{12}=T_{21} \tag{10-8}$$

这表明：第一状态的外力在第二状态的位移上所做的虚功，等于第二状态外力在第一状态的位移上所做的虚功。这就是功的互等定理。

## 10.6.2 位移互等定理

现在应用功的互等定理来研究一种特殊情况。如图 10.22 所示，假设两个状态中的荷载都是单位力，即 $F_1=1$，$F_2=1$，则由式(10-7)有

$$\Delta_{12}=\Delta_{21}$$

此外，由于$\Delta_{12}$和$\Delta_{21}$都是由单位力引起的位移，明显起见，改用小写字母$\delta_{12}$和$\delta_{21}$表示，于是将上式写成

$$\delta_{12}=\delta_{21} \tag{10-9}$$

它表明：第二个单位力所引起的第一个单位力作用点沿其方向的位移，等于第一个单位力所引起的第二个单位力作用点沿其方向的位移。这就是位移互等定理。

这里的单位力也包括单位力偶，即可以是广义单位力。位移也包括角位移，即相应的广义位移。例如，在图 10.23 的两个状态中，根据位移互等定理，应有$\varphi_A=\Delta_C$。$\varphi_A$和$\Delta_C$虽然一个是角位移，一个是线位移，两者含义不同，但数值上是相等的。由图乘法容易得到$\varphi_A=\Delta_C=\dfrac{l^2}{16EI}$。

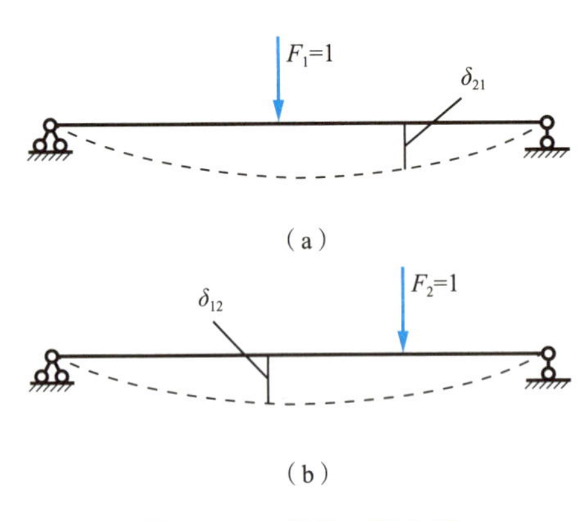


图 10.22 位移互等定理

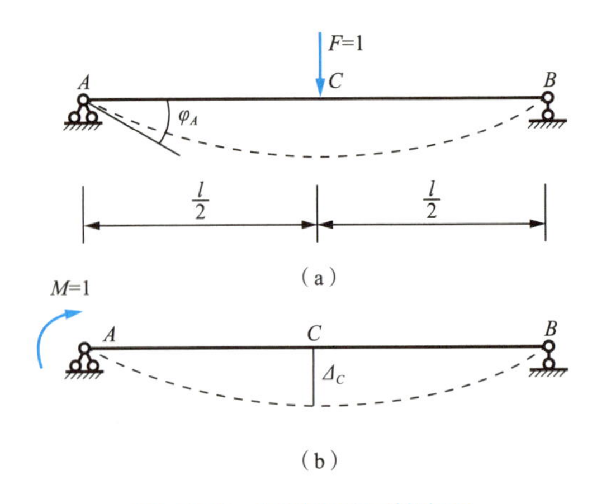


图 10.23 两种位移互等定理

## 10.6.3 反力互等定理

反力互等定理也是功的互等定理的一个特殊情况。它用来说明在超静定结构中假设两个支座分别产生单位位移时，两个状态中反力的互等关系。图 10.24(a)表示支座 1 发生单位位移$\Delta_1 = 1$ 的状态，此时支座 2 产生的反力为 $\boldsymbol{F}_{R2}$(其他支座产生的反力未示出)；图 10.24(b)表示支座 2 发生单位位移$\Delta_2 = 1$ 的状态，此时使支座 1 产生的反力为 $\boldsymbol{F}_{R1}$。根据功的互等定理，有

$$F_{R2}\Delta_2 = F_{R1}\Delta_1$$

现在$\Delta_1 = \Delta_2 = 1$，故得

$$F_{R2} = F_{R1} \tag{10-10}$$

这就是反力互等定理，它表明：支座 1 发生单位位移所引起的支座 2 的反力，等于支座 2 发生单位位移所引起的支座 1 的反力。

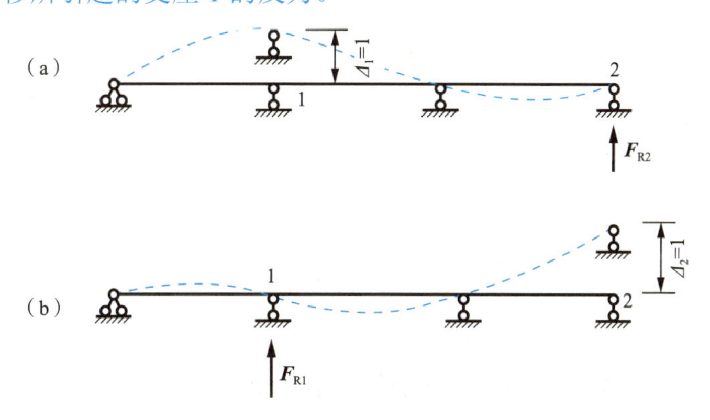


图 10.24 反力互等定理图

这一定理对结构上任意两个支座都适用，但应注意反力与位移在做功的关系上应相对应，即力对应于线位移，力偶对应于角位移。例如，在图 10.25 的两个状态中，应有 $F_{R1} = F_{R2}$，它们虽然一个为单位位移引起的反力偶，一个为单位转角引起的反力，含义不同，但此时在数值上是相等的。

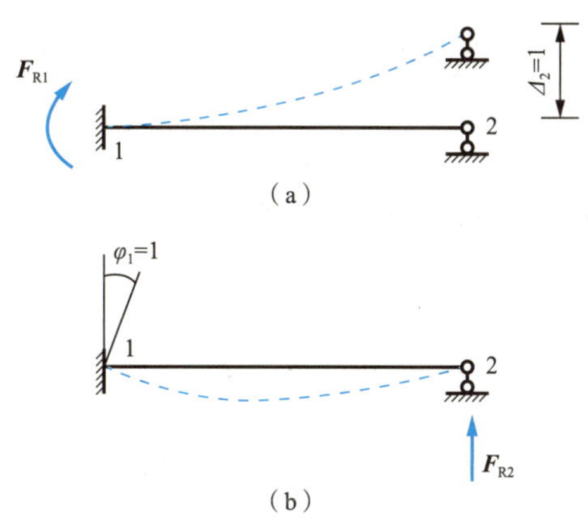


图 10.25 两个状态反力互等定理图

### 10.6.4 反力位移互等定理

反力位移互等定理是功的互等定理的又一特殊情况，它说明一个状态中的反力与另一个状态中的位移具有互等关系。图10.26(a)表示单位荷载$F_2=1$作用时，支座1的反力偶为$F_{R1}$，其方向设如图所示。图10.26(b)表示当支座1沿$F_{R1}$的方向发生单位转角$\varphi_1=1$时，$\boldsymbol{F}_2$作用点沿其方向的位移为$\delta_{21}$。对这两个状态应用互等定理，就有

$$F_{R1}\cdot\varphi_1+F_2\cdot\delta_{21}=0$$

现在$\varphi_1=1$，$F_2=1$，因此有

$$F_{R1}=-\delta_{21} \tag{10-11}$$

这就是反力位移互等定理。它表明：单位力所引起的结构某支座的反力，等于该支座发生单位位移时所引起的单位力作用点沿其方向的位移，但符号相反。

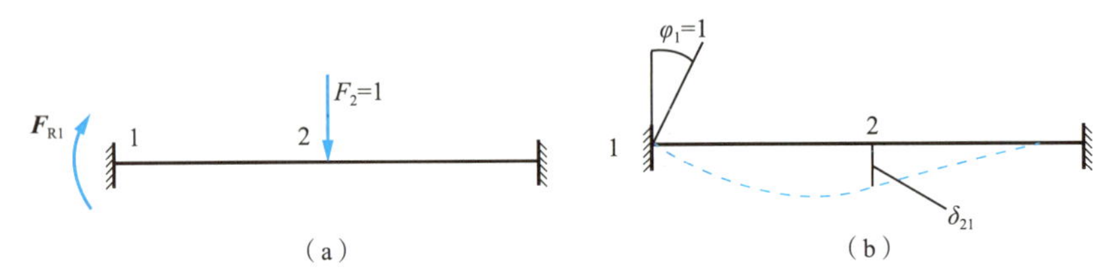


图10.26 反力位移互等定理

特别提示

线弹性结构的互等定理主要应用在求解超静定结构方面。

## 小 结

1. 结构位移的概念

结构位置的改变称为结构的位移，构件和结构上各截面的位移，用线位移和角位移两个基本量来描述。线位移指截面形心所移动的距离，常用水平位移和竖直位移两个分量来表示。角位移指截面转过的角度，故常称为转角。某两点水平(竖向)线位移的代数和(方向相反时相加)称为该两点的水平(竖向)相对线位移。某两个截面转角的代数和(方向相反时相加)称为该两截面的相对角位移。

2. 虚功原理

力在其他原因引起的位移上所做的功称为虚功。

任何一个处于平衡状态的变形体，当发生任意一个虚位移时，变形体所受外力在虚位移上所做虚功的总和，等于变形体的内力在虚位移的相应变形上所做的虚功的总和，这就是虚功原理。

3. 单位荷载法

“变形位能在数值上等于外力在变形过程中所做的功”，这一概念是变形体力学中重要的基本概念之一。单位荷载法是在这一概念的基础上建立的，它适用于求解各种变形形式(包括组合变形)构件的位移。其计算位移的一般公式为

$$\Delta_K=\sum\int\frac{\overline{F}_{\mathrm{N}}\cdot F_{\mathrm{N}}}{EA}\mathrm{d}s+\sum\int\frac{\overline{M}\cdot M}{EI}\mathrm{d}s+\sum\int K\frac{\overline{F}_{\mathrm{Q}}\cdot F_{\mathrm{Q}}}{GA}\mathrm{d}s$$

对于梁和刚架，通常只需考虑由弯矩引起的位移。

单位荷载法的出现是一种创新。它巧妙地选取结构的一种虚拟状态为力状态：其上只有一个力(广义力)，作用在欲求位移的地方，沿着欲求位移方向，而且是一个单位力。这样，便将欲求位移从变形体虚功原理的关系式中凸显出来。

4. 图乘法

图乘法是求解线弹性结构位移的基本方法。图乘法计算公式为$\Delta_K=\sum\frac{\omega\cdot y_C}{EI}$，式中，$\Delta_K$为在荷载作用下某截面$K$点的待求位移(线位移、角位移等)；$\omega$为$M$图(或$\overline{M}$图)的面积；$y_C$为$M$图(或$\overline{M}$图)形心所对应的$\overline{M}$图(或$M$图)的纵坐标；$\sum$为各杆件的图乘求和或同一杆件的不同杆段的图乘求和。

图乘法求位移是学习本章的目的，也是今后解超静定问题的手段。应当及时完成这一基本训练。

5. 线弹性结构的互等定理

功的互等定理、位移互等定理、反力互等定理和反力位移互等定理的适用条件是线弹性结构和小变形，各式中的力和位移都应理解为广义的。四个互等定理中功的互等定理是最基本的，其他三个均由它导出。它们是超静定结构内力分析的理论基础，应了解其内容及其表达式中各符号的意义。

(1) 什么是相对线位移？什么是相对角位移？

(2) 对于静定结构，有变形是否一定有内力？有位移是否一定有变形？

(3) 图乘法的应用条件及注意点是什么？图乘法可以用来求变截面杆或曲梁的位移吗？

(4) 若$\delta_{12}$表示点2加单位力引起点1的转角，那么$\delta_{21}$应代表什么？

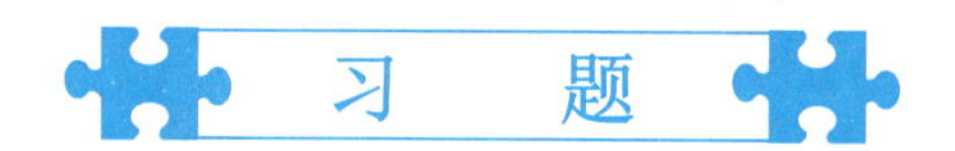


一、填空题

(1) 各截面的形心发生的移动称为________。

(2) 任意两点间距离的改变量称为________。

(3) 任意两个截面相对转动量称为________。

(4) 作用在弹性体系上的力在其他因素引起的位移上所做的功称为________。

(5) 图乘法的应用条件是：________；________；________。

## 二、单选题

(1) 如图 10.27 所示，梁的最大挠度为(　　) $qa^4/EI$。

A. 1/8　　B. 11/16　　C. 11/24　　D. 1/3

(2) 如图 10.28 所示，梁的最大转角为(　　) $qa^3/EI$。

A. 1/384　　B. 1/24　　C. 1/3　　D. 1/6

(3) 任意两个截面相对转动量称为(　　)位移。

A. 角　　B. 线　　C. 相对角　　D. 相对线

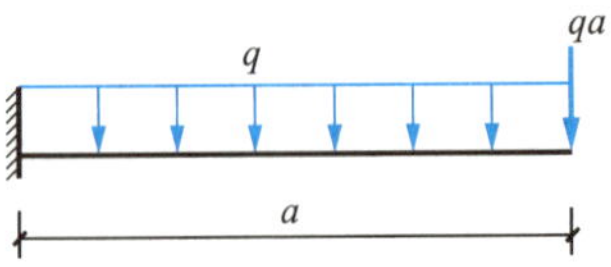

图 10.27　单选题(1)图

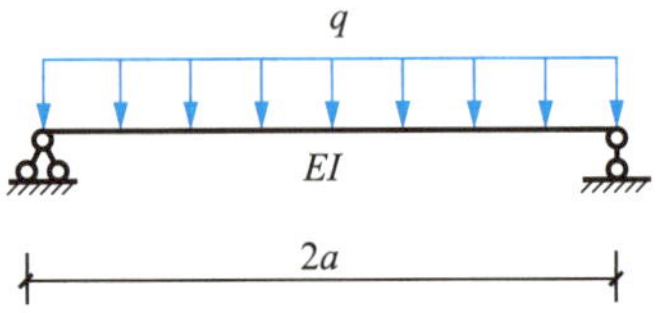

图 10.28　单选题(2)图

(4) 第一状态的外力在第二状态的位移上所做的虚功，等于第二状态外力在第一状态的位移上所做的虚功，这是(　　)互等定理。

A. 反力　　B. 位移　　C. 反力位移　　D. 功的

## 三、判断题

(1) 变形是物体的形状和大小的改变。(　　)

(2) 抗弯刚度与材料有关和梁截面尺寸形状有关。(　　)

(3) 梁的变形有两种，它们是挠度和转角。(　　)

(4) 用图乘法求位移，$y_C$ 可以在曲线图形中取值。(　　)

(5) 结构位移计算的目的只是为了刚度校核。(　　)

(6) 用图乘法求位移对任意结构都适用。(　　)

(7) 单位荷载法可求任意结构的位移。(　　)

(8) 静定结构在支座移动时结构的位移是刚性位移。(　　)

## 四、主观题

(1) 用图乘法求图 10.29 所示梁和刚架各指定截面的位移。

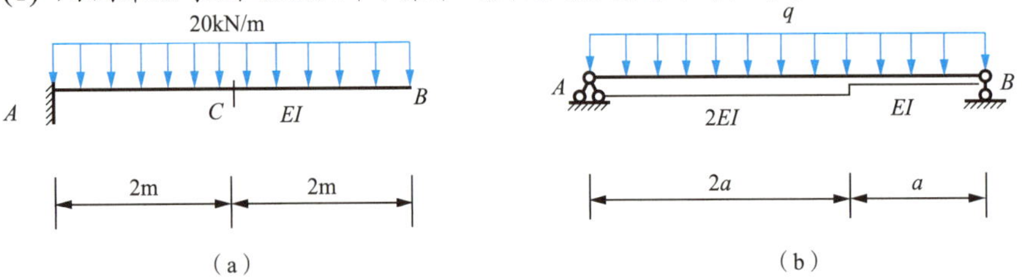

图 10.29　主观题(1)图

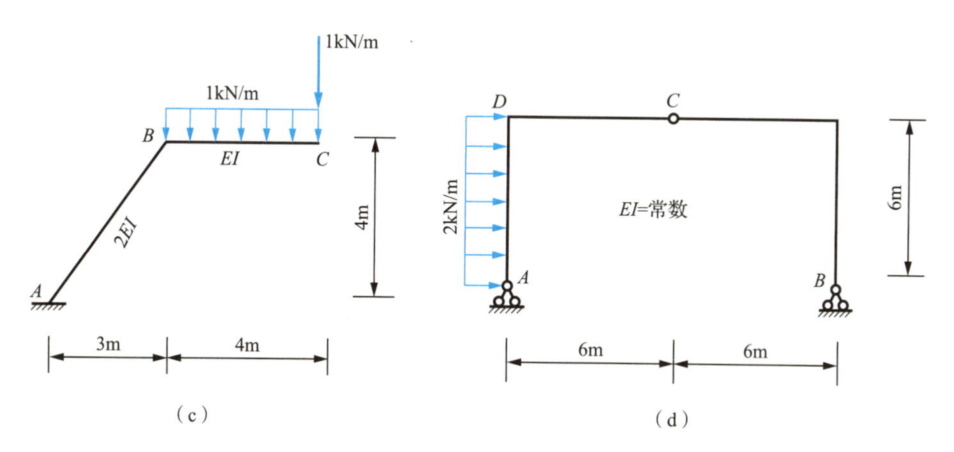


图 10.29 主观题(1)图(续)

①求图 10.29(a)中$\Delta_{Cy}$；②求图 10.29(b)中$\varphi_B$；③求图 10.29(c)中$\Delta_{Cy}$；④求图 10.29(d)中$\Delta_{Cy}$和$\varphi_D$。

(2) 如图 10.30 所示，简支刚架支座 $B$ 下沉 $b$，试求 $C$ 点的水平位移。

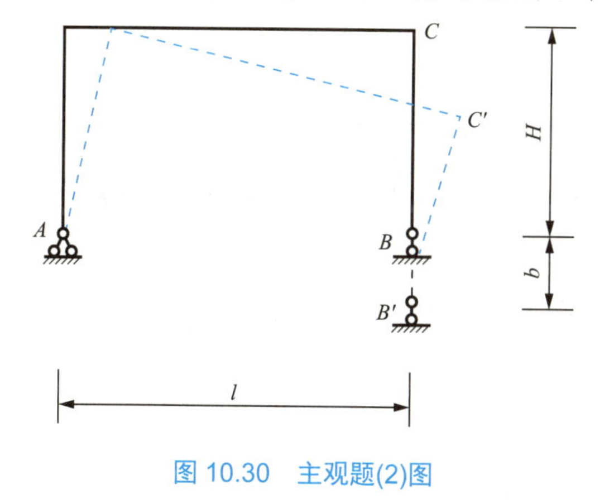


图 10.30 主观题(2)图

# 第11章 力　　法

## 教学目标

学习并掌握用力法计算超静定结构内力的基本原理及方法，掌握力法基本原理，能正确判定超静定次数，并选取力法的基本结构；熟练掌握在荷载作用下，用力法计算超静定结构的方法和步骤；理解在支座位移等因素作用下，用力法计算超静定结构的方法。掌握利用结构的对称性简化计算的方法，了解超静定结构的基本特性。

## 教学要求

| 知识要点 | 能力要求 | 所占比重 |
|---|---|---|
| 超静定结构、超静定次数、确定超静定次数的方法 | (1) 理解超静定结构的概念<br>(2) 能确定超静定次数 | 10% |
| 确定力法基本未知量、选取力法基本结构和建立力法基本方程 | (1) 会力法解题思路及力法的基本原理<br>(2) 能选取力法基本结构，建立力法基本方程 | 20% |
| 力法典型方程、系数和自由项、计算方法，力法求解超静定结构的步骤，二次超静定结构内力计算和绘制内力图 | (1) 判定力法基本未知量，建立力法典型方程<br>(2) 能熟练掌握荷载作用下超静定结构的力法计算及内力图绘制 | 50% |
| 结构对称性、对称结构、对称的基本结构、对称荷载及反对称荷载 | 能利用对称性计算超静定结构内力及绘制内力图 | 10% |
| 支座移动时的单跨超静定梁的计算 | 理解支座移动时的单跨超静定梁的内力计算 | 10% |

## 学习重点

超静定次数的确定、力法的基本原理、力法典型方程及应用、对称性的利用。

## 生活知识提点

在日常生活中往往会碰到这样的情况，两人不能把一重物抬起来，而需要四人或更多的人才能抬动，这种情况下参加人员每人受力情况如何？这一问题要用本章知识来解决。

## 引例

图 11.1 所示刚架，其支座反力和各截面的内力都可以用静力平衡条件唯一确定，该结构为静定结构。图 11.2 所示刚架，该结构的支座反力为四个，三个独立的静力平衡方程不能完全求解，各截面的内力也不能完全由静力平衡条件唯一确定，该结构称为超静定结构。

再从几何组成来看，如果从图 11.1 所示刚架中去掉支杆 $B$ 就变成几何可变体系；而从图 11.2 所示刚架中去掉支杆 $B$，仍是几何不变的静定结构，支杆 $B$ 是多余联系，有一个多余联系，则超静定次数为一次。由此引出如下结论：静定结构是没有多余联系的几何不变体系；超静定结构为有多余联系的几何不变体系。

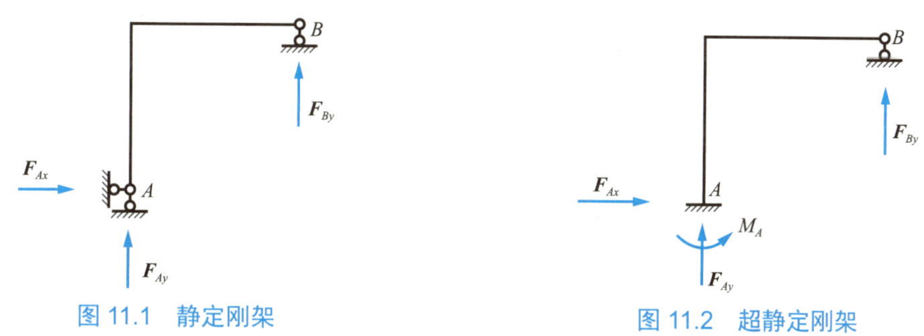


图 11.1 静定刚架　　图 11.2 超静定刚架

超静定结构是建筑工程中使用得非常广泛的结构形式，如何求解超静定结构？将超静定结构去掉多余联系，变为静定结构，而多余联系用多余未知力来代替。这是求解超静定结构的基本方法——力法的基本思路。

# 11.1 超静定结构和超静定次数

### 11.1.1 超静定结构的概念

超静定结构与静定结构是两种不同类型的结构。若结构的支座反力和各截面的内力都可以用静力平衡条件唯一确定，这种结构称为静定结构；若结构的支座反力和各截面的内力不能完全由静力平衡条件唯一确定，则称为超静定结构。

从几何组成来看，超静定结构是有多余联系的几何不变体系。

**特别提示**

有多余联系是超静定结构区别于静定结构的基本特性。

## 11.1.2 超静定次数的确定

超静定结构具有多余联系，因此具有多余未知力。通常将多余联系的数目或多余未知力的数目称为超静定结构的超静定次数。

超静定结构在几何组成上，可以看作是在静定结构的基础上增加若干多余联系而构成的，因此，确定超静定次数最直接的方法就是在原结构上去掉多余联系，直至超静定结构变成静定结构，所去掉的多余联系的数目，就是原结构的超静定次数。

从超静定结构上去掉多余联系的方式有以下几种。

(1) 去掉支座处的支杆或切断一根链杆，相当于去掉一个联系，如图 11.3(a)、(b)所示。

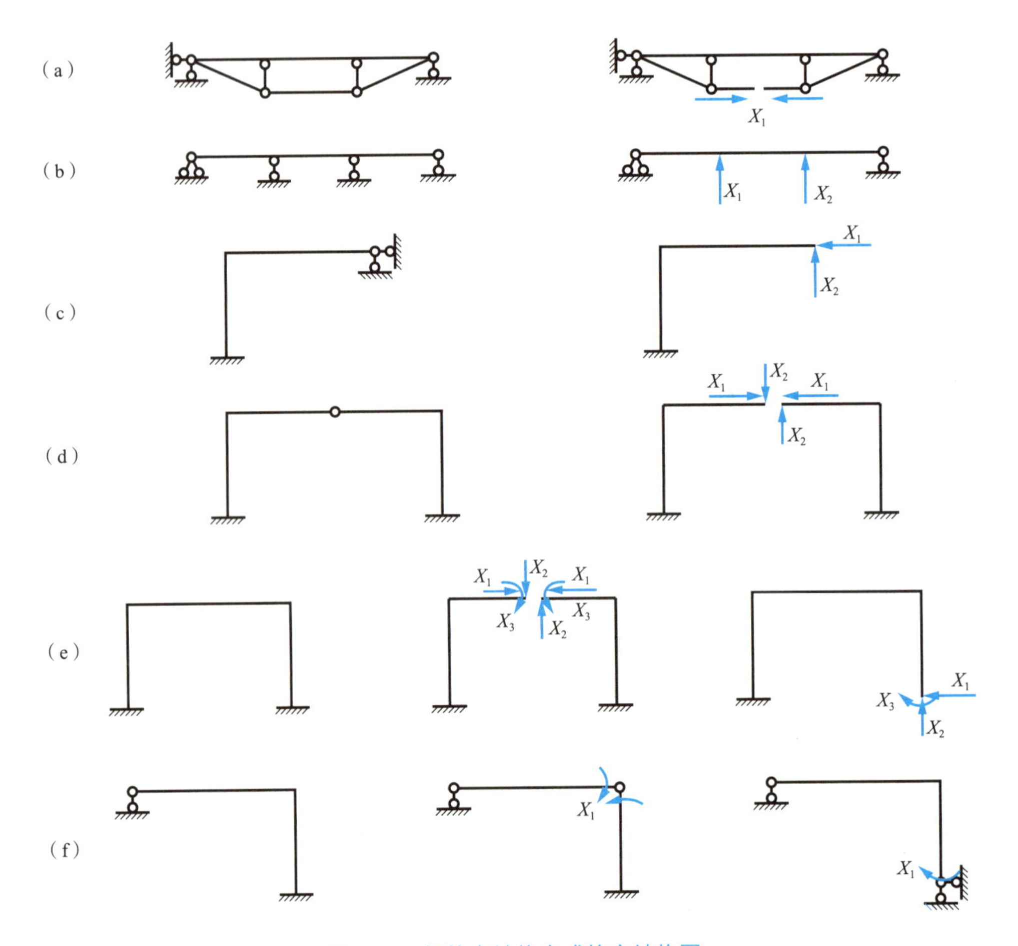


图 11.3 超静定结构变成静定结构图

(2) 撤去一个铰支座或撤去一个单铰，相当于去掉两个联系，如图 11.3(c)、(d)所示。

(3) 切断一根梁式杆或去掉一个固定支座，相当于去掉三个联系，如图 11.3(e)所示。

(4) 将一刚结点改为单铰连接或将一个固定支座改为固定铰支座，相当于去掉一个联系，如图 11.3(f)所示。

用上述去掉多余联系的方式，可以确定任何超静定结构的超静定次数。然而，对于同一个超静定结构，可用各种不同的方式去掉多余联系而得到不同的静定结构。但不论采用哪种方式，所去掉的多余联系的数目必然是相等的。

由于去掉多余联系的方式的多样性，在力法计算中，同一结构的基本结构可有各种不同的形式。但应注意，去掉多余联系后基本结构必须是几何不变的。为了保证基本结构的几何不变性，有时结构中的某些联系是不能去掉的。如图 11.4(a)所示刚架，具有一个多余联系，若将横梁某处改为铰接，即相当于去掉一个联系得到图 11.4(b)所示的静定结构；若去掉支座的水平链杆则得到图 11.4(c)所示的静定结构，它们都可作为基本结构。但是，刚架若去掉支座的竖向链杆，即成瞬变体系，如图 11.4(d)所示，显然是不允许的，当然也就不能作为基本结构。

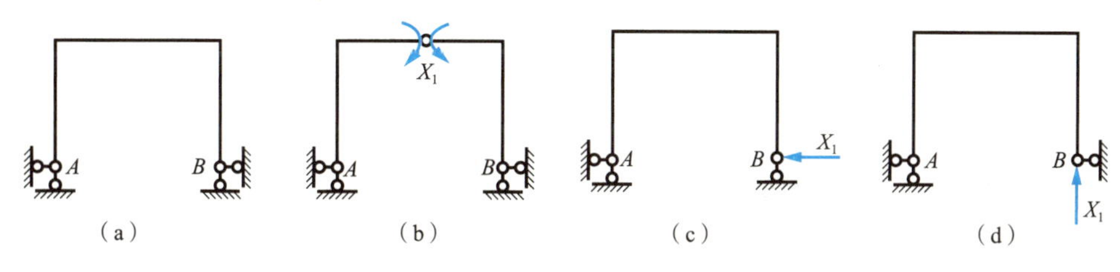


图 11.4 超静定刚架示意图(一)

图 11.5(a)所示超静定结构属于内部超静定结构，因此，只能在结构内部去掉多余联系得到基本结构，如图 11.5(b)所示。

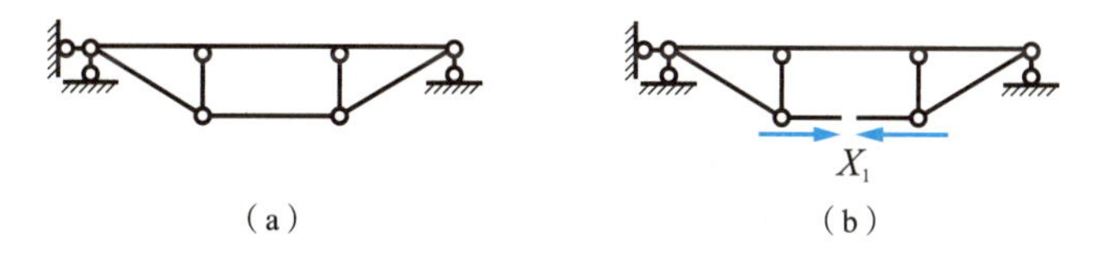


图 11.5 内部超静定结构示意图

对于具有多个框格的结构，按框格的数目来确定超静定次数是较方便的。一个封闭的无铰框格，其超静定次数等于 3，如图 11.3(e)所示。故当一个结构有 $n$ 个封闭无铰框格时，其超静定次数等于 $3n$。如图 11.6(a)所示，结构的超静定次数等于 $3 \times 8 = 24$。当结构的某些结点为铰接时，则一个单铰减少一个超静定次数。图 11.6(b)所示结构的超静定次数等于 $3 \times 8 - 4 = 20$。

**特别提示**

超静定次数 = 多余联系的个数 = 把原结构变成静定结构时所需撤除的联系个数。而力法的基本结构即为去掉多余联系代以多余未知力后所得到的静定结构。

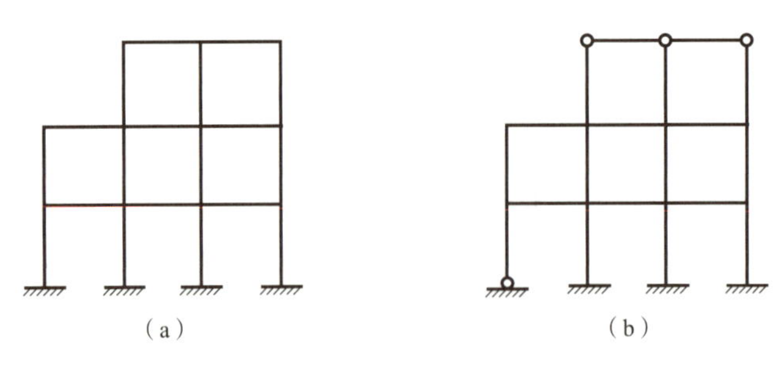


图 11.6　超静定刚架示意图(二)

# 11.2　力法的基本原理

超静定结构计算的最基本方法是力法。力法的基本思路是：将超静定结构去掉多余联系，变成静定结构，而多余联系用多余未知力来代替。

## 11.2.1　力法的基本结构

如图 11.7(a)所示，一端固定另一端铰支的超静定梁，承受荷载 $q$ 的作用，$EI$ 为常数，该梁有一个多余联系，超静定次数为一次，称为原结构。对于原结构，如果把支杆 $B$ 作为多余联系去掉，并代之以多余未知力 $X_1$，则图 11.7(a)所示的超静定梁就转化为图 11.7(b)所示的静定梁。它承受着与图 11.7(a)所示原结构相同的荷载 $q$ 和多余未知力 $X_1$。这种去掉多余联系，用多余未知力来代替后得到的静定结构，称为按力法计算的基本结构。

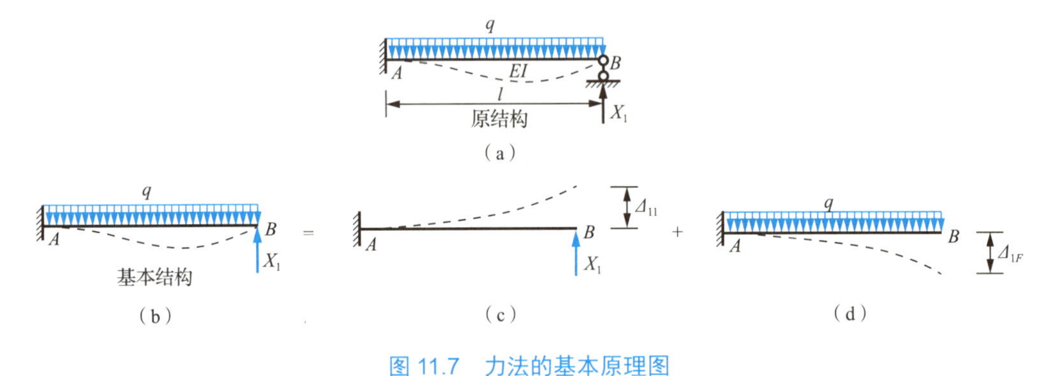


图 11.7　力法的基本原理图

## 11.2.2　力法的基本未知量

现在要设法解出基本结构的多余未知力 $X_1$，一旦求得多余未知力 $X_1$，就可在基本结构上用静力平衡条件求出原结构的所有反力和内力。因此多余未知力是最基本的未知力，可称为力法的基本未知量。但是这个基本未知量 $X_1$ 不能用静力平衡条件求出，而必须根据基本结构的受力和变形与原结构相同的原则来确定。

## 11.2.3 力法的基本方程

对比原结构与基本结构的变形情况可知，原结构在支座 $B$ 处由于有多余联系(竖向支杆)而不可能有竖向位移；而基本结构则因该联系已被去掉，在 $B$ 点处即可能产生位移；只有当 $X_1$ 的数值与原结构支座链杆 $B$ 实际发生的反力相等时，才能使基本结构在原有荷载 $q$ 和多余未知力共同作用下，$B$ 点的竖向位移等于零。所以，用来确定 $X_1$ 的条件是：基本结构在原有荷载和多余未知力共同作用下，在去掉多余联系处的位移应与原结构中相应的位移相等。由上述可见，为了唯一确定超静定结构的反力和内力，必须同时考虑静力平衡条件和变形协调条件。

设以$\Delta_{11}$ 和$\Delta_{1F}$ 分别表示多余未知力 $X_1$ 和荷载 $q$ 单独作用在基本结构上时，$B$ 点沿 $X_1$ 方向的位移[图 11.7(c)、(d)]。符号$\Delta$右下方两个角标的含义是：第一个角标表示位移的位置和方向；第二个角标表示产生位移的原因。例如，$\Delta_{11}$ 是在 $X_1$ 作用点沿 $X_1$ 方向由 $X_1$ 所产生的位移；$\Delta_{1F}$ 是在 $X_1$ 作用点沿 $X_1$ 方向由外荷载 $q$ 所产生的位移。为了求得 $B$ 点总的竖向位移，根据叠加原理，应有

$$\Delta_1 = \Delta_{11} + \Delta_{1F} = 0$$

若以$\delta_{11}$ 表示 $X_1$ 为单位力(即 $X_1 = 1$)时，基本结构在 $X_1$ 作用点沿 $X_1$ 方向产生的位移，则有$\Delta_{11} = \delta_{11}X_1$，于是上式可写成

$$\delta_{11}X_1 + \Delta_{1F} = 0 \tag{a}$$

$$X_1 = -\frac{\Delta_{1F}}{\delta_{11}} \tag{b}$$

由于$\delta_{11}$ 和$\Delta_{1F}$ 都是已知力作用在静定结构上的相应位移，故均可用求静定结构位移的方法求得；从而多余未知力的大小和方向，即可由式(b)确定。

式(a)就是根据原结构的变形条件建立的用以确定 $X_1$ 的变形协调方程，即为力法基本方程。

为了具体计算位移$\delta_{11}$ 和$\Delta_{1F}$，分别绘出基本结构的单位弯矩图 $\bar{M}_1$ 图(由单位力 $X_1 = 1$ 产生)和荷载弯矩图 $M_F$ 图(由荷载 $q$ 产生)，分别如图 11.8(a)、(b)所示。用图乘法计算这些位移时，$\bar{M}_1$ 图和 $M_F$ 图分别是基本结构在 $\bar{X}_1 = 1$ 和荷载 $q$ 作用下的弯矩图。

故计算$\delta_{11}$ 时可用 $\bar{M}_1$ 图乘 $\bar{M}_1$ 图，称为 $\bar{M}_1$ 图的“自乘”，即

$$\delta_{11} = \sum\int \frac{\bar{M}_1\bar{M}_1}{EI}\mathrm{d}x = \frac{1}{EI} \cdot \frac{l^2}{2} \cdot \frac{2l}{3} = \frac{l^3}{3EI}$$

同理，可用 $\bar{M}_1$ 图与 $M_F$ 图相图乘计算$\Delta_{1F}$，即

$$\Delta_{1F} = \sum\int \frac{\bar{M}_1 M_F}{EI}\mathrm{d}x = -\frac{1}{EI}\left(\frac{1}{3} \cdot l \cdot \frac{ql^2}{2} \cdot \frac{3l}{4}\right) = -\frac{ql^4}{8EI}$$

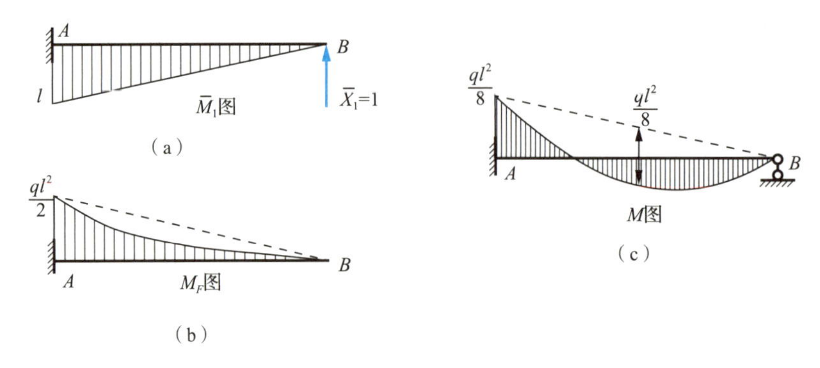


图 11.8　力法求解超静定结构图

将$\delta_{11}$和$\Delta_{1F}$之值代入式(b)，即可解出多余未知力$X_1$，即

$$X_1=-\frac{\Delta_{1F}}{\delta_{11}}=-\left(\frac{-ql^4}{8EI}\right)\bigg/\frac{l^3}{3EI}=\frac{3ql}{8}(\uparrow)$$

所得结果为正值，表明$X_1$的实际方向与基本结构中所假设的方向相同。

多余未知力$X_1$求出后，其余所有反力和内力都可用静力平衡条件确定。超静定结构的最后弯矩图$M$图，可利用已经绘出的$\bar{M}_1$图和$M_F$图按叠加原理绘出，即

$$M=\bar{M}_1X_1+M_F$$

应用上式绘制弯矩图时，可将$\bar{M}_1$图的纵标乘以$X_1$倍，再与$M_F$图的相应纵标叠加，即可绘出$M$图，如图11.8(c)所示。

也可不用叠加法绘制最后弯矩图，而将已求得的多余未知力$X_1$与荷载$q$共同作用在基本结构上，按求解静定结构弯矩图的方法即可作出原结构的最后弯矩图。

**特别提示**

综上所述可知：力法是以多余未知力作为基本未知量，取去掉多余联系后的静定结构为基本结构，并根据去掉多余联系处的已知位移条件建立基本方程，将多余未知力首先求出，而以后的计算即与静定结构无异。它可用来分析任何类型的超静定结构。

# 11.3　力法典型方程

用力法计算超静定结构的关键在于根据位移条件建立力法的基本方程，以求解多余未知力。对于多次超静定结构，其计算原理与一次超静定结构完全相同。下面对多次超静定结构用力法求解的基本原理做进一步说明。

图11.9(a)所示为一个三次超静定结构，在荷载作用下结构的变形如图中虚线所示。用力法求解时，去掉支座$C$的三个多余联系，并以相应的多余未知力$X_1$、$X_2$和$X_3$代替所去联系的作用，则得到图11.9(b)所示的基本结构。由于原结构在支座$C$处不可能有任何位移，因此，在承受原荷载和全部多余未知力的基本结构上，其变形也必须与原结构变形相符，

在 $C$ 点处沿多余未知力 $X_1$、$X_2$ 和 $X_3$ 方向的相应位移$\Delta_1$、$\Delta_2$ 和$\Delta_3$ 都应等于零。

根据叠加原理，在基本结构上可分别求出位移$\Delta_1$、$\Delta_2$ 和$\Delta_3$。基本结构在单位力 $\bar{X}_1=1$ 单独作用下，$C$ 点沿 $X_1$、$X_2$ 和 $X_3$ 方向所产生的位移分别为$\delta_{11}$、$\delta_{21}$ 和$\delta_{31}$[图 11.9(c)]，事实上 $X_1$ 并不等于 1，因此将图 11.9(c)乘上 $X_1$ 倍后，即得 $X_1$ 作用时 $C$ 点的水平位移$\delta_{11}X_1$、竖向位移$\delta_{21}X_1$ 和角位移$\delta_{31}X_1$。同理，由图 11.9(d)得 $X_2$ 单独作用时，$C$ 点的水平位移$\delta_{12}X_2$、竖向位移$\delta_{22}X_2$ 和角位移$\delta_{32}X_2$；由图 11.9(e)得 $X_3$ 单独作用时，$C$ 点的水平位移$\delta_{13}X_3$、竖向位移$\delta_{23}X_3$ 和角位移$\delta_{33}X_3$；在图 11.9(f)中，$\Delta_{1F}$、$\Delta_{2F}$ 和$\Delta_{3F}$ 依次表示由荷载作用于基本结构在 $C$ 点产生的水平位移、竖向位移和角位移。

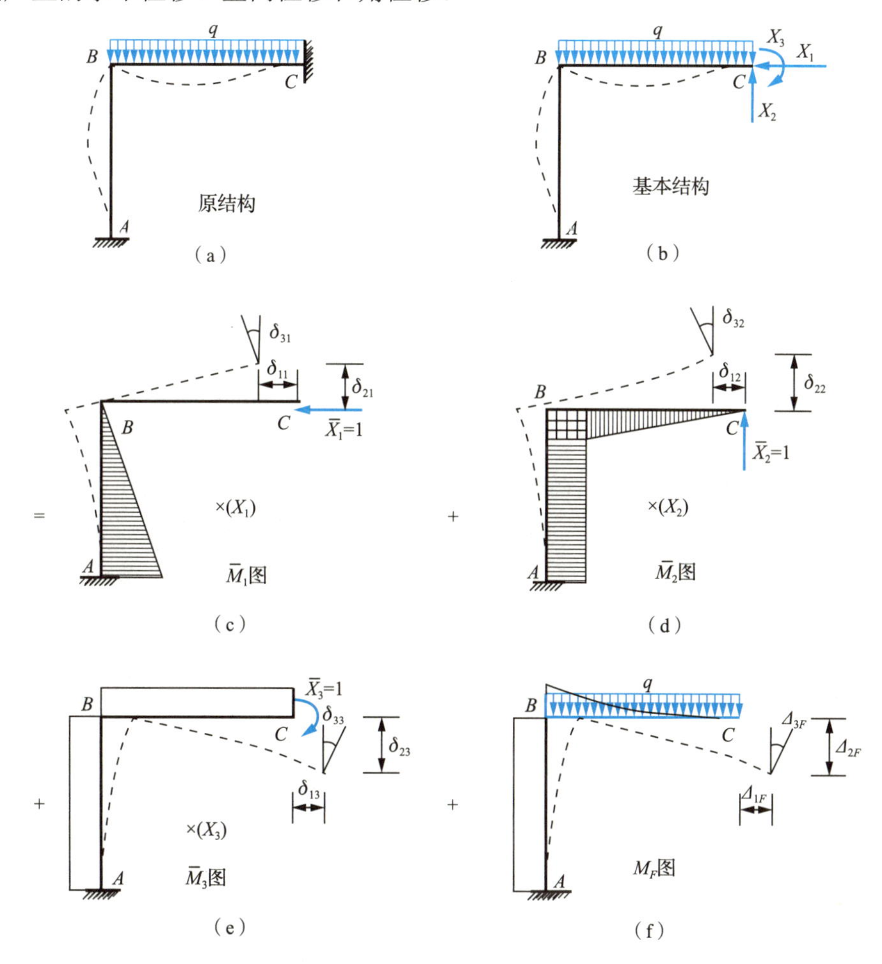


图 11.9　三次超静定结构示图

根据叠加原理，可将基本结构满足的位移条件表示为

$$\left.\begin{aligned}\Delta_1=\delta_{11}X_1+\delta_{12}X_2+\delta_{13}X_3+\Delta_{1F}=0\\ \Delta_2=\delta_{21}X_1+\delta_{22}X_2+\delta_{23}X_3+\Delta_{2F}=0\\ \Delta_3=\delta_{31}X_1+\delta_{32}X_2+\delta_{33}X_3+\Delta_{3F}=0\end{aligned}\right\}\tag{11-1}$$

这就是求解多余未知力 $X_1$、$X_2$ 和 $X_3$ 所要建立的力法方程。其物理意义是：在基本结

构中，由于全部多余未知力和已知荷载的共同作用，去掉多余联系处的位移应与原结构中相应的位移相等。

用同样的分析方法，可以建立力法的一般方程。对于 $n$ 次超静定结构，用力法计算时，可去掉 $n$ 个多余联系得到静定的基本结构，在去掉的 $n$ 个多余联系处代之以 $n$ 个多余未知力。当原结构在去掉多余联系处的位移为零时，相应地也就有 $n$ 个已知的位移条件

$$\Delta_i = 0 \quad (i = 1,\ 2,\ \cdots,\ n)$$

据此可以建立 $n$ 个求解多余未知力的方程

$$\left.\begin{aligned} \Delta_1 &= \delta_{11}X_1 + \delta_{12}X_2 + \delta_{13}X_3 + \cdots + \delta_{1n}X_n + \Delta_{1F} = 0 \\ \Delta_2 &= \delta_{21}X_1 + \delta_{22}X_2 + \delta_{23}X_3 + \cdots + \delta_{2n}X_n + \Delta_{2F} = 0 \\ &\cdots \\ \Delta_n &= \delta_{n1}X_1 + \delta_{n2}X_2 + \delta_{n3}X_3 + \cdots + \delta_{nn}X_n + \Delta_{nF} = 0 \end{aligned}\right\} \tag{11-2}$$

在上列方程组中，从左上方至右下方的主对角线(自左上方的 $\delta_{11}$ 至右下方的 $\delta_{nn}$)上的系数 $\delta_{ii}$ 称为主系数，$\delta_{ii}$ 表示当单位力 $\bar{X}_i = 1$ 单独作用在基本结构上时，沿其 $X_i$ 自身方向所引起的位移，它可利用 $\bar{M}_i$ 图自乘求得，其值恒为正，且不会等于零。位于主对角线两侧的其他系数 $\delta_{ij}(i \neq j)$则称为副系数，它是由于未知力 $X_j$ 为单位力 $\bar{X}_j = 1$ 单独作用在基本结构上时，沿未知力 $X_i$ 方向所产生的位移，它可利用 $\bar{M}_i$ 图与 $\bar{M}_j$ 图相图乘求得。根据位移互等定理，可知副系数 $\delta_{ij}$ 与 $\delta_{ji}$ 相等，即 $\delta_{ij} = \delta_{ji}$。方程组中最后一项 $\Delta_{iF}$ 不含未知力，称为自由项，它是由荷载单独作用在基本结构上时，沿多余未知力 $X_i$ 方向产生的位移，可通过 $M_F$ 图与 $\bar{M}_i$ 图相图乘求得。副系数和自由项可能为正值，可能为负值，也可能为零。

上列方程组在组成上具有一定的规律，而且不论基本结构如何选取，只要是 $n$ 次超静定结构，它们在荷载作用下的力法方程都与式(11-2)相同，故称为力法典型方程。

按前面求静定结构位移的方法求得力法典型方程中的系数和自由项后，即可解得多余未知力 $X_i$。

然后，可按照静定结构的分析方法求得原结构的全部反力和内力，或按下述叠加公式求出弯矩。

$$M = X_1\bar{M}_1 + X_2\bar{M}_2 + \cdots + X_n\bar{M}_n + M_F$$

最后根据平衡条件可求得其剪力和轴力。

## 11.4 力法计算的应用

用力法计算超静定结构的步骤可归纳如下。

(1) 去掉原结构的多余联系，得到一个静定的基本结构，并以多余未知力代替相应多余联系的作用，确定力法基本未知量的个数。

(2) 建立力法典型方程。根据基本结构在多余未知力和原荷载的共同作用下，在去掉多余联系处的位移与原结构中相应的位移相同的位移条件，建立力法典型方程。

(3) 求系数和自由项。为此，需分两步进行。

① 令 $\bar{X}_i=1$，作出基本结构的单位弯矩图 $\bar{M}_i$；作出基本结构在原荷载作用下的弯矩图 $M_F$。

② 按照求静定结构位移的方法计算系数和自由项。

(4) 解力法方程，求出多余未知力。

(5) 求出原结构内力，绘制内力图。

## 应用案例 11-1

图 11.10(a)所示刚架，$EI=$ 常数，试作出其内力图。

**【解】**(1) 确定超静定次数，选取基本结构。

此刚架具有一个多余联系，是一次超静定结构，去掉支座链杆 $C$ 即为静定结构，并用 $X_1$ 代替支座链杆 $C$ 的作用，得到基本结构如图 11.10(b)所示。

(2) 建立力法方程。

原结构在支座 $C$ 处的竖向位移 $\Delta_1=0$。根据位移条件，可得力法方程为

$$\delta_{11}X_1+\Delta_{1F}=0$$

(3) 求系数和自由项。

首先作 $\bar{X}_1=1$ 单独作用于基本结构的单位弯矩图($\bar{M}_1$ 图)，如图 11.11(a)所示；再作荷载单独作用于基本结构时的荷载弯矩图($M_F$)，如图 11.11(b)所示。然后利用图乘法，求系数和自由项。

$$\delta_{11}=\frac{1}{EI}\left(\frac{1}{2}\times4\times4\times\frac{2}{3}\times4+4\times4\times4\right)=\frac{256}{3EI}$$

$$\Delta_{1F}=-\frac{1}{EI}\left(\frac{1}{3}\times80\times4\times4\right)=-\frac{1280}{3EI}$$

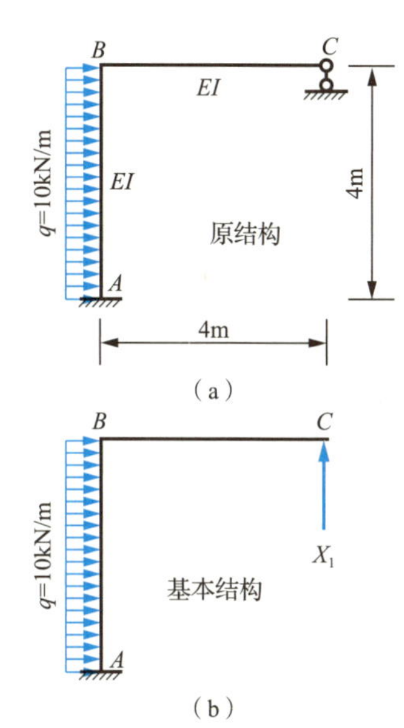


图 11.10 应用案例 11-1 图

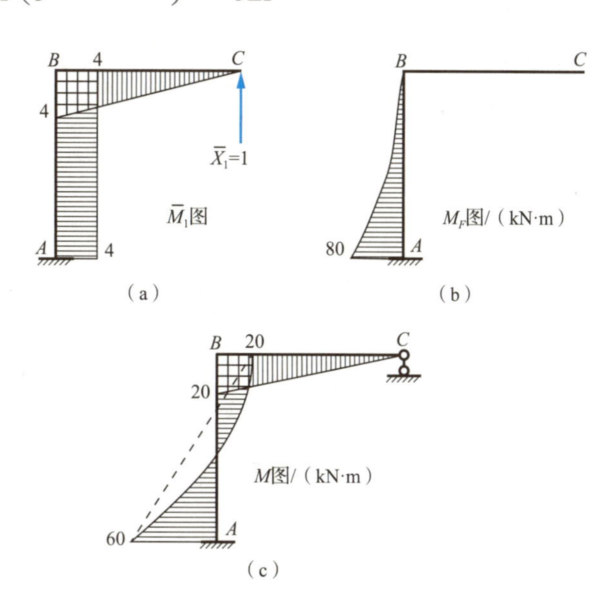


图 11.11 应用案例 11-1 弯矩图

(4) 求解多余未知力。

将$\delta_{11}$、$\Delta_{1F}$代入力法方程，有

$$\frac{256}{3EI}X_1-\frac{1280}{3EI}=0$$

解方程，得 $X_1=5\text{kN}(\uparrow)$(正值说明实际方向与基本结构上假设的 $X_1$ 方向相同，即垂直向上)。

(5) 绘制内力图。

各杆端弯矩可按 $M=X_1\bar{M}_1+M_F$ 计算，最后得到的弯矩图如图 11.11(c)所示。

至于剪力图和轴力图，在多余未知力求出后，可直接按作静定结构剪力图和轴力图的方法作出，如图 11.12(a)、(b)所示。

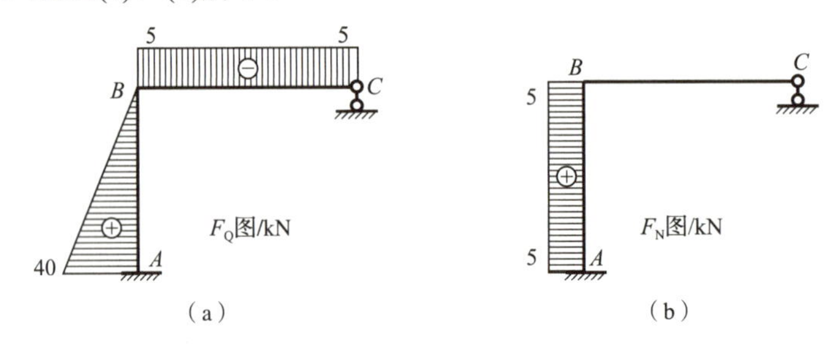


图 11.12　应用案例 11-1 剪力图和轴力图

## 应用案例 11-2

图 11.13(a)所示刚架，$EI$=常数，试作出其内力图。

**【解】**(1) 确定超静定次数，选取基本结构。

此刚架为两次超静定结构。去掉刚架 $B$ 处的两根支座链杆，代以多余未知力 $X_1$ 和 $X_2$，得到图 11.13(b)所示的基本结构。

(2) 建立力法方程。

$$\left.\begin{aligned}\delta_{11}X_1+\delta_{12}X_2+\Delta_{1F}=0\\ \delta_{21}X_1+\delta_{22}X_2+\Delta_{2F}=0\end{aligned}\right\}$$

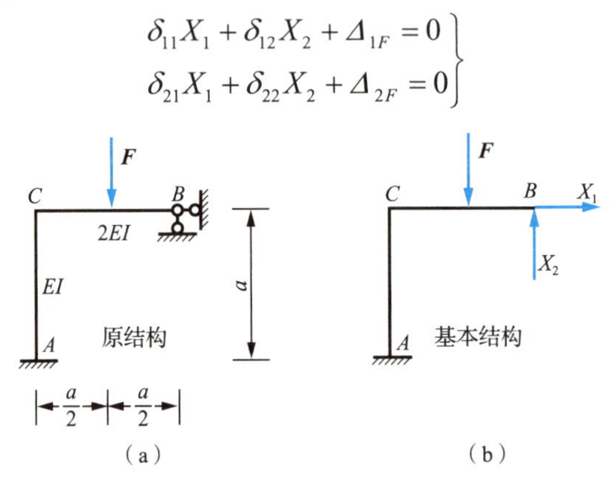


图 11.13　应用案例 11-2 图

(3) 绘出各单位弯矩图和荷载弯矩图，如图 11.14(a)、(b)、(c)所示。利用图乘法求得各系数和自由项如下。

$$\delta_{11}=\frac{1}{EI}\left(\frac{a^2}{2}\cdot\frac{2a}{3}\right)=\frac{a^3}{3EI}$$

$$\delta_{22}=\frac{1}{2EI}\left(\frac{a^2}{2}\cdot\frac{2a}{3}\right)+\frac{1}{EI}(a^2\cdot a)=\frac{7a^3}{6EI}$$

$$\delta_{12}=\delta_{21}=-\frac{1}{EI}\left(\frac{a^2}{2}\cdot a\right)=-\frac{a^3}{2EI}$$

$$\Delta_{1F}=\frac{1}{EI}\left(\frac{a^2}{2}\cdot\frac{Fa}{2}\right)=\frac{Fa^3}{4EI}$$

$$\Delta_{2F}=-\frac{1}{2EI}\left(\frac{1}{2}\cdot\frac{Fa}{2}\cdot\frac{a}{2}\cdot\frac{5a}{6}\right)-\frac{1}{EI}\left(\frac{Fa^2}{2}\cdot a\right)=-\frac{53Fa^3}{96EI}$$

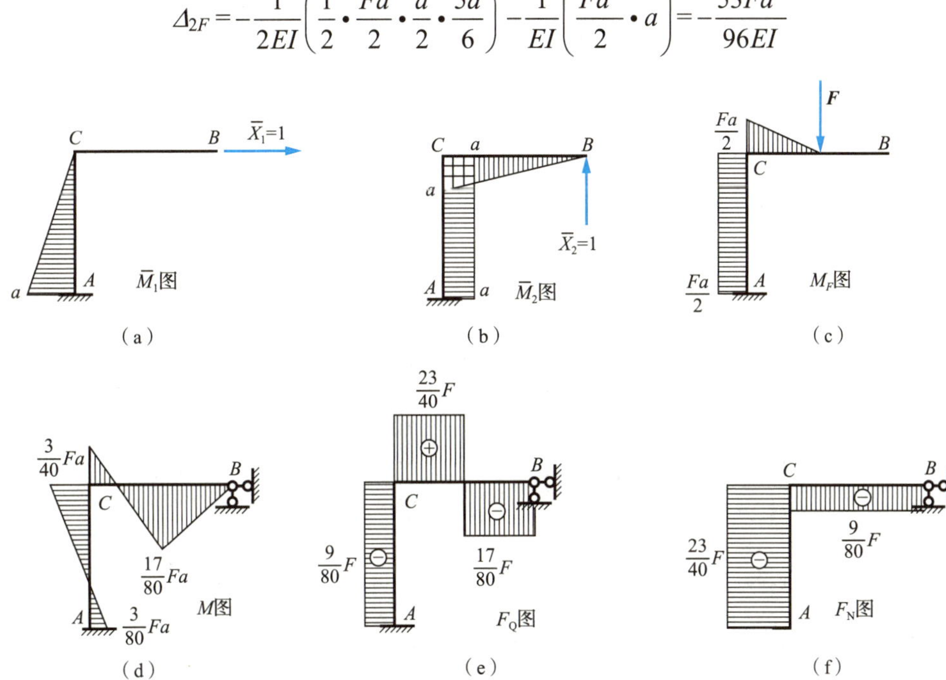


图 11.14　应用案例 11-2 内力图

(4) 求解多余未知力。

将以上系数和自由项代入力法方程并消去 $\frac{a^3}{EI}$，得

$$\left.\begin{aligned}\frac{1}{3}X_1-\frac{1}{2}X_2+\frac{F}{4}=0\\-\frac{1}{2}X_1+\frac{7}{6}X_2+\frac{53F}{96}=0\end{aligned}\right\}$$

解联立方程，得

$$X_1=-\frac{9}{80}F\,(\leftarrow)$$

$$X_2=\frac{17}{40}F\,(\uparrow)$$

(5) 绘制内力图。弯矩图及剪力图、轴力图，如图 11.14(d)、(e)、(f)所示。

**【案例点评】**

上述两个例题表明：①力法计算的关键是，确定基本未知量，选择基本结构，建立典型方程；②力法方程的系数和自由项的计算就是求静定结构的位移；③力法方程解得多余未知力后，可用静力平衡方程或内力叠加计算超静定结构的内力和绘制内力图。

## 应用案例 11-3

### 用力法计算按平面排架简化的单层厂房

单层厂房是一个空间结构，其平面布置如图 11.15(a)所示，它的横向是一个由基础、柱子和屋架组成的排架[图 11.15(b)]，排架沿厂房纵向一般按 6m 等间距排列，各排架之间用纵向构件如屋面板、吊车梁、纵向支撑等相连。作用于厂房结构上的恒荷载和风、雪等荷载，一般是沿纵向均匀分布的。因此，可以取图 11.15(a)中阴影线所示部分作为计算单元，并按平面排架进行计算。由于屋架横向变形很微小，通常近似将屋架看作一轴向刚度 $EA$ 为无限大的杆件，其作用类似一条横梁，计算简图如图 11.15(c)所示。铰接排架结构由于柱上常放置吊车梁，因此柱截面按分段直线变化，做成阶梯形。

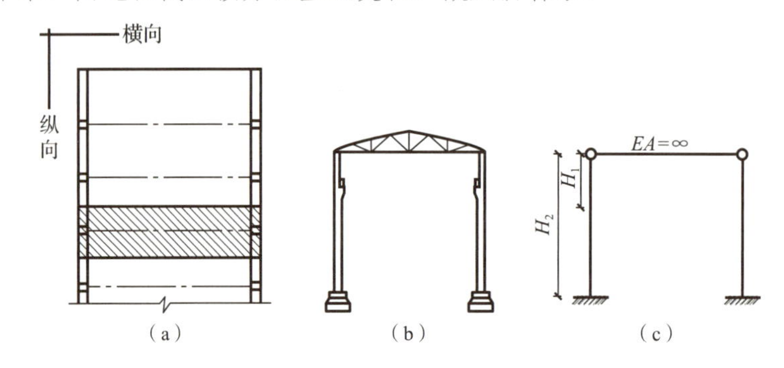


图 11.15　应用案例 11-3 图

计算如图 11.16(a)所示排架的内力，并作出弯矩图。

**【解】** (1) 选取基本结构如图 11.16(b)所示。

(2) 建立力法方程。

$$\delta_{11}X_1 + \Delta_{1F} = 0$$

(3) 计算系数和自由项。

分别作基本结构的 $M_F$ 图和 $\bar{M}_1$ 图，如图 11.16(c)、(d)所示。

利用图乘法计算系数和自由项分别如下。

$$\delta_{11} = \frac{2}{EI}\left(\frac{1}{2}\times2\times2\times\frac{2}{3}\times2\right) + \frac{2}{3EI}\left[\frac{6}{6}\times(2\times2\times2+2\times8\times8+2\times8+2\times8)\right]$$

$$= \frac{16}{3EI} + \frac{336}{3EI} = \frac{352}{3EI}$$

$$\Delta_{1F} = \frac{1}{EI}\left(\frac{1}{2}\times2\times20\times\frac{2}{3}\times2\right) + \frac{1}{3EI}\left[\frac{6}{6}\times(2\times20\times2+2\times80\times8+20\times8+80\times2)\right]$$

$$= \frac{80}{3EI} + \frac{1680}{3EI} = \frac{1760}{3EI}$$

(4) 计算多余未知力。

将系数和自由项代入力法方程，得

$$\frac{352}{3EI}X_1+\frac{1760}{3EI}=0$$

解得

$$X_1=-5\text{kN}$$

(5) 作弯矩图。

按公式 $M=\bar{M}_1X_1+M_F$ 即可作出排架最后弯矩图，如图 11.16(e)所示。

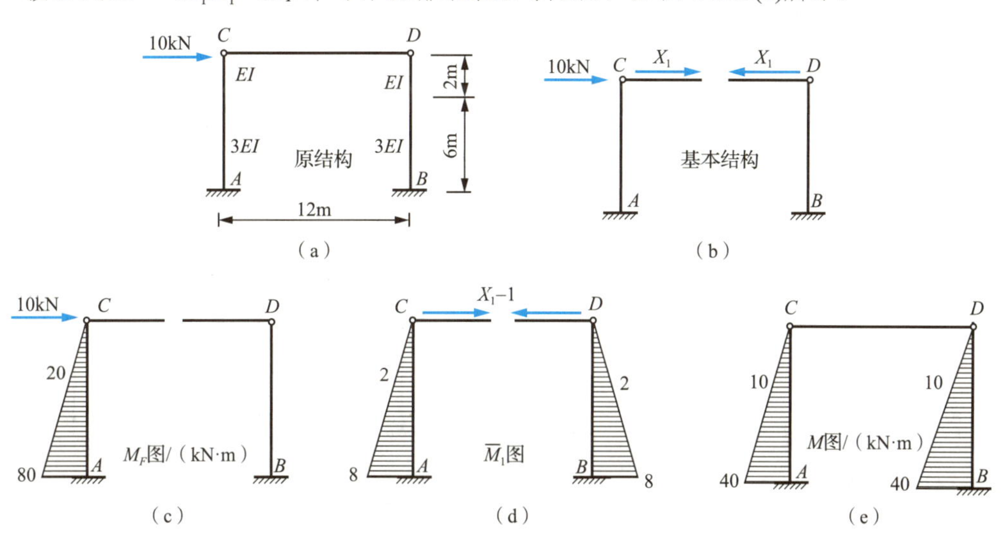


图 11.16　应用案例 11-3 弯矩图

**【案例点评】**

用力法计算排架时，一般把横梁作为多余约束而切断其轴向约束，代以多余未知力，利用切口两侧相对轴向位移为零(由于 $EA\to\infty$，故柱顶相对位移为零)的条件建立力法方程求解。

**知识链接**

有关单层厂房的构造知识，请参考有关文献，如高等教育出版社出版、赵研主编的《房屋建筑学》，北京大学出版社出版、肖芳主编的《建筑构造》。

# 11.5　对称性的利用

土木工程中，有很多结构是对称的。所谓对称结构，是指：①结构的几何形状和支承情况对称于某一几何轴线；②杆件截面形状、尺寸和材料的物理性质(弹性模量等)也关于此轴对称。若将结构沿这个轴对折后，结构在轴线的两侧对应部分将完全重合，该轴线称为结构的对称轴。

如图 11.17 所示结构都是对称结构。利用结构的对称性可使计算大为简化。

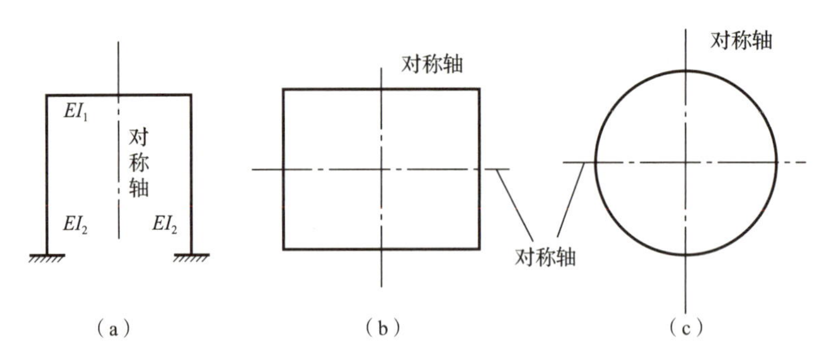


图 11.17　对称结构

图 11.18(a)所示三次超静定刚架，沿对称轴截面 $E$ 切断，可得到图 11.18(b)所示的对称基本结构。三个多余未知力中，轴力 $X_1$、弯矩 $X_2$ 为正对称内力(即沿对称轴对折后，力作用线方向相同)，而剪力 $X_3$ 是反对称内力(即沿对称轴对折后，力作用线方向相反)。

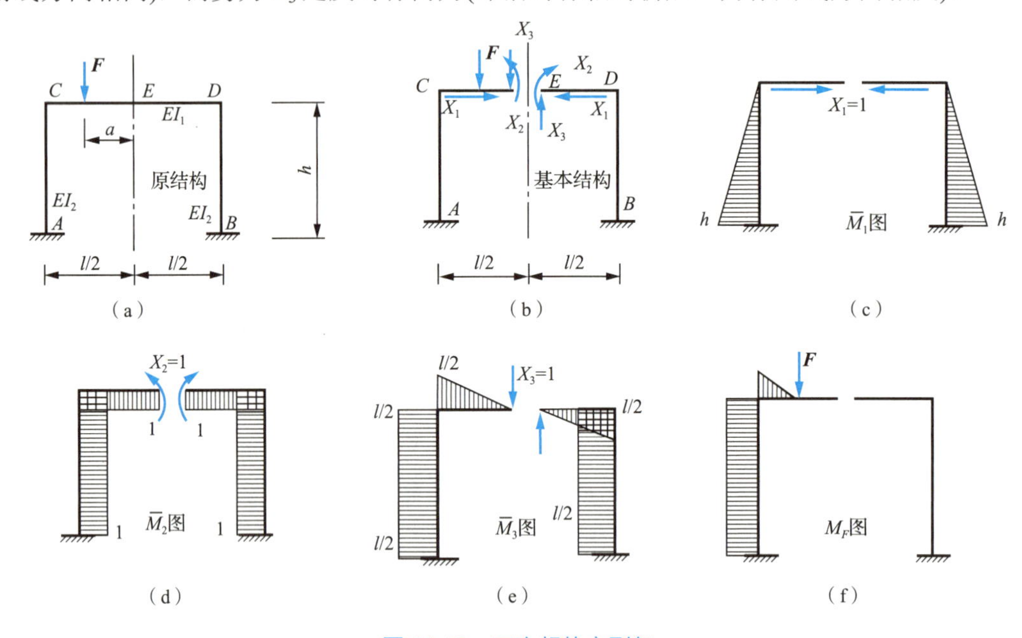


图 11.18　三次超静定刚架

选取对称的基本结构，力法方程为

$$\left.\begin{aligned}\delta_{11}X_1+\delta_{12}X_2+\delta_{13}X_3+\varDelta_{1F}=0\\\delta_{21}X_1+\delta_{22}X_2+\delta_{23}X_3+\varDelta_{2F}=0\\\delta_{31}X_1+\delta_{32}X_2+\delta_{33}X_3+\varDelta_{3F}=0\end{aligned}\right\}$$

作单位弯矩图如图 11.18(c)、(d)、(e)所示。由图可见，正对称多余未知力下的单位弯矩图 $\bar{M}_1$ 和 $\bar{M}_2$ 是对称的，而反对称多余未知力下的单位弯矩图 $\bar{M}_3$ 是反对称的。由图形相乘可知

$$\delta_{13}=\delta_{31}=\sum\int\frac{\bar{M}_1\bar{M}_3\mathrm{d}s}{EI}=0$$

$$\delta_{23} = \delta_{32} = \sum\int \frac{\bar{M}_2\bar{M}_3\mathrm{d}s}{EI} = 0$$

故力法方程简化为

$$\left.\begin{array}{l}\delta_{11}X_1 + \delta_{12}X_2 + \Delta_{1F} = 0 \\ \delta_{21}X_1 + \delta_{22}X_2 + \Delta_{2F} = 0 \\ \delta_{33}X_3 + \Delta_{3F} = 0\end{array}\right\}$$

特别提示

对称结构要选取对称的基本结构。力法方程将分成两组：一组只包含对称的未知力，即 $X_1$、$X_2$；另一组只包含反对称的未知力 $X_3$。因此，解方程组的工作得到简化。

现在作用在结构上的外荷载是非对称的[图 11.18(a)、(f)]，若将此荷载分解为对称的和反对称的两种情况，如图 11.19(a)、(b)所示，则计算还可进一步得到简化。

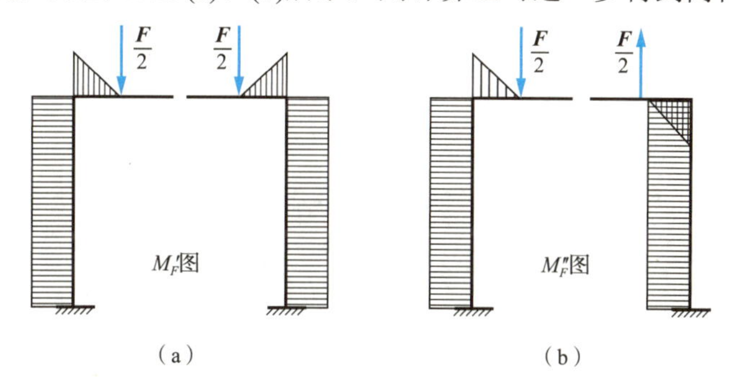


图 11.19 荷载分解为对称和反对称图

(1) 外荷载对称时，使基本结构产生的弯矩图 $M_F'$ 是对称的，则得

$$\Delta_{3F} = \sum\int \frac{\bar{M}_3 M_F'\mathrm{d}s}{EI} = 0$$

从而得

$$X_3 = 0$$

这时，只要计算对称多余未知力 $X_1$ 和 $X_2$。

(2) 外荷载反对称时，基本结构产生的弯矩图 $M_F''$ 是反对称的，则得

$$\Delta_{1F} = \sum\int \frac{\bar{M}_1 M_F''\mathrm{d}s}{EI} = 0$$

$$\Delta_{2F} = \sum\int \frac{\bar{M}_2 M_F''\mathrm{d}s}{EI} = 0$$

从而得

$$X_1 = X_2 = 0$$

这时，只要计算反对称的多余未知力 $X_3$。

从上述分析可得到如下结论。

(1) 在计算对称结构时，如果选取的多余未知力中一部分是对称的，另一部分是反对称的，则力法方程将分为两组：一组只包含对称未知力；另一组只包含反对称未知力。

(2) 若结构对称，外荷载不对称，可将外荷载分解为对称荷载和反对称荷载，分别计算然后叠加。

特别提示

对称结构在对称荷载作用下，反对称未知力为零，即只产生对称内力及变形；对称结构在反对称荷载作用下，对称未知力为零，即只产生反对称内力及变形。所以，在计算对称结构时，直接利用上述结论，可以使计算得到简化。

## 应用案例 11-4

利用结构对称性，计算图 11.20(a)所示刚架内力，并作最后弯矩图。

**【解】**(1) 此刚架为三次超静定结构，且结构及荷载均为对称。在对称轴处切开，取图 11.20(b)所示的基本结构。由对称性的结论可知 $X_3=0$，只需考虑对称未知力 $X_1$ 及 $X_2$。

(2) 由切开处的位移条件，建立力法方程。

$$\left.\begin{aligned}\delta_{11}X_1+\delta_{12}X_2+\varDelta_{1F}=0\\ \delta_{21}X_1+\delta_{22}X_2+\varDelta_{2F}=0\end{aligned}\right\}$$

(3) 作 $\bar{M}_1$、$\bar{M}_2$、$M_F$ 图[图 11.20(c)、(d)、(e)]，利用图形相乘求系数和自由项。

$$\delta_{11}=2\left(\frac{1}{EI}\times6\times1\times1+\frac{1}{4EI}\times6\times1\times1\right)=\frac{15}{EI}$$

$$\delta_{22}=2\left(\frac{1}{EI}\times6\times6\times\frac{1}{2}\times\frac{2}{3}\times6\right)=\frac{144}{EI}$$

$$\delta_{12}=\delta_{21}=-2\left(\frac{1}{EI}\times6\times1\times\frac{1}{2}\times6\right)=-\frac{36}{EI}$$

$$\varDelta_{1F}=-2\left(\frac{1}{EI}\times180\times6\times1+\frac{1}{4EI}\times\frac{1}{3}\times6\times180\times1\right)=-\frac{2340}{EI}$$

$$\varDelta_{2F}=2\left(\frac{1}{EI}\times180\times6\times\frac{1}{2}\times6\right)=\frac{6480}{EI}$$

(4) 将各系数和自由项代入力法方程，并解方程得 $X_1$、$X_2$。

$$X_1=120\text{kN}\cdot\text{m}$$

$$X_2=-15\text{kN}$$

(5) 由 $M=\bar{M}_1X_1+\bar{M}_2X_2+M_F$ 叠加作 $M$ 图，求得各杆杆端弯矩，作最后弯矩图，如图 11.20(f)所示。

**【案例点评】**

由本例题看出：结构对称，就选择对称的基本结构，利用荷载对称作用时的内力和变形特性，可使计算得以简化。

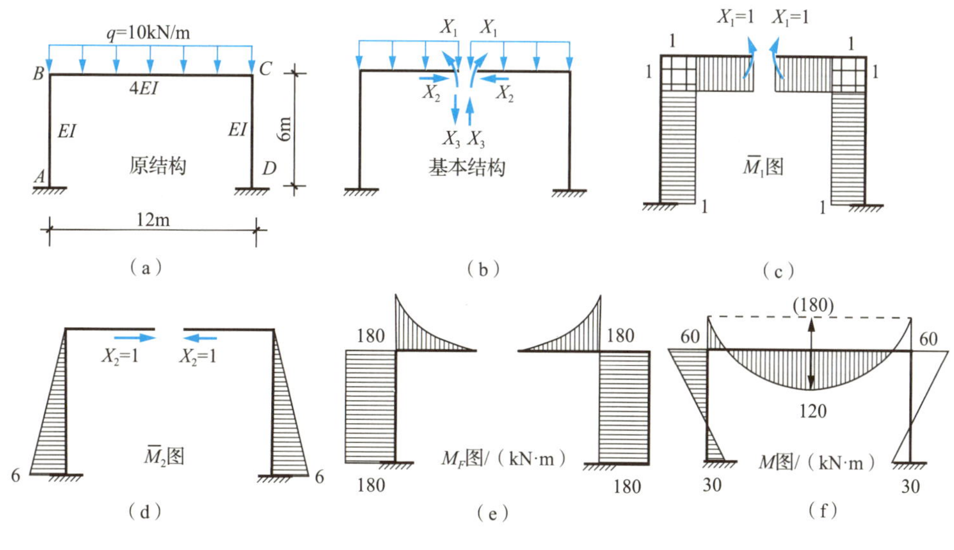


图 11.20　应用案例 11-4 图

## 11.6　支座移动时的超静定结构计算

实际工程中的结构除承受直接荷载作用外，还受支座移动、温度改变、制造误差及材料的收缩膨胀等因素影响。由于超静定结构有多余约束，因此使结构产生变形的因素都将导致结构产生内力，这是超静定结构的重要特征之一。本节研究支座移动时超静定结构的计算问题。

用力法计算超静定结构由支座移动所引起的内力时，其基本原理和解题步骤与荷载作用的情况相同，只是力法方程中自由项的计算有所不同。

特别提示

自由项表示基本结构由于支座移动，在多余约束处沿多余未知力方向引起的位移$\Delta_{ic}$。

### 应用案例 11-5

图 11.21(a)所示超静定梁，设支座 $A$ 发生转角$\theta$，作梁的 $M$ 图。已知 $EI$ 为常数。

**【解】** (1) 选取基本结构，如图 11.21(b)所示。

(2) 建立力法方程。原结构在 $B$ 处无竖向位移，可建立力法方程如下。

$$\delta_{11}X_1 + \Delta_{1C} = 0$$

(3) 计算系数和自由项。

作单位弯矩图($\bar{M}_1$ 图)，如图 11.21(c)所示，可由图乘法求得

$$\delta_{11} = \frac{1}{EI}\left(\frac{1}{2}\cdot l\cdot l\cdot\frac{2}{3}l\right) = \frac{l^3}{3EI}$$

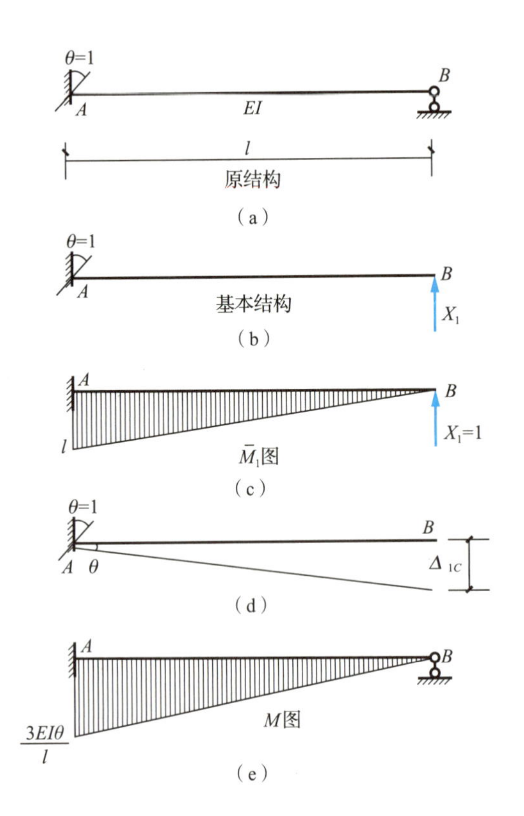


图 11.21　应用案例 11-5 图

$$\Delta_{1C}=-\sum\bar{F}_{\mathrm{R}}\cdot C=-(l\theta)=-l\theta$$

(4) 求多余未知力。

$$\frac{l^3}{3EI}X_1-l\theta=0$$

解得 $$X_1=\frac{3EI\theta}{l^2}$$

(5) 作弯矩图。

由于支座移动在静定的基本结构中不引起内力，故只需将 $\bar{M}_1$ 图乘以 $X_1$ 值即可。

$$M=\bar{M}_1X_1$$

$$M_{AB}=l\cdot\frac{3EI\theta}{l^2}=\frac{3EI\theta}{l}$$

$$M_{BA}=0$$

作 $M$ 图如图 11.21(e)所示。

**【案例点评】**

由本例题弯矩图可以看出，超静定结构由于支座移动引起的内力，其大小与杆件刚度 $EI$ 成正比，与杆长 $l$ 成反比。

## 小　　结

1. 力法的基本原理

力法计算的关键是：确定基本未知量，选择基本结构，建立力法方程。

2. 确定基本未知量和选择基本结构

去掉多余联系使原超静定结构变为静定结构，去掉的多余联系处的多余未知力即为基本未知量，去掉多余联系后的静定结构即为基本结构，两者是同时选定的。

3. 建立力法方程

基本结构在原荷载(或支座移动等)及多余未知力的作用下，沿多余未知力方向的位移应与原结构在相应位置处的位移相等，据此列出力法方程。要充分理解力法方程所代表的变形条件的意义，以及方程中各项系数和自由项的含义。

4. 方程的系数和自由项的计算

系数和自由项的计算就是求静定结构的位移。因此，必须保证静定结构内力图的正确和位移计算的准确。力法方程中的主系数($\delta_{ii}$)恒大于零；副系数和自由项可能为正值或负值、也可能为零，且副系数$\delta_{ij}=\delta_{ji}$。

5. 超静定结构的内力计算与内力图的绘制

通过解力法方程，求得多余未知力后，可用静力平衡方程或内力叠加公式计算超静定结构的内力和绘制内力图。对梁和刚架来说，一般先计算杆端弯矩、绘制弯矩图，然后计算杆端剪力、绘制剪力图，最后计算杆端轴力、绘制轴力图。

6. 对称性的利用

如果结构对称，可选择对称的基本结构，利用荷载对称或反对称作用时的内力和变形特性，使计算得以简化。

## 拓展讨论

党的二十大报告提出，我国“基础研究和原始创新不断加强，一些关键核心技术实现突破，战略性新兴产业发展壮大，载人航天、探月探火、深海深地探测、超级计算机、卫星导航、量子信息、核电技术、新能源技术、大飞机制造、生物医药等取得重大成果，进入创新型国家行列。”

结合二维码资料阅读，说一说，我国探月工程取得了哪些新进展？

## 思 考 题

(1) 试比较超静定结构与静定结构的不同特性，说明两种结构的区别。

(2) 用力法解超静定结构的思路是什么？什么是力法的基本结构和基本未知量？基本结构与原结构有何异同？

(3) 在选取力法基本结构时，应掌握什么原则？如何确定超静定次数？

(4) 力法典型方程的意义是什么？其系数和自由项的物理意义是什么？

(5) 为什么力法典型方程中主系数恒大于零，而副系数则可能为正值、负值或为零？

(6) 试叙述用力法求解超静定结构的步骤。

(7) 怎样利用结构的对称性简化计算？

(8) 为什么对称结构在对称荷载作用下，反对称多余未知力等于零？反之，为什么对称结构在反对称荷载作用下，对称的多余未知力等于零？

(9) 基本未知量求出以后，怎样求原结构的其余支座反力？怎样绘制内力图？

(10) 为什么超静定结构的内力与各杆 $EI$ 相对比值有关，而静定结构的内力却与 $EI$ 无关？

### 一、填空题

(1) 去掉多余联系，用多余未知力来代替后得到的静定结构称为力法的________。

(2) 多余未知力是最基本的未知力，又可称为力法的________。

(3) 根据原结构的变形条件建立的用以确定 $X_1$ 的变形协调方程，称为 ________。

(4) 将多余联系的数目或多余未知力的数目称为超静定结构的________。

(5) 结构撤去一个铰支座或撤去一个单铰，相当于去掉________联系，等于________多余未知力。

(6) 力法的基本未知量数目等于________。

## 二、单选题

(1) 切断一根链杆相当于解除(　　)个约束；切断一根梁式杆相当于解除(　　)个约束。

A. 1　　B. 4　　C. 3　　D. 2

(2) 一个封闭框具有(　　)次超静定。

A. 1　　B. 4　　C. 2　　D. 3

(3) 去掉多余联系，用多余未知力来代替后，得到的结构称为力法的(　　)结构。

A. 静定　　B. 超静定　　C. 基本　　D. 一般

(4) 符号$\Delta$两个角标的含义，第一个角标表示(　　)；第二个角标表示(　　)。

A. 位移的作用　　B. 产生位移的原因

C. 位移的位置和方向　　D. 位移的位置

(5) 力法典型方程中主系数(　　)。

A. 恒为零　　B. 恒正　　C. 恒负　　D. 恒正且不为零

## 三、判断题

(1) 力法是计算超静定结构的基本方法之一。 (　　)

(2) 有一个多余联系的超静定结构称为二次超静定结构。 (　　)

(3) 超静定结构是具有多余联系的结构。 (　　)

(4) 去掉支座处的支杆或切断一根链杆，相当于去掉一个联系。 (　　)

(5) 将一刚结点改为单铰连接或将一个固定支座改为固定铰支座，相当于去掉三个联系。 (　　)

(6) 力法典型方程中副系数恒为零。 (　　)

## 四、主观题

(1) 试确定图 11.22 所示超静定结构的超静定次数。

(2) 试用力法求解图 11.23 所示梁内力，并作内力图。已知 $EI=$ 常数。

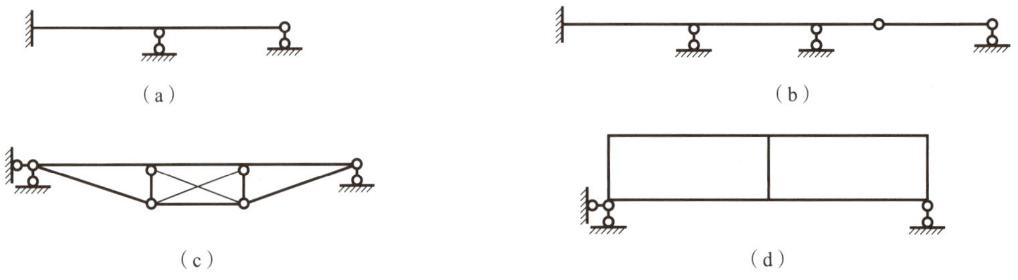

(a)　(b)

(c)　(d)

图 11.22　主观题(1)图

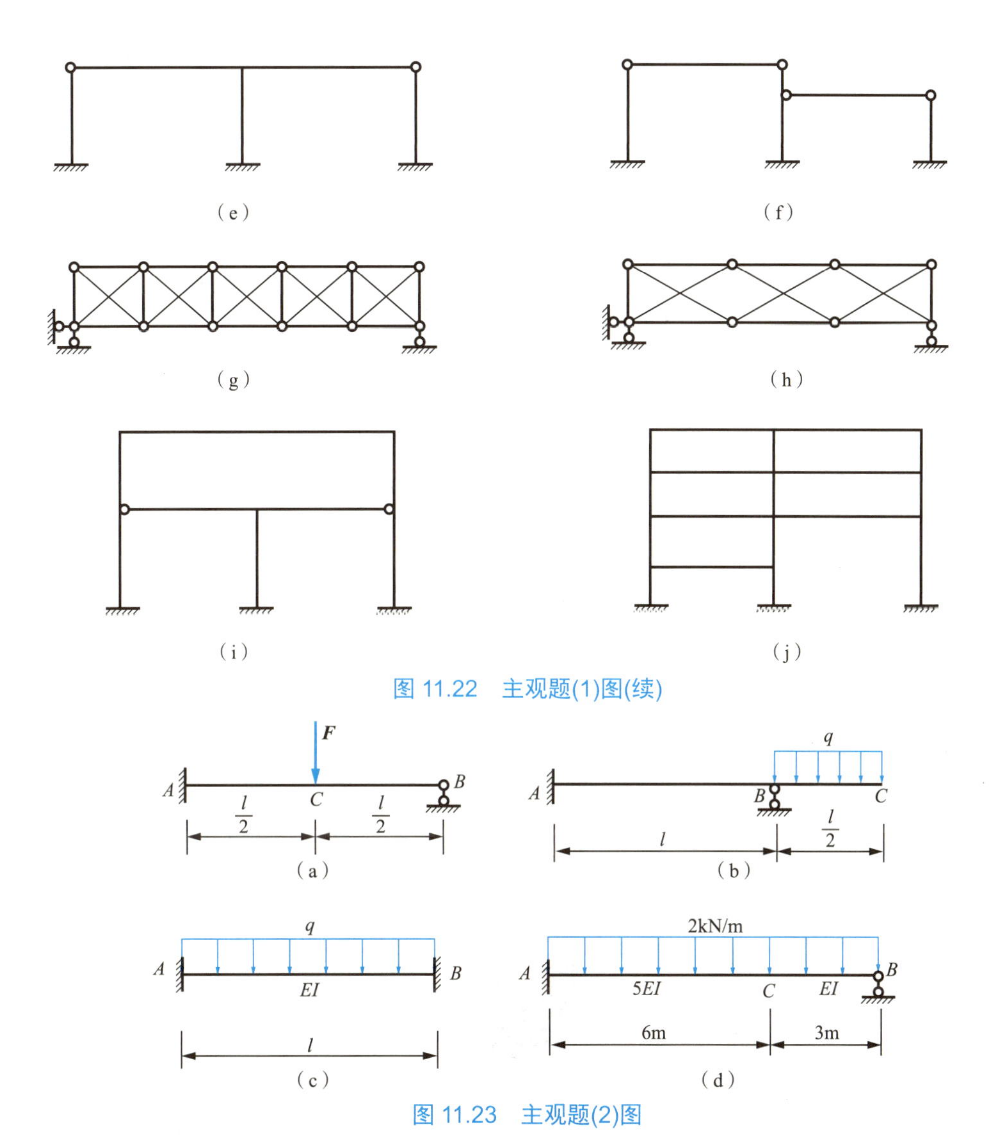


图 11.22 主观题(1)图(续)

图 11.23 主观题(2)图

(3) 试用力法求解图 11.24 所示刚架内力，并作 $M$ 图。

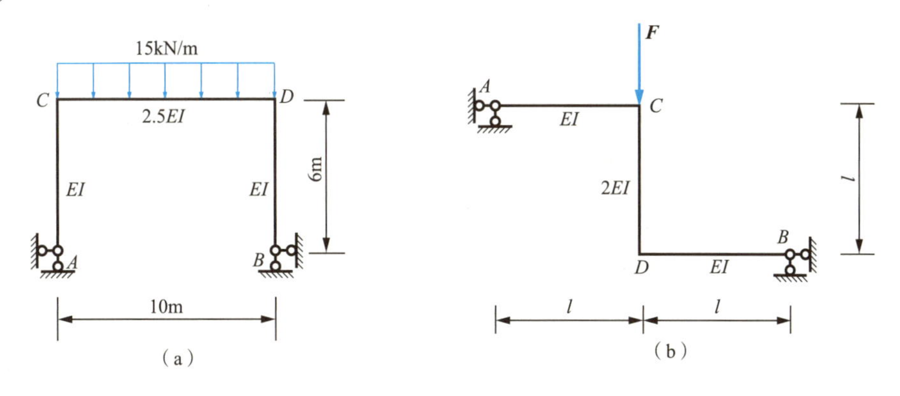


图 11.24 主观题(3)图

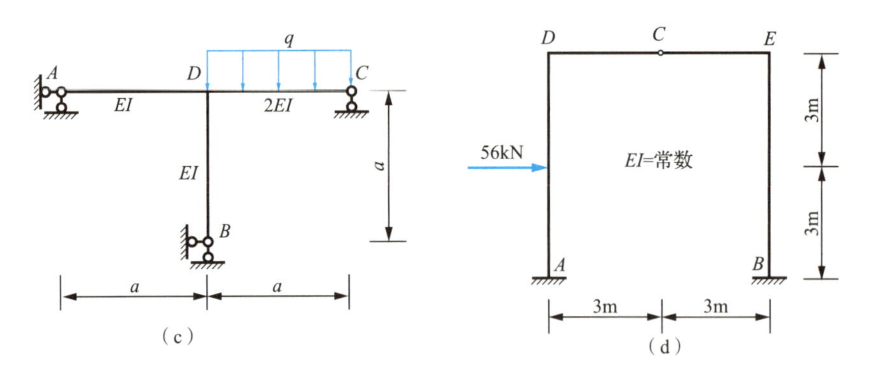


图 11.24　主观题(3)图(续)

(4) 图 11.25 所示为等截面两端固定梁，已知固定端 $A$ 顺时针转动一角度 $\varphi_A$，计算其支座反力并作 $M$ 图。

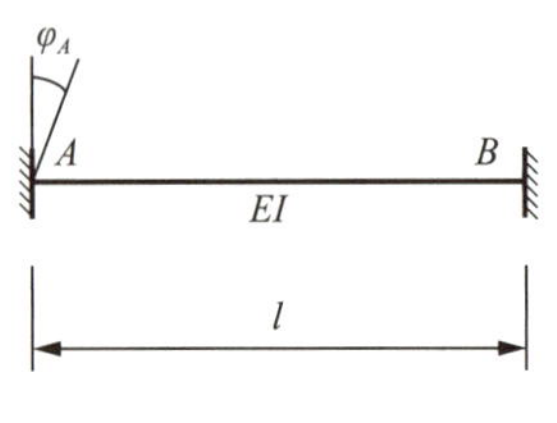


图 11.25　主观题(4)图

第 11 章
在线答题

# 第 12 章 位移法及力矩分配法

## 教学目标

掌握位移法的原理及计算方法，掌握力矩分配法的计算方法，能应用力矩分配法计算连续梁的内力。

## 教学要求

| 知识要点 | 能力要求 | 所占比重 |
|---|---|---|
| 位移法的基本概念、结点角位移和结点线位移、线刚度 | 能熟练判断结点角位移和结点线位移的个数 | 10% |
| 单跨超静定梁的杆端内力，杆端内力的正负号 | 能通过查表确定杆端内力，熟记常用的杆端弯矩表达式 | 20% |
| 位移法的原理、单跨超静定梁的种类 | 能熟练地将结构拆为单跨超静定梁 | 10% |
| 位移法的应用平衡条件 | 能应用位移法计算连续梁与简单超静定刚架的内力 | 15% |
| 力矩分配法的基本概念，转动刚度、分配系数、传递系数 | 能熟练地计算分配系数，熟记各类单跨超静定梁的转动刚度、传递系数 | 20% |
| 力矩分配法的应用，力矩分配法的计算步骤 | 熟练应用力矩分配法计算连续梁的内力 | 25% |

## 学习重点

结点位移的种类及个数的确定；单跨超静定梁的杆端内力的确定；位移法的原理及应用；力矩分配法的基本概念；力矩分配法的原理及应用。

### 生活知识提点

工程中经常会碰到超静定梁的问题，需要计算梁的截面弯矩、截面剪力等设计数据，这些数据可以通过不同的方法计算得到，位移法和力矩分配法是计算超静定梁的常用方法，且在某些情况下计算比较简捷。

### 引例

由于梁是超静定的，仅仅使用静力平衡方程无法求解全部的未知力，必须建立补充方程，位移法和力矩分配法依据平衡条件建立补充方程，从而求解未知的结点位移。

## 12.1 位移法的基本概念

力法计算超静定结构内力时，由于基本未知量的数目等于超静定次数，而实际工程结构的超静定次数往往很高，应用力法计算就很烦琐。这里介绍另外一种计算超静定结构的方法，这种方法为位移法。利用位移法既可以计算超静定结构的内力，也可以计算静定结构的内力。对于高次超静定结构，运用位移法计算内力通常也比力法简便。同时，学习位移法也帮助我们加深对结构位移概念的理解，为学习力矩分配法(超静定结构的数值计算法)打下必要的基础。

### 12.1.1 位移法的基本变形假设

位移法的计算对象是由等截面直杆组成的杆系结构，如刚架、连续梁。在计算中认为结构仍然符合小变形假定。同时位移法假设：

(1) 各杆端之间的轴向长度在变形后保持不变；

(2) 刚性结点所连各杆端的截面转角是相同的。

### 12.1.2 位移法的基本未知量

力法的基本未知量是未知力，顾名思义，位移法的基本未知量是结点位移。值得注意的是，这里所说的结点是指计算结点，即结构各杆件的连接点。结点位移分为结点角位移和结点线位移两种，运用位移法计算时，首先要明确基本未知量。

注意到结点分为刚结点和铰结点，而铰结点对各杆端截面的相对角位移无约束作用，因此只有刚结点处才有作为未知量的角位移。因此，统计一下结构的刚结点数，每一个刚结点有一个角位移，则整个结构的独立刚结点数就是角位移数。在分析结构的角位移数时，要注意组合结点的特殊性。

如图 12.1(a)所示，结构中的 $E$、$F$、$H$ 三个结点是刚结点和铰结点的联合结点。$E$ 结点处，$HE$ 杆、$DE$ 杆、$BE$ 杆刚性连接，属于刚结点；$EF$ 杆是铰接，属于铰结点。$F$ 结点处，$JF$ 杆、$CF$ 杆刚性连接(两杆轴线成 180°连接)，属于刚结点；$EF$ 杆是铰接，属于铰结点；$H$ 结点可同样分析。$D$、$G$、$J$ 均是刚结点，因此该结构的结点角位移数为 6。而图 12.1(b)所示结构中的 $B$ 结点，看起来有个支座，似乎是边界结点，但是由于 $AB$ 杆、$BC$ 杆在此刚性连接，因此属于刚结点。整个梁只有一个刚结点，故角位移个数为 1。

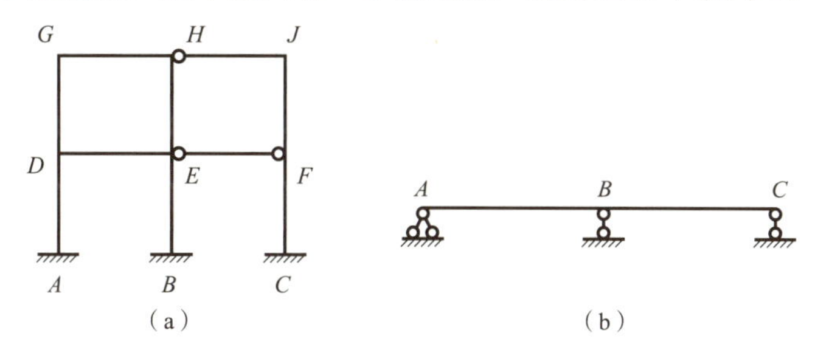


图 12.1　结点角位移的分析

对于结点线位移，以图 12.2 所示结构的 $A$、$B$ 结点为例，由于忽略杆件的轴向变形，即变形后杆长不变，$A$、$B$ 两结点所产生水平线位移相等，求出其中一个结点的水平线位移，另一个也就已知了，换句话说，这两个结点线位移中只有一个是独立的，称为独立结点线位移，另一个是与它相关的。位移法以独立结点线位移为基本未知量，在实际计算中，独立结点线位移的数目可采用添加辅助链杆的方法来判定，即“限制所有结点线位移所需添加的链杆数就是独立结点线位移数”。

如图 12.3(a)所示，结构共有 $C$、$D$、$E$、$F$ 四个刚结点，由于 $A$、$B$ 是固定支座，$A$、$B$ 两点没有竖向位移，注意到“变形后，杆长不变”，所以四个刚结点的竖向位移都受到了约束，无须添加链杆。分析结点水平位移，在 $D$、$F$ 结点处分别添加一个水平链杆，如图 12.3(b)所示，这四个刚结点的水平位移也将被约束，从而四个结点的所有位移都被约束，添加的链杆数为 2，所以结构存在两个独立的结点水平线位移。

图 12.3 所示结构有四个刚结点，因此有四个结点角位移，位移法总的基本未知量数目为 6 (4 个角位移，2 个线位移)。

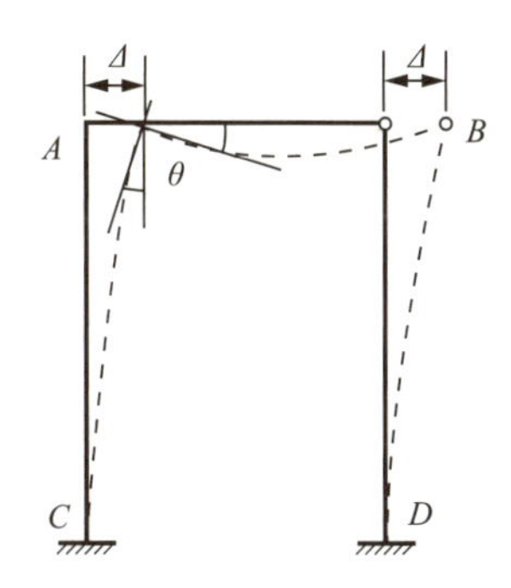


图 12.2　独立结点线位移

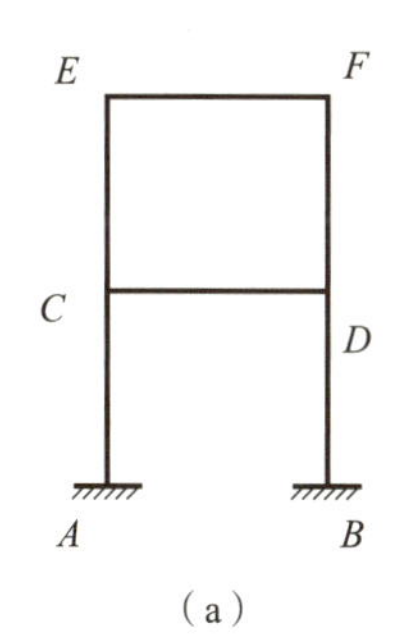


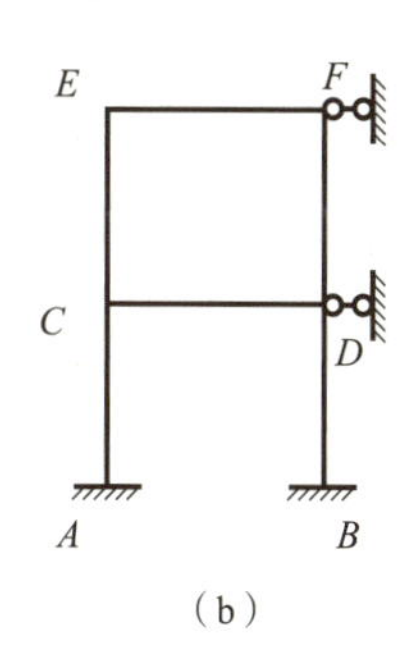


图 12.3　附加链杆法

## 12.1.3 位移法的杆端内力

(1) 运用位移法计算超静定结构时，需要将结构拆成单杆，单杆的杆端约束视结点而定，刚结点视为固定支座，铰结点视为固定铰支座。当讨论杆件的弯矩与剪力时，由于铰支座在杆轴线方向上的约束力只产生轴力，因此可不予考虑，从而铰支座可进一步简化为垂直于杆轴线的可动铰支座。结合边界支座的形式，位移法的单跨超静定梁有三种形式，如图 12.4 所示。

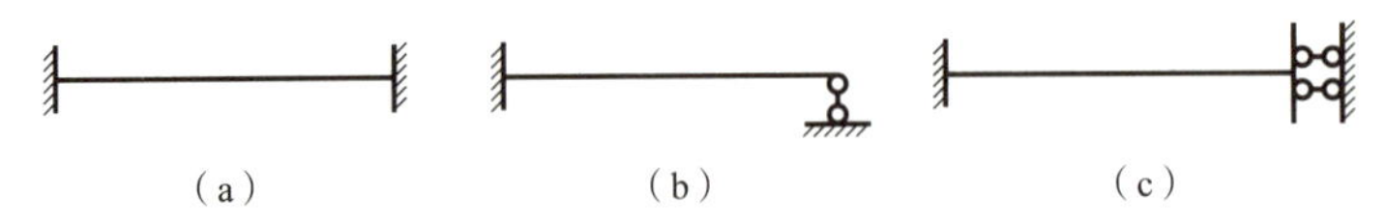


图 12.4　单跨超静定梁的约束形式

(2) 位移法规定杆端弯矩顺时针转向为正，逆时针转向为负(对于结点就变成逆时针转向为正)，如图 12.5 所示。以后运用位移法进行结构内力分析时，弯矩的正负号都遵从这个规定。要注意的是，这和前面梁的内力计算中规定梁弯矩下侧受拉为正是不一样的，因为对于整体结构来说，杆件不仅有水平杆件，还有竖向、斜向杆件。对于剪力、轴力的正负规定，则和前面的规定保持一致。

图 12.5　杆端弯矩的正负号规定

(3) 位移法的杆端内力主要是剪力和弯矩，由于位移法计算的单杆都是超静定梁，因此不仅荷载会引起杆端内力，杆端支座位移也会引起内力，这些杆端内力可通过查表 12-1 获得。由荷载引起的弯矩称为固端弯矩，由荷载引起的剪力称为固端剪力。表中的 $i$ 称为线刚度，即

$$i=\frac{EI}{l}$$

式中，$EI$——杆件的抗弯刚度；

$l$——杆长。

表 12-1　单跨超静定梁杆端弯矩和杆端剪力表

| 序号 | 梁的简图 | 弯矩图 | 杆端弯矩 | | 杆端剪力 | |
|---|---|---|---|---|---|---|
| | | | $M_{AB}$ | $M_{BA}$ | $F_{QAB}$ | $F_{QBA}$ |
| 1 | A θ=1 B l | $M_{BA}$ $M_{AB}$ | $4i$<br>$i=\frac{EI}{l}$(下同) | $2i$ | $-\frac{6i}{l}$ | $-\frac{6i}{l}$ |

续表

| 序号 | 梁的简图 | 弯矩图 | 杆端弯矩 | | 杆端剪力 | |
|---|---|---|---|---|---|---|
| | | | $M_{AB}$ | $M_{BA}$ | $F_{QAB}$ | $F_{QBA}$ |
| 2 | 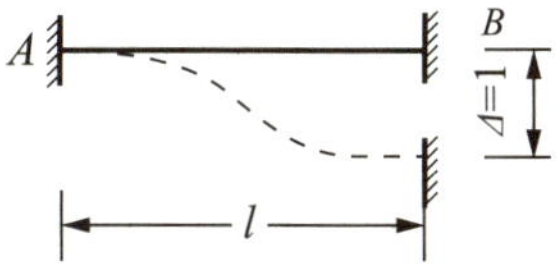 | 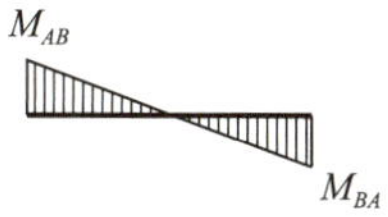 | $-\frac{6i}{l}$ | $-\frac{6i}{l}$ | $\frac{12i}{l^2}$ | $\frac{12i}{l^2}$ |
| 3 | 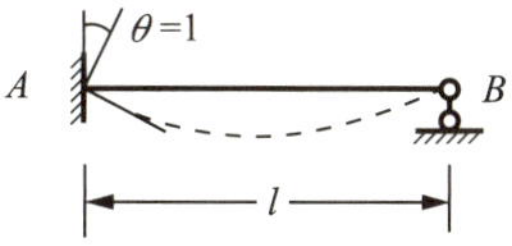 |  | $3i$ | 0 | $-\frac{3i}{l}$ | $-\frac{3i}{l}$ |
| 4 | 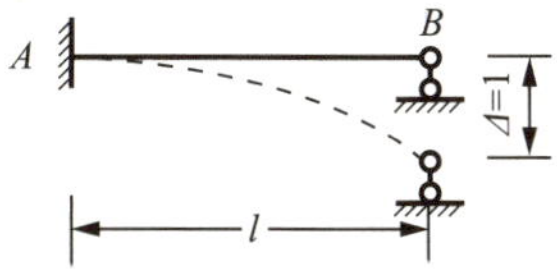 |  | $-\frac{3i}{l}$ | 0 | $\frac{3i}{l^2}$ | $\frac{3i}{l^2}$ |
| 5 | 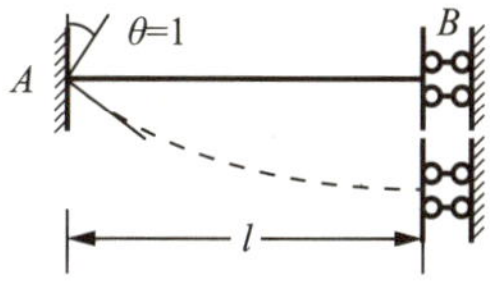 | 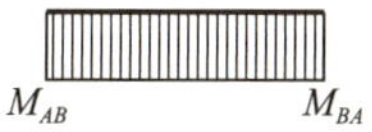 | $i$ | $-i$ | 0 | 0 |
| 6 | 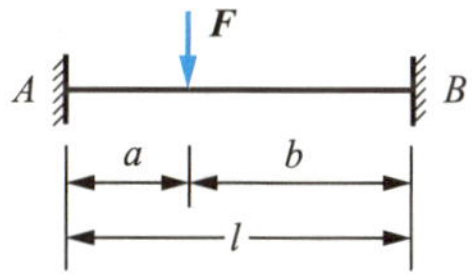 | 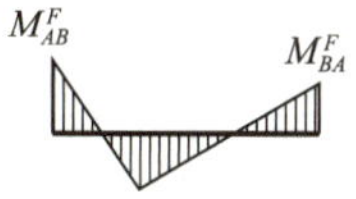 | $-\frac{Fab^2}{l^2}$ | $\frac{Fa^2b}{l^2}$ | $\frac{Fb^2}{l^2}\left(1+\frac{2a}{l}\right)$ | $-\frac{Fa^2}{l^2}\left(1+\frac{2b}{l}\right)$ |
| 7 | 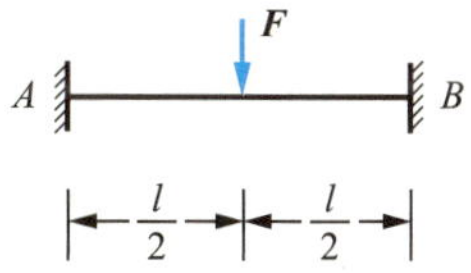 | 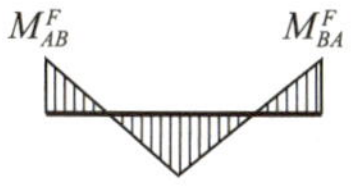 | $-\frac{Fl}{8}$ | $\frac{Fl}{8}$ | $\frac{F}{2}$ | $-\frac{F}{2}$ |
| 8 | 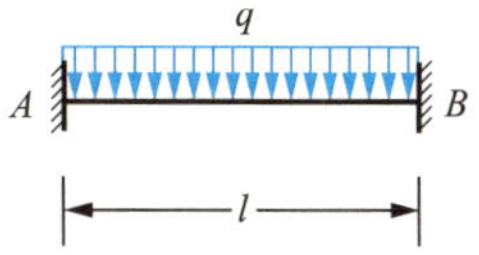 |  | $-\frac{ql^2}{12}$ | $\frac{ql^2}{12}$ | $\frac{ql}{2}$ | $-\frac{ql}{2}$ |
| 9 | 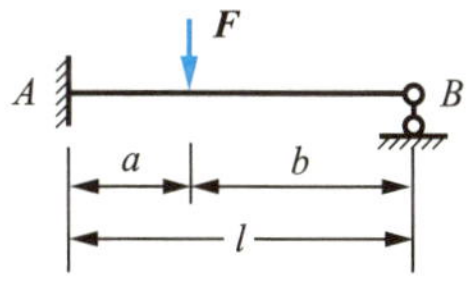 |  | $-\frac{Fab(l+b)}{2l^2}$ | 0 | $\frac{Fb}{2l^3}(3l^2-b^2)$ | $-\frac{Fa^2}{2l^3}(3l-a)$ |
| 10 | 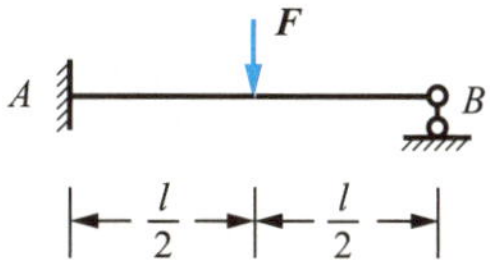 | 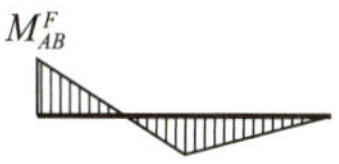 | $-\frac{3Fl}{16}$ | 0 | $\frac{11F}{16}$ | $-\frac{5F}{16}$ |

续表

| 序号 | 梁的简图 | 弯矩图 | 杆端弯矩 | | 杆端剪力 | |
|---|---|---|---|---|---|---|
| | | | $M_{AB}$ | $M_{BA}$ | $F_{QAB}$ | $F_{QBA}$ |
| 11 | 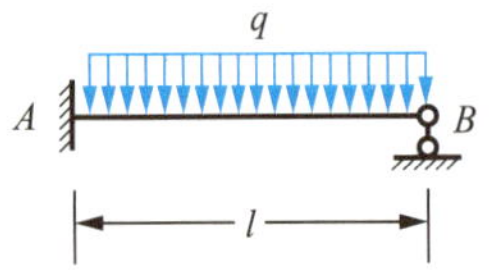 q A B l |  $M_{AB}^F$ | $-\frac{ql^2}{8}$ | 0 | $\frac{5ql}{8}$ | $-\frac{3ql}{8}$ |
| 12 | 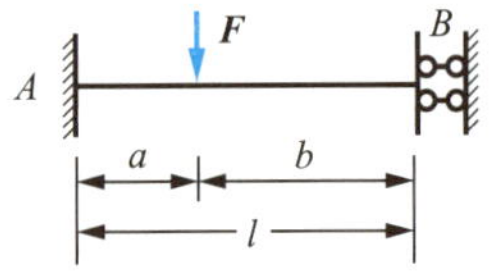 F A B a b l | 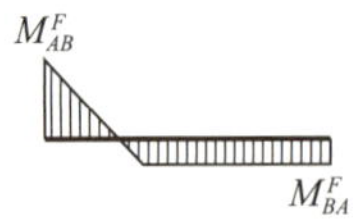 $M_{AB}^F$ $M_{BA}^F$ | $-\frac{Fa(l+b)}{2l}$ | $-\frac{Fa^2}{2l}$ | $F$ | 0 |
| 13 | 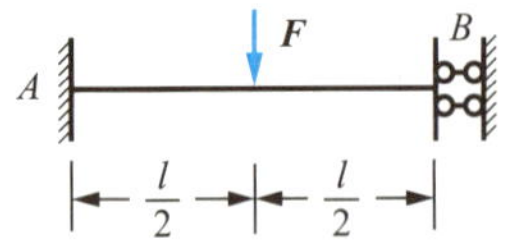 F A B $\frac{l}{2}$ $\frac{l}{2}$ | 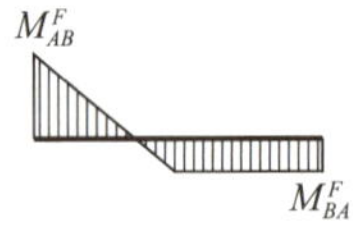 $M_{AB}^F$ $M_{BA}^F$ | $-\frac{3Fl}{8}$ | $-\frac{Fl}{8}$ | $F$ | 0 |
| 14 | 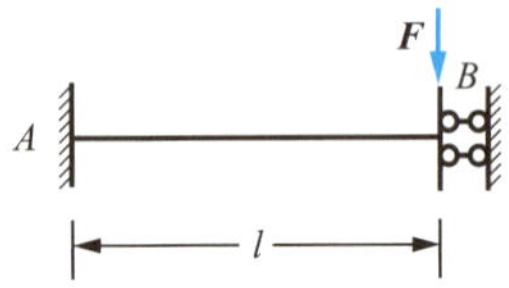 F A B l | 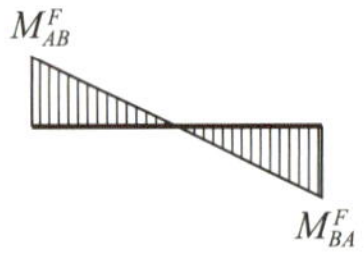 $M_{AB}^F$ $M_{BA}^F$ | $-\frac{Fl}{2}$ | $-\frac{Fl}{2}$ | $F$ | $B_{左}$: $F$ $B_{右}$: 0 |
| 15 | 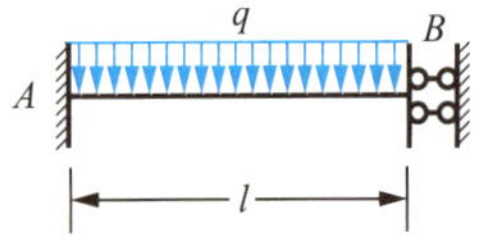 q A B l | 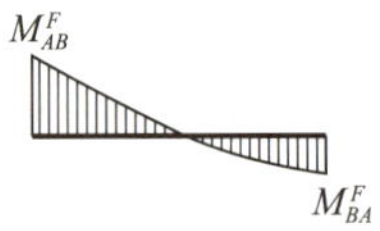 $M_{AB}^F$ $M_{BA}^F$ | $-\frac{ql^2}{3}$ | $-\frac{ql^2}{6}$ | $ql$ | 0 |
| 16 | 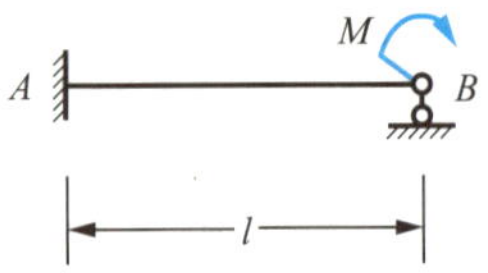 M A B l | 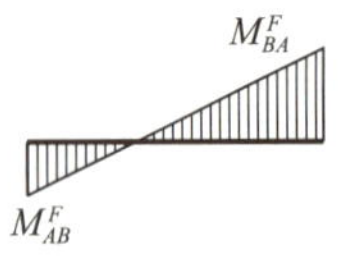 $M_{BA}^F$ $M_{AB}^F$ | $\frac{M}{2}$ | $M$ | $-\frac{3M}{2l}$ | $-\frac{3M}{2l}$ |

## 12.2 位移法原理

图 12.6(a)所示超静定刚架，在荷载作用下，其变形如图中虚线所示。此刚架没有结点线位移，只有刚结点 $A$ 处的角位移，记为$\theta_A$，假设为顺时针转动。

将刚架拆为两个单杆。$AB$ 杆 $B$ 端为固定支座，$A$ 端为刚结点，视为固定支座，所以 $AB$ 杆为两端固定的杆件，没有荷载作用，只有 $A$ 端有角位移$\theta_A$，如图 12.6(b)所示。$AC$ 杆 $C$ 端为固定铰支座，视为垂直于杆轴线的可动铰支座，$A$ 端为刚结点，视为固定支座，所以 $AC$ 杆为一端固定、一端铰支的杆件，跨中作用一个集中力，$A$ 端同样有一个角位移$\theta_A$，如图 12.6(c)所示。

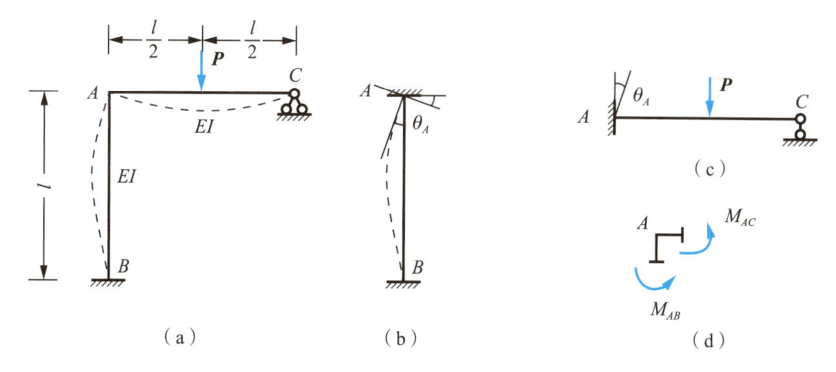


图 12.6 位移法原理

直接查表 12-1，写出各杆的杆端弯矩表达式(注意到，$AC$ 杆既有荷载，又有结点角位移，故应叠加)。

$$M_{BA}=2i\theta_A$$
$$M_{AB}=4i\theta_A$$
$$M_{AC}=3i\theta_A-\frac{3}{16}Fl$$
$$M_{CA}=0$$

以上各杆端弯矩表达式中均含有未知量$\theta_A$，所以又称为转角位移方程。

为了求出位移未知量，我们来研究结点 $A$ 的平衡，取隔离体如图 12.6(d)所示。

根据$\sum M_A=0$

$$M_{AB}+M_{AC}=0$$

把上面 $M_{AB}$、$M_{AC}$ 的表达式代入，得

$$4i\theta_A+3i\theta_A-\frac{3}{16}Fl=0$$

解得

$$i\theta_A=\frac{3}{112}Fl$$

结果为正，说明转向和原来假设的顺时针方向一致。再把 $i\theta_A$ 代回各杆端弯矩表达式，得

$$M_{BA}=\frac{3}{56}Fl \quad \text{(顺时针、右侧受拉)}$$
$$M_{AB}=\frac{6}{56}Fl \quad \text{(顺时针、左侧受拉)}$$
$$M_{AC}=-\frac{6}{56}Fl \quad \text{(逆时针、上侧受拉)}$$
$$M_{CA}=0$$

根据杆端弯矩及区段叠加法，可作出弯矩图，亦可作出剪力图、轴力图，如图 12.7 所示。

通过以上叙述可知，位移法的基本思路就是选取结点位移为基本未知量，把每段杆件视为独立的单跨超静定梁，然后根据其位移及荷载写出各杆端弯矩表达式，再利用静力平衡条件求解出位移未知量，进而求解出各杆端弯矩。

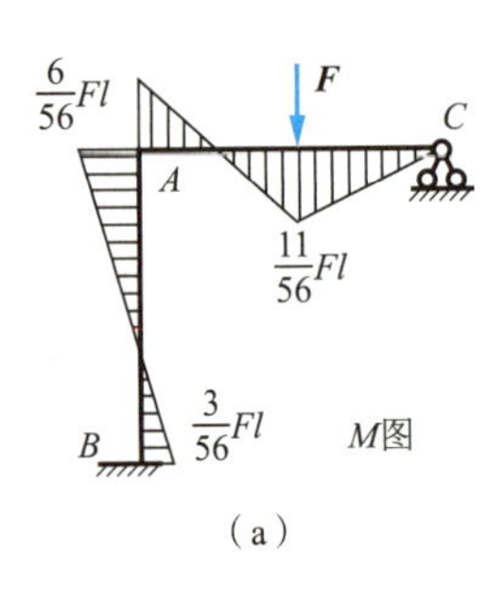

(a)

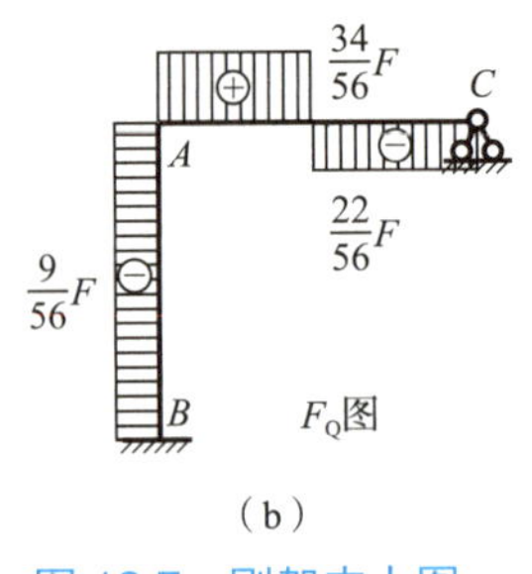

(b)

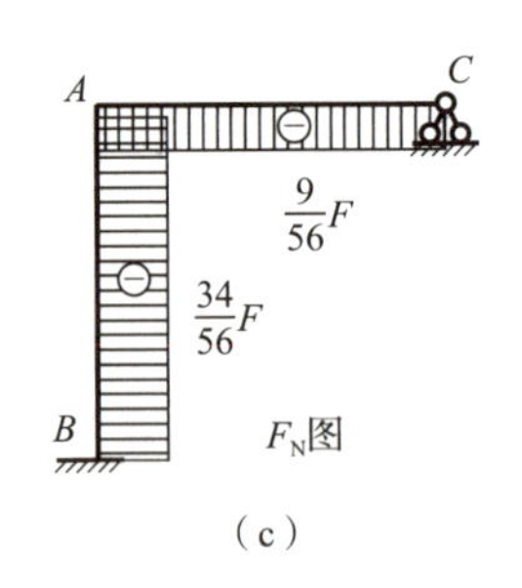

(c)

图 12.7　刚架内力图

该方法正是采用了位移作为未知量，故名为位移法。而力法则以多余未知力为基本未知量，故名为力法。在建立方程的时候，位移法是根据静力平衡条件来建立，而力法则是根据位移几何条件来建立，这是两个方法的相互对应之处。

## 12.3　位移法的运用

利用位移法求解超静定结构的一般步骤如下。

(1) 确定基本未知量。

(2) 将结构拆成单杆。

(3) 查表 12-1，列出各杆端转角位移方程。

(4) 根据平衡条件建立平衡方程(一般对有角位移的刚结点取力矩平衡方程，有结点线位移时则考虑取线位移方向的静力平衡方程)。

(5) 解出未知量，求出杆端内力。

(6) 作出内力图。

### 应用案例 12-1

用位移法画图 12.8(a)所示连续梁的弯矩图，$F=\frac{3}{2}ql$，各杆刚度 $EI$ 为常数。

**【解】**(1) 确定基本未知量。

此连续梁只有一个刚结点 $B$，角位移个数为 1，记作$\theta_B$，整个梁无线位移，因此，基本未知量只有 $B$ 结点角位移$\theta_B$。

(2) 将连续梁拆成两个单跨梁，如图 12.8(b)、(d)所示。

(3) 写出转角位移方程(两杆的线刚度相等)。

$$M_{AB}=2i\theta_B-\frac{1}{8}Fl=2i\theta_B-\frac{3}{16}ql^2$$

$$M_{BA}=4i\theta_B+\frac{1}{8}Fl=4i\theta_B+\frac{3}{16}ql^2$$

$$M_{BC}=3i\theta_B-\frac{1}{8}ql^2$$

$$M_{CB}=0$$

(4) 考虑刚结点 $B$ 的力矩平衡，由 $\sum M_B = 0$

$$M_{BA} + M_{BC} = 0$$

$$4i\theta_B + 3i\theta_B + \frac{1}{16}ql^2 = 0$$

解得

$$i\theta_B = -\frac{1}{112}ql^2 (\text{负号说明}\theta_B\text{逆时针转})$$

(5) 代入转角位移方程，求出各杆的杆端弯矩。

$$M_{AB} = 2i\theta_B - \frac{3}{16}ql^2 = -\frac{23}{112}ql^2$$

$$M_{BA} = 4i\theta_B + \frac{3}{16}ql^2 = \frac{17}{112}ql^2$$

$$M_{BC} = 3i\theta_B - \frac{1}{8}ql^2 = -\frac{17}{112}ql^2$$

$$M_{CB} = 0$$

(6) 根据杆端弯矩求出杆端剪力，并作出弯矩图、剪力图，如图 12.8(e)、(f)所示。

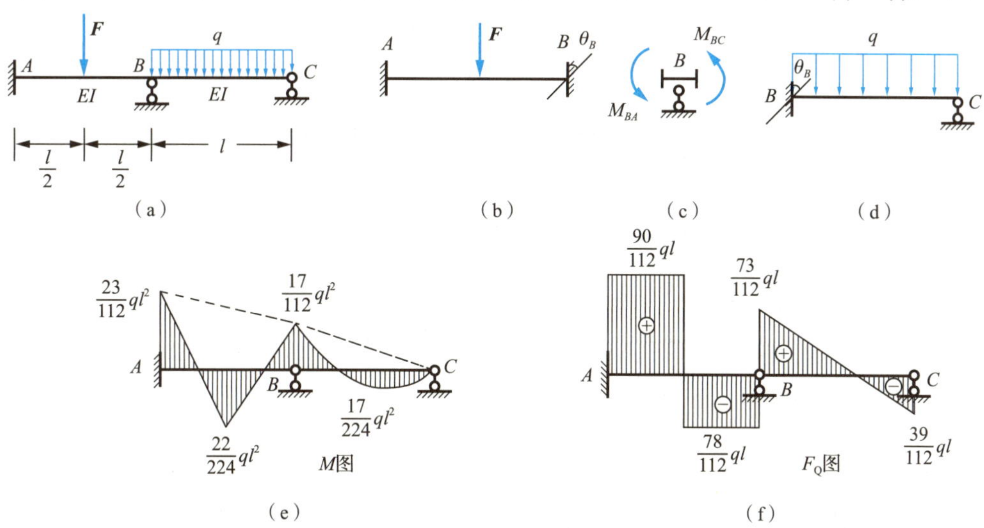


图 12.8　应用案例 12-1 图

## 应用案例 12-2

用位移法计算图 12.9(a)所示超静定刚架的内力，并作出此刚架的内力图。

**【解】**(1) 确定基本未知量。

此刚架有 $B$、$C$ 两个刚结点，所以有两个角位移，分别记作 $\theta_B$、$\theta_C$。

(2) 将刚架拆成单杆，如图 12.9(b)所示。

(3) 写出转角位移方程(各杆的线刚度均相等)。

$$M_{AB} = 2i\theta_B$$

$$M_{BA} = 4i\theta_B$$

$$M_{BC} = 4i\theta_B + 2i\theta_C - \frac{1}{12}ql^2$$

$$M_{CB}=2i\theta_B+4i\theta_C+\frac{1}{12}ql^2$$

$$M_{CD}=4i\theta_C$$

$$M_{DC}=2i\theta_C$$

$$M_{CE}=3i\theta_C$$

(4) 考虑刚结点 $B$、$C$ 的力矩平衡，建立平衡方程，如图 12.9(b)所示。

由 $\sum M_B=0$ $$M_{BA}+M_{BC}=0$$

即 $$8i\theta_B+2i\theta_C-\frac{1}{12}ql^2=0$$

由 $\sum M_C=0$ $$M_{CB}+M_{CD}+M_{CE}=0$$

即 $$2i\theta_B+11i\theta_C+\frac{1}{12}ql^2=0$$

将以上两式联立，解得两未知量为

$$i\theta_B=\frac{13}{1008}ql^2$$

$$i\theta_C=-\frac{5}{504}ql^2\text{(负号说明}\theta_C\text{逆时针转)}$$

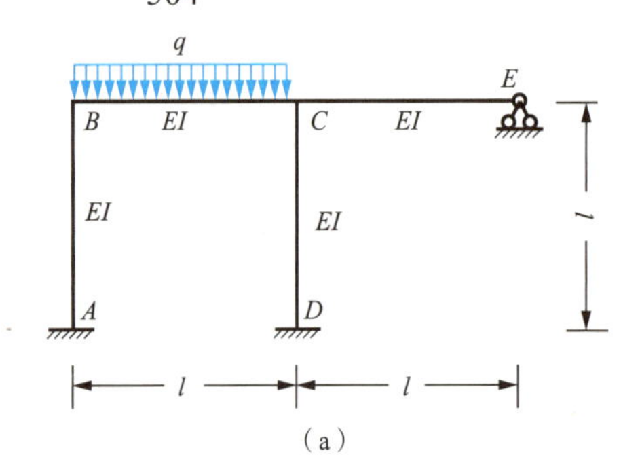


(a)

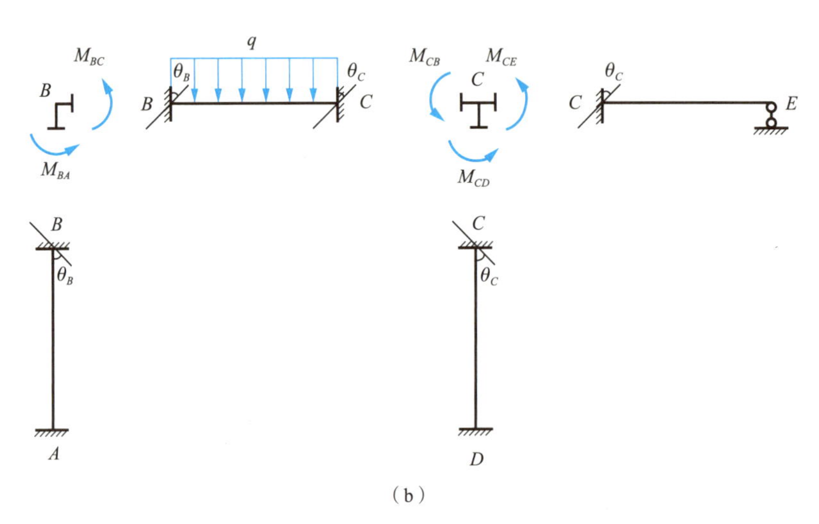


(b)

图 12.9 应用案例 12-2 图

(5) 代入转角位移方程，求出各杆端弯矩。

$$M_{AB}=2i\theta_B=\frac{13}{504}ql^2$$

$$M_{BA}=4i\theta_B=\frac{26}{504}ql^2$$

$$M_{BC}=4i\theta_B+2i\theta_C-\frac{1}{12}ql^2=-\frac{26}{504}ql^2$$

$$M_{CB}=2i\theta_B+4i\theta_C+\frac{1}{12}ql^2=\frac{35}{504}ql^2$$

$$M_{CD}=4i\theta_C=-\frac{20}{504}ql^2$$

$$M_{DC}=2i\theta_C=-\frac{10}{504}ql^2$$

$$M_{CE}=3i\theta_C=-\frac{15}{504}ql^2$$

(6) 作出弯矩图、剪力图、轴力图，如图 12.10 所示。

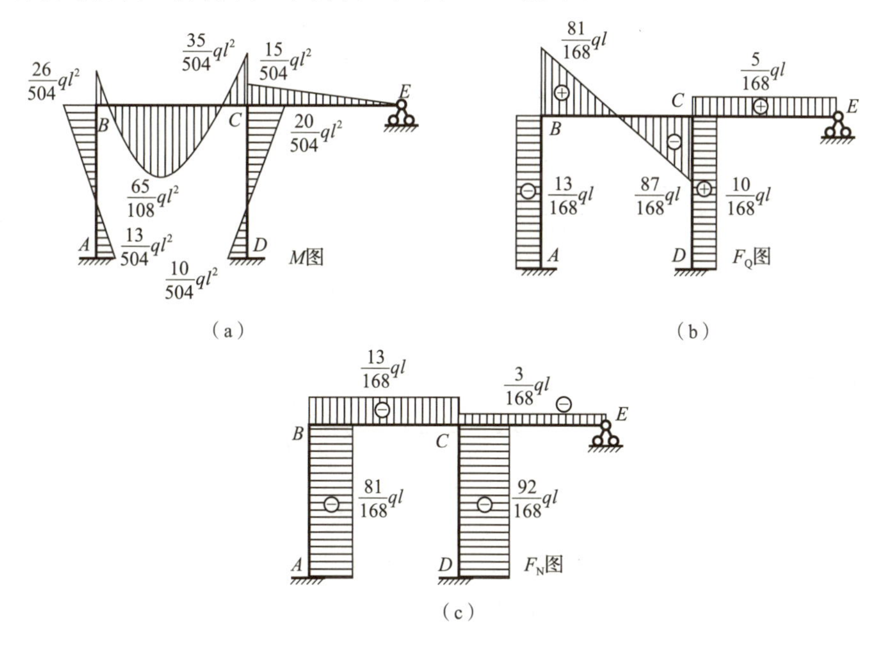


图 12.10　应用案例 12-2 内力图

对于有结点线位移的刚架来说，一般要考虑杆端剪力，建立线位移方向的静力平衡方程和刚结点处的力矩平衡方程，才能解出未知量，下面举例说明。

## 应用案例 12-3

用位移法计算图 12.11(a)所示超静定刚架的内力，并作出弯矩图。

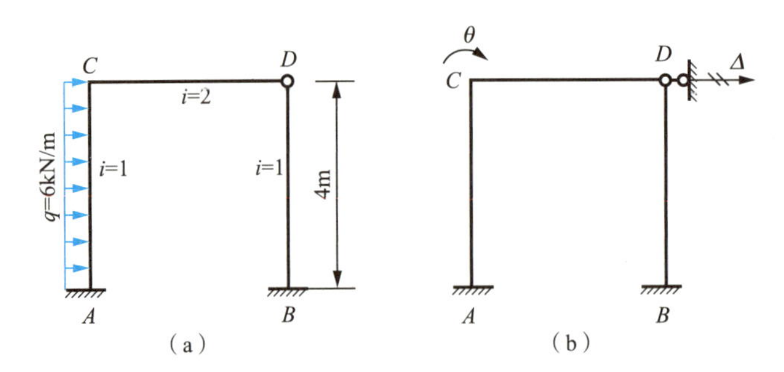


图 12.11　应用案例 12-3 图

【解】(1) 确定基本未知量。

此刚架有一个刚结点 $C$，其角位移记作$\theta$，有一个线位移，记作$\Delta$，如图 12.11(b)所示。

(2) 将刚架拆成单杆，如图 12.12 所示。

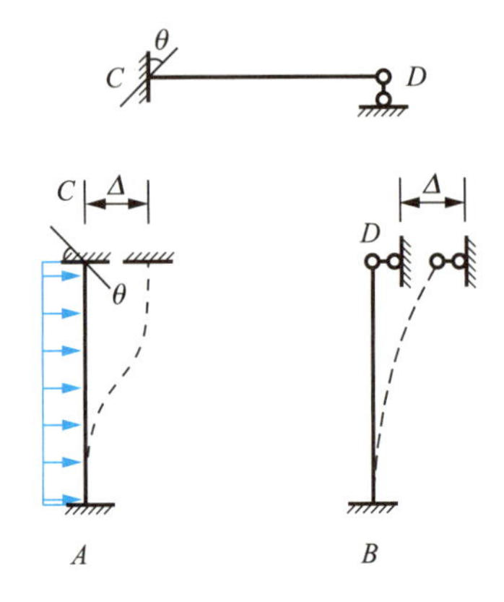


图 12.12　刚架拆成单杆图

(3) 写出转角位移方程。

$$M_{AC}=2i\theta-\frac{6i}{l}\Delta-\frac{1}{12}ql^2=2\theta-\frac{3}{2}\Delta-8$$

$$M_{CA}=4i\theta-\frac{6i}{l}\Delta+\frac{1}{12}ql^2=4\theta-\frac{3}{2}\Delta+8$$

$$M_{CD}=3i\theta=6\theta$$

$$M_{BD}=-\frac{3i}{l}\Delta=-\frac{3}{4}\Delta$$

$$F_{QAC}=-\frac{6i}{l}\theta+\frac{12i}{l^2}\Delta+\frac{ql}{2}=-\frac{3}{2}\theta+\frac{3}{4}\Delta+12$$

$$F_{QBD}=\frac{3i}{l^2}\Delta=\frac{3}{16}\Delta$$

(4) 考虑刚结点 $C$ 的力矩平衡，如图 12.13(a)所示。

由 $\sum M_C=0$　　　$M_{CA}+M_{CD}=0$

即　　　$10\theta-\frac{3}{2}\Delta+8=0$

取整体结构，考虑水平力的平衡，如图 12.13(b)所示。

由 $\sum X=0$　　　　$ql-F_{QAC}-F_{QBD}=0$

即　　　　$\frac{3}{2}\theta-\frac{15}{16}\Delta+12=0$

将上述两式联立，解得

$$\theta=1.47$$

$$\Delta=15.16$$

(5) 代入转角位移方程求出各杆端弯矩。

$$M_{AC}=2\theta-\frac{3}{2}\Delta-8=(2\times1.47-\frac{3}{2}\times15.16-8)\text{kN}\cdot\text{m}=27.79\text{kN}\cdot\text{m}$$

$$M_{CA}=4\theta-\frac{3}{2}\Delta+8=(4\times1.47-\frac{3}{2}\times15.61+8)\text{kN}\cdot\text{m}=8.82\text{kN}\cdot\text{m}$$

$$M_{CD}=6\theta=(6\times1.47)\text{kN}\cdot\text{m}=8.82\text{kN}\cdot\text{m}$$

$$M_{BD}=-\frac{3}{4}\Delta=(-\frac{3}{4}\times15.16)\text{kN}\cdot\text{m}=11.37\text{kN}\cdot\text{m}$$

(6) 作出弯矩图，如图 12.13(c)所示。

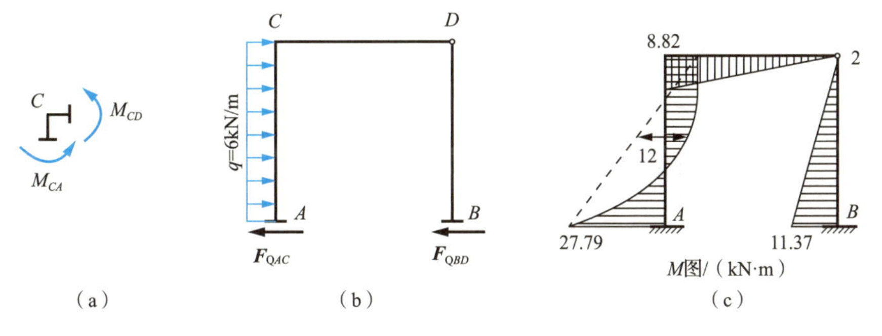


图 12.13　平衡及弯矩图

**【案例点评】**

用位移法求解超静定结构的内力，先确定基本未知量，将刚架拆成单杆，再写出转角位移方程，考虑刚结点 $C$ 的力矩平衡及整体结构(部分结构)水平力的平衡，求出基本未知量，代入转角位移方程求出各杆端弯矩，根据杆端弯矩及荷载用叠加法作出弯矩图。

# 12.4　力矩分配法的基本概念

力矩分配法是在位移法基础上发展起来的一种数值解法，它不必计算结点位移，也无须求解联立方程，可以直接通过代数运算得到杆端弯矩。计算时，逐个结点依次进行，和力法、位移法相比，力矩分配法计算过程较为简单直观，计算过程不容易出错。力矩分配法的适用对象是连续梁和无结点线位移刚架。在力矩分配法中，内力正负号的规定同位移法的规定一致。

杆件固定端转动单位角位移所引起的力矩称为该杆的转动刚度(转动刚度也可定义为使杆件固定端转动单位角位移所需施加的力矩)，记作 $S$。其中转动端称为近端，另一端称为远端。等截面直杆的转动刚度仅与远端约束有关，根据表 12-1($i$ 为线刚度)知

远端固定：　　　　　　$S=4i$

远端铰支：　　　　　　$S=3i$

远端双滑动支座：　　　$S=i$

以图 12.14(a)所示单结点刚架为例，说明力矩分配法的基本思路。

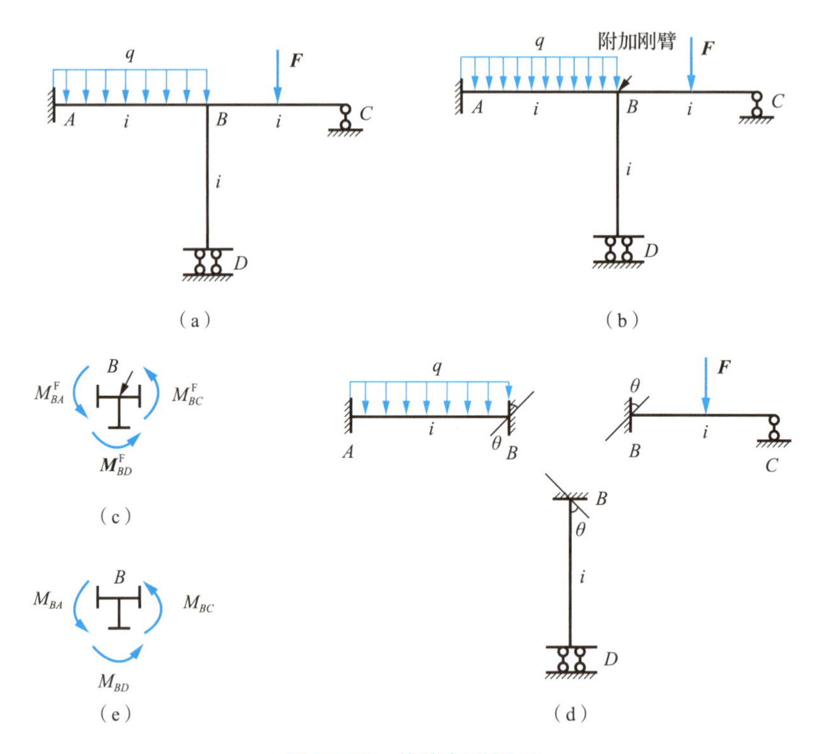


图 12.14　单结点刚架图

在荷载作用下，刚结点 $B$ 将产生一个角位移 $\theta$，同时还将传递内力。假如我们在 $B$ 结点人为增加一个称为刚臂的固定约束，这样，结点 $B$ 不能发生转动，也无法传递内力，我们把这一状态称为固定状态，如图 12.14(b)所示。固定状态下，由于各杆被约束隔离，荷载仅仅对直接作用的杆件有影响，对其他杆件无影响，因此可以独立地进行研究。这时候，杆件的杆端弯矩只是荷载单独引起的，称为固端弯矩，用 $M^{F}$ 表示，固端弯矩可以直接查表 12-1 得到。结点 $B$ 处的固端弯矩如图 12.14(c)所示(该例的 $BD$ 杆无荷载作用，所以 $M_{BD}^{F}=0$)，其总和 $M_{B}^{F}$ 为

$$M_{B}^{F}=M_{BA}^{F}+M_{BC}^{F}+M_{BD}^{F}$$

一般来说，$M_{B}^{F}$ 不等于零，称为结点不平衡力矩。

为了使结构受力状态与变形状态不改变，现放松转动约束，即去掉刚臂，如图 12.14(d)所示，我们把这个状态称为放松状态。这时，结点 $B$ 将产生角位移，并在各杆端(包括近端

和远端)引起杆端弯矩，记作 $M'$ 。由位移法可知，杆端最终(实际)弯矩由荷载下的固端弯矩与位移下的位移弯矩两部分组成，如果求出了放松状态下的各杆端位移弯矩，则固端弯矩与位移弯矩的代数和就是最终杆端弯矩，据此就可以绘制弯矩图。下面通过位移法来讨论如何根据结点不平衡力矩计算各杆端位移弯矩。将刚架拆成单杆，如图 12.14(d)所示。

## 12.4.1 近端位移弯矩的计算

图 12.14 中，刚架只有一个刚结点 $B$，对于 $AB$ 杆而言，$B$ 端为近端，$A$ 端为远端，远端为固定支座，转动刚度 $S_{BA}=4i$。同理，$BC$ 杆的 $B$ 端是近端，$C$ 端是远端，远端为铰支座，转动刚度 $S_{BC}=3i$。$BD$ 杆的 $B$ 端是近端，$D$ 端是远端，远端为双滑动支座，转动刚度 $S_{BD}=i$。根据位移法写出各杆近端($B$ 端)的杆端弯矩表达式：

$$M_{BA}=M'_{BA}+M^{\mathrm{F}}_{BA}=4i\theta+M^{\mathrm{F}}_{BA}=S_{BA}\theta+M^{\mathrm{F}}_{BA}$$
$$M_{BC}=M'_{BC}+M^{\mathrm{F}}_{BC}=3i\theta+M^{\mathrm{F}}_{BC}=S_{BC}\theta+M^{\mathrm{F}}_{BC}$$
$$M_{BD}=M'_{BD}+M^{\mathrm{F}}_{BD}=i\theta+M^{\mathrm{F}}_{BD}=S_{BD}\theta+M^{\mathrm{F}}_{BD}$$

式中，$M^{\mathrm{F}}_{BA}=\dfrac{ql^2}{12}$，$M^{\mathrm{F}}_{BC}=-\dfrac{3Fl}{16}$，$M^{\mathrm{F}}_{BD}=0$。

显然，杆的近端位移弯矩为

$$M'_{BA}=S_{BA}\theta$$
$$M'_{BC}=S_{BC}\theta$$
$$M'_{BD}=S_{BD}\theta$$

由 $B$ 结点的力矩平衡条件 $\sum M=0$[图 12.14(e)]，得

$$M_{BA}+M_{BC}+M_{BD}=0$$

即

$$S_{BA}\theta+M^{\mathrm{F}}_{BA}+S_{BC}\theta+M^{\mathrm{F}}_{BC}+S_{BD}\theta+M^{\mathrm{F}}_{BD}=0$$

解得未知量 $\theta$ 为

$$\theta=\frac{(-M^{\mathrm{F}}_{BA}-M^{\mathrm{F}}_{BC}-M^{\mathrm{F}}_{BD})}{S_{BA}+S_{BC}+S_{BD}}=\frac{\left(-\sum M^{\mathrm{F}}_{B}\right)}{\sum S_B}$$

将解得的未知量代入杆近端位移弯矩的表达式，得

$$M'_{BA}=S_{BA}\theta=\frac{S_{BA}}{\sum S_B}\left(-\sum M^{\mathrm{F}}_{B}\right)$$

$$M'_{BC}=S_{BC}\theta=\frac{S_{BC}}{\sum S_B}\left(-\sum M^{\mathrm{F}}_{B}\right)$$

$$M'_{BD}=S_{BD}\theta=\frac{S_{BD}}{\sum S_B}\left(-\sum M^{\mathrm{F}}_{B}\right)$$

上式中括号前的系数称为分配系数，记作 $\mu$，即

$$\mu_{BA}=\frac{S_{BA}}{\sum S_B}$$

$$\mu_{BC}=\frac{S_{BC}}{\sum S_B}$$

$$\mu_{BD}=\frac{S_{BD}}{\sum S_B}$$

由分配系数的表达式可知，一个杆件的杆端分配系数等于自身杆端转动刚度除以杆端结点所连各杆的杆端转动刚度之和。显然，

$$\mu_{BA}+\mu_{BC}+\mu_{BD}=1$$

由此可知，一个结点所连各杆的近端杆端位移弯矩总和在数值上等于结点不平衡力矩，但符号相反，即

$$\begin{aligned}M'_{BA}+M'_{BC}+M'_{BD}&=\frac{S_{BA}}{\sum S_B}\left(-\sum M_B^{\mathrm{F}}\right)+\frac{S_{BC}}{\sum S_B}\left(-\sum M_B^{\mathrm{F}}\right)+\frac{S_{BD}}{\sum S_B}\left(-\sum M_B^{\mathrm{F}}\right)\\&=\left(-\sum M_B^{\mathrm{F}}\right)\end{aligned}$$

而各杆的近端位移弯矩是将不平衡力矩变号后按比例分配得到的。

## 12.4.2 远端位移弯矩的计算

近端位移弯矩可通过固端弯矩按比例分配得到，而远端位移弯矩则可通过近端位移弯矩得到。设

$$\frac{M'_{BA}}{M'_{AB}}=C$$

即

$$M'_{BA}=CM'_{AB}$$

式中，$C$——传递系数。根据传递系数，远端位移弯矩可通过近端位移弯矩得到。

由表 12-1 知，当远端为固定支座时[图 12.15(a)]

$$\frac{M'_{BA}}{M'_{AB}}=\frac{2i}{4i}=\frac{1}{2}=C$$

即传递系数为 $C=1/2$

同理，当远端为铰支座时[图 12.15(b)]，传递系数为

$$C=0$$

当远端为双滑动支座时[图 12.15(c)]，传递系数为

$$C=-1$$

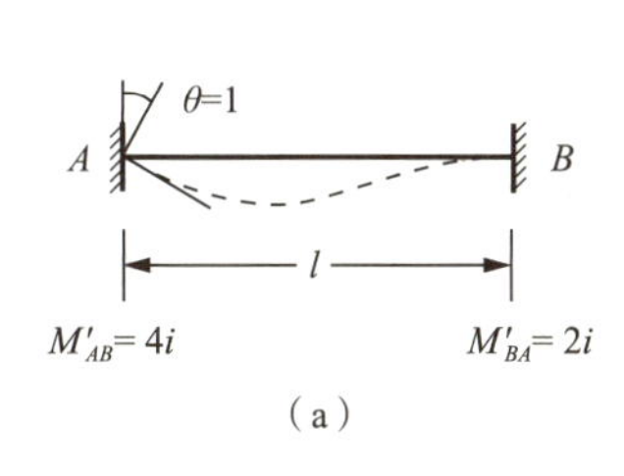

(a)

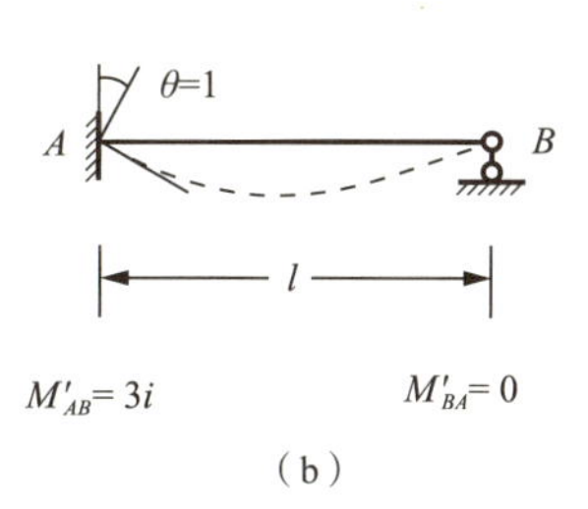

(b)

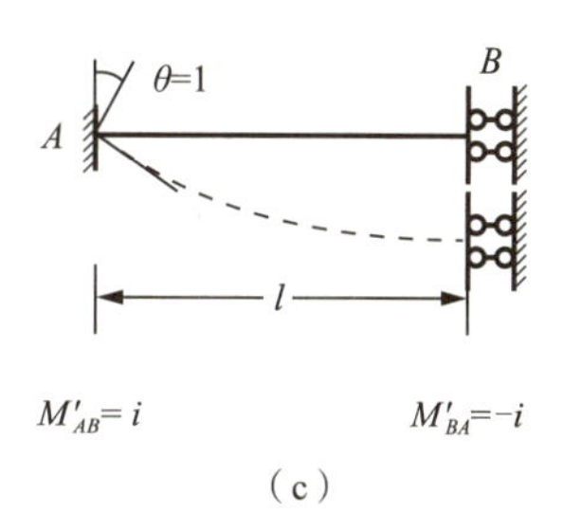

(c)

图 12.15 传递系数图

将前述转动刚度与传递系数进行归纳汇总，得表 12-2。

表 12-2 转动刚度与传递系数表

| 约 束 条 件 | 转动刚度 $S$ | 传递系数 $C$ |
|---|---|---|
| 近端固定、远端固定 | $4i$ | 1/2 |
| 近端固定、远端铰支 | $3i$ | 0 |
| 近端固定、远端双滑动 | $i$ | −1 |
| 近端固定、远端自由 | 0 | 0 |

由以上讨论可知，力矩分配法的思想就是首先将刚结点锁定，得到荷载单独作用下的杆端弯矩，然后，任取一个结点作为起始结点，计算其不平衡力矩。接着放松该结点，允许产生角位移，并依据平衡条件，通过分配不平衡力矩得到位移引起的杆近端位移弯矩，再由杆近端位移弯矩传递得到杆远端位移弯矩。该结点的计算结束后，仍将其锁定，再换一个刚结点，重复上述计算过程，直至计算结束。由于力矩分配法属于逐次逼近法，因此计算可能不止一个轮次(所有结点计算一遍称为一个轮次)，当误差在允许范围内时即可停止计算。最后将各结点的固端弯矩与位移弯矩代数相加，得到最终杆端弯矩，据此绘制弯矩图。

### 拓展讨论

1. 超静定结构用力法、位移法、力矩分配法分析，你认为哪种方法更方便？
2. 在工程上比较常用的计算超静定结构的方法有哪些？

## 12.5 用力矩分配法计算连续梁和无侧移刚架

力矩分配法的计算步骤如下。

(1) 将各刚结点看作是锁定的，查表 12-1 得到各杆的固端弯矩。

(2) 计算各杆的线刚度 $i=\dfrac{EI}{l}$、转动刚度 $S$，确定刚结点处各杆的分配系数$\mu$，并用结点处总分配系数为 1 进行验算。

(3) 计算刚结点处的不平衡力矩 $\sum M^{F}$，将结点不平衡力矩变号分配，得到近端位移弯矩。

(4) 根据远端约束条件确定传递系数 $C$，计算远端位移弯矩。

(5) 依次对各结点循环进行分配、传递计算，当误差在允许范围内时，终止计算，然后将各杆端的固端弯矩与位移弯矩进行代数相加，得出最后的杆端弯矩。

(6) 根据最终杆端弯矩值及位移法下的弯矩正负号规定绘制弯矩图。

## 应用案例 12-4

用力矩分配法求图 12.16(a)所示两跨连续梁的弯矩图。

**【解】** 该梁只有一个刚结点 $B$。

(1) 查表 12-1，求出各杆端的固端弯矩。

$$M_{AB}^{\mathrm{F}}=-\frac{Fl}{8}=\left(-\frac{120\times 4}{8}\right)\mathrm{kN\cdot m}=-60\mathrm{kN\cdot m}$$

$$M_{BA}^{\mathrm{F}}=\frac{Fl}{8}=\left(\frac{120\times 4}{8}\right)\mathrm{kN\cdot m}=60\mathrm{kN\cdot m}$$

$$M_{BC}^{\mathrm{F}}=-\frac{ql^2}{8}=\left(-\frac{15\times 4^2}{8}\right)\mathrm{kN\cdot m}=-30\mathrm{kN\cdot m}$$

$$M_{CB}^{\mathrm{F}}=0$$

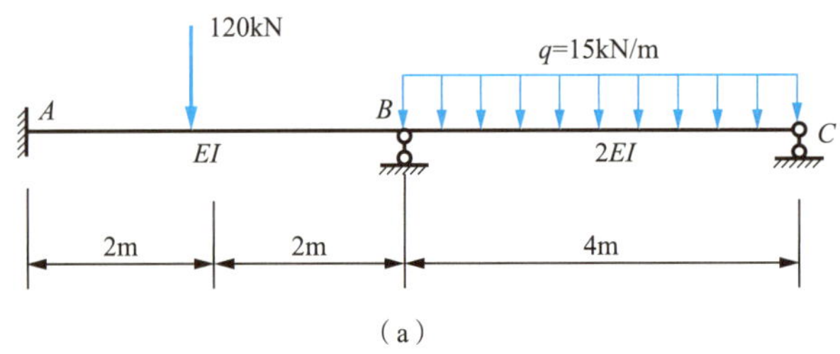

(a)

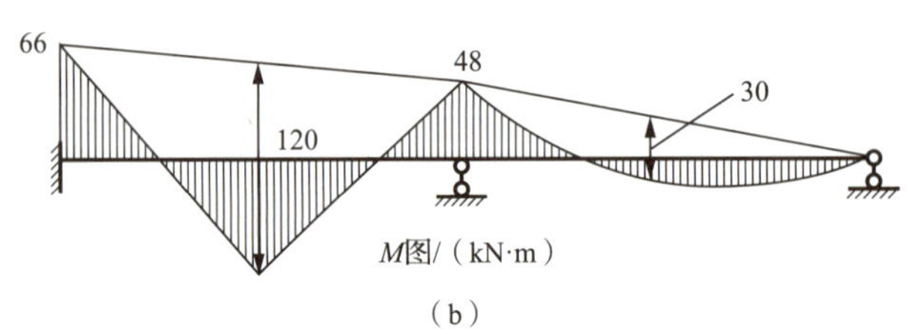

(b)

图 12.16 应用案例 12-4 图

(2) 计算各杆的线刚度、转动刚度与分配系数。

线刚度

$$i_{AB}=\frac{EI}{4}$$

$$i_{BC}=\frac{2EI}{4}=\frac{EI}{2}$$

转动刚度

$$S_{BA}=4i_{AB}=EI$$

$$S_{BC}=3i_{BC}=\frac{3EI}{2}$$

分配系数

$$\mu_{BA}=\frac{S_{BA}}{S_{BA}+S_{BC}}=\frac{EI}{EI+\dfrac{3EI}{2}}=0.4$$

$$\mu_{BC}=\frac{S_{BC}}{S_{BA}+S_{BC}}=\frac{\dfrac{3EI}{2}}{EI+\dfrac{3EI}{2}}=0.6$$

(3) 通过列表方式计算分配弯矩与传递弯矩，见表 12-3。

表 12-3　应用案例 12-4 表（弯矩单位：kN · m）

| 弯矩位置 | $M_{AB}$ | $M_{BA}$ | $M_{BC}$ | $M_{CB}$ |
|---|---|---|---|---|
| 分配系数 | | 0.4 | 0.6 | |
| 固端弯矩 | −60 | 60 | −30 | 0 |
| 分配、传递计算 | −6 ⟵ (C = 1/2) | −12 | −18 ⟶ (C = 0) | 0 |
| 最后的弯矩 | −66 | 48 | −48 | 0 |

将固端弯矩和分配系数填入表中，然后根据表中数据进行计算。

$B$ 结点不平衡力矩为

$$M_B^{\mathrm{F}}=M_{BA}^{\mathrm{F}}+M_{BC}^{\mathrm{F}}=(60-30)\mathrm{kN\cdot m}=30\mathrm{kN\cdot m}$$

$$M'_{BA}=\mu_{BA}\cdot(-M_B)=[0.4\times(-30)]\mathrm{kN\cdot m}=-12\mathrm{kN\cdot m}$$

$$M'_{BC}=\mu_{BC}\cdot(-M_B)=[0.6\times(-30)]\mathrm{kN\cdot m}=-18\mathrm{kN\cdot m}$$

(4) 叠加计算，得出最后的杆端弯矩，作弯矩图，如图 12.16(b)所示。

## 应用案例 12-5

用力矩分配法求图 12.17(a)所示无结点线位移刚架的弯矩图。

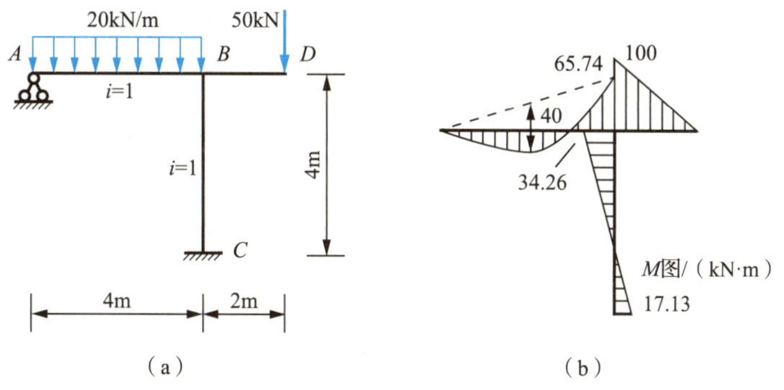


图 12.17　应用案例 12-5 图

【解】(1) 确定刚结点 $B$ 处各杆的分配系数。

$$S_{BA}=3\times1=3$$

$$S_{BC}=4\times1=4$$

$$S_{BD}=0$$

这里 $BD$ 杆为近端固定、远端自由，属于静定结构，转动刚度为 0，则分配系数为

$$\mu_{BA}=\frac{3}{3+4}=0.429$$

$$\mu_{BC}=\frac{4}{3+4}=0.571$$

$$\mu_{BD}=0$$

(2) 计算固端弯矩。

$$M_{BA}^{F}=\frac{ql^2}{8}=\left(\frac{20\times4^2}{8}\right)\text{kN}\cdot\text{m}=40\text{kN}\cdot\text{m}$$

$$M_{BD}^{F}=-Fl=(-50\times2)\text{kN}\cdot\text{m}=-100\text{kN}\cdot\text{m}$$

$$M_{BC}^{F}=0$$

(3) 力矩分配计算见表 12-4。

表 12-4　应用案例 12-5 表（弯矩单位：kN · m）

| 弯矩位置 | $M_{AB}$ | $M_{BA}$ | $M_{BC}$ | $M_{CB}$ | $M_{BD}$ | $M_{DB}$ |
|---|---|---|---|---|---|---|
| 分配系数 | | 0.429 | 0.571 | | 0 | |
| 固端弯矩 | 0 | 40 | 0 | 0 | −100 | 0 |
| 分配、传递计算 | 0 ⟵ | 25.74 | 34.26 ⟶ | 17.13 | <u>0</u> ⟶ | 0 |
| 杆端弯矩 | 0 | ~~65.74~~ | ~~34.26~~ | 17.13 | −100 | 0 |

显然，刚结点 $B$ 满足结点力矩平衡条件 $\sum M_B=0$，弯矩图如图 12.17(b)所示。

## 应用案例 12-6

用力矩分配法求图 12.18(a)所示三跨连续梁的弯矩图，$EI$ 为常数。

**【解】**(1) 计算各杆端的固端弯矩。

$$M_{AB}^{F}=-\frac{ql^2}{12}=\left(-\frac{15\times8^2}{12}\right)\text{kN}\cdot\text{m}=-80\text{kN}\cdot\text{m}$$

$$M_{BA}^{F}=\frac{ql^2}{12}=\left(\frac{15\times8^2}{12}\right)\text{kN}\cdot\text{m}=80\text{kN}\cdot\text{m}$$

$$M_{BC}^{F}=-\frac{Fl}{8}=\left(-\frac{100\times6}{8}\right)\text{kN}\cdot\text{m}=-75\text{kN}\cdot\text{m}$$

$$M_{CB}^{F}=\frac{Fl}{8}=75\text{kN}\cdot\text{m}$$

$$M_{CD}^{F}=-\frac{ql^2}{8}=\left(-\frac{15\times8^2}{8}\right)\text{kN}\cdot\text{m}=-120\text{kN}\cdot\text{m}$$

$$M_{DC}^{F}=0$$

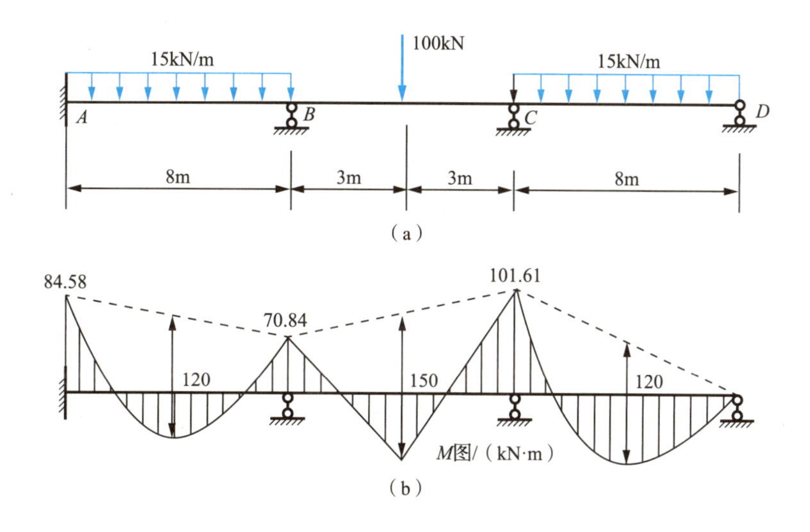


图 12.18 应用案例 12-6 图

(2) 确定各刚结点处各杆的分配系数，为了计算简便，可令 $EI=1$。

$B$ 结点处

$$S_{BA}=4i_{AB}=4\times\frac{1}{8}=\frac{1}{2}$$

$$S_{BC}=4i_{BC}=4\times\frac{1}{6}=\frac{2}{3}$$

$$\mu_{BA}=\frac{\frac{1}{2}}{\frac{1}{2}+\frac{2}{3}}=0.429$$

$$\mu_{BC}=\frac{\frac{2}{3}}{\frac{1}{2}+\frac{2}{3}}=0.571$$

$C$ 结点处

$$S_{CB}=4i_{BC}=4\times\frac{1}{6}=\frac{2}{3}$$

$$S_{CD}=3i_{CD}=3\times\frac{1}{8}=\frac{3}{8}$$

$$\mu_{CB}=\frac{\frac{2}{3}}{\frac{2}{3}+\frac{3}{8}}=0.64$$

$$\mu_{CD}=\frac{\frac{3}{8}}{\frac{2}{3}+\frac{3}{8}}=0.36$$

(3) 将分配系数和固端弯矩填入计算表中。首先计算 $C$ 结点，$C$ 结点的不平衡力矩为 $-45\text{kN}\cdot\text{m}$，放松 $C$ 结点，将不平衡力矩变号分配并进行传递，$C$ 结点暂时处于平衡状态，然后锁定 $C$ 结点。接着计算 $B$ 结点，$B$ 结点处的不平衡力矩除固端弯矩外，还有 $C$ 结点传递过来的位移弯矩，所以 $B$ 结点处的不平衡力矩为

$$(80-75+14.4)\text{kN}\cdot\text{m}=19.4\text{kN}\cdot\text{m}$$

放松 $B$ 结点，将不平衡力矩变号分配并进行传递，$B$ 结点暂时处于平衡状态，然后锁定 $B$ 结点。第一轮计算完成。

原来 $C$ 结点处于平衡状态，但是现在 $B$ 结点处传来一个传递弯矩，形成一个新的不平衡力矩，所以必须开始新一轮计算。

第二轮计算结束后，如果新的不平衡力矩值很小，在允许误差范围内，则可以停止计算；否则应继续下一轮计算。

停止分配、传递计算后，将杆端所有固端弯矩、分配弯矩、传递弯矩(即表中同一列的弯矩值)代数相加，得到最终杆端弯矩，见表 12-5。

表 12-5　应用案例 12-6 表（弯矩单位：kN·m）

| 弯矩位置 | $M_{AB}$ | $M_{BA}$ | $M_{BC}$ | $M_{CB}$ | $M_{CD}$ | $M_{DC}$ |
|---|---|---|---|---|---|---|
| 分配系数 | | 0.429 | 0.571 | 0.64 | 0.36 | |
| 固端弯矩 | -80 | 80 | -75 | 75 | -120 | 0 |
| 分配、传递计算 | | | 14.4 ← | 28.8 | 16.2 → | 0 |
| | -4.16 ← | -8.32 | -11.08 → | -5.54 | | |
| | | | 1.78 ← | 3.55 | 1.99 → | 0 |
| | -0.38 ← | -0.76 | -1.02 → | -0.51 | | |
| | | | 0.17 ← | 0.33 | 0.18 → | 0 |
| | -0.04 ← | -0.07 | -0.10 → | -0.05 | | |
| | | | 0.02 ← | 0.03 | 0.02 → | 0 |
| | | -0.01 | -0.01 | | | |
| 杆端弯矩 | -84.58 | 70.84 | -70.84 | 101.61 | -101.61 | 0 |

根据最终杆端弯矩就可绘制弯矩图，如图 12.18(b)所示。显然，刚结点 $B$ 满足结点力矩平衡条件 $\sum M_B=0$；刚结点 $C$ 也满足结点力矩平衡条件 $\sum M_C=0$。

**【案例点评】**

对于多个分配结点的计算，要注意计算顺序，一般先从结点不平衡力矩大的结点开始分配，这样可加快收敛速度。

## 应用案例 12-7

用力矩分配法求图 12.19(a)所示连续梁的弯矩图，$EI$ 为常数。

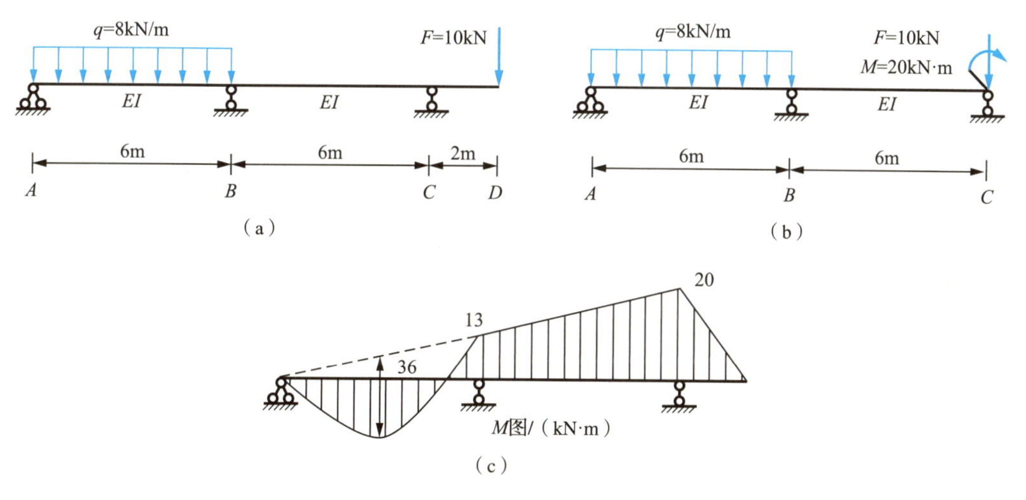


图 12.19 应用案例 12-7 图

**【解】** 为了计算简便，可以在 $C$ 支座处将整个梁分为两部分，悬臂段 $CD$ 为静定结构，其内力由平衡条件即可求得，可按悬臂梁进行计算。$\boldsymbol{F}$ 力的作用根据等效原理简化到 $C$ 点，为一个力和一个力偶，力直接作用在支座上，不引起弯矩，只需考虑集中力偶 $M$，视其为荷载，如图 12.19(b)所示，如此就只需根据简化后的单结点连续梁进行计算即可。

(1) 计算固端弯矩。

$$M_{AB}^{\mathrm{F}} = 0$$

$$M_{BA}^{\mathrm{F}} = \frac{ql^2}{8} = \left(\frac{8\times 6^2}{8}\right)\mathrm{kN\cdot m} = 36\mathrm{kN\cdot m}$$

$$M_{BC}^{\mathrm{F}} = \frac{M}{2} = 10\mathrm{kN\cdot m}$$

$$M_{CB}^{\mathrm{F}} = M = 20\mathrm{kN\cdot m}$$

(2) 确定刚结点处各杆的分配系数。

$$S_{BA} = 3i_{AB} = \frac{3EI}{6} = \frac{1}{2}$$

$$\mu_{BA} = \frac{\frac{1}{2}}{\frac{1}{2}+\frac{1}{2}} = 0.5$$

$$S_{BC} = 3i_{BC} = \frac{3EI}{6} = \frac{1}{2}$$

$$\mu_{BC} = \frac{\frac{1}{2}}{\frac{1}{2}+\frac{1}{2}} = 0.5$$

(3) 固端弯矩、分配弯矩、传递弯矩及最后杆端弯矩见表 12-6。显然，刚结点 $B$、$C$ 均满足结点力矩平衡条件。弯矩图如图 12.19(c)所示。

表 12-6　应用案例 12-7 表（弯矩单位：kN · m）

| 弯矩位置 | $M_{AB}$ | | $M_{BA}$ | $M_{BC}$ | | $M_{CB}$ |
|---|---|---|---|---|---|---|
| 分配系数 | | | 0.5 | 0.5 | | |
| 固端弯矩 | 0 | | 36 | 10 | | 20 |
| 分配、传递计算 | 0 | ← (C = 0) | −23 | −23 | → (C = 0) | 0 |
| 杆端弯矩 | 0 | | 13 | −13 | | 20 |

【案例点评】

本案例连续梁伸出端的处理方法，可以减少分配结点，大大减少计算工作量。

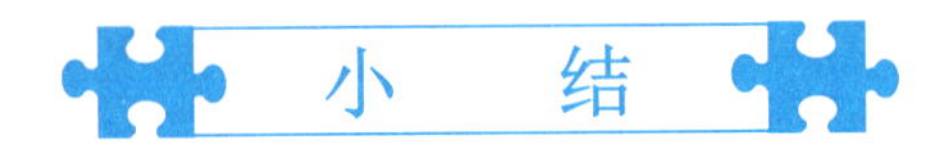


位移法以结点位移作为基本未知量，根据静力平衡条件求解基本未知量。计算时将整个结构拆成单杆，分别计算各个杆件的杆端弯矩。杆件的杆端弯矩由固端弯矩和位移弯矩两部分组成，固端弯矩和位移弯矩均可查表 12-1 获得，根据查表结果写出含有基本未知量的转角位移方程，接着根据静力平衡条件求解基本未知量，将解得的基本未知量代入转角位移方程就得到了杆端弯矩。最后绘制弯矩图，同时根据弯矩图及静力平衡条件可计算剪力、轴力，并绘制剪力图与轴力图。

在运用位移法进行计算和绘制弯矩图时，应注意位移法的弯矩正负号规定：杆端弯矩顺时针为正，结点处弯矩逆时针为正。

位移法基本未知量个数的判定：角位移个数等于结构的刚结点个数；独立结点线位移个数等于限制所有结点线位移所需添加的链杆数。

力矩分配法是建立在位移法基础上的一种数值逼近法，不需要求解未知量。对于单结点结构，计算结果是精确结果；对于两个及以上结点的结构，力矩分配法是一种近似计算方法，但其误差是收敛的，换句话说，即可以循环计算直至误差在允许范围内。

力矩分配法的计算步骤如下。

(1) 将各刚结点看作是锁定的(即将结构拆成单杆)，查表 12-1 得到各杆的固端弯矩。

(2) 计算各杆的线刚度 $i=\dfrac{EI}{l}$、转动刚度 $S$，确定刚结点处各杆的分配系数$\mu$，并用结点处总分配系数为 1 进行验算。

钱学森

(3) 计算刚结点处的不平衡力矩 $\sum M^{\mathrm{F}}$，将结点不平衡力矩变号分配，得到近端位移弯矩。

(4) 根据远端约束条件确定传递系数 $C$，计算远端位移弯矩。

(5) 依次对各结点循环进行分配、传递计算，当误差在允许范围内时，终止计算，然后将各杆端的固端弯矩与位移弯矩进行代数相加，得出最后的杆端弯矩。

(6) 根据最终杆端弯矩值及位移法下的弯矩正负号规定绘制弯矩图。

## 思考题

(1) 位移法的基本未知量是什么？如何确定其数目？

(2) 杆端弯矩的正负号是如何规定的？

(3) 位移法求解未知量的方程是如何建立的？

(4) 力矩分配法的适用条件是什么？

(5) 如何确定杆端转动刚度 $S$?

(6) 如何计算分配系数$\mu$？

(7) 如何确定传递系数 $C$？

(8) 什么是结点不平衡力矩？分配时应如何处理不平衡力矩？

## 习题

### 一、填空题

(1) ________是以结点位移作为基本未知量，求解超静定结构的方法。

(2) 位移法以结点位移作为基本未知量，结点位移包括结点________和________。

(3) 结点角位移等于____________。

(4) 力矩分配法适用于计算________和________的内力。

(5) 杆端的转动刚度表示了杆端抵抗转动变形的能力，它与杆件的________和________有关；而与杆件的________无关。

(6) 单跨超静定梁在荷载单独作用下引起的杆端弯矩称为________。

### 二、单选题

(1) 传递系数等于远端传递弯矩和近端分配弯矩之比。当远端为固定端时，传递系数等于(　　)；当远端为铰支座时，传递系数等于(　　)。

A. 1　　B. 0.5　　C. 2　　D. 0

(2) 杆端的转动刚度表示了杆端抵抗转动变形的能力，当杆件的线刚度为 $i$，若远端支承为固定端，杆端的转动刚度等于(　　)；若远端支承为滑动支承，杆端的转动刚度等于(　　)。

A. $3i$　　B. 0　　C. $4i$　　D. $i$

(3) 杆端弯矩(　　)方向转动为负。

A. 绕结点逆时针　　B. 绕杆端逆时针

C. 绕杆端顺时针　　D. 绕结点顺时针

(4) 固端弯矩(　　)方向转动为正。

A. 绕结点逆时针　　B. 绕杆端逆时针

C. 绕杆端顺时针　　D. 绕结点顺时针

## 三、判断题

(1) 力矩分配法将各结点的固端弯矩、分配弯矩与传递弯矩相加得到最终杆端弯矩。(　　)

(2) 远端弯矩等于近端弯矩乘以分配系数。(　　)

(3) 传递系数随远端的支承情况的不同而不同，若远端固定，$C=0.5$。(　　)

(4) 一等截面直杆的线刚度为 $i$，近端为分配结点，远端为铰支座，则该等截面直杆的转动刚度为 $3i$。(　　)

(5) 力矩分配法无须解联立方程就可以直接计算杆端弯矩，适合求连续梁和无侧移刚架的内力。(　　)

(6) 力矩分配法中规定杆端弯矩顺时针方向为正。(　　)

(7) 只能以结点角位移作为基本未知量，求解超静定结构的方法称为位移法。(　　)

(8) 力矩分配法可求解任意超静定结构。(　　)

## 四、主观题

(1) 确定图 12.20 所示超静定结构的位移法基本未知量。

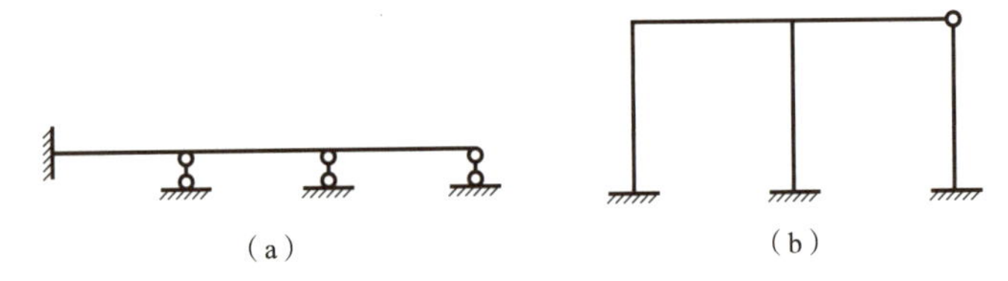


图 12.20　主观题(1)图

(2) 用位移法求图 12.21 所示梁的弯矩图，$EI$ 为常数。

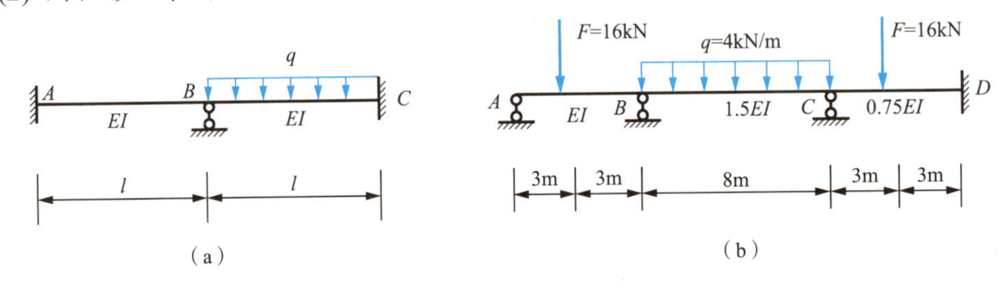


图 12.21　主观题(2)图

(3) 用位移法绘制图 12.22 所示刚架的弯矩图。

(4) 试用力矩分配法计算图 12.23 所示超静定梁，并绘制弯矩图，$EI$ 均为常数。

(5) 试用力矩分配法计算图 12.24 所示刚架内力，作出弯矩图，$EI$ 均为常数。

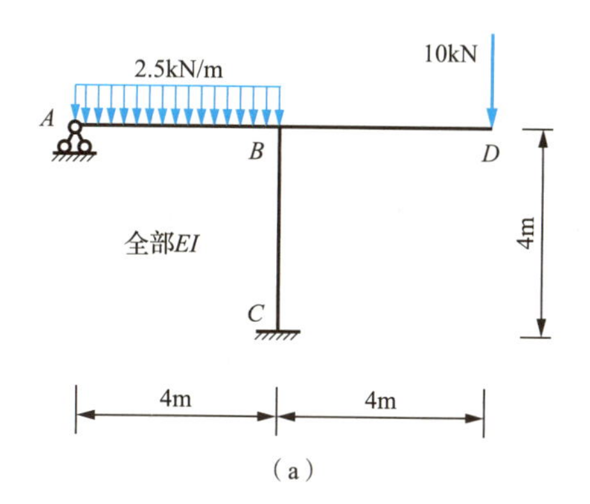


(a)

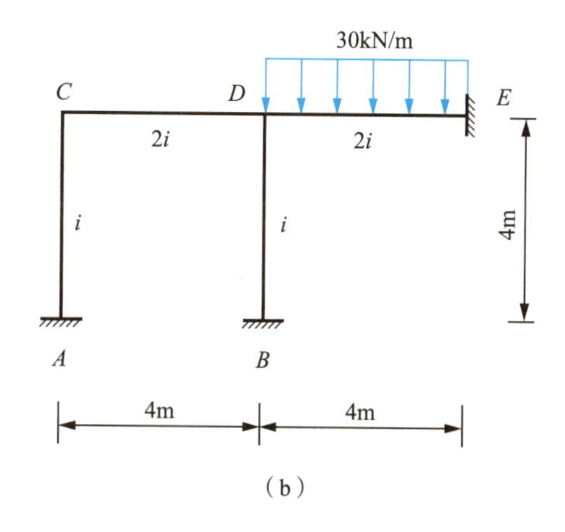


(b)

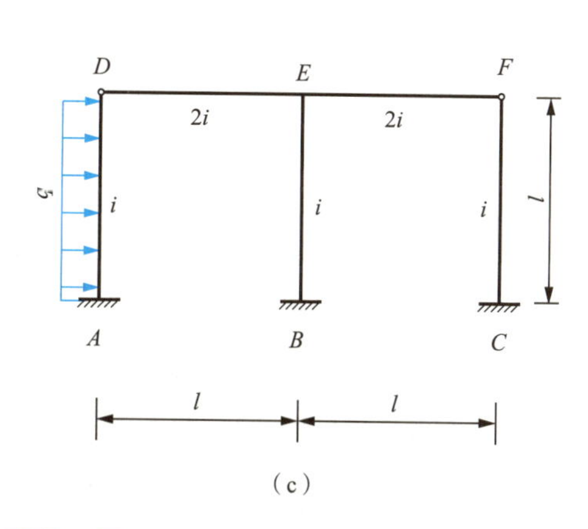


(c)

图 12.22 主观题(3)图

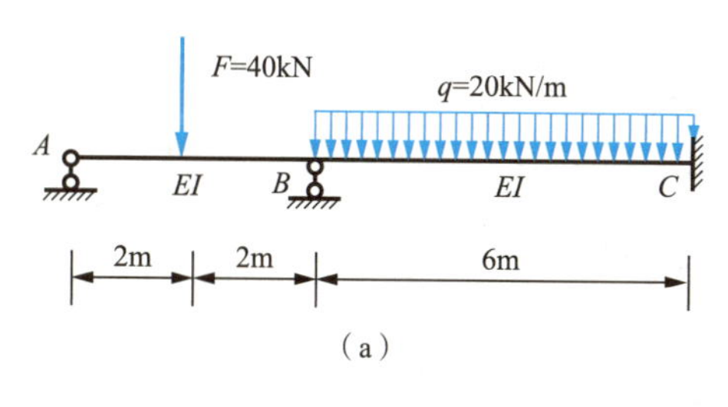


(a)

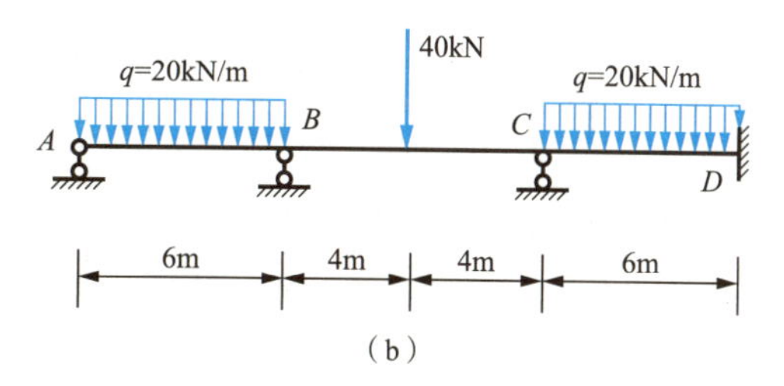


(b)

图 12.23 主观题(4)图

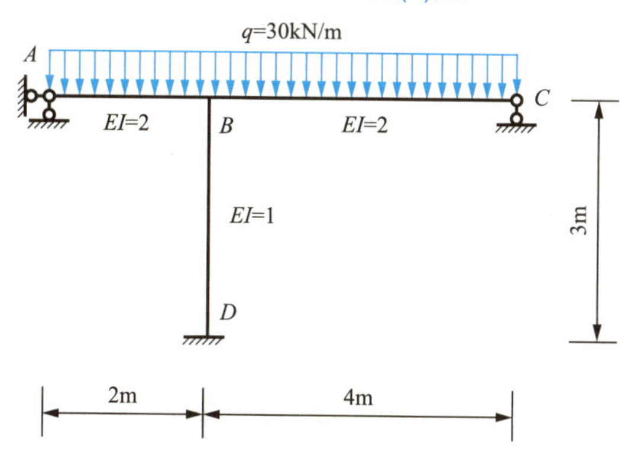


图 12.24 主观题(5)图

# 第13章 影 响 线

## 教学目标

掌握影响线的概念，理解影响线的绘制方法，能熟练绘制静定梁的影响线，能应用影响线讨论荷载的不利位置。

## 教学要求

| 知识要点 | 能力要求 | 所占比重 |
|---|---|---|
| 影响线的概念、移动荷载、量值 | 掌握影响线的概念 | 10% |
| 静力法绘制静定梁的影响线、静力平衡条件 | (1) 能应用静力平衡条件<br>(2) 能建立量值关于移动荷载位置的函数关系，并作影响线图 | 25% |
| 机动法绘制静定梁的影响线、虚位移原理、各类约束的约束条件 | 能根据约束条件判断杆件的刚体位移，并作影响线图 | 20% |
| 机动法绘制连续梁的影响线、各类约束的约束条件 | 熟练地根据约束条件判断杆件的弹性位移，并作影响线图形 | 20% |
| 单个集中力、一组已知间距的集中力、定长与不定长均布线荷载、确定移动荷载的不利位置 | (1) 能确定各种荷载的不利位置<br>(2) 能应用影响线求量值 | 15% |
| 绝对最大弯矩与包络图的概念 | 了解绝对最大弯矩与包络图的概念 | 10% |

## 学习重点

影响线的概念、静力法和机动法绘制影响线、利用影响线计算移动荷载作用下的最大量值。

### 生活知识提点

杂技表演时，演员在钢丝上行走，我们清楚地看到演员行走到不同的位置，钢丝受到的力是不同的。演员行走与钢丝受力之间存在怎样的关系呢？

### 引例

工程中经常会碰到荷载位置变动的情况，如吊车梁上行驶的吊车对梁的作用、桥梁上的车辆荷载等，这些荷载对梁的作用不同于荷载位置不变的情况，由于荷载位置在不断的变化，其内力、变形等也是变化的，这就需要讨论内力、应力、变形等量值的变化规律。

## 13.1 影响线的概念

影响线

桥梁上行驶的火车、汽车，房屋里活动的人群，吊车梁上行驶的吊车，等等，这类作用位置经常变动的荷载称为移动荷载。常见的移动荷载有：单个集中力、间距保持不变的几个集中力(称为行列荷载)和均布荷载。为了简化问题，我们往往先从单个移动荷载的分析入手，再根据叠加原理来分析多个荷载及均布荷载作用的情形。

工程计算中的各种物理量和几何量，我们统称为量值，记作 $Z$。

由于移动荷载的作用位置是变化的，使得结构的支座反力、截面内力、应力、变形等也是变化的。因此，在移动荷载作用下，我们不仅要了解结构不同部位处量值的变化规律，还要了解结构同一点处的量值随荷载位置变化而变化的规律，以便找出可能发生的最大内力是多少，发生的位置在哪里，此时荷载位置又怎样，从而保证结构的安全设计和施工。量值随荷载位置变化而变化的规律用一个图像来表示时，该图像就称为量值的影响线，即反映结构内力、反力等量值随荷载位置变化而变化的规律的图像称为影响线。由于工程中的量值与荷载呈线性关系，因此讨论影响线时，通常取大小为 1 的单位荷载来进行研究。

绘制影响线时，用水平轴表示荷载的作用位置，纵轴表示量值的大小，正量值画在水平轴的上方，负量值画在水平轴的下方。

## 13.2 静力法作单跨静定梁的影响线

利用静力平衡条件建立量值关于荷载作用位置的函数关系，进而绘制该量值影响线的方法称为静力法。

图 13.1(a)所示的简支梁，作用有单位移动荷载 $F_0 = 1$。取 $A$ 点为坐标原点，以 $x$ 表示荷载作用点的横坐标，下面分析 $A$ 支座反力 $F_{Ay}$ 随移动荷载作用点坐标 $x$ 的变化而变化的规律，亦即根据静力平衡条件建立 $A$ 支座的反力 $F_{Ay}$ 关于移动荷载作用点坐标 $x$ 的函数式，假设支座反力向上为正。

(1) 当 $0 \leqslant x \leqslant l$ 时，根据平衡条件 $\sum M_B = 0$，得

$$-F_{Ay} \cdot l + F_0 \cdot (l - x) = 0$$

解得

$$F_{Ay} = \frac{l - x}{l}$$

上式表示 $F_{Ay}$ 关于荷载位置坐标 $x$ 的变化规律，是一个直线函数关系，由此可以作出 $F_{Ay}$ 影响线，如图 13.1(b)所示。

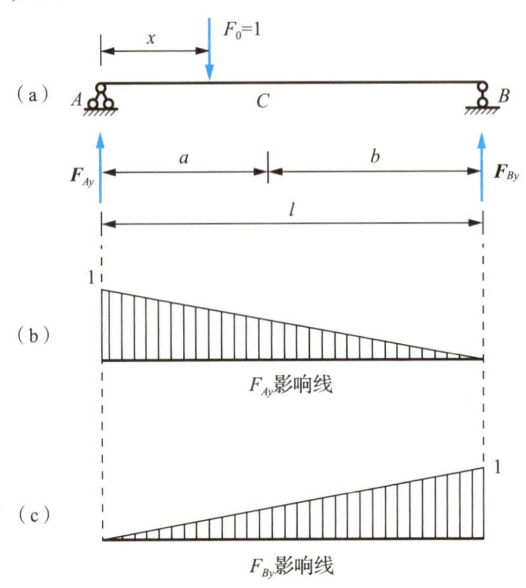


图 13.1　简支梁支座反力影响线

【点评】

从以上可以看出：当荷载作用在 $A$ 点时，即当 $x = 0$ 时，$F_{Ay} = 1$；当荷载作用在 $B$ 点时，即当 $x = l$ 时，$F_{Ay} = 0$。显然，当 $x = 0$ 时，$F_{Ay}$ 达到最大，所以，$A$ 点是 $F_{Ay}$ 的荷载最不利位置。在荷载移动过程中，$F_{Ay}$ 的值在 0 和 1 之间变动。

$B$ 支座的反力 $F_{By}$ 的影响线也可由静力平衡条件得到。

(2) 当 $0 \leqslant x \leqslant l$ 时，根据平衡条件 $\sum M_A = 0$，得

$$F_{By} \cdot l - F_0 \cdot x = 0$$

解得

$$F_{By} = \frac{x}{l}$$

上式表示 $F_{By}$ 关于荷载位置坐标 $x$ 的变化规律，也是一个直线函数关系，由此可以作出 $F_{By}$ 影响线，如图 13.1(c)所示。

【点评】

从以上可以看出：当荷载作用在 $A$ 点时，即当 $x = 0$ 时，$F_{By} = 0$；当荷载作用在 $B$ 点时，即当 $x = l$ 时，$F_{By} = 1$。显然，当 $x = l$ 时，$F_{By}$ 达到最大值，所以，$B$ 点是 $F_{By}$ 的荷载最不利位置。在荷载移动过程中，$F_{By}$ 的值在 0 和 1 之间变动。

**知识链接**

平衡方程的建立，支座反力的计算。

下面讨论简支梁在移动荷载作用下，$C$ 截面内力的影响线。在研究内力影响线时，剪力正负号规定和弯矩正负号规定仍然和以前相同。

图 13.2(a)所示简支梁，前文已求得两支座反力的影响线为

$$F_{Ay}=\frac{l-x}{l}$$

$$F_{By}=\frac{x}{l}$$

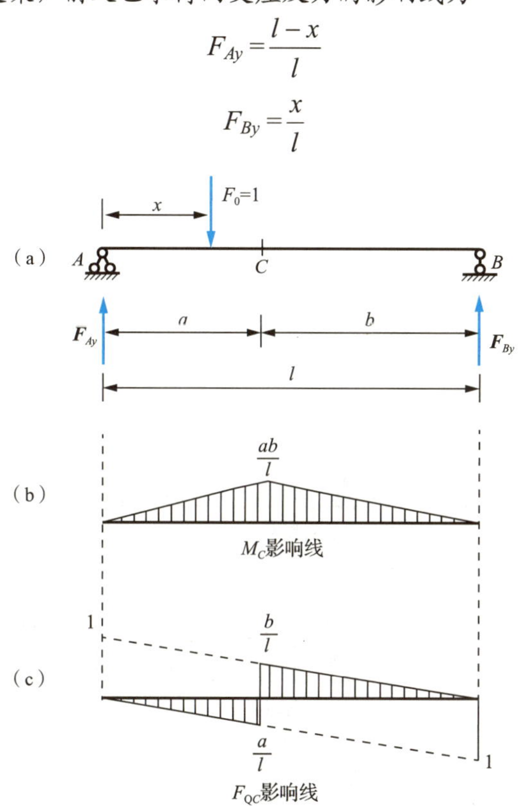


图 13.2　简支梁内力影响线

先讨论 $C$ 截面的弯矩影响线。当单位力 $F_0$ 在梁上移动时，$C$ 截面弯矩也随之变化，根据截面法可以得知：

当 $F_0$ 在 $AC$ 段上移动时，即当 $0\leqslant x\leqslant a$ 时，可得

$$M_C=F_{By}\cdot b=\frac{bx}{l}$$

当 $F_0$ 在 $CB$ 段上移动时，即当 $a\leqslant x\leqslant l$ 时，可得

$$M_C=F_{Ay}\cdot a=a\frac{l-x}{l}$$

$M_C$ 的影响线在 $AC$ 段和 $CB$ 段上都为斜直线，其图像如图 13.2(b)所示。

下面讨论 $C$ 截面的剪力影响线。当单位力 $F_0$ 在梁上移动时，$C$ 截面剪力也随之变化，根据截面法可以得知：

当 $F_0$ 在 $AC$ 段上移动时，即当 $0 \leqslant x \leqslant a$ 时，可得

$$F_{QC} = -F_{By} = -\frac{x}{l}$$

当 $F_0$ 在 $CB$ 段上移动时，即当 $a < x \leqslant l$ 时，可得

$$F_{QC} = F_{Ay} = \frac{l-x}{l}$$

$F_{QC}$ 的影响线在 $AC$ 段和 $CB$ 段上都为斜直线，其图像如图 13.2(c)所示。

## 应用案例 13-1

作图 13.3(a)所示外伸梁支座反力的影响线。

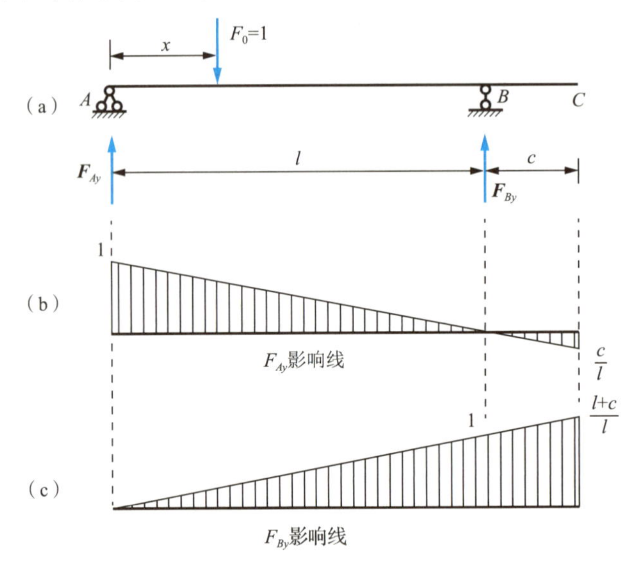


图 13.3　外伸梁支座反力影响线

【解】设 $A$ 点为坐标原点。当移动单位荷载 $F_0=1$ 作用于梁上任一点 $x$ 时，分别求得支座反力 $F_{Ay}$、$F_{By}$ 的影响线方程为

$$F_{Ay} = \frac{l-x}{l} \quad (0 \leqslant x \leqslant l+c)$$

$$F_{By} = \frac{x}{l} \quad (0 \leqslant x \leqslant l+c)$$

方程与简支梁的反力影响线方程完全相同，只是 $x$ 取值范围有所扩大，因此只需参照相应简支梁的反力影响线，向伸臂部分延长，即可绘出外伸梁反力 $F_{Ay}$、$F_{By}$ 的影响线，如图 13.3(b)、(c)所示。

## 应用案例 13-2

作图 13.4(a)所示外伸梁 $C$ 截面弯矩、剪力的影响线。

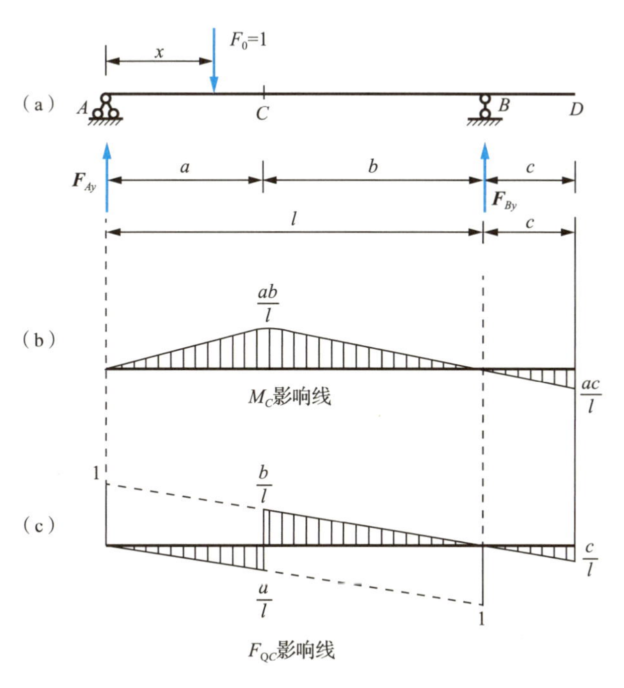


图 13.4 应用案例 13-2 图

**【解】** 由应用案例 13-1 知

$$F_{Ay} = \frac{l-x}{l}$$

$$F_{By} = \frac{x}{l}$$

当 $F_0$ 位于 $C$ 左侧时

$$M_C = F_{By} \cdot b$$

$$F_{QC} = -F_{By}$$

当 $F_0$ 位于 $C$ 右侧时

$$M_C = F_{Ay} \cdot a$$

$$F_{QC} = F_{Ay}$$

$C$ 截面弯矩、剪力的影响线如图 13.4(b)、(c)所示。

**【案例点评】**

外伸梁跨内的内力影响线方程与简支梁的是一样的，因此只需将相应简支梁的 $M_C$ 和 $F_{QC}$ 影响线向伸臂部分延长，即可得到外伸梁的 $M_C$ 和 $F_{QC}$ 影响线。

## 应用案例 13-3

作图 13.5(a)所示悬臂梁竖向支座反力及根部截面的弯矩、剪力的影响线。

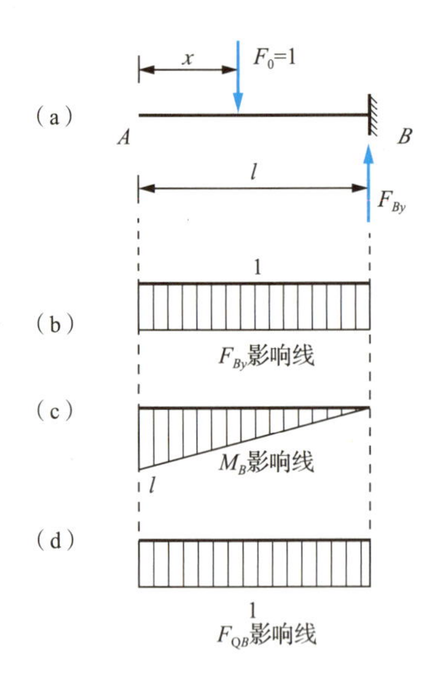


图 13.5 应用案例 13-3 图

**【解】**以 $A$ 点为坐标原点，设移动单位荷载作用在 $x$ 截面处。

讨论竖向支座反力的影响线，取梁整体为研究对象，由 $\sum y=0$，得

$$F_{By}=1$$

作 $F_{By}$ 的影响线，如图 13.5(b)所示。

讨论 $B$ 截面的弯矩影响线，在 $B$ 截面处截开，由 $\sum M=0$，得

$$M_B=l-x$$

作 $M_B$ 的影响线，如图 13.5(c)所示。

讨论 $B$ 截面的剪力影响线，在 $B$ 截面处截开，由 $\sum y=0$，得

$$F_{QB}=-1$$

作 $F_{QB}$ 的影响线，如图 13.5(d)所示。

**【案例点评】**

悬臂梁和外伸梁的外伸部分的弯矩、剪力的影响线，根据实际计算来决定。

## 13.3 机动法作静定梁的影响线

利用虚位移原理作影响线的方法称为机动法。由于在结构设计中往往只需要知道影响线的轮廓，而机动法能不经计算就迅速绘出影响线的轮廓，这对设计工作很有帮助。另外，也可对静力法绘制的影响线进行校核。

下面以图 13.6(a)所示外伸梁为例，用机动法讨论 $B$ 支座的竖向反力影响线。

如果把支座 $B$ 去掉，以反力 $F_{By}$ 代替，原结构就变成一个几何可变体系，在剩余的约束条件下，允许产生刚体运动。现令 $B$ 点沿 $F_{By}$ 正方向(设向上为正)发生微小的单位虚位移，如图 13.6(b)所示。

$B$ 点发生的虚位移为单位值，支座反力 $F_{By}$ 与虚位移同向，故在单位虚位移上做正虚功，即

$$W_1=F_{By}\cdot 1$$

移动荷载 $F_0$ 作用点也将发生竖向虚位移，其值为 $\delta(x)$，$F_0$ 的方向与 $\delta(x)$ 反向，$F_0$ 在 $\delta(x)$ 上做负虚功，即

$$W_2=-F_0\cdot\delta(x)$$

根据虚功原理，各力在虚位移上做的总虚功应该为零，即

$$W=W_1+W_2=0$$

即

$$F_{By}\cdot 1-F_0\cdot\delta(x)=0$$

注意到 $F_0=1$，则有

$$F_{By}=\delta(x)$$

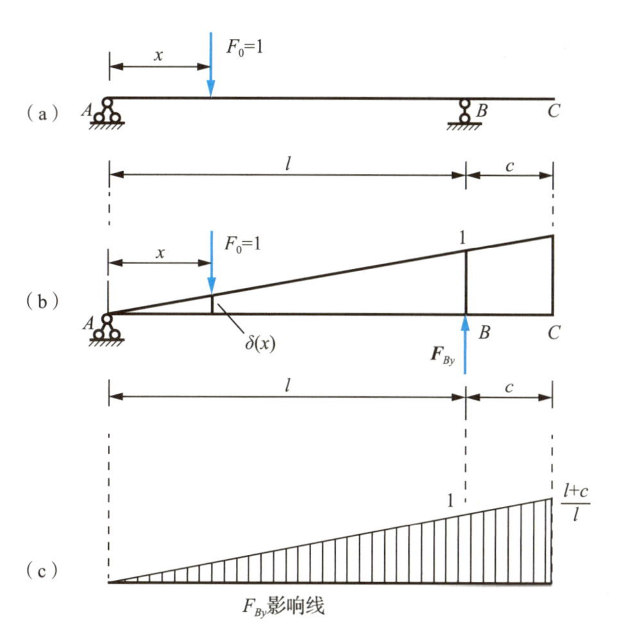


图 13.6　机动法作静定梁影响线图

此式表明，梁产生单位虚位移时的图形反映出了反力 $F_{By}$ 的变化规律，因此，反力 $F_{By}$ 的影响线完全可以由梁的虚位移图来替代，即“梁剩余约束所允许的刚体位移图即是相应量值的影响线”。

由以上分析可知，机动法绘制量值 $Z$ 的影响线，只要去掉与欲求量值相对应的约束，使得到的可变体系沿量值 $Z$ 的正向发生单位虚位移，由此得到的刚体虚位移图即为量值 $Z$ 的影响线。

用机动法作静定梁的影响线的一般步骤如下。

(1) 去掉与量值对应的约束，以量值代替，使梁成为可变体系。

(2) 使体系沿量值的正方向发生单位位移，根据剩余约束条件作出梁的刚体位移图，此图像即为欲求量值的影响线。

为了进一步说明怎样用机动法绘制影响线，以图 13.7(a)所示简支梁为例，作 $C$ 截面弯矩、剪力的影响线。

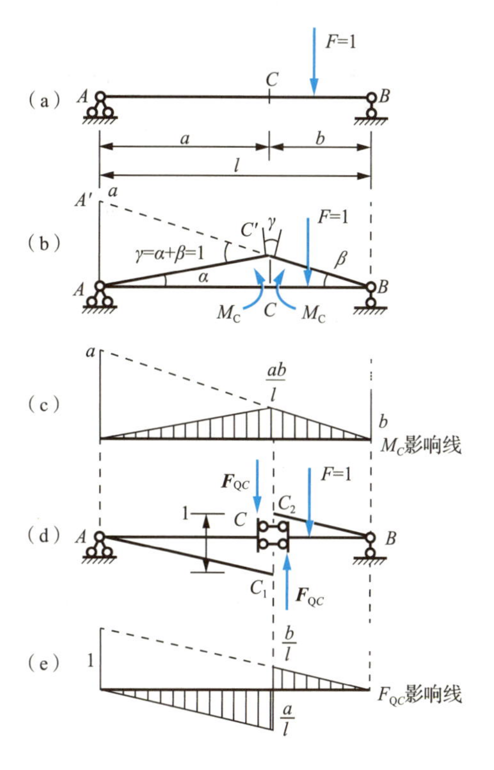


图 13.7　机动法绘制内力影响线

用机动法绘制 $C$ 截面弯矩影响线时，首先撤除与 $C$ 截面弯矩相对应的转动约束，代之以正向弯矩，即将刚结点 $C$ 改为铰结点，然后沿正向弯矩的转向给出单位相对角位移 $\gamma(\gamma=1)$，梁 $C$ 点位移到 $C'$ 点，整个梁在剩余约束条件下所允许的刚体位移如图 13.7(b)所示。作线段 $BC'$ 的延长线，与线段 $AA'$ 相交，由于线段 $AC'$ 与 $A'C'$ 的夹角 $\gamma$ 是一个单位微量，由微分学原理可得线段 $AA'$ 的高度为 $a$，从而由相似三角形边长的比例关系可得 $CC''$的高度为$\frac{ab}{l}$，根据梁的刚体位移，绘出 $C$ 截面弯矩的影响线，如图 13.7(c)所示。

机动法绘制 $C$ 截面剪力的影响线时，去掉与剪力相对应的约束，把刚结点 $C$ 变成双滑动约束，用一对正向剪力代替，使 $C$ 截面沿剪力的正向发生单位相对线位移，整个梁在剩余约束条件下所允许的刚体位移如图 13.7(d)所示。由于 $C$ 点是双滑动约束，$C$ 点两侧截面始终平行，且截面与梁轴线始终垂直，因此 $C$ 点左右两侧的梁段轴线是平行的。从而根据相似三角形边长的比例关系，可得 $CC_1$ 的高度为$\frac{a}{l}$，$CC_2$ 的高度为$\frac{b}{l}$，根据梁的刚体位移绘出 $C$ 截面剪力的影响线，如图 13.7(e)所示。

这里所讨论的 $C$ 截面内力影响线具有一般性，即对于两支座之间的任意截面，其弯矩、剪力影响线均可照此套用，包括外伸梁也是如此，对于梁外伸段的影响线，只需随着梁轴线延伸即可。

## 应用案例 13-4

作图 13.8(a)所示外伸梁 $B$ 截面的弯矩的影响线和 $B$ 左截面剪力的影响线。

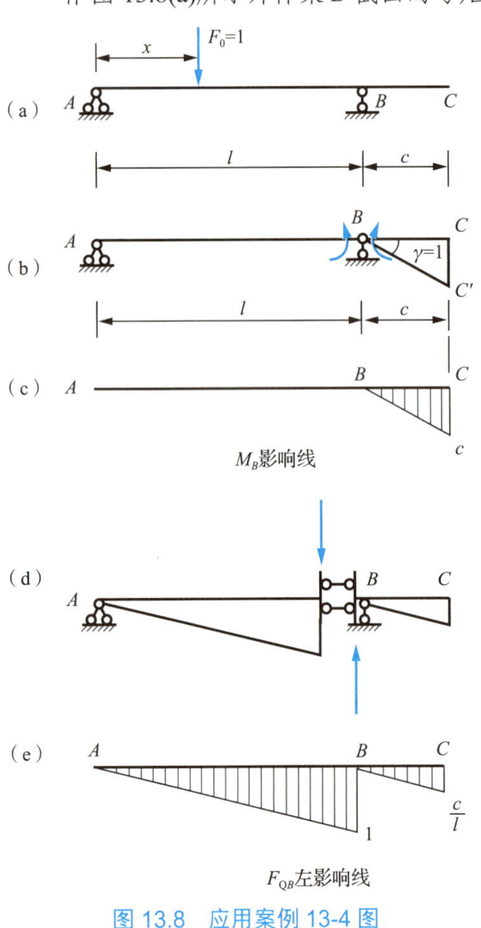


图 13.8　应用案例 13-4 图

**【解】**用机动法绘制 $B$ 截面弯矩的影响线时，首先撤除与 $B$ 截面弯矩相对应的转动约束，代之以正向弯矩，即将刚结点 $B$ 改为铰结点，然后沿正向弯矩的转向给出单位相对角位移，由于 $AB$ 杆为静定结构，$AB$ 段 $B$ 端截面既不能转动也不能移动，因此 $B$ 点两侧截面的单位相对角位移为 $BC$ 段 $B$ 端截面独自转过一个单位角位移$\gamma(\gamma=1)$，梁 $C$ 点位移到 $C'$点，整个梁在剩余约束条件下所允许的刚体位移如图 13.8(b)所示。根据梁的刚体位移绘出 $B$ 截面弯矩的影响线，如图 13.8(c)所示。

机动法绘制 $B$ 左截面剪力的影响线时，去掉与剪力相对应的约束，在 $B$ 支座左侧把刚结点 $B$ 变成双滑动约束，用一对正向剪力代替，使 $B$ 左截面沿剪力的正向发生单位相对线位移，在滑移过程中，$AB$ 段绕 $A$ 点做刚体转动，该段 $B$ 端截面既有线位移又有角位移；而 $BC$ 段 $B$ 端处有可动铰支座，不允许发生竖向线位移，但允许角位移，因此 $BC$ 段 $B$ 端截面可以在原位转过一个角度，与 $AB$ 段 $B$ 端截面保持平行关系，从而使两梁段轴线位移后仍然平行，整个梁在剩余约束条件下所允许的刚体位移如图 13.8(d)所示。根据梁的刚体位移绘出 $B$ 左截面剪力的影响线，如图 13.8(e)所示。

## 应用案例 13-5

作图 13.9(a)所示多跨静定梁 $C$ 支座反力 $F_{Cy}$ 和 $K$ 截面内力 $M_K$、$F_{QK}$ 的影响线。

**【解】** 对于多跨静定梁来说，在绘制虚位移图时要注意几何位移协调，满足剩余约束条件。由于 $A$ 为固定支座，不允许发生位移和转角，因此在作图过程中，画 $C$ 支座反力的影响线时，$AB$ 段没有刚体位移。同样，画 $K$ 截面内力影响线时，$AK$ 段也没有刚体位移。注意到这一点，再根据约束条件，即可得出欲求量值的影响线，如图 13.9(c)、(e)、(g)所示。

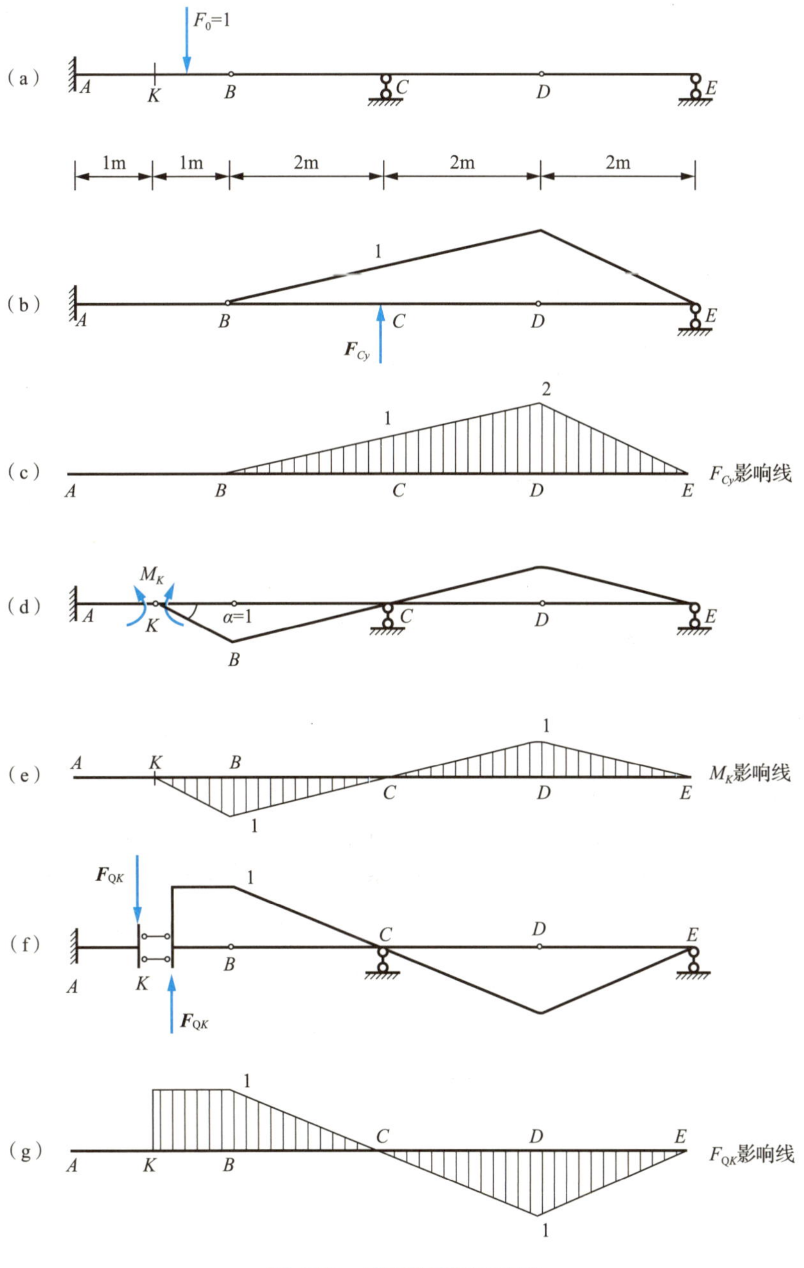


图 13.9 应用案例 13-5 图

**【案例点评】**

用机动法绘制影响线时，撤除与所求影响线有关的相对应的广义约束，代之以正向的相对应的内力或反力，在相对应的内力或反力作用下给出相对应的单位广义位移，整个结构在剩余约束条件下所允许的刚体位移就是所求的影响线。

## 13.4　机动法作连续梁的影响线

对于连续梁来说，机动法作影响线的步骤仍然和静定梁一样，但是由于结构在去掉量值所对应的约束后，结构整体或者部分仍可保持为几何不变，要使结构发生虚位移，梁的位移就不再是刚体运动，位移图也不再是直线，而是约束所允许的光滑连续的弹性变形曲线，这是连续梁影响线的特征，在绘制影响线时要注意这个特点。正因为连续梁的影响线为弹性变形曲线，所以其影响线的特征值难以直接利用机动法来确定。对于连续梁来说，常见荷载为均布荷载，很多情况下只需要根据影响线的轮廓来帮助确定最不利荷载位置，所以连续梁的影响线一般用机动法来分析，绘出图像轮廓线即可。

图 13.10 所示为连续梁 $K_1$ 截面弯矩、$B$ 支座反力、$C$ 截面弯矩、$K_2$ 截面剪力的影响线，从图中可以看出影响线均为连续光滑的弹性曲线。

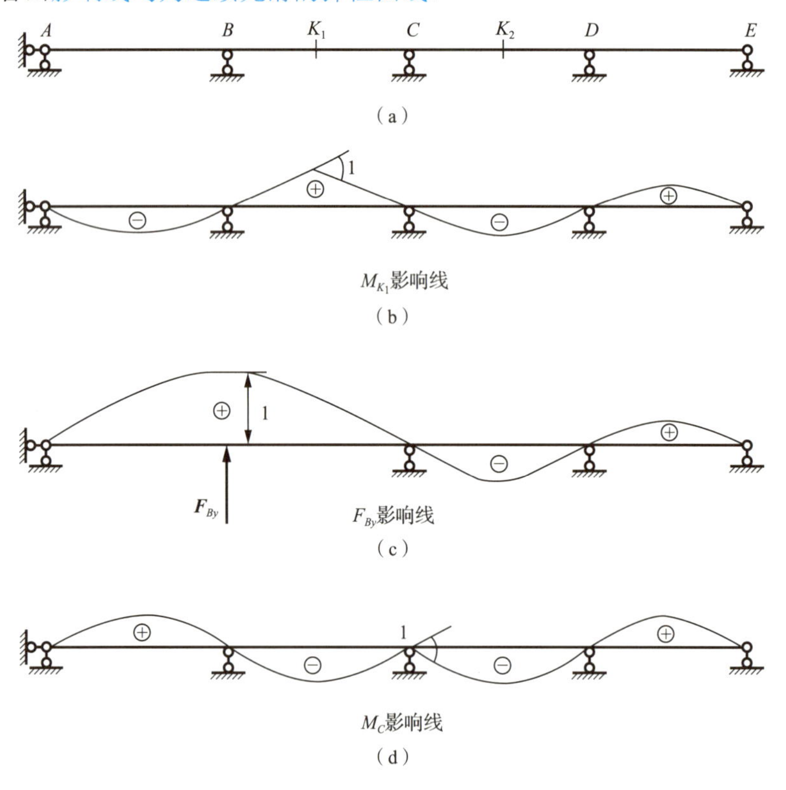


图 13.10　连续梁影响线图

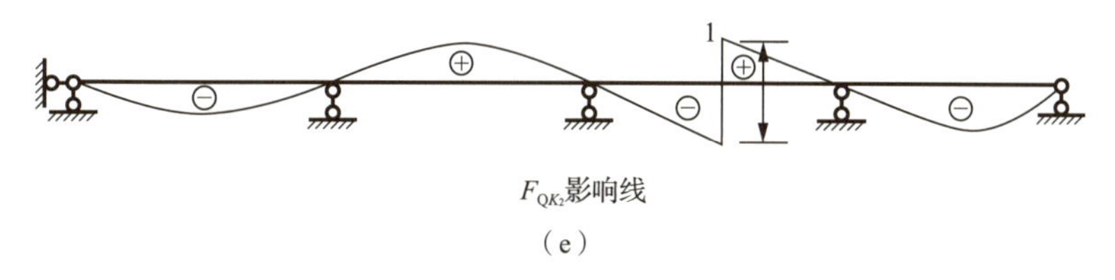


图 13.10 连续梁影响线图(续)

# 13.5 影响线的应用

影响线的应用主要是在求固定荷载作用下的量值大小及确定移动荷载的最不利位置两个方面，下面分别说明。

## 13.5.1 利用影响线求固定荷载作用下的量值

现已知道，影响线的横坐标表示单位集中荷载的作用位置，纵坐标表示单位集中荷载作用在该位置时的量值大小。如将集中荷载的固定作用位置视为荷载移动过程中的某个位置，就可以利用影响线计算固定集中荷载作用下的量值。影响线反映的是单位集中荷载作用下量值的大小，而当集中荷载不等于 1 时，只需将相应的影响线值(注意正负号)乘以荷载值即可。如果多个集中荷载同时作用，可运用叠加法，将每个荷载分别计算后进行叠加。

### 应用案例 13-6

求图 13.11(a)所示多跨静定梁 $K$ 截面弯矩。

**【解】** 首先绘制 $K$ 截面弯矩的影响线，如图 13.11(b)所示。根据影响线的定义，有如下计算。

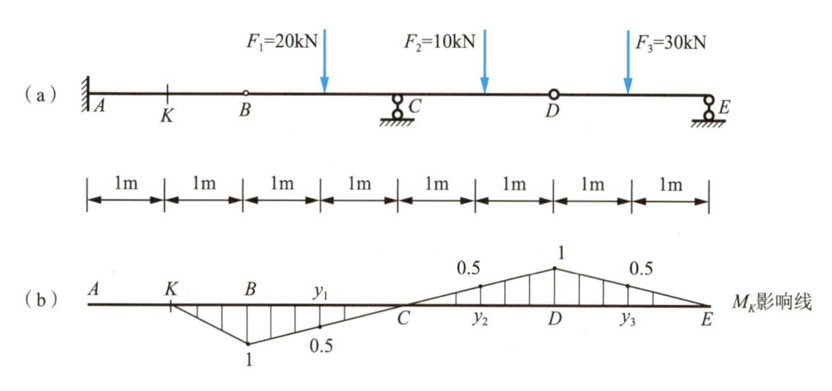


图 13.11 应用案例 13-6 图

当 $F_1$ 单独作用时

$$M_{K_1}=F_1\cdot y_1=[20\times(-0.5)]\text{kN}\cdot\text{m}=-10\text{kN}\cdot\text{m}$$

当 $F_2$ 单独作用时

$$M_{K_2} = F_2 \cdot y_2 = (10 \times 0.5)\text{kN} \cdot \text{m} = 5\text{kN} \cdot \text{m}$$

当 $F_3$ 单独作用时

$$M_{K_3} = F_3 \cdot y_3 = (30 \times 0.5)\text{kN} \cdot \text{m} = 15\text{kN} \cdot \text{m}$$

从而由叠加法，得

$$M_K = M_{K_1} + M_{K_2} + M_{K_3} = (-10 + 5 + 15)\text{kN} \cdot \text{m} = 10\text{kN} \cdot \text{m}$$

一般来说，如果有一组集中荷载 $F_i$ 同时作用，所求量值 $Z$ 的表达式为

$$Z = F_1y_1 + F_2y_2 + \cdots + F_ny_n = \sum F_iy_i$$

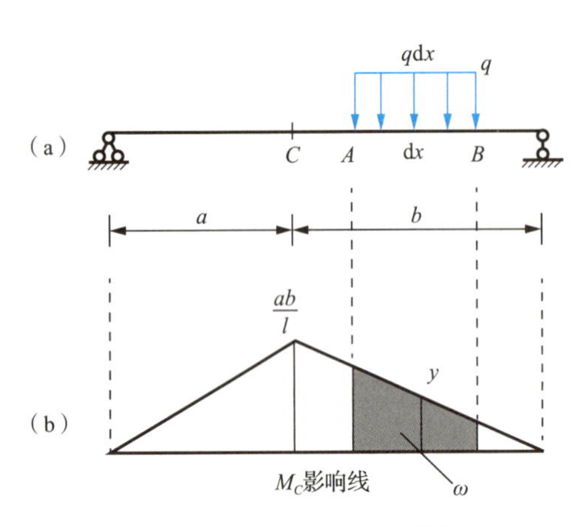


图 13.12　均布荷载作用图

如图 13.12(a)所示，如果在梁 $AB$ 段上作用一个均布荷载 $q$，可把分布长度为 dx 的微段上的分布荷载总和 $q$dx 看作集中荷载，所引起的量值为 $yq$dx。将无穷多个 dx 上的集中力引起的量值进行叠加，即沿荷载整个分布长度积分，则 $AB$ 段均布荷载所引起的量值为

$$Z = \int_A^B yq\text{d}x = q\int_A^B y\text{d}x = q\omega$$

其中 $\omega$ 就是影响线在 $AB$ 段的面积，如图 13.12(b)阴影所示。

上式表明，均布荷载引起的量值等于荷载集度乘以影响线对应荷载作用段的面积。在应用中，要注意面积的正负，影响线上部面积取为正，下部取为负。

当有多个均布荷载时，其量值计算式为

$$Z = q_1\omega_1 + q_2\omega_2 + \cdots + q_n\omega_n = \sum q_i\omega_i$$

当集中力和均布荷载同时出现时，其量值计算式为

$$Z = \sum F_iy_i + \sum q_i\omega_i$$

## 应用案例 13-7

利用影响线求图 13.13(a)所示多跨静定梁 $K$ 截面的弯矩 $M_K$。

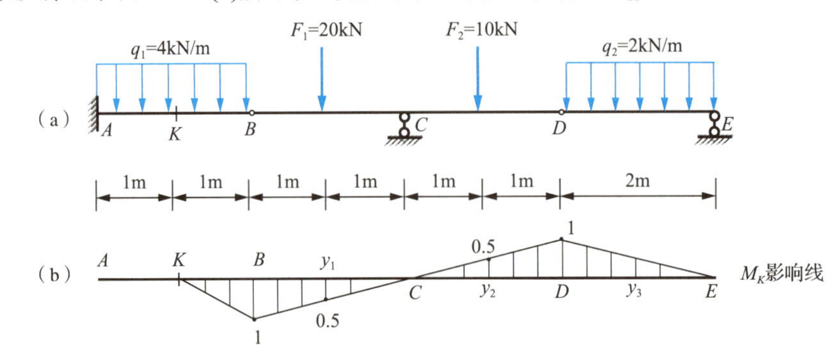


图 13.13　应用案例 13-7 图

【解】先作出 $M_K$ 的影响线，如图 13.13(b)所示。各计算量为

$$y_1 = -0.5$$

$$\omega_1 = -\frac{1\times 1}{2} = -0.5$$

$$y_2 = 0.5$$

$$\omega_2 = \frac{1\times 2}{2} = 1$$

从而

$$\begin{aligned} M_K &= \sum F_i y_i + \sum q_i \omega_{\rm i} = F_1 y_1 + F_2 y_2 + q_1 \omega_1 + q_2 \omega_2 \\ &= [20\times(-0.5)+10\times 0.5+4\times(-0.5)+2\times 1]\mathrm{kN\cdot m} = -5\mathrm{kN\cdot m} \end{aligned}$$

## 13.5.2 荷载最不利位置的确定

使量值取得最大值时的荷载位置就是荷载的最不利位置，荷载最不利位置确定后，将荷载按最不利位置作用，然后将其视为固定荷载，即可利用影响线计算其极值。下面分集中荷载和均布荷载两种情况来说明。

单个集中力移动时，荷载的最不利位置就是影响线的顶点。当荷载作用于该点时，量值取最大值。

对于图 13.14 所示间距保持不变的一组集中荷载来说，可以推断：量值取最大值时，必定有一个集中荷载作用于影响线顶点。作用于影响线顶点的集中荷载称为临界荷载，对于临界荷载可以用下面两个判别式来判定(推导从略)。

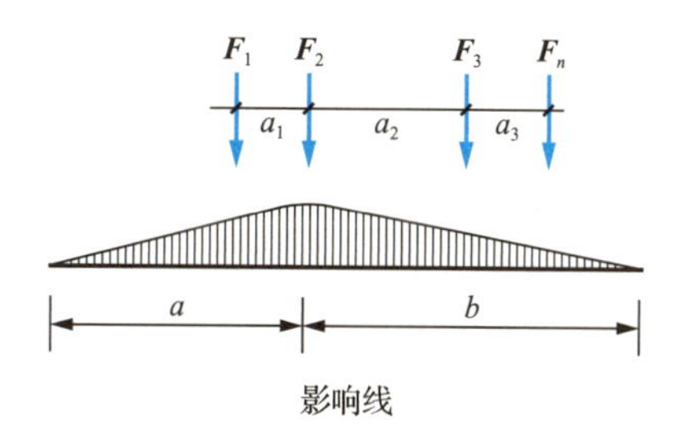


图 13.14　间距不变的一组集中荷载

$$\frac{\sum F_{左} + F_K}{a} \geqslant \frac{\sum F_{右}}{b}$$

$$\frac{\sum F_{左}}{a} \leqslant \frac{F_K + \sum F_{右}}{b}$$

满足上面两个式子的 $F_K$ 就是临界荷载，$\sum F_{左}$、$\sum F_{右}$ 分别代表 $F_K$ 以左的荷载总和与 $F_K$ 以右的荷载总和。有时会出现多个满足上面判别式的临界荷载，这时将每个临界荷载置于影响线顶点计算量值，然后进行比较，根据最大量值，确定一组荷载的最不利位置。对于荷载个数不多的情况，工程中往往不进行判定，直接将各个荷载分别置于影响线的顶点计算其量值，最大量值所对应的荷载位置就是这组荷载的最不利位置，这时位于顶点的集中力就是临界荷载。

### 应用案例 13-8

求图 13.15(a)所示简支梁在图示吊车荷载作用下，截面 $K$ 的最大弯矩。

【解】先作 $M_K$ 的影响线，如图 13.15(b)所示。

选 $F_2$ 作为临界荷载 $F_K$ 来考察，将 $F_2$ 置于影响线的顶点处，如图 13.15(c)所示，此时力 $F_1$ 落在梁外，不予考虑，代入临界荷载的判别式，有

$$\frac{F_2}{2.4} > \frac{F_3 + F_4}{9.6}$$

$$\frac{0}{2.4} < \frac{F_2 + F_3 + F_4}{9.6}$$

即

$$\frac{152}{2.4} > \frac{152 + 152}{9.6}$$

$$\frac{0}{2.4} < \frac{152 + 152 + 152}{9.6}$$

$F_2$ 满足判别式，所以是临界荷载。将其他集中荷载分别置于顶点，用同样的方法可以判定 $F_3$ 及 $F_4$ 不是临界荷载，而 $F_1$ 是临界荷载。比较图 13.15(c)、(d)可知，$F_2$ 作用在 $K$ 点时为 $M_K$ 的荷载最不利位置。

利用影响线可以求得 $M_K$ 的极值为

$$M_{K\max} = [152 \times (1.920 + 1.668 + 0.788)]\text{kN} \cdot \text{m} = 665.15\text{kN} \cdot \text{m}$$

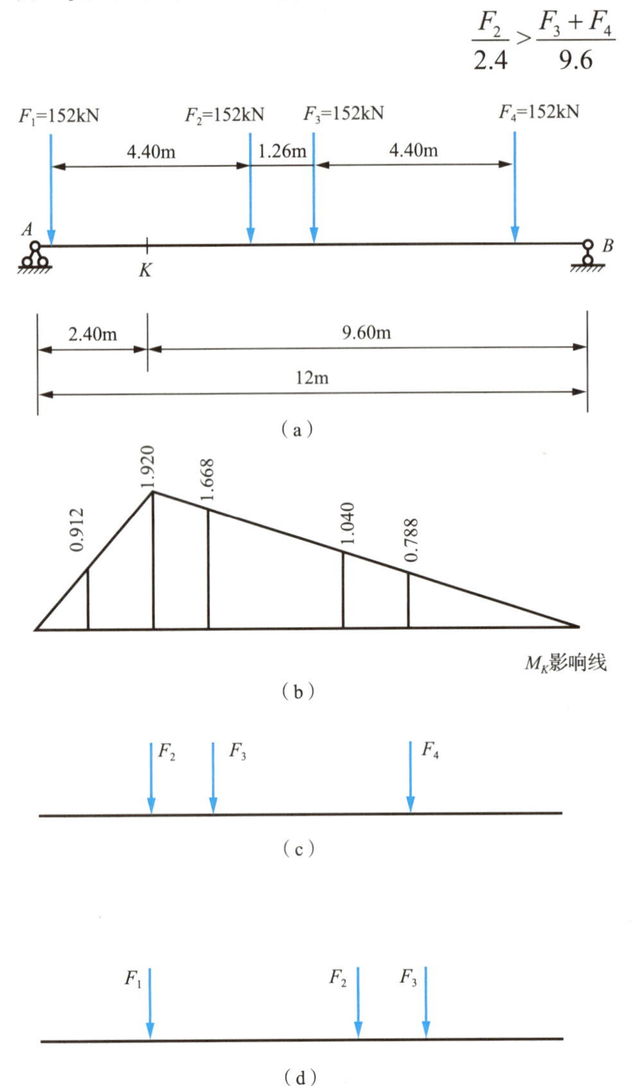

图 13.15　应用案例 13-8 图

当移动荷载为均布可变荷载时，由于可变荷载的分布长度也是变化的，注意到均布荷载作用下的量值等于均布荷载集度乘以影响线对应分布长度的面积，所以，只要把均布荷载布满整个正影响线区域，就可以得到正的最大量值；同样，只要把均布荷载布满整个负影响线区域，就可以得到负的最大量值。图 13.16(a)所示的连续梁，讨论其跨中截面 $K$ 的弯矩 $M_K$ 和支座截面弯矩 $M_B$ 的最不利荷载位置。图 13.16(b)给出了 $K$ 截面弯矩 $M_K$ 影响线，其对应的最大正弯矩的荷载最不利位置如图 13.16(c)所示，其对应的最大负弯矩的荷载最不利位置如图 13.16(d)所示。图 13.16(e)给出了支座 $C$ 截面弯矩 $M_C$ 影响线，其对应的最大正弯矩的荷载最不利位置如图 13.16(f)所示，其对应的最大负弯矩的荷载最不利位置如图 13.16(g)所示。工程中进行结构设计时，必须针对梁的危险状态进行计算，由图 13.16 可知，并不是整个梁上布满均布荷载时才是梁的危险状态。显然，只有按照下列方式进行可变荷载的布置，才是截面

弯矩的危险状态，即对于任意跨的跨中截面最大正弯矩，可变荷载的最不利布置是“本跨布置，隔跨布置”；对于任意的中间支座截面最大负弯矩，可变荷载的最不利布置是“相邻跨布置，隔跨布置”。

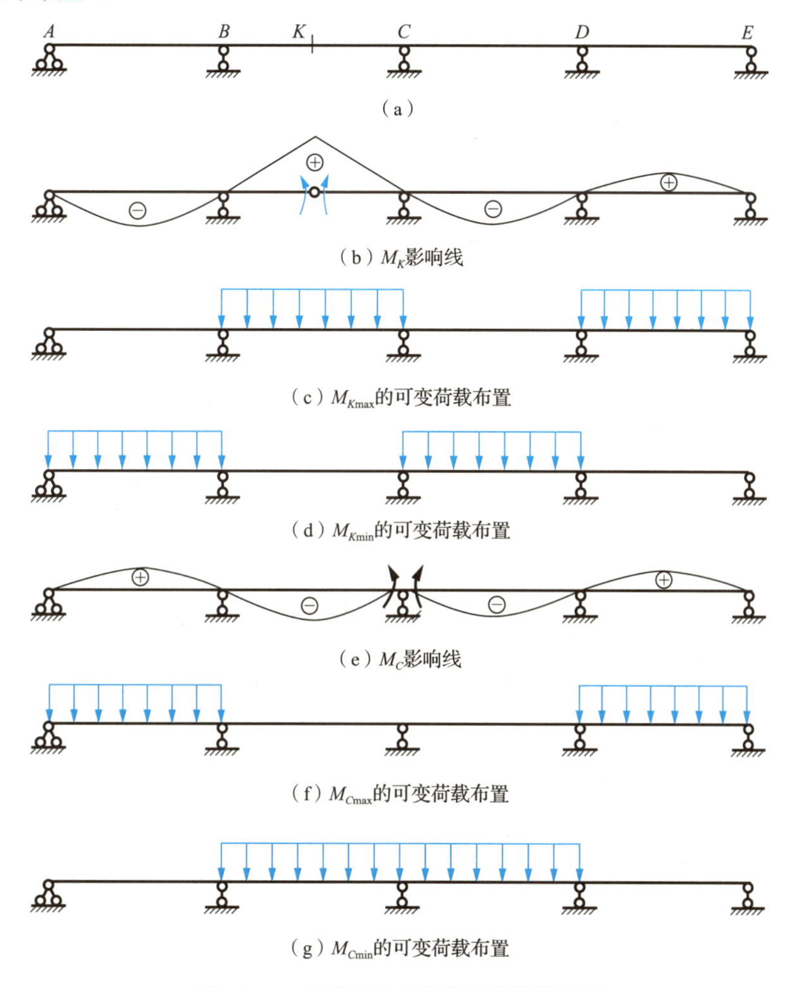


图 13.16　连续梁均布荷载的最不利布置

## 13.6　绝对最大弯矩及内力包络图的概念

在固定荷载作用下，通过绘制梁的弯矩图可以得到整个梁的最大、最小弯矩值。同样在移动荷载作用下，我们不仅要了解某个截面的内力变化规律，更要关心整个梁的危险弯矩，这个危险弯矩就称为梁的绝对最大弯矩。

由前面的讨论可知，在移动荷载作用下，量值也是随着荷载位置的变化而变化。因此，在荷载的变化范围内，量值必定有一个最大值和一个最小值。将梁沿长度方向 $n$ 等分，即等距离地取$(n+1)$个截面，分别作这些截面的内力影响线，讨论内力的极值。将求得的各截面内力的最大值和最小值分别连线，由此得到的图像称为内力包络图。包络图与梁的内力图一样，全面反映了内力沿梁轴线的分布规律。

但是梁内力图中，每一个截面只有一个确定的内力值。而梁的包络图中，每一个截面有两个内力极值，一个极大值和一个极小值，截面内力在这两个值之间变动，即包络图囊括了整个梁的内力在荷载移动过程中的所有取值。显然，弯矩包络图上的最大值就是梁的绝对最大弯矩。图 13.17 给出了简支梁在间距给定的一组移动荷载作用下的弯矩包络图和剪力包络图。这里，取 $n = 10$。$n$ 越大，绘制的包络图越精确，但计算量也随之增大。

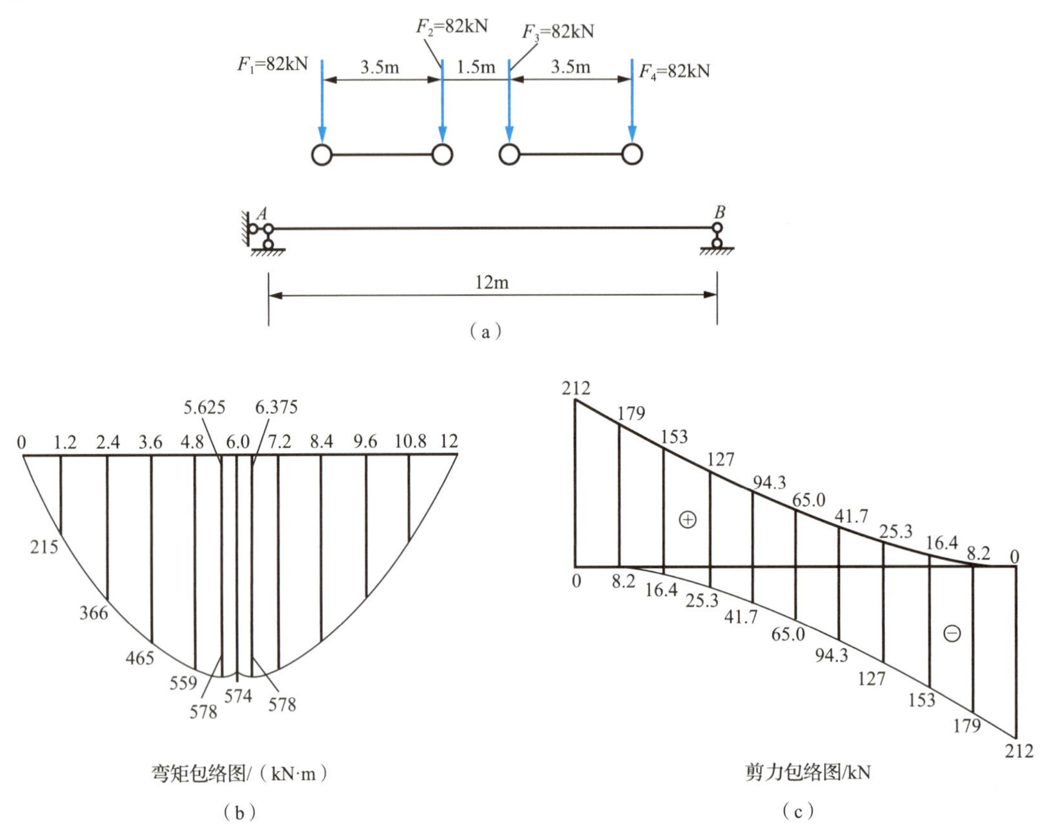


图 13.17　简支梁绝对最大弯矩及内力包络图

## 小　结

(1) 反映量值随荷载位置变化而变化的规律的图像称为该量值的影响线。影响线的横坐标表示荷载作用位置，纵坐标表示荷载作用在该点时的量值大小。

(2) 绘制影响线有静力法和机动法两种。根据静力平衡条件建立量值关于荷载作用位置的函数关系，据此函数绘制影响线的方法称为静力法。由虚位移原理，撤除与所求量值对应的约束，沿量值正向给出虚位移，根据约束所允许的位移绘制影响线的方法称为机动法。

静定结构的影响线由直线段组成，超静定结构的影响线由曲线组成。

(3) 固定荷载作用下的量值计算式为

$$Z=\sum F_i y_i+\sum q_i\omega_i$$

(4) 荷载的最不利位置。

① 单个集中力的荷载最不利位置在影响线的顶点；

② 一组固定间距的集中力，其荷载最不利位置是临界荷载 (有时临界荷载不止一个) 作用在影响线的顶点时的位置；

③ 均布可变荷载的最不利位置，对于正量值是均布荷载布满整个正影响线区域，对于负量值是均布荷载布满整个负影响线区域。

(5) 各截面内力最大值的连线与各截面内力最小值的连线称为内力包络图；弯矩包络图上的最大弯矩称为绝对最大弯矩。

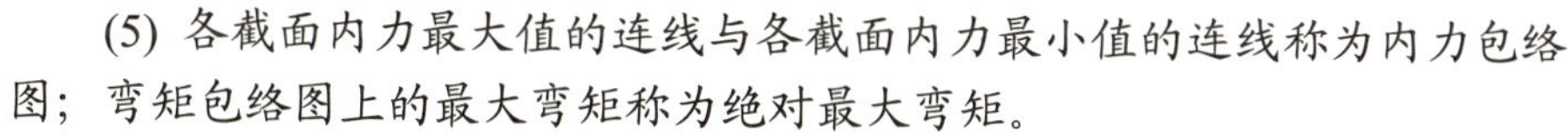

(6) 对于连续梁在可变荷载作用下的最不利荷载位置，跨中截面正弯矩是“本跨布置，隔跨布置”；中间支座截面负弯矩是“相邻跨布置，隔跨布置”。

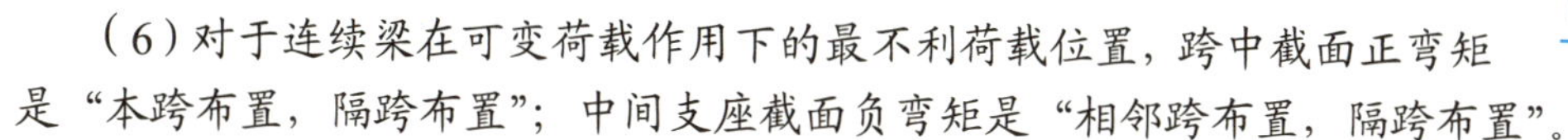

## 思 考 题

(1) 影响线的含义是什么？弯矩影响线和弯矩图的区别是什么？

(2) 静力法绘制影响线时，什么情况下影响线方程要分段建立？

(3) 机动法和静力法作影响线各有什么优缺点？

(4) 静定梁与超静定梁的影响线各有什么特点？

(5) 什么是荷载最不利位置？

(6) 什么是内力包络图？内力包络图和内力图的区别是什么？内力包络图和影响线的区别又是什么？

(7) 什么是绝对最大弯矩？

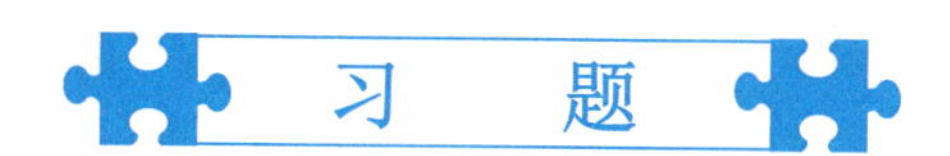

## 习 题

### 一、填空题

(1) 影响线的横坐标表示________，纵坐标表示________。

(2) 根据函数绘制影响线的方法称为________。

(3) 根据约束所允许的位移绘制影响线的方法称为 ________。

(4) 均布可变荷载的最不利位置，对于正量值是均布荷载________。

(5) 单个集中力的荷载最不利位置在影响线的________。

### 二、单选题

(1) 影响线的横坐标表示荷载作用位置，纵坐标表示荷载作用在该点时的(　　)大小。

A. 荷载　　B. 内力

C. 量值　　D. 反力

(2) 简支梁在单位竖向移动荷载作用下，当单位竖向移动荷载作用在 $C$ 截面左边时，$C$ 截面弯矩的影响线等于(　　)。

A. $B$ 支座反力扩大 $b$ 倍　　B. $A$ 支座反力扩大 $a$ 倍

C. $B$ 支座反力扩大 $a$ 倍　　D. $A$ 支座反力扩大 $b$ 倍

(3) 简支梁在单位竖向移动荷载作用下，当单位竖向移动荷载作用在 $C$ 截面右边时，$C$ 截面剪力的影响线等于(　　)。

A. 正 $B$ 支座反力　　B. 正 $A$ 支座反力

C. 负 $B$ 支座反力　　D. 负 $A$ 支座反力

(4) 当均布可变荷载任意分布长度作用时，连续梁的跨中截面 $C$ 正弯矩最不利布置为(　　)。

A. 相邻跨布置，隔跨布置　　B. 满跨布置

C. 本跨布置，隔二跨布置　　D. 本跨布置，隔跨布置

## 三、判断题

(1) 影响线的横坐标表示荷载作用位置。(　　)

(2) 根据约束所允许的位移绘制影响线的方法称为静力法。(　　)

(3) 一组固定间距的集中力，其荷载最不利位置是临界荷载(有时临界荷载不止一个)作用在影响线的顶点时的位置。(　　)

(4) 各截面内力最大值的连线称为内力包络图。(　　)

(5) 弯矩包络图上的最大弯矩称为绝对最大弯矩。(　　)

## 四、主观题

(1) 用静力法绘制图 13.18 所示梁指定量值的影响线。

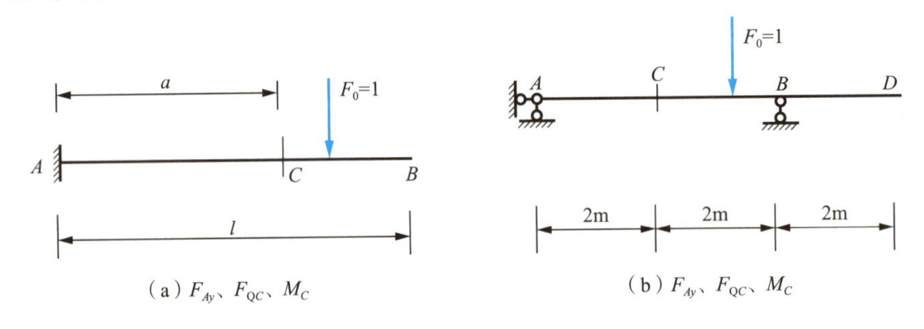


图 13.18　主观题(1)图

(2) 用机动法绘制图 13.19 所示梁指定量值的影响线。

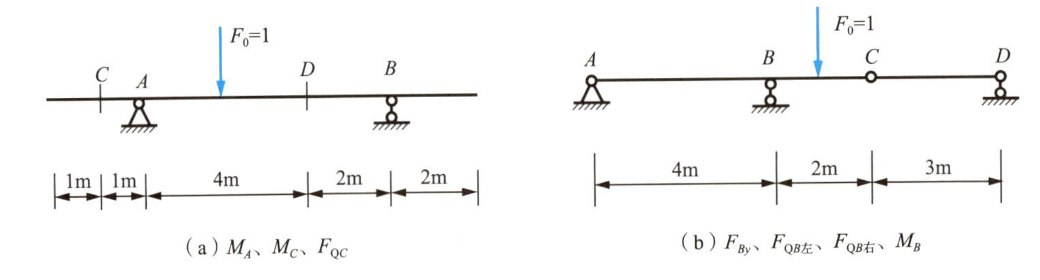


图 13.19　主观题(2)图

(3) 利用影响线求图 13.20 所示结构指定的量值。

(4) 绘制图 13.21 所示连续梁的内力 $M_A$、$M_K$、$M_C$、$F_{QK}$ 的影响线轮廓。

(5) 求图 13.22 所示简支梁在移动行列荷载作用下，$C$ 截面的最大弯矩 $M_{C\max}$。

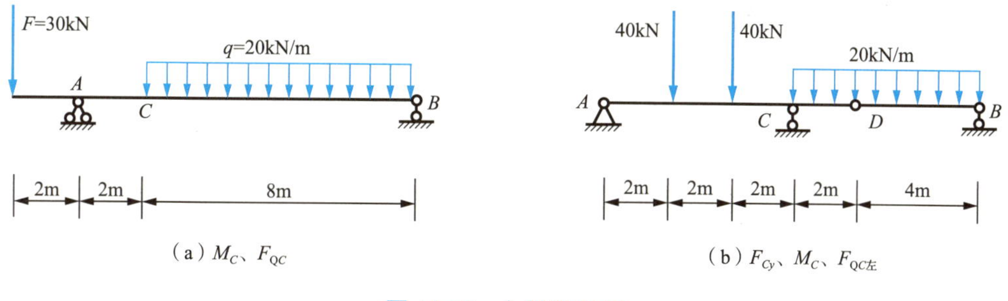


图 13.20　主观题(3)图

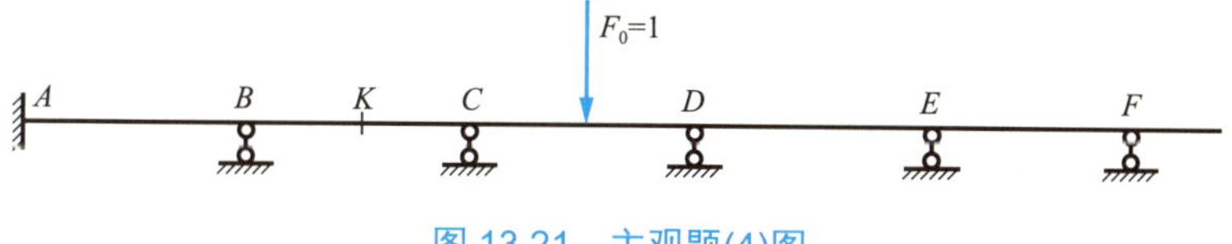


图 13.21　主观题(4)图

图 13.22　主观题(5)图

# 附录 A　主要符号表

| 符号 | 含义 |
| --- | --- |
| $A$ | 面积 |
| $A_s$ | 剪切面面积 |
| $A_{bs}$ | 挤压面面积 |
| $a$ | 间距 |
| $b$ | 宽度 |
| $h$ | 高度 |
| $s$ | 路程，弧长 |
| $D$，$d$ | 直径 |
| $R$，$r$ | 半径 |
| $l$，$L$ | 长度，跨度 |
| $f$ | 矢高 |
| $E$ | 弹性模量，杨氏模量 |
| $E_k$ | 动能 |
| $E_p$ | 势能 |
| $F$，$F_P$，$\bar{F}$ | 力、广义力 |
| $F_{Ax}$，$F_{Ay}$ | $A$ 点 $x$，$y$ 方向的约束力 |
| $F_N$，$\bar{F}_N$ | 轴力，单位荷载引起的轴力 |
| $F_P$，$F_{cr}$，$[F_{cr}]$ | 集中荷载，临界荷载，许用临界荷载 |
| $F_Q$，$\bar{F}_Q$ | 剪力，单位荷载引起的剪力 |
| $F_R$，$F'_R$ | 合力，主矢 |
| $F_T$ | 拉力 |
| $F_u$，$[F_u]$ | 极限荷载，许用极限荷载 |
| $F_x$，$F_y$，$F_z$ | 力在 $x$，$y$，$z$ 方向的分量 |
| $G$ | 剪切弹性模量 |
| $I$ | 惯性矩 |
| $I_p$ | 极惯性矩 |
| $I_{xy}$ | 惯性积 |
| $i$ | 惯性半径，线刚度 |
| $S$ | 静矩(一次矩)，转动刚度 |
| $k$ | 弹簧常量，刚度系数，应变片灵敏因数 |
| $M$，$\bar{M}$ | 弯矩，单位荷载引起的弯矩 |
| $M_e$ | 外力偶矩 |

| | |
|---|---|
| $M_O$ | 对 $O$ 点的弯矩 |
| $M^{\mathrm{F}}$，$F_{\mathrm{Q}}^{\mathrm{F}}$ | 固端弯矩，固端剪力 |
| $T$ | 扭矩，周期，摄氏温度 |
| $\bar{T}$ | 单位荷载引起的扭矩 |
| $n$ | 转速，螺栓个数 |
| $n_{\mathrm{s}}$ | 对应于塑性材料的安全因数 |
| $n_{\mathrm{b}}$ | 对应于脆性材料的安全因数 |
| $n_{\mathrm{st}}$ | 稳定安全因数 |
| $p$ | 压强 |
| $P$ | 功率 |
| $q$ | 分布荷载集度 |
| $\Delta$，$\Delta_x$，$\Delta_y$，$y$ | 广义位移，水平位移，竖直位移，挠度 |
| $\delta$ | 广义单位位移，厚度，滚动摩擦系数 |
| $[\Delta]$ | 许用位移 |
| $v_{\mathrm{d}}$ | 变形能密度 |
| $v_V$ | 体积改变能密度 |
| $v_{\varepsilon}$ | 应变能密度 |
| $U_{\varepsilon}$ | 应变能 |
| $W$ | 功 |
| $W_i$ | 内力功 |
| $W_{\mathrm{e}}$ | 外力功 |
| $W_z$ | 抗弯截面系数 |
| $W_{\mathrm{p}}$ | 抗扭截面系数 |
| $\alpha$ | 倾角，线膨胀系数 |
| $\beta$ | 角度 |
| $\theta$ | 梁截面转角，角位移，单位长度相对扭转角，体积应变 |
| $\varphi$ | 相对扭转角 |
| $\gamma$ | 切应变 |
| $\varepsilon$ | 线应变 |
| $\varepsilon_{\mathrm{e}}$ | 弹性应变 |
| $\varepsilon_{\mathrm{p}}$ | 塑性应变 |
| $\lambda$ | 柔度，长细比，压杆轴向位移 |
| $\mu$ | 长度因数，分配系数 |
| $\nu$ | 泊松比 |
| $\rho$ | 曲率半径，材料密度 |
| $\sigma$ | 正应力 |
| $\sigma_{\mathrm{a}}$ | 应力幅值 |
| $\sigma_{\mathrm{t}}$ | 拉应力 |

| | |
|---|---|
| $\sigma_c$ | 压应力 |
| $\sigma_m$ | 平均应力 |
| $\sigma_b$ | 强度极限 |
| $\sigma_{bs}$ | 挤压应力 |
| $[\sigma]$ | 许用应力 |
| $[\sigma_t]$ | 许用拉应力 |
| $[\sigma_c]$ | 许用压应力 |
| $[\sigma_{bs}]$ | 许用挤压应力 |
| $\sigma_{cr}$，$[\sigma_{cr}]$ | 临界应力，许用临界应力 |
| $\sigma_e$ | 弹性极限 |
| $\sigma_p$ | 比例极限 |
| $\sigma_{0.2}$ | 名义屈服应力 |
| $\sigma_s$ | 屈服应力 |
| $\sigma_r$ | 疲劳极限，持久极限 |
| $\sigma_n$ | 名义应力 |
| $\tau$ | 切应力 |
| $\tau_u$ | 极限切应力 |
| $[\tau]$ | 许用切应力 |
| $C$ | 支座移动位移，传递系数 |
| $n$ | 多余约束的个数，超静定次数 |
| $X_i$ | 多余约束力，力法的基本未知量 |
| $Z$ | 影响线的量值 |

# 附录 B　型钢规格表

表 B-1　等边角钢截面尺寸、截面面积、理论质量及截面特性

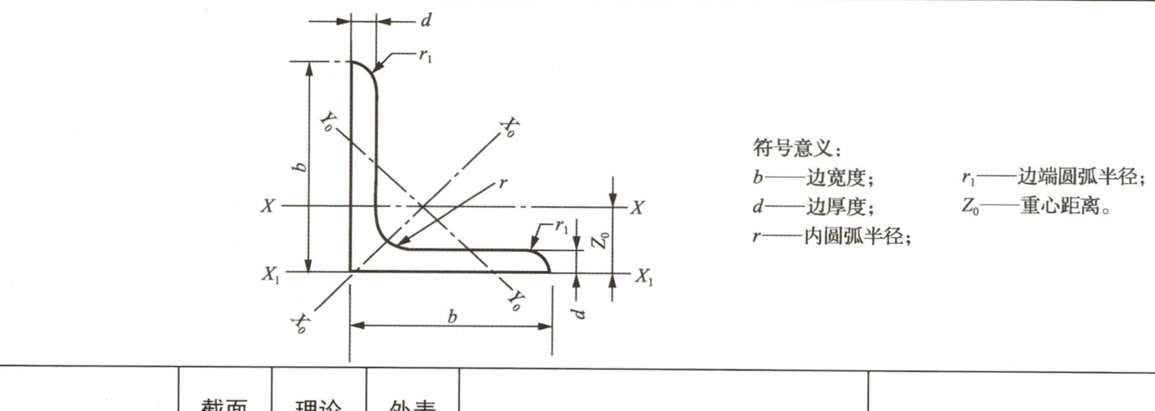


| 型号 | 截面尺寸/mm | | | 截面面积/cm$^2$ | 理论质量/(kg/m) | 外表面积/(m$^2$/m) | 惯性矩/cm$^4$ | | | | 惯性半径/cm | | | 截面系数/cm$^3$ | | | 重心距离/cm |
|---|---|---|---|---|---|---|---|---|---|---|---|---|---|---|---|---|---|
| | $b$ | $d$ | $r$ | | | | $I_x$ | $I_{x1}$ | $I_{x0}$ | $I_{y0}$ | $i_x$ | $i_{x0}$ | $i_{y0}$ | $W_x$ | $W_{x0}$ | $W_{y0}$ | $Z_0$ |
| 2 | 20 | 3 | 3.5 | 1.132 | 0.889 | 0.078 | 0.40 | 0.81 | 0.63 | 0.17 | 0.59 | 0.75 | 0.39 | 0.29 | 0.45 | 0.20 | 0.60 |
| | | 4 | | 1.459 | 1.145 | 0.077 | 0.50 | 1.09 | 0.78 | 0.22 | 0.58 | 0.73 | 0.38 | 0.36 | 0.55 | 0.24 | 0.64 |
| 2.5 | 25 | 3 | | 1.432 | 1.124 | 0.098 | 0.82 | 1.57 | 1.29 | 0.34 | 0.76 | 0.95 | 0.49 | 0.46 | 0.73 | 0.33 | 0.73 |
| | | 4 | | 1.859 | 1.459 | 0.097 | 1.03 | 2.11 | 1.62 | 0.43 | 0.74 | 0.93 | 0.48 | 0.59 | 0.92 | 0.40 | 0.76 |

续表

| 型号 | 截面尺寸/mm | | | 截面面积/$cm^2$ | 理论质量/(kg/m) | 外表面积/($m^2$/m) | 惯性矩/$cm^4$ | | | | 惯性半径/cm | | | 截面系数/$cm^3$ | | | 重心距离/cm |
|---|---|---|---|---|---|---|---|---|---|---|---|---|---|---|---|---|---|
| | $b$ | $d$ | $r$ | | | | $I_x$ | $I_{x1}$ | $I_{x0}$ | $I_{y0}$ | $i_x$ | $i_{x0}$ | $i_{y0}$ | $W_x$ | $W_{x0}$ | $W_{y0}$ | $Z_0$ |
| 3 | 30 | 3 | 4.5 | 1.749 | 1.373 | 0.117 | 1.46 | 2.71 | 2.31 | 0.61 | 0.91 | 1.15 | 0.59 | 0.68 | 1.09 | 0.51 | 0.85 |
| | | 4 | | 2.276 | 1.786 | 0.117 | 1.84 | 3.63 | 2.92 | 0.77 | 0.90 | 1.13 | 0.58 | 0.87 | 1.37 | 0.62 | 0.89 |
| 3.6 | 36 | 3 | | 2.109 | 1.656 | 0.141 | 2.58 | 4.68 | 4.09 | 1.07 | 1.11 | 1.39 | 0.71 | 0.99 | 1.61 | 0.76 | 1.00 |
| | | 4 | | 2.756 | 2.163 | 0.141 | 3.29 | 6.25 | 5.22 | 1.37 | 1.09 | 1.38 | 0.70 | 1.28 | 2.05 | 0.93 | 1.04 |
| | | 5 | | 3.382 | 2.654 | 0.141 | 3.95 | 7.84 | 6.24 | 1.65 | 1.08 | 1.36 | 0.70 | 1.56 | 2.45 | 1.00 | 1.07 |
| 4 | 40 | 3 | 5 | 2.359 | 1.852 | 0.157 | 3.59 | 6.41 | 5.69 | 1.49 | 1.23 | 1.55 | 0.79 | 1.23 | 2.01 | 0.96 | 1.09 |
| | | 4 | | 3.086 | 2.422 | 0.157 | 4.60 | 8.56 | 7.29 | 1.91 | 1.22 | 1.54 | 0.79 | 1.60 | 2.58 | 1.19 | 1.13 |
| | | 5 | | 3.719 | 2.976 | 0.156 | 5.53 | 10.74 | 8.76 | 2.30 | 1.21 | 1.52 | 0.78 | 1.96 | 3.10 | 1.39 | 1.17 |
| 4.5 | 45 | 3 | | 2.659 | 2.088 | 0.177 | 5.17 | 9.12 | 8.20 | 2.14 | 1.40 | 1.76 | 0.89 | 1.58 | 2.58 | 1.24 | 1.22 |
| | | 4 | | 3.486 | 2.736 | 0.177 | 6.65 | 12.18 | 10.56 | 2.75 | 1.38 | 1.74 | 0.89 | 2.05 | 3.32 | 1.54 | 1.26 |
| | | 5 | | 4.292 | 3.369 | 0.176 | 8.04 | 15.2 | 12.74 | 3.33 | 1.37 | 1.72 | 0.88 | 2.51 | 4.00 | 1.81 | 1.30 |
| | | 6 | | 5.076 | 3.985 | 0.176 | 9.33 | 18.36 | 14.76 | 3.89 | 1.36 | 1.70 | 0.8 | 2.95 | 4.64 | 2.06 | 1.33 |
| 5 | 50 | 3 | 5.5 | 2.971 | 2.332 | 0.197 | 7.18 | 12.5 | 11.37 | 2.98 | 1.55 | 1.96 | 1.00 | 1.96 | 3.22 | 1.57 | 1.34 |
| | | 4 | | 3.897 | 3.059 | 0.197 | 9.26 | 16.69 | 14.70 | 3.82 | 1.54 | 1.94 | 0.99 | 2.56 | 4.16 | 1.96 | 1.38 |
| | | 5 | | 4.803 | 3.770 | 0.196 | 11.21 | 20.90 | 17.79 | 4.64 | 1.53 | 1.92 | 0.98 | 3.13 | 5.03 | 2.31 | 1.42 |
| | | 6 | | 5.688 | 4.465 | 0.196 | 13.05 | 25.14 | 20.68 | 5.42 | 1.52 | 1.91 | 0.98 | 3.68 | 5.85 | 2.63 | 1.46 |
| 5.6 | 56 | 3 | 6 | 3.343 | 2.264 | 0.221 | 10.19 | 17.56 | 16.14 | 4.24 | 1.75 | 2.20 | 1.13 | 2.48 | 4.08 | 2.02 | 1.48 |
| | | 4 | | 4.390 | 3.446 | 0.220 | 13.18 | 23.43 | 20.92 | 5.46 | 1.73 | 2.18 | 1.11 | 3.24 | 5.28 | 2.52 | 1.53 |
| | | 5 | | 5.415 | 4.251 | 0.220 | 16.02 | 29.33 | 25.42 | 6.61 | 1.72 | 2.17 | 1.10 | 3.97 | 6.42 | 2.98 | 1.57 |
| | | 6 | | 6.420 | 5.040 | 0.220 | 18.69 | 35.26 | 29.66 | 7.73 | 1.71 | 2.15 | 1.10 | 4.68 | 7.49 | 3.40 | 1.61 |
| | | 7 | | 7.404 | 5.812 | 0.219 | 21.23 | 41.23 | 33.63 | 8.82 | 1.69 | 2.13 | 1.09 | 5.36 | 8.49 | 3.80 | 1.64 |
| | | 8 | | 8.367 | 6.568 | 0.219 | 23.63 | 47.24 | 37.37 | 9.89 | 1.68 | 2.11 | 1.09 | 6.03 | 9.44 | 4.16 | 1.68 |

续表

| 型号 | 截面尺寸/mm | | | 截面面积/$cm^2$ | 理论质量/(kg/m) | 外表面积/($m^2$/m) | 惯性矩/$cm^4$ | | | | 惯性半径/cm | | | 截面系数/$cm^3$ | | | 重心距离/cm |
|---|---|---|---|---|---|---|---|---|---|---|---|---|---|---|---|---|---|
| | $b$ | $d$ | $r$ | | | | $I_x$ | $I_{x1}$ | $I_{x0}$ | $I_{y0}$ | $i_x$ | $i_{x0}$ | $i_{y0}$ | $W_x$ | $W_{x0}$ | $W_{y0}$ | $Z_0$ |
| 6 | 60 | 5 | 6.5 | 5.829 | 4.576 | 0.236 | 19.89 | 36.05 | 31.57 | 8.21 | 1.85 | 2.33 | 1.19 | 4.59 | 7.44 | 3.48 | 1.67 |
| | | 6 | | 6.914 | 5.427 | 0.235 | 23.25 | 43.33 | 36.89 | 9.60 | 1.83 | 2.31 | 1.18 | 5.41 | 8.70 | 3.98 | 1.70 |
| | | 7 | | 7.977 | 6.262 | 0.235 | 26.44 | 50.65 | 41.92 | 10.96 | 1.82 | 2.29 | 1.17 | 6.21 | 9.88 | 4.45 | 1.74 |
| | | 8 | | 9.020 | 7.081 | 0.235 | 29.47 | 58.02 | 46.66 | 12.28 | 1.81 | 2.27 | 1.17 | 6.98 | 11.00 | 4.88 | 1.78 |
| 6.3 | 63 | 4 | 7 | 4.978 | 3.907 | 0.248 | 19.03 | 33.35 | 30.17 | 7.89 | 1.96 | 2.46 | 1.26 | 4.13 | 6.78 | 3.29 | 1.70 |
| | | 5 | | 6.143 | 4.822 | 0.248 | 23.17 | 41.73 | 36.77 | 9.57 | 1.94 | 2.45 | 1.25 | 5.08 | 8.25 | 3.90 | 1.74 |
| | | 6 | | 7.288 | 5.721 | 0.247 | 27.12 | 50.14 | 43.03 | 11.20 | 1.93 | 2.43 | 1.24 | 6.00 | 9.66 | 4.46 | 1.78 |
| | | 7 | | 8.412 | 6.603 | 0.247 | 30.87 | 58.60 | 48.96 | 12.79 | 1.92 | 2.41 | 1.23 | 6.88 | 10.99 | 4.98 | 1.82 |
| | | 8 | | 9.515 | 7.469 | 0.247 | 34.46 | 67.11 | 54.56 | 14.33 | 1.90 | 2.40 | 1.23 | 7.75 | 12.25 | 5.47 | 1.85 |
| | | 10 | | 11.657 | 9.151 | 0.246 | 41.09 | 84.31 | 64.85 | 17.33 | 1.88 | 2.36 | 1.22 | 9.39 | 14.56 | 6.36 | 1.93 |
| 7 | 70 | 4 | 8 | 5.570 | 4.372 | 0.275 | 26.39 | 45.74 | 41.80 | 10.99 | 2.18 | 2.74 | 1.40 | 5.14 | 8.44 | 4.17 | 1.86 |
| | | 5 | | 6.875 | 5.397 | 0.275 | 32.21 | 57.21 | 51.08 | 13.31 | 2.16 | 2.73 | 1.39 | 6.32 | 10.32 | 4.95 | 1.91 |
| | | 6 | | 8.160 | 6.406 | 0.275 | 37.77 | 68.73 | 59.93 | 15.61 | 2.15 | 2.71 | 1.38 | 7.48 | 12.11 | 5.67 | 1.95 |
| | | 7 | | 9.424 | 7.389 | 0.275 | 43.09 | 80.29 | 68.35 | 17.82 | 2.14 | 2.69 | 1.38 | 8.59 | 13.81 | 6.34 | 1.99 |
| | | 8 | | 10.667 | 8.373 | 0.274 | 48.17 | 91.92 | 76.37 | 19.98 | 2.12 | 2.68 | 1.37 | 9.68 | 15.43 | 6.98 | 2.03 |
| 7.5 | 75 | 5 | 9 | 7.412 | 5.818 | 0.295 | 39.97 | 70.56 | 63.30 | 16.63 | 2.33 | 2.92 | 1.50 | 7.32 | 11.94 | 5.77 | 2.04 |
| | | 6 | | 8.797 | 6.905 | 0.294 | 46.95 | 84.55 | 74.38 | 19.51 | 2.31 | 2.90 | 1.49 | 8.64 | 14.02 | 6.67 | 2.07 |
| | | 7 | | 10.160 | 7.976 | 0.294 | 53.57 | 98.71 | 84.96 | 22.18 | 2.30 | 2.89 | 1.48 | 9.93 | 16.02 | 7.44 | 2.11 |
| | | 8 | | 11.503 | 9.030 | 0.294 | 59.96 | 112.97 | 95.07 | 24.86 | 2.28 | 2.88 | 1.47 | 11.20 | 17.93 | 8.19 | 2.15 |
| | | 9 | | 12.825 | 10.068 | 0.294 | 66.10 | 127.30 | 104.71 | 27.48 | 2.27 | 2.86 | 1.46 | 12.43 | 19.75 | 8.89 | 2.18 |
| | | 10 | | 14.126 | 11.089 | 0.293 | 71.89 | 141.71 | 113.92 | 30.05 | 2.26 | 2.84 | 1.46 | 13.64 | 21.48 | 9.56 | 2.22 |

续表

| 型号 | 截面尺寸/mm | | | 截面面积/cm² | 理论质量/(kg/m) | 外表面积/(m²/m) | 惯性矩/cm⁴ | | | | 惯性半径/cm | | | 截面系数/cm³ | | | 重心距离/cm |
|---|---|---|---|---|---|---|---|---|---|---|---|---|---|---|---|---|---|
| | $b$ | $d$ | $r$ | | | | $I_x$ | $I_{x1}$ | $I_{x0}$ | $I_{y0}$ | $i_x$ | $i_{x0}$ | $i_{y0}$ | $W_x$ | $W_{x0}$ | $W_{y0}$ | $Z_0$ |
| 8 | 80 | 5 | 9 | 7.912 | 6.211 | 0.315 | 48.79 | 85.36 | 77.33 | 20.25 | 2.48 | 3.13 | 1.60 | 8.43 | 13.67 | 6.66 | 2.15 |
| | | 6 | | 9.397 | 7.376 | 0.314 | 57.35 | 102.50 | 90.98 | 23.72 | 2.47 | 3.11 | 1.59 | 9.87 | 16.08 | 7.65 | 2.19 |
| | | 7 | | 10.860 | 8.525 | 0.314 | 65.58 | 119.70 | 104.07 | 27.09 | 2.46 | 3.10 | 1.58 | 11.37 | 18.40 | 8.58 | 2.23 |
| | | 8 | | 12.303 | 9.658 | 0.314 | 73.49 | 136.97 | 116.60 | 30.39 | 2.44 | 3.08 | 1.57 | 12.83 | 20.61 | 9.46 | 2.27 |
| | | 9 | | 13.725 | 10.774 | 0.314 | 81.11 | 154.31 | 128.60 | 33.61 | 2.43 | 3.06 | 1.56 | 14.25 | 22.73 | 10.29 | 2.31 |
| | | 10 | | 15.126 | 11.874 | 0.313 | 88.43 | 171.74 | 140.09 | 36.77 | 2.42 | 3.04 | 1.56 | 15.64 | 24.76 | 11.08 | 2.35 |
| 9 | 90 | 6 | 10 | 10.637 | 8.350 | 0.354 | 82.77 | 145.87 | 131.26 | 34.28 | 2.79 | 3.51 | 1.80 | 12.61 | 20.63 | 9.95 | 2.44 |
| | | 7 | | 12.301 | 9.656 | 0.354 | 94.83 | 170.30 | 150.47 | 39.18 | 2.78 | 3.50 | 1.78 | 14.54 | 23.64 | 11.19 | 2.48 |
| | | 8 | | 13.944 | 10.946 | 0.353 | 106.47 | 194.80 | 168.97 | 43.97 | 2.76 | 3.48 | 1.78 | 16.42 | 26.55 | 12.35 | 2.52 |
| | | 9 | | 15.566 | 12.219 | 0.353 | 117.72 | 219.39 | 186.77 | 48.66 | 2.75 | 3.46 | 1.77 | 18.27 | 29.35 | 13.46 | 2.56 |
| | | 10 | | 17.167 | 13.467 | 0.353 | 128.58 | 244.07 | 203.90 | 53.26 | 2.74 | 3.45 | 1.76 | 20.07 | 32.04 | 14.52 | 2.59 |
| | | 12 | | 20.306 | 15.940 | 0.352 | 149.22 | 293.76 | 236.21 | 62.22 | 2.71 | 3.41 | 1.75 | 23.57 | 37.12 | 16.49 | 2.67 |
| 10 | 100 | 6 | 12 | 11.932 | 9.366 | 0.393 | 114.95 | 200.07 | 181.98 | 47.92 | 3.10 | 3.90 | 2.00 | 15.68 | 25.74 | 12.69 | 2.67 |
| | | 7 | | 13.796 | 10.830 | 0.393 | 131.86 | 233.54 | 208.97 | 54.74 | 3.09 | 3.89 | 1.99 | 18.10 | 29.55 | 14.26 | 2.71 |
| | | 8 | | 15.638 | 12.276 | 0.393 | 148.24 | 267.09 | 235.07 | 61.41 | 3.08 | 3.88 | 1.98 | 20.47 | 33.24 | 15.75 | 2.76 |
| | | 9 | | 17.426 | 13.708 | 0.392 | 164.12 | 300.73 | 260.30 | 67.95 | 3.07 | 3.86 | 1.97 | 22.79 | 36.81 | 17.18 | 2.80 |
| | | 10 | | 19.261 | 15.120 | 0.392 | 179.51 | 334.48 | 284.68 | 74.35 | 3.05 | 3.84 | 1.96 | 25.06 | 40.26 | 18.54 | 2.84 |
| | | 12 | | 22.800 | 17.898 | 0.391 | 208.90 | 402.34 | 330.95 | 86.84 | 3.03 | 3.81 | 1.95 | 29.48 | 46.80 | 21.08 | 2.91 |
| | | 14 | | 26.256 | 20.611 | 0.391 | 236.53 | 470.75 | 374.06 | 99.00 | 3.00 | 3.77 | 1.94 | 33.73 | 52.90 | 23.44 | 2.99 |
| | | 16 | | 29.627 | 23.257 | 0.390 | 262.53 | 539.80 | 414.16 | 110.89 | 2.98 | 3.74 | 1.94 | 37.82 | 58.57 | 25.63 | 3.06 |

续表

| 型号 | 截面尺寸/mm | | | 截面面积/cm$^2$ | 理论质量/(kg/m) | 外表面积/(m$^2$/m) | 惯性矩/cm$^4$ | | | | 惯性半径/cm | | | 截面系数/cm$^3$ | | | 重心距离/cm |
|---|---|---|---|---|---|---|---|---|---|---|---|---|---|---|---|---|---|
| | $b$ | $d$ | $r$ | | | | $I_x$ | $I_{x1}$ | $I_{x0}$ | $I_{y0}$ | $i_x$ | $i_{x0}$ | $i_{y0}$ | $W_x$ | $W_{x0}$ | $W_{y0}$ | $Z_0$ |
| 11 | 110 | 7 | 12 | 15.196 | 11.928 | 0.433 | 177.16 | 310.64 | 280.94 | 73.38 | 3.41 | 4.30 | 2.20 | 22.05 | 36.12 | 17.51 | 2.96 |
| | | 8 | | 17.238 | 13.535 | 0.433 | 199.46 | 655.20 | 316.49 | 82.42 | 3.40 | 4.28 | 2.19 | 24.95 | 40.69 | 19.39 | 3.01 |
| | | 10 | | 21.261 | 16.690 | 0.432 | 242.19 | 444.65 | 384.39 | 99.98 | 3.38 | 4.25 | 2.17 | 30.60 | 49.42 | 22.91 | 3.09 |
| | | 12 | | 25.200 | 19.728 | 0.431 | 282.55 | 534.60 | 448.17 | 116.93 | 3.35 | 4.22 | 2.15 | 36.05 | 57.62 | 26.15 | 3.16 |
| | | 14 | | 29.056 | 22.809 | 0.431 | 320.71 | 625.16 | 508.01 | 133.04 | 3.32 | 2.14 | 2.14 | 41.31 | 65.31 | 29.14 | 3.24 |
| 12.5 | 125 | 8 | 14 | 19.750 | 15.504 | 0.492 | 27.03 | 521.01 | 470.89 | 123.16 | 3.88 | 4.88 | 2.50 | 32.52 | 53.28 | 25.86 | 3.37 |
| | | 10 | | 24.373 | 19.133 | 0.491 | 361.67 | 651.93 | 573.89 | 149.46 | 3.85 | 4.85 | 2.48 | 39.97 | 64.93 | 30.62 | 3.45 |
| | | 12 | | 28.912 | 22.696 | 0.491 | 423.16 | 783.42 | 671.44 | 174.88 | 3.83 | 4.82 | 2.46 | 41.17 | 75.96 | 35.03 | 3.53 |
| | | 14 | | 33.367 | 26.193 | 0.490 | 481.65 | 915.61 | 763.73 | 199.57 | 3.80 | 4.78 | 2.45 | 54.16 | 86.41 | 39.13 | 3.61 |
| | | 16 | | 37.739 | 29.625 | 0.489 | 537.31 | 1048.62 | 850.98 | 223.65 | 3.77 | 4.75 | 2.43 | 60.93 | 96.28 | 42.96 | 3.68 |
| 14 | 140 | 10 | | 27.373 | 21.488 | 0.551 | 514.65 | 915.11 | 817.27 | 212.04 | 4.34 | 5.46 | 2.78 | 50.58 | 82.56 | 39.20 | 3.82 |
| | | 12 | | 32.512 | 25.522 | 0.551 | 603.68 | 1099.28 | 958.79 | 248.57 | 4.31 | 5.43 | 2.76 | 59.80 | 96.85 | 45.02 | 3.90 |
| | | 14 | | 37.567 | 29.490 | 0.550 | 688.81 | 1284.22 | 1093.56 | 284.06 | 4.28 | 5.40 | 2.75 | 68.72 | 110.47 | 50.45 | 3.98 |
| | | 16 | | 42.539 | 33.393 | 0.549 | 770.24 | 1470.07 | 1221.81 | 318.67 | 4.26 | 5.36 | 2.74 | 77.46 | 123.42 | 55.55 | 4.06 |
| 15 | 150 | 8 | 14 | 23.750 | 18.644 | 0.592 | 521.37 | 899.55 | 827.49 | 215.25 | 4.69 | 5.90 | 3.01 | 47.36 | 78.02 | 38.14 | 3.99 |
| | | 10 | | 29.373 | 23.058 | 0.591 | 637.50 | 1125.09 | 1012.79 | 262.21 | 4.66 | 5.87 | 2.99 | 58.35 | 95.49 | 45.51 | 4.08 |
| | | 12 | | 34.912 | 27.406 | 0.591 | 748.85 | 1351.26 | 1189.97 | 307.73 | 4.63 | 5.84 | 2.97 | 69.04 | 112.19 | 52.38 | 4.15 |
| | | 14 | | 40.367 | 31.688 | 0.590 | 855.64 | 1578.25 | 1359.30 | 351.98 | 4.60 | 5.80 | 2.95 | 79.46 | 128.16 | 58.83 | 4.23 |
| | | 15 | | 43.063 | 33.804 | 0.590 | 907.39 | 1692.10 | 1441.09 | 373.69 | 4.59 | 5.78 | 2.95 | 84.56 | 135.87 | 61.90 | 4.27 |
| | | 16 | | 45.739 | 35.905 | 0.589 | 958.08 | 1806.21 | 1521.02 | 395.14 | 4.58 | 5.77 | 2.94 | 89.59 | 143.40 | 64.89 | 4.31 |
| 16 | 160 | 10 | 16 | 31.502 | 24.729 | 0.630 | 779.53 | 1365.33 | 1237.30 | 321.76 | 4.98 | 6.27 | 3.20 | 66.70 | 109.36 | 52.76 | 4.31 |
| | | 12 | | 37.441 | 29.391 | 0.630 | 916.58 | 1639.57 | 1455.68 | 377.49 | 4.95 | 6.24 | 3.18 | 78.98 | 128.67 | 60.74 | 4.39 |
| | | 14 | | 43.296 | 33.987 | 0.629 | 1048.36 | 1914.68 | 1665.02 | 431.70 | 4.92 | 6.20 | 3.16 | 90.95 | 147.17 | 68.24 | 4.47 |
| | | 16 | | 49.067 | 38.518 | 0.629 | 1175.08 | 2190.82 | 1865.57 | 484.59 | 4.89 | 6.17 | 3.14 | 102.63 | 164.89 | 75.31 | 4.55 |

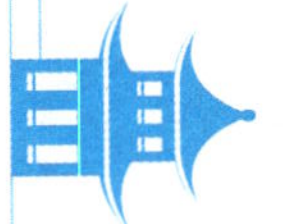



续表

| 型号 | 截面尺寸/mm | | | 截面面积/cm² | 理论质量/(kg/m) | 外表面积/(m²/m) | 惯性矩/cm⁴ | | | | 惯性半径/cm | | | 截面系数/cm³ | | | 重心距离/cm |
|---|---|---|---|---|---|---|---|---|---|---|---|---|---|---|---|---|---|
| | $b$ | $d$ | $r$ | | | | $I_x$ | $I_{x1}$ | $I_{x0}$ | $I_{y0}$ | $i_x$ | $i_{x0}$ | $i_{y0}$ | $W_x$ | $W_{x0}$ | $W_{y0}$ | $Z_0$ |
| 18 | 180 | 12 | 16 | 42.241 | 33.159 | 0.710 | 1321.35 | 2332.80 | 2100.10 | 542.61 | 5.59 | 7.05 | 3.58 | 100.82 | 165.00 | 78.41 | 4.89 |
| | | 14 | | 48.896 | 38.383 | 0.709 | 1514.48 | 2723.48 | 2407.42 | 621.53 | 5.56 | 7.02 | 3.56 | 116.25 | 189.14 | 88.38 | 4.97 |
| | | 16 | | 55.467 | 43.542 | 0.709 | 1700.99 | 3115.29 | 2703.37 | 698.60 | 5.54 | 6.98 | 3.55 | 131.13 | 212.40 | 97.83 | 5.05 |
| | | 18 | | 61.055 | 48.634 | 0.708 | 1875.12 | 3502.43 | 2988.24 | 762.01 | 5.50 | 6.94 | 3.51 | 145.64 | 234.78 | 105.14 | 5.13 |
| 20 | 200 | 14 | 18 | 54.642 | 42.894 | 0.788 | 2103.55 | 3734.10 | 3343.26 | 863.83 | 6.20 | 7.82 | 3.98 | 144.70 | 236.40 | 111.82 | 5.46 |
| | | 16 | | 62.013 | 48.680 | 0.788 | 2366.15 | 4270.39 | 3760.89 | 971.41 | 6.18 | 7.79 | 3.96 | 163.65 | 265.93 | 123.96 | 5.54 |
| | | 18 | | 69.301 | 54.401 | 0.787 | 2620.64 | 4808.13 | 4164.54 | 1076.74 | 6.15 | 7.75 | 3.94 | 182.22 | 294.48 | 135.52 | 5.62 |
| | | 20 | | 76.505 | 60.056 | 0.787 | 2867.30 | 5347.51 | 4554.55 | 1180.04 | 6.12 | 7.72 | 3.93 | 200.42 | 322.06 | 146.55 | 5.69 |
| | | 24 | | 90.661 | 71.168 | 0.785 | 3338.25 | 6457.16 | 5294.97 | 1381.53 | 6.07 | 7.64 | 3.90 | 236.17 | 374.41 | 166.65 | 5.87 |
| 22 | 220 | 16 | 21 | 68.664 | 53.901 | 0.866 | 3187.36 | 5681.62 | 5063.73 | 1310.99 | 6.81 | 8.59 | 4.37 | 199.55 | 325.51 | 153.81 | 6.03 |
| | | 18 | | 76.752 | 60.250 | 0.866 | 3534.30 | 6395.93 | 5615.32 | 1453.27 | 6.79 | 8.55 | 4.35 | 222.37 | 360.97 | 168.29 | 6.11 |
| | | 20 | | 84.756 | 66.533 | 0.865 | 3871.49 | 7112.04 | 6150.08 | 1592.90 | 6.76 | 8.52 | 4.34 | 244.77 | 395.34 | 182.16 | 6.18 |
| | | 22 | | 92.676 | 72.751 | 0.865 | 4199.23 | 7830.19 | 6668.37 | 1730.10 | 6.73 | 8.48 | 4.32 | 266.78 | 428.66 | 195.45 | 6.26 |
| | | 24 | | 100.512 | 78.902 | 0.864 | 4517.83 | 8550.57 | 7170.55 | 1865.11 | 6.70 | 8.45 | 4.31 | 288.39 | 460.94 | 208.21 | 6.33 |
| | | 26 | | 108.264 | 84.987 | 0.864 | 4827.58 | 9273.39 | 7656.98 | 1998.17 | 6.68 | 8.41 | 4.30 | 309.62 | 492.21 | 220.49 | 6.41 |
| 25 | 250 | 18 | 24 | 87.842 | 68.956 | 0.985 | 5268.22 | 9379.11 | 8369.04 | 2167.41 | 7.74 | 9.76 | 4.97 | 290.12 | 473.42 | 224.03 | 6.84 |
| | | 20 | | 97.045 | 76.180 | 0.984 | 5779.34 | 10426.97 | 9181.94 | 2376.74 | 7.72 | 9.73 | 4.95 | 319.66 | 519.41 | 242.85 | 6.92 |
| | | 24 | | 115.201 | 90.433 | 0.983 | 6763.93 | 12529.74 | 10742.67 | 2785.19 | 7.66 | 9.66 | 4.92 | 377.34 | 607.70 | 278.38 | 7.07 |
| | | 26 | | 124.154 | 97.461 | 0.982 | 7238.08 | 13585.18 | 11491.33 | 2984.84 | 7.63 | 9.62 | 4.90 | 405.50 | 650.05 | 295.19 | 7.15 |
| | | 28 | | 133.02 | 104.422 | 0.982 | 7700.60 | 14643.62 | 12219.39 | 3181.81 | 7.61 | 9.58 | 4.89 | 433.22 | 691.23 | 311.42 | 7.22 |
| | | 30 | | 141.807 | 111.318 | 0.981 | 8151.80 | 15705.30 | 12927.26 | 3376.34 | 7.58 | 9.55 | 4.88 | 460.51 | 731.28 | 327.12 | 7.30 |
| | | 32 | | 150.508 | 118.149 | 0.981 | 8592.01 | 16770.41 | 13615.32 | 3568.71 | 7.56 | 9.51 | 4.87 | 487.39 | 770.20 | 342.33 | 7.37 |
| | | 35 | | 163.402 | 128.271 | 0.980 | 9232.22 | 18374.95 | 14611.16 | 3853.72 | 7.52 | 9.46 | 4.86 | 526.97 | 826.53 | 364.30 | 7.48 |

注：截面图中的 $r_1=1/3d$，表中 $r$ 的数据用于孔型设计，不作为交货条件。

表 B-2 不等边角钢截面尺寸、截面面积、理论质量及截面特性

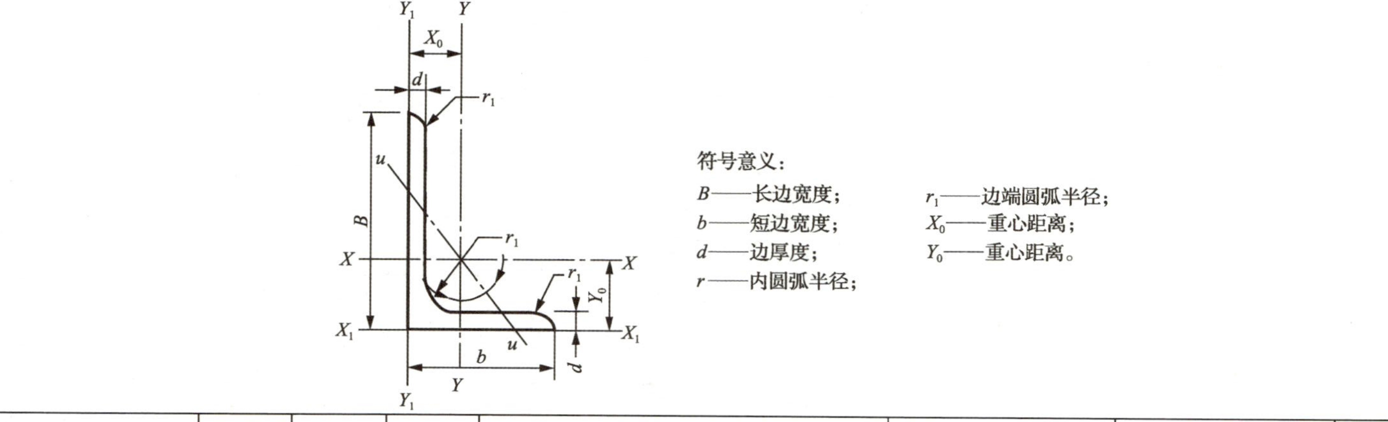


符号意义：

$B$——长边宽度；
$b$——短边宽度；
$d$——边厚度；
$r$——内圆弧半径；
$r_1$——边端圆弧半径；
$X_0$——重心距离；
$Y_0$——重心距离。

| 型号 | 截面尺寸/mm | | | | 截面面积/cm² | 理论质量/(kg/m) | 外表面积/(m²/m) | 惯性矩/cm⁴ | | | | | 惯性半径/cm | | | 截面系数/cm³ | | | tanα | 重心距离/cm | |
|---|---|---|---|---|---|---|---|---|---|---|---|---|---|---|---|---|---|---|---|---|---|
| | $B$ | $b$ | $d$ | $r$ | | | | $I_x$ | $I_{x1}$ | $I_y$ | $I_{y1}$ | $I_U$ | $i_x$ | $i_y$ | $i_U$ | $W_x$ | $W_y$ | $W_U$ | | $X_0$ | $Y_0$ |
| 25.16/1.6 | 25 | 16 | 3 | 35 | 1.162 | 0.912 | 0.080 | 0.70 | 1.56 | 0.22 | 0.43 | 0.14 | 0.78 | 0.44 | 0.34 | 0.43 | 0.19 | 0.16 | 0.392 | 0.42 | 0.86 |
| | | | 4 | | 1.499 | 1.176 | 0.079 | 0.88 | 2.09 | 0.27 | 0.59 | 0.17 | 0.77 | 0.43 | 0.34 | 0.55 | 0.24 | 0.20 | 0.381 | 0.46 | 0.90 |
| 3.2/2 | 32 | 20 | 3 | | 1.492 | 1.171 | 0.102 | 1.53 | 3.27 | 0.46 | 0.82 | 0.28 | 1.01 | 0.55 | 0.43 | 0.72 | 0.30 | 0.25 | 0.382 | 0.49 | 1.08 |
| | | | 4 | | 1.939 | 1.522 | 0.101 | 1.93 | 4.37 | 0.57 | 1.12 | 0.35 | 1.00 | 0.54 | 0.42 | 0.93 | 0.39 | 0.32 | 0.374 | 0.53 | 1.12 |
| 4/2.5 | 40 | 25 | 3 | 4 | 1.890 | 1.484 | 0.127 | 3.08 | 5.39 | 0.93 | 1.59 | 0.56 | 1.28 | 0.70 | 0.54 | 1.15 | 0.49 | 0.40 | 0.385 | 0.59 | 1.32 |
| | | | 4 | | 2.467 | 1.936 | 0.127 | 3.93 | 8.53 | 1.18 | 2.14 | 0.71 | 1.36 | 0.69 | 0.54 | 1.49 | 0.63 | 0.52 | 0.381 | 0.63 | 1.37 |
| 4.5/2.8 | 45 | 28 | 3 | 5 | 2.149 | 1.687 | 0.143 | 445 | 9.10 | 1.34 | 2.23 | 0.80 | 1.44 | 0.79 | 0.61 | 1.47 | 0.62 | 0.51 | 0.383 | 0.64 | 1.47 |
| | | | 4 | | 2.806 | 2.203 | 0.143 | 5.69 | 12.13 | 1.70 | 3.00 | 1.02 | 1.42 | 0.78 | 0.60 | 1.91 | 0.80 | 0.66 | 0.380 | 0.68 | 1.51 |
| 5/3.2 | 50 | 32 | 3 | 5.5 | 2.431 | 1.908 | 0.161 | 6.24 | 12.49 | 2.02 | 3.31 | 1.20 | 1.60 | 0.91 | 0.70 | 1.84 | 0.82 | 0.68 | 0.404 | 0.73 | 1.60 |
| | | | 4 | | 3.177 | 2.494 | 0.160 | 8.02 | 16.65 | 2.58 | 4.45 | 1.53 | 1.59 | 0.90 | 0.69 | 2.39 | 1.06 | 0.87 | 0.402 | 0.77 | 1.65 |

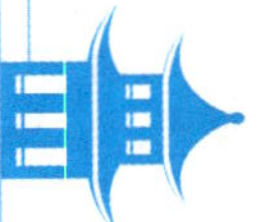

续表

| 型号 | 截面尺寸/mm | | | | 截面面积/cm² | 理论质量/(kg/m) | 外表面积/(m²/m) | 惯性矩/cm⁴ | | | | | 惯性半径/cm | | | 截面系数/cm³ | | | tanα | 重心距离/cm | |
|---|---|---|---|---|---|---|---|---|---|---|---|---|---|---|---|---|---|---|---|---|---|
| | $B$ | $b$ | $d$ | $r$ | | | | $I_x$ | $I_{x1}$ | $I_y$ | $I_{y1}$ | $I_U$ | $i_x$ | $i_y$ | $i_U$ | $W_x$ | $W_y$ | $W_U$ | | $X_0$ | $Y_0$ |
| 5.6/3.6 | 56 | 36 | 3 | 6 | 2.743 | 2.153 | 0.181 | 8.88 | 17.54 | 2.92 | 4.70 | 1.73 | 1.80 | 1.03 | 0.79 | 2.32 | 1.05 | 0.87 | 0.408 | 0.80 | 1.78 |
| | | | 4 | | 3.590 | 2.818 | 0.180 | 11.45 | 23.39 | 3.76 | 6.33 | 2.23 | 1.79 | 1.02 | 0.79 | 3.03 | 1.37 | 1.13 | 0.408 | 0.85 | 1.82 |
| | | | 5 | | 4.415 | 3.466 | 0.180 | 13.86 | 29.25 | 4.49 | 7.94 | 2.67 | 1.77 | 1.01 | 0.78 | 3.71 | 1.65 | 1.36 | 0.404 | 0.88 | 1.87 |
| 6.3/4 | 63 | 40 | 4 | 7 | 4.058 | 3.185 | 0.202 | 16.49 | 33.30 | 5.23 | 8.63 | 3.12 | 2.02 | 1.14 | 0.88 | 3.87 | 1.70 | 1.40 | 0.398 | 0.92 | 2.04 |
| | | | 5 | | 4.993 | 3.920 | 0.202 | 20.02 | 41.63 | 6.31 | 10.86 | 3.76 | 2.00 | 1.12 | 0.87 | 4.74 | 2.07 | 1.71 | 0.396 | 0.95 | 2.08 |
| | | | 6 | | 5.908 | 4.638 | 0.201 | 23.36 | 49.98 | 7.29 | 13.12 | 4.34 | 1.96 | 1.11 | 0.86 | 5.59 | 2.43 | 1.99 | 0.393 | 0.99 | 2.12 |
| | | | 7 | | 6.802 | 5.339 | 0.201 | 26.53 | 58.07 | 8.24 | 15.47 | 4.97 | 1.98 | 1.10 | 0.86 | 6.40 | 2.78 | 2.29 | 0.389 | 1.03 | 2.15 |
| 7/4.5 | 70 | 45 | 4 | 7.5 | 4.547 | 3.570 | 0.226 | 23.17 | 45.92 | 7.55 | 12.26 | 4.40 | 2.26 | 1.29 | 0.98 | 4.86 | 2.17 | 1.77 | 0.410 | 1.02 | 2.24 |
| | | | 5 | | 5.609 | 4.403 | 0.225 | 27.95 | 57.10 | 9.13 | 15.39 | 5.40 | 2.23 | 1.28 | 0.98 | 5.92 | 2.65 | 2.19 | 0.407 | 1.06 | 2.28 |
| | | | 6 | | 6.647 | 5.218 | 0.225 | 32.54 | 68.35 | 10.62 | 18.58 | 6.35 | 2.21 | 1.26 | 0.98 | 6.95 | 3.12 | 2.59 | 0.404 | 1.09 | 2.32 |
| | | | 7 | | 7.657 | 6.011 | 0.225 | 37.22 | 79.99 | 12.01 | 21.84 | 7.16 | 2.20 | 1.25 | 0.97 | 8.03 | 3.57 | 2.94 | 0.402 | 1.13 | 2.36 |
| 7.5/5 | 75 | 50 | 5 | 8 | 6.125 | 4.808 | 0.245 | 34.86 | 70.00 | 12.61 | 21.04 | 7.41 | 2.39 | 1.44 | 1.10 | 6.83 | 3.30 | 2.74 | 0.435 | 1.17 | 2.40 |
| | | | 6 | | 7.260 | 5.699 | 0.245 | 41.12 | 84.30 | 14.70 | 25.37 | 8.54 | 2.38 | 1.42 | 1.08 | 8.12 | 3.88 | 3.19 | 0.435 | 1.21 | 2.44 |
| | | | 8 | | 9.467 | 7.431 | 0.244 | 52.39 | 112.50 | 18.53 | 34.23 | 10.87 | 2.35 | 1.40 | 10.7 | 10.52 | 4.99 | 4.10 | 0.429 | 1.29 | 2.52 |
| | | | 10 | | 11.590 | 9.098 | 0.244 | 62.71 | 140.80 | 21.96 | 43.43 | 13.10 | 2.33 | 1.38 | 1.06 | 12.79 | 6.04 | 4.99 | 0.423 | 1.36 | 2.60 |
| 8/5 | 80 | 50 | 5 | 8 | 6.375 | 5.005 | 0.255 | 41.96 | 85.21 | 12.82 | 21.06 | 7.66 | 2.56 | 1.42 | 1.10 | 7.78 | 3.32 | 2.74 | 0.388 | 1.14 | 2.60 |
| | | | 6 | | 7.560 | 5.935 | 0.255 | 49.49 | 102.53 | 14.95 | 25.41 | 8.85 | 2.56 | 1.41 | 1.08 | 9.25 | 3.91 | 3.32 | 0.387 | 1.14 | 2.65 |
| | | | 7 | | 8.724 | 6.848 | 0.255 | 56.16 | 119.53 | 46.96 | 29.82 | 10.18 | 2.54 | 1.39 | 1.08 | 10.58 | 4.48 | 3.70 | 0.384 | 1.21 | 2.69 |
| | | | 8 | | 9.867 | 7.745 | 0.254 | 62.83 | 136.41 | 18.85 | 34.32 | 11.38 | 2.52 | 1.38 | 1.07 | 11.92 | 5.03 | 4.16 | 0.381 | 1.25 | 2.73 |
| 9/5.6 | 90 | 56 | 5 | 9 | 7.212 | 5.661 | 0.278 | 60.45 | 121.32 | 18.32 | 29.53 | 100.98 | 2.90 | 1.59 | 1.23 | 9.92 | 4.21 | 3.49 | 0.385 | 1.25 | 2.91 |
| | | | 6 | | 8.557 | 6.717 | 0.286 | 71.03 | 145.59 | 21.42 | 35.58 | 12.90 | 2.88 | 1.58 | 1.23 | 11.74 | 4.96 | 4.13 | 0.384 | 1.29 | 2.95 |
| | | | 7 | | 9.880 | 7.756 | 0.286 | 81.01 | 169.60 | 24.36 | 41.71 | 14.67 | 2.86 | 1.57 | 1.22 | 13.49 | 5.70 | 4.72 | 0.382 | 1.33 | 3.00 |
| | | | 8 | | 11.183 | 8.779 | 0.286 | 91.03 | 194.17 | 27.15 | 47.93 | 16.34 | 2.85 | 1.56 | 1.21 | 15.27 | 6.41 | 5.29 | 0.380 | 1.36 | 3.04 |

续表

| 型号 | 截面尺寸/mm | | | | 截面面积/$cm^2$ | 理论质量/(kg/m) | 外表面积/($m^2$/m) | 惯性矩/$cm^4$ | | | | | 惯性半径/cm | | | 截面系数/$cm^3$ | | | tan$\alpha$ | 重心距离/cm | |
|---|---|---|---|---|---|---|---|---|---|---|---|---|---|---|---|---|---|---|---|---|---|
| | $B$ | $b$ | $d$ | $r$ | | | | $I_x$ | $I_{x1}$ | $I_y$ | $I_{y1}$ | $I_U$ | $i_x$ | $i_y$ | $i_U$ | $W_x$ | $W_y$ | $W_U$ | | $X_0$ | $Y_0$ |
| 10/6.3 | 100 | 63 | 6 | 10 | 9.617 | 7.550 | 0.320 | 99.06 | 199.71 | 30.94 | 50.50 | 18.42 | 3.21 | 1.79 | 1.38 | 14.64 | 6.35 | 5.25 | 0.394 | 1.43 | 3.24 |
| | | | 7 | | 11.111 | 8.722 | 0.320 | 113.45 | 233.00 | 35.26 | 59.14 | 21.00 | 3.20 | 1.78 | 1.38 | 16.88 | 7.29 | 6.02 | 0.394 | 1.47 | 3.28 |
| | | | 8 | | 12.534 | 9.878 | 0.319 | 127.37 | 266.32 | 39.39 | 67.88 | 23.50 | 3.18 | 1.77 | 1.37 | 19.08 | 8.21 | 6.78 | 0.391 | 1.50 | 3.32 |
| | | | 10 | | 15.467 | 12.142 | 0.319 | 153.81 | 333.06 | 47.12 | 85.73 | 28.33 | 3.15 | 1.74 | 1.35 | 23.32 | 9.98 | 8.24 | 0.387 | 1.58 | 3.40 |
| 10/8 | 100 | 80 | 6 | 10 | 10.637 | 8.350 | 0.354 | 107.04 | 199.83 | 61.24 | 102.68 | 31.65 | 3.17 | 2.40 | 1.72 | 15.19 | 10.16 | 8.37 | 0.627 | 1.97 | 2.95 |
| | | | 7 | | 121.301 | 9.656 | 0.354 | 122.73 | 233.20 | 70.08 | 119.98 | 36.17 | 3.16 | 2.39 | 1.72 | 17.52 | 11.71 | 9.60 | 0.626 | 2.01 | 3.10 |
| | | | 8 | | 13.944 | 10.946 | 0.353 | 137.92 | 266.61 | 78.58 | 137.37 | 40.58 | 3.14 | 2.37 | 1.71 | 19.81 | 13.21 | 10.80 | 0.625 | 2.05 | 3.04 |
| | | | 10 | | 17.167 | 13.476 | 0.353 | 166.87 | 333.63 | 94.65 | 172.48 | 49.10 | 3.12 | 2.35 | 1.69 | 24.24 | 16.12 | 13.12 | 0.622 | 2.13 | 3.12 |
| 11/7 | 110 | 70 | 6 | 10 | 10.637 | 8.350 | 0.354 | 133.37 | 265.78 | 42.92 | 69.08 | 25.36 | 3.54 | 2.01 | 1.54 | 17.85 | 7.90 | 6.53 | 0.403 | 1.57 | 3.53 |
| | | | 7 | | 12.301 | 9.656 | 0.354 | 153.00 | 310.07 | 49.01 | 80.82 | 28.95 | 3.53 | 2.00 | 1.53 | 20.60 | 9.09 | 7.50 | 0.402 | 1.61 | 3.57 |
| | | | 8 | | 13.944 | 10.946 | 0.353 | 172.04 | 354.39 | 54.87 | 92.70 | 32.45 | 3.51 | 1.98 | 1.53 | 23.30 | 10.25 | 8.45 | 0.401 | 1.65 | 3.62 |
| | | | 10 | | 17.167 | 13.476 | 0.353 | 208.39 | 443.13 | 65.88 | 116.83 | 39.20 | 3.48 | 1.96 | 1.51 | 28.54 | 12.48 | 10.29 | 0.397 | 1.72 | 3.70 |
| 12.5/8 | 125 | 80 | 7 | 11 | 14.096 | 11.066 | 0.403 | 227.98 | 454.99 | 74.42 | 120.32 | 43.81 | 4.02 | 2.30 | 1.76 | 26.86 | 12.01 | 9.92 | 0.408 | 1.80 | 4.01 |
| | | | 8 | | 15.989 | 12.551 | 0.403 | 256.77 | 519.99 | 83.49 | 137.85 | 49.15 | 4.01 | 2.28 | 1.75 | 30.41 | 13.56 | 11.18 | 0.407 | 1.84 | 4.06 |
| | | | 10 | | 19.712 | 15.474 | 0.402 | 312.04 | 650.09 | 100.67 | 173.40 | 59.45 | 3.98 | 2.26 | 1.74 | 37.33 | 16.56 | 13.64 | 0.404 | 1.92 | 4.14 |
| | | | 12 | | 23.351 | 18.330 | 0.402 | 364.41 | 780.39 | 116.67 | 209.67 | 69.35 | 3.95 | 2.24 | 1.72 | 44.01 | 19.43 | 16.01 | 0.400 | 2.00 | 4.22 |
| 14/9 | 140 | 90 | 8 | 12 | 18.038 | 14.160 | 0.453 | 365.64 | 730.53 | 120.69 | 195.67 | 70.83 | 4.50 | 2.59 | 1.98 | 38.48 | 17.34 | 14.31 | 0.411 | 2.04 | 4.50 |
| | | | 10 | | 22.261 | 17.475 | 0.452 | 445.50 | 913.20 | 140.03 | 245.92 | 85.82 | 4.47 | 2.56 | 1.96 | 47.31 | 21.22 | 17.48 | 0.409 | 2.12 | 4.58 |
| | | | 12 | | 26.400 | 20.724 | 0.451 | 521.59 | 1096.09 | 169.79 | 296.89 | 100.21 | 4.44 | 2.54 | 1.95 | 55.87 | 24.95 | 2054 | 0.406 | 2.19 | 4.66 |
| | | | 14 | | 30.456 | 23.908 | 0.451 | 594.10 | 1279.26 | 192.10 | 348.82 | 114.13 | 4.42 | 2.51 | 1.94 | 64.18 | 28.54 | 23.52 | 0.403 | 2.27 | 4.74 |

续表

| 型号 | 截面尺寸/mm | | | | 截面面积/cm² | 理论质量/(kg/m) | 外表面积/(m²/m) | 惯性矩/cm⁴ | | | | | 惯性半径/cm | | | 截面系数/cm³ | | | tanα | 重心距离/cm | |
|---|---|---|---|---|---|---|---|---|---|---|---|---|---|---|---|---|---|---|---|---|---|
| | $B$ | $b$ | $d$ | $r$ | | | | $I_x$ | $I_{x1}$ | $I_y$ | $I_{y1}$ | $I_U$ | $i_x$ | $i_y$ | $i_U$ | $W_x$ | $W_y$ | $W_U$ | | $X_0$ | $Y_0$ |
| 15/9 | 150 | 90 | 8 | 12 | 18.839 | 14.788 | 0.473 | 442.05 | 898.35 | 122.80 | 195.96 | 74.14 | 4.84 | 2.55 | 1.98 | 43.86 | 17.47 | 14.48 | 0.364 | 1.97 | 4.92 |
| | | | 10 | | 23.261 | 18.260 | 0.472 | 539.24 | 1122.85 | 148.62 | 246.26 | 89.86 | 4.81 | 2.53 | 1.97 | 53.97 | 21.38 | 17.69 | 0.362 | 2.05 | 5.01 |
| | | | 12 | | 27.600 | 21.666 | 0.471 | 632.08 | 1347.50 | 172.85 | 297.46 | 104.95 | 4.79 | 2.50 | 1.95 | 63.79 | 25.14 | 20.80 | 0.359 | 2.12 | 5.09 |
| | | | 14 | | 31.856 | 25.007 | 0.471 | 720.77 | 1572.38 | 195.62 | 349.74 | 119.53 | 4.76 | 2.48 | 1.94 | 73.33 | 28.77 | 23.84 | 0.356 | 2.20 | 5.17 |
| | | | 15 | | 33.925 | 26.625 | 0.471 | 763.62 | 1684.93 | 206.50 | 376.33 | 126.67 | 4.74 | 2.47 | 1.93 | 77.99 | 30.53 | 25.33 | 0.354 | 2.24 | 5.21 |
| | | | 16 | | 36.027 | 28.281 | 0.470 | 805.51 | 1797.55 | 217.07 | 403.24 | 133.67 | 4.73 | 2.45 | 2.19 | 82.60 | 32.27 | 26.82 | 0.352 | 2.27 | 5.25 |
| 16/10 | 160 | 100 | 10 | 13 | 25.315 | 19.872 | 0.512 | 668.69 | 1362.89 | 205.03 | 336.59 | 121.74 | 5.14 | 2.85 | 2.17 | 62.13 | 26.56 | 21.92 | 0.390 | 2.28 | 5.24 |
| | | | 12 | | 30.054 | 23.592 | 0.511 | 784.91 | 1635.56 | 239.06 | 405.24 | 142.33 | 5.11 | 2.82 | 2.16 | 73.49 | 31.28 | 25.79 | 0.388 | 2.36 | 5.32 |
| | | | 14 | | 34.709 | 27.247 | 0.510 | 896.30 | 1908.50 | 271.20 | 476.42 | 162.23 | 5.08 | 2.80 | 2.16 | 84.56 | 35.83 | 29.56 | 0.385 | 0.43 | 5.40 |
| | | | 16 | | 29.981 | 30.835 | 0.510 | 1003.04 | 2181.79 | 301.60 | 548.22 | 182.57 | 5.05 | 2.77 | 2.16 | 95.33 | 40.24 | 33.44 | 0.382 | 2.51 | 5.48 |
| 18/11 | 180 | 110 | 10 | 14 | 28.373 | 22.273 | 0.571 | 956.25 | 1940.40 | 278.11 | 447.22 | 166.50 | 5.80 | 3.13 | 2.42 | 78.96 | 32.49 | 26.88 | 0.376 | 2.44 | 5.89 |
| | | | 12 | | 33.712 | 26.440 | 0.571 | 1124.72 | 2328.38 | 325.03 | 538.94 | 194.87 | 5.78 | 3.10 | 2.40 | 93.53 | 38.32 | 31.66 | 0.374 | 2.52 | 5.98 |
| | | | 14 | | 38.967 | 30.589 | 0.570 | 1286.91 | 2716.60 | 369.55 | 631.95 | 222.30 | 5.75 | 3.08 | 2.39 | 107.76 | 43.97 | 36.32 | 0.372 | 2.59 | 6.06 |
| | | | 16 | | 44.139 | 34.649 | 0.569 | 1443.06 | 3105.15 | 411.85 | 726.46 | 248.94 | 5.72 | 3.06 | 2.38 | 121.64 | 49.44 | 40.87 | 0.269 | 2.67 | 6.14 |
| 20/12.5 | 200 | 125 | 12 | | 37.912 | 29.761 | 0.641 | 1570.90 | 3193.85 | 483.16 | 787.74 | 285.79 | 6.44 | 3.57 | 2.74 | 116.73 | 49.99 | 41.23 | 0.392 | 2.83 | 6.54 |
| | | | 14 | | 43.687 | 34.463 | 0.640 | 1800.97 | 3726.17 | 550.83 | 922.47 | 326.58 | 6.41 | 3.54 | 2.73 | 134.64 | 57.44 | 47.34 | 0.390 | 2.91 | 6.62 |
| | | | 16 | | 49.739 | 39.045 | 0.639 | 2023.35 | 4258.88 | 615.44 | 1058.86 | 366.21 | 6.38 | 3.52 | 2.71 | 152.18 | 64.89 | 53.32 | 0.388 | 2.99 | 6.70 |
| | | | 18 | | 55.526 | 43.588 | 0.63.9 | 2238.30 | 4792.00 | 677.19 | 1197.13 | 404.83 | 6.35 | 3.49 | 2.70 | 169.33 | 71.74 | 59.18 | 0.385 | 3.06 | 6.78 |

注：截面图中的 $r_1=1/3d$，表中 $r$ 的数据用于孔型设计，不作为交货条件。

表 B-3　工字钢截面尺寸、截面面积、理论质量及截面特性

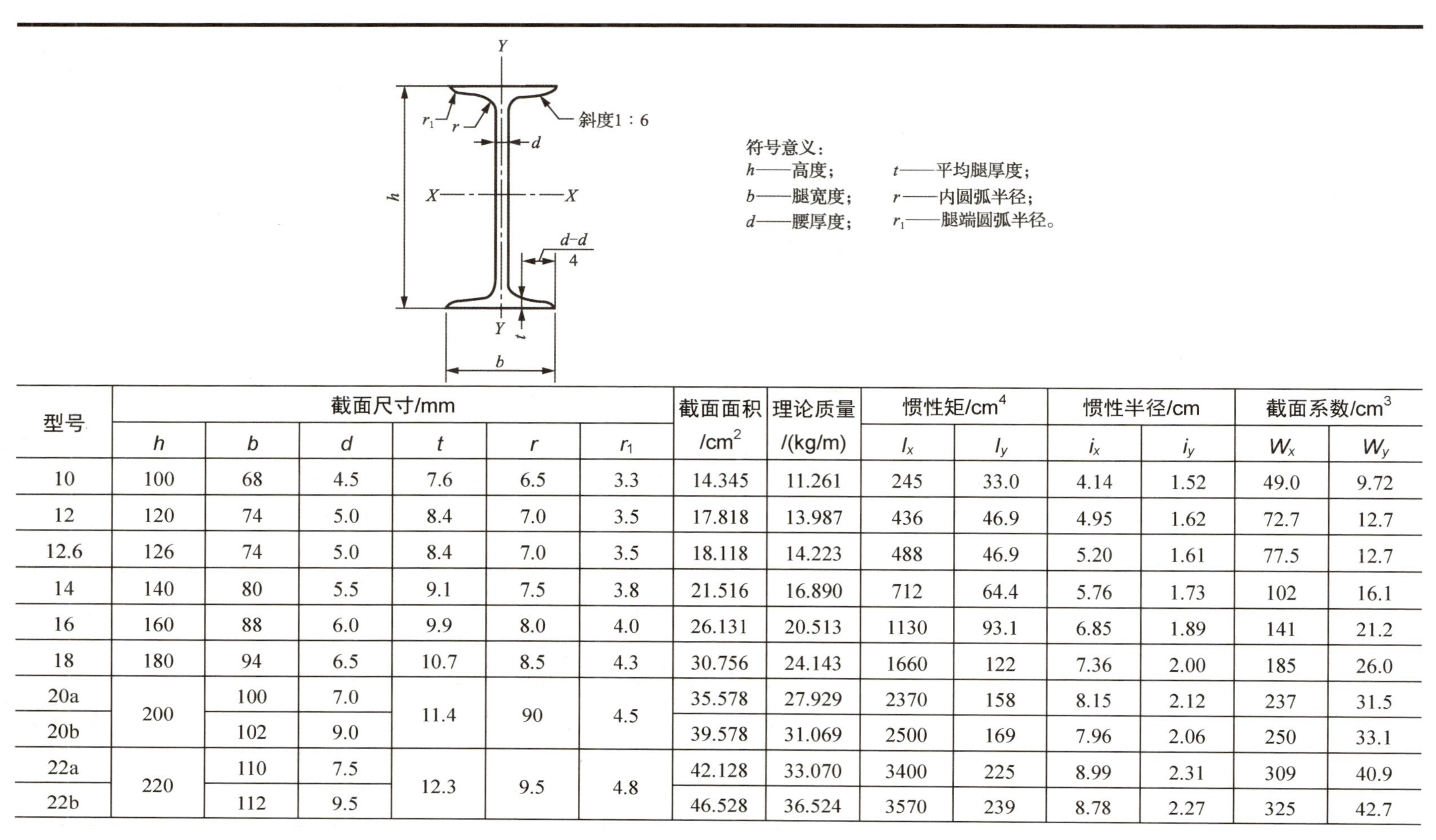


符号意义：

$h$——高度；
$b$——腿宽度；
$d$——腰厚度；
$t$——平均腿厚度；
$r$——内圆弧半径；
$r_1$——腿端圆弧半径。

| 型号 | 截面尺寸/mm | | | | | | 截面面积 | 理论质量 | 惯性矩/cm$^4$ | | 惯性半径/cm | | 截面系数/cm$^3$ | |
|---|---|---|---|---|---|---|---|---|---|---|---|---|---|---|
| | $h$ | $b$ | $d$ | $t$ | $r$ | $r_1$ | /cm$^2$ | /(kg/m) | $I_x$ | $I_y$ | $i_x$ | $i_y$ | $W_x$ | $W_y$ |
| 10 | 100 | 68 | 4.5 | 7.6 | 6.5 | 3.3 | 14.345 | 11.261 | 245 | 33.0 | 4.14 | 1.52 | 49.0 | 9.72 |
| 12 | 120 | 74 | 5.0 | 8.4 | 7.0 | 3.5 | 17.818 | 13.987 | 436 | 46.9 | 4.95 | 1.62 | 72.7 | 12.7 |
| 12.6 | 126 | 74 | 5.0 | 8.4 | 7.0 | 3.5 | 18.118 | 14.223 | 488 | 46.9 | 5.20 | 1.61 | 77.5 | 12.7 |
| 14 | 140 | 80 | 5.5 | 9.1 | 7.5 | 3.8 | 21.516 | 16.890 | 712 | 64.4 | 5.76 | 1.73 | 102 | 16.1 |
| 16 | 160 | 88 | 6.0 | 9.9 | 8.0 | 4.0 | 26.131 | 20.513 | 1130 | 93.1 | 6.85 | 1.89 | 141 | 21.2 |
| 18 | 180 | 94 | 6.5 | 10.7 | 8.5 | 4.3 | 30.756 | 24.143 | 1660 | 122 | 7.36 | 2.00 | 185 | 26.0 |
| 20a | 200 | 100 | 7.0 | 11.4 | 90 | 4.5 | 35.578 | 27.929 | 2370 | 158 | 8.15 | 2.12 | 237 | 31.5 |
| 20b | | 102 | 9.0 | | | | 39.578 | 31.069 | 2500 | 169 | 7.96 | 2.06 | 250 | 33.1 |
| 22a | 220 | 110 | 7.5 | 12.3 | 9.5 | 4.8 | 42.128 | 33.070 | 3400 | 225 | 8.99 | 2.31 | 309 | 40.9 |
| 22b | | 112 | 9.5 | | | | 46.528 | 36.524 | 3570 | 239 | 8.78 | 2.27 | 325 | 42.7 |

续表

| 型号 | 截面尺寸/mm | | | | | | 截面面积/cm² | 理论质量/(kg/m) | 惯性矩/cm⁴ | | 惯性半径/cm | | 截面系数/cm³ | |
|---|---|---|---|---|---|---|---|---|---|---|---|---|---|---|
| | $h$ | $b$ | $d$ | $t$ | $r$ | $r_1$ | | | $I_x$ | $I_y$ | $i_x$ | $i_y$ | $W_x$ | $W_y$ |
| 24a | 240 | 116 | 8.0 | 13.0 | 10.0 | 5.0 | 47.741 | 37.477 | 4570 | 280 | 9.77 | 2.42 | 381 | 48.4 |
| 24b | | 118 | 10.0 | | | | 52.541 | 41.245 | 4800 | 287 | 9.57 | 2.38 | 400 | 50.4 |
| 25a | 250 | 116 | 8.0 | | | | 48.541 | 38.105 | 5020 | 280 | 10.2 | 2.40 | 402 | 48.4 |
| 25b | | 118 | 18.0 | | | | 53.541 | 42.030 | 5280 | 309 | 9.94 | 2.40 | 423 | 52.4 |
| 27a | 270 | 122 | 8.5 | 13.7 | 10.5 | 5.3 | 54.554 | 42.825 | 6550 | 345 | 10.9 | 2.51 | 485 | 56.6 |
| 27b | | 124 | 10.5 | | | | 59.954 | 47.064 | 6870 | 366 | 10.7 | 2.47 | 509 | 58.9 |
| 28a | 80 | 122 | 8.5 | | | | 55.404 | 43.492 | 7110 | 345 | 11.3 | 2.50 | 508 | 56.6 |
| 28b | | 124 | 10.5 | | | | 61.004 | 47.888 | 7480 | 379 | 11.1 | 2.49 | 534 | 61.2 |
| 30a | 300 | 126 | 9.0 | 14.4 | 11.0 | 5.5 | 61.254 | 48.084 | 8950 | 400 | 12.1 | 2.55 | 597 | 63.5 |
| 30b | | 128 | 11.0 | | | | 67.156 | 52.794 | 9400 | 422 | 11.8 | 2.50 | 627 | 65.9 |
| 30c | | 130 | 13.0 | | | | 73.254 | 57.504 | 9850 | 445 | 11.6 | 2.46 | 657 | 68.5 |
| 32a | 320 | 130 | 9.5 | 15.0 | 11.5 | 5.8 | 67.156 | 52.717 | 11100 | 460 | 12.8 | 2.62 | 692 | 70.8 |
| 32b | | 132 | 11.5 | | | | 73.556 | 57.741 | 11600 | 502 | 12.6 | 2.61 | 726 | 76.0 |
| 32c | | 134 | 13.5 | | | | 79.956 | 62.765 | 12200 | 544 | 12.3 | 2.61 | 760 | 81.2 |
| 36a | 360 | 136 | 10.0 | 15.8 | 12.0 | 6.0 | 76.480 | 60.037 | 15800 | 552 | 14.4 | 2.69 | 875 | 81.2 |
| 36b | | 138 | 12.0 | | | | 83.680 | 65.689 | 16500 | 582 | 14.1 | 2.64 | 919 | 84.3 |
| 36c | | 140 | 14.0 | | | | 90.880 | 71.341 | 17300 | 612 | 13.8 | 2.60 | 962 | 87.4 |
| 40a | 400 | 142 | 10.5 | 16.5 | 12.5 | 6.3 | 86.112 | 67.598 | 21700 | 660 | 15.9 | 2.77 | 1090 | 93.2 |
| 40b | | 144 | 12.5 | | | | 94.112 | 73.878 | 22800 | 692 | 15.6 | 2.71 | 1140 | 96.2 |
| 40c | | 146 | 14.5 | | | | 102.112 | 80.158 | 23900 | 727 | 15.2 | 2.65 | 1190 | 99.6 |
| 45a | 450 | 150 | 11.5 | 18.0 | 13.5 | 6.8 | 102.446 | 80.420 | 32200 | 855 | 17.7 | 2.89 | 1430 | 114 |
| 45b | | 152 | 13.5 | | | | 111.446 | 87.485 | 33800 | 984 | 17.4 | 2.84 | 1500 | 118 |
| 45c | | 154 | 15.5 | | | | 120.446 | 94.550 | 35300 | 938 | 17.1 | 2.79 | 1570 | 122 |

续表

| 型号 | 截面尺寸/mm | | | | | | 截面面积 | 理论质量 | 惯性矩/$cm^4$ | | 惯性半径/cm | | 截面系数/$cm^3$ | |
|---|---|---|---|---|---|---|---|---|---|---|---|---|---|---|
| | $h$ | $b$ | $d$ | $t$ | $r$ | $r_1$ | /$cm^2$ | /(kg/m) | $I_x$ | $I_y$ | $i_x$ | $i_y$ | $W_x$ | $W_y$ |
| 50a | 500 | 158 | 12.0 | 20.0 | 14.0 | 7.0 | 119.304 | 93.654 | 46500 | 1120 | 19.7 | 3.07 | 1860 | 142 |
| 50b | | 160 | 14.0 | | | | 129.304 | 101.504 | 48600 | 1170 | 19.4 | 3.01 | 1940 | 146 |
| 50c | | 162 | 16.0 | | | | 139.304 | 109.354 | 50600 | 1220 | 19.0 | 2.96 | 2080 | 151 |
| 55a | 550 | 166 | 12.5 | 21.0 | 14.5 | 7.3 | 134.185 | 105.335 | 62900 | 1370 | 21.6 | 3.19 | 2290 | 164 |
| 55b | | 168 | 14.5 | | | | 145.185 | 113.970 | 65600 | 1420 | 21.2 | 3.14 | 2390 | 170 |
| 55c | | 170 | 16.5 | | | | 156.185 | 122.605 | 68400 | 1480 | 20.9 | 3.08 | 2490 | 175 |
| 56a | 560 | 166 | 12.5 | | | | 135.435 | 106.316 | 65600 | 1370 | 22.0 | 3.18 | 2340 | 165 |
| 56b | | 168 | 14.5 | | | | 146.635 | 115.108 | 68400 | 1490 | 21.6 | 3.16 | 2450 | 174 |
| 56c | | 170 | 16.5 | | | | 157.853 | 123.900 | 71400 | 1560 | 21.3 | 3.16 | 2550 | 183 |
| 63a | 630 | 176 | 13.0 | 22.0 | 15.0 | 7.5 | 154.658 | 121.407 | 93900 | 1700 | 24.5 | 3.31 | 2980 | 193 |
| 63b | | 178 | 15.0 | | | | 167.258 | 131.298 | 98100 | 1810 | 24.2 | 3.29 | 3160 | 204 |
| 63c | | 180 | 17.0 | | | | 179.858 | 141.189 | 102000 | 1920 | 23.8 | 3.27 | 3300 | 214 |

注：表中 $r$、$r_1$ 的数据用于孔型设计，不作为交货条件。

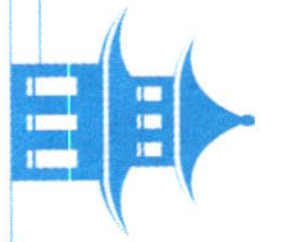

表 B-4　槽钢截面尺寸、截面面积、理论质量及截面特性

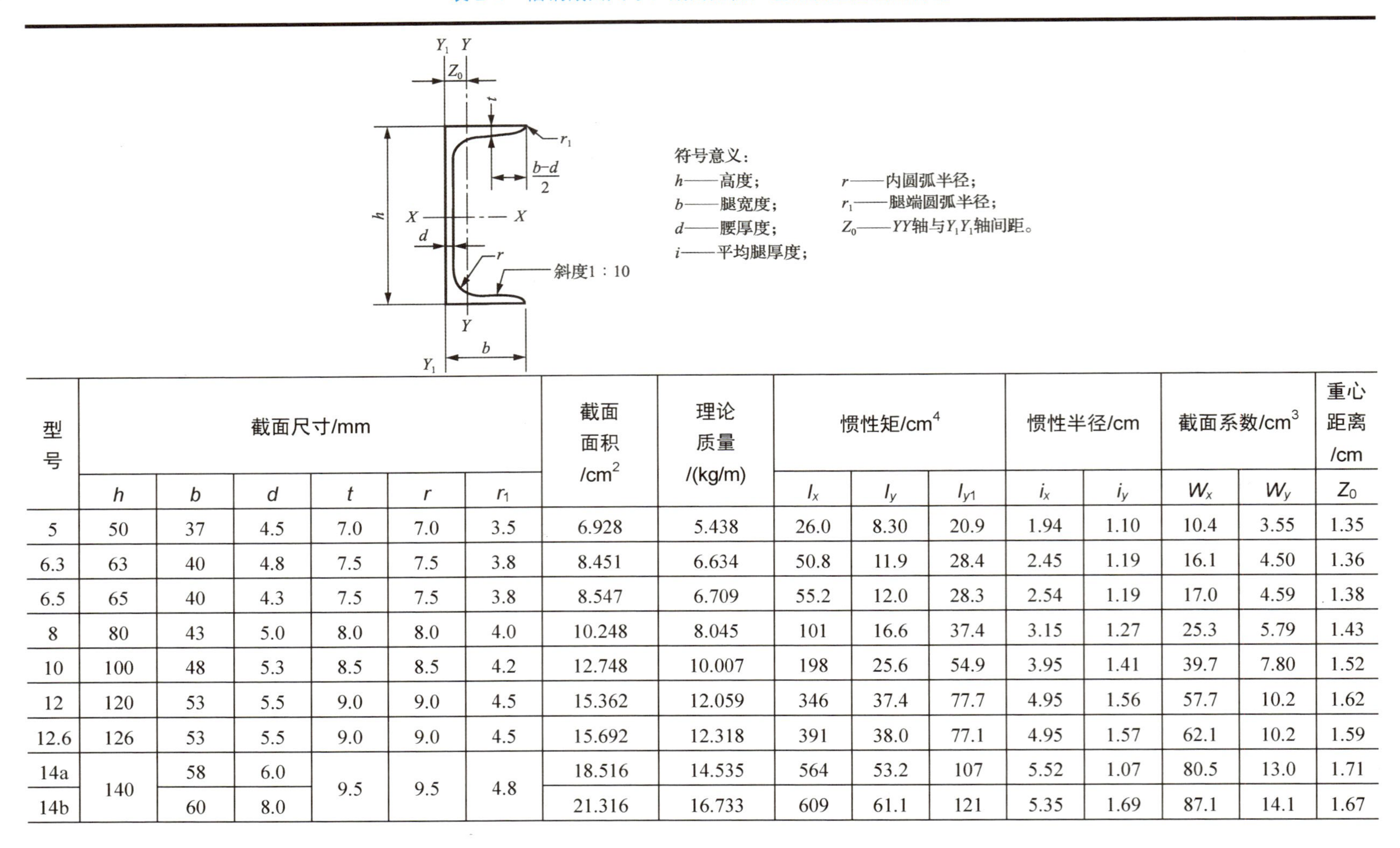


符号意义：

$h$——高度；
$b$——腿宽度；
$d$——腰厚度；
$i$——平均腿厚度；
$r$——内圆弧半径；
$r_1$——腿端圆弧半径；
$Z_0$——$YY$轴与$Y_1Y_1$轴间距。

| 型号 | 截面尺寸/mm | | | | | | 截面面积/cm² | 理论质量/(kg/m) | 惯性矩/cm⁴ | | | 惯性半径/cm | | 截面系数/cm³ | | 重心距离/cm |
|---|---|---|---|---|---|---|---|---|---|---|---|---|---|---|---|---|
| | $h$ | $b$ | $d$ | $t$ | $r$ | $r_1$ | | | $I_x$ | $I_y$ | $I_{y1}$ | $i_x$ | $i_y$ | $W_x$ | $W_y$ | $Z_0$ |
| 5 | 50 | 37 | 4.5 | 7.0 | 7.0 | 3.5 | 6.928 | 5.438 | 26.0 | 8.30 | 20.9 | 1.94 | 1.10 | 10.4 | 3.55 | 1.35 |
| 6.3 | 63 | 40 | 4.8 | 7.5 | 7.5 | 3.8 | 8.451 | 6.634 | 50.8 | 11.9 | 28.4 | 2.45 | 1.19 | 16.1 | 4.50 | 1.36 |
| 6.5 | 65 | 40 | 4.3 | 7.5 | 7.5 | 3.8 | 8.547 | 6.709 | 55.2 | 12.0 | 28.3 | 2.54 | 1.19 | 17.0 | 4.59 | 1.38 |
| 8 | 80 | 43 | 5.0 | 8.0 | 8.0 | 4.0 | 10.248 | 8.045 | 101 | 16.6 | 37.4 | 3.15 | 1.27 | 25.3 | 5.79 | 1.43 |
| 10 | 100 | 48 | 5.3 | 8.5 | 8.5 | 4.2 | 12.748 | 10.007 | 198 | 25.6 | 54.9 | 3.95 | 1.41 | 39.7 | 7.80 | 1.52 |
| 12 | 120 | 53 | 5.5 | 9.0 | 9.0 | 4.5 | 15.362 | 12.059 | 346 | 37.4 | 77.7 | 4.95 | 1.56 | 57.7 | 10.2 | 1.62 |
| 12.6 | 126 | 53 | 5.5 | 9.0 | 9.0 | 4.5 | 15.692 | 12.318 | 391 | 38.0 | 77.1 | 4.95 | 1.57 | 62.1 | 10.2 | 1.59 |
| 14a | 140 | 58 | 6.0 | 9.5 | 9.5 | 4.8 | 18.516 | 14.535 | 564 | 53.2 | 107 | 5.52 | 1.07 | 80.5 | 13.0 | 1.71 |
| 14b | | 60 | 8.0 | | | | 21.316 | 16.733 | 609 | 61.1 | 121 | 5.35 | 1.69 | 87.1 | 14.1 | 1.67 |

续表

| 型号 | 截面尺寸/mm | | | | | | 截面面积/cm² | 理论质量/(kg/m) | 惯性矩/cm⁴ | | | 惯性半径/cm | | 截面系数/cm³ | | 重心距离/cm |
|---|---|---|---|---|---|---|---|---|---|---|---|---|---|---|---|---|
| | $h$ | $b$ | $d$ | $t$ | $r$ | $r_1$ | | | $I_x$ | $I_y$ | $I_{y1}$ | $i_x$ | $i_y$ | $W_x$ | $W_y$ | $Z_0$ |
| 16a | 160 | 63 | 6.5 | 10.0 | 10.0 | 5.0 | 21.962 | 17.24 | 866 | 73.3 | 144 | 6.28 | 1.83 | 108 | 16.3 | 1.80 |
| 16b | | 65 | 8.5 | | | | 25.162 | 19.752 | 935 | 83.4 | 161 | 6.10 | 1.82 | 117 | 17.6 | 1.75 |
| 18a | 180 | 68 | 7.0 | 10.5 | 10.5 | 5.2 | 25.699 | 20.174 | 1270 | 98.6 | 190 | 7.04 | 1.96 | 141 | 20.0 | 1.88 |
| 18b | | 70 | 9.0 | | | | 29.299 | 23.000 | 1370 | 111 | 210 | 6.84 | 1.95 | 152 | 21.5 | 1.84 |
| 20a | 200 | 73 | 7.0 | 11.0 | 11.0 | 5.5 | 28.837 | 22.637 | 1780 | 128 | 244 | 7.86 | 2.11 | 178 | 24.2 | 2.01 |
| 20b | | 75 | 9.0 | | | | 32.837 | 25.777 | 1910 | 144 | 268 | 7.64 | 2.09 | 191 | 25.9 | 1.95 |
| 22a | 220 | 77 | 7.0 | 11.5 | 11.5 | 5.8 | 31.846 | 24.999 | 2390 | 158 | 298 | 8.67 | 2.23 | 218 | 28.2 | 2.10 |
| 22b | | 79 | 9.0 | | | | 36.246 | 28.453 | 2570 | 176 | 326 | 8.42 | 2.21 | 234 | 30.1 | 2.03 |
| 24a | 240 | 78 | 7.0 | 12.0 | 12.0 | 6.0 | 34.217 | 26.860 | 3050 | 174 | 325 | 9.45 | 2.25 | 254 | 30.5 | 2.10 |
| 24b | | 80 | 9.0 | | | | 39.017 | 30.628 | 3280 | 194 | 355 | 9.17 | 2.23 | 274 | 32.5 | 2.03 |
| 24c | | 82 | 11.0 | | | | 43.817 | 34.396 | 3510 | 213 | 388 | 8.96 | 2.21 | 293 | 34.4 | 2.00 |
| 25a | 250 | 78 | 7.0 | | | | 34.917 | 27.410 | 3370 | 176 | 322 | 9.82 | 2.24 | 270 | 30.6 | 2.07 |
| 25b | | 80 | 9.0 | | | | 39.917 | 31.355 | 3530 | 196 | 353 | 9.41 | 2.22 | 282 | 32.7 | 1.98 |
| 25c | | 82 | 11.0 | | | | 44.917 | 35.260 | 3690 | 218 | 384 | 9.07 | 2.21 | 295 | 35.9 | 1.92 |
| 27a | 270 | 82 | 7.5 | 12.5 | 12.5 | 6.2 | 39.284 | 30.838 | 4360 | 216 | 393 | 10.5 | 2.34 | 323 | 35.5 | 2.13 |
| 27b | | 84 | 9.5 | | | | 44.684 | 35.077 | 4690 | 239 | 428 | 10.3 | 2.31 | 347 | 37.7 | 2.06 |
| 27c | | 86 | 11.5 | | | | 50.084 | 39.316 | 5020 | 261 | 467 | 10.1 | 2.28 | 372 | 39.8 | 2.03 |
| 28a | 280 | 82 | 7.5 | | | | 40.034 | 31.427 | 4760 | 218 | 388 | 10.9 | 2.33 | 340 | 35.7 | 2.10 |
| 28b | | 84 | 9.5 | | | | 45.634 | 35.823 | 5130 | 242 | 428 | 10.6 | 2.30 | 366 | 37.9 | 2.02 |
| 28c | | 86 | 11.5 | | | | 51.234 | 40.219 | 5500 | 268 | 463 | 10.4 | 2.29 | 393 | 40.3 | 1.95 |

续表

| 型号 | 截面尺寸/mm | | | | | | 截面面积/cm$^2$ | 理论质量/(kg/m) | 惯性矩/cm$^4$ | | | 惯性半径/cm | | 截面系数/cm$^3$ | | 重心距离/cm |
|---|---|---|---|---|---|---|---|---|---|---|---|---|---|---|---|---|
| | $h$ | $b$ | $d$ | $t$ | $r$ | $r_1$ | | | $I_x$ | $I_y$ | $I_{y1}$ | $i_x$ | $i_y$ | $W_x$ | $W_y$ | $Z_0$ |
| 30a | | 85 | 7.5 | | | | 43.902 | 34.436 | 6050 | 260 | 467 | 10.7 | 2.43 | 403 | 41.1 | 2.17 |
| 30b | 300 | 87 | 9.5 | 13.5 | 13.5 | 6.8 | 49.902 | 39.173 | 6500 | 289 | 515 | 11.4 | 2.41 | 433 | 44.0 | 2.13 |
| 30c | | 89 | 11.5 | | | | 55.902 | 43.883 | 6950 | 316 | 560 | 11.2 | 2.38 | 463 | 46.4 | 2.09 |
| 32a | | 88 | 8.0 | | | | 48.513 | 38.083 | 7600 | 305 | 552 | 12.5 | 2.50 | 475 | 46.5 | 2.24 |
| 32b | 320 | 90 | 10.0 | 14.0 | 14.0 | 7.0 | 54.913 | 43.107 | 8140 | 336 | 593 | 12.2 | 2.47 | 509 | 49.2 | 2.16 |
| 32c | | 92 | 12.0 | | | | 61.313 | 48.131 | 8690 | 374 | 643 | 11.9 | 2.47 | 543 | 52.6 | 2.09 |
| 36a | | 96 | 9.0 | | | | 60.910 | 47.814 | 11900 | 455 | 818 | 14.0 | 2.73 | 660 | 63.5 | 2.44 |
| 36b | 360 | 98 | 11.0 | 16.0 | 16.0 | 8.0 | 68.110 | 53.466 | 12700 | 497 | 880 | 13.6 | 2.70 | 703 | 66.9 | 2.37 |
| 36c | | 100 | 13.0 | | | | 75.310 | 59.118 | 13400 | 536 | 948 | 13.4 | 2.67 | 746 | 70.0 | 2.34 |
| 40a | | 100 | 10.5 | | | | 75.068 | 58.928 | 17600 | 592 | 1070 | 15.3 | 2.81 | 879 | 78.8 | 2.49 |
| 40b | 400 | 102 | 12.5 | 18.0 | 18.0 | 9.0 | 83.068 | 65.208 | 18600 | 640 | 114 | 15.0 | 2.78 | 932 | 82.5 | 2.44 |
| 40c | | 104 | 14.5 | | | | 91.068 | 71.488 | 19700 | 688 | 1220 | 14.7 | 2.75 | 986 | 86.2 | 2.42 |

注：表中 $r$、$r_1$ 的数据用于孔型设计，不作为交货条件。

表 B-5　L 型钢截面尺寸、截面面积、理论质量及截面特性

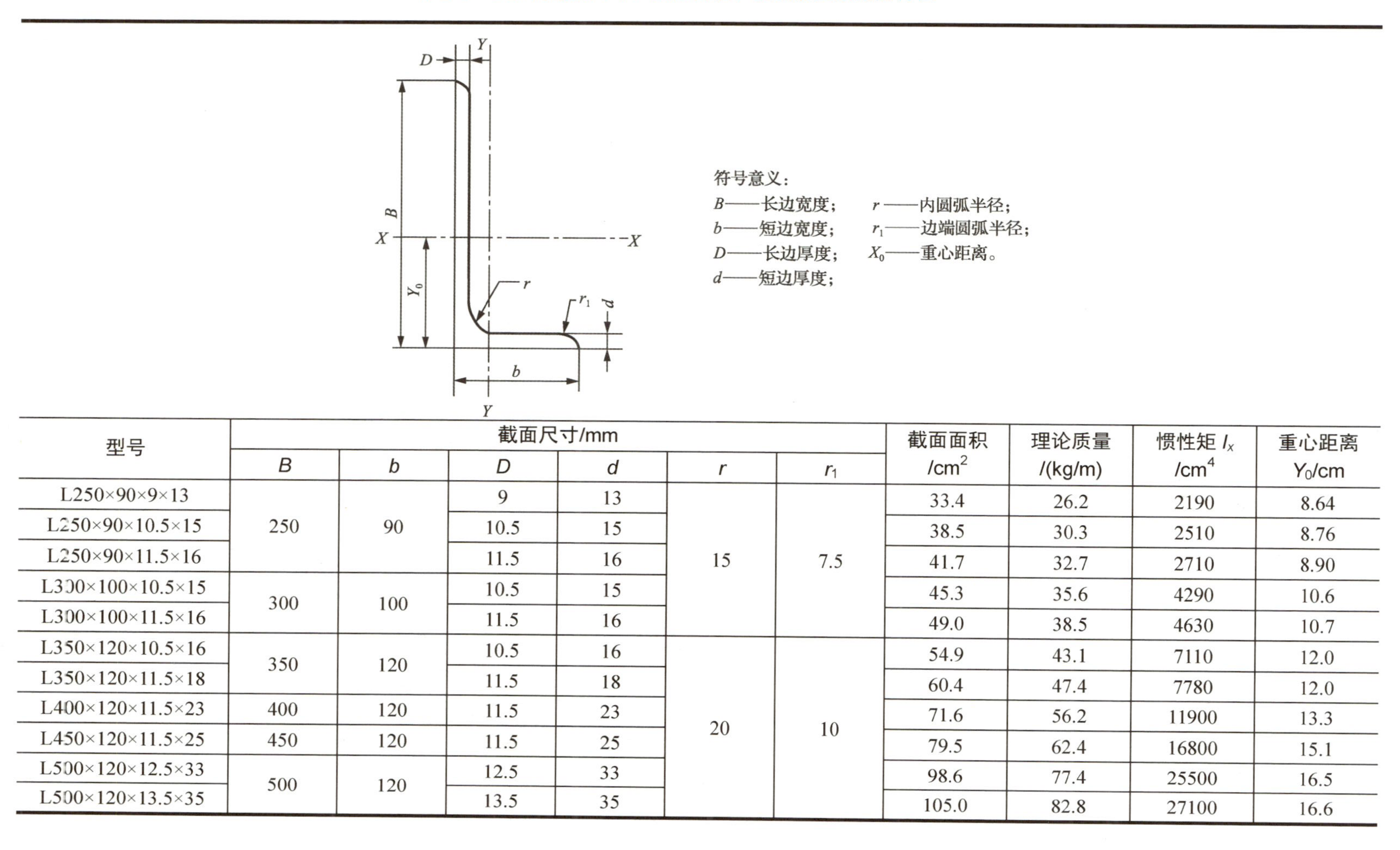


符号意义：

$B$——长边宽度；　　$r$——内圆弧半径；

$b$——短边宽度；　　$r_1$——边端圆弧半径；

$D$——长边厚度；　　$X_0$——重心距离。

$d$——短边厚度；

| 型号 | 截面尺寸/mm | | | | | | 截面面积 /cm² | 理论质量 /(kg/m) | 惯性矩 $I_x$ /cm⁴ | 重心距离 $Y_0$/cm |
|---|---|---|---|---|---|---|---|---|---|---|
| | $B$ | $b$ | $D$ | $d$ | $r$ | $r_1$ | | | | |
| L250×90×9×13 | 250 | 90 | 9 | 13 | 15 | 7.5 | 33.4 | 26.2 | 2190 | 8.64 |
| L250×90×10.5×15 | | | 10.5 | 15 | | | 38.5 | 30.3 | 2510 | 8.76 |
| L250×90×11.5×16 | | | 11.5 | 16 | | | 41.7 | 32.7 | 2710 | 8.90 |
| L300×100×10.5×15 | 300 | 100 | 10.5 | 15 | | | 45.3 | 35.6 | 4290 | 10.6 |
| L300×100×11.5×16 | | | 11.5 | 16 | | | 49.0 | 38.5 | 4630 | 10.7 |
| L350×120×10.5×16 | 350 | 120 | 10.5 | 16 | 20 | 10 | 54.9 | 43.1 | 7110 | 12.0 |
| L350×120×11.5×18 | | | 11.5 | 18 | | | 60.4 | 47.4 | 7780 | 12.0 |
| L400×120×11.5×23 | 400 | 120 | 11.5 | 23 | | | 71.6 | 56.2 | 11900 | 13.3 |
| L450×120×11.5×25 | 450 | 120 | 11.5 | 25 | | | 79.5 | 62.4 | 16800 | 15.1 |
| L500×120×12.5×33 | 500 | 120 | 12.5 | 33 | | | 98.6 | 77.4 | 25500 | 16.5 |
| L500×120×13.5×35 | | | 13.5 | 35 | | | 105.0 | 82.8 | 27100 | 16.6 |

# 参 考 文 献

刘寿梅，黎永索，2015. 建筑力学：少学时[M]. 2 版. 北京：高等教育出版社.
孔七一，2019. 应用力学[M]. 3 版. 北京：人民交通出版社.
沈养中，2014. 工程力学：第 1 分册[M]. 4 版. 北京：高等教育出版社.
于英，2017. 建筑力学[M]. 4 版. 北京：中国建筑工业出版社.
王玉龙，2011. 土建力学及结构基础[M]. 2 版. 武汉：武汉大学出版社.